제4판

Melsec PROGRAMMING

2축서보모터 완전정복

심플모션 QD77MS 수록

김학철 저

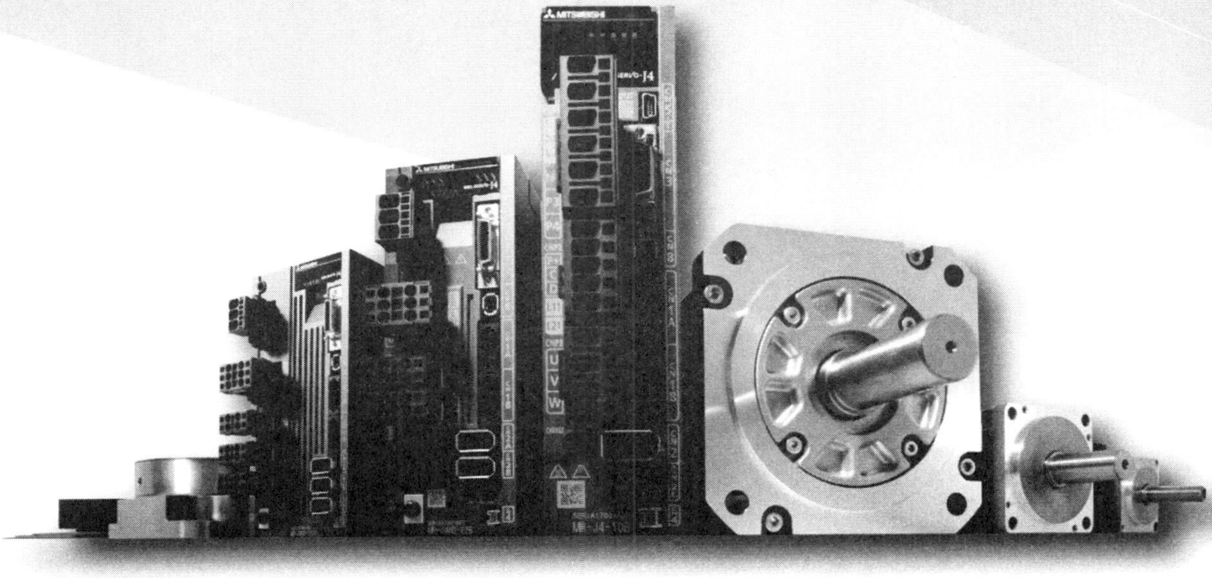

B.C.Info

머 리 말

서보모터를 제어하는 방법에 대해 공장자동화(Factory Automation)와 관련된 업무를 하는 분들에게 물어보면 해보고는 싶지만 많이 어렵다는 선입관을 갖고 있는 듯하다. 물론 직접적으로 말을 한다면 어렵다는 말이 틀린 것은 아니다. 그 원인은 서보모터에 대해 알려주는 사람 또는 교육을 받을 수 있는 기회가 많지 않아서 일 것이다.

PLC에 대해 기초적인 교육은 그간 경험을 토대로 생각해 보면 보편적인 교육이 되었을 만큼 교육받을 수 있는 강좌가 많이 개설이 되었고 지금도 이 시간에도 진행중이다. 하지만 기초교육을 받고 심화 교육에 대한 갈증 또한 더 해졌으리라 생각된다. 이것은 고급교육에 대한 갈증을 해소시켜주기 위한 교육기관에서의 고급과정 개설이 여의치 않은 상황이고 기회 또한 일부 대기업에 편중되다 시피하기 때문에 중소기업에 재직 중이거나 학교에서 FA와 관련된 전공을 공부하는 학생들에게는 더더욱 어려운 대상이 되어지는 것 같이 느껴진다. 필자도 서보모터에 대한 접근이 쉽지만은 않은 기억이 있다. 대형서점을 돌아보면서 서보모터에 대한 실무서적을 여러 날을 두고 찾아보았지만 시중에 판매중인 서보모터에 대한 교재는 서보모터에 대한 지식을 채워주기에는 역부족이라 느끼게 되었고 하루라도 빨리 책을 만들어야겠다는 사명감을 느끼게 되었다.

산업현장에서 사용할 수 있는 그런 내용을 위주로 설명되어진 책을 만들어 보겠다는 결심을 하고 원고를 만들기 시작한 때가 꽃샘추위가 느껴지는 봄에서 계절이 바뀌고 35도를 넘나드는 한 여름이 되었다. 시간이 흐를수록 나름 책으로 만들어졌을 때 혹시나 독자에게 도움이 되지 않고 책장에서 먼지를 뒤집어쓰고 있는 장식용 책이 되지 않을까하는 두려움에 중도에 포기하고자 하는 마음도 생기기도 하였지만 우여곡절 끝에 원고를 다시 한 번 정리하여 정식적으로 사용할 수 있는 책으로 만들게 되었다. 비록 서보모터에 대한 전반적인 내용은 다루지는 못했지만 이 책을 보고 공부하는 독자에게 서보모터에 대한 두려움을 조금이나마 감소하게끔 하였다면 필자로서 큰 만족감을 얻을 수 있을 것이다. 한걸음 더 나아가 담당하고 있는 프로젝트를 완성하는데 조금이라도 도움이 되었다고 하면 더할 나위 없을 것이다.

산업현장에서 1년 365일 바쁘게 열심히 일하는 엔지니어가 있기에 오늘날 대한민국이 세계 여러 나라와 어깨를 견주고 선진국 대열에 기술한국으로 자리매김하고 있다고 생각한다. 그리고 엔지니어들을 이끌고 신기술을 개발할 수 있는 힘은 스스로 끝없이 연구하고 공부하는 노력에서 나온다고 생각한다. 어렵다고, 힘들다고, 시간이 없다고 생각하고 시작도 하지 않고 포기하기 전에 노력하고 또 도전하여 성취감을 만끽할 수 있도록 노력해 보자.

마지막으로 산업현장에서 알아야 할 지식은 태산과도 같이 방대하다. 이 말은 누구에게 교육을 받고 그 지식을 내 업무에 적용하는 것은 입사초기에 적합한 방법이다. 시간이 흐를수록 교육을 받으러 갈 수 있는 시간이 많이 주어지지는 않는다는 것이다. 시간이 생길 때 마다 스스로 자투리 시간을 할애하여 새로운 지식을 얻어가야 한다는 것이다. 배고픈 사람에게 물고기를 주지 말고 물고기 낚는 법을 알려주라는 말처럼 이 책이 다른 기술 습득하는 데 있어서 시작점이 되었으면 한다.

저자 씀

CONTENTS

CHAPTER 1

서보의 역사

1-1 서보의 역사

자동제어를 공업적으로 최초로 이용한 것은 James.Watt가 1784년에 증기기관의 속도를 일정하게 유지시키기 위해 개발한 속도 조절기(Speed governor)가 대표적이다.

이 속도조절기는 링에 추(fly ball)를 설치한 간단한 기구로서 이것을 증기기관으로 회전시킴으로써 추에 작용하는 원심력으로 링에 병진운동을 일으키게 하는 구조로 되어 있는데 이것에 의해 증기의 유량을 조절하는 제어밸브를 개폐하도록 만든 것이다.

이 속도조절기는 속도를 검출하는 역할과 밸브를 조작하는 역할을 겸하고 있으며 이것을 동작시키는 동력은 제어의 대상인 증기기관에서 얻고 있는데 오늘날 말하는 자동식 제어장치의 일종이다.

James.Watt의 자력식 속도 조절기는 구성이 간단하였으나 이것만으로 충분한 제어성능을 기대한다는 것은 무리였다. 검출기가 등력을 필요로 하는 조작 부하를 겸하고 있기 때문에 충분한 검출정밀도를 얻을 수 없었던 것이다.

19세기 중엽에 속도 조절기 링의 동작을 유압안내밸브와 유압실린더로 증력하여 제어밸브를 조작하는 방법이 고안되었다. 이 방법은 제어밸브를 조작하는 동력은 유압으로 주어지고 유압을 발생시키는 유압원이 보조동력원으로 필요한 것이었다.

보조동력원을 사용하는 이른바 타력식 제어장치의 적용으로 속도조절기는 검출기로서의 역할만 담당하게 되고 그 링의 역할로 유압안내밸브의 스풀(spool)을 움직여 안내밸브 제어포트의 개발을 변화시켜 그것을 유동하는 유압의 유량을 제어하여 그에 따라 유압실린더의 피스톤을 큰 힘으로 구동시켜 조작용 제어 밸브를 개폐하도록 한 것이다.

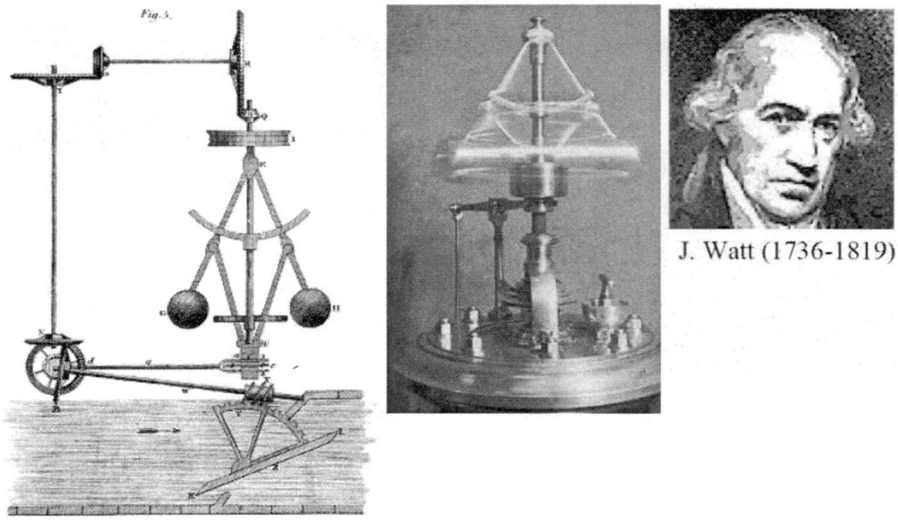

그림 1-1 James.Watt와 Speed Governor

여기서 유압실린더의 동작은 안내밸브 스풀의 동작에 따르도록 되어 있고 그 힘을 증폭하고 있다. 이것이 오늘날 널리 이용되고 있는 유압서보이다.

서보기구라는 용어는 1934년에 H.L.Hazen 교수에 의해 처음 사용되었으며 Servo의 어원은 라틴어의 Servue(영어의 Slave : 노예)라고 한다. 노예의 역할이 주인의 명령을 충실히 따르고 육체노동을 하는 것이므로 그러한 역할을 해내는 장치를 그렇게 이름붙인 것이다.

속도조절기에 적용시킨 유압증력장치는 정말로 그 목적을 가졌다. 검출기의 동작에 추종하고 그 위에 힘의 증폭을 행하는 것이다.

서보기구가 그 본래의 목적인 위치에 최초로 응용한 것은 어뢰라고 한다. 어뢰는 1866년에 화이트 헤드에 의해 발명되었는데 처음부터 자동조종을 전제로 하여 탄생한 병기이다. 당초 어뢰는 봄베(Bombe:고압 상태의 기체를 저장하는 데 쓰는 두꺼운 강철로 만든 용기. 흔히 압력계가 장치되어 있어 내부의 압력을 알 수 있다.

대개는 원통 모양으로 생겼는데 액화 기체를 저장하기도 한다)에 저장한 압축공기를 동력원으로 하여 프로펠러에 의해 추진되고 공기압자이로를 센서를 이용하여 공기압 제어장치로 방향타를 움직여서 침로(針路 : a ship's course)를 제어하고 심도기(수압을 감지)를 센서로 하여 공기압 제어장치로 방향타를 움직여서 심도를 제어한 것이다. 어뢰의 자동조종에 이어 배의 자동조종이 실현되었다.

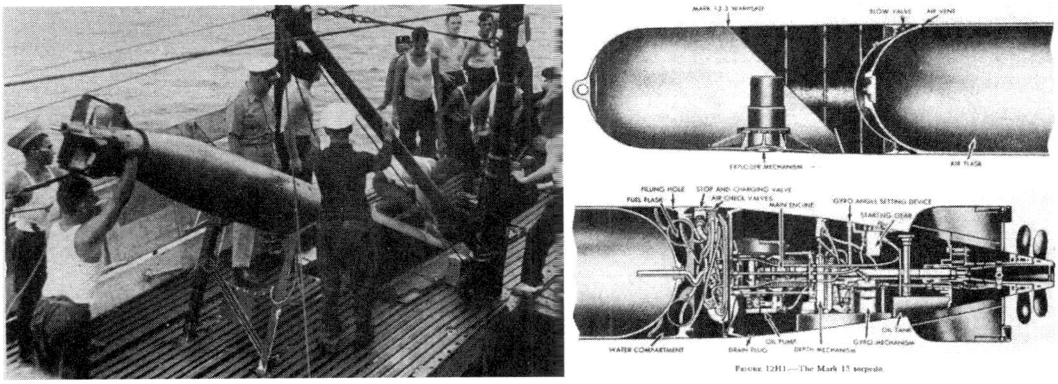

그림 1-2 서보기구가 최초로 응용된 어뢰

항공기는 1차 세계대전 후에 발달하였는데 그 자동조종도 당연히 실현된 것이다. 이처럼 운동체 또는 교통기관의 자동조종이 서보기구의 주요 응용분야가 되고 있는 것이다. 이렇게 자동제어는 속도, 서보의 순으로 발달하여 1920년경부터 프로세스 제어에도 실현되었다.

프로세스제어는 온도, 압력, 유량, 액면, PH 등 프로세스 조정량의 제어이며 이러한 것을 프로세스에 적절한 값으로 유지하는 것이 목적이다.

석유정제 플랜트와 같이 유체를 취급하는 연속 프로세스에서는 프로세스제어에 의한 자동화가 비교적 간단하였기 때문에 자동화는 급속히 발전을 이루었다.

연속 프로세스의 양산 플랜트에서는 최적 제어에 의한 수량의 증대가 큰 경제효과를 갖기 때문에 자동화의 장점이 그 발전을 촉진시킨 것이다. 이처럼 자동제어는 발전했으나 각각의 응용분야 간에는 거의 관련을 갖지 못했다.

2차 세계대전 중 미국 MIT의 Radiation Lab.이 중심이 되어 레이더로 항공기를 자동적으로 추정하는 이른바 Automatic Radar Tracking System을 개발하는 연구가 많은 학자, 연구자들이 모여 이루어졌는데 그 연구의 결과 시스템으로서 서보 System 하드웨어의 개발에 성공하면서 이러한 제어계를 설계, 조정하는 실용적 제어이론의 개발에 성공했던 것이다.

그림 1-3 항공기에 적용된 서보제어 이론

이 이론은 서보테크닉이라 하는 이른바 주파수 응답법이었다. 전후 이들의 연구성과가 재빨리 발표되자 이 방법이 서보에만 한정되지 않고 프로세스제어를 포함한 일반 제어계의 해석, 설계에 큰 역할을 해내어 피드백 제어이론이 체계화된 것이다.

또한 전자계산기의 발달로 그 신뢰성이 향상하면서 제어에 응용하는 소위 컴퓨터제어의 시대를 맞이하게 되었다. 컴퓨터를 도입함으로써 제어의 질이 비약적으로 향상했다는 것은 말할 필요도 없다.

그때까지의 제어는 연산이라고 해도 고작 PID제어 정도였으나 컴퓨터에 의해 복잡한 연산과 복잡한 이론 판단이 가능해지고 더욱 큰 용량에 의해 측정된 데이터의 이용이 가능해졌다. 그 때까지의 자동화가 사람의 손발의 역할을 기계로 대행시킨 것에 불과한데 반해 컴퓨터에 의해 인간두뇌의 역할을 대행시키는 것이 가능해졌으며 그 당시 생긴 오토메이션이란 신조어가 이 자동화의 변모에 대응하여 사용된 것이다.

1973년 석유 가격의 급격한 폭등에 따른 소위 오일쇼크가 원인이 되어 성능상으로는 뛰어나지만 작동을 위한 기름의 관리, 기름 누출, 폐유 처리 등 사용상의 난점을 가진 유압서보가 공업적 이용에 있어 점차 멀어지게 되고 전기서보의 전성기를 맞이하게 되었다.

여기에는 서보전동기의 성능향상, 트랜지스터, 다이리스터 등 반도체 기술의 진보가 크게 공헌하였다. 당초의 전기서보는 저관성 서보 전동기나 저속도대토크 서보 전동기의 직류서보 전동기를 이용한 DC서보가 사용되었다. 그러나 직류서보 전동기에는 전류를 바꾸기 위한 정류자의 브러시와 코뮤데이터의 마찰부분이 있어 브러시 분말과 브러시 커뮤데이터 손상의 보상이 필요하다.

동기전동기, 유도전동기의 교류서보 전동기에는 정류자가 없기 때문에 보상이 없어도 된다.

교류서보 전동기를 구동시키려면 교류주파수를 변화시켜 전동기 속도를 변화시킬 필요가 있는데 직류를 가변주파수의 교류로 변화시키는 성능이 좋은 인버터회로를 트랜지스터나 다이리스터 등 반도체 소자로 실현할 수 있게 되었으며 또 마이크로일렉트로닉스의 연산기술이 교류서보 컨트롤러에 이용되게 되었기 때문에 교류서보 전동기를 이용한 AC서보의 성능이 향상되었으며 비용면에서도 DC서보에 필적할 만큼 되고, 무보상의 유리함으로 AC서보가 로봇 제어에 많이 쓰이게 되었다.

1-2 서보제어의 의미

서보제어를 설명하라고 하면 처음 접하는 사람들은 서보모터를 생각할 것이다. 하지만 서보모터는 서보라는 제어방식이 적용된 하나의 제품이라고 의미가 줄어든다.

서보제어는 오차를 감지하고 피드백(Feedback)되는 신호를 이용하여 제어를 좀 더 정확히 하려는 제어의 한 방식이다.

목표값을 제어량이 따라가도록 기계기구가 동작을 하는데 목표값과 현재의 제어되어지는 값을 계속 비교하여 그 차이에 해당하는 연산값을 더하거나 빼어 오차를 줄이는 방향으로 속도감지센서나 위치감지센서를 이용하여 데이터값을 계속 받아들인다.

제어기는 이 피드백 되는 신호를 증폭하여 다시 액추에이터가 동작하도록 기계기구를 조작 한다.

오차검출기는 피드백 신호(실제의 위치를 나타내는 신호)와 명령신호(목표지점을 나타내는 신호)를 비교한다.

이때 어떤 차이는 제어를 받는 소자가 원하는 목표지점까지 이동하는 데 필요한 보정량을 나타내는 오차신호를 만든다. 오차보정 신호가 증폭기로 증폭되어 보조전동기를 구동하는 데 사용되는데 이 보조전동기는 제어를 받는 소자의 위치를 변경한다.

이때 사용하는 센서로는 차례로 타코 제너레이터(Tacho Generator), 엔코더(Encoder) 등이 대표적이다.

서보 기구는 대포의 조준, 화력 조절, 해양 운항장비에서 처음으로 이용되었으며 오늘날에는 자동공작기계, 위성추적 안테나, 망원경의 천체 추적장치, 자동항법장치, 대공포의 제어장치 등에도 응용되고 있다.

여기에서는 서보기구를 서보모터로 국한하여 설명하도록 한다.

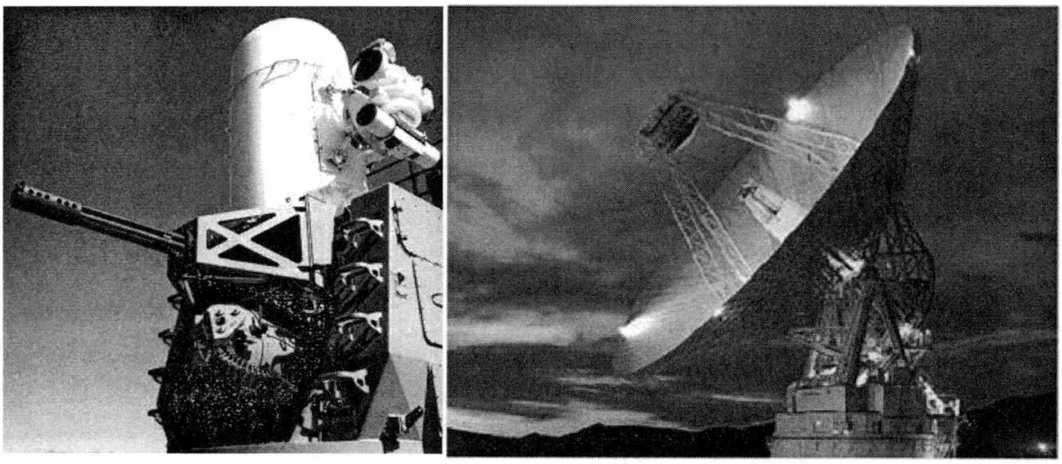

그림 1-4 Automatic Radar Tracking System

1-3 서보 모터의 종류

서보모터는 사용하는 전원에 따라 DC서보모터, AC서보모터로 크게 나눌 수 있고, AC서보모터는 내부 구조에 따라 동기형과 유도기형으로 나누어진다.

DC서보모터는 서보모터의 초창기 형태로 DC전원으로 구동하는 방식이라 모터의 구조가 복잡하고 또한 기계적인 접촉이 생기므로 수명의 한계와 유지보수에 어려움이 많았다.

1980년대 반도체제조기술의 발달에 따라 AC전원으로 구동할 수 있는 서보모터가 제조되기 시작하여 발전을 거듭하며 오늘날 사용하는 서보모터까지 이르게 되었다.

서보 모터는 일반 모터와 달리 빈번하게 변화하는 위치나 속도의 명령값에 대하여 신속하고 정확하게 추종할 수 있도록 설계된 모터를 말한다.

서보 모터는 급가속, 급제동에 대하여 대응할 수 있는 구조를 가지고 있어야 하므로 다음과 같은 두 가지 조건을 만족해야 한다.)

- 큰 회전력(토크 Tourqe)을 가질 것
- 회전자의 관성 모멘트가 작을 것
  (관성 모멘트 : 물체가 계속해서 회전하려는 성질의 크기)

1) DC 서보모터

DC 서보모터의 구조를 살펴보면 고정자 측 구성은 기계적 지지를 목적으로 하는 원통형의 프레임과 프레임 내측에는 자석이 부착되어 있다.

회전자 측 구성은 샤프트와 샤프트 외경에 정류자 및 회전자 철심이 부착되어 있고 회전자 철심 내에 전기자 권선(coil)이 감겨져 있다. 전기자 권선에 정류자를 통하여 전기를 공급하는 브러시 및 브러시 홀더가 부착되어 있다. 브라켓과 플랜지에는 볼 베어링이 있어서 회전자를 받쳐주고 있다. 브라켓 뒤쪽에는 회전속도 신호를 검출하는 검출기가 회전자와 연결되어 있는데 광학식 엔코더 혹은 레졸버가 부착되어 있다.

DC 서보모터는 토크와 전류가 비례관계에 있어 비교적 간단한 회로로 안정된 제어계 설계가 가능하다. DC 서보모터는 최고속도와 그 점에서의 허용 토크가 정류 불꽃(Flash Over)에 의해 제약을 받는다.

DC 서보모터의 구동 방식은 트랜지스터에 의한 펄스 폭 변조방식이 주류를 이룬다. 이 방식은 공급되는 교류 전원을 정류하여 직류를 얻고 이 직류 전원이 모터에 인가되는 시간 폭을 주파수로 하는 반송파에 의해 변화되어 가변 전압을 만들어 모터의 속도 제어를 행 한다. 이런 방식의 제어는 응답성이 좋고 부하 마찰 토크가 국부적으로 변화하므로 다관절 로봇과 같이 자세에 의한 모터 축 환산부하 관성이 크게 변하는 시스템에서도 충분히 안정된 제어를 행할 수 있다

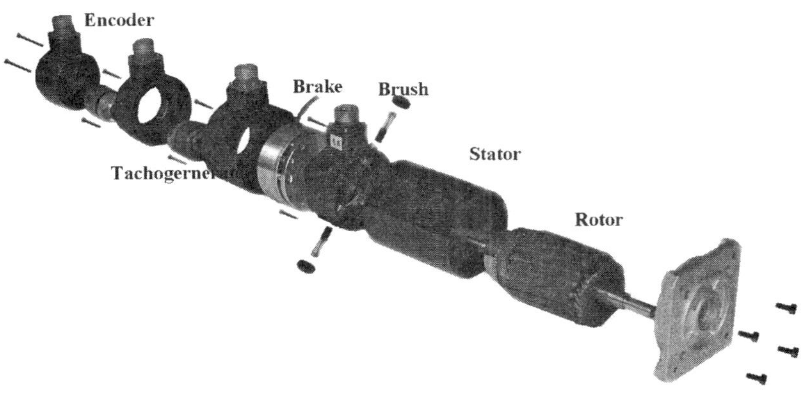

그림 1-5. DC서보모터의 구조

2) 동기형 AC 서보모터

AC 동기형 서보모터의 구조를 살펴보면 고정자 측 구성은 기계적 지지를 목적으로 하는 원통형의 프레임과 프레임 내측에 원통형의 고정자 코어(Stator Core)가 있고 코어에 전기자 권선이 감겨져 있다. 권선 끝단에는 리드선이 나와 있어서 이 리드선으로 부터 전류 및 전압이 공급된다. 회전자 측 구성은 샤프트와 샤프트 외경에 자석이 부착되어 있다.

양쪽 브라켓 및 플랜지에는 볼 베어링이 부착되어 있다. 동기기형 AC 서보모터는 DC 서보모터와 반대로 자석이 회전자에 부착되어 있고 전기자권선은 고정자 측에 감겨져 있는 구조이다.

따라서 정류자나 커뮤니케이터 없이도 외부로부터 직접 전원을 공급 받을 수 있는 구조이기 때문에 브러시리스 DC 서보모터라고도 한다. 동기형 AC 서보모터도 DC 서보모터와 마찬가지로 광학식 엔코더나 레졸버를 회전속도, 위치 검출기로 사용한다.

동기형 AC 서보모터는 회전자에 자석 즉, 페라이트 자속 혹은 희토류 자석을 사용하여 계자 역할을 한다.

동기형 AC 서보모터는 전기자 전류와 토크의 관계가 선형이므로 제동이 용이하고 비상 정지 시에 다이내믹 브레이크가 작동한다. 그러나 회전자에 영구자석을 사용하는 구조이므로 복잡하고 제어 시 회전자 위치를 검출해야 할 필요가 있다.

또한 드라이버로부터의 전기자 전류에는 고주파 성분이 포함되어 있어서 토크리플(Torque Ripple) 및 진동의 원인이 되는 경우가 있다.

3) 유도기형 AC 서보모터

유도기형 AC 서보모터의 구조는 일반 유도기(Induction Motor)의 구조와 똑같다.

즉 고정자측은 프레임, 고정자 코어, 전기자 권선, 리드선으로 구성되어 있고 회전자는 샤프트, 회전자 코어 그리고 코어 외경에 도전체(Conductor)가 조립되어 있다. 컨덕터는 코어 외측에 축 방향으로 경사지게 많은 슬롯이 나있는데 링 형상의 코어 양단면과 슬롯에는 순도 높은 알루미늄 봉이 차 있어서 바구니 모양과 비슷하다. 유도기의 경우 회전자와 고정자의 상대적인 위치 검출 센서가 필요치 않다. 유도기형은 회전자 구조가 간단하고 검출기도 특수한 것이 필요 없다.

그러나 정지 시에도 여자전류를 계속 흘려야 하므로 이로 인한 발열 손실과 비상 정지 시에 DC 서보모터와 같이 전기자 권선을 단락하여 다이내믹 브레이크를 걸어주는 것이 불가능한 것 등의 단점이 있다.

위의 내용을 정리하면 다음과 같다.

표 1-1 DC서보모터와 AC서보모터의 비교

종 류		장 점	단 점
DC 서보모터		• 기동토크가 크다. • 크기에 비해 큰 토크 발생 • 효율이 높다. • 제어가 용이하다. • 속도제어 범위가 넓다. • 비교적 가격이 저렴하다.	• 브러시 마찰로 기계적 손실이 크다. • 브러시 보수 필요 • 접촉부의 신뢰성이 떨어진다. • 정류 속도의 한계가 있다. • 사용 환경의 제한이 있다. • 방열이 나쁘다.
AC 서보모터	동기형 AC 서보모터	• 브러시가 없어 보수가 용이하다. • 내환경성이 우수하다. • 정류 속도의 한계가 없다. • 신뢰성이 우수하다. • 고속, 고토크의 사용이 가능 • 방열이 좋다.	• 시스템이 복잡하고 고가이다. • 전기적 시정수가 크다. • 회전 검출기가 필요 • 영구자석을 고정자로 사용하므로 대용량의 모터 제작이 어렵다.
	유도기형 AC 서보모터	• 브러시가 없어 보수가 용이하다. • 내환경성이 우수하다. • 정류속도의 한계가 없다. • 자석을 사용하지 않는다. • 고속, 고토크의 사용이 가능 • 방열이 좋다. • 회전검출기가 불필요하다.	• 시스템이 복잡하고 고가이다. • 전기적 시정수가 크다.

1-4 서보모터의 동작 원리

1) 토크 발생원리

DC 서보모터의 회전속도를 바꾸기 위해서는 일반적으로 전기자에 인가하는 전압을 변화시키는 방법을 취한다. 전기자 전압은 회전속도와 거의 비례 관계가 있고 전압을 내리면 어느 정도 속도를 내릴 수 있다. 반면에, AC 모터는 일반적으로 주파수를 변화시켜 회전 속도를 바꾸는데 이 주파수에는 자연히 한계가 있다.

2) DC Motor의 동작 원리

영구자석 N, S극에 의해 자계(F)가 형성되고, 브러시와 정류자를 통한 전류(I)가 도체 내에서 흐르면 플레밍의 왼손 법칙에 따라, 그림에서는 화살표 방향으로 토오크(T)가 발생한다.

회전자가 회전하여 약 90° 회전하면 정류자에 의해 전류방향이 뒤바뀌어 회전을 계속할 수 있다. 이 일련의 동작을 잘 생각해 보자. 그림의 상태에서 통전하여 회전을 시작하면 토오크는 점점 감소하고 90° 의 위치에서 0이 된다. 본래, 여기에서 정지하는 것인데 실제는 회전자의 관성 때문에 조금 더 회전하여 90도를 약간 넘은 곳에서 전류의 흐름이 뒤바뀌게 되고 토오크는 점점 증가하기 시작한다. 그러나 실제의 모터는 정류자가 수십개 있어, 회전자가 약간 돌면 전류의 방향이 뒤바뀌게 되어 항상 최대 토오크인 곳에서 사용되는 형태로 설계되어 있다.

이와 같이, DC 모터의 구조는 자력선과 전류의 방향이 항상 직각으로 교차하는 모양으로 되어 있어, 전류에 비례한 안정된 토오크를 항상 얻을 수 있다. 그렇지만, 이를 위해서는 정류장치(브러시, 정류자)가 반드시 필요하다.

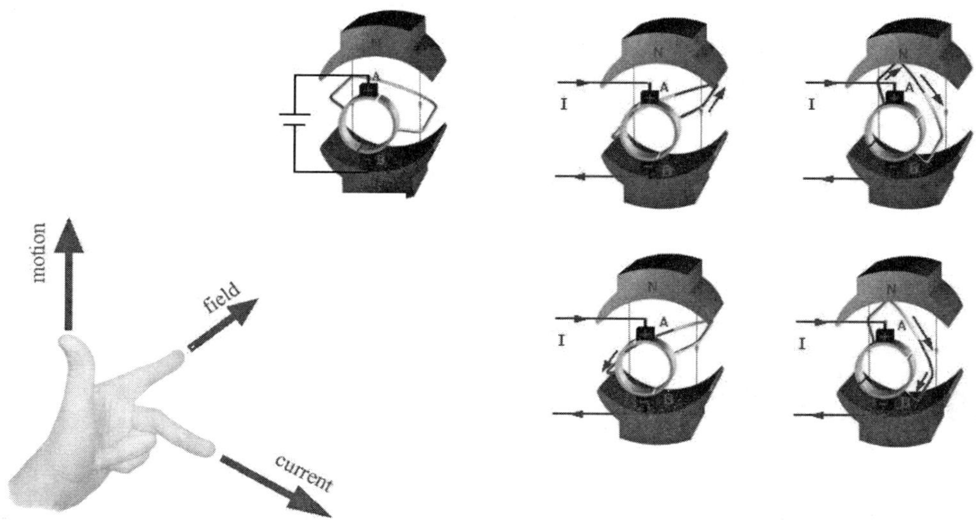

그림 1-6 DC Motor의 동작 원리

3) AC모터의 구동 원리

모터의 정류자를 슬립링으로 바꾼 것이다.

지금, 브러시 A가(+), 브러시 B가(-)로 되는 모양으로 통전하면 DC 모터와 같은 모양의 토오크가 발생하여 모터가 회전한다.

그러나 정류자가 없기 때문에 정지하므로, 적당한 시기에 전류 방향을 바꿔 줄 필요가 있다. 역으로 생각하면, 전원을 교류로 하면, 그 주파수에 맞는 회전속도로 계속 돌 수 있다.

이와 같이, 전원 주파수에 동기시켜 모터를 돌리는 것이 교류 모터이고, 회전자의 위치에 의해 전원의 극성을 반전시키는 것이 브러시리스 모터이다. 회전 전기자형, 회전 계자형 2가지 종류가 있다. 브러시리스 서보모터의 경우는 회전계자형을 사용한다.

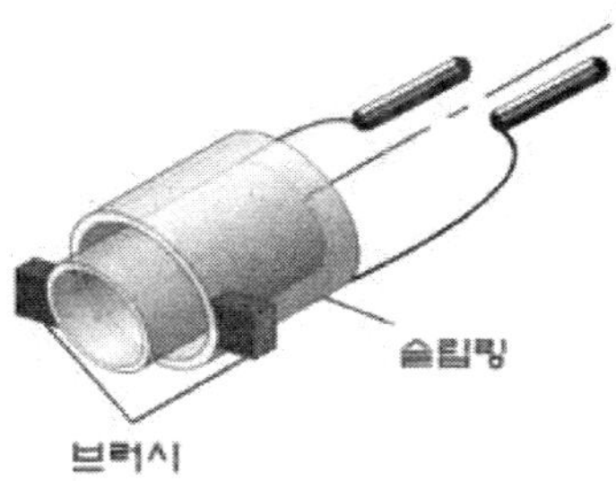

그림 1-7 AC모터의 슬립링

4) AC 서보모터의 구조

자속을 만들어 내기 위한 영구자석이 회전자에 부착된 회전계자형이고, 권선은 고정자측에 설치된 고정전기자 구조이다. 결국 DC 서보모터와 비교해 보면 회전자와 고정자의 전기적 역할이 역으로 되어있다.

서보모터에서는 급가감속을 행하기 위해, 최대 토오크는 정격 토오크에 대하여 수 배 크게 하지 않으면 안 되는데, DC 서보모터에 있어서는 가감속 영역이라 불리는 정류한계가 있고, 이것을 넘어서 사용하면 Flash over현상(정류자 불꽃이 갑자기 광대해 지는 현상)이 나타난다. 더구나 이 정류한계는 회전속도가 커지면 현저하게 저하한다.

그러나, AC 서보모터에 있어서는 정류한계가 존재하지 않기 때문에 고속 회전 영역까지 최대 토오크를 저감하지 않고 운전할 수 있다. 또, AC 서보모터에 있어서는 영구자석이 회전축상에 설치되어 있기 때문에 회전자에서는 발열이 없고 모터의 발열은 고정자측의 전기자에서만 발생한다. 고정자측의 전기자에서 발생한 열은 프레임을 통하여 대기

중에 발산하므로, 발열부가 회전자에 있는 DC 서보모터에 비하여 냉각이 용이하다.

또한, 발열부의 온도검출이 직접가능하기 때문에 과부하에 대해 보호가 확실한 조치를 취할 수 있다.

가) 회전자

회전자는 회전축에 영구자석이 고정된 회전 계자형 구조이다.

나) 고정자

고정자는 전기자 철심과 전기자 권선에 의해 구성되어 있다.

전기자 철심은 0.34~0.5mm 두께의 규소강판을 쌓아 두껍게 한 것이다.

일반적으로 권선을 하기 위한 슬롯의 영향 때문에 공극에서의 자속밀도가 균일하지 않고 토오크가 맥동하여 회전변동이 일어난다.

이같은 토오크 리플을 저감하기 위하여 전기자 철심에 슬롯을 많이 낸다. 또, 서보모터의 철심은 전기자 전류의 영향을 받아서 진동하기 때문에 이 주파수가가청주파수역에 들 경우는 소음이 난다.

다) 서보모터 센서

AC 서보모터의 센서는 모터의 위치 검출과 회전속도 검출의 2가지 기능이 필요하게 된다. 센서로서는 엔코더와 레졸버 등이 일반적으로 사용되고 있다.

광학식 엔코더(Optical Encoder)는 서보 모터의 구동에 있어서 회전자의 위치를 검출하고 속도 및 위치 제어를 위해서 없어서는 안되는 중요한 요소이다. 그리고 최근에 서보 모터의 위치 검출을 위하여 가장 많이 사용하는 검출장치로 그 구조를 생각하여 볼 필요가 있다.

광학식 엔코더의 종류는 크게 절대값 엔코더(Absolute Encoder)와 상대값 엔코더(Incremental Encoder) 두 가지가 있는데 절대값 엔코더는 언제든지 현재의 위치를 절대값으로 알 수 있고, 상대값 엔코더는 현재의 위치를 카운터 혹은 기타 장치를 이용하여 계수하여 두어야만 현재의 절대위치를 알 수 있다. 절대값 엔코더의 경우 현재의 위치를 알기 위한 분해능(정밀도)을 높이기 위하여 엔코더 회전원판의 슬릿의 종류를 늘려야 하며 이렇게 될 경우 그 크기를 줄이기 어렵다.

또한 분해능을 높이기 위해서 기계적인 검출 슬릿을 많이 할 수 없어 분해능이 높을 경우 그 가격이 고가이고 높이더라도 모터의 회전수 전체를 알기는 매우 어렵기 때문에 엔코더의 기계적 성격은 Incremental Encoder와 같으나 엔코더 Case내부에 카운터를 두어 계수하고, 이를 필요시 직렬 통신을 이용하여 전송하는 방식을 가지고 있는 Semi-Absolute Encoder가 개발되었고, 이 방식이 AC 서보 모터에 적용되어 사용되고 있다.

그러나 이러한 구조를 가지고 있는 Semi-Absolute Encoder는 통신을 위한 방법이 있어야 하고 제조시 단가가 비싸지기 때문에 대부분의 서보 모터에서는 Incremental Encoder를 채용하고 있다.

절대값 엔코더의 기본적인 구성은 인크리멘탈 형과 동일하다. 회전 디스크의 슬릿은2진 부호열로 되어 있는데, 회전 디스크의 바깥 둘레를 최하위 비트로 하고 중심을 향하여 필요한 비트(행)수 만큼의 슬릿이 동심원상으로 배치되어 있다.

절대값 엔코더는 명칭 그대로, 입력축의 절대위치를 검출할 수 있기 때문에 신호전송 중의 노이즈에 의해 오차가 누적되지 않으며, 조 전원이 단절되어 재투입하는 경우에도 인크리멘탈 형에서처럼 원래 위치를 잃어버리지 않고 정상적으로 올바른 현재치를 검출할 수가 있다.

단점으로는, 비트수가 많아지면 출력 신호선의 수가 많아져 구조상 소형화, 저가화가 어렵다는 것이다.

그림 1-8 서보모터의 엔코더 센서

절대위치 검출기에는 인크리멘털 신호(A, B상)의 외에 모터 1회전 내에서의 절대위치 검출, 원점으로부터의 모터 회전량카운터가 있어 메모리에 백업 되고 있기 때문에 한번 원점복귀에 의해 위치를 결정해 두면 전원 OFF해도 서보앰프 컨트롤러는 항상 모터의 위치를 알 수가 있다. 따라서 2번째 이후의 전원 투입 시 원점복귀를 실시하지 않아도 그대로 위치·속도제어를 실행할 수가 있다.

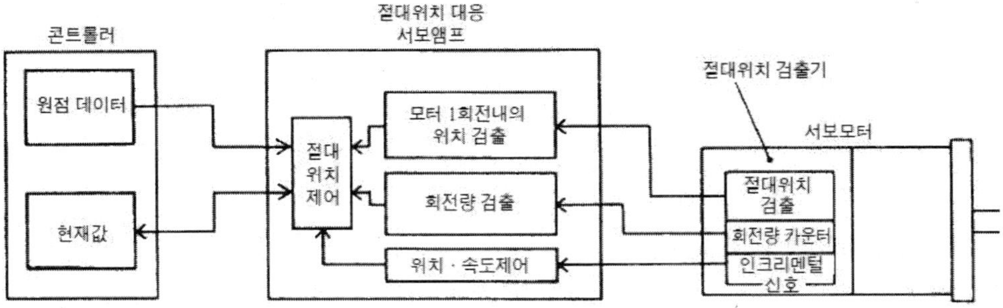

그림 1-9 절대위치 엔코더의 신호의 흐름

표 1-2 인크리멘탈형 엔코더와 앱솔루트형 엔코더의 비교

	인트리멘탈 형	앱솔루트(절대위치) 형
출력내용	상대값 출력 회전각의 변화에 따라서 펄스(Pulse)가 출력된다.	절대치 출력 회전각의 절대 값이 연산되어 비트단위로 출력
정지시 대응	정전 중에 이동량을 알 수 없기 때문에 전원 재투입 시 원점복귀 동작이 필요함	정전 중에 이동량을 알 수 있으므로 전원 재투입 시 원점복귀 불필요
구조 및 경제성	구조가 비교적 간단하므로 가격이 저렴	구조가 복잡하기 때문에 고가임

(1) 엔코더의 기능과 신호의 종류

서보모터에 설치되어 있는 엔코더의 기능은 크게 분류하면 아래의 3가지이다.

(가) 모터 위치의 검출(회전방향을 포함함)

(나) 모터 속도의 검출(회전방향을 포함함)

(다) 모터 자극 위치의 검출(IM형 모터, DC 서보모터는 불필요)

위에서 (가), (나)는 모터가 회전하면 인크리멘털에 출력되는 2상 펄스를 사용한다.

A상 B상 펄스신호는 위치, 속도 검출용으로 수 천 펄스/rev의 신호가 만들어진다.

Z상 펄스신호는 모터 1회전당 한번씩 발생되는 펄스 신호로 원점복귀 등에 사용된다.

보통 Z상(Phase)라고 부른다.

U, V, W상 펄스신호는 자극 위치 검출용으로 사용하는 데 모터 1회전당 2펄스의 신호가 만들어진다.

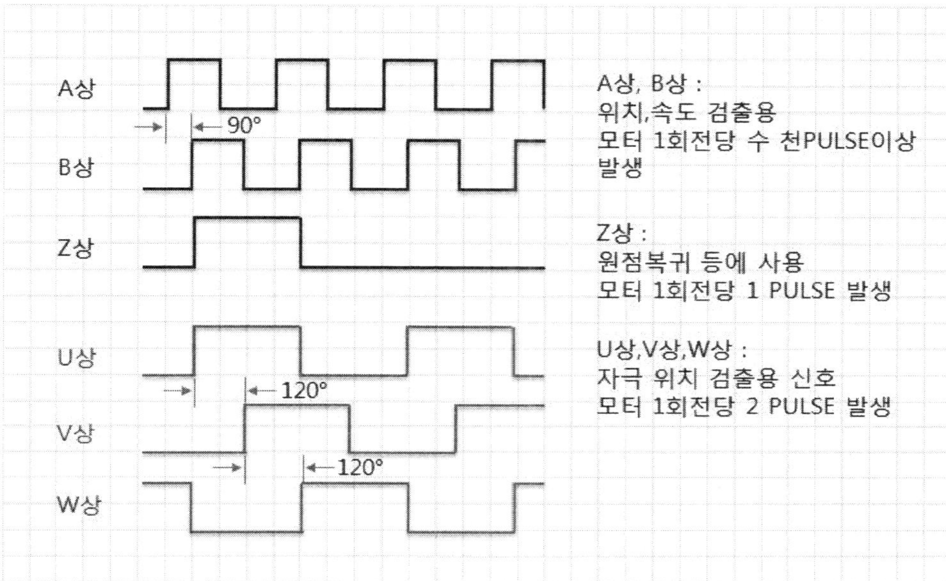

그림 1-10 엔코더 신호

최근의 AC 서보모터에 조립되어 있는 엔코더는, 아래 그림과 같이 SIN원 신호와 COS원 신호에 의해 262144 분할한 펄스와 모터 1회전 내 원점 펄스를 만들어, 그 데이터를 시리얼 통신으로 서보앰프에 전송하는 시리얼통신 방식으로 행하고 있다.

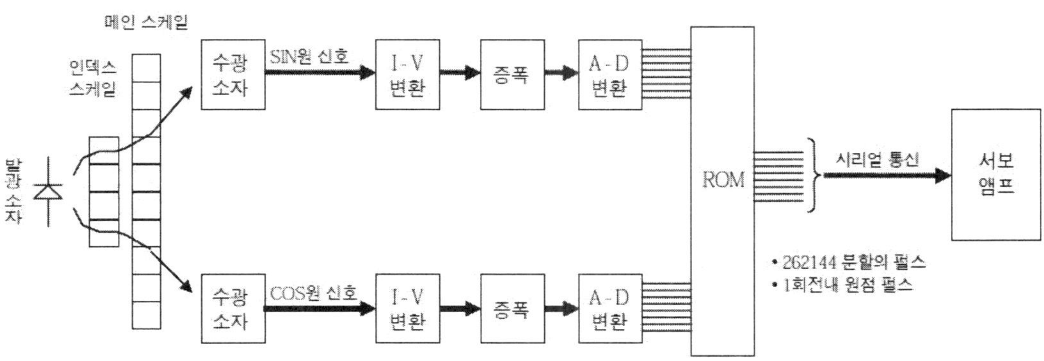

그림 1-11 엔코더의 RS-232C 시리얼 신호 전송

(2) 엔코더 신호의 인터페이스

서보모터에서 서보앰프로의 엔코더 신호는 시리얼화 하고 있지만 서보앰프에서 나오는 엔코더 신호는 펄스화 하여 출력하고 있다. 엔코더 출력 신호 인터페이스로서 아래와 같은 2종류가 있다. 최근에는 신호 전달이 확실한 차동 드라이버출력 방식이 주류가 되고 있다.

표 1-3 엔코더 신호의 인터페이스 방식

	회 로	내 용
오픈콜렉터방식	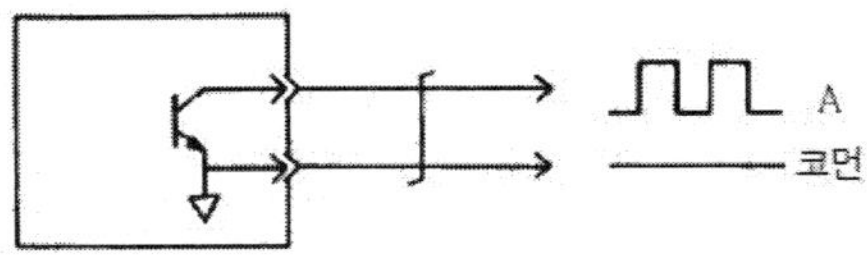	장거리 전송시 파형이 쉽게 둔화되고 노이즈에 약하다
차동드라이브 방식	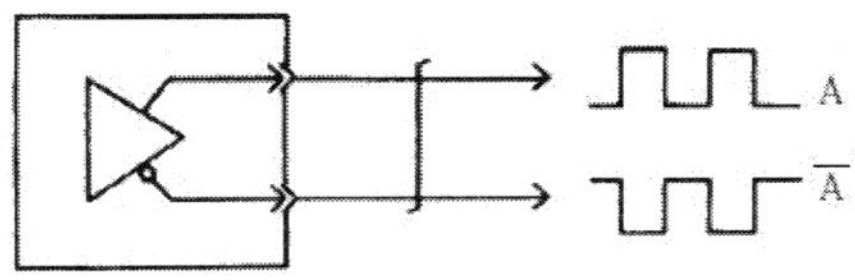	높은 주파수의 전송이 가능하고 노이즈에 강하다

라) 브레이크

서보모터의 사용조건에 따라서 브레이크 내장형이 필요한 경우도 있다. 브레이크는 모터의 박형화를 도모하기 위해 편평형 전자 브레이크가 주로 사용된다. 브레이크의 동작은 역작동 방식의 홀딩 브레이크이다.

마) 베어링

베어링은 기계적 손실이 작은 볼 베어링이 주로 사용한다. 반복적인 급가감속 운동과 회전축의 열팽창을 십분 고려하여 탈조 방지를 충분히 고려하여 설계되었다. 물과 절삭유가 쓰이는 환경에서 사용할 때는 모터 축 사이로 물과 기름의 침입을 방지하기 위해 오일 Seal을 붙이는 경우도 있다.

바) 프레임

프레임은 고정자를 고정하는 기능만 하는 것이 아니고, 자로의 일부가 되기도 하고 동손 및 철손에 의한 열의 방열 통로의 기능을 한다. 따라서 열 발산을 효율적으로 하기위해서는 열전도율이 좋은 재질을 사용하여야 한다. 특히 프레임 외면에 방열판을 많이 두기도 한다.

나. 서보모터 제어시스템의 종류

일반적으로 모터 제어에 있어서 제어를 하여 얻고자 하는 요소는 서보 모터에 일정한 회전력, 반발력을 가지도록 제어하는 토크 제어가 있고 서보 모터를 일정한 회전력으로 일정 속도를 유지하도록 하는 속도 제어, 그리고 원하는 회전수와 위치에 정확한 정지를 하여 제어하는 위치 제어, 세 가지 형태로 분류할 수 있다.

1) 위치제어 시스템

위치 제어는 토크 제어 루프와 속도 제어 루프를 내부에 포함하고 있는 구조이다. 위치 제어라는 것은 원하는 위치, 즉 서보 모터를 회전시켜 원하는 회전각을 얻어내는 것을 말하는데 직선운동기구 같은 경우 회전운동을 직선운동으로 변경시키는 기계적인 구조를 가지고 있어야 한다.

위치 제어는 서보 모터를 일정한 속도로 회전시키고 또 정지시키는 것을 말하는데, 이것은 회전속도를 시간축으로 적분한 것이 위치의 변화가 되며 반대로 속도라는 것은 단위시간 동안 위치의 변화를 말하는 것이다.

따라서 서보 모터의 제어구조에서도 위치의 변화를 검출하기 위하여 회전속도를 시간축으로 적분하는 방법, 혹은 속도를 구하기 위하여 단위시간 동안 위치의 변화를 구하는 방법을 사용한다. 〈그림 4〉는 위치와 속도의 관계를 그림으로 나타낸 것이다.

〈그림 4〉에서 X축을 시간 축으로 하고 Y축을 속도 축으로 하면 빗금친 부분의 면적이 이동거리가 된다.

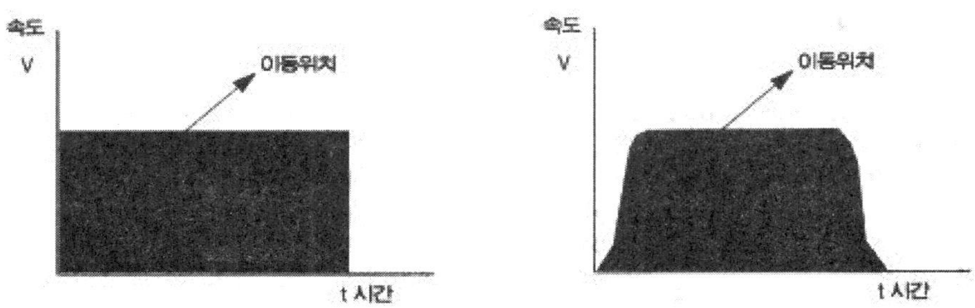

(a) 가감속 제어가 없는 경우 (b) 가감속 제어의 경우

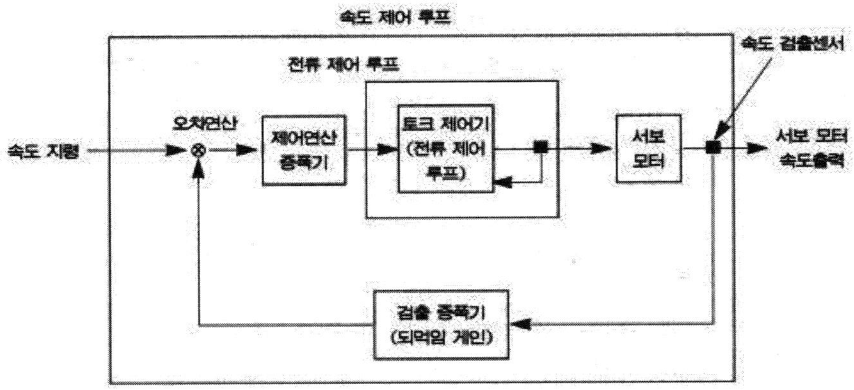

그림 1-12 위치제어 시스템

정격 토크의 300%라는 최대 토크를 가지고 있어 모터만 보았을 경우, 정지에서 정격 속도까지 수 10ms의 급격한 가속·감속에 추종 할 수 있어 1분간에 100회 이상의 고빈도인 위치결정에도 대응할 수 있다.

적용 사례는 프레스 피더, 제대기, 시트 컷, 로더·언로더, 충전기, 포장기, 각종 반송장치, 마운터, 본더 등이 있다.

2) 토크제어 시스템

일반적인 토크 제어 루프에 있어서 제어 구성을 블록도로 나타낸 것이다. 여기서 루프(Loop)라는 말은 그림에서 보는 바와 같이 서보 모터에 인가되는 전류를 검출하여, 이를 다시 토크 지령과 비교 연산하여 다시 서보 모터에 전류를 인가하는 형태로 구성이 되어 있듯이 하나의 루프(Loop), 즉 원과 같은 제어구조를 가지고 있음을 나타내는 용어이다.

그림과 같이 토크 지령은 서보 모터에 인가되는 전류명령으로 볼 수 있으며 모터의 토크는 전류에 비례하여 나타나므로 서보 모터에 인가되는 전류를 제어함으로써 서보 모터의 토크를 제어할 수 있게 되는 것이다.

토크 지령은 현재 서보 모터에 인가되는 전류를 전류 검출기를 통하여 피드백(Feedback)되어지는 신호와 비교 연산되어 오차의 출력이 주어지도록 되어 있습니다. 이때의 수식은 오차출력 = 토크 지령(전류 지령)값 – 되먹임신호(현재 전류)값과 같이 나타낼 수 있다. 이렇게 연산되어진 오차출력은 다시 제어연산 증폭기로 입력되는데 제어연산 증폭기는 보통 PID연산 제어기가 적용되어 연산된다.

PID연산 제어기는 일반적으로 비례연산, 적분연산과 미분연산의 결과값을 합한 계산식을 사용하게 된다. 그러나 상용화되고 있는 서보 모터 드라이버의 경우에서 토크 제어 루프의 제어연산 증폭기에는 일반적으로 비례 제어기만을 많이 사용하고 있는데, 이러한 이유는 서보 모터의 제어용도가 속도 제어, 혹은 위치 제어이기 때문이다.

여기서 토크 제어 루프는 서보 모터의 제어에서 가장 기본적인 제어 루프가 됨을 알고 서보 모터의 제어는 전류 제어, 즉 토크 제어로써 모터의 회전력을 제어하게 됨을 염두에 두고 다음의 상위 제어 루프에 대하여 이해하면 쉬울 것이다.

또한 토크 제어 루프는 그림에서 보는 바와 같이 서보 모터 전체를 둘러싸고 있는 제어 루프가 아님을 알 수 있다. 이것은 서보 모터에 대하여 토크 제어 루프는 Open-Loop 제어를 하고 있음을 알 수 있다.

따라서 서보 모터에 주어지는 부하량에 관계없이 일정한 전류를 모터에 공급함으로 서보 모터에서는 일정한 토크가 발생됨을 알 수 있다. 바꾸어 말하면 서보 모터의 회전은 토크 제어 루프에서 제어가 되지 않고 일정한 힘만을 발생하게 된다는 것을 기억하여 두면 된다.

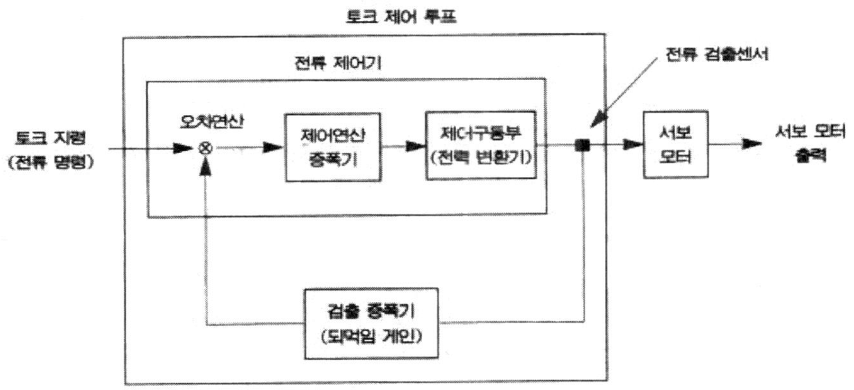

그림 1-13 토크제어 시스템

적용 사례를 살펴보면 각종 권취(감기) · 권출(풀기)장치와 같은 장력제어 분야에도 적용할 수 있다.

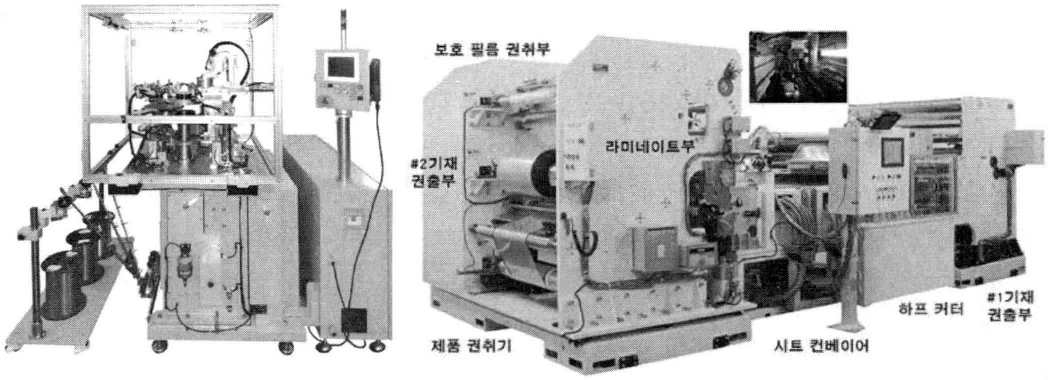

그림 1-14 토크제어 방식을 적용한 기계들

3) 속도제어 시스템

속도 제어는 위에서 설명한 토크 제어와 연관이 되어진다. 토크 제어는 서보 모터에서 일정한 힘을 발생시키는 제어라고 하면 속도 제어는 토크를 제어하여 서보 모터를 일정한 속도로 회전시키는 제어를 말한다. 즉 속도 제어 루프는 내부에 토크 제어 루프를 포함하고 있으며 속도 제어명령의 최종 출력이 토크 제어명령의 입력으로 사용되게 된다.

서보 모터의 속도 제어 루프를 그림으로 나타내면 아래의 그림과 같다. 그림에서와 같이 서보 모터의 속도 제어는 서보 모터를 포함한 Close-Loop 제어시스템으로 구성되어 있다.

따라서 서보 모터에서 출력되는 속도를 검출하기 위하여 속도 검출센서는 서보 드라이버 내부에 위치할 수 없고 서보 드라이버 외부에 위치하며 서보 모터의 회전축과 연결되어 기계적인 결합으로 구성된다.

이전에는 아날로그방식의 제어가 주류를 이루어 타코 제너레이터가 주로 사용되어 왔으나, 최근에는 디지털 제어방식이 주류를 이루게 됨으로써 서보 모터의 속도 검출기로는 광학식 엔코더가 주류를 이루게 되었다.

또한 AC 서보 모터를 제어하기 위하여 고정자의 자극의 위치와 회전자의 위치에서 발생하는 자계의 위상을 정확히 동기시키기 위하여 모터에 공급하는 전류의 위상을 서보모터의 기계적 자극의 위치를 일치시키기 위하여 회전자의 위치를 정확히 알 필요가 있다.

따라서 AC 서보 모터의 검출센서는 회전자의 위치를 정확히 알 수 있는 광학식 엔코더 혹은 레졸버라고 하는 검출기가 주로 사용되지만 최근 상업적으로 주로 유통되는

AC 서보 모터의 경우에는 광학식 엔코더가 주류를 이루고 있다.

서보 모터의 속도 제어 루프는 제어 루프에 입력되는 속도명령에 대하여 현재 서보 모터의 출력에서 검출되는 검출속도의 편차를 제어연산 증폭기를 통하여 토크 제어 루프의 명령으로 주어진다. 이때 서보 모터에 인가되는 토크를 제어함으로, 즉 모터에 인가되는 전류를 제어함으로 속도명령에 비례하는 속도출력을 갖도록 제어하는 것이다.

속도 제어 루프는 모터를 포함한 Close-loop 제어로 구성이 되고 내부에 토크 제어 루프를 포함하고 있다는 것이 중요한 내용이 되며 속도 제어는 상위 제어기가 위치 제어를 하는 제어기를 사용할 경우 혹은 서보 모터의 일정한 속도출력을 요구하며 제어할 경우 주로 사용된다.

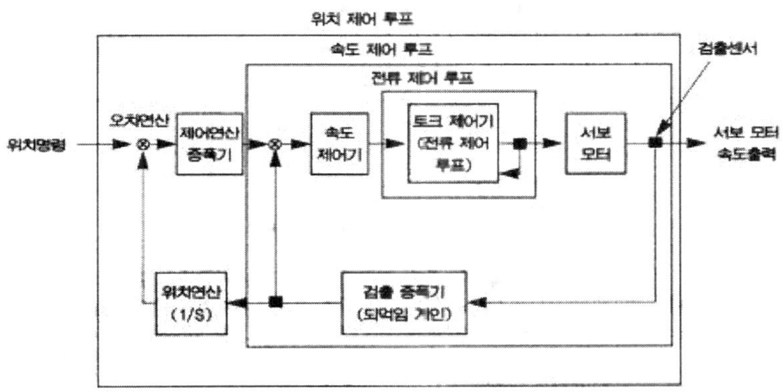

그림 1-15 속도제어 시스템

속도제어 범위 1 : 1000~5000, 속도 변동율 0.01% 이하라고 하는 고정밀의 속도제어가 가능하고 출력 토크 일정하다고 하는 다른 가변속 모터에 없는 특성을 가지고 있기 때문에, 각종 라인 제어를 비롯하여 하는 고정밀도의 가변속 구동용으로 사용할 수 있다.

적용 예로는 인쇄기, 지공기, 필름 제조라인, 연장선기(신선기), 코일기(권선기), 각종 전용기의 이송, 각종 반송 장치, 권취기 · 권출기, 목공기 등을 들 수 있다.

다. 서보드라이브

서보 드라이브는 서보모터의 성능을 충분히 발휘 시키는 것 이외에 각종 보호기능이 내장되어 있다.

서보 모터를 구동시키기 위해서는 반드시 같은 시리즈의 드라이버가 필요하다.

드라이버는 아날로그 신호 입력(제어모드가 속도제어 토크제어일 경우)과 펄스열 입력(제어모드가 위치제어일 경우)의 두 가지 이 신호로 동작한다고 볼 수 있다.

상위 제어기로부터 출력신호가 아날로그 인지 펄스열 인지에 따라 드라이브를 선택할 필요가 있다.

다음은 서보앰프의 블록도와 동작 원리에 대해 표시하였다.

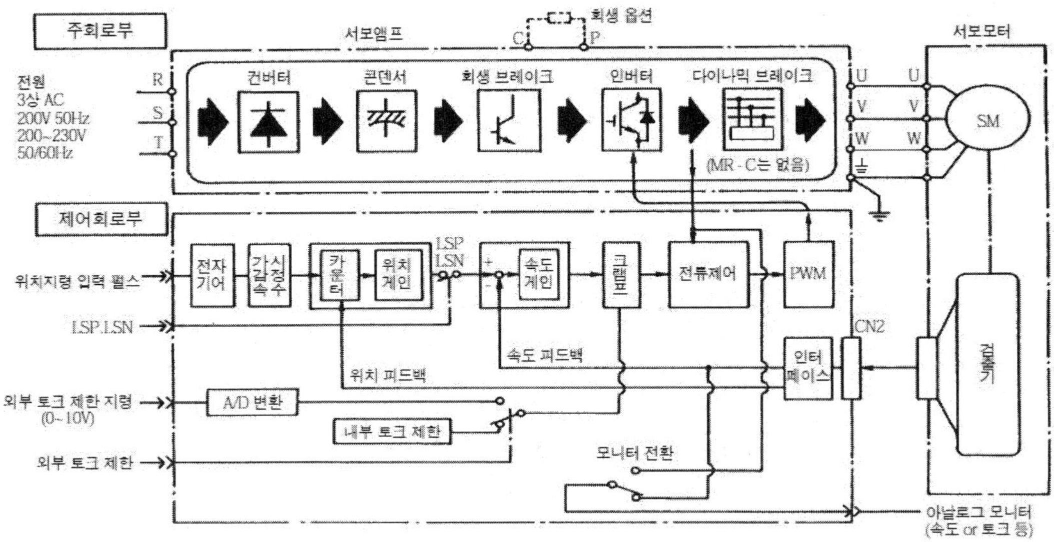

그림 1-16 서보드라이브의 구성회로

주회로부와 제어회로부로 나누어 설명하면

1) 주회로부

주회로부의 기본 기능은 상용 전원(3상 AC200~230V, 50/60Hz)을 컨버터(다이오드 브릿지, 콘덴서)에 의해 정류 · 평활하여, 인버터(IGBT)에서 정현파 PWM 제어된 임의의 전압 · 주파수의 3상 전류를 모터에 공급해 모터의 속도, 토크를 제어하는 것이다.

가) 컨버터, 평활 콘덴서

상용 전원을 다이오드 브릿지에서 정류하고 한층 더 평활 콘덴서에서 리플이 적은 직류 전원을 만든다.

나) 인버터

인버터는 컨버터, 평활 콘덴서에서 만들어진 직류 전원으로부터 모터의 회전속도에 대응하는 주파수, 부하 토크에 어울리는 크기의 전류를 만들어 모터에 공급한다.

다) 회생브레이크

(1) 회생브레이크 회로

회생 브레이크는, 지령속도보다 모터의 실제 회전속도가 높아졌을 때, 즉 감속시 상하축의 하강시 혹은 권출축으로 제동을 걸고 있을 때 등에 동작하여 모터 및 부하가 가지고 있는 회전 에너지를 서보앰프 측에 내장하고 있는 회생저항으로 에너지를 흡수하는(소비한다) 것에 의해 제동력을 얻고 있다.

이러한 운전 상태를 회생운전이라고 하고, 통상 서보앰프 내에는, 회생회로를 마련하고 있다.

회생회로는, 이 경우 모터에 있어서는 부하로서 일하기 때문에, 회로의 에너지 소비율에 의해 회생브레이크력은 달라지며 또 운전 조건에 의해 회생 에너지량이 좌우되어 큰 회생 에너지를 소비시킬 필요가 있는 경우에는 서보앰프의 밖에 회로를 마련하여 거기서 소비시킬 수가 있게 되어 있다.

(2) 회생 브레이크 회로의 종류

(가) 소용량으로 회생 에너지가 작은 경우, 앞의 평활 콘덴서에 일시적으로 에너지를 충전한다. 이것을 콘덴서 회생 방식이라 하며, 0.4kW정도 이하로 이용된다.

(나) 중용량에서는 저항기에 전류를 흘려, 열로서 소비시키는 방식이 있다. 이것을 저항 회생 방식이라고 부른다, 회생 에너지가 커지면 저항기가 커지고, 또한 주위에 발열의 영향 등 문제가 되는 경우가 있다.

(다) 대용량으로, 위의 저항 회생 방식의 결점을 보완하기 위해, 최근 회생 에너지를 전원 측에 되돌려 주는 방식도 사용하고 있다. 이것을 전원 회생 방식이라고 부른다. 11kW 정도 이상에서 이용된다.

(3) 다이나믹 브레이크

전원단의 알람 발생 시 등 인버터부의 출력으로 정지(베이스 차단)했을 때 모터는 프리-런이 되어 정지까지 긴 시간을 필요로 하고 타주량(惰走量)이 커져 스트로크 엔드에 충돌하는 등의 불편이 발생하는 경우도 있다.

다이나믹 브레이크는 베이스 차단이 되었을 때 서보모터의 단자간에 적당한 저항기를 개입시켜 단락(합선, short circuit)하여 회전 에너지를 열소비시켜 신속하게 정지시키는 기능이다.

다이나믹 브레이크는 통상 앰프에 내장타입이지만 서보앰프와는 따로 설치되는 기종도 있다. 또한 다이나믹 브레이크는 정지시의 보관 유지력은 없기 때문에 수직방향의 이동인 경우 제동과 동시에 메카 브레이크를 걸어 유지시키는 것이 필요하다.

(4) 회생옵션 (회생저항)

서보모터가 발전한 전력 중 서보 드라이브에 흘러 들어가는 전류를 서보 드라이브 내에서 소비를 해야 하는데 저항을 연결하면 열로서 소비할 수 있다.

상하구동처럼 하강시 중력의 영향에 의해 모터는 발전기로서 동작을 하고 수평구동인 경우 빈번한 급가감속 등과 같은 경우 부하 토오크가 마이너스 값을 가지게 되며 이때 모터는 발전기로서 동작하고 발전된 전력이 서보드라이브로 역류하여 흐르게 된다.

이 상태를 회생이라고 부르고 서보드라이브에 역류하여 들어온 전력의 일부는 내부에서 소비되어 없어지지만 서보모터의 용량이 큰 경우에는 서보드라이브에서 소비하고 남은 경우 외부에 회생저항기를 접속해서 사용해야 한다.

소용량인 경우 회생전력을 드라이브내의 콘덴서로 흡수하기 때문에 회생저항을 내장하고 있지는 않지만 중용량 이상인 경우 회생저항을 내장하고 있는 모델과 옵션제품으로 장착해야 하는 모델로 나누어진다.

2) 제어회로부

마이크로프로세서를 사용해 지령값(목표값)과 현재값으로부터 제어량(위치, 속도, 전류)을 고속 · 고정밀도연산 처리하여, 고응답으로 정밀도가 높은 서보제어 하는 것과 동시에, 제어 내용의 모니터, 유닛을 보호한다.

가) 펄스열로 모터의 회전속도 · 방향의 제어와 고정밀도의 위치결정을 실행한다.

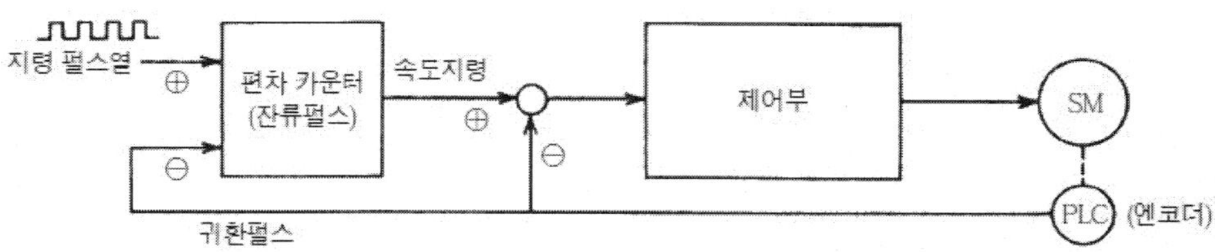

그림 1-17 제어회로부에서의 지령펄스와 귀환(Feedback)펄스

위치제어부에서는 지령펄스가 입력되어도 모터는 지령시점보다 약간 늦게 움직인다. 이 때문에 편차 카운터에는 지연 분의 펄스가 누적되어 보관 유지되고 있는데 이것을 잔류펄스라고 한다. 이 잔류펄스가 속도 지령으로서 속도제어부에 출력된다.

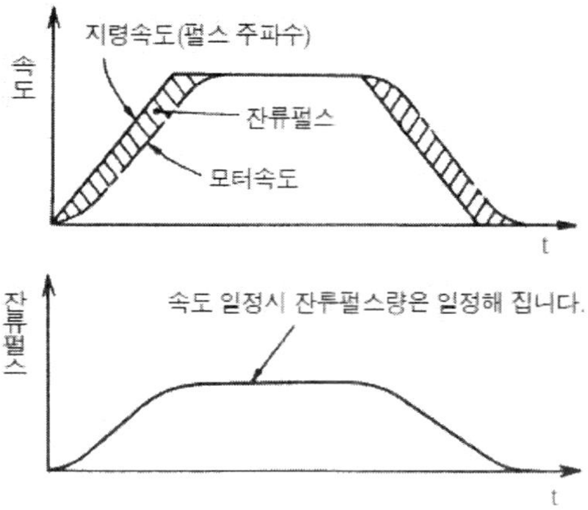

그림 1-18 위치제어의 잔류펄스

나) 속도제어

위치제어부 편차 카운터의 출력은 지령속도에 비례하고, 이것이 속도지령이 된다. 속도지령부는, 속도지령과 모터속도의 편차를 전류지령으로서 출력한다.

또한 속도제어 모드로 운전할 때는, 속도지령으로서 외부로부터 아날로그 전압(0~±10V)을 입력한다.

다) 전류제어 · 3상 발생 회로

전류제어부는 주회로의 인버터를 제어하고 위치지령 또는 속도지령대로 모터가 움직이도록 모터의 전류를 제어한다.

이 때문에 모터의 계자(회전자의 영구자석의 위치에서 결정된다)에 맞춘 3상 교류의 위상을 결정하는 것으로, 속도편차에 대응한 전류를 흘려보낸다.

동기 전동기의 경우, 모터 전류는 계자위치(자극 위치)와 위상을 맞출 필요가 있기 때문에 모터 검출기에는 자극 위치를 검출하는 신호를 가지고 있어 항상 그 위치를 서보앰프에 피드백하고 있다.

서보앰프는 그 신호에 의해 3상 발생 회로부에서 기준 3상 전류를 만든다.

전류 제어부는 기준 3상 전류에 속도편차를 걸어 3상 전류지령을 만들어 PWM 회로를 제어한다.(유도형 서보모터에는, 독립한 계자는 없다. 따라서 자극 위치 검출은 불필요하다). PWM 방식은 1사이클 중에 몇 차례의 스위칭 펄스를 발생시켜 그 펄스폭을 변화시켜 출력전압을 바꾸는 방식이다. 1초간에 발생하는 스위칭 펄스수를 캐리어 주파수라고 한다.

PWM 방식의 경우 이 캐리어 주파수에 비례한 주파수 성분의 모터 진동 및 모터 소음이 발생한다.

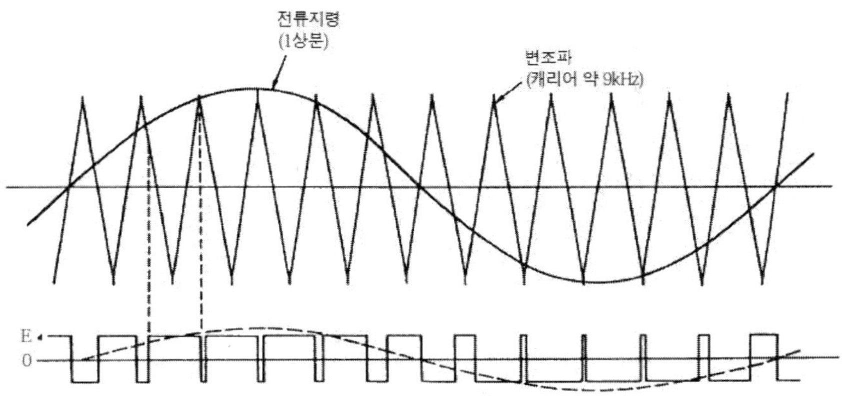

그림 1-19 전류제어부에서 PWM회로 제어

CHAPTER 2

서보 시스템 구성

2-1 서보모터를 제어하기 위한 시스템 구성

산업현장에서 일반적으로 사용하는 서보모터의 제어모드는 위치제어이다. 모터의 회전력을 직선운동으로 변환시키고 일정한 위치마다 작업하는 내용이 정해져 있을 것이다. 따라서 이후에 설명하는 내용은 위치제어에 기본으로 하여 설명하기로 하자.

또한 접하기 쉬운 제품으로 미쓰비시사의 서보모터제어를 설명하기 위해 사용하는 상위제어기로 동일 회사의 PLC (Melsec Q Series Q03UDE CPU, QD75D2 위치결정모듈)와 Touch Panel (GOT100 Series), 또한 서보모터는 HC-KF13, 서보드라이브 MR-J3-10A를 사용한다.

2-2 서보모터의 선정

서보모터를 선정하기 위해서는 설계하려는 시스템에서 모터와 연결하여 구동하려는 대상에 따라 모터의 종류를 선택하여야 한다. 미쓰비시사에서 모터선정에 사용하는 소프트웨어 패키지를 제공하고 있으니 이를 활용하면 될 것이다.

여기에서는 이 교재를 사용할 대상이 주로 전기, 제어를 주 업무로 하는 분들이라고 생각하고 자세한 설명은 하지 않기로 하겠다.

서모모터를 시스템을 고려하여 선정하였다고 가정하고 모델명은 HC-KF13으로 하자.

이 모터에 대해 알아야 할 내용이 제품 Catalog나 매뉴얼에 나와 있으니 같이 살펴보도록 하자.

해당 매뉴얼이나 카탈로그는 미쓰비시사의 홈페이지를 접속하면 쉽게 구할 수 있다.

다음과 같이 MELSERVO J3용 카탈로그를 참조하여 서보모터의 간략한 정보를 알아 볼 수 있다.

●Servo motors ●: Compatible

	Motor series (Note 1)	Rated speed (maximum speed) (r/min)	Rated output (kW) (Note 2)	Servo motor type: With electro-magnetic brake (B)	Global standards: EN	Global standards: UL cUL	Protection level	Features	Application examples
Small capacity series	HF-KP series	3000 (6000)	5 types 0.05, 0.1, 0.2, 0.4, 0.75	●	●	●	IP65 (Note 3)	**Low inertia** Perfect for general industrial machines.	•Belt drive •Robots •Mounters •Sewing machines •X-Y tables •Food processing machines •Semiconductor manufacturing
	HF-MP series	3000 (6000)	5 types 0.05, 0.1, 0.2, 0.4,	●	●	●	IP65 (Note 3)	**Ultra-low inertia** Well suited for high-	

그림 2-1 서보모터의 선정

앞에서 알 수 있는 내용은 모터의

① 정격속도와 최대속도 3,000(6,000)
Rated Speed, Maximum Speed 단위는 [r/min]

② 정격출력 5가지 타입으로 0.05, 0.1, 0.2, 0.4, 0.75
Rated Output 단위는 [kW]

③ 전자브레이크 부착타입
with electro-magnetic brake

④ 보호레벨 IP65

Protection Level

⑤ 특성 저 관성

⑥ 적용 예 : 벨트드라이브, 로봇, 마운터, X-Y Table... 등이다.

또한 뒤에서 설명하겠지만 전자기어비 계산 시 필요한 정보인 엔코더의 출력펄스 수라든지 엔코더의 타입 등은 서보모터용 카탈로그에서 더 조사하도록 하자.

MITSUBISHI ELECTRIC

General-Purpose AC Servo

MELSERVO

MODEL

Servo Motor

INSTRUCTION MANUAL (Vol.2)

6. HF-MP SERIES・HF-KP SERIES

6.2 Standard specifications

6.2.1 Standard specifications list

Item \ Servo motor			HF-MP series (Ultra-low inertia・small capacity)					HF-KP series (Low inertia・small capacity)				
			053	13	23	43	73	053	13	23	43	73
Applicable servo amplifier/drive unit	MR-J3-□A/B/B-RJ006/T		10		20	40	70	10		20	40	70
	MR-J3-□A1/B1/B1-RJ006/T1		10		20	40		10		20	40	
Continuous running duty (Note 1)	Rated output	[kW]	0.05	0.1	0.2	0.4	0.75	0.05	0.1	0.2	0.4	0.75
	Rated torque	[N・m]	0.16	0.32	0.64	1.3	2.4	0.16	0.32	0.64	1.3	2.4
		[oz・in]	22.7	45.3	90.6	184	340	22.7	45.3	90.6	184	340
Rated speed (Note 1)		[r/min]	3000					3000				
Maximum speed (Note 10)		[r/min]	6000					6000				
Instantaneous permissible speed		[r/min]	6900					6900				
Maximum torque		[N・m]	0.48	0.95	1.9	3.3	7.2	0.48	0.95	1.9	3.8	7.2
Maximum current Values in parentheses are at the maximum torque of 350% (note 11)		[A]	3.2	2.8	5.0	8.6	16.7	2.7 (3.1)	2.4 (2.8)	4.2 (4.9)	8.1 (9.5)	15.6 (18.2)
Speed/position detector			Encoder common to absolute position and incremental detection systems (Resolution per servo motor 1 rotation: 262144pulse/rev)									
Accessory												

그림 2-2 서보모터 매뉴얼에서의 엔코더 정보

앞의 그림과 같이 서보모터 관련 매뉴얼을 찾아보면 보유하고 있는 서보모터 모델을 찾고 Specification의 여러 항목 중에서 Speed/Position detector(속도/위치 감지기)에 엔코더라는 용어가 보일 것이다.

모터에 장착되어 있는 엔코더에 대한 정보이다.

모터 1회전당 분해능으로 262,144[Pulse/rev]의 펄스 신호가 출력된다는 의미이다.

2-3 서보앰프(또는 서보드라이브)

서보모터와 서보드라이브는 사용하는 정격용량 또는 통신 방식에 따라 서로 매칭하여 선정하여야 한다. 여기에서는 서보모터를 먼저 선택하였으므로 서보드라이브를 다음으로 선정하도록 하겠다.

여기에서도 카탈로그나 서보드라이브 매뉴얼을 통해서 선정하는 방법을 살펴보자. 서보모터의 선정 모델은 HF-KP13모델이므로 서보모터 매뉴얼의 해당제품 SPECIFICATION 부분을 찾아보면 다음과 같은 내용을 볼 수 있다.

6. HF-MP SERIES・HF-KP SERIES

6.2 Standard specifications

6.2.1 Standard specifications list

Item		Servo motor	HF-MP series (Ultra-low inertia・small capacity)					HF-KP series (Low inertia・small capacity)				
			053	13	23	43	73	053	13	23	43	73
Applicable servo amplifier/drive unit	MR-J3-□A/B/B-RJ006/T		10		20	40	70	10		20	40	70
	MR-J3-□A1/B1/B1-RJ006/T1		10		20	40		10		20	40	
Continuous running duty	Rated output	[kW]	0.05	0.1	0.2	0.4	0.75	0.05	0.1	0.2	0.4	0.75
	Rated torque	[N・m]	0.16	0.32	0.64	1.3	2.4	0.16	0.32	0.64	1.3	2.4

그림 2-3 서보모터와 서보앰프의 조합

HF-KP13모델에 적용 가능한 서보드라이브는 MR-J3-□A/B/B-RJ006/T타입인데 □안은 서보드라이브의 용량에 관계되는 것이므로 표를 보면 [10]이라는 숫자가 의미하는 내용이 된다.

서보드라이브의 또 다른 모델은 아랫줄에 MR-J3-□A1/B1/1B-RJ006/T1타입도 있음을 알 수 있다.

다음은 서보드라이브의 모델명을 선택하였으므로(여기에서는 MR-J3-10A타입을 선택) 해당 제품의 특성을 소개한 카탈로그나 매뉴얼을 찾아보도록 하자.

주의해서 보아야 할 항목은 Maximum Inpu: Pulse Frequence, Positioning Feedback Pulse 두 항목이다. 뒤에서 설명할 전자기어비 계산에서 사용할 요소이다.

상위제어기에서 입력하는 펄스신호의 최대주파수를 나타내는 항목이 Maximum Input Pulse Frequence이다. 여기에서 상위제어기는 QD72D2의 위치결정모듈을 사용하도록 하겠다. 참고적으로 QD75D타입의 펄수주파수는 1Mbps이다.

즉 초당 1백만개의 펄스신호를 만들어 줄 수 있다는 능력을 말한다. 신호흐름도를 보면 알 수 있겠지만 상위제어기에서 만들어 준 펄스신호는 서보드라이브에서 받아 처리하게 되어 있으므로 이 두 부품간의 펄스처리 능력이 중요하다 하겠다.

MR-J3-A Servo Amplifier Specifications: 100VAC/200VAC, 22kW or Smaller

Servo amplifier model MR-J3-		10A	20A	40A	60A	70A	100A	200AN	350A	500A	700A	11KA	15KA	22KA
Output	Rated voltage	3-phase 170VAC												
	Rated current (A)	1.1	1.5	2.8	3.2	5.8	6.0	11.0	17.0	28.0	37.0	68.0	87.0	126.0
Main circuit power supply	Voltage/frequency (Note 1, 2)	3-phase 200 to 230VAC 50/60Hz or 1-phase 200 to 230VAC 50/60Hz (Note 10)					3-phase 200 to 230VAC 50/60Hz							
	Rated current (A)	0.9	1.5	2.6	3.2	3.8	5.0	10.5	16.0	21.7	28.9	46.0	64.0	95.0
	Permissible voltage fluctuation	For 3-phase 200 to 230VAC: 3-phase 170 to 253VAC For 1-phase 200 to 230VAC: 1-phase 170 to 253VAC (Note 10)					3-phase 170 to 253VAC							
	Permissible frequency fluctuation	±5% maximum												
Control circuit power supply	Voltage/frequency	1-phase 200 to 230VAC 50/60Hz (Note 10)					1-phase 200 to 230VAC 50/60Hz							
	Rated current (A)	0.2												
	Permissible voltage fluctuation	1-phase 170 to 253VAC (Note 10)					1-phase 170 to 2							
	Permissible frequency fluctuation	±5% maximum												
	Power consumption (W)	30												
Interface power supply		24VDC ±10% (required current capacity:												
Tolerable regenerative	Built-in regenerative resistor	—	10	10	10	20	20	100	100	130	170			

Safety features		servo motor overheat protection, encoder fault protection, regeneration fault prote undervoltage/sudden power outage protection, overspeed protection, excess error p
Position control mode	Maximum input pulse frequency	1Mpps (when using differential receiver), 200kpps (when using open collector), (4Mp
	Positioning feedback pulse	Encoder resolution: 262144 p/rev
	Command pulse multiple	Electronic gear A/B multiple, A: 1 to 1048576, B: 1 to 1048576, 1/10 < A/B < 2
	Positioning complete width setting	0 to ±65535 pulses (command pulse unit)
	Excess error	±3 rotations
	Torque limit	Set by parameters or external analog input (0 to +10VDC/maxir
Speed	Speed control range	Analog speed command 1:2000, internal speed command
	Analog speed command input	0 to ±10VDC/rated speed (possible to change the speed in 10V using parame

그림 2-4 서보앰프 사양서에서의 최대입력펄스와 엔코더 분해능

상위제어기 QD75D의 "D"가 의미는 펄스신호를 전달하는 방법으로 차동드라이브회로를 채택하고 있다는 것이며 위의 표에서 "Differential receiver"로 표기된 방식이다.

따라서 상위제어기 QD75D에서 만들어 주는 1Mbps의 펄스신호를 서보드라이 MR-J3-10A에서 모두 처리할 수 있는 능력을 가지고 있다는 의미가 된다.

그리고 서보모터의 회전에 따라 엔코더에서 발생되는 펄스신호의 개수를 나타내는 "Positioning Feedback Pulse"가 262,144[Pulse/rev]으로 표기된 것은 서보모터 1회전 당 262,144개의 펄스신호가 발생된다는 것을 말해 준다.

2-4 이송장치

상위제어기(QD75D)에서 발생된 펄스신호가 서보드라이브(MR-J3-10A)에 전달이 되면 서보드라이브와 연결된 서보모터가 회전하기 시작할 것이다. 서보모터에 연결된 기계구조물이 구동력을 갖고 설계자가 원하는 구동이 될 것이다.

여기에서는 위치제어모드로 기구물을 구동할 것이고 구조는 일반적으로 많이 사용하는 X-Y Table이라고 하는 것을 의미한다.

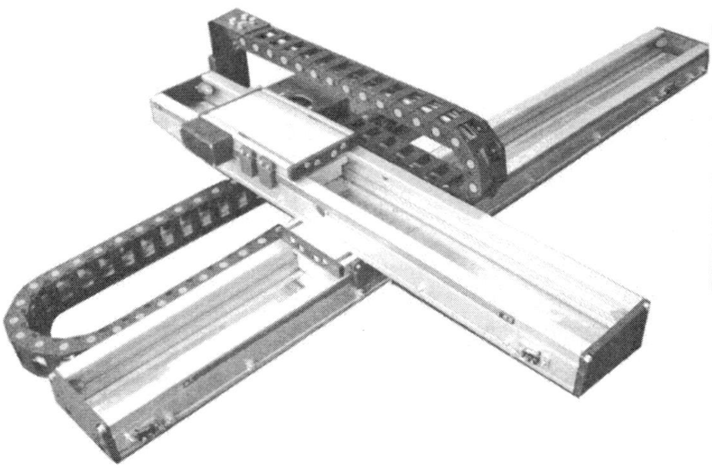

그림 2-5 이송장치(X-Y Table)

X-Y Table의 구동은 서보모터의 회전력을 직선으로 변경해 주는 장치가 스크류와 너트로 구성된 볼스크류(Ball Screw)라는 부품이다 .

1) 동작 원리

먼저 스크류축을 그림과 같은 방향으로 회전시키면, 강구(철구슬)는 Ⓐ에서 스크류축과 너트의 홈 사이를 굴러가면서 진행하고, 스크류 홈을 두 바퀴반(그림의 경우)회전하여 Ⓑ에 도달한다. 그 후 튜브의 끝에서 진로가 변경되어, 튜브를 통과하고 Ⓐ로 돌아온다.

스크류축 위를 너트가 스트로크 운동을 하고 있을 때, 내부에서는 그와 같은 현상이 반복되고 있다. 이처럼 강철 구슬이 스크류를 따라서 계속회전을 하면 너트와 스크류는 마찰력이 거의 작용하지 않고 스크류를 회전시키면 너트가 직선적으로 전후진이 가능하며 반대로 너트를 회전 이동시키면 스크류는 직선적으로 이동하게 된다.

2) 리드

스크류축을 1회전시켰을 때(또는 너트를 1회전 시켰을 때), 너트가 진행한 거리.

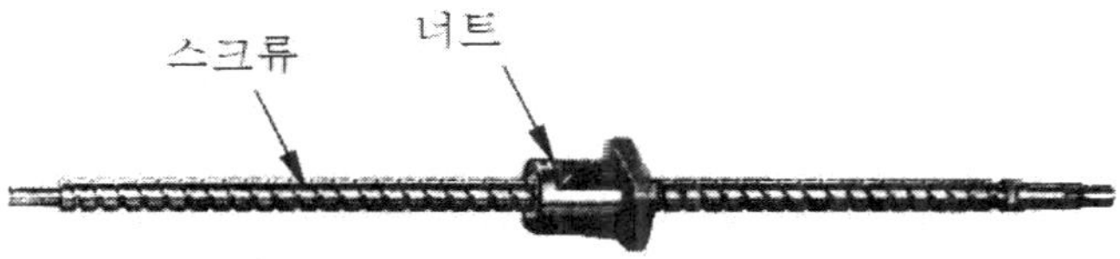

그림 2-6 볼-스크류 (Ball Screw)

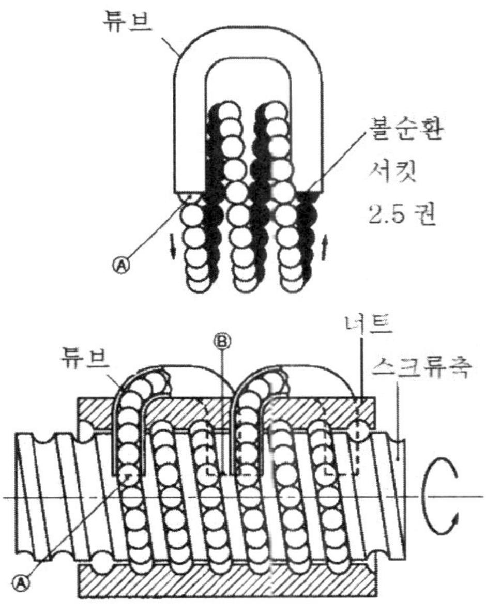

그림 2-7 볼스크류(Ball Screw) 내부 구조

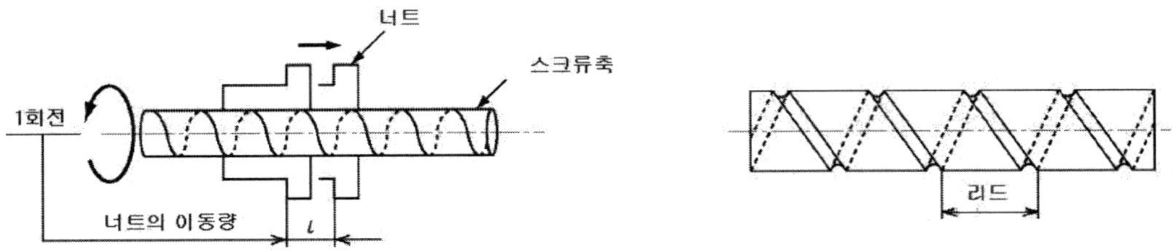

그림 2-8 볼스크류(Ball Screw)의 리드(LEAD)

3) 리드의 대소

용도에 따라 구분이 가능하도록 리드도 크기에 따라 구분한다.

가) 대리드 :

스크류축을 1회전 시켰을 때(또는 너트를 1회전 시켰을 때), 너트의 진행거리가 큰 경우. 고속이송용으로 적합하다.

나) 소리드 :

스크류축을 1회전 시켰을 때(또는 너트를 1회전 시켰을 때), 너트의 진행거리가 작은 경우. 정밀이송용으로 적합하다.

그림 2-9 리드, 스크류축의 회전수, 너트 이동속도와의 관계

리드, 스크류축의 회전수, 너트 이동속도와의 관계를 살펴보면

예 리드가 10mm인 스크류축을 2000rpm으로 회전될 때 너트의 이동속도는

(10mm/1회전)×(2000회전/분)=20000mm/분(=20m/분)

4) 볼스크류를 사용하는 이유

가) 기계효율이 높음

스크류축을 회전시키는 힘이 거의 대부분(90% 이상) 너트를 이송시키는 데 이용됨. (마찰에 의한 손실이 매우 적고 스크류축을 회전시키기 위해 필요한 힘이 각나사에 비해 약 1/3 이하로 좋음)

나) 마모가 적음

구름접촉이므로 미끄럼접촉에 비해 마모가 적음.

정밀도가 떨어지는 현상이 매우 적으므로 X축방향, Y축방향으로 정확하게 테이블을 이동시키기 위해 볼스크류를 사용한다.

예를 들어, 노광장치, 검사장치처럼 위치결정정도가 중요한 기기에 사용된다.

다) 작동성이 좋음

미세이송에 대해서도 원활하게 작동함.

부하가 걸린 상태에서도 원활하게 작동함.

가볍고 일정한 회전이 필요한 경우에 사용된다.

정밀한 위치결정이 필요한 경우에 사용된다.

무거운 물체를 가볍게 이송시킬 때 사용된다.

라) 수명의 예측이 가능함

기본적인 원리는 구름베어링과 같으므로 주어진 조건에 대한 피로수명의 계산도 가능하다.

5) 볼스크류의 구조와 회전방향

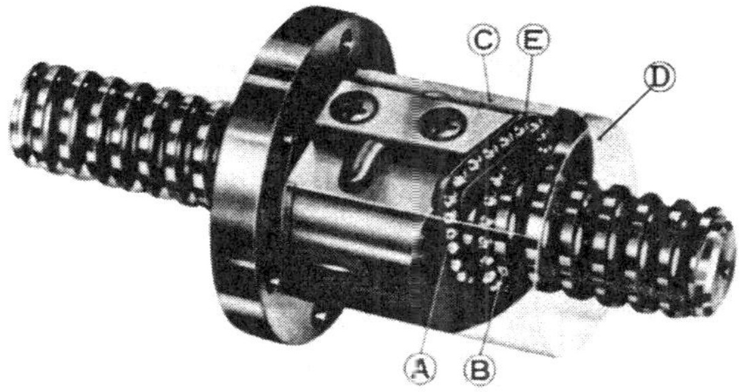

그림 2-10 볼스크류의 각부 명칭

Ⓐ 강철구슬
Ⓑ 스크류축
Ⓒ 너트(Nut)
Ⓓ 씰(Seal 너트양단 밀봉 : 이물이 들어가면 작동성이 나쁘게 되거나 조기 마모현상이 발생)
Ⓔ 순환부품(튜브)

우나사, 좌나사의 2 종류가 있는데 주로 우나사가 많이 쓰인다.

- 우나사
축방향에서 봤을 때, 나사홈을 시계방향으로 따라가 보면 멀어지는 나사를 말한다.(오른쪽 그림에서 왼쪽방향으로 나아감.)그림과 같이 홈이 오른쪽 아래 방향으로 경사져 있는 구조이다.

- 좌나사
축방향에서 봤을 때, 나사홈을 시계방향으로 따라가 보면 돌아오는 나사를 말한다.(오른쪽 그림에서 오른쪽 방향으로 나아감.) 그림과 같이 홈이 왼쪽 아래방향으로 경사져 있는 구조이다.

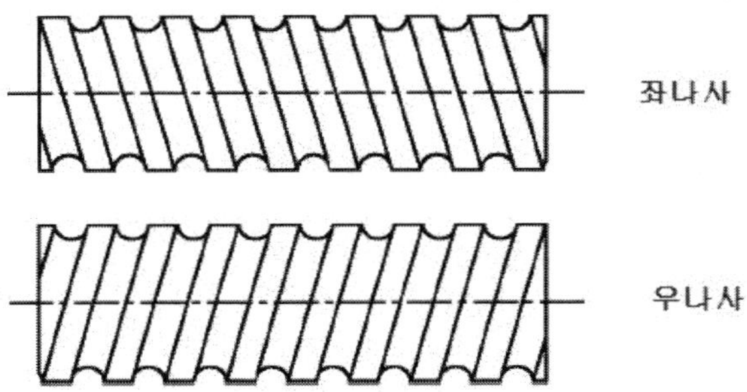

그림 2-11 우나사와 좌나사

6) 서포트유니트 (Support Unit)

볼스크류 조립용 베어링과 볼스크류 지지부
서포트 유니트는 직선운동의 동력전달용 볼나사 또는 미끄럼 나사의 회전운동을 정밀하게 유지하며 견고하게 고정 및 지지하는 목적으로 사용한다.

그림 2-12 서포트 유닛

가) 구조

고정측 서포트 유니트는 회전축의 동적 특성에 적합한 고강성, 저토크의 앵귤러(Angular) 볼베어링이 정면조합(DF)구조로 조립되어 있으며 정밀 예압 조정으로 고정도의 회전 성능을 얻을 수 있다. 지지측 서포트 유니트는 깊은 홈 볼 베어링을 사용하고 있고 서포트 유니트에는 일정량의 그리스가 봉입되어 있으며 오일 씰이 조립되어 그리스가 외부로 유출되는 것을 방지한다. 이는 미세먼지나 이물질의 혼입을 방지한다.

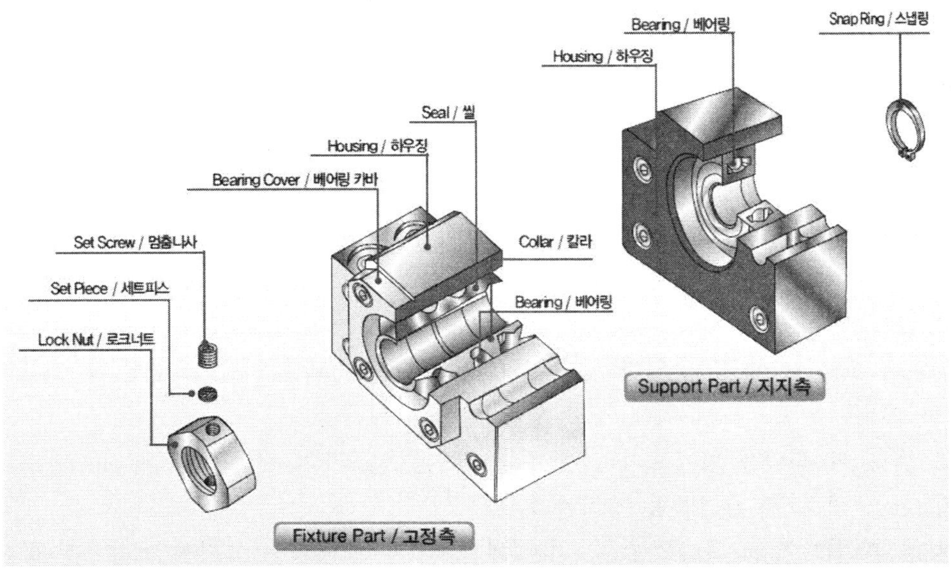

그림 2-13 서포트 유닛의 구조

나) 형상 및 분류

유니트를 베이스면에 고정하는 각형(블록형) 구조와 구멍에 끼워 넣어 고정하는 원형(플랜지형)의 2종류가 있으며 설치 및 사용조건에 따라 적용이 가능하고, 동력전달 축의 위치에 따라 고정측(Motor측) 서포트 유니트와 고정측 반대편의 지지측 서포트 유니트로 구성되어 있다.

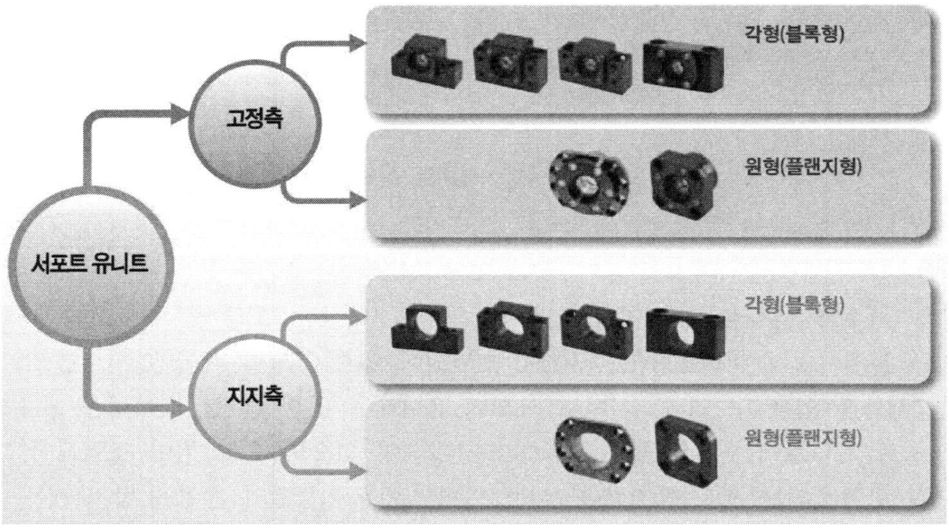

그림 2-14 서포트 유닛의 형상과 분류

다) 서포트 유니트 설치 순서

(1) 서포트 유니트에 조립

① 고정측 유니트를 볼나사에 조립한다.
- 유니트는 예압 조정된 상태이므로 분해하지 않아야 한다.
- Ball Screw를 유니트에 밀어 넣을 경우 오일씰의 날개 부분이 접히지 않도록 해야 한다.

② 유니트에 Ball Screw를 삽입한 후 칼라를 넣고 로크너트를 체결 조정한 후 세트피스를 로크너트 멈춤 나사부위에 넣고 멈춤 나사를 잠근다.
- 로크너트의 풀림을 방지하기 위하여 접착제를 도포하여 결합할 수 있다.

③ Ball Screw에 너트 브라켓을 장착한다.

④ 지지측 유니트 볼 베어링을 Ball Screw에 조립 후 스냅링을 고정하고 하우징에 조립한다.

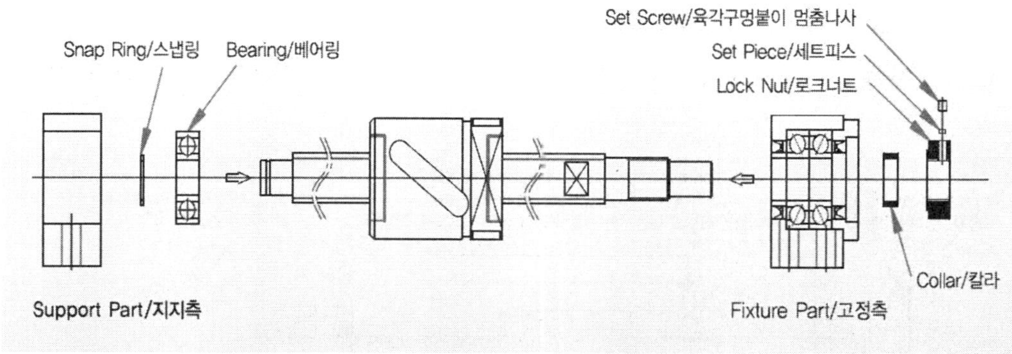

그림 2-15 서포트 유닛 설치

라) 회전축 정확도 및 체결

① Ball Screw에 조립된 테이블을 축의 중앙부의 방향으로 이동시켜 축 중심을 일치시키고 고정측 방향으로 왕복운동 시켜 직선운동이 원활하도록 조절한다.

② Ball Screw의 회전축 끝단에 대한 흔들림과 축 방향에 대한 공차 측정을 다이얼게이지를 이용하여 측정하면서 너트 브라켓과 테이블, 고정측 유니트, 지지측 유니트와 베이스에 고정하는 순서로 축 중심을 측정하여 본 체결한다.

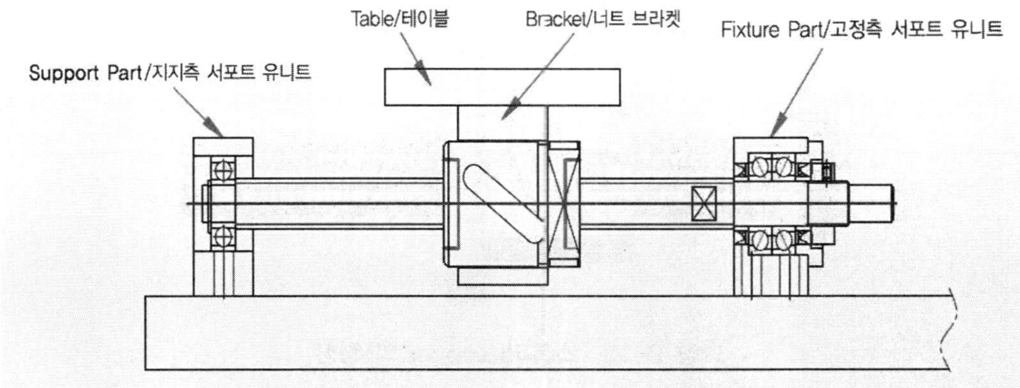

그림 2-16 회전축 정확도 및 체결

마) 구동모터와 조립

① 모터에 장착된 브라켓을 Ball Screw 축 중심과 일치하게 베이스에 정확히 조립한다.

② 커플링을 모터와 고정측 축에 연결한다.

- 모터 브라켓과 커플링의 장착 정도는 테이블의 위치 결정 정도에 영향을 미치므로 충분히 주의하여 조립하여야 한다.

③ 모터를 저속으로 구동시키면서 충분히 시운전하며 축 중심에 대한 정확도를 확인한다.

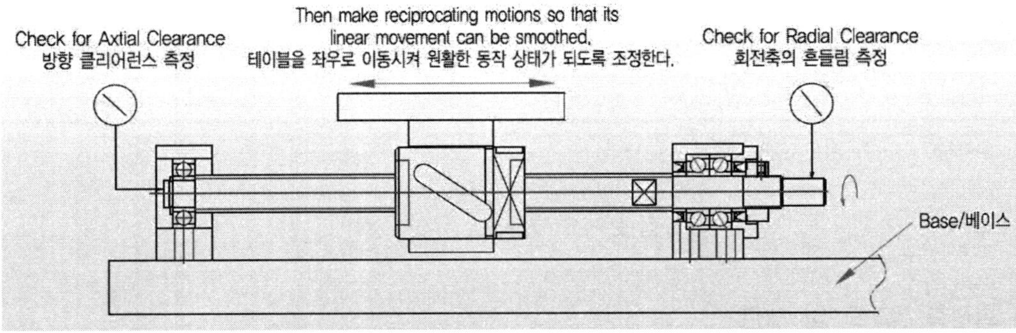

그림 2-17 구동모터와 조립

7) 스톱퍼(Stopper)

기계 자체의 안전장치의 고장이나 작업미스 등에 의해 너트가 오버런(Overrun)하는 경우가 있다. 오버런을 방지하기 위한 볼스크류 안전장치로 스톱퍼를 설치한다.

그림 2-18 스톱퍼(Stopper)의 형상

8) 커플링(Coupling)

원동축과 종동축을 연결하여 동력을 전달시키는 기계요소.

축에 과도한 힘이 전달될 때에 축을 보호하고 두 축이 서로 원심이 다르거나 서로 일정의 각도를 가지고 있는 경우에도 두 축을 연결하는 역할을 한다.

가) 커플링의 종류와 특징

표 2-1 커플링의 종류와 특징

종류	형태	특징
Micro Radial Beam Flexible Coupling	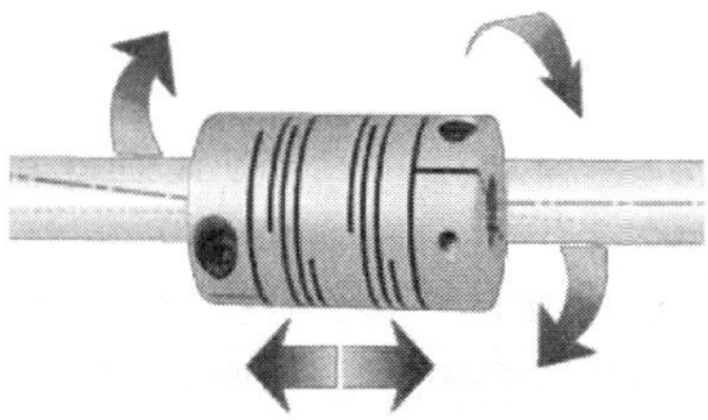	· 백래쉬가 0(제로)이다. · Radial Beam으로 형성된 스프링이 편심, 편각, 앤드플레이를 완전히 흡수한다. 비틀림 강성과 토오크가 높다. · 정밀한 동심원 일치도(Concentricity)와 낮은 관성으로 높은 RPM에서도 사용 가능하다. · 정전, 역전이 동일하고 보수가 필요 없다. · 내유성, 내약품성이 뛰어나다.
Zero Backlash Oldham Coupling		· 유동이 자유로움 - 낮은 베어링 하중 · 비틀림 강성이 큼 · 전기적 절연효과 · 편심, 편각, 비정렬에 대하여 탁월한 기능 발휘 · 비자성 · 낮은 관성 · 조립이 용이함
Zero Backlash Disk Coupling		· 비틀림 강성을 지닌 형상 · 백래쉬에 영향을 받지 않으며 반영구적 수명 · 편각, 편심, 축간 비정렬 수용 · Single-stage, Double-stage 형태 · 금속 일체형 구조 · 낮은 관성 · 고정밀 위치 제어 시스템 · 정전 및 역전의 특성이 동일 · 보수가 필요없고 뛰어난 내유성
High Torque Flexible Disk Coupling		· 고속 · 고토오크 · 고 비틀림 강성 · 백레쉬 제로 · 저관성 모멘트

Miniature Rigid Coupling	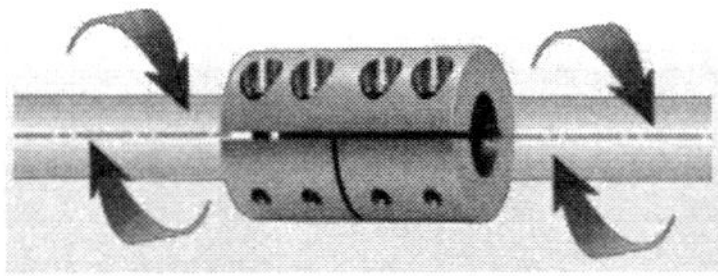	· 백래쉬가 0 (제로) 이다. · 보수가 불필요하며 내유성, 내약품성 · 경량이며, 극소의 관성 Moment 이다.
Micro Cross Joint Coupling		· 정전, 역전이 동일하며 등속회전이 가능. · 내구성, 내약품성, 내유성이 뛰어남 · 허브에 내장된 베어링과 센터블럭의 핀이 큰편심, 편각을 흡수함 · 핀과 베어링을 고정도로 조립하여 백래쉬(BACKLASH)를 최소화 시킴 · 고비틀림강성, 저관성으로 내력발생을 미세화 시킴 · 제어회전각을 고정도로 신속하게 전달
Micro Flexible Coupling	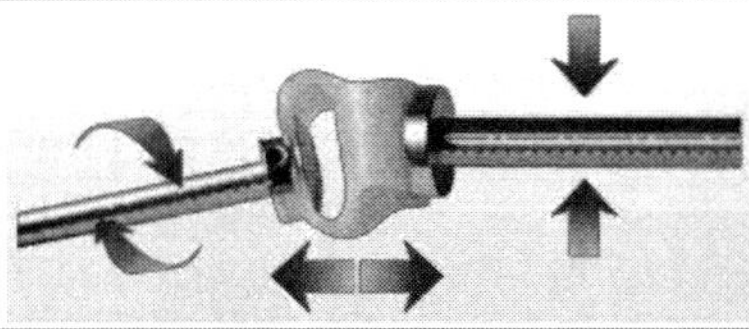	· 큰 편각, 편심, 엔드 플레이를 동시에 완전히 흡수 · 충격, 진동을 완전히 흡수 · 무급유, 낮은 관성모멘트
Zero Backlash Jaw Coupling	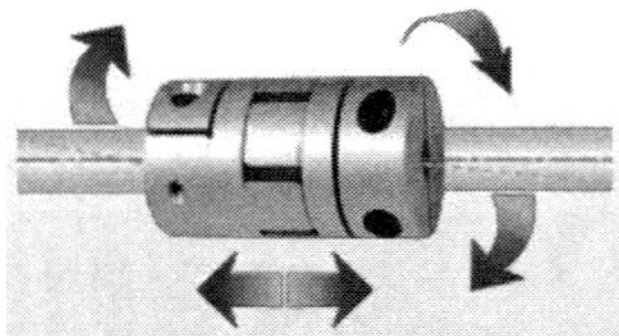	· 백래쉬-제로 커플링 · 내구성이 탁월하며 고비틀림 강성 · 유지보수 불필요, 윤활주유 불필요 · 탄성체 스파이더는 피트로드 충격감소 · 정전 · 역전의 특성이 동일 · 내유성 · 전기절연성 · 사용가능온도 : -30℃～80℃
Zero Backlash Long Type Jaw Coupling		· 손쉬운 조립과 분해 · 기어 박스간 손쉬운 연결 · 높은 클램핑 강도 · 최대 제작 길이 : 2,000mm · 클림프 허브 분리형 타입 대응 가능 · 알루미늄 재질 채용으로 저관성 모멘트

Gum Type Flexible Coupling	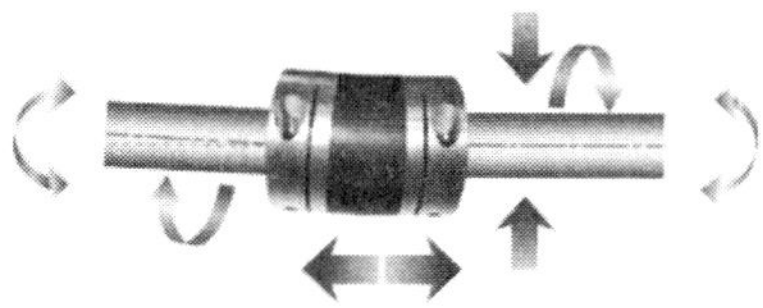	· 백레쉬 제로 · 공진이 없다. · 진동흡수가 탁월하다. · 모터의 게인(Gain)을 증가시켜도 된다. · 고속회전과 위치결정이 뛰어나다. · 정회전, 역회전 특성이 동일하며 전기절연성이 뛰어남 · 고비틀림 강성과 고토오크를 유지한다.

2-5 위치결정모듈 (QD75D)

PLC CPU에서는 서보모터를 구동하기 위해 펄스신호를 높은 주파수로 만들어 줄 수 없다.

물론 출력모듈을 통해 일정한 주파수로 On/Off를 반복하여 만들 수는 있지만 서보모터를 구동하기에는 CPU동작에 무리가 갈 뿐만 아니라 높은 주파수로는 만들 수 없다.

따라서 높은 주파수로 정확하게 펄스신호를 간들어 주는 모듈이 필요하다.

이뿐만 아니라 서보드라이브와 통신적으로 두 부품간에 필요한 신호를 실시간으로 주고 받아야하고 또 서보모터를 구동하기 위해 필요한 각종 데이터를 처리하고 보관해야 하는 역할도 전적으로 해야만 한다.

위치결정모듈(QD75D)에서도 서보모터를 구등하기 위해 설계자가 알아야할 사항들이 있을 것이다. 이 역시 카탈로그나 매뉴얼을 통해서 알아보도록 하자.

Type QD75P/QD75D Positioning Module **MITSUBISHI**
User's Manual

QD75P1
QD75P2
QD75P4
QD75D1
QD75D2
QD75D4

Mitsubishi
Programmable Controller
MELSEC-Q

3 SPECIFICATIONS AND FUNCTIONS — MELSEC-Q

3.1 Performance specifications

Item \ Model		QD75P1 ∗1 QD75D1	QD75P2 ∗1 QD75D2	QD75P4 ∗1 QD75D4
No. of control axes		1 axis	2 axes	4 axes
Interpolation function		None	2-axis linear interpolation 2-axis circular interpolation	2-, 3-, or 4-axis linear interpolation 2-axis circular interpolation
Control system		PTP (Point To Point) control, path control (both linear and arc can be set), speed control, speed-position switching control, position-speed switching control		
Control unit		mm, inch, degree, pulse		
Positioning data		600 data /axis (Can be set with peripheral device or sequence program.)		
Backup		Parameters, positioning data, and block start data can be saved on flash ROM (battery-less backup)		
	Positioning system	PTP control: Incremental system/absolute system Speed-position switching control: Incremental system/absolute system∗2 Position-speed switching control: Incremental system Path control: Incremental system/absolute system		

Applicable connector for external device	A6CON1, A6CON2, A6CON4 (sold separately)
Max. output pulse	QD75P1, QD75P2, QD75P4 : 200kpps QD75D1, QD75D2, QD75D4 : 1Mpps
Max. connection distance between servos	QD75P1, QD75P2, QD75P4 : 2m QD75D1, QD75D2, QD75D4 : 10m

그림 2-19 위치결정모듈 QD75D의 매뉴얼에서 최대출력펄스

위에서와 같이 위치결정모듈 QD75D의 매뉴얼에서 우리가 꼭 알아야 할 정보를 표시해 보았다. 앞에서도 언급했듯이 위치결정 모듈의 가장 중요한 역할은 펄스신호를 얼마나 빠른 주파수대로 만들어 서보드라이브에 공급을 하는 것이다. 이 교재에서 사용할 위치결정모듈 QD75D2는 위의 표에서 1Mbps의 속도로 펄스를 만들어 주는 능력을 가지고 있다. 제일 중요한 항목이다.

(5VDC)	QD75D1 : 0.52A	QD75D2 : 0.56A	QD75D4 : 0.82A
Flash ROM write count	Max. 100000 times		
No. of occupied I/O points	32 points (I/O assignment: intelligent 32 points)		
Outline dimensions	98 (H) × 27.4 (W) × 90 (D) mm		

그림 2-20 위치결정모듈 QD75D의 32점 I/O 할당

그리고 위치결정모듈 QD75D는 32점의 I/O를 할당받고 있다는 점이다.

32점의 입출력 접점들은 PLC Program 작성시 사용하여 좀 더 정확한 제어를 하기 위해 필요한 기능의 입력신호들과 출력신호들을 정해 놓은 것이다.

그 외 내용들은 차후에 언급하겠다.

가. 위치결정 모듈의 종류

위치결정모듈은 QD75라는 모델명으로 시작하여 뒤에 붙는 알파벳에 따라 종류가 나누어진다. 즉 P라는 의미는 오픈 컬렉터방식으로 펄스를 만들어 주는 위치결정모듈을 말하고 D는 차동드라이브 방식, 또 M(H)타입은 D타입과 비슷하지만 광통신을 하므로 배선하는 방식에서 많은 편리함을 준다.

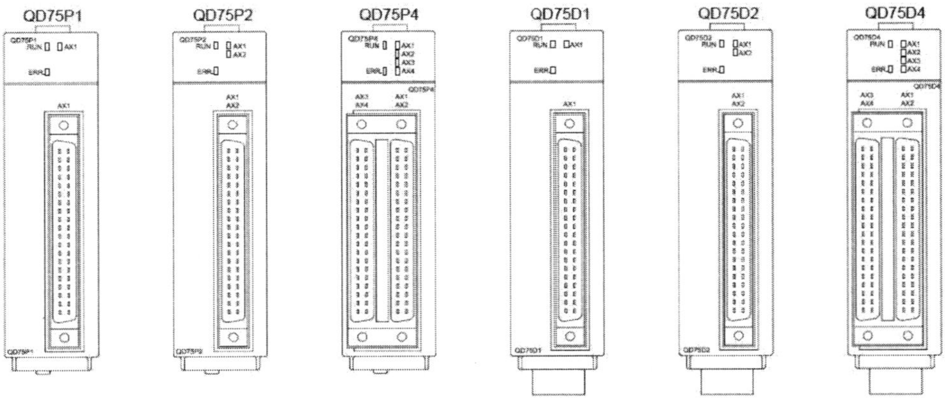

그림 2-21 위치결정모듈의 종류

나. 위치결정 모듈과 전체 구성도

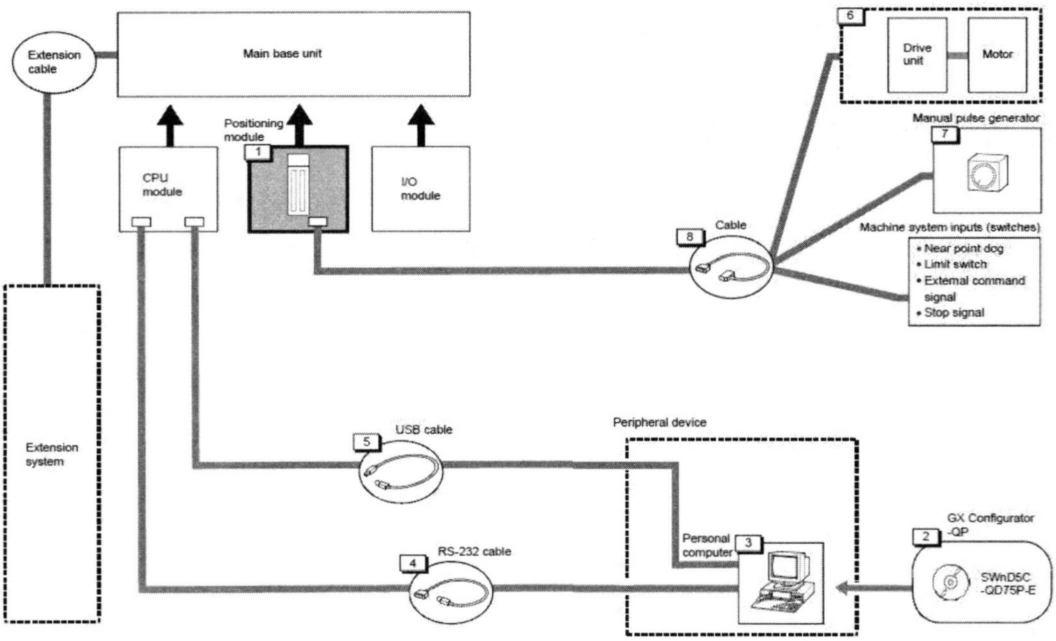

그림 2-22 위치결정모듈과 전체 시스템 구성

앞에 표시한 QD75를 이용한 시스템구성도의 구성품을 표로 나타내보면 다음과 같다.

표 2-2 QD75를 이용한 시스템구성도의 구성품

	품명	모델명	비고
1	위치결정모듈	QD75P1 QD75P2 QD75P4 QD75D1 QD75D2 QD75D4 QD75M QD75MH	P : 오픈컬렉터 방식 D : 차동드라이브 방식 M : SSCNET의 광케이블 방식
2	GX-Configurator-QP	SW D5C-QD75P	제어를 위한 파라미터와 위치결정데이터를 설정한다. 테스트모드에 의한 테스트 운전으로 JOG 운전등 기동명령을 한다. 위치결정동작을 모니터한다.
3	컴퓨터		
4	RS-232C 케이블		PLC CPU와 또는 CPU를 경유한 위치결정 모듈에 데이터 읽기와 데이터쓰기, 모니터링 등
5	USB 케이블		위와 같음
6	서보드라이브, 서보모터		
7	수동펄스발생기 (MPG)		Manual Pulse Generator 수동으로 펄스를 만들어주는 장치
8	접속 케이블		QD75와 드라이브모듈, 수동펄서, 기계계 입력신호를 접속하는 케이블.

8번 항목의 접속케이블은 다음과 같은 모델명으로 판매가 되고 있다.

직접 제작하는 것도 좋겠지만 서보모터는 신호선 하나 잘못 연결되면 의도한 제어가 이루어지지 않는다. 따라서 시험운전시 에러 디버깅하는데 시간적인 소모가 많으므로 구매해서 사용하는 것이 편리할 것이다.

표 2-3 QD75와 드라이브모듈, 수동펄서, 기계계 입력신호를 접속하는 케이블

모델명	접속가능QD75	비고
FA-CBLQ75M2H(-P)	QD75D1 QD75D2 QD75D4	미쓰비시 MR-HA 시리즈용
FA-CBLQ75M2J2(-P)		미쓰비시 MR-J2/J2SA 시리즈용
FA-CBLQ75M2C(-P)		미쓰비시 MR-C 시리즈용
FA-CBLQ75Y2 Σ II(-P)		야스카와전기제품 Σ-II시리즈용
FA-CBLQ75P2A(-P)		마쯔시타전기산업주식회사 제품 MINAS A시리즈용
FA-CBLQ75S2PY(-P)		산요전기주식회사제품 PYO시리즈용
FA-CBLQ75G2(-P)	QD75P1,2,4 QD75D1,2,4	QD75와 오리엔탈모터 주식회사제품 스태핑모터 등의 접속용

다. 위치결정모듈과 외부기기 접속용 커넥터의 신호배열

아래 그림과 같이 외부기기 접속용 커넥터가 배열되어 있다. 1축용, 2축용 위치결정모듈의 모양이 비슷하지만 1축용은 배열된 핀의 절반만 사용되어진다.

정면에서 보았을 때 오른쪽 하단부터 위쪽으로 A1, A2, …, A20까지 배열되고 왼쪽 하단부터 위쪽으로 B1, B2, …, B20까지 배열되어 있다.

4축용 모듈인 경우 좌우 2개의 커넥터가 있으므로 1A1, 1A2, …, 1A20 그리고 오른쪽 커넥터의 번호는 2A1, 2A2, …, 2A20번으로 배열된다.

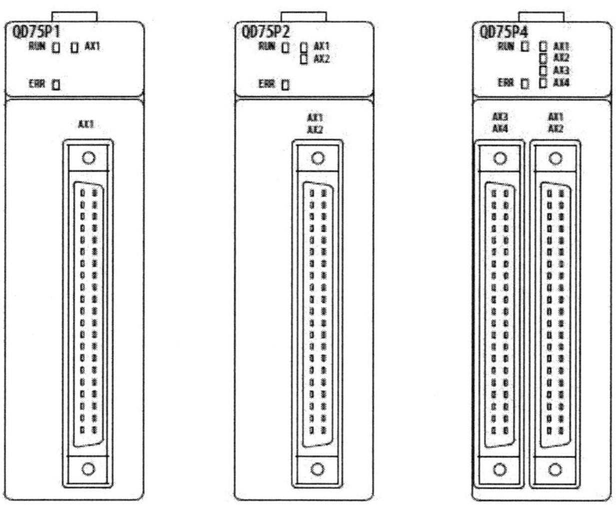

그림 2-23 위치결정모듈과 외부기기 접속용 커넥터

표 2-4 위치결정모듈과 외부기기 접속용 커넥터의 신호배열

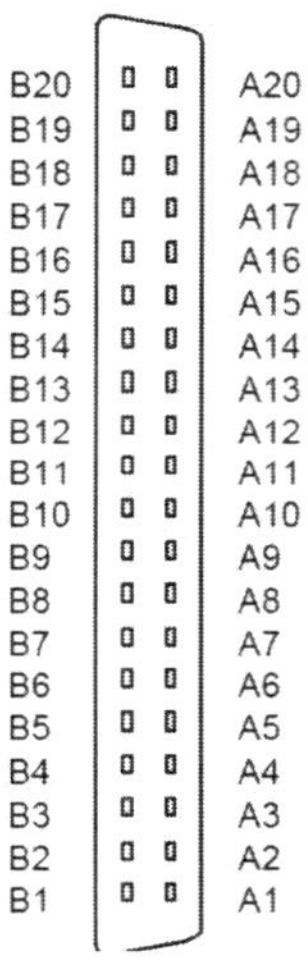

모듈 정면에서 본 경우

핀 배열	축 4(AX4)		축 3(AX3)		축 2(AX2)		축 1(AX1)	
	핀 No.	신호명	핀 No.	신호명	핀 No.	신호명	핀 No.	신호명
	2B20	미사용	2A20	미사용	1B20	PULSER B-	1A20	PULSER B+
	2B19	미사용	2A19	미사용	1B19	PULSER A-	1A19	PULSER A+
	2B18 *3	PULSE Com PULSE R-	2A18 *3	PULSE Com PULSE R-	1B18 *3	PULSE Com PULSE R-	1A18 *3	PULSE Com PULSE R-
	2B17 *3	PULSE R PULSE R+	2A17 *3	PULSE R PULSE R+	1B17 *3	PULSE R PULSE R+	1A17 *3	PULSE R PULSE R+
	2B16 *3	PULSE Com PULSE F-	2A16 *3	PULSE Com PULSE F-	1B16 *3	PULSE Com PULSE F-	1A16 *3	PULSE Com PULSE F-
	2B15 *3	PULSE COM PULSE F+	2A15 *3	PULSE COM PULSE F+	1B15 *3	PULSE COM PULSE F+	1A15 *3	PULSE COM PULSE F+
	2B14	CLRCom	2A14	CLRCom	1B14	CLRCom	1A14	CLRCom
	2B13	CLEAR	2A13	CLEAR	1B13	CLEAR	1A13	CLEAR
	2B12	RDY COM	2A12	RDY COM	1B12	RDY COM	1A12	RDYCom
	2B11	READY	2A11	READY	1B11	READY	1A11	READY
	2B10	PGO COM	2A10	PGO COM	1B10	PGO COM	1A10	PGOCom
	2B09	PGO5	2A09	PGO5	1B09	PGO5	1A09	PGO5
	2B08	PGO24	2A08	PGO24	1B08	PGO24	1A08	PGO24
	2B07	COM	2A07	COM	1B07	COM	1A07	COM
	2B06	COM	2A06	COM	1B06	COM	1A06	COM
	2B05	CHG	2A05	CHG	1B05	CHG	1A05	CHG
	2B04	STOP	2A04	STOP	1B04	STOP	1A04	STOP
	2B03	DOG	2A03	DOG	1B03	DOG	1A03	DOG
	2B02	RLS	2A02	RLS	1B02	RLS	1A02	RLS
	2B01	FLS	2A01	FLS	1B01	FLS	1A01	FLS

*1 : 핀 No.로 1□□□와 표시하고 있는 것은 우측 커넥터의 핀 No.를 나타내고, 2□□□와 표시하고 있는 것은 좌측 커넥터의 핀 No.를 나타낸다.

*2 : 1축 모듈의 경우, 1B1～1B18 은 「미사용」 이 된다.

*3 : 상단은 QD75P1/QD75P2/QD75P4 의 경우 신호면 하단은 QD75D1/QD75D2/QD75D4 경우의 신호명을 나타내고 있다.

라. 입출력 신호 내용

표 2-5 위치결정모듈의 입출력 신호1

신호 명칭	내 용
수동펄서 A상 수동펄서 B상	· 수동펄서 A상, B상의 펄스신호를 입력한다. · A상이 B상보다 위상이 진행하고 있을 때 각 상의 펄스 상승, 펄스하강 위치결정 어드레스가 증가한다. · B상이 A상보다 위상이 진행하고 있을 때 각 상의 펄스 상승, 펄스하강 위치결정 어드레스가 감소한다.
수동펄서 A코몬 수동펄서 B코몬	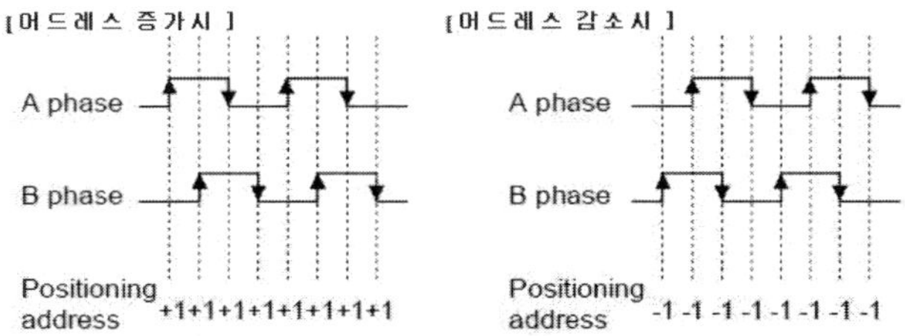
0점신호(+24V) 0점신호(+5V)	· 원점복귀 원점신호를 입력한다. 펄스 엔코더의 0점 신호등을 사용한다. · 원점복귀 방법이 스토퍼정지로, 원점복귀완료를 외부에서 입력할 경우도 본 신호를 사용한다. · 펄스상승으로, 0점을 감지한다.
0점신호코몬	· 0점신호(+5V), 0점신호(+24V)의 코몬.
펄스출력 F(+)(CW+) 펄스출력 F(−)(CW−)	· 차동드라이버 대응의 드라이브모듈로 위치결정용 펄스와 펄스부호를 출력한다.(QD75D□만
펄스출력 R(+)(CCW+) 펄스출력 R(−)(CCW−)	
펄스출력 F (CW) 펄스출력 F 코몬 (CWCOM)	· 오픈컬렉터 대응의 드라이브모듈로 위치결정용 펄스와 펄스부호를 출력한다.(QD75P□만)
펄스출력 R (CCW) 펄스출력 R 코몬 (CCWCOM)	
상한 리미트신호	· 스트로크의 상한위치에 관련한 리미트 스위치에서 입력 · 이 신호의 OFF로, 위치결정정지가 된다. · 원점복귀 리트라이 유효시, 근점도그신호를 찾는 상한이 된다.
하한 리미트신호	· 스트로크의 하한위치에 관련한 리미트 스위치에서 입력 · 이 신호의 OFF로, 위치결정정지가 된다. · 원점복귀 리트라이 유효시, 근점도그신호를 찾는 하한이 된다
근점도그신호	· 원점복귀시의 근점도그 검출로 사용한다. · 펄스상승으로, 근점도그 OFF→ON을 검출한다. · 펄스상승으로, 근점도그 ON→OFF를 검출한다

표 2-6 위치결정모듈의 입출력 신호2

신호 명칭	내 용
정지신호	· 위치결정 중지 시에 입력한다. · 이 신호가 ON하면, QD75는 실행중의 위치결정을 중지하고 기동신호를 OFF한다. 그 뒤, 이 신호를 ON에서 OFF로 해도 움직이지 않는다.
외부지령신호	· 속도 · 위치전환제어, 위치 · 속도전환제어에 있어서 제어전환 신호를 입력한다. · 외부에서의 위치결정기동, 속도변경요구, 스킵요구 입력신호로써 사용한다. 신호를 어느 기능으로 사용할지는, "Pr.42 외부 지령기능 선택" 으로 설정 한다.
COM	· 상한 · 하한리미트, 근점도그신호, 정지신호, 외부지령신호의 Common.
드라이브모듈 Ready	· 드라이브모듈이 정상으로, 피드펄스를 접수가능한 상태일 때 ON한다. · QD75 는 드라이브모듈 Ready신호를 체크하고, Ready상태가 아닐 때 원점복귀요구를 출력한다. · 드라이브모듈의 제어전원에 이상이 발생했을 때 등, 드라이브 모듈이 동작불량인 상태가 됐을 때, 이 신호를 OFF한다. · 위치결정 중에, 이 신호를 OFF하면 정지한다. 다시 ON으로 해도 움직이지 않는다. · 이 신호가 OFF하면 원점복귀완료 신호도 OFF한다.
드라이브모듈 Ready COM	· 드라이브모듈 Ready Common
차동카운터 클리어	· 기계원점복귀 시에 출력된다. (단, 카운트식 ②일 경우는 출력되지 않는다.) · 편차카운터 클리어의 출력시간은, "Pr.55 편차카운터 클리어 신호출력시간" 으로 설정한다. · 드라이브모듈은 QD75가 이 신호를 ON했을 때, 내부의 편차카운터 드룹펄스량의 리셋이 가능한 것을 사용한다. · 편차카운터 클리어는, 기계원점복귀 시에 QD75가 출력하는 신호이므로 사용자가 임의로 출력할 수 없다.
편차카운터 클리어 COM	· 편차카운터 클리어 Common.

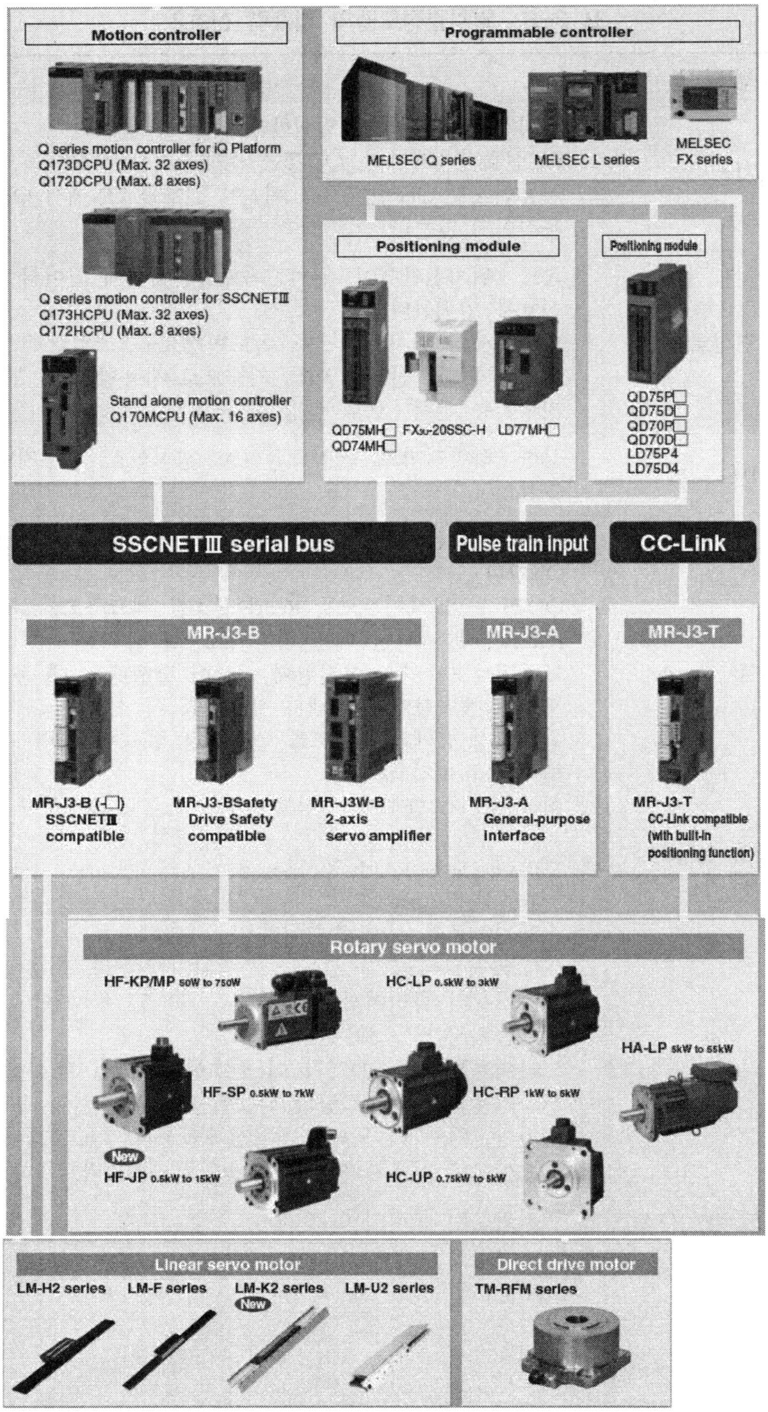

그림 2-26 상위제어기와 위치결정모듈, 서보드라이브, 서보모터의 조합

2-6 서보모터를 구동시키기 위한 다양한 방법과 배선

그림 2-21에서 보는 바와 같이 서보모터를 구동하는 방법은 PLC CPU에서 위치결정 모듈(QD75계열)을 사용하는 방법과 모션 CPU라는 전용의 컨트롤러를 사용하는 방법으로 나누어 볼 수 있겠다. 전자는 일반적인 방법이고 연결되는 서보드라이브를 MR-J2 시리즈부터 MR-J3까지(필자가 이 교재를 집필하는 때에 이미 MR-J4시리즈의 출시된다는 내용이 일본 미쓰비시 홈페이지에 게재되었다.) 다양하게 사용할 수 있다는 점이 특징이다. 후자의 경우 모션CPU를 사용은 주로 리니어시리즈의 모터를 구동하는데 주목적을 둔다고 생각할 수 있겠다. 장비가 거대화되고 사용하는 모터의 수량이 많아지면 모션 CPU를 사용하는 것이 경제적으로 또 제어하는데 편리하기 때문에 많이 채택되어 지고 전반적으로 추세의 흐름을 살펴보면 리니어모터의 장점이 많기 때문에 이쪽으로 사용자가 많아지리라 생각된다.

이 책을 접하는 분들에게 부탁하고 싶은 것은 위치결정모듈 사용법을 빨리 습득하고 모션 CPU 공부를 하루라도 빨리 시작해서 경쟁사회에서 한걸음 앞서 나아가길 바란다.

가. 위치결정모듈과 서보드라이브의 결선

위치결정모듈과 서보드라이브의 결선에 대해 알아보자.

표준결선도라고 하여 위치결정매뉴얼 뒷부분에 표시되어 있다. 이 부분을 참조하여 결선을 하면 되고 연결하고자하는 위치결정 모듈과 서보드라이브의 모델명을 다시 한번 확인해 보도록 한다. 위치결정 모듈별로 연결하는 배선이도가 조금씩 차이가 있다는 점 주의하도록 한다.

위치결정 사용자 매뉴얼 부록 쪽에 보면 다음과 같은 배선도가 있다.

이중에 위치결정모듈 QD75D□와 서보드라이브 MR-J3-□A의 배선도를 찾으면 된다.

Appendix 4.1 Connection example of QD75D □ and MR-J3-□ A (Differential driver) *5

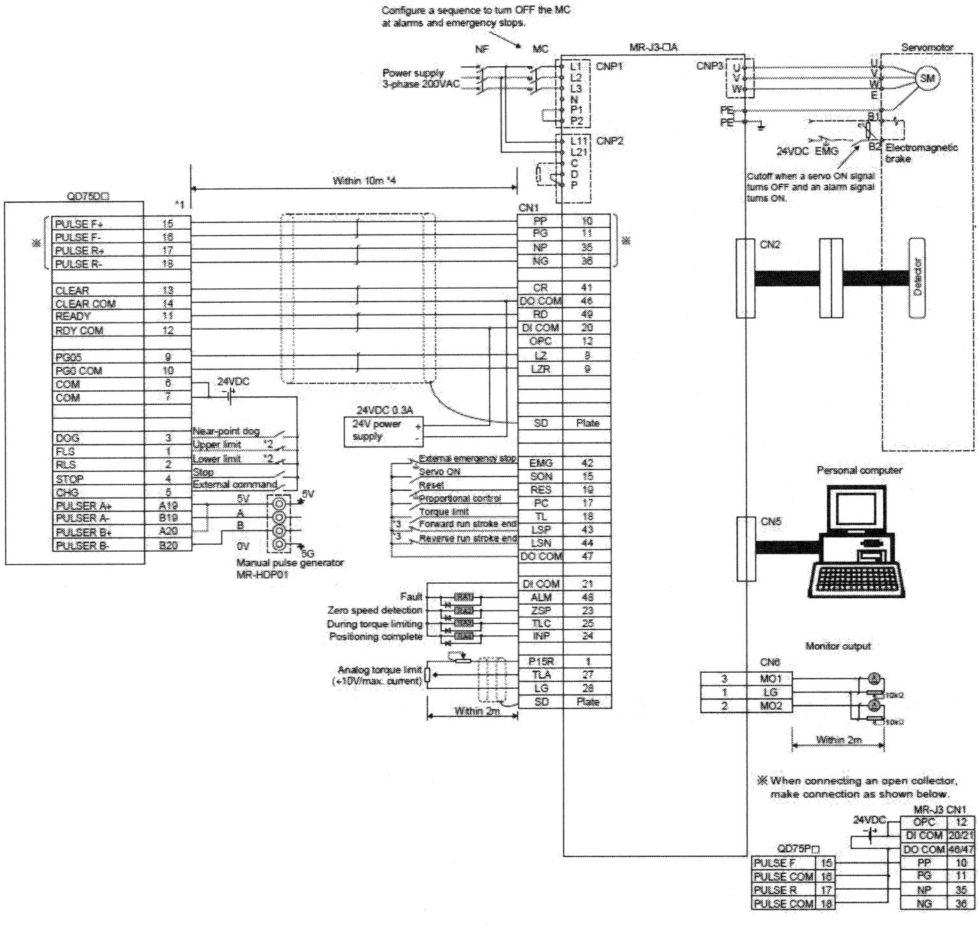

그림 2-27 위치결정모듈과 서보드라이브의 배선 예

그리고 이에 앞서 서보드라이브에는 많은 컨넥터가 있다. 이 컨넥터의 용도를 그림을 통해 알아보고 배선에 대한 설명을 이어가도록 하자.

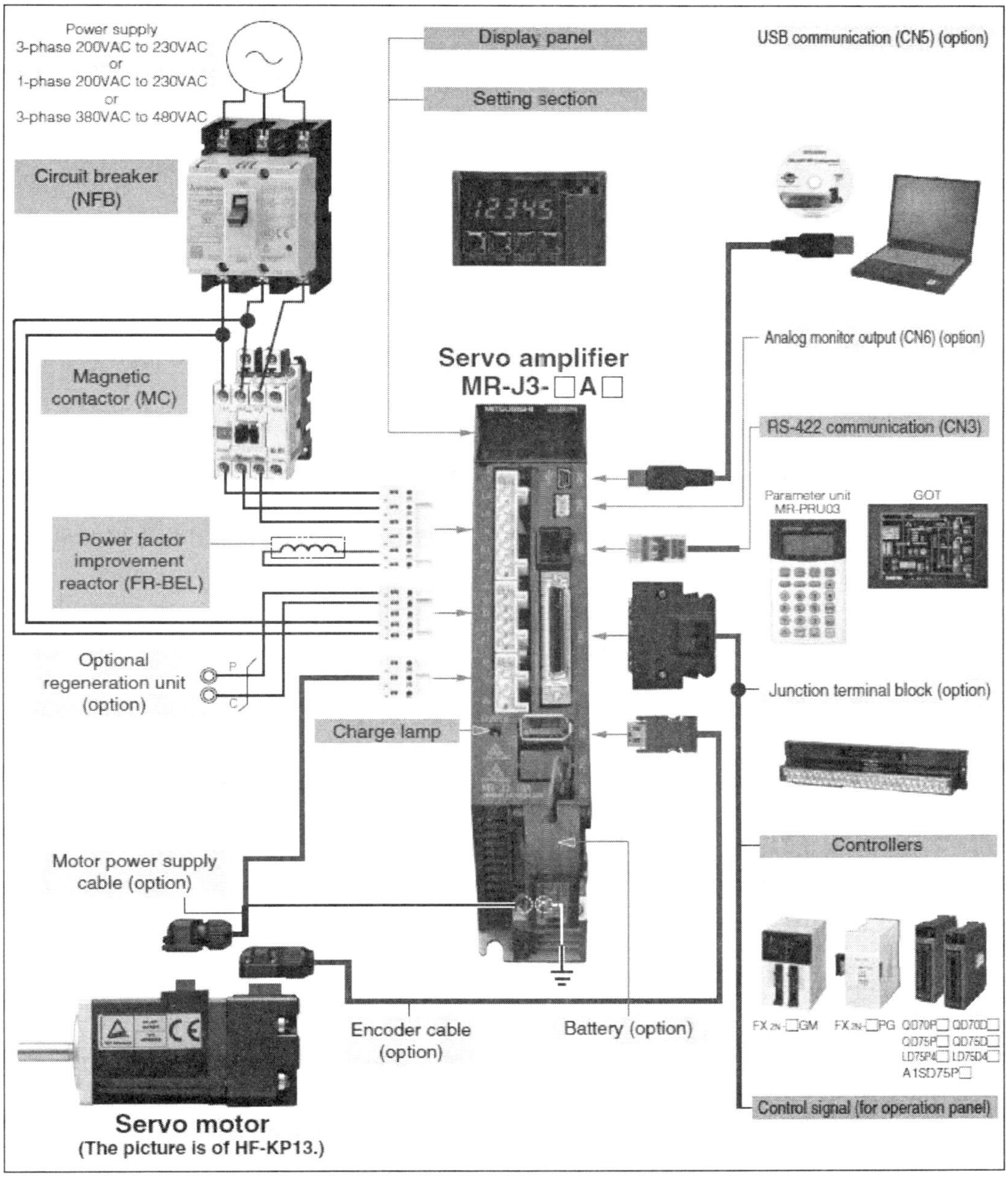

그림 2-28 서보드라이브의 컨넥터별 용도와 접속기기

표 2-7 서보드라이브 각부 명칭과 용도

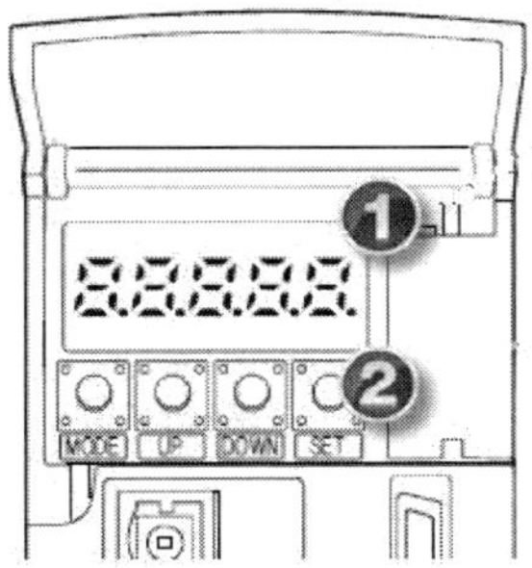

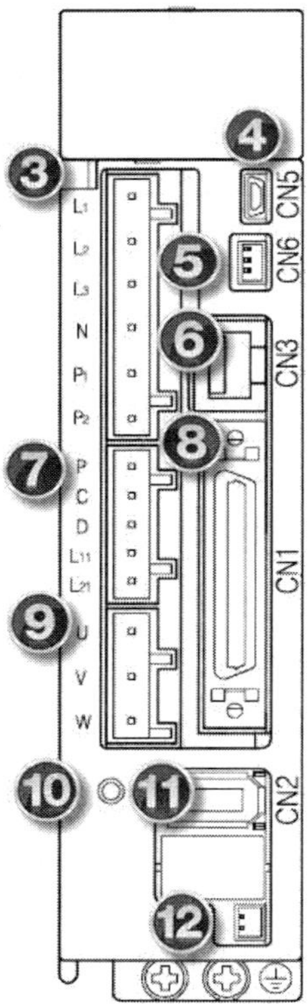

명 칭	용 도
① 표시부	5자릿수 7세그먼트 LED에 의해 서보의 상태 · 알람 No.를 나타낸다.
② 조작부	상태 표시 · 진단 · 알람 · 파라미터를 조작한다. MODE : MODE의 변환 UP : 설정데이터 증가 DOWN : 설정데이터 감소 SET : 설정데이터 확정
③ 주회로 전원 컨넥터(CNP1)	입력 전원을 접속한다.
④ USB 통신용 컨넥터(CN5)	PC와 접속한다. 전용소프트웨어 MR-Configurator의 접속을 통해 파라미터 입력, 테스트운전, 모니터링 등을 할 수 있다.
⑤ 아날로그 모니터 컨넥터(CN6)	아날로그 모니터를 출력한다.
⑥ RS-422 통신용 컨넥터(CN3)	PC와 접속한다. 외부 기기와의 통신용 포트
⑦ 제어회로 컨넥터 (CNP2)	제어회로 전원 · 회생옵션을 접속한다.
⑧ 입출력 신호용 컨넥터(CN1)	디지털 입출력 신호를 접속한다.
⑨ 모터 전원 컨넥터(CNP3)	서보모터를 접속한다.
⑩ 차지램프	주회로에 전하가 존재하고 있을 때, 점등한다. 점등 중에 전선의 연결 변경 등을 실행하지 않는다.
⑪ 검출기용 컨넥터(CN2)	서보모터 검출기(엔코더) 접속 컨넥터
⑫ 배터리용 컨넥터(CN4)	절대위치 데이터 보존용 배터리를 접속한다.

1) 전원회로의 접속

주회로 전원과 서보드라이브의 L1 · L2 · L3의 사이에는 반드시 전자 접촉기(MC)를 접속하여 서보앰프의 전원 측에서 전원을 차단할 수 있는 구성으로 한다. 서보앰프가 고장 났을 경우, 전자 접촉기(MC)가 접속되어 있지 않으면 대전류가 계속 흘러 화재의 원인이 될 수 있다.

고장(ALM)발생시 전원을 차단하는 구조로 회로를 설계한다. 회생 트랜지스터의 고장 등에 의해 회생 저항기가 이상 과열하여 화재의 원인이 될 수 있다.

전원 · 주회로는 아래 그림에 나타낸 것과 같이 알람 발생을 감지하고 전원을 차단함과 동시에 서보 ON(SON)도 OFF로 하는 배선으로 설계한다.

전원의 입력선에는 반드시 노퓨즈 차단기(NFB)를 사용하도록 한다.

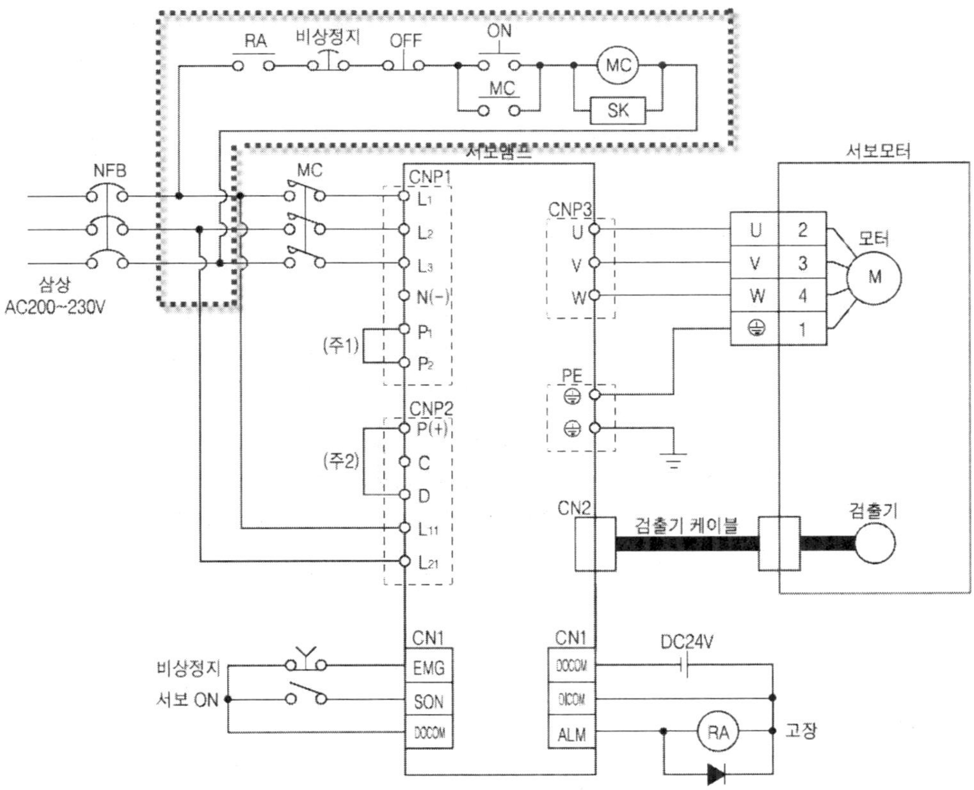

그림 2-29 서보드라이브 전원회로의 접속

2) 전원계 신호 설명

표 2-8 서보드라이브 전원계 단자의 용도

단자명칭	접속대상 (용도)	내용
L1 · L2 · L3	주회로 전원	단상 AC200~230V 전원의 경우, 전원은 L1 · L2에 접속하고, L3에는 아무것도 접속하지 않는다. 삼상전원인 경우 L1 · L2 · L3에 접속한다.
P1, P2	역률개선DC 리액터	MR-J3-700A이하에서는 역률개선 DC리액터를 사용하지 않는 경우, P1-P2간을 접속해서 사용한다.(공장출하 시 배선이 끝난 상태) 역률개선 DC리액터를 사용하는 경우에는 P1-P2간의 배선을 제거하고, P1-P2간에 역률개선 DC리액터를 접속해서 사용한다.
P · C · D	회생옵션	MR-J3-350A 이하인 경우, 서보앰프 내장 회생 저항기를 사용하는 경우, P(+)-D간을 접속해 사용한다. (공장출하 시 배선이 끝난 상태) 회생옵션을 사용하는 경우, P(+)-D간의 배선을 제거하고 P단자와 C단자에 회생옵션을 접속해 사용한다.
L11, L21	제어회로 전원	단상 AC200~230V를 사용할 경우 L11 · L21에 접속하여 사용한다.
U · V · W	서보모터 동력	서보모터 동력 단자(U · V · W)에 접속한다. 통전 중에 모터 동력선의 개폐는 절대로 하지 않는다. 동작 이상이나 고장의 원인이 된다.
N	회생 컨버터 브레이크 유닛	회생 컨버터 · 브레이크 유닛을 사용하는 경우, P단자와 N단자에 접속해 사용한다. MR-J3-350A이하의 서보앰프에는 접속하지 않는다.
	보호 어스(PE)	서보모터의 어스 단자 및 제어반의 보호어스(PE)에 접속해 접지한다.

3) 비상정지

즉시 운전 정지하고, 전원을 차단할 수 있도록 외부에 비상정지 회로를 설치한다.

비상정지 시에 EMG스위치를 OFF로 함과 동시에 주회로 전원을 차단하는 회로를 구성한다. EMG 스위치를 OFF로 하면, 다이나믹 브레이크가 동작해서 서보모터가 급정지한다.

이 때, 표시부에 서보 비상정지 경고(AL.E6)를 표시된다. 정상적인 운전 중에 비상정지(EMG)를 사용해서 정지, 운전을 반복하면 서보드라이브의 수명이 짧아지는 경우가 있다. 또한, 비상정지 중에 정전시동(ST1) 또는 역전시동(ST2)이 ON이 되어 있거나, 펄스열이 입력되어 있거나 하면, 해제와 동시에 서보모터가 회전하게 된다. 비상정지 중에는 반드시 운전지령을 차단하도록 한다.

다음은 싱크 입출력 인터페이스의 경우 비상정지 스위치(EMG)를 연결한 예이다.

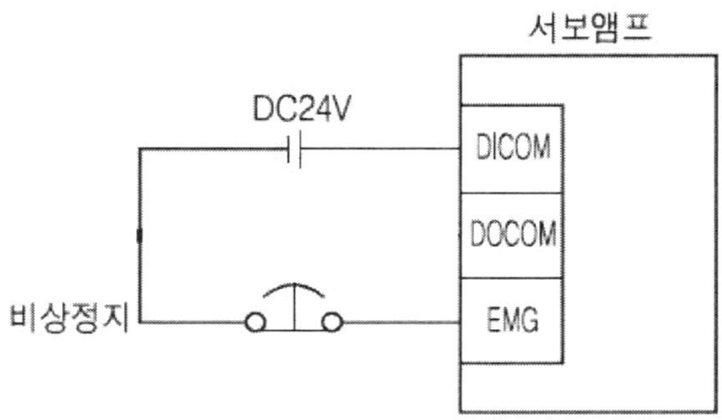

그림 2-30 서보드라이브의 비상정지 스위치 접속

4) CNP1 · CNP2 · CNP3의 배선 방법

단선 ‥‥ 전선의 피복을 벗긴 상태로 사용할 수 있다.

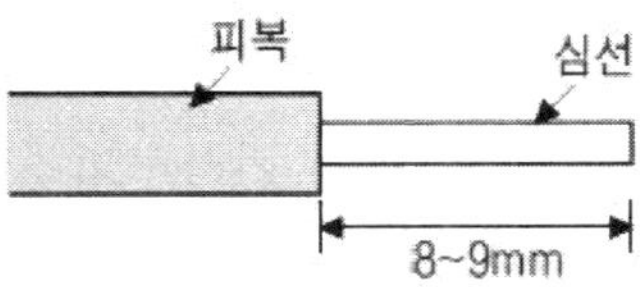

그림 2-31 단선의 피복탈피

연선

전선의 피복을 벗겨서 심선을 비틀지 않고 사용한다.
이 때, 심선의 수염선에 의한 다른 극과의 단락에 주의한다.
심선부에의 납땜도금은 접촉불량을 일으킬 수가 있으므로 주의한다.
봉단자를 사용해서 연선을 정리하는 방법도 있다

표 2-9 결선 레버를 이용한 전선의 배선 방법

결 선	결선 순서
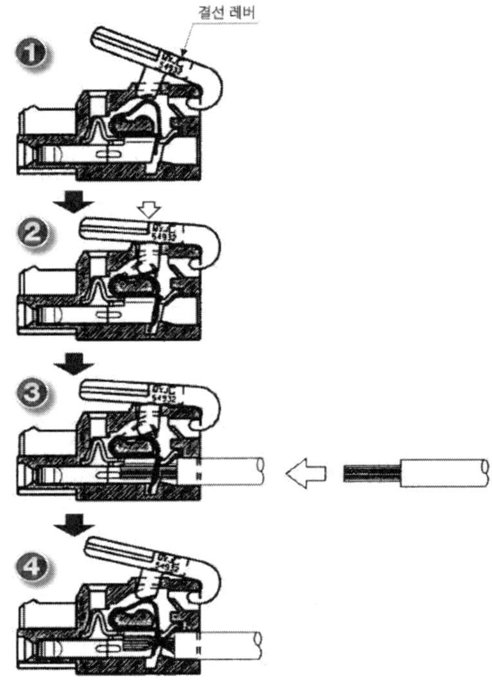	① 결선 레버를 하우징에 장착한다. (탈착 자재)
	② 결선 레버를 화살표 방향으로 누른다.
	③ 결선 레버를 누른 상태로 전선을 화살표 방향으로 삽입한다.
	④ 결선 레버를 떼어낸다.

5) 인터페이스 신호의 연결

서보드라이브의 유저 I/O에 보면 서보드라이브로 신호를 주거나(디지털입력 인터페이스 DI라고 표시한다) 외부로 신호를 발생해(디지털출력 인터페이스 DO라고 표시한다) 줄 수 있다.

가) 디지털입력 인터페이스 DI

디지털입력 인터페이스 DI의 대표적인 예가 앞에서도 설명했듯이 비상정지 스위치(EMG), 서보ON스위치, 리셋스위치가 되겠다. 단자에 보면 DICOM이라고 표시되는 항목이 PLC입력모듈의 COM단자라고 생각하면 이해하기 편할 것이다. (우리가 일반적으로 사용하는 것이 NPN타입의 입력 장치 예를 들면 센서가 대표적이다.) PLC에서 입력쪽의 COM은 (+)전원을 사용한다. 이유는 입력장치가 NPN타입으로 회로가 구성되어 있기 때문이다. 아래 그림을 보고 이해해 보자.

스위치를 동작시켜서 서보드라이브 내의 회로를 구동시키기 위해 전원을 공급해 주려면 싱크타입으로 설정된 상태일 경우 DICOM에는 반드시 (+)전원을 공급해 주어야 동작할 것이다.

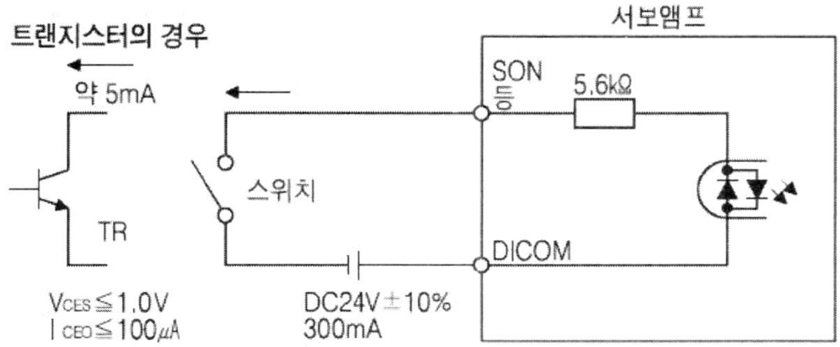

그림 2-32 디지털입력 인터페이스

나) 디지털출력 인터페이스 DO

디지털출력 인터페이스 DO를 이용하면 서보드라이브에서 발생한 출력신호를 이용하여 외부에 연결된 램프 · 릴레이 또는 포토커플러를 동작할 수 있다. 사용할 수 있는 출력신호로 몇 가지 예를 든다면 고장(ALM), 준비완료(RD), 위치결정완료(INP), 영속도검출(ZSP), 경고(WNG), 배터리경고(BWNG) 등이 있다.

출력신호를 받아 표시할 장치가 유도부하의 경우에는 다이오드(D)를, 램프 부하에는 돌입전류 억제용 저항(R)을 설치하여 사용하도록 한다. (허용전류 : 40mA 이하, 돌입전류 : 100mA 이하) 서보드라이브 내부에서 최대 2.6V의 전압강하가 있다.

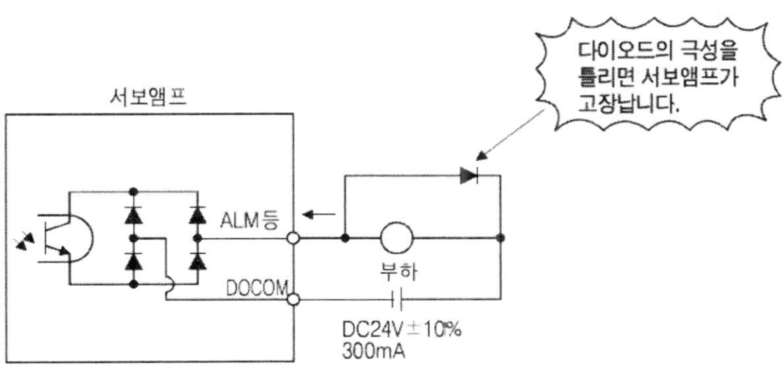

그림 2-33 디지털출력 인터페이스

6) 위치결정모듈(QD75D2)와 서보드라이브(MR-J3-10A)의 배선

위치결정모듈 40핀 컨넥터와 서보드라이브의 CN1(입출력 신호용 컨넥터)의 신호 인터페이스를 위한 연결이다. 먼저 그림으로 알아보도록 하자.

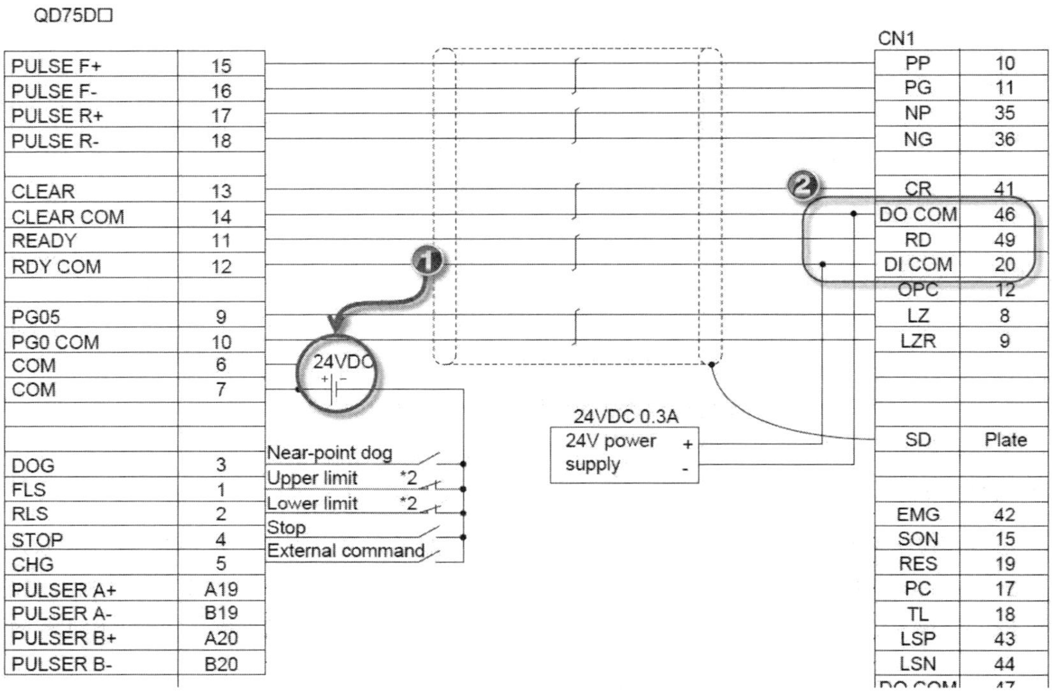

그림 2-34 위치결정모듈(QD75D2)와 서보드라이브(MR-J3-10A)의 배선

위의 그림에서 위치결정모듈과 서보드라이브 간의 배선은 PULSE F+(15번Pin)과 PP (10번 Pin)을 서로 연결하고 다른 신호들도 같은 방식으로 연결한다. 시중에 판매되는 전용케이블을 구매하면 컨넥트 처리까지 된 상태로 사용할 수 있다.

①로 표시된 외부전원을 살펴보면 위치결정모듈의 COM단자에 (+)24VDC를 연결하라고 표시되어 있고 위치결정 매뉴얼을 먼저 찾아본 경우 다음 그림과 같은 부분을 볼 수도 있을 것이다.

③으로 표시된 부분에는 COM단자에 (+)전원과 (-)전원을 선택적으로 사용할 수 있다고 표시되어 있다. 그런데 위에 그림 ①에서 COM단자에 (+)전원을 연결한 이유를 생각해 보자.

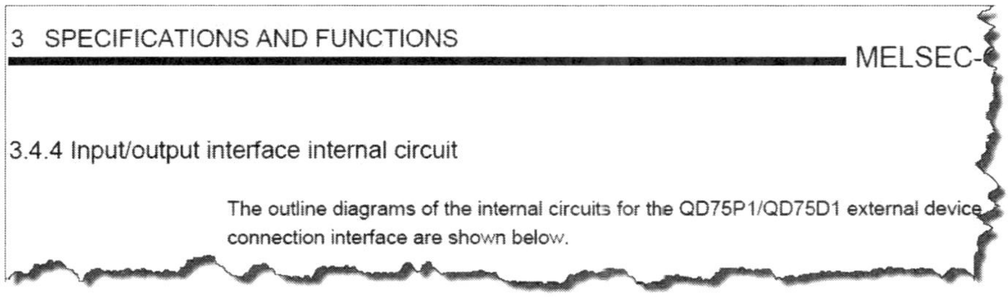
3 SPECIFICATIONS AND FUNCTIONS

MELSEC-

3.4.4 Input/output interface internal circuit

The outline diagrams of the internal circuits for the QD75P1/QD75D1 external device connection interface are shown below.

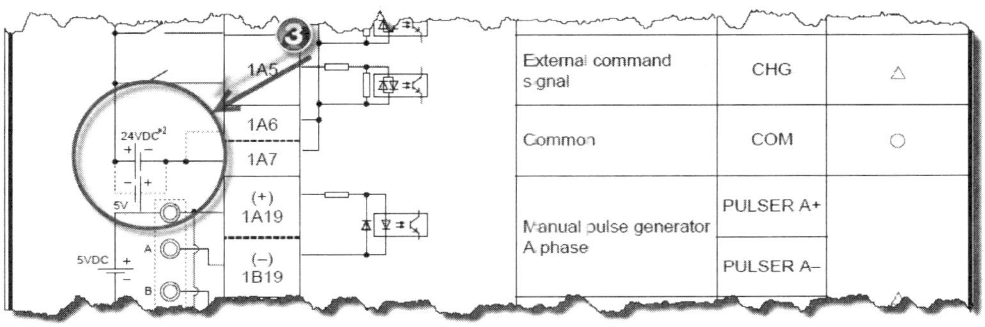

그림 2-35 위치결정모듈의 COM단자의 연결

답변은 앞에서 언급한 것을 다시 생각해 볼 때 "우리가 일반적으로 사용하는 것은 싱크 타입의 기기들이며 여기에 연결하는 센서들은 NPN타입을 사용한다."가 기억나면 된다.

위치결정모듈에는 여러 가지 스위치나 센서들이 연결된다. 센서의 대표적인 것으로는 DOG센서, 상/하한 리미트 센서이다. 이 센서의 타입은 어떤 것을 선택할 것인가? 당연히 NPN타입일 것이다.

③의 서보드라이브의 DI, DO의 COM에 외부전원을 연결하도록 한다.

7) 위치결정모듈(QD75D2)와 각종 센서들의 배선

서보모터를 연결한 장치(여기에서는 X-Y TABLE)가 서보모터 회전에 따라 이송테이블이 좌우로 직선운전을 할 것이다. 무한궤도처럼 무한정 직선운전을 하는 구조가 아니므로 하드웨어를 보호하기 위해 상/하한 리미트센서를 배치하고 기계계의 기준이 되는 위치를 알기위해 원점센서(DOG센서)를 장착해서 사용한다.

이들 센서들의 연결방법에 대한 설명이다. 우선 배선도를 살펴보면 다음과 같다.

상한 리미트센서(FLS : Forward Limit Sensor)/하한 리미트센서(RLS : Reverse Limit Sensor)는 B접점으로 사용하였고 원점센서(DOG센서)는 A접점을 사용하였다.

상/하한리미트 센서를 B접점으로 사용한 이유는 무엇일까 생각해 보자.

상/하한센서는 장비의 구동범위를 제한하는 센서이다. 이 구동범위를 벗어난다는 것은 장비가 정상적이지 않은 상태 혹은 망가진다는 의미이다. 그런데 A접점센서를 사용했을 경우 센서의 전원이 차단되어 신호를 발생시키지 못한다면 서보모터는 구동범위를 벗어나 계속 진행할 것이다.

그런데 B접점센서를 사용한 경우 센서에서는 신호가 끊어진 형태로 출력을 만들기 때문에 위치결정 모듈에서는 이 센서를 감지한 것으로 인식하고 모터를 즉시 멈출 것이다.

물론 이것 이외에 파라미터에서 소프트웨어적으로 차선책이 마련되어 있다. 이 사항은 뒤에서 다루어 질 것이다.

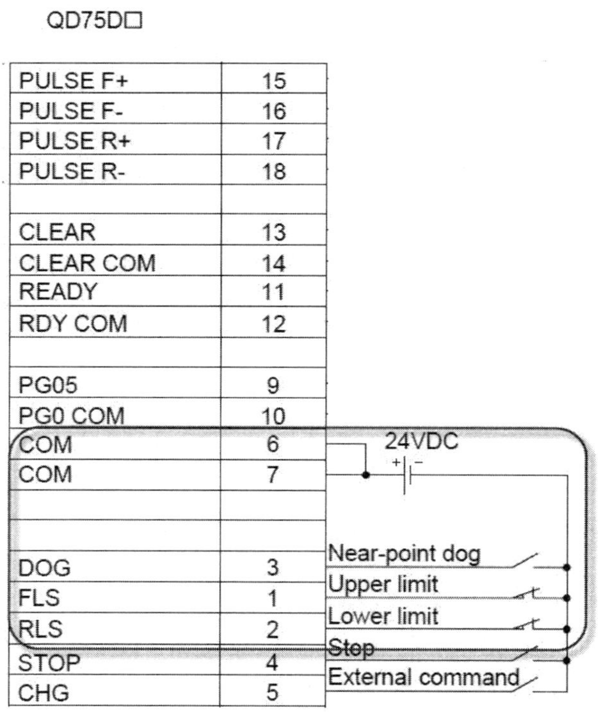

그림 2-36 위치결정모듈에 각종 센서의 배선

위의 그림에서 위치결정모듈(QD75D2)과 연결해야할 센서와 STOP, CHG등의 신호들을 발생시킬 스위치류들이 보인다.

매뉴얼 중 다른 항목을 살펴보면 다른 배선도가 보인다.

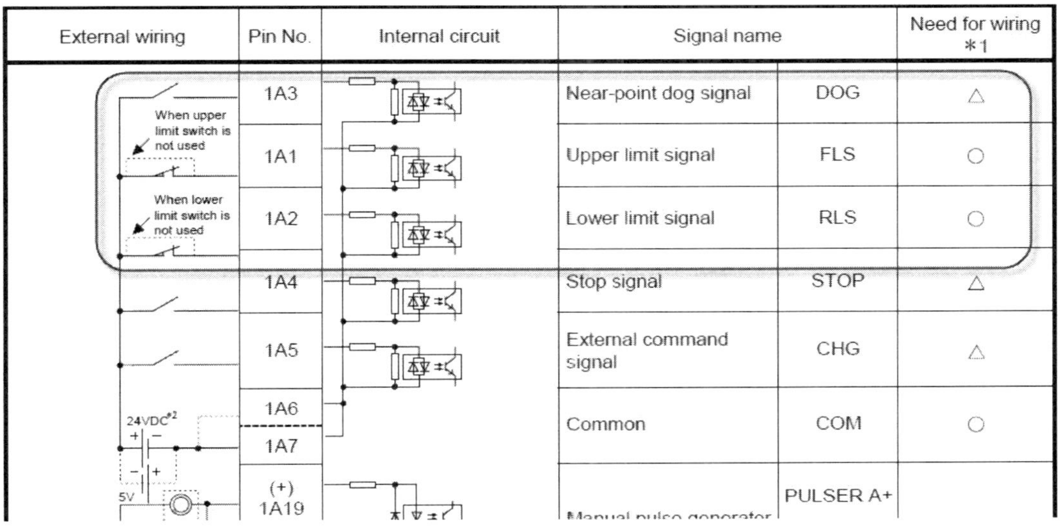

External wiring	Pin No.	Internal circuit	Signal name		Need for wiring *1
	1A3		Near-point dog signal	DOG	△
	1A1		Upper limit signal	FLS	○
	1A2		Lower limit signal	RLS	○
	1A4		Stop signal	STOP	△
	1A5		External command signal	CHG	△
	1A6		Common	COM	○
	1A7				
	(+) 1A19		Manual pulse generator	PULSER A+	

그림 2-37 위치결정모듈에 각종 센서의 배선의 다른 예

3가지 센서의 연결필요성에 대한 정보를 볼 수 있다.

상한리미트 센서(FLS)와 하한리미트 센서(RLS)는 반드시 입력해야 하는 센서라고 “o” 표시가 되어 있고 반면 원점센서(DOG)는 “△” 표시되어 있다. 원점위치를 확립하는 방식에 따라 원점센서(DOG)신호가 필요하거나 그렇지 않은 경우가 있기 때문이다.

보통 상한리미트 센서(FLS)와 하한리미트 센서(RLS), 원점센서(DOG)로 사용되어지는 센서의 종류는 말굽형 센서가 일반적이다.

다음 예는 Autonics사의 BS5-2□ Series를 나타낸 것이다.

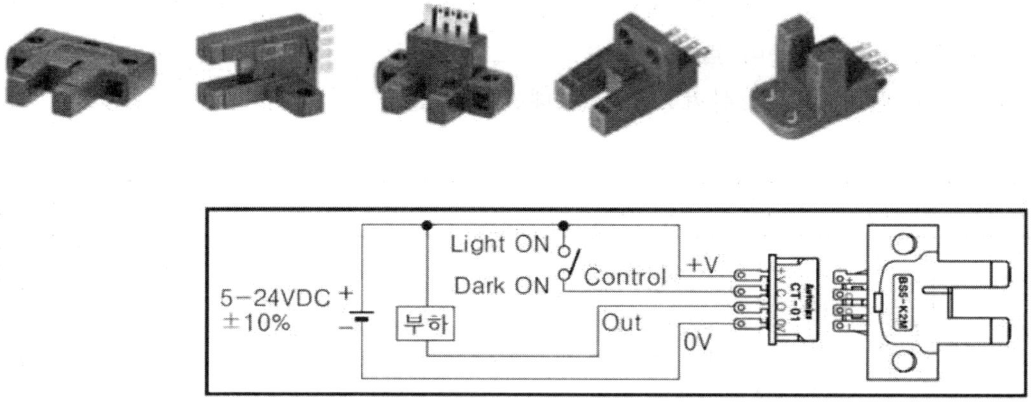

그림 2-38 FLS, RLS, DOG센서로 사용할 수 있는 센서의 예

동작모드 선택은 Control(C)단자를 +V단자(+)에 접속하면 입광시 ON(Light On), 비접속 상태로 사용하면 차광시 ON(Dark On)동작을 한다. 단, 입광시 ON(Light On)동작을 위해 +V단자 (+)와 0V 단자(-) 사이에 콘덴서(0.1~1.0uF/50V 이상)를 접속해서 사용하면 안정적이다.

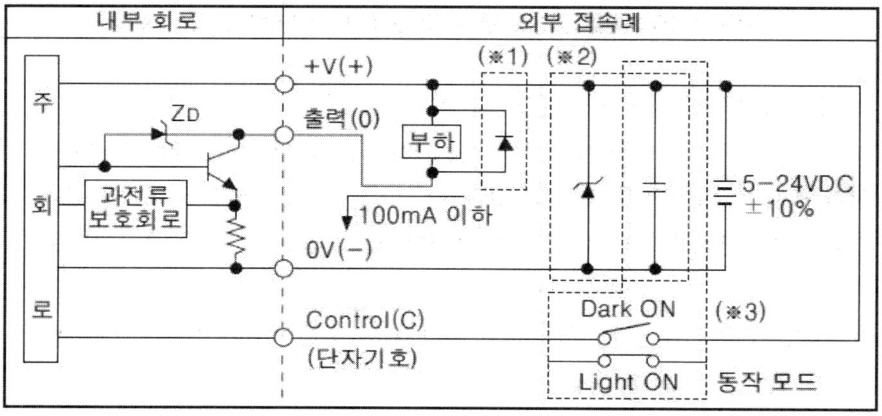

그림 2-39 센서의 내부회로와 접속 단자

이해를 돕기 위해 동작도를 표시해 보았다.

표 2-10 센서의 Light On, Dark On Mode

동작모드	Light On	Dark On
수광상태	입 광 차 광	입 광 차 광
동작표시등(적색LED)	점 등 소 등	점 등 소 등
TR출력(센서출력)	ON OFF	ON OFF

8) 서보드라이브(MR-J3-10A)와 외부신호입력(디지털입력 인터페이스 DI)의 배선

서보동작을 위해 필요한 몇 가지 신호를 서보드라이브에 입력을 해주어야 하는 것들이 있다. 앞에서 잠깐 나왔듯이 디지털입력 인터페이스 DI에 관한 신호들이다.

여기에서 사용할 신호로는 비상정지신호(EMG), 서보On신호(Servo On), 리셋신호(Reset) 등이 있다. 먼저 배선도를 보자.

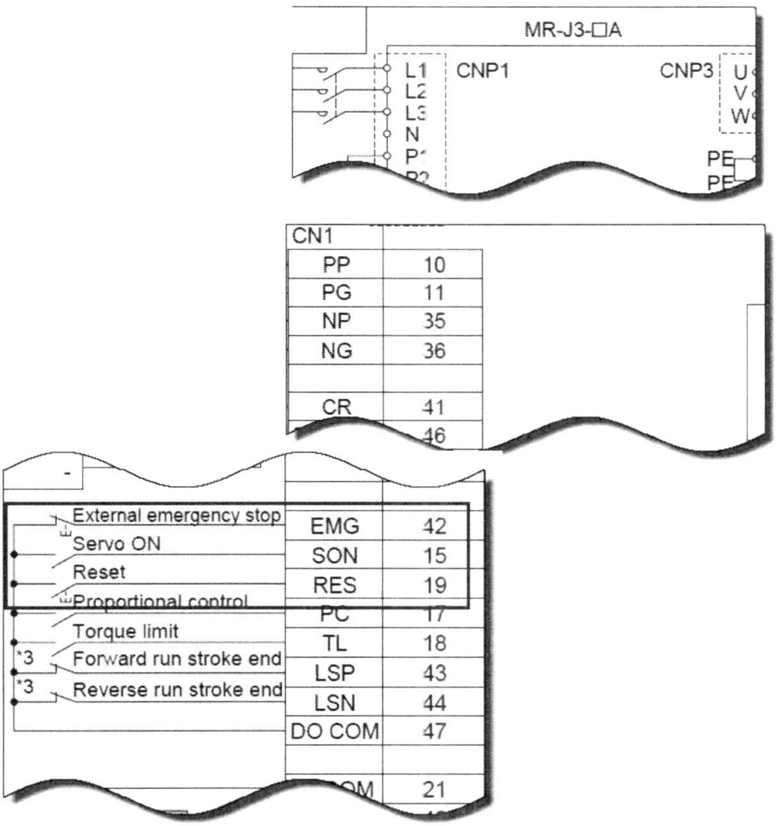

그림 2-40 서보드라이브와 디지털입력 인터페이스 DI의 배선

표 2-11 외부신호입력(디지털입력 인터페이스 DI)으로 사용하는 신호와 기능

디바이스 명칭	약칭	용도.기능
서보ON	SON	SON을 ON으로 하면 베이스 회로에 전원이 들어가서 운전 가능 상태가 된다.(서보ON 상태) OFF로 하면 베이스 차단이 되어 서보모터는 프리-런 상태가 된다. 파라미터 No. PD01를 "□□□4" 로 설정하면, 내부에서 자동ON(상시 ON)으로 변경할 수 있다.
리셋	RES	RES를 50ms이상 ON으로 하면 알람을 리셋 할 수 있다. 리셋(RES)에서는 해제할 수 없는 알람이 있다. 알람이 발생하지 않은 상태에서 RES를 ON으로 하면 베이스 차단된다. 파라미터 No.PD20를 "□□1□" 으로 설정하면, 베이스 차단이 되지 않는다. 이 디바이스는 정지용이 아니므로 운전 중에 ON으로 하지 않는다.
비상정지	EMG	EMG를 OFF(커몬간을 개방)로 하면 비상정지 상태가 되어, 베이스 차단되어 다이나믹 브레이크가 동작한다. 비상정지 상태에서 EMG를 ON(커몬간을 단락)로 하면 비상정지 상태를 해제할 수 있다.

위 신호 이외의 사항에 대해서는 위치제어모드가 아닌 속도제어모드나 토크제어모드 또는 이들의 조합에 의한 운전모드에서 사용할 수 있는 신호이다.

여기에서는 위치제어모드에 한하여 설명을 하고 있으므로 위의 3가지 신호만으로도 제어가 가능하다.

비상정지스위치는 B접점형태의 스위치를 이용하여 평상시 운전에서는 계속 통전이 되어 신호가 서보드라이브에 전달이 되어야 하며 서보ON신호는 서보모터를 동작시키기 위해 계속 신호를 만들어 주어야 한다. 따라서 스위치의 종류는 신호가 유지되는 형태의 토글스위치나 유지형 푸쉬버튼 스위치가 적당하겠다.

리셋용 스위치는 서보드라이브에 발생된 알람의 리셋용 동작을 하므로 모멘터리 타입이 푸쉬버튼 스위치를 사용하자.

FLS, RLS신호는 앞에서 위치결정모듈에 연결하였으므로 여기에서는 연결하지 않는다.

그러면 FLS, RLS신호를 만들어 주는 센서를 위치결정모듈에도 연결할 수 있고 서보드라이브에도 연결가능하다는 말이 된다. 그렇기 때문에 서보드라이브 파라미터 설정 시 반드시 설정해야할 항목이 된다. 다시 말하면 FLS, RLS신호를 만들어 주는 센서를 어느 쪽에 연결하였는지 알려주어야 한다. 그래야만 이 신호를 이용하여 서보모터를 구동시킬 수 있을 것이다.

9) 기기들의 접지

서보앰프는 파워 트랜지스터의 스위칭에 의해 서보모터에 전력을 공급하고 있다. 배선 처리나 접지선의 처리 방법에 따라 트랜지스터의 스위칭 노이즈의 영향을 받을 수가 있다. 이러한 트러블을 방지하기 위해 아래그림을 참고로 해서 반드시 접지를 하도록 하자.

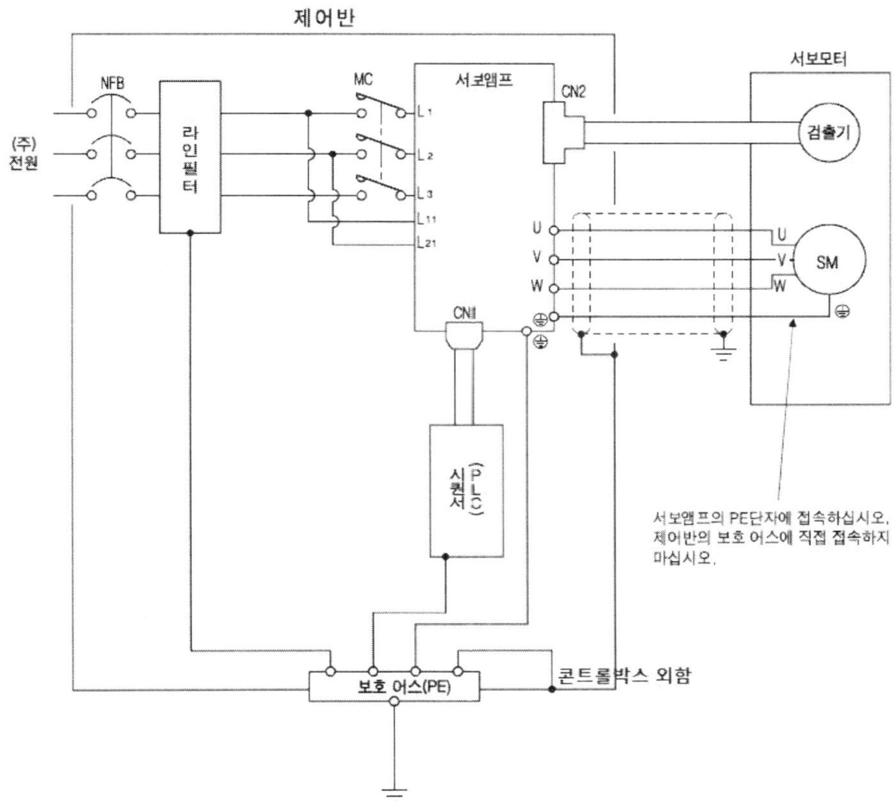

그림 2-41 기기들의 접지

(주) 단상 AC200~230V 또는 단상 AC100~120V 전원인 경우, 전원은 L1 · L2에 접속하고 L3에는 아무것도 접속하지 않는다. 단상 AC100~120V 전원인 경우, L3은 없다.

2-7 위치결정모듈 QD75D를 사용한 시스템의 설계와 운용절차

표 2-12 위치결정모듈을 이용한 시스템의 설계 절차

	내용	비고
1	제품의 기능과 사용법, 위치결정제어에 필요한 구성기기와 사양을 이해하고, 시스템을 설계한다.	설계
2	QD75를 베이스모듈에 설치, QD75와 외부접속기기(드라이브모듈 등)의 배선, PLC CPU와 주변기기를 접속한다.	준비
3	GX Configurator-QP를 사용하여, 실행하고 싶은 위치결정제어에 따른 파라미터, 위치결정데이터, 블록기동데이터, 조건데이터를 설정한다.	
4	GX Developer를 사용해서, 위치결정운전에 필요한 시퀀스프로그램을 작성한다.(GX Configurator-QP를 사용하지 않을 경우는, 데이터설정용의 시퀀스프로그램도 작성한다.)	
5	GX Configurator-QP로 작성한 파라미터와 위치결정데이터 등을 QD75에 기록한다.	
6	GX Developer를 사용해서 작성한 시퀀스프로그램을 PLC CPU에 기록한다.(GX Configurator-QP를 사용하지 않을 경우는, 데이터설정용 시퀀스프로그램에도 기록한다.)	
7	QD75와 외부접속기기와의 접속을 확인하거나, 설계한 위치결정운전을 올바르게 실행하기 위해, 테스트모드에 의한 시운전과조정을 한다. (설정한 「파라미터」와 「위치결정데이터」 등의 디버그를 한다.)	
8	설계한 위치결정운전을 올바르게 실행하기 위해서, 시운전과 조정을 한다. (작성한 시퀀스프로그램의 디버그를 한다. GXConfigurator-QP를 사용하지 않을 경우는, 설정한 데이터에 관해서도 디버그를 한다.)	
9	위치결정운전을 본 가동한다. 이 때, 필요에 따라 가동상황을 모니터하고, 에러와 경고가 발생했을 경우는 대처한다.	운전
10	필요에 따른, QD75의 보수를 실시한다.	보수

CHAPTER 3

서보 드라이브

3-1 서보드라이브 파라미터

서보드라이브를 위치제어 모드에 적합하도록 운영하기 위해서 몇 가지 파라미터를 입력하여야 한다. 설명하고 있는 서보드라이브는 MR-J3-ⒺA 타입으로 100Watt의 용량이다. 파라미터를 입력하는 방법은 서보드라이브의 전면에 있는 스위치 4개(MODE, UP, DOWN, SET)를 가지고 입력하거나 전용소프트웨어 MR-Configurator를 이용하여 서보드라이브의 USB Mini통신포트를 통해 입력해도 된다.

여기에서는 2가지 방법에 대해 모두 설명하도록 하겠다.

1) 파라미터 입력 1_스위치를 이용하는 방법

서보드라이브를 보면 윗부분에 커버가 있는데 커버를 들어올리면 5자리의 7-Segment ①과 그 밑에 조그마한 스위치 4개 ②가 배열되어 있는 것을 볼 수 있다.

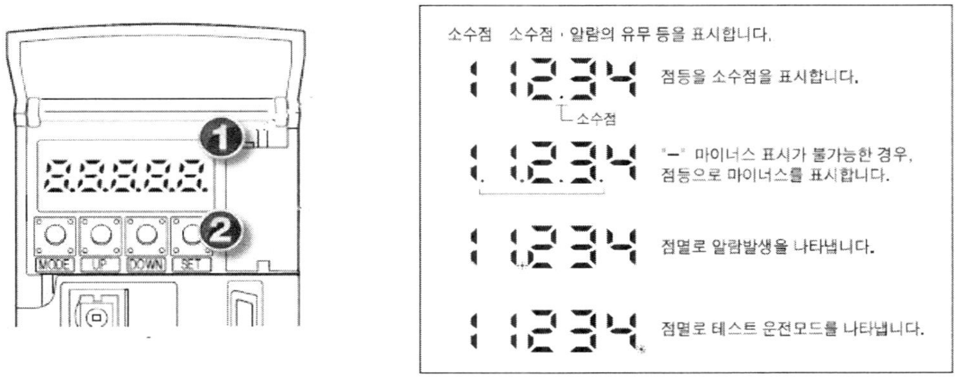

그림 3-1 서보드라이브의 스위치를 이용한 파라미터 입력

나. MODE 버튼의 표시흐름

MODE 버튼을 1회씩 누르면 아래와 같은 MODE가 순환적으로 표시된다. 게인, 필터 파라미터, 확장파라미터, 입출력설정 파라미터를 참조하거나 조작하려면 기본 설정파라미터 19번 (PA19 :파라미터 기입금지)를 유효하게 설정해 주어야 한다.

표 3-1 Mode버튼의 표시 흐름

표시모드의 변화	초기 화면	기능
상태표시	C	서보의 상태 표시 전원 투입시는 C 을 표시한다
진단	rd-oF	시퀀스 표시 · 외부 신호 표시 · 출력 신호(D0) 강제 출력 · 테스트 운전 · 소프트웨어 버전표시 · VC자동 옵셋 · 모터 시리즈 ID표시 · 모터 타입 ID표시 · 모터 검출기ID표시 · 외부 검출기 ID표시 · 파라미터기입 금지 1차 해제 표시.
알람	AL --	현재 알람 표시 · 알람 이력 표시 · 파라미터 에러 No.표시.
● button MODE 기본설정 파라미터	P A01	기본 설정 파라미터의 표시와 설정
게인,필터 파라미터	P b01	게인 · 필터 파라미터의 표시와 설정
확장설정 파라미터	P C01	확장 설정 파라미터의 표시와 설정.
입출력설정 파라미터	P d01	입출력 설정 파라미터의 표시와 설정.

다. 상태표시

운전 중의 서보 상태를 5자릿수 7-Segment LED의 표시부에 표시할 수 있다. "UP", "DOWN" 버튼을 눌러 임의로 내용을 변경할 수 있다.

1) "MODE" 버튼으로 표시할 수 있는 각종 기능들

"MODE" 버튼으로 상태표시모드로 선택한 후 "UP", "DOWN" 버튼을 누르면 아래와 같이 표시가 순환되면서 보인다.

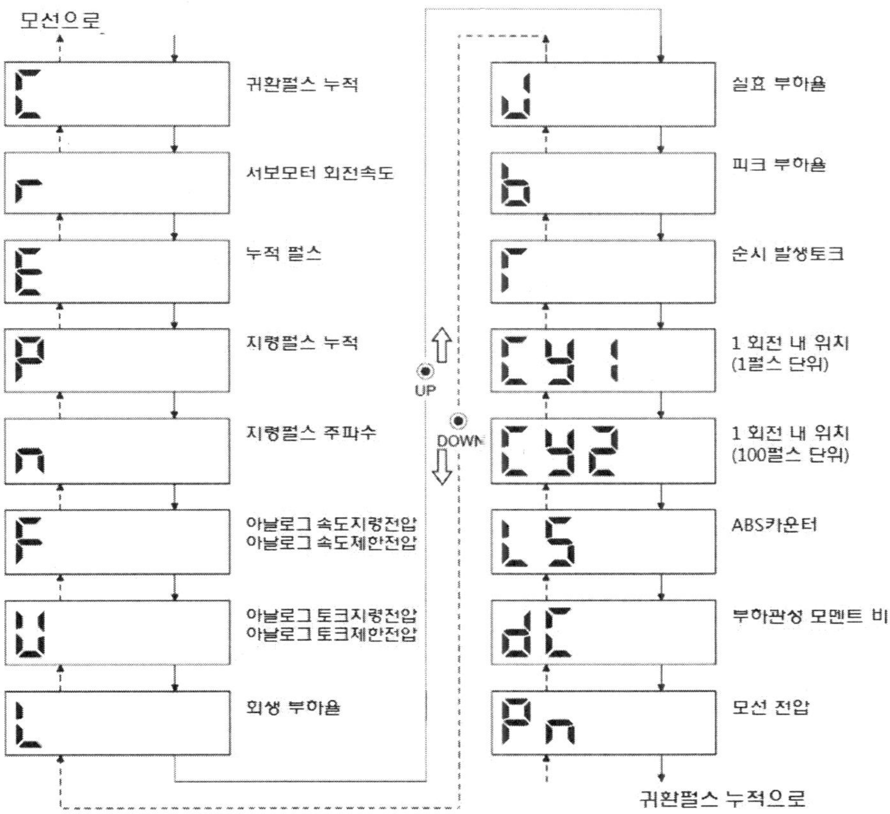

그림 3-2 Mode버튼으로 표시할 수 있는 각종 기능들

2) 상태표시 일람

표시할 수 있는 서보 상태를 나타낸다.

표 3-2 모드의 종류와 기능

상태표시	심볼	단위	내용	표시범위
귀환펄스 누적	C	pulse	서보모터 엔코더에서의 귀환펄스를 카운터로 표시한다. ±99999를 초과해도 카운터 되는데, 서보앰프 표시부에서는 5자릿수 표시를 위해, 실제값의 아래 5자릿수가 표시된다. "SET" 버튼을 누르면 "0" 이 된다. 역전시는 2, 3, 4, 5 자릿수째의 소수점이 점등한다.	-99999 ~ 99999
서보모터 회전속도	r	r/min	서보모터의 회전속도를 표시한다. 0.1r/min 단위를 반올림하여 나타낸다.	-7200 ~ 7200
잔류펄스	E	pulse	편차 카운터의 잔류펄스를 표시한다. 역전 펄스는 2, 3, 4, 5 자릿수째의 소수점이 점등한다. ±99999를 초과해도 카운트되지만, 서보앰프 표시부에서는 5자릿수 표시이므로, 실제 값의 아래 5자릿수의 표시된다. 표시하는 펄스 수는 검출기 펄스 단위이다.	-99999 ~ 99999
지령펄스 누적	P	pulse	위치 지령 입력 펄스를 카운터하여 나타낸다. 전자기어(CMX/CDV)를 곱하기 전의 값을 나타내므로, 귀환펄스 누적 표시와 일치하지 않을 수 있다. ±99999를 초과해도 카운터 되지만, 서보앰프 표시부에서는 5자릿수 표시이므로, 실제값의 아래 5자릿수의 표시된다. "SET" 버튼을 누르면 0이 된다. 역전시는 2, 3, 4, 5자릿수 째의 소수점이 점등된다.	-99999 ~ 99999
지령펄스 주파수	n	kpps	위치지령 입력 펄스의 주파수를 나타낸다. 전자기어(CMX/CDV)를 곱하기 전의 값을 표시한다.	-1500 ~ 1500

상태표시	심볼	단위	내용	표시범위
아날로그 속도지령 전압 아날로그 속도제한 전압	F	V	(1) 토크제어 모드 아날로그 속도제한(VLA)의 입력전압을 표시한다. (2) 속도제어 모드 아날로그 속도지령(VC)의 입력전압을 표시한다.	-10.00 ~ +10.00
아날로그 토크지령 전압 아날로그 토크제한 전압	U	V	(1) 위치제어 모드 · 속도제어 모드 아날로그 토크제한(TLA)의 전압을 표시한다.	0 ~ +10.00
			(2) 토크제어 모드 아날로그 토크지령(TC)의 전압을 표시한다.	-8.00 ~ +8.00
회생 부하율	L	%	허용 회생 전력에 대한 회생 전력의 비율을 %로 표시한다.	0 ~ 100
실효 부하율	J	%	연속 실효 부하 토크를 표시한다. 정격 전류를 100%로 하고, 과거 15초간의 실효값을 표시한다.	0 ~ 300
피크 부하율	b	%	최대 발생 토크를 표시한다. 정격 토크를 100%로 하고, 과거 15초간의 최고값을 표시한다.	0 ~ 400
순시 발생 토크	T	%	순시 발생 토크를 표시한다. 정격 토크를 100%로서 발생하고 있는 토크의 값을 티얼타임으로 표시한다.	0 ~ 400
1회전내 위치 (1pulse 단위)	Cy1	pulse	1회전내 위치를 검출기의 펄스 단위로 표시한다. 최대 펄스수를 넘으면 0으로 복귀하지만 서보앰프 표시부에서는 5자릿수 표시이므로 실제값 하위 5자릿수의 표시된다. CCW방향으로 회전하면 가산된다	0 ~ 99999
1회전내 위치 (100pulse 단위)	Cy2	pulse	1회전내 위치를 검출기의 100펄스 단위로 표시한다. 최대 펄스수를 넘으면 "0" 으로 복귀한다. CCW방향으로 회전하면 가산된다.	0 ~ 2621

상태표시	심볼	단위	내용	표시범위
ABS 카운터	LS	rev	절대위치 검출시스템으로 원점에서의 이동량을 절대위치 검출기의 다회전 카운터값으로 표시한다.	-32768 ~ 32767
부하관성 모멘트비	dC	배	서보모터의 관성 모멘트에 대한 서보모터축 환산 부하관성 모멘트비의 추정값을 표시한다.	0.0 ~ 300.0
모선 전압	Pn	V	주회로 컨버터(P-N간 또는 P+-N-간)의 전압을 표시한다.	0 ~ 900

3) 알람표시 모드

현재 알람과 알람이력 및 파라미터 에러를 표시한다. 표시부의 하위 2자릿수에서 발생한 알람 No와 에러가 있는 파라미터 No.를 표시한다.

알람 발생 시의 기능

① 어떠한 모드 화면에서도 현재 발생하고 있는 알람을 표시된다.

② 알람 발생중이라도 조작부의 버튼을 눌러 다른 화면을 볼 수가 있다. 이때, 4자릿수째의 소수점은 점멸상태이다.

③ 알람은 원인을 제거하고 다음의 방법으로 해제한다.

㉠ 전원의 OFF → ON

㉡ 현재 알람 화면에서 "SET" 버튼을 누른다.

㉢ 알람 리셋(RES)을 ON.

④ 알람 이력의 소거는 파라미터 No.PC18에서 실행한다.

⑤ 알람 이력 표시 화면에서 "SET"를 2s이상 누르면 다음과 같은 상세 정보 표시 화면을 표시한다. 단, 본 내용은 메이커 보수이다.

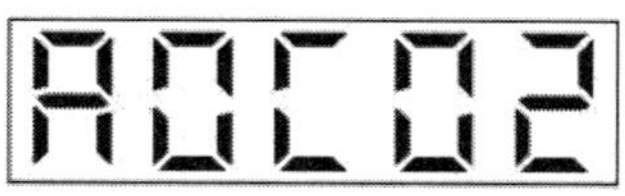

그림 3-3 알람이력소거

⑥ "UP", "DOWN" 으로 다음이력으로 이동한다.

표 3-3 알람이력

명 칭	표 시	내 용
현재알람	AL --	알람이 발생하고 있지 않은 상태이다.
	AL 33	과전압(AL.33)이 발생했다. 알람 탈생 시에 점멸한다.
알람이력	① A0 ② 50 A1 33 A2 10 A3 31 A4 ③ -- A5 --	① 항목은 알람이력 번호이다. 즉 A0, A1, A3, … 순서로 알람이 발생했고 그 내용은 알람 CODE로 ② 항목처럼 표시 된다. ③ 같은 표기는 알람이 발생하지 않은 상태이다.
파라미터알람	E --	파라미터 이상(AL.37)이 발생하고 있지 않은 상태이다.
	E.A12	파라미터 No.PA12 데이터 내용의 이상.

4) 파라미터 모드

"MODE" 버튼으로 각 파라미터 모드로 해서 "UP", "DOWN" 버튼을 누르면 다음과 같이 표시가 변경된다.

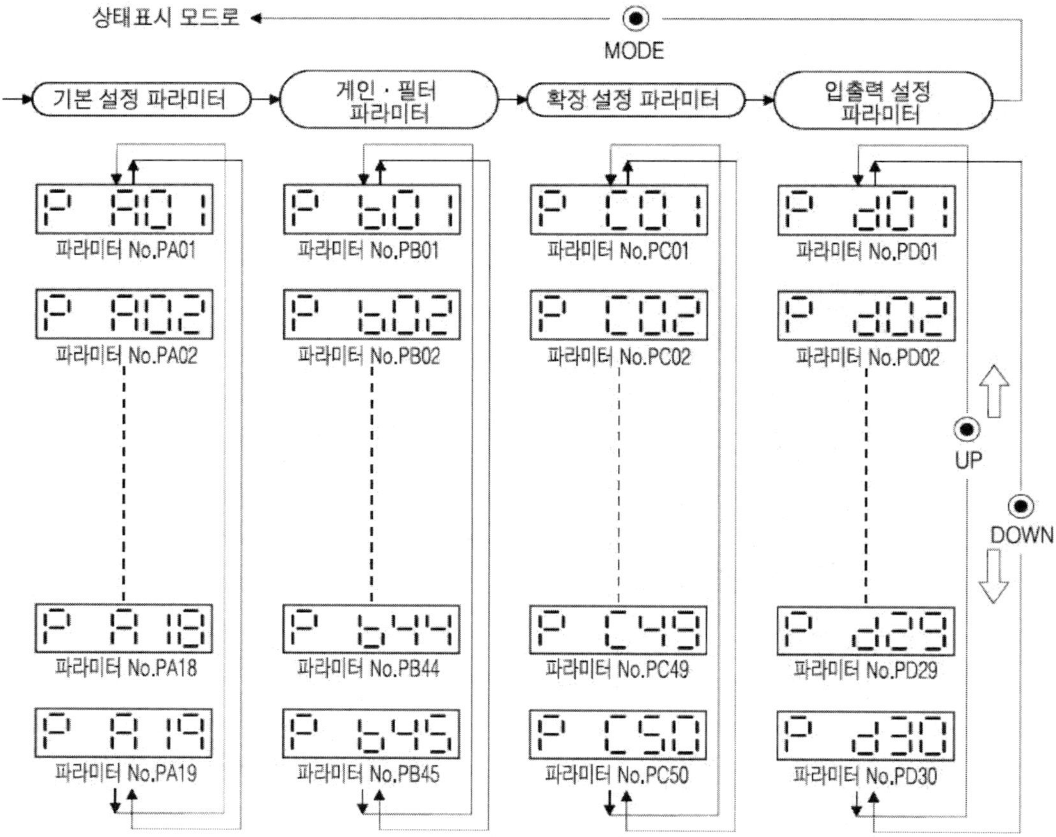

그림 3-4 파라미터 모드

가) 조작방법

(1) 5자릿수 이하의 파라미터인 경우

예로서 제어 모드 선택(파라미터 No.PA01)에서 속도 모드로 변경하는 경우의 전원 투입후의 조작 방법을 나타낸다. "MODE" 버튼을 눌러서 기본 설정 파라미터 화면으로 표시한다.

다음 파라미터로 이동하려면 "UP", "DOWN" 버튼을 눌러 이동한 뒤 파라미터

No.PA01의 변경은 설정값을 변경한 후에 일단 전원을 OFF로 하고 재투입하면 유효하게 된다.

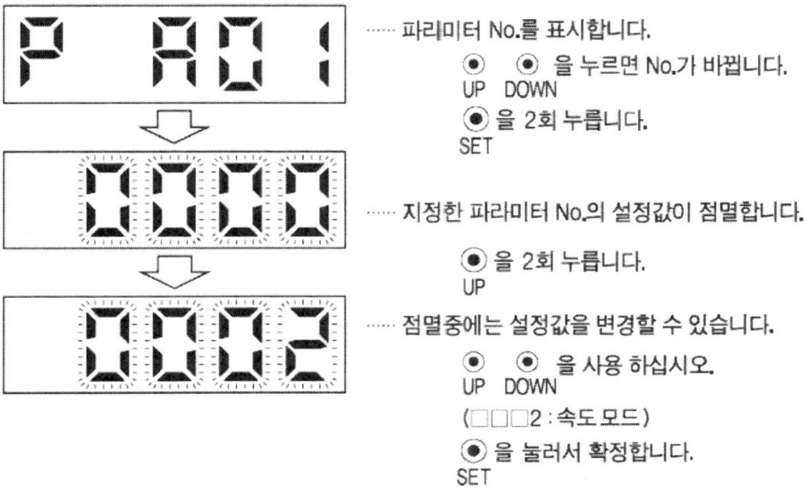

그림 3-5 스위치를 이용한 파라미터의 설정

(2) 6자릿수 이상의 파라미터인 경우

전원 투입시의 상태 표시 화면을 파라미터 No.PC36에서 서보모터 회전속도로 설정한 경우에서 전자기어 분자 데이터(파라미터 No.PA06)를 “123456” 으로 변경하는 경우의 조작 방법을 표시한다.

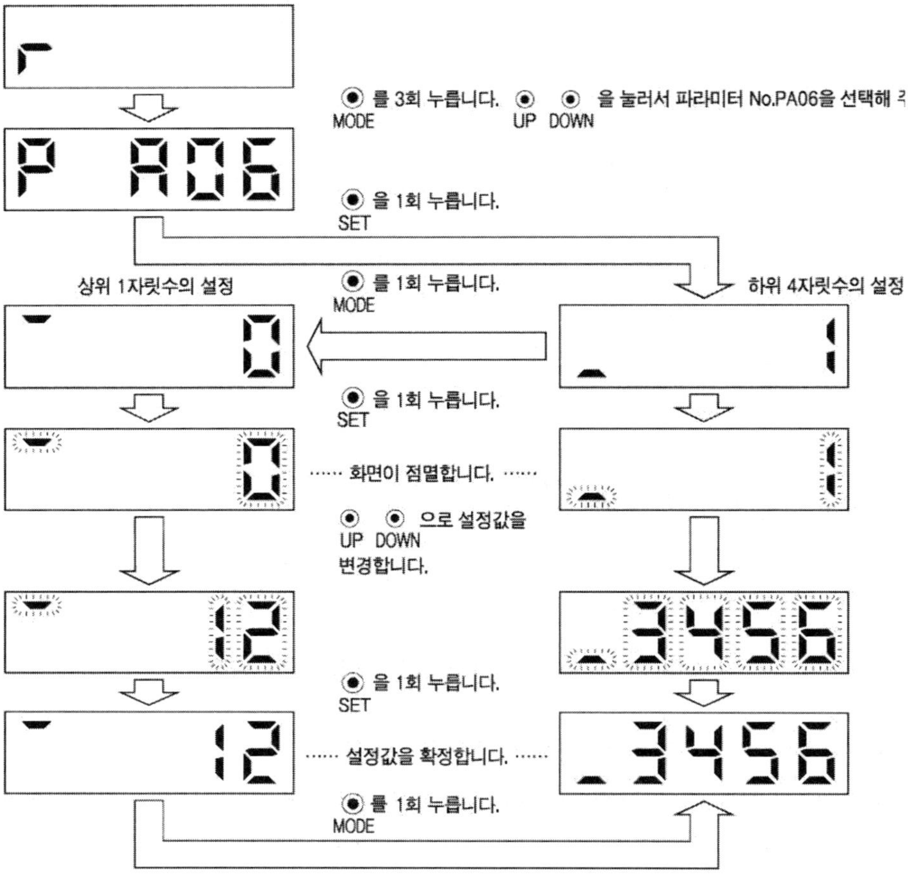

그림 3-6 6자리 이상의 파라미터 입력

3-2 위치제어모드에서 입력해야 할 파라미터

가. 파라미터의 종류

파라미터그룹으로 기본 설정 파라미터(PA□□), 게인 · 필터 파라미터(PB□□), 확장 설정 파라미터(PC□□), 입출력 설정 파라미터(PD□□)의 4개 그룹으로 나누어진다.

서보를 위치제어 모드로 사용하는 경우, 주로 기본 설정 파라미터(PA□□)를 설정하면 도입 시에 기본적인 파라미터의 설정이 가능하다.

표 3-4 파라미터의 종류

파라미터 그룹	내 용
기본 설정 파라미터 (No.PA□ □)	처음에 기본 설정 파라미터를 설정한다. 이 파라미터 그룹에서는 다음 항목의 설정을 실행한다. □ 제어 모드의 선택(위치제어 모드를 선택) □ 회생옵션의 선택 □ 오토튜닝의 선택과 조정 □ 토크 제한의 설정 □ 검출기 출력 펄스의 설정
게인 · 필터 파라미터 (No.PB□ □)	오토튜닝에 의한 게인 조정에서는 만족스러운 움직임을 실현할 수 없는 경우, 이 파라미터 그룹에서 보다 상세한 게인 조정을 실행한다. 게인 변환 기능을 사용하는 경우도, 이 파라미터 그룹의 설정이 필요하다.
확장 설정 파라미터 (No.PC□ □)	서보앰프를 속도제어 모드 · 토크제어 모드로 사용하는 경우, 주로 이 파라미터를 사용합니다. 이 파라미터 그룹에서는 다음 항목의 설정을 실행한다. □ 가감속 시정수 □ S자 가감속 시정수 □ 내부 속도 지령 □ 아날로그 속도 지령 최대 회전속도 □ 아날로그 속도 지령 옵셋 그 밖에, 아날로그 모니터 출력, 토크 제한 등을 사용하는 경우, 이 파라미터그룹의 설정이 필요하다.
입출력 설정 파라미터 (No.PD□ □)	서보앰프의 입출력 디바이스를 변경하는 경우에 사용한다. 이 파라미터 그룹을 사용하는 경우, 파라미터 No.PA19의 설정 변경이 필요하다.

나. 기본 설정 파라미터(PA□□)

기본 설정파라미터에서는 주로 제어 모드, 회생옵션, 절대위치 검출 시스템, 전자기어 분자(지령 입력 펄스 배율 분자), 전자기어 분모(지령 입력 펄스 배율 분모), 오토튜닝 모드, 파라미터 기입 금지 항목을 설정한다.

1) 기본 설정 파라미터(PA□ □)의 항목들

표 3-5 기본설정 파라미터 PA.의 종류

	약칭	명칭	초기값	단위	제어모드		
					위치	속도	토크
PA01	*STY	제어 모드	0000h		○	○	○
PA02	*REG	회생옵션	0000h		○	○	○
PA03	*ABS	절대위치	0000h		○		
PA04	*AOP1	기능 선택 A-1	0000h		○		
PA05	*FBP	1회전 당 지령 입력 펄스 수	0		○	○	○
PA06	CMX	전자기어 분자(지령 입력 펄스 배율 분자)	1		○		
PA07	CDV	전자기어 분모(지령 입력 펄스 배율 분모)	1		○		
PA08	ATU	오토튜닝 모드	0001h		○	○	
PA09	RSP	오토튜닝 응답성	12		○	○	
PA10	INP	인포지션 범위	100	pulse	○		
PA11	TLP	정전 토크 제한	100.0	%	○	○	○
PA12	TLN	역전 토크 제한	100.0	%	○	○	○
PA13	*PLSS	지령펄스 입력 형태	0000h		○		
PA14	*POL	회전 방향 선택	0		○		
PA15	*ENR	검출기 출력 펄스	4000	pulse/rev	○	○	○
PA16		메이커 설정용	0				
PA17			0000h				
PA18			0000h		○		
PA19	*BLK	파라미터 기입 금지	000Bh		○	○	○

**** 파라미터 약칭 앞에 *표가 붙은 파라미터는 설정 후 일단 전원을 OFF로하고 재투입하면 유효하게 된다.

2) 제어모드 설정

서보모터 제어모드를 선택한다.

표 3-6 제어모드 설정 파라미터 PA01

	약칭	명칭	초기값	단위	제어모드		
					위치	속도	토크
PA01	*STY	제어 모드	0000h		○	○	○

파라미터 PA01	설정내용	입력데이터
0 0 0 □	제어 모드의 선택 0 : 위치제어 모드 1 : 위치제어 모드와 속도제어 모드 2 : 속도제어 모드 3 : 속도제어 모드와 토크제어 모드 4 : 토크제어 모드 5 : 토크제어 모드와 위치제어 모드	0000h (0 : 위치제어모드로 제어 함)

3) 회생옵션의 선택

회생옵션 · 브레이크 유닛 · 전원 회생 컨버터 · 전원 회생 공통 컨버터를 사용하는 경우 이 파라미터를 설정한다.

① 설정을 잘못하면 회생옵션을 소실하는 경우가 있다.
② 서보앰프와 조합되지 않은 회생옵션을 선택하면 파라미터 이상(AL.37)이 된다.
③ 30kW 이상의 드라이브 유닛의 경우, 컨버터 유닛으로 회생옵션의 선택을 실시하기 때문에 반드시 "□ □00" 을 설정한다.

표 3-7 회생옵션선택 파라미터 PA02

	약칭	명칭	초기값	단위	제어모드		
					위치	속도	토크
PA02	*REG	회생옵션	0000h		○	○	○

파라미터 PA02	설정내용	입력데이터
0 0 □ □	회생옵션의 선택 00 : 회생옵션을 사용하지 않는다 · 100W의 서보앰프의 경우, 회생 저항기를 사용하지 않는다. · 200~7kW의 서보앰프의 경우, 내장 회생 저항기를 사용한다. · 11k~22kW의 서보앰프에서 부속의 회생저항기 또는 회생옵션을 사용한다. · 30kW이상의 드라이브 유닛의 경우, 컨버터 유닛으로 회생옵션의 선택을 실시한다. 01 : FR-BU2-(H) · FR-RC-(H) · FR-CV-(H) 02 : MR-RB032 03 : MR-RB12 04 : MR-RB32 05 : MR-RB30 06 : MR-RB50(냉각팬이 필요) 08 : MR-RB31 등... 좀 더 자세한 내용은 매뉴얼 참조	0000h (00: 사용하는 서보드라이브의 용량은 모델명 MR-J3-10A에서도 알 수 있듯이 100W이므로 선택은 00)

4) 절대위치 검출 시스템 설정

위치제어 모드에서 절대위치 검출 시스템을 사용하는 경우, 이 파라미터를 설정한다.

표 3-8 절대위치 검출시스템 설정 파라미터 PA03

	약 칭	명 칭	초기값	단 위	제어모드		
					위치	속도	토크
PA03	*ABS	절대위치검출시스템	0000h		○		

파라미터 PA02	설정내용	입력데이터
0 0 0 □	절대위치 검출 시스템의 선택 0 : 인크리멘털 시스템으로 사용한다. 1 : 절대위치 검출 시스템으로 사용하는 DIO에 의한 ABS 전송 2 : 절대위치 검출 시스템으로 사용하는 통신에 의한 ABS 전송	0000h (0 : 인크리멘털 방식으로 엔코더를 사용하기 때문에 설정값은 0)

5) 전자기어

전자기어는 위치결정모듈에서 만들어 주는 펄스 수량과 이 펄스신호로 움직이는 서보모터의 엔코더에서 피드백(Feedback)되어 나오는 펄스 수의 비율에 관한 설정이다.

입력 펄스에 대해, 임의의 배율로 서보모터를 회전시키기 위한 설정값을 분수형태로 입력한다.

표 3-9 전자기어설정 파라미터 PA06,07

	약 칭	명 칭	초기값	단 위	제어모드		
					위치	속도	토크
PA06	CMX	전자기어분자 (지령펄스 배율분자)	1		○		
PA07	CDV	전자기어분모 (지령펄스 배율분모)	1		○		

파라미터 PA06,07	설정내용	입력데이터
	QD75D : 1Mpps 볼스크류 리드 : 5 [mm] 서보모터 엔코더 분해능 : 262144 [Pulse/rev] 서보모터정격회전속도 : 3000 [rpm] 일 경우	PA06 CMX=8192 PA07 CDV=625

가) 전자기어 설정 범위는 $\frac{1}{10} < \frac{CMX}{CDV} < 2000$ 이다.

범위 외의 값을 설정하면, 가감속시에 소리가 나거나 설정한 속도·가감속 시정수로 운전할 수 없는 경우가 있다.

전자기어의 설정은 설정오류에 의한 폭주를 막기 위해, 반드시 서보 OFF 상태에서 실행한다.

나) 전자기어의 계산

전자기어는 서보모터를 구동하는데 필요한 파라미터를 입력할 때 반드시 설정해야 하는 항목으로 서보드라이브의 파라미터 설정할 때와 위치결정모듈에서의 파라미터 설정할 때 두 번 접하게 된다. 같은 용어로 "전자기어" 라는 말을 사용하지만 시스템에서의 동작은 다르다.

서보드라이브에서의 전자기어비를 계산하는 방법은 크게 2가지로 먼저 매뉴얼에 표시된 방법부터 알아보도록 하자.

(1) 펄스신호 1개당 기계의 이동량을 결정하고 계산하는 방법

예를 들어서 1개의 펄스신호를 입력받고 기계(여기에서 볼스크류 회전시켜 이송테이블을 직선으로 이동시키는 기구로 설명한다.)의 이동량을 10㎛ 이동시키는 것을 목적으로 전자기어비를 구해 보자.

우선 기계의 구조를 살펴보면 다음 그림과 같은 형상일 것이다.

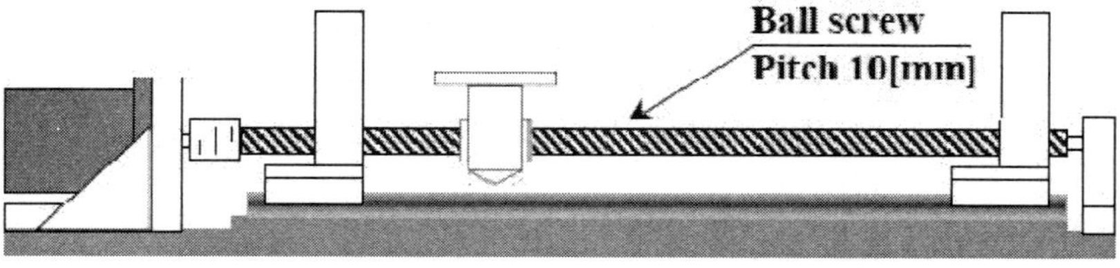

그림 3-7 전자기어비 설정(1펄스당 기계이동량 결정 방법)

기계의 사양을 표시하면

- 볼스크류 리드 : 10[mm]
- 서보모터 엔코더 분해능 : 262144[Pulse/rev]

다음 공식에 대입하면 전자기어비를 쉽게 구할 수 있다.

$$\frac{CMX}{CDV}=\Delta L_0 \cdot \frac{P_t}{\Delta S}=\Delta L_0 \cdot \frac{P_t}{P_b}=10\times10^{-3} \cdot \frac{262144}{10}=\frac{262144}{1000}$$

여기에서 분모와 분자 형태로 전자기어비가 계산이 되었다.

표 3-10 전자기어비 계산 공식의 각종 기호와 의미

기호	의 미	비고
P_b	볼스크류 리드 [mm]	
n	감속비	
P_t	서보모터 분해능 [Pulse/rev]	
ΔL_0	지령1펄스당 이동량 [mm/Pulse]	
ΔS	서보모터 1회전당 이동량 [mm/rev]	
$\Delta\theta^\circ$	지령 1펄스당 이동각도 [°/Pulse]	
$\Delta\theta$	서보모터 1회전당 이동각도 [°/rev]	

이제 입력 가능한 형태로 소인수 분해를 하면

$$\frac{CMX}{CDV}=\frac{32768}{125}$$

가 된다.

서보모터와 볼스크류 사이에 기어박스가 있는 경우의 계산

서보모터에 감속기가 부착되어 볼 스크류와 연결된 경우에는 볼스크류가 한 바퀴 회전을 했을 때를 기준으로 하면 서보모터에 직결된 엔코더에서 발생하는 펄스수를 계산해야 되기 때문에 서보모터 엔코더의 분해능에 감속기의 비율을 곱한 후 전자기어비를 구해야 한다.

위의 예제에서 감속기가 감속비(n) = 1:2라고 한다면 공식은 다음과 같아진다.

$$\frac{CMX}{CDV}=\Delta L_0 \cdot \frac{P_t}{\Delta S}=\Delta L_0 \cdot \frac{P_t}{P_b \cdot n}=10\times10^{-3} \cdot \frac{262144}{10 \cdot \frac{1}{2}}=\frac{524288}{1000}$$

따라서 전자기어비는 $\frac{CMX}{CDV}=\frac{65536}{125}$ 가 된다.

(2) 펄스주파수의 입력과 출력관계로 본 경우로 계산하는 방법

위치결정모듈에서 최대로 발생시킬 수 있는 펄스의 주파수를 생각해 보면 매뉴얼이나 카탈로그를 참조해 설계하고자 하는 모터의 정보를 알 수 있다. 여기에서는 QD75D2 모델이므로 1초에 1백만 개의 펄스 1M [Pulse/sec]를 만들어 줄 수 있는 능력을 갖고 있다.

이 펄스 신호가 서보드라이브에 입력이 되고 서보모터가 회전할 것이다. 서보모터가 회전하면 서보모터 엔코더에서 펄스신호가 피드백 되어 다시 서보드라이브의 편차카운터 회로에 입력이 될 것이다.

이 피드백 되는 펄스신호를 찾아보면 엔코더분해능이라고 표현되어 있는 서보모터 1회전 당 발생되는 펄스의 개수로 262,144 [Pulse/rev]이 되겠다. 이 두 개의 수치를 잘 살펴보면 펄스입력을 받고 서보모터가 회전하는 것이므로 제어에서 입력과 출력의 관계가 성립된다고 할 수 있다.

이 관계를 설명하기 위해 단위를 서로 일치하도록 조금 조정을 하자.

서보모터를 회전하기 위해 우리는 다양한 속도로 제어를 할 것이다. 이 때 모든 조건은 서보모터의 정격회전속도를 기준으로 하면 어떠한 속도로도 제어할 수 있으므로 정격회전속도 3,000 [rev/min]으로 설정을 하고 엔코더 분해능을 다시 표현해 보도록 하겠다. 표기된 262,144 [Pulse/rev]의 단위는 1회전 당 발생되는 펄스의 수량이므로 시간 [sec]가 표현이 되도록 하려면 정격회전속도 3,000 [rev/min]을 분당회전수가 아니라 초당 회전수로 변경하면 50 [rev/sec]이 될 것이고 이 값을 서로 곱해주면 위치결정모듈에서 최대로 발생시킬 수 있는 펄스의 주파수의 단위와 같아지게 된다.

계산을 해보면

정격회전속도 × 서보모터 엔코드 분해능

$$= 3{,}000\,[rev/\min] \times 262{,}144\,[Pulse/rev]$$

$$= 50\,[rev/\sec] \times 262{,}144\,[Pulse/rev]$$

$$= 13{,}107{,}200\,[Pulse/\sec]$$

입력된 펄스주파수와 엔코더에서 발생한 펄스의 주파수 관계를 살펴보면 단위는 동일하게 조정을 해 놓았으니 수치만 놓고 보면 1,000,000 [Pulse/sec]를 입력하면 출력으로

만들어 돌아오는 펄스의 주파수가 13,107,200 [Pulse/sec]가 된다는 것인데 이 두 수치를 맞도록 해주는 것이 서보드라이브의 전자기어비가 되는 것이다.

앞에서 서보드라이브의 전자기어비의 의미는 "위치결정모듈에서 만들어 주는 펄스 수량과 이 펄스신호로 움직이는 서보모터의 엔코더에서 피드백(Feedback)되어 나오는 펄스 수의 비율에 관한 설정이다" 라고 표현했었다.

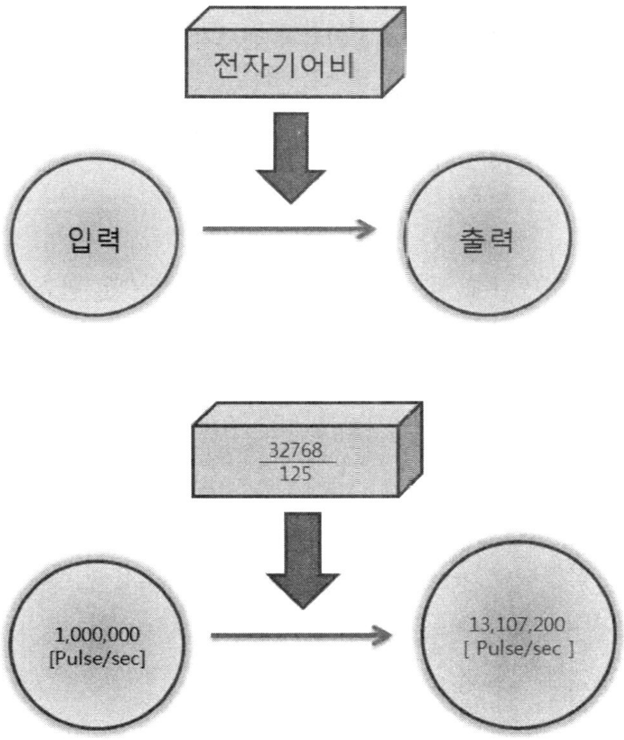

그림 3-8 전자기어비의 개념

참고) 컨베이어, 또는 인덱스 등의 회전하는 기기에서의 설정 예

1펄스당 0.01° 단위로 회전시킬 경우

- 기계의 사양
- 테이블 : 360° /rev
- 감속비 : n = 625/12544
- 서보모터 분해능 : Pt = 262144[pulse/rev]

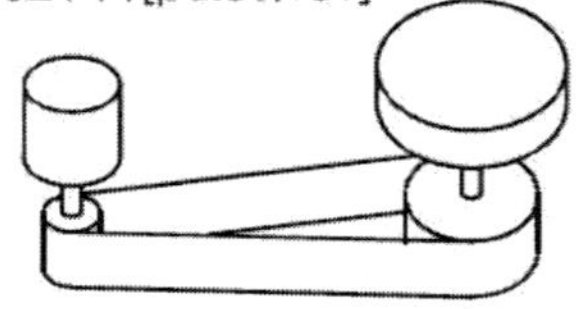

그림 3-9 회전기기의 전자기어비 예

$$\frac{CMX}{CDV} = \Delta\theta^{\circ} \cdot \frac{P_t}{\Delta\theta \cdot n} = 0.01 \cdot \frac{262,144}{360 \cdot \frac{625}{12544}} = \frac{102,760,448}{703,125}$$

이대로는 CMX가 설정 범위에 들어가 있지 않으므로 약분할 필요가 있다.
CMX를 설정 범위 이하까지 약분 하면, 소수점 이하 첫째자리를 사사오입한다.

$$\frac{CMX}{CDV} = \frac{102,760,448}{703,125} = \frac{822,083.6}{5,625} \fallingdotseq \frac{822,084}{5,625}$$

따라서 CMX=822084, CDV=5625을 설정한다.

6) 오토튜닝

오토튜닝을 통해서 게인 설정을 한다.
서보드라이브가 운전 중의 부하관성의 변동을 측정하여, 목표로 하는 속도루프게인 혹은 위치루프게인을 자동적으로 일정하게 유지하려고 하는 기능이다.

오튜닝 응답성

기계가 헌팅을 발생시키거나 기어 음이 큰 경우에는 설정값을 작게 한다. 정지 조정 시간을 짧게 하는 등, 성능을 향상시키는 경우에는 설정값을 크게 한다. 서보계 전체의 응답성(파라미터 No.PA09)을 설정한다.
응답성 설정을 크게 할수록 지령에 대한 추종성이나 정정시간은 짧아지지만 너무 크게 하면 진동이 발생한다. 이 때문에, 진동이 발생하지 않는 범위에서 원하는 응답성을 얻을 수 있도록 설정한다. 100Hz를 넘는 기계공진이 있기 때문에 원하는 응답성까지

응답성 설정을 크게 할 수 없는 경우에는 필터 튜닝 모드(파라미터 No.PB01)나 기계공진 억제필터(파라미터 No.PB13~PB16)에서 기계공진을 억제할 수가 있다.

기계공진을 억제하면 응답성 설정을 크게 할 수가 있는 경우도 있다.

표 3-11 오토튜닝 파라미터 PA08, 09

	약칭	명칭	초기값	단위	제어모드		
					위치	속도	토크
PA08	AUT	오토튜닝 모드	0001h		○	○	
PA09	CRSP	오토튜닝 응답성	12		○	○	

파라미터 PA08,09	설정내용	입력데이터
0 0 0 □	게인조정모드 0 : 보간모드 1 : 오토튜닝모드1 2 : 오토튜닝모드2 3 : 매뉴얼모드	PA08 : 오토튜닝모드 PA09 : 응답성 12

진동(기계의 진동음)의 개선

- 튜닝게인을 내린다 (최근의 게인으로 부터 조금씩 게인을 내려 본다)
- 시스템의 고응답 요구사양에 의해 게인을 내릴 수가 없는 경우 :
  기계부품에 고강성의 것을 채용 하고 시스템의 강성을 올린다.
- 오토튜닝에서 기계강성을 Medium~High로 설정한다.
- 백래시를 줄이기 위해 볼스크류에 예압을 준다.
- 부하 이너셔를 줄인다.

오토튜닝을 할 수 없는 경우「온라인 오토튜닝기능」을 무효로 하고 수동으로 조정한다.

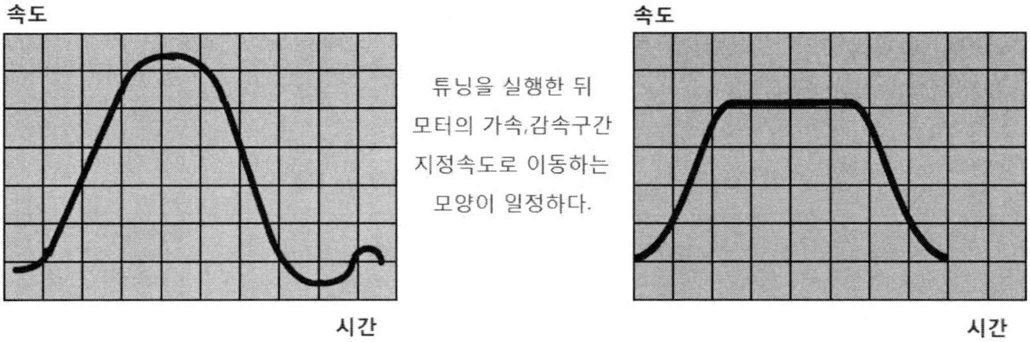

그림 3-10 튜닝 전과 후의 비교

7) 파라미터 기입 금지

이 보앰프는 출하 상태에서는 기본 설정 파라미터, 게인 · 필터 파라미터, 확장 설정 파라미터의 설정 변경이 가능하게 되어 있다. 파라미터 PA19의 설정으로 불필요한 변경을 방지하도록 기입을 금지할 수가 있다. 아래 표에 파라미터 PA19의 설정에 의한 참조, 기입 유효한 파라미터를 나타낸다.

○ 표기는 파라미터의 조작을 할 수 있다는 의미이다.

이 파라미터는 설정 후, 전원을 OFF → ON으로 하면 유효하게 된다.

표 3-12 파라미터 기입 금지 파라미터 PA19

	약칭	명칭	초기값	단위	제어모드		
					위치	속도	토크
PA19	*BLK	파라미터기입금지	000Bh		○	○	○

파라미터 PA19	설정내용	입력데이터
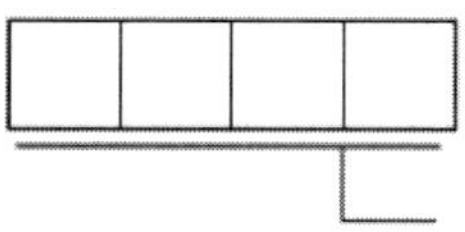	아래 표 참조	000Ch

표 3-13 파라미터19의 설정값과 조작

파라미터 PA19의 설정값	설정값의 조작	기본 설정 파라미터 No.PA□ □	게인 · 필터 파라미터 No.PB□ □	확장 설정 파라미터 No.PC□ □	입출력 설정 파라미터 No.PD□ □
0000h	참조	○			
	기입	○			
000Bh (초기값)	참조	○	○	○	
	기입	○	○	○	
000Ch	참조	○	○	○	○
	기입	○	○	○	○
100Bh	참조	○			
	기입	PA19만 해당			
100Ch	참조	○	○	○	○
	기입	PA19만 해당			

8) 입력신호 자동 ON선택

서보모터에 연결되는 상/하한 리미트 센서나 서보ON신호를 위치결정모듈과 서보드라이브 두 곳 중 어디에 연결해서 사용하는지에 대한 설정이다. 입출력파라미터 PD01에 대한 설정이다.

설정하는 값이 0 : 외부 입력신호로 사용한다.
1 : 자동 ON

으로 표기되어 있는데 "0 : 외부 입력신호로 사용한다." 항목은 서보드라이브에 연결한 신호로 "1 : 자동 ON"으로 설정하는 것은 연결과 신호처리는 위치결정모듈에 하였고 서보드라이브에서는 연결한 것처럼 인식하라는 의미이다.

표 3-14 입력신호 자동 ON선택 파라미터 PD01

	약칭	명칭	초기값	단위	제어모드		
					위치	속도	토크
PD01	*DIA1	입력신호자동ON1	0000h		○	○	○

파라미터 PD01	설정내용	입력데이터
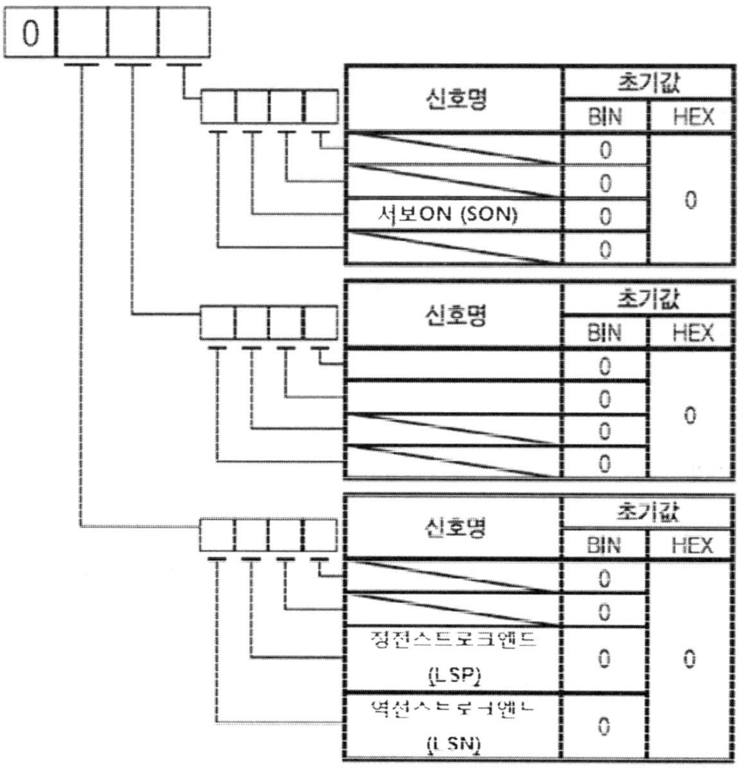		0C00h

9) 정리

이상과 같이 서보드라이브에 장착되어 있는 버튼 4개를 이용하여 위치제어에 필요한 기본적인 파라미터입력에 대해 알아보았다.

동일한 내용의 파라미터 데이터에 대해 전용소프트웨어인 MR-Configurator를 접속하여설정에 대한 방법을 같이 살펴보자.

3-3 전용소프트웨어 MR-Configurator를 이용한 파라미터 입력

MR-Configurator를 컴퓨터에 설치를 한 다음부터 설명을 하기로 한다.
여기에서는 윈도우7에 2.21E C4 버전을 설치하여 사용하였다.

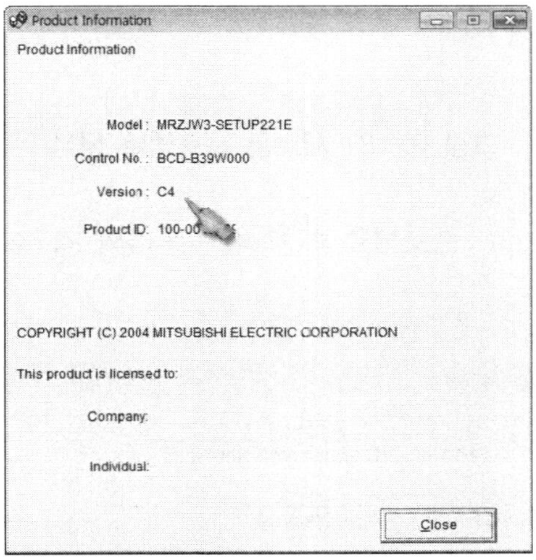

그림 3-11 MR-Configurator 버전확인

1) MR-Configurator기동

설치된 상태에 윈도우의 시작 Menu에서 설치된 프로그램을 실행시킨다.

그림 3-12 MR-Configurator기동

새로운 프로젝트를 만들기 위해 Project → New Project를 클릭한다.

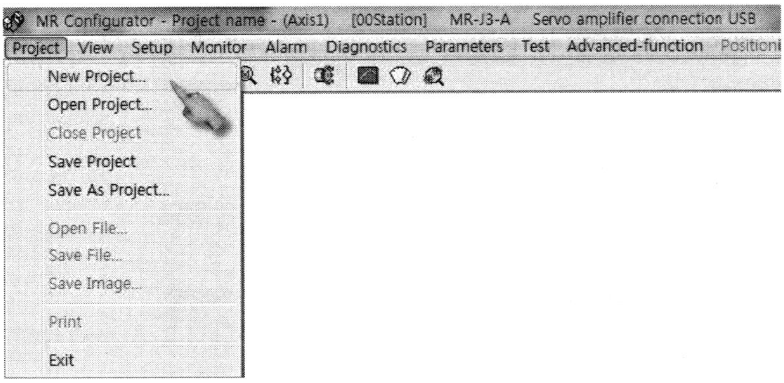

그림 3-13 새로운 프로젝트 생성

프로젝트가 저장되는 Path, 프로젝트명 그리고 모터의 축 이름(Axis Name) 등을 작성한다.

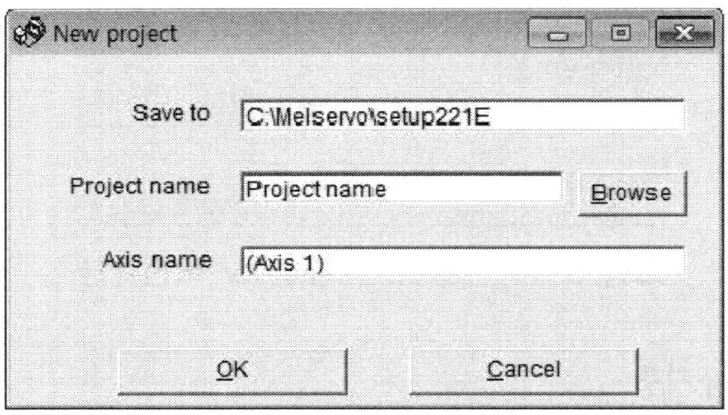

그림 3-14 프로젝트 설정항목

새로운 프로젝트를 생성할 것인지에 대한 대화창이다. [예] 버튼을 클릭하자.

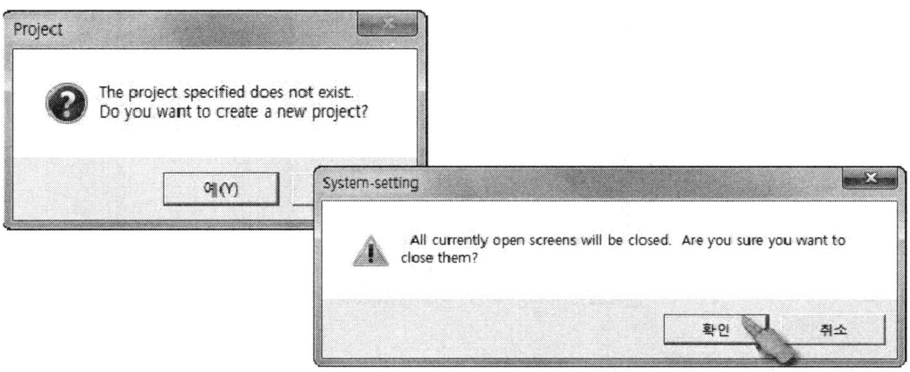

그림 3-15 프로젝트 생성 대화상자

시스템설정에 대한 설정이다.

서보드라이브 모델명, 여러 대의 서보드라이브를 사용할 경우 Station No., 통신방법(Communication Device) 등을 설정한다. 여기에서는 USB Cable을 이용하여 통신을 하므로 그림 3-16과 같이 USB항목을 선택한다. Online으로 커넥션 선택을 한 후 [O.K]버튼을 클릭한다.

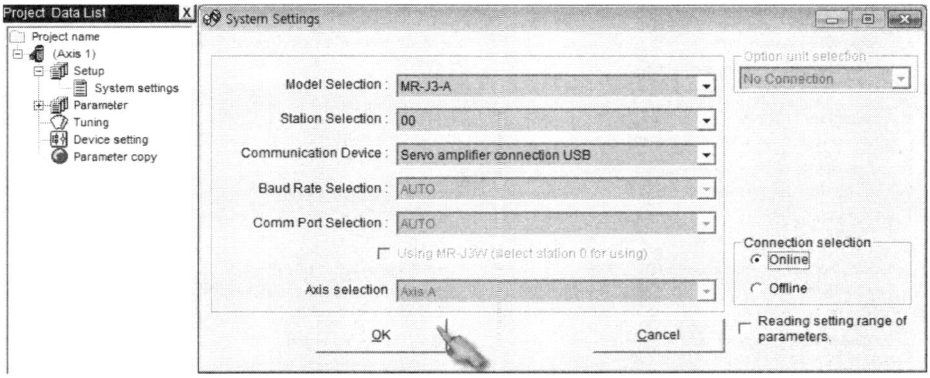

그림 3-16 시스템 설정

다음은 파라미터 항목을 선택하여 앞에서 설정한 파라미터 설정값을 입력하도록 하자.

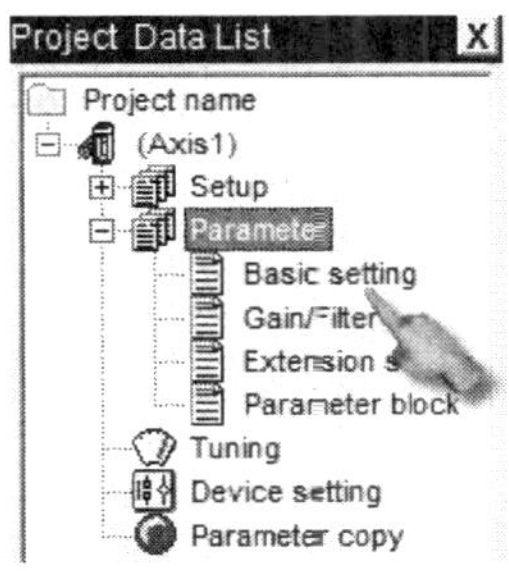

그림 3-17 파라미터입력

Basic Setting화면이다. ①②③④⑤ 다섯 가지 항목에 대한 설정을 하면 되겠다.

① 제어모드 선택(Control Mode Selection(*STY) :
위치제어모드(Position Control Mode(P))

② 엔코더타입 선택(Absolute Position Detection Sysytem Selection(*ABS)) :
인트리멘탈 시스템(Used in Incremental Sysytem)

③ 회생브레이크저항 옵션 선택(Regeneration Brake Option Selection(*REG): 회생브레이크저항 사용하지 않음(Regen. Brake Option is not used)

④ 전자기어비 설정(Electronic Gear Setting(CMX,CDV): 8192,625

⑤ 오토튜닝 모드(Auto Tuning mode(AUT,RSP): Auto Tuning mode1, 7

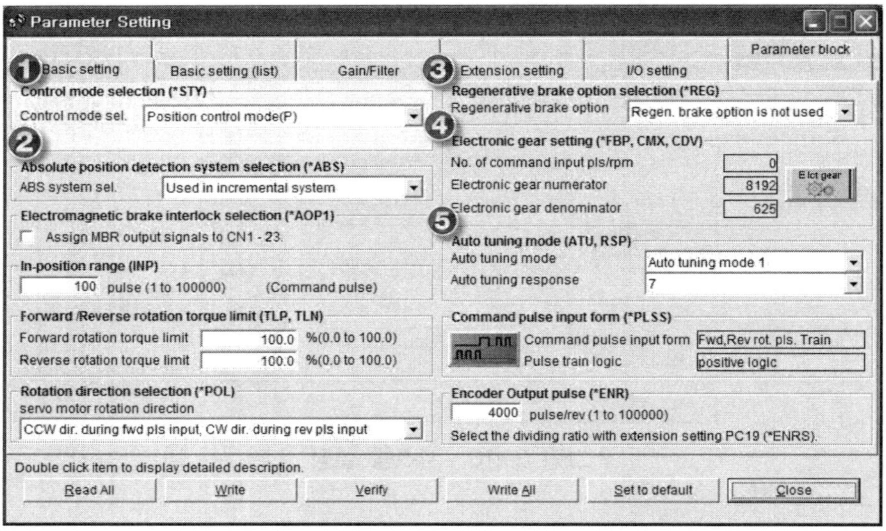

그림 3-18 기본파라미터 설정 항목

I/O Setting 탭에서 PD01입력신호 선택에 대한 설정을 하기 위해 Parameter Block탭에서 PA19에 해당하는 설정을 하자.

⑥과 같이 설정값을 [000C]h을 선택한 다음 [Write(All)]버튼을 클릭하여 asic Setting에서 설정한 데이터와 함께 서보드라이브에 써넣기를 한다.

Parameter Block탭에서 설정하는 것과 같은 데이터는 시스템의 전체내용을 변경하는 동작을 하기 때문에 데이터가 써진 후 전원을 Off 한 뒤 다시 On하여 반영이 되도록 되어 있다.

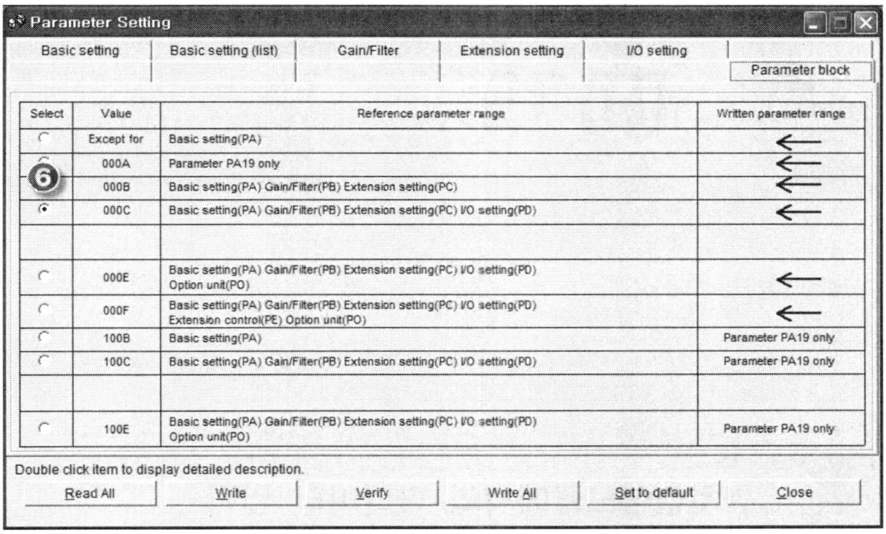

그림 3-19 PD01입력신호 설정을 위한 Parameter Block 탭

다시 서보드라이브와 연결이 되면 I/O Setting에 대한 설정이 가능하게 되어 있을 것이다. 이 I/O Setting 탭에서는 "입력신호자동 ON선택"이라는 설정을 한다.

PD01항목의 설정값은 [0C00]h으로 앞에서 내용 설명이 있었다.

[Write(All)]버튼을 클릭하여 파라미터데이터를 써넣도록 하자.

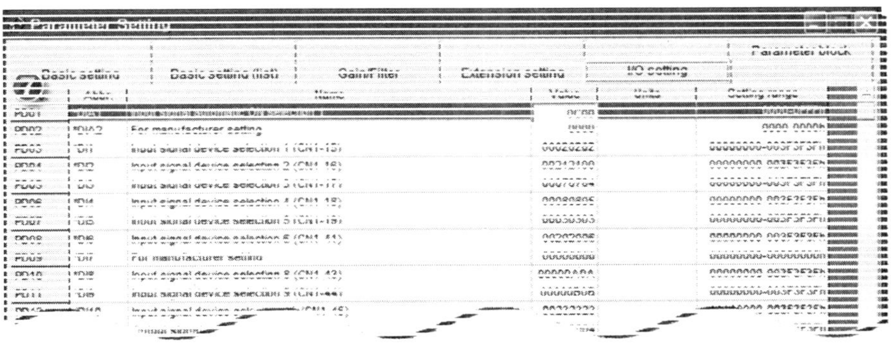

그림 3-20 I/O Setting탭에서의 PD01파라미터 설정

이제 서보드라이브의 설정이 완료되었다.

CHAPTER 4

위치결정모듈 QD75

4-1 위치결정모듈에서의 파라미터 입력

QD75를 사용한 제어를 실행하기 위해 필요한 파라미터나 데이터 중에 기계설비나 용도에 맞춰서 사전에 설정하고 플래시 ROM에 저장하는 데이터가 있는데 이를 설정데이터라고 부른다. 이 설정데이터는 크게 "파라미터", "위치결정데이터", "블럭기동데이터" 3가지가 있는데 이 중 파라미터 항목에 대해 먼저 설명하기로 한다.

파라미터는 다시 위치결정용 파라미터와 원점복귀용 파라미터로 나뉘고 위치결정파라미터는 기계설비나 적용모터에 맞춰 시스템 기동시에 설정하는 항목으로 구성된 기본파라미터 1, 2가 있고 시스템구성에 맞춰 시스템기동과 관련된 상세파라미터1, 2로 분류된다.

원점복귀용 파라미터는 원점복귀 기본파라미터, 원점복귀 상세파라미터로 나누어진다.

4-2 전용소프트웨어 GX Configrator-QP

파라미터를 입력하기 위한 전용소프트웨어 GX Configrator-QP GX Configrator-QP를 컴퓨터에 설치를 한 다음부터 설명을 하기로 한다.

여기에서는 윈도우7에 2.34L 버전을 설치하여 사용하였다.

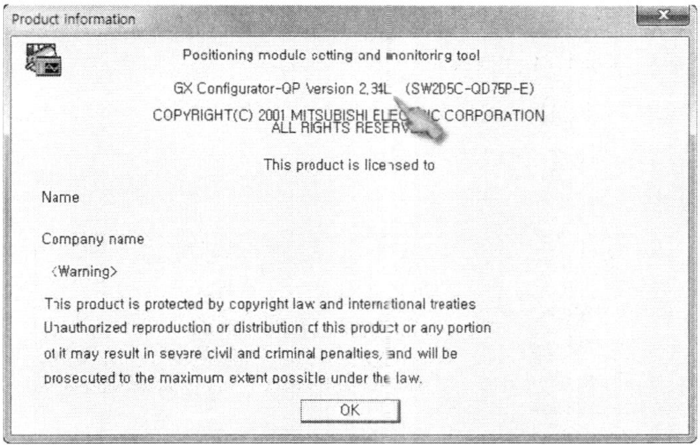

그림 4-1 GX Configrator-QP 버전 확인 방법

설치되어 있는 GX Configrator-QP를 기동시켜 보자.

그림 4-2 GX Configrator-QP기동

Project → New Project를 클릭하고 Module type, Project저장 path, Project명칭 등을 입력한다.

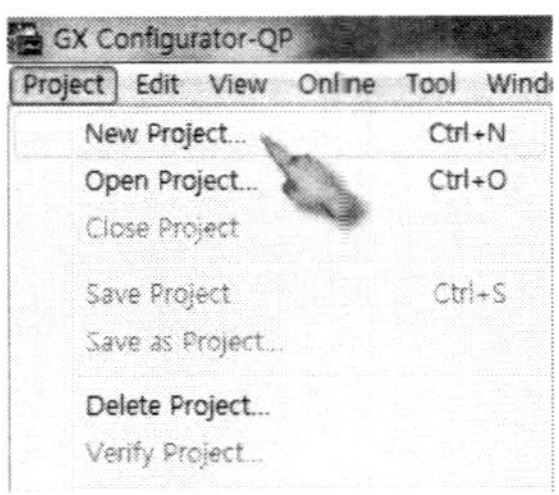

그림 4-3 새로운 프로젝트 기동

사용하는 위치결정모듈에 대한 정보를 입력하는 화면이다. Reference 버튼을 클릭하면 상세설정하는 윈도우창이 나타난다.

Q Series항목의 QD75D(Diffrential driver type)을 선택하고 Select Axis항목은 QD75D2 모듈을 사용하므로 Axis #2를 선택하면 된다.

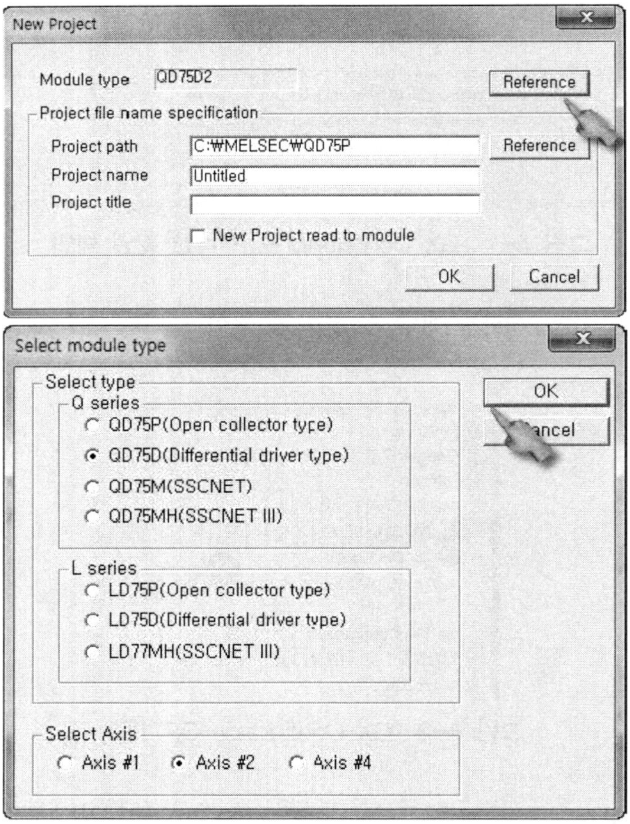

그림 4-4 위치결정모듈 정보 입력

위치결정모듈에 대한 정보를 입력이 완료되면 좌측에 여러 가지 폴더형태의 Edit, Monitor, Trace, Diagnosis가 표시될 것이다.

여기에서는 ①항목 중 Parameter 입력에 대해서만 다루고 ②, ③, ④항목에 대해서는 다음 장에서 설명하기로 한다.

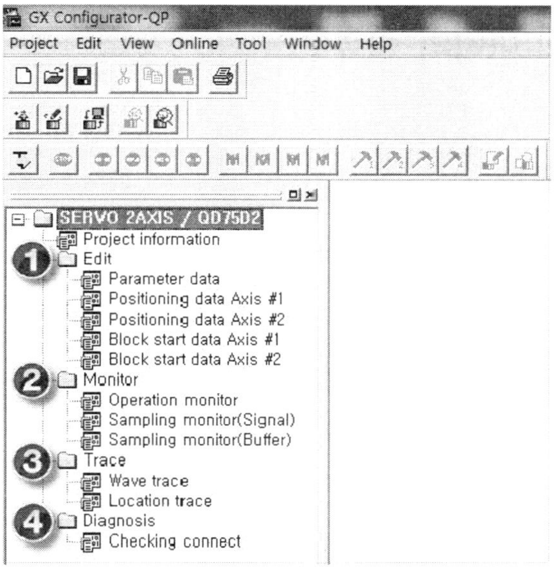

그림 4-5 GX Configrator-QP의 설정항목들

① 항목을 클릭해보면 다음과 같이 표시창이 나타날 것이다.
Axis#1, Axis#2에 대한 각각의 파라미터 입력창이다. Axis#□ 같이 표시하는 것은 모터축 번호라고 말하기로 하자.

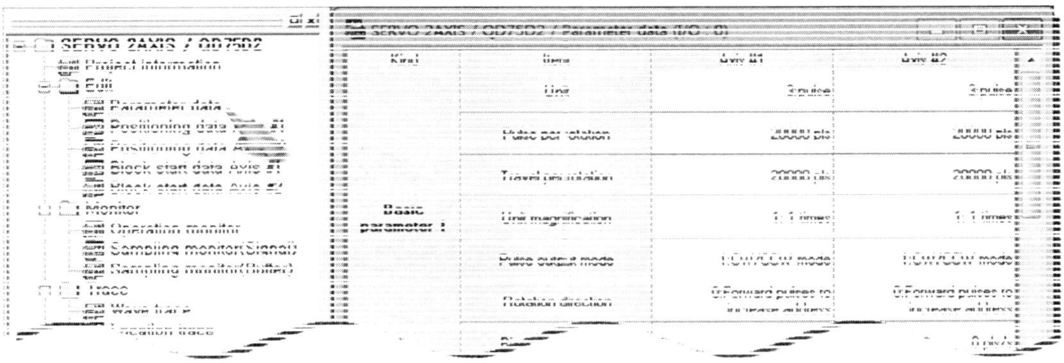

그림 4-6 파라디터 설정항목

4-3 파라미터의 종류

가. 기본 파라미터1

1) Pr.1 단위설정 (Unit setting)

위치결정 제어 시 지령단위 설정하는 것으로 제어대상에 따라 mm, inch, degree, pulse 중 하나를 선택한다. 축1, 축2, 축3, 축4의 단위를 각각 설정할 수도 있다.

표 4-1 파라미터1 단위설정

항목	설정값, 설정항목		공장출하 초기값	설정값 버퍼메모리 어드레스			
	주변기기에서 설정	PLC에서 설정		축1	축2	축3	축4
Pr.1 단위설정	0: mm	0	3	0	150	300	450
	1: inch	1					
	2: degree	2					
	3: pulse	3					

예 mm,inch ··X,Y 테이블, 콘베어 (기계가 inch 사양인 경우는 inch 단위로)

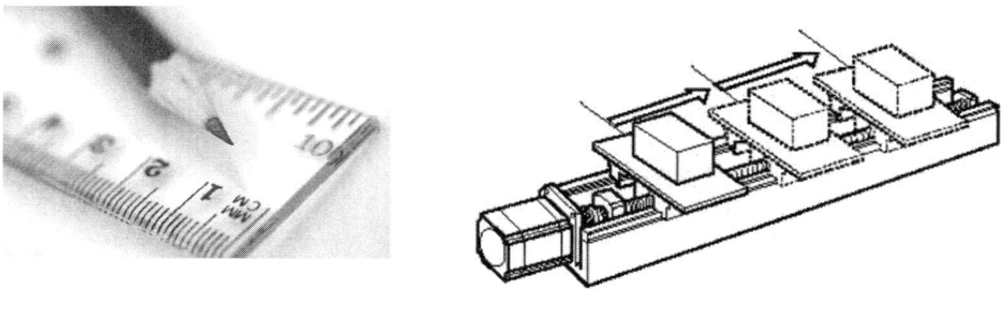

그림 4-7 단위설정_mm, inch

예 degree ···회전체 (360degree/회전)

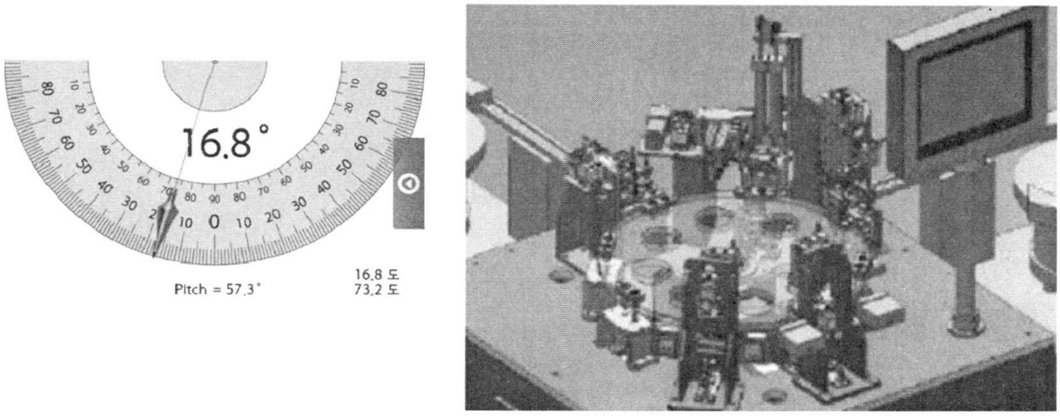

그림 4-8 단위설정_ degree

예 pulse ····X,Y 테이블, 콘베이어에서 펄스단위 지령

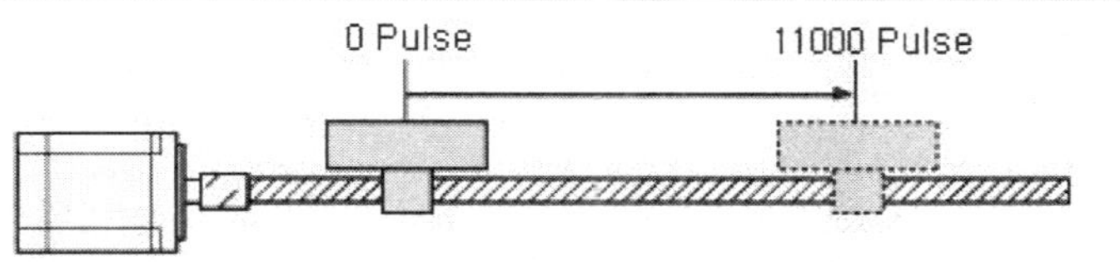

그림 4-9 단위설정 pulse

2) 위치결정 전자기어비

Pa.2 1회전당 펄스 수 (No. of pulses per rotation (Ap))

Pa.3 1 회전당 이동량 (Movement amount per rotation (Al)),

Pa.4 단위배율 (Unit magnification (Am))

위치결정모듈에서 전자기어는 프로그램으로 지령한 이동량으로 기계가 움직이도록 하기 위해서 모터를 몇 회전(몇 펄스분 회전)시키면 좋은 것인지 결정하는 항목이다.

다시 표현하면 1펄스 당 기계의 이동량이 얼마인가에 대한 설정이다.

표 4-2 위치결정모듈의 전자기어비 (AP, AL ,AM)

<table>
<tr><th colspan="2" rowspan="2">항목</th><th colspan="2">설정값, 설정항목</th><th rowspan="2">공장출하
초기값</th><th colspan="4">설정값 버퍼메모리 어드레스</th></tr>
<tr><th>주변기기에서
설정</th><th>PLC에서 설정</th><th>축1</th><th>축2</th><th>축3</th><th>축4</th></tr>
<tr><td rowspan="7">1
펄
스
당
이
동
량</td><td>Pr.2
1회전당
펄스 수
(Ap)
단위 :
pulse)</td><td>1~65535</td><td>1~65535

[1~32767 :
10진수로 설정
32768~
65535 :
16진수로
변환하여 설정]</td><td>20000</td><td>1</td><td>151</td><td>301</td><td>451</td></tr>
<tr><td>Pr.3
1 회전당
이동량
(Al)</td><td colspan="2">설정값은,
Pr.1단위설정에 의한,
설정범위가 달라진다.
아래 표(4-3) 참조할 것</td><td>20000</td><td>2</td><td>152</td><td>302</td><td>452</td></tr>
<tr><td rowspan="4">Pr.4
단위배율
(Am)</td><td>1 : 1배</td><td>1</td><td rowspan="4">1</td><td rowspan="4">3</td><td rowspan="4">153</td><td rowspan="4">303</td><td rowspan="4">453</td></tr>
<tr><td>10 : 10배</td><td>10</td></tr>
<tr><td>100 : 100배</td><td>100</td></tr>
<tr><td>1000 : 1000배</td><td>1000</td></tr>
</table>

표 4-3 1회전당 이동량(AL) 설정시 참조하는 설정범위

Pr.1의 설정값	주변기기에 의한 설정값(단위)	PLC에 의한 설정값 단위
0 : mm	0.1~6553.5(㎛)	1~65535($\times 10^{-1}$㎛)
1 : inch	0.00001~0.65535(inch)	1~65535($\times 10^{-5}$inch)
2 : degree	0.00001~0.65535(degree)	1~65535($\times 10^{-5}$degree)
3 : pulse	1~65535 (pulse)	1~65535(pulse)

주의) 1펄스 당 이동량이 1보다 작을 경우, 지정주파수 변동이 발생한다.
설정이 작아진 만큼, 변동이 커져 기계진동의 원인이 될 가능성이 있다.
1펄스 당 이동량이 1보다 작아질 경우, 드라이브모듈의 전자기어기능을 병용하여,
1펄스 당 이동량 1이상이 되도록 설정한다.

전자기어비는 다음 공식으로 나타낼 수 있다.

Pr.2 모터 1회전 당 펄스 수 : AP
Pr.3 모터 1회전 당 기계의 이동량 : AL
Pr.4 단위 배율 : AM

그리고 모터 1회전 당 기계의 이동량 : ⊿S라고 하면

$$\text{전자기어비} = \frac{AP}{\Delta S} = \frac{AP}{AL \times AM}$$

로 표시할 수 있다.

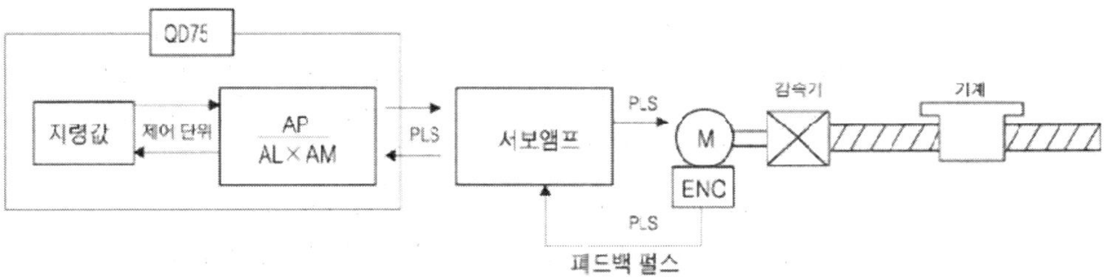

그림 4-10 위치결정모듈에서의 전자기어비

그런데 AP, AL, AM에 설정할 수 있는 수치의 설정가능범위가 있으므로 위의 관계식으로부터 약분한 값을 AP, AL, AM의 설정 범위로 조정할 필요가 있다.

다음 예를 보고 설명을 다시 해 본다.

가) 볼 스크류와 감속기로 구성된 기계

볼 스크류 피치 10㎜, 서보모터의 분해능 262,144 [Pulse/rev](HF-KP13), 감속기의 감속비 9/44인 경우

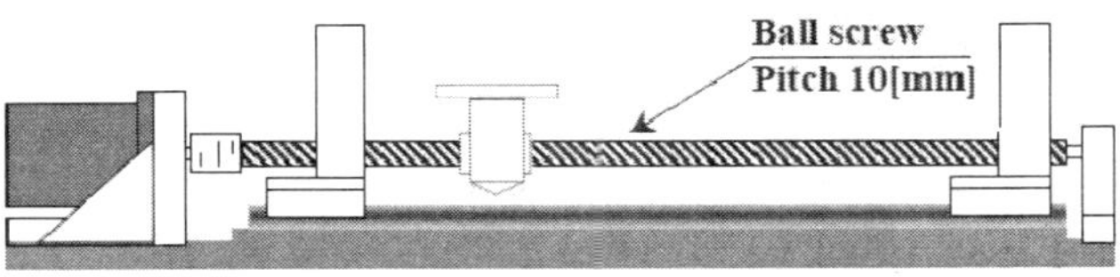

그림 4-11 볼스크류와 감속기가 있는 장치에서의 전자기어비 계산 예

서보모터가 1회전했을 때 기계가 몇 mm 이동하는지를 계산한다.

서보모터 1회전 당 펄스 수(AP) = 262,144

서보모터 1회전 당 기계의 이동량(ΔS) = 볼 스크류 피치×감속비

$$=10[\text{mm}]\times\frac{9}{44}$$

제어시 이동량의 단위가 0.1㎛이므로 $=10{,}000.0[\mu m]\times\frac{9}{44}$

(여기에서는 감속기가 있으므로 (AL)이라 하지 않고 (ΔS)라고 표시하였다.)

$$\text{전자기어비}=\frac{AP}{\Delta S}=\frac{AP}{AL\times AM}\text{에 대입하면}$$

$$=\frac{AP}{\Delta S}=\frac{262{,}144[Pulse]}{10{,}000.0[um]\times\frac{9}{44}}=\frac{11{,}534{,}336}{90{,}000.0}=\frac{1{,}441{,}792}{11{,}250.0}$$

$$=\frac{1{,}441{,}792(AP)}{11{,}250.0(AL)\times 1(AM)}=\frac{1441792(AP)}{1{,}125.0(AL)\times 10(AM)}$$

이 된다.

단위 배율 AM은 서보모터 1회전 당 기계의 이동량 AL의 값이 설정범위를 초과하였을 때 10, 1000등의 수치를 입력하여 AL의 입력값의 크기를 변경할 수 있다.

제어 단위를 펄스 [Pulse]로 설정하였을 경우 전자기어의 설정은

- 서보모터 1회전 당 펄스 수(AP)
- 서보모터 1회전 당 이동하는 거리를 펄스 수로 표현한 값(AL)
- 단위배율(AM)

로 표현되고 서보모터의 분해능 262,144 [Pulse/rev] (HF-KP13)을 사용한 기계는

- 서보모터 1회전 당 펄스 수(AP)=262,144
- 서보모터 1회전 당 이동하는 거리를 펄스 수로 표현한 값(AL)=262,144
- 단위배율(AM)=1

다) 제어 단위를 degree로 설정한 기계의 경우

예를 들어 서보모터의 분해능 262,144[Pulse/rev] (HF-KP13)을 사용한 인덱스테이블에 감속비 $\frac{3}{11}$의 감속기를 장착한 기계라고 한다면 모터가 1회전(AP) 하였을 때 기계가 몇 degree 이동하는지(⊿S)를 구하자.

서보모터 1회전 당 펄스 수(AP)=262,144
서보모터 1회전 당 기계의 이동량(⊿S)=360.0000[degree]×감속비

$$=360.0000 \times \frac{3}{11}$$

$$\text{전자기어비} = \frac{AP}{\Delta S} = \frac{AP}{AL \times AM} \text{에 대입하면}$$

$$= \frac{AP}{\Delta S} = \frac{262,144[Pulse]}{360.0000[degree] \times \frac{3}{11}} = \frac{2,882,584}{360.0000 \times 3} = \frac{180,244}{67.50000}$$

$$= \frac{180,244(AP)}{67.50000(AL) \times 1(AM)} = \frac{180,244(AP)}{0.06750(AL) \times 1000(AM)}$$

이 된다.

라) 컨베이어 구동으로 제어단위를 ㎜로 설정한 경우

벨트 컨베이어 구동으로 컨베이어 직경 135㎜, 풀리비 $\frac{1}{3}$, 감속기의 감속비 $\frac{7}{53}$ 서보모터의 분해능 262,144 [Pulse/rev] (HF-KP13)을 사용한 예

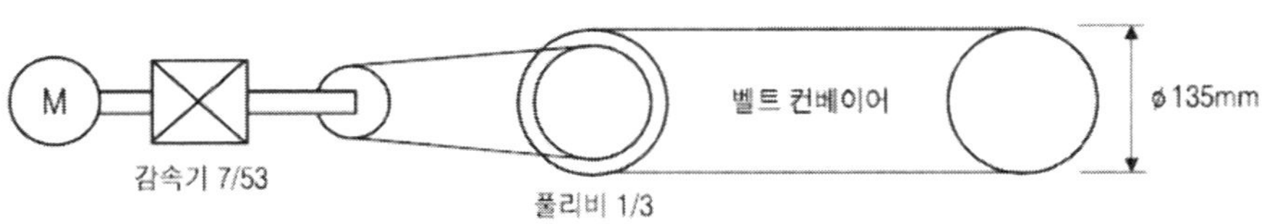

그림 4-12 컨베이어 구동 장치에서의 전자기어비 계산 예

컨베이어의 이동량으로 제어하므로 제어단위는 ㎜로 설정하고 모터가 1회전(AP)하였을 때 기계가 몇 ㎜ 이동할지(⊿S)를 구한다.

서보모터 1회전 당 펄스 수(AP)=262,144

서보모터 1회전 당 기계 이동량(ΔS)=135000.0[㎛]×감속비×π×풀리비

$$=135000.0[\mu m]\times\frac{7}{53}\times\pi\times\frac{1}{3}$$

전자기어비$=\dfrac{AP}{\Delta S}=\dfrac{AP}{AL\times AM}$에 대입하면

$$=\frac{AP}{\Delta S}=\frac{262,144[Pulse]}{135,000.0[um]\times\frac{7}{53}\times\pi\times\frac{1}{3}}=\frac{262,144\times 53\times 3}{135,000.0\times 7\times\pi}$$

π=3.141592654로 계산하면

$$=\frac{41,680,896}{2,968,805.0}=\frac{41,680,896(AP)}{2,968,805.0(AL)\times 1(AM)}$$

이 된다.

3) Pa.5 펄스출력모드 (Pulse output mode)

사용하는 서보드라이브에 맞춰 펄스의 출력모드를 설정한다.

서보드라이브의 해당 내용을 먼저 살펴보면 PA13(*PLSS) 지령펄스 입력 형태의 선택 파라미터이 설정이 "정회전 펄스열/역회전 펄스열"을 만들어 주는 선택으로 되어 있다.

[지령펄스는 3종류의 형상으로 입력할 수 있고 정논리 · 음논리를 선택할 수 있다.

표 중의  또는 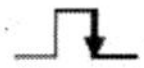의 화살표는 펄스열을 도입하는 타이밍을 나타낸다.

A · B상 펄스열은 4체배되어 도입된다.]

표 4-4 파라미터5 펄스출력모드

설정값	펄스열 형태		정전 지령 시	역전 지령 시
0010h	부논리	정전펄스열 역전펄스열	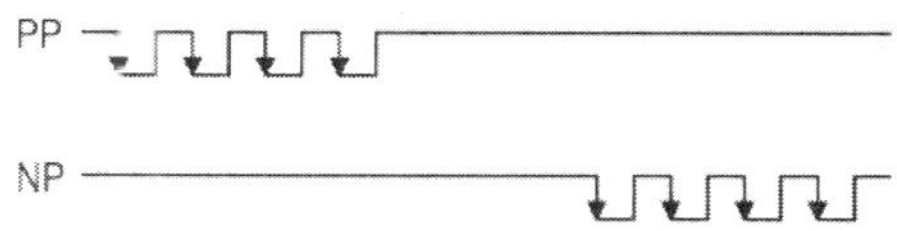	
0011h		펄스열+부호	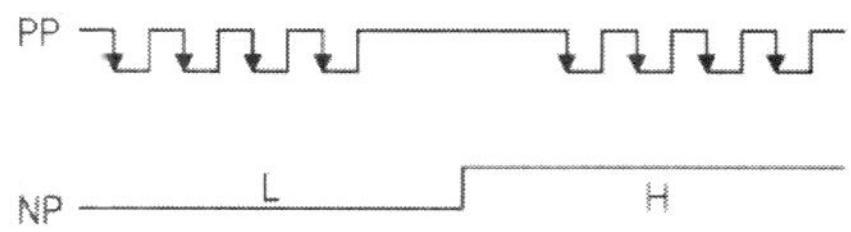	
0012h		A상 펄스열 B상 펄스열	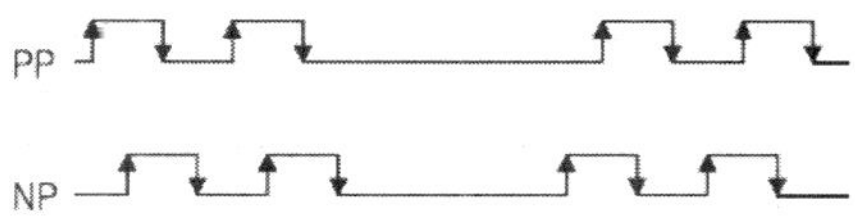	
0000h	정논리	정전펄스열 역전펄스열	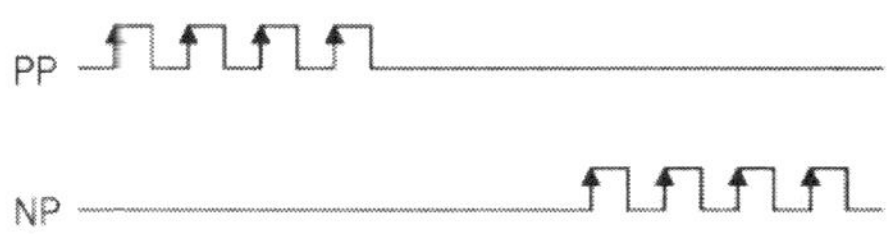	
0001h		펄스열+부호	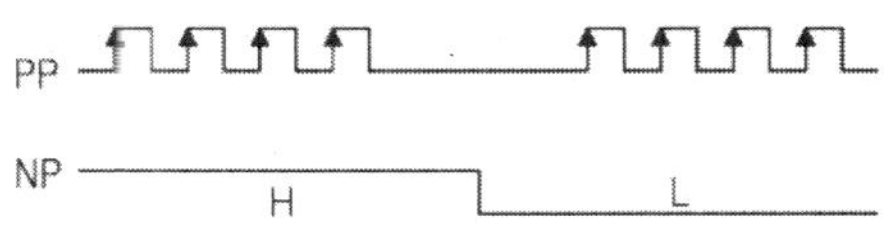	
0002h		A상 펄스열 B상 펄스열	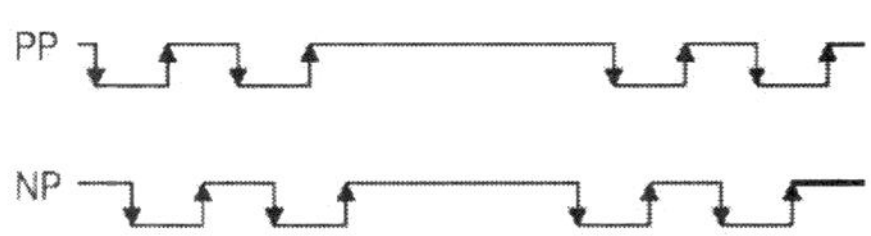	

표 4-5 펄스출력모드 설정과 버퍼메모리 어드레스

항목	설정값, 설정항목		공장출하 초기값	설정값 버퍼메모리 어드레스			
	주변기기에서 설정	PLC에서 설정		축1	축2	축3	축4
Pr.5 펄스출력모드	0 : PLS/SIGN 모드	0	1	4	154	304	454
	1 : CW/CCW 모드	1					
	2 : A상 / B상 모드 (4체배)	2					
	3 : A상/B상 모드 (1체배)	3					

가) 펄스/ SIGN 모드

표 4-6 펄스출력모드_펄스/Sign모드

정논리	부논리
방향부호(SIGN)의 ON/OFF에 의해 정회전/역회전의 제어를 한다. · 방향부호가 HIGH인 경우는 정회전한다. · 방향부호가 LOW인 경우는 역회전한다.	방향부호(SIGN)의 ON/OFF에 의해 정회전/역회전의 제어를 한다. · 방향부호가 LOW인 경우는 정회전한다. · 방향부호가 HIGH인 경우는 역회전한다.
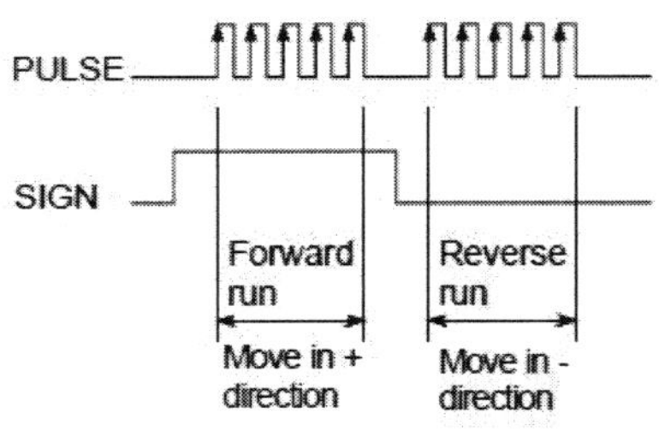	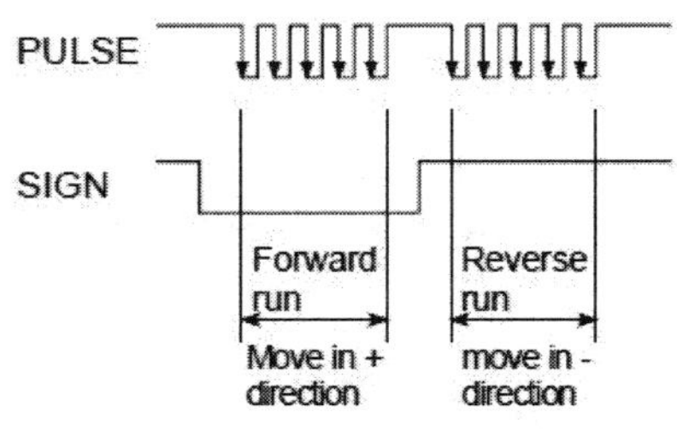

나) CW/CCW 모드

정회전 시에는 정회전용 필드펄스(PULSE F)를 출력한다.
또는 역회전 시에는 역회전용 필드펄스(PULSE R)를 출력한다.

표 4-7 펄스출력모드_CW/CCW 모드

정논리	부논리
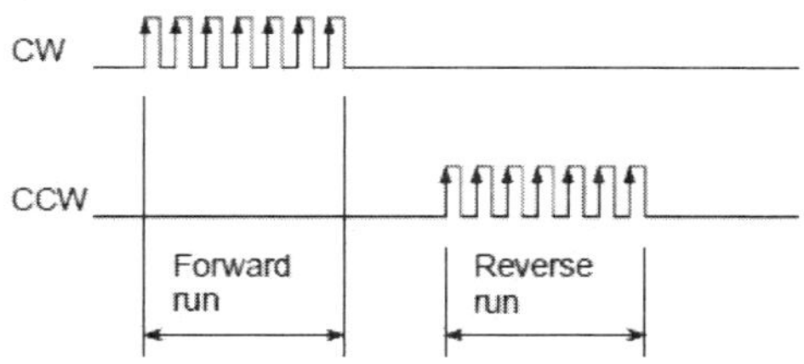	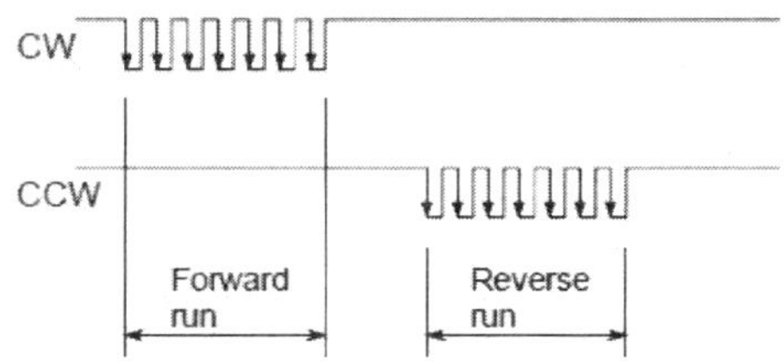

다) A상 /B상 펄스열 모드

(A φ)과 B상(B φ)의 위상차에 의해 정회전/역회전의 제어를 한다.

· B상이 A상에 비해 90° 뒤쳐진 경우는 정회전한다.

· B상이 A상에 비해 90° 진행된 경우는 역회전한다.

(1) 4체배 설정시

1초에 1개의 펄스 지령이 발생되면 1초에 4개의 펄스열이 발생된다.

표 4-8 펄스출력모드_A상B상펄스 출력 정논리/부논리

정논리	부논리
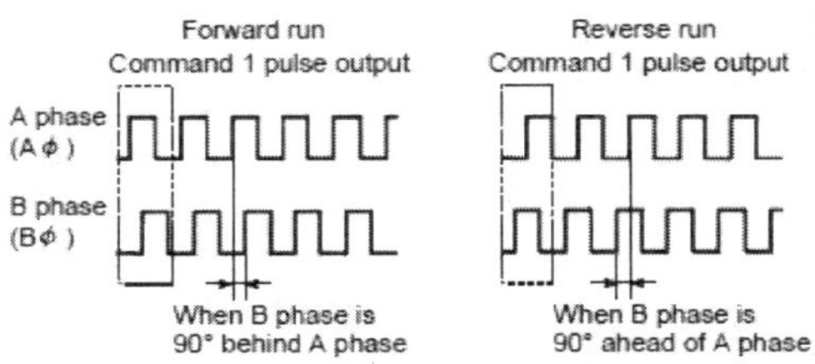	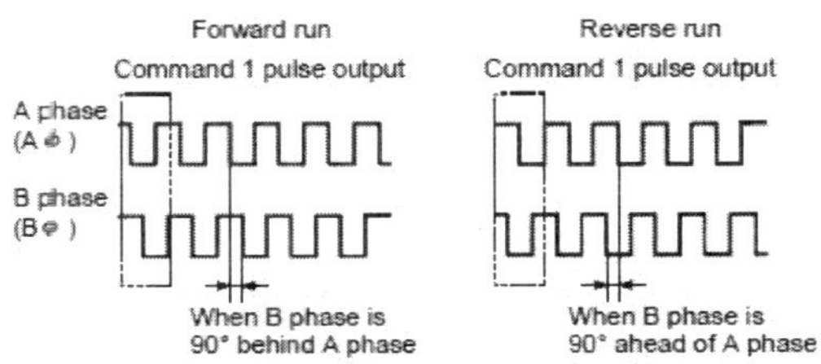

(2) 1체배 설정시

1초에 1개의 펄스 지령이 발생되면 1초에 1개의 펄스열이 발생된다.

표 4-9 펄스출력모드_A상B상펄스 출력 1채배설정 정논리/부논리

정논리

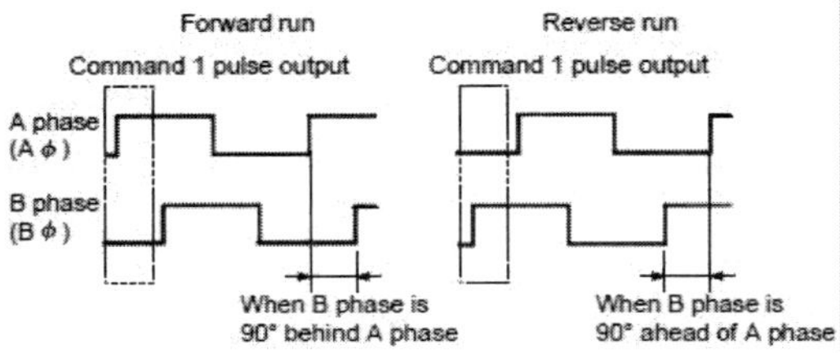

부논리

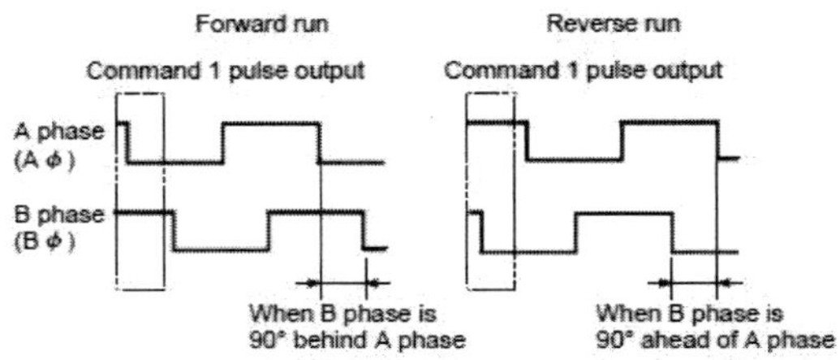

4) Pa.6 회전방향설정(Rotation direction setting)

모터의 회전방향과 현재값 어드레스의 증감관계를 설정한다.

이 파라미터는 파라미터가 모두 설정이 완료된 후 위치결정모듈에 쓰기를 하고 TEST 운전으로 모터의 회전방향을 확인한 뒤에 설정을 변경한다.

여기에서는 볼 스크류를 사용한 모터의 회전이 이송테이블(Workpiece)의 직선이동으로 변경되기 때문에 볼 스크류가 왼나사방향으로 모터와 연결이 되었는지 오른나사방향으로 연결되었는지에 따라 달라지므로 TEST운전을 실행한 뒤 방향설정을 하여야 한다.

어드레스라는 표현은 모터의 회전에 따라 위치를 표시하는 것을 말한다.

어드레스가 증가한다는 말은 모터의 회전에 따라 이송테이블이 모터에서 멀어지는 쪽으로 이동이 되는 경우의 의미이다.

표 4-10 파라미터6 모터의 회전방향설정

항목	설정값, 설정항목		공장출하 초기값	설정값 버퍼메모리 어드레스			
	주변기기에서 설정	PLC에서 설정		축1	축2	축3	축4
Pr.6 회전방향	0 : 정회전펄스출력으로 현재값 증가	0	0	5	155	305	455
	1 : 역회전펄스출력으로 현재값 증가	1					

5) Pa.7 기동시 바이어스 속도 (Bias speed at start)

「기동시 바이어스속도」에서는「기동최저 속도」를 설정합니다. 스태핑모터 등을 사용할 경우 모터를 부드럽게 기동시키기 위해 설정한다. (스태핑모터는 기동시의 모터회전속도가 낮아지면 부드럽게 기동하지 않는다.) 설정한「기동시 바이어스속도」는 아래의 운전시에 유효해진다.

· 위치결정운전시
· 원점복귀시
· JOG운전시

(주의) "Pr.8속도제한값" 설정치보다 작게 설정한다.

표 4-11 파라미터7 기동시 바이어스 속도

항 목	설정값, 설정항목		공장출하 초기값	설정값 버퍼메모리 어드레스			
	주변기기에서 설정	PLC에서 설정		축1	축2	축3	축4
Pr.7 기동시 바이어스 속도	설정값은, Pr.1단위설정에 따라 설정범위가 달라진다. 여기에서는 아래(표4-12) 범위 내 값을 설정한다.		0	6~7	156~157	306~307	456~457

표 4-12 기동시 바이어스 속도 설정시 참조하는 설정값 범위

Pr.1의 설정값	주변기기에 의한 설정값(단위)	PLC에 의한 설정값 단위
0 : mm	0~20000000.00(mm/min)	0~2000000000($\times 10^{-2}$mm/min)
1 : inch	0~2000000.000(inch/min)	0~2000000000($\times 10^{-3}$inch/min)
2 : degree	0~2000000.000(degree/min)	0~2000000000($\times 10^{-3}$degree/min)
3 : pulse	0~1000000(pulse/s)	0~1000000(pulse/s)

나. 기본 파라미터 2

1) Pa.8 속도제한값 (Speed limit value)

위치결정 제어시, 원점복귀 제어시의 최고속도를 설정한다.

위치결정 제어시의 속도는 구동장치와 제어대상에 따라 제한할 필요가 있다. 속도제한조건은

① 서보모터의 정격회전수
② 워크의 이동속도
③ 서보모터와 이송장치의 기구적인 특성값에 의해 결정된다.

여기에서는 볼 스크류를 사용하므로 볼 스크류의 피치값에 따라서 결정된다.

서보모터의 정격회전수[rev/min]과 볼 스크류의 피치값[mm/rev]의 단위를 살펴보면 두 개의 값을 서로 곱하면 단위가 [mm/min]만 남는다. 속도의 단위이다.

정리하면 볼 스크류를 사용하는 기계에서의 속도제한값은 정격회전수[rev/min]과 볼 스크류의 피치값[mm/rev]을 서로 곱하면 그 기계가 물리적으로 낼 수 있는 최대 속도값을 구할 수 있다.

표 4-13 파라미터8 속도제한값

항목	설정값, 설정항목		공장출하 초기값	설정값 버퍼메모리 어드레스			
	주변기기에서 설정	PLC에서 설정		축1	축2	축3	축4
Pr.8 속도제한값	설정값은, Pr.1단위설정에 따라 설정 범위가 달라진다. 여기에서는 아래(표 4-14) 범위 내 값을 설정한다.		200000	10~11	160~161	310~311	460~461

표 4-14 속도제한값 파라미터 설정시 참조하는 설정값 범위

Pr.1의 설정값	주변기기에 의한 설정값(단위)	PLC에 의한 설정값 단위
0 : mm	0.01～20000000.00(mm/min)	0～2000000000(×10^{-2}mm/min)
1 : inch	0.001～2000000.000(inch/min)	0～2000000000(×10^{-3}inch/min)
2 : degree	0.001～2000000.000(degree/min)	0～2000000000(×10^{-3}degree/min)
3 : pulse	[QD75P]일 경우 1～200000(pulse/s) [QD75D]일 경우 1～1000000(pulse/s)	0～1000000(pulse/s)

2) Pa.9 가속시간 0 (Acceleration time 0)
Pa.10 감속시간 0 (Deceleration time 0)

Pr.9 가속시간 0에는 속도 0부터, "Pr.8 속도제한값" 에 도달할 때까지의 시간을 설정한다.

Pr.10 감속시간 0에는 "Pr.8 속도제한값" 에서 속도가 0이 될 때까지의 시간을 설정한다.

① 위치결정속도 설정이 파라미터의 속도제한보다 늦은 경우의 실가감속시간은 비교적 짧아진다. 따라서 위치결정속도의 최대값은 파라미터의 속도제한값과 같거나 속도제한값 이하에 가까운 값으로 설정한다.
② 원점복귀 시, 위치결정시 및 JOG운전 시 모두 유효해진다.
③ 보간 위치결정시는 기준축의 가감속시간이 유효해진다.

표 4-15 파라미터9 가속시간, 파라미터10 감속시간

항목	설정값, 설정항목		공장출하 초기값	설정값 버퍼메모리 어드레스			
	주변기기에서 설정	PLC에서 설정		축1	축2	축3	축4
Pr.9 가속시간 0	1~8388608 (ms)	1~8388608 (ms)	1000	12~13	162~163	312~313	462~463
Pr.10 감속시간 0	1~8388608 (ms)	1~8388608 (ms)	1000	14~15	164~165	314~315	464~465

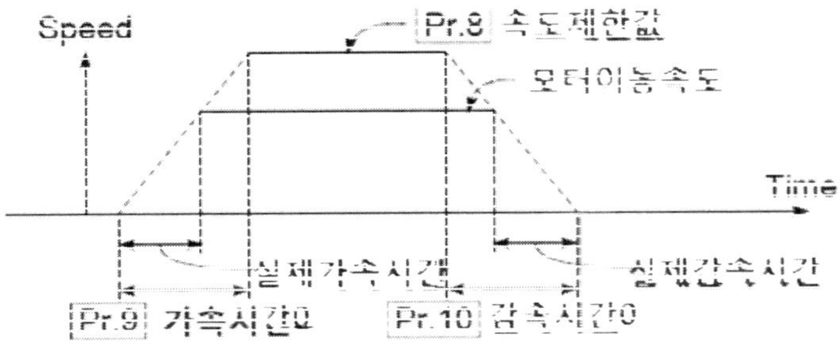

그림 4-13 가속시간과 감속시간

다. 상세 파라미터 1

1) Pr.11 백래쉬 보정량 (Backlash compensation amount)

표 4-16 파라미터11 백래쉬 보정량

항목	설정값, 설정항목		공장출하 초기값	설정값 버퍼메모리 어드레스			
	주변기기에서 설정	PLC에서 설정		축1	축2	축3	축4
Pr.11 백래쉬 보정량	설정값은, Pr.1단위설정에 따라 설정 범위가 달라진다. 여기에서는 아래 표 범위내 값을 설정한다.		0	17	167	317	467

표 4-17 백래쉬 보정량 설정하기 위해 참조하는 설정값 범위

Pr.1의 설정값	주변기기에 의한 설정값(단위)	PLC에 의한 설정값 단위
0 : mm	0~6553.5(㎛)	0~65535($\times 10^{-1}$㎛)
1 : inch	0~0.65535(inch)	0~65535($\times 10^{-5}$inch)
2 : degree	0~0.65535(degree)	0~65535($\times 10^{-5}$degree)
3 : pulse	0~65535(pulse)	0~65535(pulse)

톱니를 끼워 기계가 이동할 때 백래시에 의한 오차분의 보정을 할 수 있다. 백래시 보정량을 설정하면 위치결정시에 방향이 변화할 때마다 보정량 만큼 추가로 펄스를 출력한다.

① 백래시 보정은 원점복귀 후 유효해진다. 따라서 백래시 보정량을 설정·변경할 때는, 반드시 한번 원점복귀를 실행한다.

② 백래시 보정량의 설정범위는 0~65535지만 아래의 계산에 따라 255 이하가 되도록 한다.

$$0 \leq \frac{\text{백래쉬 보정량}}{\text{1펄스당 이동량}} \leq 255$$

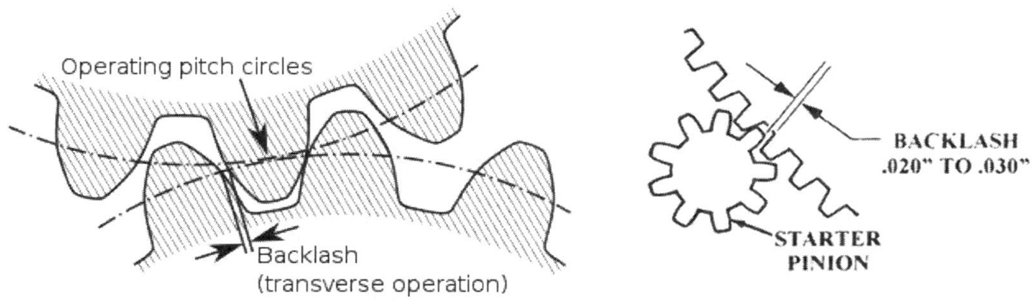

그림 4-14 백래쉬

2) Pr.12~13 소프트웨어 스트로크 리미트 상한값, 하한값

(Software stroke limit lower/Upper limit value)

표 4-18 파라미터12 소프트웨어 스트로크 상한값, 파라미터13 소프트웨어 스트로크 하한값

항목	설정값, 설정항목		공장출하 초기값	설정값 버퍼메모리 어드레스			
	주변기기에서 설정	PLC에서 설정		축1	축2	축3	축4
Pr.12 소프트웨어 스트로크 상한값	설정값은, Pr.1단위설정에 따라 설정범위가 달라진다. 여기에서는 아래 표 4-19 범위 내 값을 설정한다.		2147483647	18~19	168~169	318~319	468~469
Pr.12 소프트웨어 스트로크 하한값			-2147483647	20~21	170~171	320~321	470~471

표 4-19 파라미터 12,13설정시 참조하는 설정값 범위

Pr.1의 설정값	주변기기에 의한 설정값(단위)	PLC에 의한 설정값 단위
0 : mm	-214748364.8~214748364.7(㎛)	-2147483648~2147483647(×10^{-1}㎛)
1 : inch	-21474.83648~21474.83647(inch)	-2147483648~2147483647(×10^{-5}inch)
2 : degree	0~359.99999(degree)	0~35999999(×10^{-5}degree)
3 : pulse	-2147483648~2147483647(pulse)	-2147483648~2147483647(pulse)

「소프트웨어 스트로크 리미트 기능」은 기계 원점복귀에 의해 확립한 어드레스를 사용해서 워크 가동 범위의 상한과 하한을 설정하고 설정 범위 외에서의 가동 지령이 부

여된 경우, 그 지령을 실행하지 않는 기능이다.

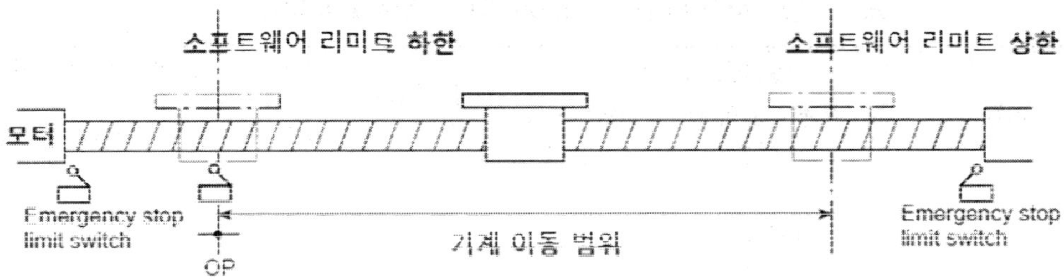

그림 4-15 기계이동범위와 소프트웨어 상한과 하한

기계의 이동 범위를 고려하여 소프트웨어 리미트 상한은 원점(OP : Original Point)에서부터 상한센서까지의 거리를 측정해서 입력하면 될 것이고 소프트웨어 리미트 하한은 원점에서 모터 방향으로 10mm 정도까지의 거리를 설정한다. 하한리미트 방향으로는 원점 복귀시에 움직이는 위치이고 실제 작업영역은 아닌 점을 생각해 보면 될 것이다.

소프트웨어 스트로크 리미트의 상한값, 하한값을 설정함에 따라 소프트웨어상의 오버런 방지가 되지만 추가로 범위외측 가까이에 비상정지용 리미트스위치(FLS, RLS)를 부착한다.

소프트웨어 스트로크 리미트를 무효로 할 경우에는 설정값을「상한값=하한값」로 하면 된다.(설정값은 어떤것이든 상관없다.)

단위가「degree」인 경우 속도 제어중(속도 · 위치전환제어, 위치 · 속도전환제어의 속도제어를 포함한다.) 및 수동제어 중에는 소프트웨어 스트로크리미트 체크를 하지 않는다.

3) Pr.14 소프트웨어 스트로크 리미트 선택 (Software stroke limit selection)

표 4-20 파라미터14 소프트웨어 스트로크 리미트 선택

항목	설정값, 설정항목		공장출하 초기값	설정값 버퍼메모리 어드레스			
	주변기기에서 설정	PLC에서 설정		축1	축2	축3	축4
Pr.14 소프트웨어 스트로크 리미트 선택	0 : 이송현재값에 따른 소프트웨어 스트로크리미트를 설정한다.	0	0	22	172	322	472
	1 : 이송기계값에 따른 소프트웨어 스트로크리미트를 설정한다.	1					

소프트웨어 스트로크 리미트를「이송현재값」으로 할지,「이송기계값」으로 할지 설정한다. 설정한 값에 대해 소프트웨어 스트로크 리미트가 유효해진다.

① 이송기계값 : 항상「기계 원점복귀」에서 확립한 어드레스를 기준으로 하고 있고 현재값 변경을 실행해도 어드레스를 변경할 수가 없다. 56.8ms마다 갱신된다.

② 이송현재값 : 「기계 원점복귀」에서 확립한 어드레스를 기준으로 하고 있지만, 현재값 변경을 실행하면 어드레스를 변경할 수가 있다. 1.7ms마다 갱신된다.

현재 정지하고 있는 위치가 2000이라고 하고 스트로크상한리미트가 5000으로 설정되어 있다고 하면

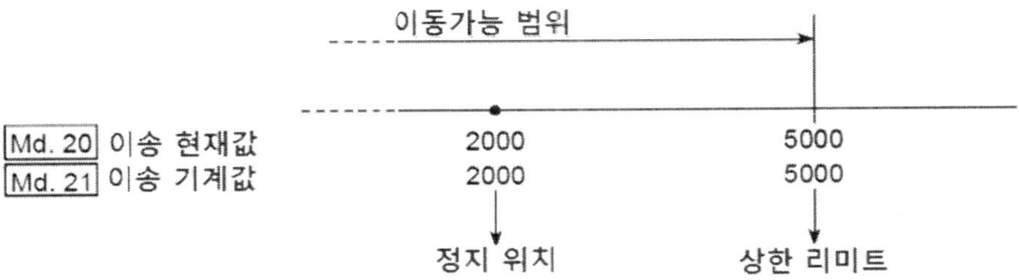

그림 4-16 이송현재값과 이송기계값

현재위치 2000에서 3000으로 변경지령을 하면 현재위치값은 3000으로 변경된다. 하지만 이송기계값은 여전히 2000으로 변하지 않는다.

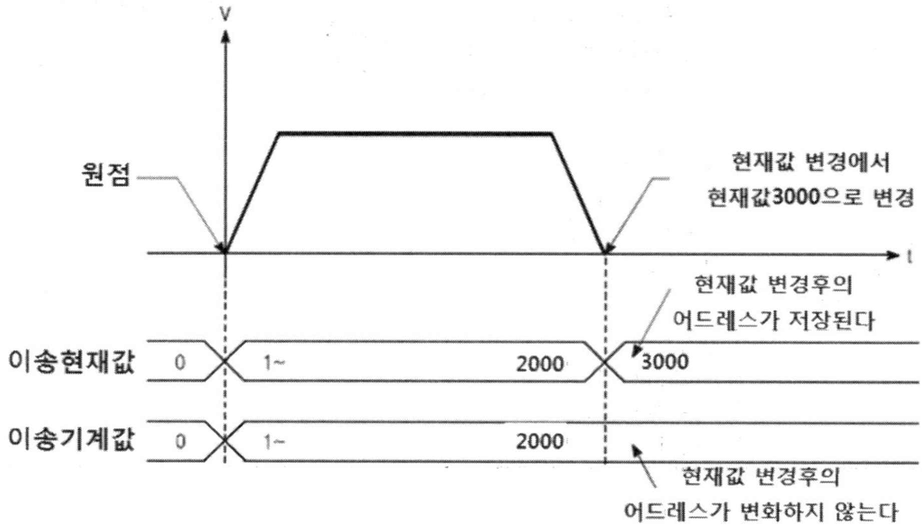

그림 4-17 현재값 변경시 이송현재값과 이송기계값의 변화

(1) 이송기계값이 상한리미트 값에 설정되었을 경우

이송기계값으로 설정된 5000이 스트로크리미트 상한값이 된다. (이송현재값은 4000)

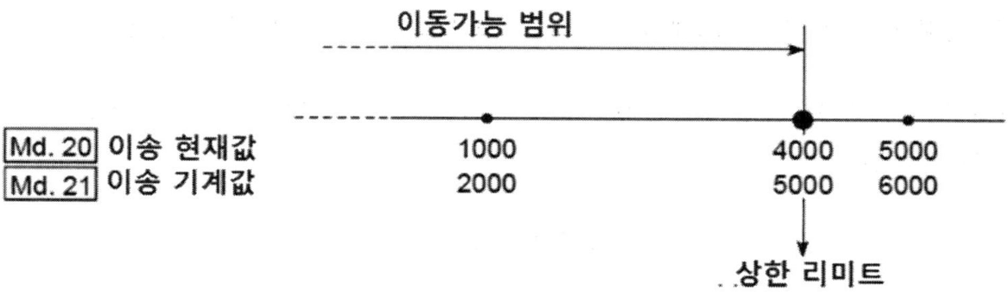

그림 4-18 이송기계값이 상한리미트와 동일한 경우

(2) 이송현재값이 상한리미트 값에 설정되어 있는 경우

이송현재값으로 설정된 5000이 스트로크리미트 상한값이 된다. (이송기계값은 6000)

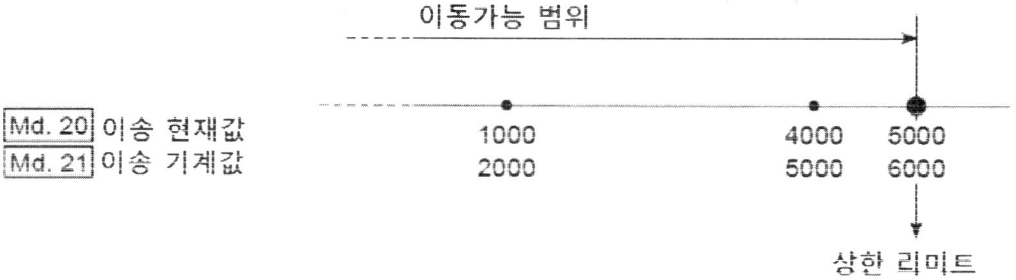

그림 4-19 이송현재값이 상한리미트와 동일한 경우

4) Pr.15 소프트웨어 스트로크 리미트 유효/ 무효 선택

(Software stroke limit valid/invalid setting)

표 4-21 파라미터15 소프트웨어 스트로크 리미트 유효/ 무효

항목	설정값, 설정항목		공장출하 초기값	설정값 버퍼메모리 어드레스			
	주변기기에서 설정	PLC에서 설정		축1	축2	축3	축4
Pr.15 소프트웨어 스트로크 리미트 유효/ 무효	0 : JOG운전시, 인칭운전시, 수동펄서 운전시의 소프트웨어 스트로크리미트가 유효	0	0	23	173	323	472
	1 : JOG운전시, 인칭운전시, 수동펄서 운전시의 소프트웨어 스트로크리미트가 무효	1					

JOG운전, 인칭운전, 수동펄서운전시에 소프트웨어 스트로크 리미트를 유효로 할지 무효로 할지 설정한다.

5) Pr.16 지령인포지션 범위 (Command in-position width)

표 4-22 파라미터16 지령인포지션 범위

항목	설정값, 설정항목		공장출하 초기값	설정값 버퍼메모리 어드레스			
	주변기기에서 설정	PLC에서 설정		축1	축2	축3	축4
Pr.16 지령인포지션 범위	설정값은, Pr.1단위설정에 따라 설정범위가 달라진다. 여기에서는 아래 표 범위내 값을 설정한다.		100	24~ 25	174~ 175	324~ 325	474~ 475

표 4-23 지령인포지션 설정시 참조하는 설정값 범위

Pr.1의 설정값	주변기기에 의한 설정값(단위)	PLC에 의한 설정값 단위
0 : mm	0.1~214748364.7(㎛)	1~2147483647(×10^{-1}㎛)
1 : inch	0.00001~21474.83647(inch)	1~2147483647(×10^{-5}inch)
2 : degree	0.00001~21474.83647(degree)	1~2147483647(×10^{-5}degree)
3 : pulse	1~2147483647(pulse)	1~2147483647(pulse)

「지령 인포지션 기능」은 위치제어의 자동감속 시에 정지위치까지의 남은거리를 체크해서 플래그를 1로하는 기능이다. 이 플래그를「지령 인포지션 플래그」라고 부른다. 지령 인포지션 플래그는 위치제어의 완료를 사전에 나타내는 전도 신호로서 사용한다.

지령인포지션이 ON으로 되는 남은 거리를 설정한다. 위치결정제어 기동으로 "Md.31 스테이터스"의「지령인포지션 플래그」가 OFF가 되고 지령인포지션 신호의 설정위치에서「지령인포지션 플래그」가 ON이 된다.

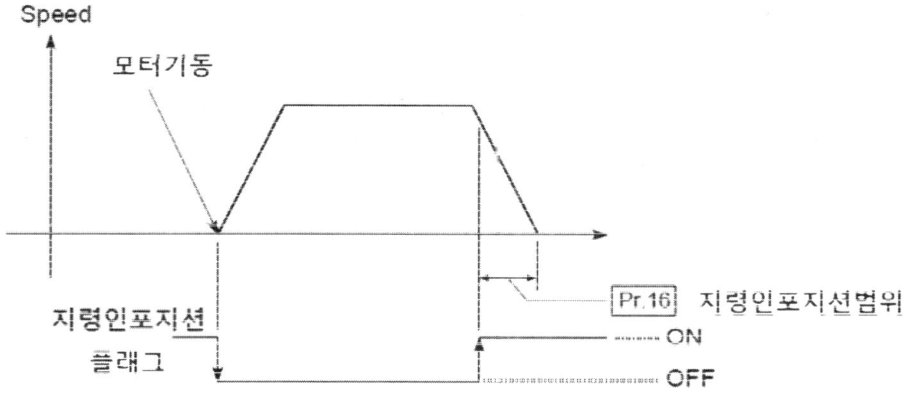

그림 4-20 지령인포지션 범위의 개념

6) Pr.17 토크제한 설정 값 (Torque limit setting value)

표 4-24 파라미터17 토크제한 설정값

항목	설정 값, 설정항목		공장출하 초기값	설정값 버퍼메모리 어드레스			
	주변기기에서 설정	PLC에서 설정		축1	축2	축3	축4
Pr.17 토크제한 설정값	1~500 %	1~500 %	300	26	176	326	476

토크제한기능은 서보모터 발생토크를 설정범위내로 제한하는 기능이다.

제어에 필요한 토크가 토크 제한값을 초과하는 경우는 설정되어 있는 토크 제한값으로 제어한다.

서보모터 발생 토크의 최대값을 1~500%의 비율로 설정한다.

7) Pr.18 M코드 On신호 출력 타이밍 (M code ON signal output timing)

표 4-25 파라미터18 M코드 On신호 출력타이밍

항목	설정값, 설정항목		공장출하 초기값	설정값 버퍼메모리 어드레스			
	주변기기에서 설정	PLC에서 설정		축1	축2	축3	축4
Pr.18 M코드 On신호 출력타이밍	0 : WITH mode	0	0	27	177	327	477
	1 : AFTER mode	1					

M코드 ON신호를 출력하는 타이밍을 설정한다.

「M코드 출력기능」은 실행중인 위치결정데이터에 관련한 보조작업의 지령(예를 들어 보면 이송테이블 위에 작업 대상물을 옮기기 위한 Pick & Place기구물을 장착하거나 또는 Laser용접기를 장착하고 서보모터를 이동시키면서 용접작업을 한다)을 하기 위한 기능이다.

위치 결정실행시에 M코드 ON신호가 ON하면, M코드라 불리는 번호가 "버퍼메모리 Md.25유효M코드"에 저장된다. PLC CPU로부터, 이 "Md.25 유효M코드"를 읽어, 보조작업 지령에 사용한다. M코드는 각 위치결정데이터마다 설정할 수 있다. 또, 「M코드 출력기능」에서는, M코드를 출력(저장)하는 타이밍을 설정할 수 있다.

앞에 예를 든 보조작업중 작업 대상물을 옮기는 작업과 같이 Pick & Place기구물을 동작시키는 신호의 발생시점을 생각해 보면 어떤 정해진 위치로 이동한 뒤 Pick(잡기) 동작을 하기 위한 신호의 발생이 필요할 것이고 또 어떤 위치로 이동한 뒤 Place(놓기) 하는 동작을 하기 위한 신호가 필요할 것이다.

이들 신호의 발생시점과 서보모터의 동작시점을 살펴보면 서보모터가 어떤 위치까지 이동을 완료한 뒤에 Pick 또는 Place 동작신호를 만들어 주는 것이 타이밍 상에 맞을 것이다. 이와 같은 동작을 만들어 주기위해 서보모터에서 신호를 발생해 주는 것을 M코드 ON신호의 출력타이밍에서 AFTER모드라고 한다.

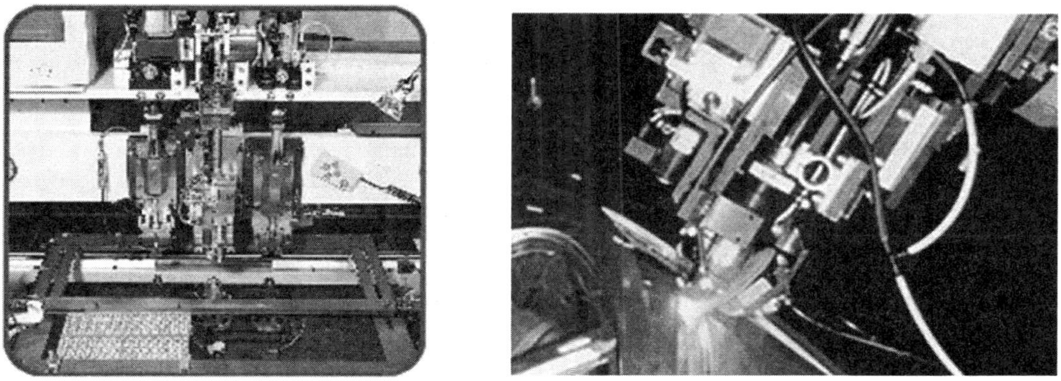

그림 4-21 M Code기능을 이용한 기계동작

위치데이터에 다음과 같은 M코드 데이터를 작성하였다고 하면

Untitled1 / QD75D2 / Positioning data Axis #1 (I/O : 0)

No.	Pattern	CTRL method	SLV axis	ACC(ms)	DEC(ms)	Positioning address [pls]	Arc Address [pls]	Command speed [pls/sec]	Dwell time [ms]	M code	
1	0:END	1:ABS line1	-	0:1000	0:1000	100000	0	3000	0	100	PICK Start
2	0:END	1:ABS line1	-	0:1000	0:1000	200000	0	3000	0	110	Place Start
3											
4											
5	0:END	1:ABS line1	-	0:1000	0:1000	300000	0	3000	0	200	Laser Welding1 Start
6	0:END	1:ABS line1	-	0:1000	0:1000	400000	0	3000	0	210	Laser Welding2 Start
7											
8											

그림 4-22 M Code작성 예

가) M코드 ON신호의 출력타이밍

위의 1, 2데이터를 실행하면 위치결정완료시에 M코드ON신호을 ON하고 M코드(100, 110)를 "Md.25 유효M코드"에 저장한다.

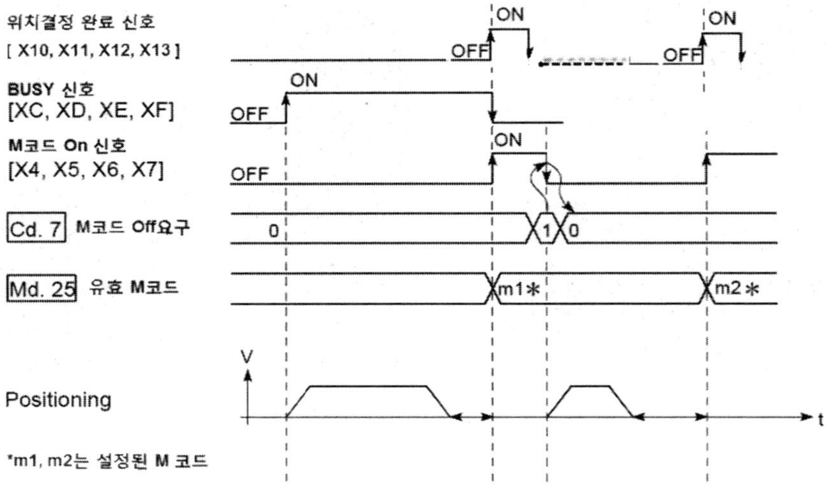

그림 4-23 With모드 설정시 M Code On신호 출력 타이밍

그리고 앞의 예에서처럼 Laser용접기를 장착하고 서보모터를 이동시키면서 용접작업을 하는 것처럼 용접하라는 신호를 발생하는 타이밍은 서보모터가 기동하기 시작하면서 만들어 주는 것이 가장 좋은 방법일 것이다. 이처럼 M코드 ON신호를 만들어 주는 출력타이밍을 WITH모드라고 한다.

위의 5, 6데이터를 실행하면 위치결정개시시에 M코드ON 신호을 ON하고 M코드(200, 210)를 "Md.25 유효M코드" 에 저장한다.

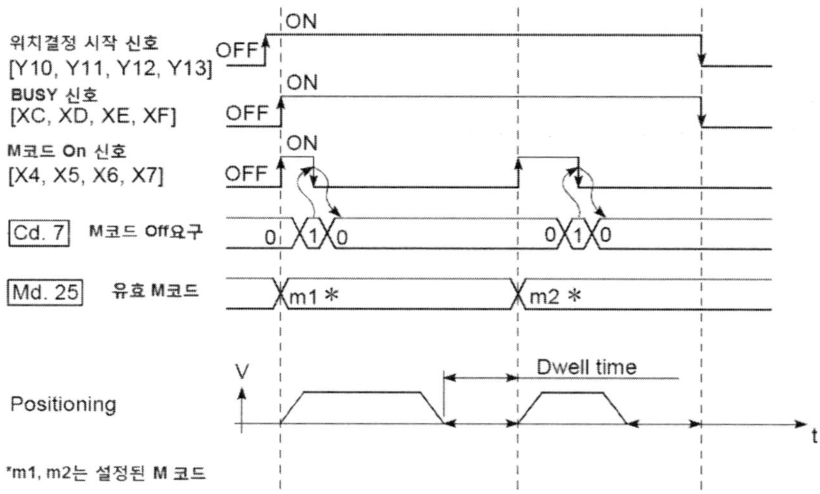

그림 4-24 After 모드 설정시 M Code On신호 출력 타이밍

나) M코드 OFF요구

M코드 ON신호가 ON했을 경우에는 정의한 작업이 완료된 시점에 PLC프로그램에 의해 M코드 ON신호를 OFF할 필요가 있다. M코드 신호를 Off하여야지 다음 위치데이터를 실행할 수 있다.

M코드 ON신호를 OFF하려면 버퍼메모리 "Cd.7 M코드 OFF요구"에 「1」(M코드신호를 Off한다.)를 설정한다.

표 4-26 M 코드 Off요구설정과 버퍼메모리

항목	설정내용	설정값	설정값 버퍼메모리 어드레스			
			축1	축2	축3	축4
Cd.7 M 코드 Off요구	「1 : M코드 ON신호를 OFF 한다」를 설정한다.	1	1504	1604	1704	1804

M 코드 ON신호를 OFF하지 않을 경우 아래와 같이 처리된다.
(처리는 Da.1운전패턴에 의해 달라진다.)

표 4-27 운전패턴별 M코드 Off처리 미실행시 처리

Da.1 운전패턴 처리	처 리
00 : 단독위치결정제어 END (위치결정종료)	M 코드 ON신호가 OFF될 때까지 다음 위치결정데이터를 실행할 수 없다.
01 : 연속위치결정제어 CONT	다음 위치결정데이터를 실행하지만 경고(경고코드:503)가 발생한다.
11 : 연속궤적제어 LOCUS	

다) 제어상의 주의사항

① 보간제어 시에는 기준축의 M코드 ON신호가 ON된다.

② "Da.10 M 코드"에 「0」을 설정하면 M코드 ON신호는 ON되지 않는다. (M코드는 출력되지 않고 "Md.25 유효M코드"는 전회에 출력된 값이 유지된다.)

③ 위치결정기동시에 M코드 ON신호가 ON하고 있을 경우에는 에러 「M코드ON신호ON 기동」(에러코드 : 536)가 되어 기동하지 않는다.

④ PLC Ready신호[YO]가 OFF하면 M코드 ON신호를 OFF하고 "Md.25 유효M코드"에 「0」을 저장한다.

⑤ 연속궤적제어의 경우 위치결정동작시간이 짧으면 M코드 ON신호를 OFF하는 시간이 없이 경고「M코드 ON신호ON」(경고코드:503)가 될 경우가 있다. 그 경우에는 그 부분의 위치결정데이터의 "Da.10 M코드"에「0」을 설정하고 M코드가 출력하기 않도록 함에 따라 경고가 되는 것을 막을 수 있다.

⑥ 속도제어에서 AFTER모드의 경우 M코드는 출력되지 않고 M코드 ON신호는 ON되지 않는다.

라) M코드 출력기능의 설정 방법

M코드출력기능」를 사용하기 위한 설정은 아래와 같다.

① 위치결정데이터의 "Da.10 M코드"에 M코드번호를 설정한다.

② M코드 ON신호 [X44, X45, X46, X47] 를 출력하는 타이밍을 설정한다. 아래에 나타낸 파라미터에 필요한 값을 설정하고 QD75에 기록한다. 설정한 내용은 PLC Ready 신호[Y40]의 기동(OFF→ON)시에 유효해진다.

표 4-28 M코드On출력타이밍 설정과 버퍼메모리

항목	설정내용	초기 설정값	설정값 버퍼메모리 어드레스			
			축1	축2	축3	축4
Pr.18 M코드ON신호 출력타이밍	M코드ON신호를 출력하는 타이밍을 설정한다. 0 : WITH모드 1 : AFTER모드	0	27	177	327	477

마) M코드 읽기

「M코드」는 M코드 ON신호가 ON했을 때 아래에 나타낸 버퍼메모리에 저장된다.

표 4-29 유효 M코드와 버퍼메모리

항목	저장내용	버퍼메모리 어드레스			
		축1	축2	축3	축4
Md.25 유효M코드	위치결정데이터에 설정된 M코드번호 ("Da.10 M코드")가 저장된다.	808	908	1008	1108

7) Pr.19 속도전환 모드 (Speed switching mode)

표 4-30 속도전환모드 설정과 버퍼메모리

항목	설정값, 설정항목		공장출하 초기값	설정값 버퍼메모리 어드레스			
	주변기기에서 설정	PLC에서 설정		축1	축2	축3	축4
Pr.19 속도전환 모드	0 : 표준속도전환 모드	0	0	28	178	328	478
	1 : 전도속도전환 모드	1					

연속운전패턴(CONT, LOCUS)으로 위치데이터를 실행할 경우 다음 위치데이터를 실행하는 속도전환을 표준전환으로 할지 전도전환으로 할지를 설정한다.

0 : 표준전환 … 다음 위치결정데이터 실행 시에 속도전환을 한다.
1 : 전도전환 … 현재 실행하고 있는 위치결정데이터의 마지막에 속도가 바뀐다.

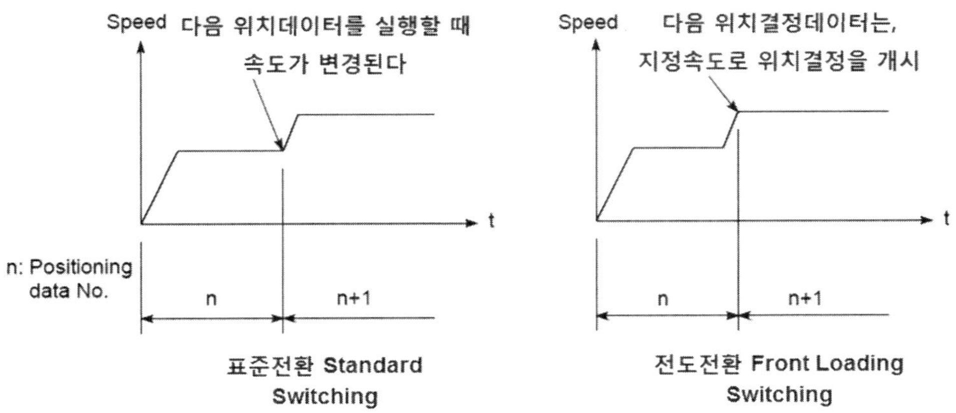

그림 4-25 속도전환모드

가) 표준속도 전환모드

① 「현재운전중인 위치결정데이터」와 「다음에 운전할 위치결정데이터」의 지령속도가 각각 다를 경우 「현재 운전 중인 위치결정데이터」의 위치결정이 완료한 시점에서 가속 또는 감속해서 「다음에 운전할 위치결정데이터」에 설정한 속도로 전환된다.

② 「다음에 운전할 위치결정데이터」 에 설정한 지령속도로의 가감속 처리는 「다음에 운전할 위치결정데이터」 의 파라미터를 사용한다. 지령속도가 같은 경우에는 속도전환을 하지 않는다.

③ 속도전환 조건 목표속도에 대해 이동량이 적고 가감속을 해도 목표속도에 도달하지 않는 경우에는 목표속도에 가깝도록 가감속을 한다. 또 자동감속을 할 필요가 있을 때(예를 들면 운전패턴이 운전종료 「00」 ,연속운전 「01」 일 경우)에 이동량을 초과할 것 같을 때는 지정된 위치결정어드레스에서 즉시 정지하고 「이동거리부족경고(경고코드 : 513)가 된다.

나) 전도속도 전환모드

① 「현재운전중인 위치결정데이터」 와 「다음에 운전할 위치결정데이터」 의 지령속도가 각각 다를 경우 「현재운전중인 위치결정데이터」 의 위치결정완료시에 「다음에 운전할 위치결정데이터」 에 설정한 속도로 전환된다.

② 「다음에 운전할 위치결정데이터」 에 설정한 지령속도로의 가감속 처리는 「다음에 운전할 위치결정데이터」 의 파라미터를 사용한다. 지령속도가 같은 경우에는 속도전환을 하지 않는다.

8) Pr.20 보간속도 지정방법 (Interpolation speed designation method)

표 4-31 보간속도 지정방법 설정과 버퍼메모리

항목	설정값, 설정항목		공장출하 초기값	설정값 버퍼메모리 어드레스			
	주변기기에서 설정	PLC에서 설정		축1	축2	축3	축4
Pr.19 보간속도지정 방법	0 : 합성속도	0	0	29	179	329	479
	1 : 기준축속도	1					

모터를 2개 이상을 동시에 기동시켜 평면 또는 입체적인 궤적을 그리면서 이동하는 것을 보간운전이라고 한다. 직선보간/ 원호보간을 할 경우 이동하는 속도를 합성속도를 지정할지 기준축 속도를 지정할지를 설정한다.

0 : **합성속도**(Composite speed)

제어대상의 이동속도를 지정하고, 각축의 속도는 QD75가 계산한다.

1 : 기준축속도(Reference axis speed)

기준축에 설정되어 있는 축의 속도를 지정하여 보간을 하는 다른 방향 축의 속도는 QD75가 계산한다.

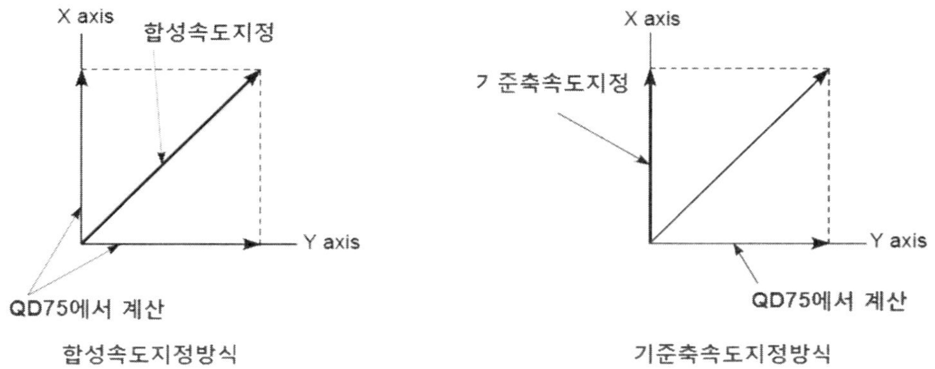

그림 4-26 보간속도 지정방식

9) Pr.21 속도제어시 이송현재값 (Current feed value during speed control)

표 4-32 속도제어시 이송현재값 설정과 버퍼메모리

항목	설정값, 설정항목		공장출하 초기값	설정값 버퍼메모리 어드레스			
	주변기기에서 설정	PLC에서 설정		축1	축2	축3	축4
Pr.21 속도제어시의 이송현재값	0 : 이송현재값 갱신하지 않는다	0	0	30	180	330	480
	1 : 이송현재값 갱신을 한다	1					
	2 : 이송현재값을 0으로 클리어한다	2					

속도제어시(속도 · 위치전환제어 중 및 위치 · 속도전환제어중의 속도제어시를 포함)에 “Md.20 이송현재값” 의 갱신 여부를 설정한다.

0 : 이송현재값의 갱신을 하지 않는다

이송현재값은 변화하지 않는다.(속도제어 개시시의 이송현재값을 유지한다)

1 : 이송현재값의 갱신을 한다

이송현재값을 갱신한다.(속도제어 개시시의 이송현재값부터 갱신한다.)

2 : 이송현재값을 0으로 클리어한다

이송현재값을「0」으로 되돌리고 갱신하지 않는다.

- 2축~4축의 속도제어를 할 경우 보간축의 "Md.20 이송현재값"의 갱신을 할지 여부는 기준축 설정에 의한다.
- 속도 · 위치전환제어(ABS모드)을 할 경우,「2」를 설정한다.

10) Pr.22 입력신호 논리선택 (Input signal logic selection)
Pr.23 출력신호 논리선택 (Output signal logic selection)

표 4-33 입력논리 신호선택 설정과 버퍼메모리

항목	설정값, 설정항목				공장 출하 초기값	설정값 버퍼메모리 어드레스			
	주변기기에서 설정			PLC에서 설정		축1	축2	축3	축4
Pr.22 입력논리 신호선택	b0	하한리미트	0:부논리 1:정논리	해당Bit를 On/Off	0	31	181	331	481
	b1	상한리미트							
	b2	드라이브모듈 Ready							
	b3	정지신호							
	b4	외부지령							
	b5	영점신호							
	b6	근점신호							
	b7	미사용							
	b8	수동펄서입력							
	b9~15	미사용							

표 4-34 출력신호논리 선택 설정과 버퍼메모리

항목	설정값, 설정항목				공장출하 초기값	설정값 버퍼메모리 어드레스			
	주변기기에서 설정			PLC에서 설정		축1	축2	축3	축4
Pr.23 출력신호 논리선택	b0	지령펄스 신호	0:부논리 1:정논리	해당Bit를 On/Off	0	32	182	332	482
	b1	미사용							
	b2	미사용							
	b3	미사용							
	b4	편차카운터 클리어							
	b5~15	미사용							

「외부입출력신호 논리전환기능」은, QD75에 접속된 외부기기에 맞는 신호의 논리를 전환하는 기능이다. 이 기능으로 입력신호에서 b접점취급의 드라이브모듈 Ready, 상한 리미트 센서, 하한 리미트 센서를 사용하지 않는 시스템에서는 파라미터의 논리설정을 "정논리"로 변경함에 따라 배선을 하지 않아도 제어가 가능하다. 드라이브모듈 Ready, 상한 리미트 센서, 하한 리미트 센서를 사용할 경우에는 반드시 b접점으로 사용한다.

외부에 접속된 기기에 맞춰 각 입력신호의 논리를 설정한다.

주1) 각 입출력신호의 논리설정을 잘못하면 정상으로 운전할 수 없게 되므로 초기값부터 설정을 변경시 주의한다.

주2) 수동펄서입력의 논리선택(b8)은 축1로 설정한다.
(축2~축4로 설정한 경우 무효이다.)

11) Pr.24 수동펄서 입력선택 (Manual pulse generator input selection)

표 4-35 수동펄서 입력선택 설정과 버퍼메모리

항목	설정값, 설정항목		공장출하 초기값	설정값 버퍼메모리 어드레스			
	주변기기에서 설정	PLC에서 설정		축1	축2	축3	축4
Pr.24 수동펄서 입력선택	0 : A상/B상 4체배	0	0	33	-	-	-
	1 : A상/B상 2체배	1					
	2 : A상/B상 1체배	2					
	3 : PLS/SIGN	3					

수동펄서로부터의 입력펄스모드를 설정한다. (축1의 설정값만 유효하다.)

0 : A상/B상 4체배
1 : A상/B상 2체배
2 : A상/B상 1체배
3 : PLS/SIGN

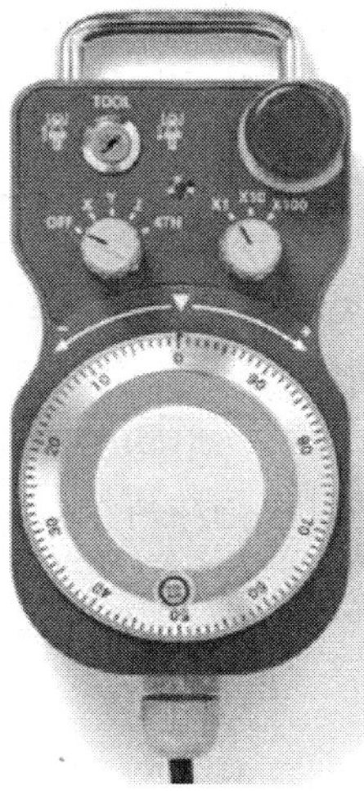

그림 4-27 수동펄스 발생기 (MPG)

12) Pr.150 속도 · 위치 기능선택 (Speed-position function selection)

표 4-36 수동펄서입력선택 설정과 버퍼메모리

항목	설정값, 설정항목		공장출하 초기값	설정값 버퍼메모리 어드레스			
	주변기기에서 설정	PLC에서 설정		축1	축2	축3	축4
Pr.24 수동펄서 입력선택	0 : 속도위치전환 제어(INC모드)	0	0	34	184	334	484
	2 : 속도위치전환 제어(ABS모드)	2					

속도 · 위치전환 제어모드를 선택한다.

0 : INC 모드

2 : ABS 모드

- 설정값이 0, 2 이외의 경우는 설정값을 0으로 간주해서 INC모드에서 동작한다.

라. 상세파라미터 2

1) Pr25~27 가속시간 1~3 (Acceleration time 1~3)

위치결정운전으로 속도0에서 "Pr.8 속도제한 값"에 도달할 때까지의 시간을 설정한다.

표 4-37 가속시간 1, 2, 3 설정과 버퍼메모리

항목	설정값, 설정항목		공장출하 초기값	설정값 버퍼메모리 어드레스			
	주변기기에서 설정	PLC에서 설정		축1	축2	축3	축4
Pr.25 가속시간1	1~8388608 (ms)	1~8388608 (ms)	1000	36~37	186~187	336~337	486~487
Pr.26 가속시간2				38~39	188~189	338~339	488~489
Pr.27 가속시간3				40~41	190~191	340~341	490~491

2) Pr.28~30 감속시간 1~3 (Deceleration time 1~3)

위치결정운전으로 속도0에서 "Pr.8 속도제한값" 에서 속도0에 도달할 때까지의 시간을 설정한다.

표 4-38 감속시간 1, 2, 3 설정과 버퍼메모리

항목	설정값, 설정항목		공장출하 초기값	설정값 버퍼메모리 어드레스			
	주변기기에서 설정	PLC에서 설정		축1	축2	축3	축4
Pr.28 감속시간1	1~8388608(ms)	1~8388608 (ms)	1000	42~43	192~193	342~343	492~493
Pr.29 감속시간2				44~45	194~195	344~345	494~495
Pr.30 감속시간3				46~47	196~197	346~347	496~497

3) Pr.30 JOG속도 제한값 (JOG speed limit value)

JOG 운전시 최고속도를 설정한다.

JOG운전이란 모터가 움직이기 위한 정회전 또는 역회전 펄스를 수동적인 의미로 발생시키므로 모터를 움직이는 것을 말한다. RC Car라는 것을 한 번 씩은 움직여 보았을 것이다. 조정레버를 밀고 당기면 자동차가 전진과 후진을 하지 않는가. 서보모터에도 그러한 기능의 운전을 JOG 운전이라고 이해하자.

- 「JOG 속도제한값」은 "Pr.8 속도제한값" 이하로 설정한다.
  「속도제한값」을 넘을 경우는「JOG속도제한값 에러」(에러코드 : 956)이 된다.

그림 4-28 서보모터의 JOG운전은 Remcte Control 자동차 운전과 비슷하다

표 4-39 JOG속도제한값 설정과 버퍼메모리

항목	설정값, 설정항목		공장출하 초기값	설정값 버퍼메모리 어드레스			
	주변기기에서 설정	PLC에서 설정		축1	축2	축3	축4
Pr.31 JOG 속도제한값	설정값은, Pr.1단위설정에 따라 설정범위가 달라진다. 여기에서는 아래 표 범위 내 값을 설정한다.		20000	48~49	198~199	348~349	498~499

표 4-40 JOG속도제한값 설정시 참조하는 설정값 범위

Pr.1의 설정값	주변기기에 의한 설정값(단위)	PLC에 의한 설정값 단위
0 : mm	0.01～20000000.00(mm/min)	1～2000000000($\times 10^{-2}$(mm/min))
1 : inch	0.001～2000000.000(inch/min)	1～2000000000($\times 10^{-3}$inch/min)
2 : degree	0.001～2000000.000(degree/min)	1～2000000000($\times 10^{-3}$degree/min)
3 : pulse	[기종선택이 QD75P] 1～200000(pulse/s) [기종선택이 QD75D] 1～1000000(pulse/s)	1～1000000(pulse/s) * 1

* 1 : QD75P□(오픈컬렉터 출력타입)를 사용할 경우 「1～200000(pulse/s)」가 되도록 설정한다.

4) Pr.32 JOG운전 가속시간 선택 (JOG operation acceleration time selection)

JOG 운전 시 가속시간으로 「가속시간0~3」 중 어느 것을 사용할지 설정한다.

0 : Pr.9가속시간 0으로 설정한 값을 사용한다.
1 : Pr.25가속시간 1로 설정한 값을 사용한다.
2 : Pr.26가속시간 2로 설정한 값을 사용한다.
3 : Pr.27가속시간 3으로 설정한 값을 사용한다.

표 4-41 JOG운전 가속시간 선택 설정과 버퍼메모리

항목	설정값, 설정항목		공장출하 초기값	설정값 버퍼메모리 어드레스			
	주변기기에서 설정	PLC에서 설정		축1	축2	축3	축4
Pr.32 JOG운전 가속시간 선택	0 : Pr.9 가속시간0	0	0	50	200	350	500
	1:Pr.25 가속시간1	1					
	2:Pr.26 가속시간2	2					
	3:Pr.27 가속시간3	2					

5) Pr.33 JOG운전 감속시간 선택 (JOG operation deceleration time selection)

JOG 운전시의 감속시간으로「감속시간0~3」 중 어느 것을 사용할지 설정한다.

0 : Pr.10 감속시간 0으로 설정한 값을 사용한다.
1 : Pr.28 감속시간 1로 설정한 값을 사용한다.
2 : Pr.29 감속시간 2로 설정한 값을 사용한다.
3 : Pr.30 감속시간 3으로 설정한 값을 사용한다.

표 4-42 JOG운전 감속시간 선택 설정과 버퍼메모리

항목	설정값, 설정항목		공장출하 초기값	설정값 버퍼메모리 어드레스			
	주변기기에서 설정	PLC에서 설정		축1	축2	축3	축4
Pr.33 JOG운전 가속시간 선택	0 : Pr.10 가속시간0	0	0	51	201	351	501
	1:Pr.28 가속시간1	1					
	2:Pr.29 가속시간2	2					
	3:Pr.30 가속시간3	2					

6) Pr.34 가감속 처리 선택 (Acceleration/deceleration process selection)

가감속처리를 자동사다리꼴 가감속처리로 할지, S자 가감속처리로 할지를 설정한다. 수평방향이동 시 사다리꼴 가감속 선택 수직방향이동시 S커브 가감속 처리 선택

표 4-43 가감속 처리 선택 설정과 버퍼메모리

항목	설정값, 설정항목		공장출하 초기값	설정값 버퍼메모리 어드레스			
	주변기기에서 설정	PLC에서 설정		축1	축2	축3	축4
Pr.34 가감속 처리 선택	0: 사다리꼴 가감속 처리	0	0	52	202	352	502
	1: S자 가감속 처리	0					

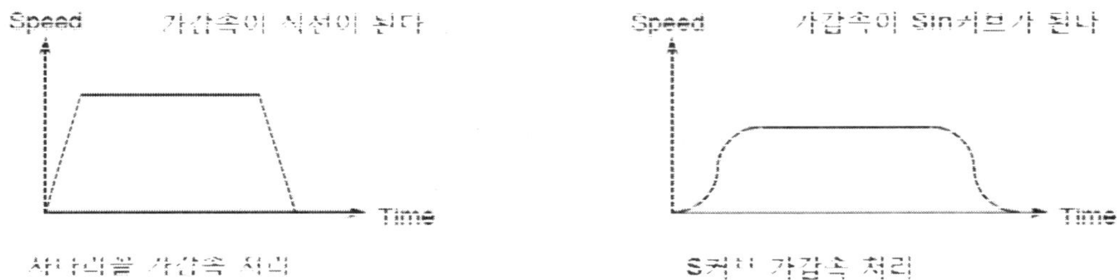

그림 4-29 가감속 처리 패턴

7) Pr.35 S자 비율 (S-curve ratio)

S자 가감속 처리를 할 경우의 S자 비율(1~100%)를 설정한다.

S자 비율은 아래 그림과 같이 Sin곡선의 어느 부분을 이용하여 가감속 커브를 그릴지를 나타낸다.

표 4-44 S자 비율 설정과 버퍼메모리

항목	설정값, 설정항목		공장출하 초기값	설정값 버퍼메모리 어드레스			
	주변기기에서 설정	PLC에서 설정		축1	축2	축3	축4
Pr.35 S자 비율	1~100(%)	1~100(%)	100	53	203	353	503

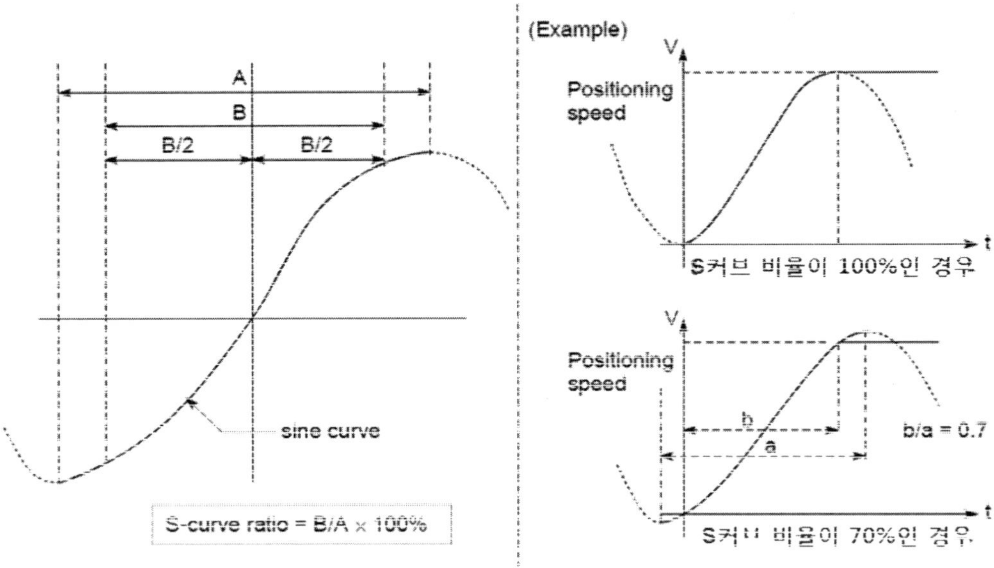

그림 4-30 S커브 비율(Ratio)

8) Pr.36 급정지 감속시간 (Sudden stop deceleration time)

급정지시에 "Pr.8 속도제한값"에서 속도0이 될 때까지의 시간을 설정한다. 다른 파라미터와의 관계는 아래 그림과 같다.

표 4-45 급정지 감속시간 설정과 버퍼메모리

항목	설정값, 설정항목		공장출하 초기값	설정값 버퍼메모리 어드레스			
	주변기기에서 설정	PLC에서 설정		축1	축2	축3	축4
Pr.36 급정지 감속시간	1~8388608 (ms)	1~8388608 (ms)	1000	54~55	204~205	354~355	504~505

9) Pr.37 정지그룹1 급정지선택 (Stop group 1 sudden stop selection)
Pr.38 정지그룹2 급정지선택 (Stop group 2 sudden stop selection)
Pr.39 정지그룹3 급정지선택 (Stop group 3 sudden stop selection)

정지그룹의 정지요인이 발생했을 때 정지하는 방법을 설명한다.

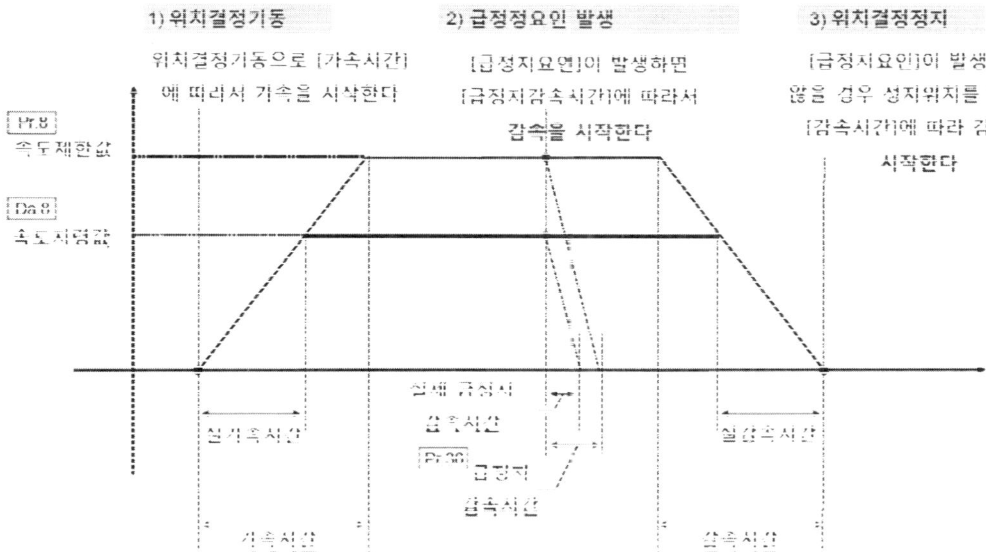

그림 4-31 급정지 요인 발생에 따른 급정지

- 정지그룹1

  하드웨어 스트로크 리미트에 의한 정지

- 정지그룹2

  PLC CPU의 에러발생 PLC Ready신호 〔YO〕 의 OFF, 테스트모드시 이상

- 정지그룹3

  외부정지신호, PLC CPU에서 정지신호 주변기기에 의한 정지신호 에러발생(정지그룹 1, 2에 의한 에러는 없음. JOG운전, 속도제어 속도 · 위치전환제어, 위치 · 속도전환 제어시의 소프트웨어 스트로크 리미트 에러만 해당)카운트식 원점복귀로 근점도그 ON→OFF에 의한 정지

  정지하는 방법으로는「0:통상 감속정지」와「1:급정지」가 있다.

  「1 : 급정지」를 선택해 두면 정지신호가 입력됐을 때 급정지감속을 한다.

표 4-46 정지그룹 1, 2, 3의 설정과 버퍼메모리

항목	설정값, 설정항목		공장출하 초기값	설정값 버퍼메모리 어드레스			
	주변기기에서 설정	PLC에서 설정		축1	축2	축3	축4
Pr.37 정지그룹1	0: 통상 감속정지 1: 급정지	0 1	0	56	206	356	506
Pr.38 정지그룹2			0	57	207	357	507
Pr.39 정지그룹3			0	58	208	358	508

10) Pr.40 위치결정완료신호 출력시간(Positioning complete signal output time)

QD75에서 출력된 위치결정완료신호의 출력시간을 설정한다.

위치결정 완료란 QD75가 펄스출력을 완료하고 설정되어 있는 드웰타임을 경과한 상태를 말한다.

표 4-47 위치결정완료 신호 출력시간의 설정과 버퍼메모리

항목	설정값, 설정항목		공장출하 초기값	설정값 버퍼메모리 어드레스			
	주변기기에서 설정	PLC에서 설정		축1	축2	축3	축4
Pr.40 위치결정완료 신호출력시간	0~65535 (ms)	0~65535(ms) 0~32767 : 10진수로 설정 32768~65535 : 16진수로 변환하여 설정	300	59	209	359	509

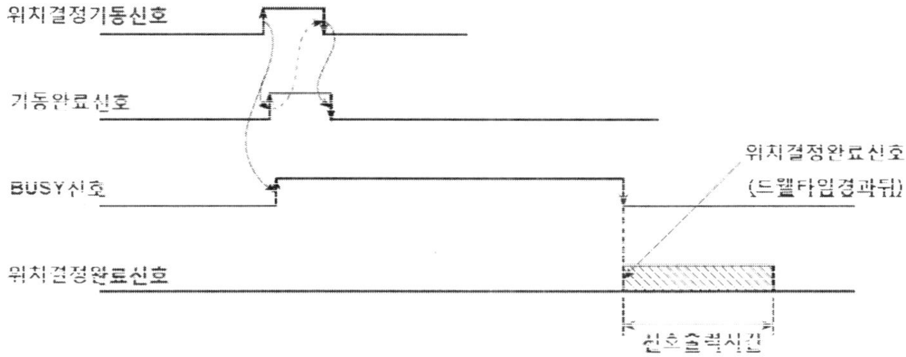

그림 4-32 위치결정완료 신호 출력 시간 타이밍도

11) Pr.41 원호보간 오차허용범위 (Allowable circular interpolation error width)

표 4-48 원호보간 오차 허용범위 설정과 버퍼메모리

항목	설정값, 설정항목		공장출하 초기값	설정값 버퍼메모리 어드레스			
	주변기기에서 설정	PLC에서 설정		축1	축2	축3	축4
Pr.41 원호보간오차 허용범위	설정값은, Pr.1단위설정에 따라 설정범위가 달라진다. 여기에서는 아래 표 4-49 범위 내 값을 설정한다.		100	60~61	210~211	360~361	410~411

표 4-49 원호보간 오차 허용범위 설정시 참조하는 설정값 범위

Pr.1의 설정값	주변기기에 의한 설정값(단위)	PLC에 의한 설정값 단위
0 : mm	0~10000.0(㎛)	0~100000($\times 10^{-1}$(㎛))
1 : inch	0~1.00000(inch)	0~100000($\times 10^{-5}$inch)
2 : degree	0~1.00000(degree)	0~100000($\times 10^{-5}$degree)
3 : pulse	0~100000(pulse)	0~100000(pulse)

「원호보간 오차허용범위」에는 계산에 의한 원호의 궤적과 종점어드레스의 오차허용범위를 설정한다. 계산에 의한 원호의 궤적과 종점어드레스의 오차가 설정범위 내인 경우는 소용돌이보간에 의해 오차보정을 하면서 설정되어 있는 종점어드레스에 원호보간을 한다.

원호보간 오차허용범위는 기준축의 버퍼메모리어드레스에 설정한다.

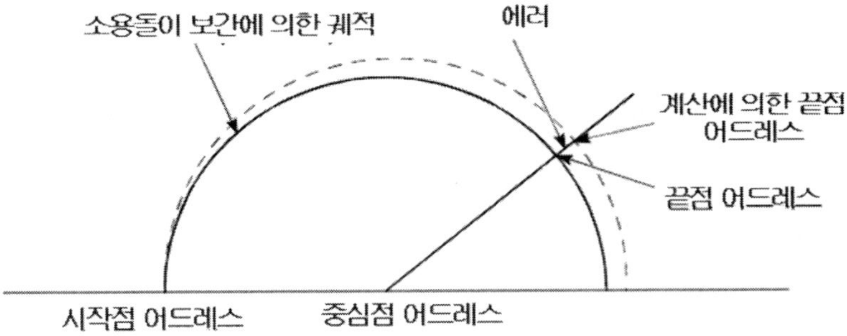

그림 4-33 원호보간 오차 허용 범위

※ 중심점지정에 의한 원호보간제어에서는 기점어드레스와 중심점어드레스에서 계산한 원호 궤적과 종점어드레스가 어긋날 경우가 있다.

12) Pr.42 외부지령 기능선택 (External command function selection)

외부지령신호를 어느 기능으로 사용할지 설정한다.

0 : 외부위치결정기동

외부지령신호 입력에 의해 위치결정운전의 기동을 한다.

1 : 외부속도변경요구

외부지령신호 이력에 의해 현재실행중인 위치결정운전의 속도변경을 한다. 이 경우에는 "Cd.14 속도변경값"에 속도변경값을 설정한다.

2 : 속도 • 위치/위치 • 속도제어전환요구

외부지령신호에 의해 속도 · 위치전환제어/위치 · 속도 전환제어시에 속도제어 → 위치제어/위치제어 → 속도제어를 전환한다.

속도 · 위치전환을 유효로 하려면 "Cd.24 속도 · 위치전환허가플래그"를, 위치 · 속도 전환을 유효로 하려면 "Cd.26 위치 · 속도전환허가플래그"를 1로 한다.

3 : 스킵요구

외부지령신호입력에 의해 현재실행중인 위치결정운전을 스킵한다.

※ 외부지령신호를 유효로 하려면, "Cd.8 외부지령유효"를 1로 설정할 필요가 있다.

표 4-50 외부지령 기능 선택 설정과 버퍼메모리

항목	설정값, 설정항목		공장출하 초기값	설정값 버퍼메모리 어드레스			
	주변기기에서 설정	PLC에서 설정		축1	축2	축3	축4
Pr.42 외부지령 기능 선택	0 : 외부위치결정기동	0	0	62	212	362	512
	1 : 외부속도변경요구	1					
	2 : 속도 · 위치/위치 · 속도제어 전환요구	2					
	3 : 스킵요구	3					

마. 원점복귀 기본파라미터

1) Pr43.원점복귀방식 (OPR method)

기계원점복귀를 할 경우의「원점복귀방식」을 설정한다.

표 4-51 원점복귀 방식의 종류

	원점복귀방식	원점복귀 방법
0	근점도그방식	근점도그의 OFF→ON에 의해 감속을 개시한다.("Pr.47 클리프속도" 까지 감속한다.) 근점도그가 ON→OFF가 된 후, 최초 0점신호로 정지하고, 편차카운터 클리어 출력이 완료한 기점으로 원점복귀 완료한다. 그 위치를 원점으로 한다.
1	스토퍼정지식 ①	스토퍼의 위치를 원점으로 한다. 근점도그의 OFF→ON에 의해 감속을 개시한 후, "Pr.47 클리프속도" 로 스토퍼에 닿아 정지시킨다. 정지후, "Pr.49원점복귀 드웰타임" 이 경과한 후, 편차카운터 클리어 출력이 완료한 기점으로 원점복귀 완료한다.
2	스토퍼정지식 ②	스토퍼의 위치를 원점으로 한다. 근점도그의 OFF→ON에 의해 감속을 개시한 후, "Pr.47 클리프속도"로 스토퍼에 닿아 정지시킨다. 정지 후, 0점신호를 검출한 후, 편차카운터 클리어 출력이 완료한 기점으로 원점복귀 완료한다.
3	스토퍼정지식 ③	스토퍼의 위치를 원점으로 한다. 최초부터 "Pr.47클리프속도"로 기동하고, "Pr.47 클리프속도" 로 스토퍼에 닿아 정지시킨다. 정지후, 0점신호 * 검출한 후, 편차카운터 클리어 출력이 완료한 기점으로 원점복귀 완료한다.
4	카운트식①	근점도그 OFF→ON에 의해 감속개시하고 "Pr.47 클리프속도" 로 이동한다. 근점도그가 OFF→ON이 된 위치에서 "Pr.50 근점도그 ON후의 이동량설정" 에 설정한 거리를 이동한 후, 최초의 0점신호로 정지하고, 편차카운터 클리어 출력이 완료한 기점으로 원점복귀 완료한다.
5	카운트식②	근점도그 OFF→ON에 의해 감속개시하고 "Pr.47 클리프속도"로 이동한다. 근점도그가 OFF→ON이 된 위치에서 "Pr.50 근점도그ON후의 이동량설정"에 설정한 거리를 이동한 위치로 정지하고, 원점복귀 완료한다.

표 4-52 원점복귀 방식 설정과 버퍼메모리

항목	설정값, 설정항목		공장출하 초기값	설정값 버퍼메모리 어드레스			
	주변기기에서 설정	PLC에서 설정		축1	축2	축3	축4
Pr.43 원점복귀방식	0 : 근점도그식	0	0	70	220	370	520
	1 : 스토퍼정지식①	1					
	2 : 스토퍼정지식②	2					
	3 : 스토퍼정지식③	3					
	4 : 카운트식①	4					
	5 : 카운트식②	5					

원점복귀는 그 기계의 기준이 되는 위치를 정하는 것이다.

따라서 기준위치를 항상 확립한 상태에서만 정확한 위치이동이 가능하기 때문에 상당히 중요한 제어내용이 된다. 일반적인 근점도그식에 대해 특히 잘 살펴보자.

가) 근점도그식

① 원점복귀를 기동한다.
(Pr.44 원점복귀방향으로 Pr.46원점복귀속도로 이동을 시작한다.)

② 근점도그 ON을 검출하고 감속을 개시한다.

③ Pr.47 클리프속도까지 감속하고 이후 클리프 속도로 이동한다.(이 때, 근점도그는 ON이어야 한다. 근점도그가 OFF일 때는 그대로 감속정지한다.

④ 근점도그 OFF후 최초의 영점신호(모터1회전으로 1펄스출력)에서 QD75에서의 출력이 정지하고, 원점복귀 완료된다.

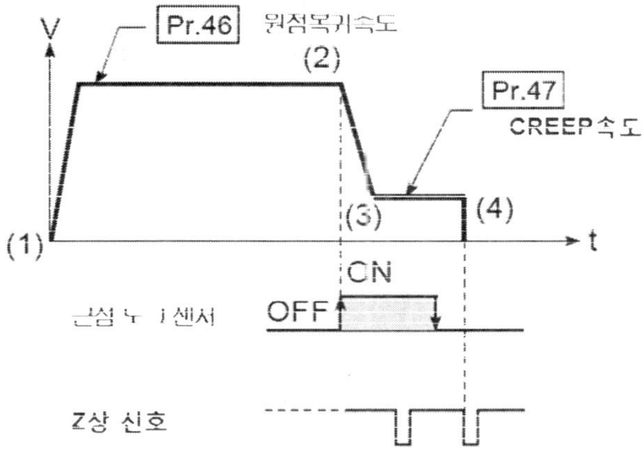

그림 4-34 근점도그 방식의 원점복귀 타이밍도

※ 동작상 주의사항

① 원점복귀 리트라이기능이 설정되어 있지 않을 ("Pr.48원점복귀리트라이" 의 설정이 「0」)때 원점복귀완료 후에 다시 원점복귀를 하면 에러「원점상 기동」(에러코드 : 201)이 된다. (원점복귀는 되지 않는다.)

② 근점도그 상에서 원점복귀를 하면 "Pr.47 클리프속도" 로 기동한다.

③ 근점도그는 원점복귀속도에서 "Pr.47클리프속도" 에 감속할 때까지의 사이를 ON해 둘 필요가 있다.

※ 클리프속도까지 감속하기 전에 근점도그가 OFF하면 워크는 그대로 감속정지하고, 에러「도그검출 타이밍이상」(에러코드:203)이 된다.

④ 원점복귀를 정지신호로 정지시켰을 경우 다시 원점복귀를 실행한다.

⑤ 정지신호로 정지후에 재기동요구를 ON했을 경우 에러「원점복귀 재기동불가」(에러코드 : 209)가 된다.

나) 스토퍼정지식 ①

① 원점복귀를 기동한다.
(Pr.44 원점복귀방향으로 Pr.46 원점복귀속도로 이동을 시작한다.)

② 근점도그 ON을 검출하고, 감속을 개시한다.

③ Pr.47 클리프 속도까지 감속하고 이후 클리프 속도로 이동한다.
(이 때, Pr.54 원점복귀 토크제한값의 설정이 필요하다. 토크제한이 되지 않으면, (4)에서 서보모터가 고장날 우려가 있다.)

④ Pr.47 클리프 속도에서 스토퍼에 닿아 정지한다.

⑤ 근점도그 ON후 Pr.49 원점복귀 드웰타임이 경과하면 QD75에서의 펄스출력이 정지하고, 원점복귀 완료된다.

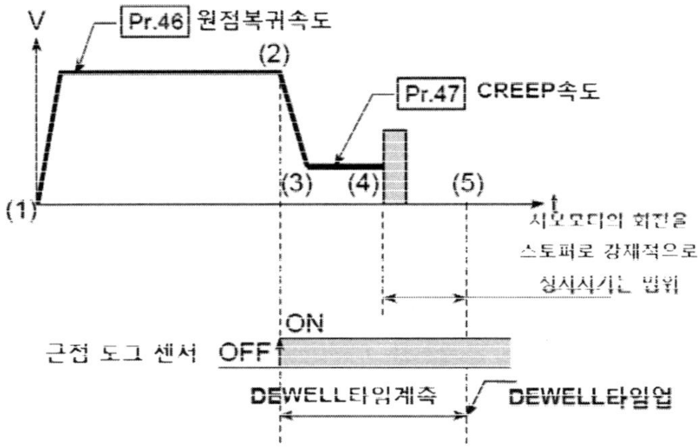

그림 4-35 스토퍼정지식① 원점복귀방식 타이밍도

※ 동작상 주의사항

① "Pr.49원점복귀 드웰타임" 에는 근점도그가 ON하고 난 뒤 스토퍼에 닿을 때까지의 이동시간이상의 값을 설정한다.

② "Pr.46 원점복귀속도" 로부터의 감속 중에 "Pr.49 원점복귀 드웰타임" 이 경과했을 경우는 그대로 감속정지하고 에러 「드웰타임이상」 (에러코드:205)가 된다.

③ 스토퍼로 정지하기 전에 "Pr.49원점복귀 드웰타임" 이 경과했을 경우는 그 위치에서 정지하고 그 위치가 원점이 된다. 이 때 에러는 되지 않는다.

④ 근점도그 ON중에 기계원점복귀를 기동했을 경우는 "Pr.47클리프속도" 에서 기동한다.

⑤ 원점복귀를 정지신호로 정지시켰을 경우 다시 원점복귀를 해야 한다. 정지신호로 정지후에 재기동요구를 ON했을 경우 에러 「원점복귀 재기동불가」 (에러코드 : 209)가 된다.

다) 스토퍼정지식 ②

① 원점복귀를 기동한다.
(Pr.44 원점복귀방향으로 Pr.46 원점복귀속도로 이동을 시작한다.)

② 근점도그 ON을 검출하고 감속을 개시한다.

③ Pr.47 클리프 속도까지 감속하고, 이후 클리프 속도로 이동한다. 이 때 Pr.54 원점복귀 토오크제한값의 설정이 필요하다. 토오크제한이 되어 있지 않으면 ④에서 서보모터가 고장날 우려가 있다

④ Pr.47 클리프속도에서 스토퍼에 닿아 정지한다.

⑤ 정지 후 영점신호(스토퍼에 닿았던 것을 검출하고 출력된 신호. 외부에서 입력)에서 QD75에서의 펄스출력이 정지하고 원점복귀 완료된다.

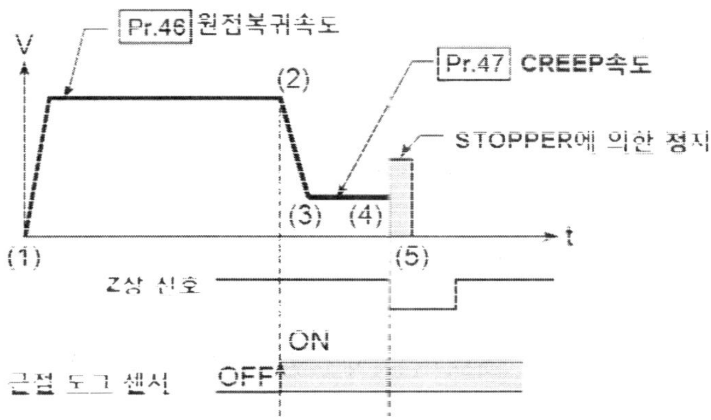

그림 4-36 스토퍼정지식 ② 원점복귀방식 타이밍도

※ 동작상 주의사항

① 외부로부터의 0점신호는 스토퍼에 닿은 후 입력한다.

"Pr.47클리프속도" 까지 감속하기 전에 0점신호가 입력된 경우는 그대로 감속 정지하고 에러「영점검출 타이밍이상」(에러코드:204)가 된다.

② 근점도그는 스토퍼에 닿을 때까지 ON으로 해 둘 필요가 있다.

③ 스토퍼로 정지하기 전에 영점신호를 입력하면 그 위치에서 정지하고 그 위치가 원점이 된다. 이 때, 에러는 발생하지 않는다.

④ 근점도그 ON중에 기계원점복귀가 기동된 경우는 "Pr.47클리프속도" 에서 기동한다.

⑤ 원점복귀를 정지신호로 정지시켰을 경우 다시 원점복귀를 한다. 정지신호로 정지후에 재기동요구를 ON했을 경우 에러「원존복귀재기동불가」(에러코드:209)가 발생된다.

라) 스토퍼정지식 ③

(1) 원점복귀를 기동한다.

Pr.44 원점복귀방향으로 Pr.47 클리프속도로 이동을 시작한다. Pr.54 원점복귀토크제한값의 설정이 필요하다. 토크제한이 되어 있지 않으면 (2)에서 서보모터가 고장날 우려가 있다.)

(2) Pr.47 클리프속도에서 스토퍼에 닿아 정지한다.

(3) 정지 후 영점신호(스토퍼에 닿았던 것을 검출하고 출력된 신호. 외부에서 입력)에서 QD75에서의 펄스출력이 정지하고 원점복귀 완료된다.

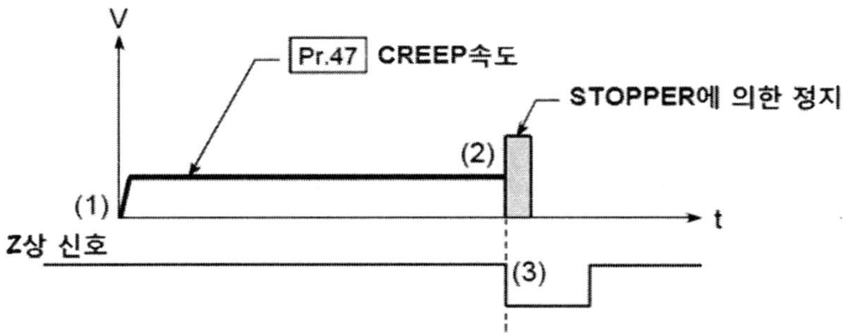

그림 4-37 스토퍼정지식③ 원점복귀방식 타이밍도

※ 동작상 주의사항

① 스토퍼로 정지하기 전에 영점신호를 입력하면 그 위치에서 정지하고 그 위치가 원점이 된다. 이 때 에러는 발생하지 않는다.

② 원점복귀를 정지신호로 정지시켰을 경우 다시 원점복귀를 실행한다.

③ 정지신호로 정지 후에 재기동요구를 ON했을 경우 에러 「원점복귀재기동불가」 (에러코드 : 209)가 발생한다.

마) 카운트식 ①

(1) 원점복귀를 기동한다.
Pr.44 원점복귀방향으로 Pr.46 원점복귀속도로 이동을 시작한다.)

(2) 근점도그 ON을 검출하고 감속을 개시한다.

(3) Pr.47 클리프 속도에서 감속하고 이후 클리프 속도로 이동한다.

(4) 근점도그 ON후부터 Pr.50근점도그 ON후의 이동량설정에서 설정한 이동량을 이동한 후 최초의 영점신호(모터 1회전으로 1펄스출력)에서 QD75에서의 펄스출력이 정지하고, 원점복귀 완료된다.

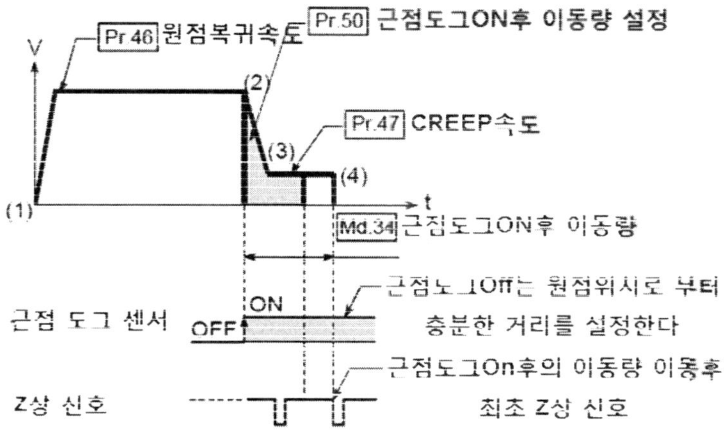

그림 4-38 카운터① 방식 원점복귀 타이밍도

※ 동작상 주의사항

① "Pr.50 근점도그ON후의 이동량설정" 이 "Pr.46 원점복귀속도" 부터 "Pr.47 클리프속도" 까지의 감속거리보다 적은 경우 에러「카운트식 이동량이상」(에러코드:206)이 되며 기동하지 않는다. 도중에 속도변경을 해서 에러가 났을 경우는 감속정지한다.

② 근점도그ON중에 기계원점복귀를 기동했을 경우의 동작을 원점복귀를 정지신호로 정지시킨 경우 다시 원점복귀를 실행한다. 정지신호로 정지 후에 재기동요구를 ON했을 경우 에러「원점복귀재기동불가」(에러코드 : 209)가 발생한다.

바) 카운트식 ②

(1) 원점복귀를 기동한다.
(Pr.44 원점복귀방향으로 Pr.46 원점복귀속도로 이동을 시작한다.)

(2) 근점도그 ON을 검출하고 감속을 개시한다.

(3) Pr.47 클리프 속도까지 감속하고 이후 클리프 속도로 이동한다.

(4) 근점도그 ON후부터 Pr.50근점도그 ON후의 이동량설정에서 설정한 이동량을 이동한 시점에서 QD75로부터의 펄스출력이 정지하고 원점복귀 완료된다.

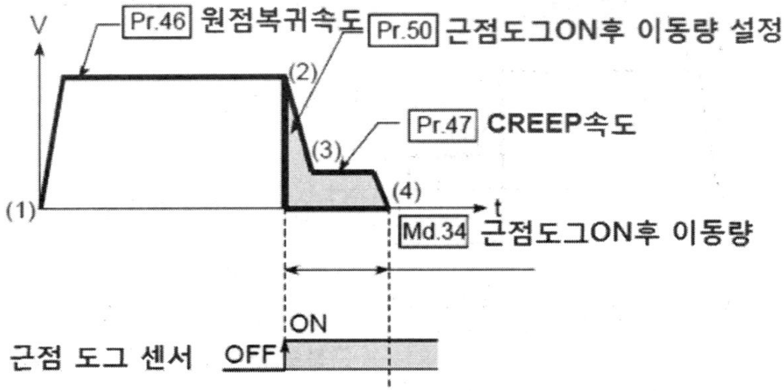

그림 4-39 카운터② 방식 원점복귀 타이밍도

※ 동작상 주의사항

① "Pr.50 근점도그ON후의 이동량설정" 이 "Pr.46 원점복귀속도" 부터 "Pr.47 클리프속도" 까지의 감속거리보다 적은 경우 에러「카운트식 이동량 이상」(에러코드:206)가 되며 기동하지 않는다. 도중에 속도변경을 해서 에러가 됐을 경우는 감속정지한다.

② 원점복귀를 정지신호로 정지시켰을 경우 다시 원점복귀를 실행한다. 정지신호로 정지 후에 재기동요구를 ON했을 경우 에러「원점복귀 재기동불가」(에러코드) : 209)가 발생한다.

2) Pr.44 원점복귀방향 (OPR direction)

표 4-53 원점복귀 방향 설정과 버퍼메모리

항목	설정값, 설정항목		공장출하 초기값	설정값 버퍼메모리 어드레스			
	주변기기에서 설정	PLC에서 설정		축1	축2	축3	축4
Pr.41 원점복귀방향	0 : 정방향(어드레스 증가방향)	0	100	71	221	371	521
	1 : 부방향(어드레스 감소방향)	1					

기계원점복귀를 기동할 때, 동작하기 시작하는 방향을 설정한다.

0 : 정방향(어드레스 증가방향)
어드레스가 증가하는 방향으로 동작한다. (화살표②)

1 : 부방향(어드레스 감소방향)
어드레스가 감소하는 방향으로 동작한다. (화살표①)

통상, 원점은 하한측 리미트(드물게 상한측 리미트) 가까이에 설정하므로, "Pr.44 원점복귀방향" 은 아래 그림과 같이 설정한다.

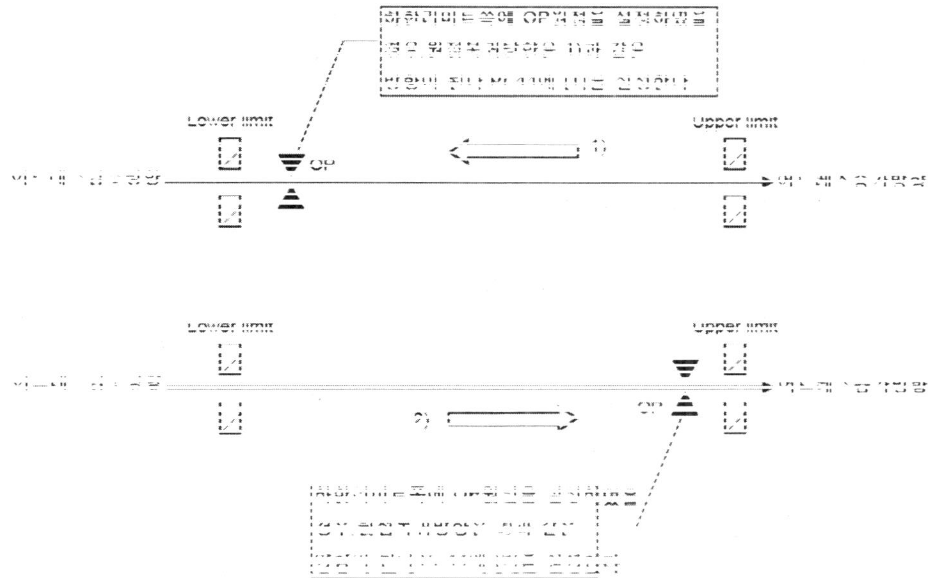

그림 4-40 원점복귀 방향의 설정

3) Pr.45 원점어드레스 (OP address)

표 4-54 원점어드레스의 설정과 버퍼메모리

항목	설정값, 설정항목		공장출하 초기값	설정값 버퍼메모리 어드레스			
	주변기기에서 설정	PLC에서 설정		축1	축2	축3	축4
Pr.45 원점어드레스	설정값은, Pr.1단위설정에 따라 설정 범위가 달라진다. 여기에서는 아래 표 범위 내 값을 설정한다.		0	72~ 73	222~ 223	372~ 373	522~ 523

표 4-55 원점어드레스 설정시 참조하는 설정값 범위

Pr.1의 설정값	주변기기에 의한 설정값(단위)	PLC에 의한 설정값 단위
0 : mm	-214748364.8~214748364.7(㎛)	-2147483648~2147483647($\times 10^{-1}$(㎛))
1 : inch	-21474.83648~21474.83647(inch)	-2147483648~2147483647($\times 10^{-5}$inch)
2 : degree	0~359.99999(degree)	0~35999999($\times 10^{-5}$degree)
3 : pulse	-2147483648~2147483647(pulse)	-2147483648~2147483647(pulse)

위치결정제어(ABS방식)의 기준점이 되는 어드레스를 설정한다.(기계원점복귀가 완료한 시점에서, 정지위치의 어드레스가, "Pr.45 원점어드레스"에 설정한 어드레스로 변경되고, 동시에 이 "Pr.45 원점어드레스"는, "Md.20 이송현재값"과 "Md.21 이송기계값"에 저장된다.)

4) Pr.46 원점복귀속도 (OPR speed)

표 4-56 원점복귀속도 설정과 버퍼메모리

항목	설정값, 설정항목		공장출하 초기값	설정값 버퍼메모리 어드레스			
	주변기기에서 설정	PLC에서 설정		축1	축2	축3	축4
Pr.46 원점복귀속도	설정값은, Pr.1단위설정에 따라 설정범위가 달라진다. 여기에서는 아래 표 4-57 범위 내 값을 설정한다.		1	74~ 75	224~ 224	374~ 375	524~ 525

표 4-57 원점복귀속도 설정시 참조하는 설정값 범위

Pr.1의 설정값	주변기기에 의한 설정값(단위)	PLC에 의한 설정값 단위
0 : mm	0.01~20000000.00(㎛/min)	1~2000000000($\times 10^{-2}$(㎛/min))
1 : inch	0.001~2000000.000(inch/min)	1~2000000000($\times 10^{-3}$inch/min)
2 : degree	0.001~2000000.000(degree/min)	1~2000000000($\times 10^{-3}$degree/min)
3 : pulse	1~1000000(pulse/s)	1~1000000(pulse/s)

원점복귀시의 속도를 설정한다.

주) 「원점복귀속도」는, "Pr.8 속도제한값" 이하로 설정한다.

「속도제한값」을 초과하는 경우, 「원점복귀속도」는, "Pr.8 속도제한값"으로 제한된다. 「원점복귀속도」는, "Pr.7 기동시바이어스속도' , "Pr.47 클리프 속도" 이하의 값을 설정한다.

5) Pr. 47클리프 속도 (Creep speed)

표 4-58 클리프 속도 설정과 버퍼메모리

항목	설정값, 설정항목		공장출하 초기값	설정값 버퍼메모리 어드레스			
	주변기기에서 설정	PLC에서 설정		축1	축2	축3	축4
Pr.47 클리프 속도	설정값은, Pr.1단위설정에 따라 설정범위가 달라진다. 여기에서는 아래 표4-59 범위 내 값을 설정한다.		1	76~77	226~227	376~377	526~527

표 4-59 클리프 속도 설정시 참조하는 설정범위

Pr.1의 설정값	주변기기에 의한 설정값(단위)	PLC에 의한 설정값 단위
0 : mm	0.01～20000000.00(㎛/min)	1～2000000000($\times 10^{-2}$(㎛/min))
1 : inch	0.001～2000000.000(inch/min)	1～2000000000($\times 10^{-3}$inch/min)
2 : degree	0.001～2000000.000(degree/min)	1～2000000000($\times 10^{-3}$degree/min)
3 : pulse	1～1000000(pulse/s)	1～1000000(pulse/s)

고속에서 급격하게 정지시키면, 정지정밀도가 나빠지므로, 낮은 속도로 전환할 필요가 있다.

근점도그 ON후의 클리프속도(원점복귀속도부터 감속하여 정지직전의 저감속)를 설정한다. 클리프속도는 아래의 범위로 설정한다.

(Pr.46 원점복귀속도) ≧ (Pr.47 클리프속도) ≧ (Pr.7 기동시 바이어스 속도)

주) 클리프속도는,
영점신호에 의한 원점복귀방식에서는 검출오차에, 스토퍼정지식에 의한 원점복귀에서는 충돌시 충격의 크기에 관계된다. 기동시 바이어스 속도 이하의 값을 설정한다.

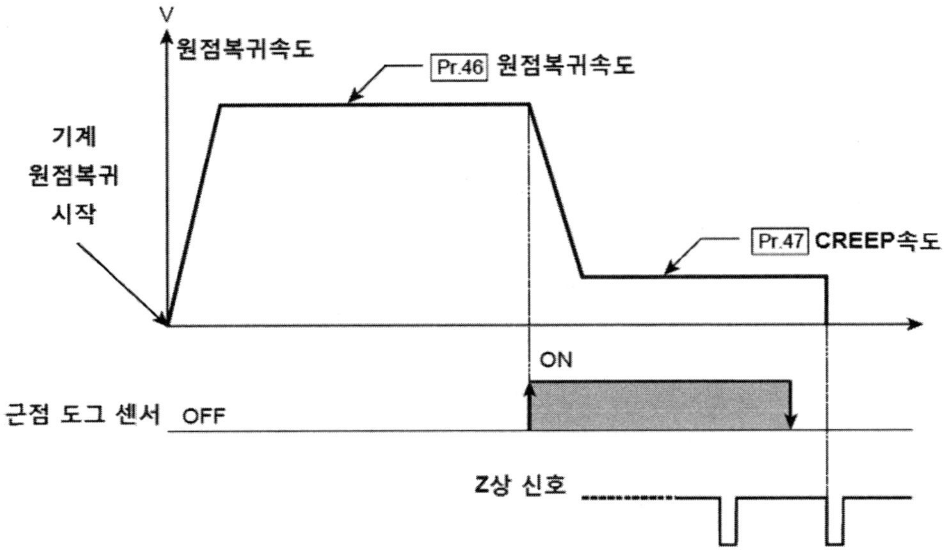

그림 4-41 클리프 속도의 설정

6) Pr.48 원점복귀 리트라이 (OPR retry)

표 4-60 원점복귀 리트라이 설정과 버퍼메모리

항목	설정값, 설정항목		공장출하 초기값	설정값 버퍼메모리 어드레스			
	주변기기에서 설정	PLC에서 설정		축1	축2	축3	축4
Pr.48 원점복귀 리트라이	0 : 리미트스위치에 의한 원점복귀리트라이를 하지 않는다.	0	0	78	228	378	528
	1 : 리미트스위치에 의한 원점복귀리트라이를 한다.	1					

원점복귀 리트라이의 실행 여부를 설정한다.

원점복귀 리트라이 기능을 유효로 설정하고 원점복귀기동을 하면, 우선 원점복귀방향으로 이동을 한다(①).

근점도그신호를 검출하기 전에 상한/하한리미트 스위치가 OFF되었을 경우(②)는 감속

정지 후, 원점복귀방향과는 반대로 이동한다(④). 역방향으로 이동 중에 근점도그 신호 OFF를 검출하면 감속정지하고(④), 다시 원점복귀를 한다(⑤⑥).

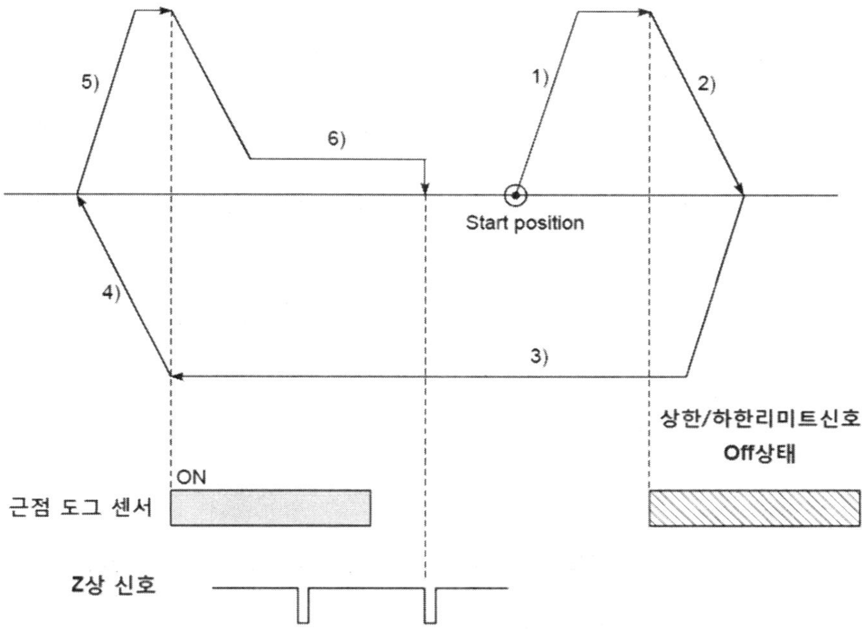

그림 4-42 원점복귀 리트라이 동작도

바. 원점복귀 상세파라미터

1) Pr.49 원점복귀 드웰타임 (OPR dwell time)

표 4-61 원점복귀 드웰타임 설정과 버퍼메모리

항목	설정값, 설정항목		공장출하 초기값	설정값 버퍼메모리 어드레스			
	주변기기에서 설정	PLC에서 설정		축1	축2	축3	축4
Pr.49 원점복귀 드웰타임	0~65535 (ms)	0~65535(ms) 0~32767범위 : 10진수로 설정 32768~65535범위 : 16진수로 변환해서 설정	0	79	229	379	529

"Pr.43 원점복귀방식" 의 설정에서, 스토퍼정지식①을 설정했을 때, 근점도그신호가 ON하고나서부터 원점복귀완료까지의 시간을 설정한다. 설정값은, 근점도그신호 ON에서부터 스토퍼에서 정지할 때까지의 이동시간 이상을 설정한다.(원점복귀방식이 「스토퍼정지식①」 이외일 때는, "Pr.49 원점복귀드웰타임" 의 값은 관계없다.)

2) Pr.50 근점도그 ON후 이동량 설정 (Setting for the movement amount after near-point dog ON)

표 4-62 근점도그 On후 이동량 설정과 버퍼메모리

항목	설정값, 설정항목		공장출하 초기값	설정값 버퍼메모리 어드레스			
	주변기기에서 설정	PLC에서 설정		축1	축2	축3	축4
Pr.50 근점도그 ON후 이동량 설정	설정값은, Pr.1단위설정에 따라 설정범위가 달라진다. 여기에서는 아래 표 4-63 범위 내 값을 설정한다.		0	80~81	230~231	380~381	530~531

표 4-63 근점도그 On후 이동량 설정시 참조하는 설정범위

Pr.1의 설정값	주변기기에 의한 설정값(단위)	PLC에 의한 설정값 단위
0 : mm	0~214748364.7(㎛)	0~2147483647($\times 10^{-1}$(㎛))
1 : inch	0~21474.83647(inch)	0~2147483647($\times 10^{-5}$inch)
2 : degree	0~21474.83647(degree)	0~2147483647($\times 10^{-5}$degree)
3 : pulse	0~2147483647(pulse)	0~2147483647(pulse)

카운트식 ①, ②일 때, 근점도그신호가 ON하고나서 원점까지의 이동량을 설정한다. (근점도그 ON후의 이동량은, "원점복귀속도에서부터 클리프 속도로의 감속거리" 에, "원점복귀속도로 10ms 이동하는 거리" 를 가산한 값 이상을 설정한다.)

Pr.8 속도제한값을 200kpulse/s, Pr.46 원점복귀속도를 10kpulse/s, Pr.47 클리프속도를 1kpulse/s, 감속시간을 300ms로 설정했을 경우, Pr.50 근점도그ON후의 이동량은 아래와 같이 산출한다.

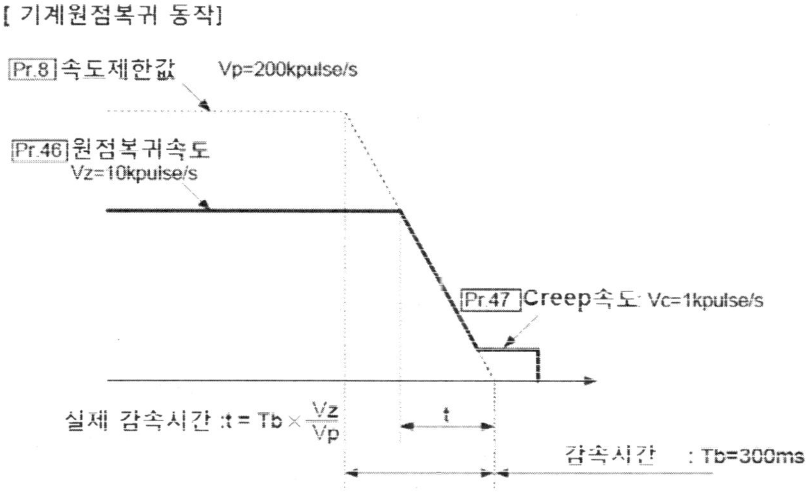

그림 4-43 근점도그 On후 이동량의 산출 계산 예

$$
\begin{aligned}
\text{감속거리} &= \frac{1}{2}\times\frac{V_Z}{1000}\times t + 0.01\times V_Z \;(\because 0.01\times V_Z \leftarrow \text{ OPR속도로 10ms이동한 거리}) \\
&= \frac{V_Z}{2000}\times\frac{T_b\times V_Z}{V_p} + 0.01\times V_Z \\
&= \frac{10\times10^3}{2000}\times\frac{300\times10\times10^3}{200\times10^3} + 0.01\times10\times10^3 \\
&= 75+100 \\
&= 175
\end{aligned}
$$

Pr.50에 175보다 큰 값을 입력하면 된다.

3) Pr.51 원점복귀 가속시간선택 (OPR acceleration time selection)

표 4-64 원점복귀가속시간 선택 설정과 버퍼메모리

항목	설정값, 설정항목		공장출하 초기값	설정값 버퍼메모리 어드레스			
	주변기기에서 설정	PLC에서 설정		축1	축2	축3	축4
Pr.51 원점복귀가속 시간선택	0 : Pr.9 가속시간0	0	0	82	232	382	532
	1: Pr.25 가속시간1	1					
	2: Pr.26 가속시간2	2					
	3: Pr.27 가속시간3	3					

원점복귀시의 가속시간으로, 「가속시간 0~3」 중 어느 것을 사용할지 설정한다.

0 : Pr.9가속시간 0으로 설정한 값을 사용한다.
1 : Pr.25가속시간 1로 설정한 값을 사용한다.
2 : Pr.26가속시간 2로 설정한 값을 사용한다.
3 : Pr.27가속시간 3으로 설정한 값을 사용한다.

4) Pr.52 원점복귀 감속시간선택 (OPR deceleration time selection)

표 4-65 원점복귀감속시간 선택 설정과 버퍼메모리

항목	설정값, 설정항목		공장출하 초기값	설정값 버퍼메모리 어드레스			
	주변기기에서 설정	PLC에서 설정		축1	축2	축3	축4
Pr.52 원점복귀감속 시간선택	0 : Pr.10 감속시간0	0	0	83	233	383	533
	1: Pr.28 감속시간1	1					
	2: Pr.29 감속시간2	2					
	3: Pr.30 감속시간3	3					

원점복귀시의 감속시간으로, 「감속시간 0~3』 중 어느 것을 사용할지 설정한다.
0 : Pr.10 감속시간 0으로 설정한 값을 사용한다.
1 : Pr.28 감속시간 1로 설정한 값을 사용한다.
2 : Pr.29 감속시간 2로 설정한 값을 사용한다.
3 : Pr.30 감속시간 3으로 설정한 값을 사용한다.

5) Pr.53 원점시프트량 (OP shift amount)

표 4-66 원점시프트 량 설정과 버퍼메모리

항 목	설정값, 설정항목		공장출하 초기값	설정값 버퍼메모리 어드레스			
	주변기기에서 설정	PLC에서 설정		축1	축2	축3	축4
Pr.53 원점시프트량	설정값은, Pr.1단위설정에 따라 설정범위가 달라진다. 여기에서는 아래 표 4-67 범위 내 값을 설정한다.		0	84~ 85	234~ 235	384~ 385	534~ 535

표 4-67 원점시프트 량 설정시 참조하는 설정범위

Pr.1의 설정값	주변기기에 의한 설정값(단위)	PLC에 의한 설정값 단위
0 : mm	-214748364.8~214748364.7(㎛)	-2147483648~2147483647(×10^{-1}(㎛))
1 : inch	-21474.83648~21474.83647(inch)	-2147483648~2147483647(×10^{-5}inch)
2 : degree	-21474.83648~21474.83647(degree)	-2147483648~2147483647(×10^{-5}degree)
3 : pulse	-2147483648~2147483647(pulse)	-2147483648~2147483647(pulse)

원점복귀로 정지한 위치부터 어느 정도 시프트(이동)할 지를 설정한다.

* 원점시프트기능은, 원점복귀로 정지시킨 원점위치를 코정하기 위한 기능이다.
근점도그의 설치위치 관계에서 원점위치에 물리적인 제한이 있는 경우 등, 이 기능을 이용해서 최적 위치로의 원점을 보정한다.

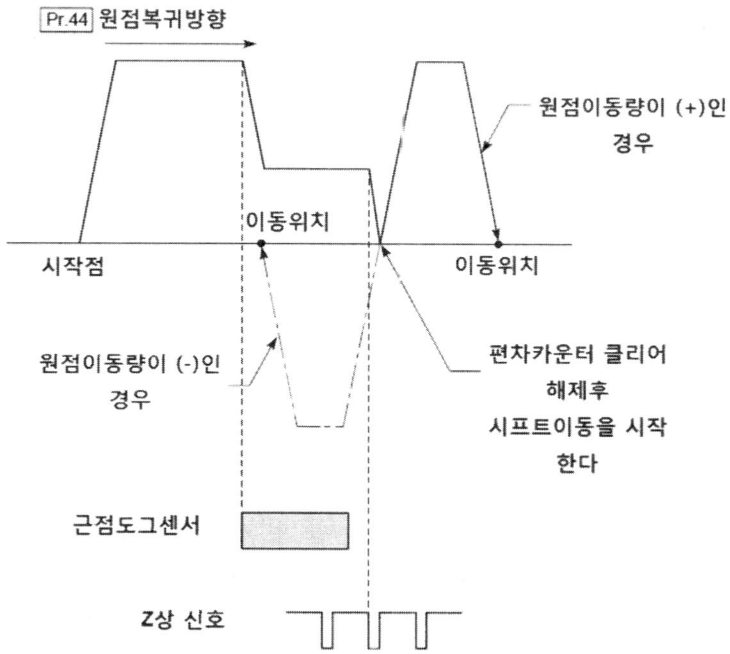

그림 4-44 원점복귀후 시프트 이동량 설정값에 따른 이동

6) Pr.54 원점복귀 토크 제한량 (OPR torque limit value)

표 4-68 원점복귀 토크 제한량 설정과 버퍼메모리

항목	설정값, 설정항목		공장출하 초기값	설정값 버퍼메모리 어드레스			
	주변기기에서 설정	PLC에서 설정		축1	축2	축3	축4
Pr.54 원점복귀 토크제한량	1~300(%)	1~300(%)	300	86	236	386	536

원점복귀시 클리프속도 도달 후에 서보모터의 토크를 제한하기 위한 값을 설정한다.

7) Pr.55 편차카운터 클리어 신호 출력시간 (Deviation counter clear signal output time)

표 4-69 편차카운터 클리어 신호 출력시간 설정과 버퍼메모리

항목	설정값, 설정항목		공장출하 초기값	설정값 버퍼메모리 어드레스			
	주변기기에서 설정	PLC에서 설정		축1	축2	축3	축4
Pr.55 편차카운터 클리어 신호 출력시간	1~65535 (ms))	1~65535(ms) [0~32767 : 10진수로 설정 32768~65535 : 16진수로 변환 하여 설정]	11	87	237	387	537

근점도그식, 스토퍼정지 ①~③, 카운트식 ①의 원점복귀에 있어서 편차카운터클리어를 출력할 시간을 설정한다.

8) Pr.56 원점쉬프트시 속도지정 (Speed designation during OP shift)

표 4-70 원점쉬프트시 속도지령 설정과 버퍼메모리

항 목	설정값, 설정항목		공장출하 초기값	설정값 버퍼메모리 어드레스			
	주변기기에서 설정	PLC에서 설정		축1	축2	축3	축4
Pr.56 원점쉬프트시 속도지정	0 : 원점복귀속도	0	0	88	238	388	538
	1 : 클리프속도	1					

"Pr.53원점시프트량" 을 「0」 이외로 설정할 때의 동작속도를 설정한다.
설정은, "Pr.46 원점복귀속도" 나 "Pr.47 클리프속도" 중에서 선택한다.
0 : "Pr.46 원점복귀속도" 를 설정값으로 지정한다.
1 : "Pr.47 클리프속도" 를 설정값으로 지정한다.

9) Pr.57 원점복귀 리트라이시 드웰타임 (Dwell time during OPR retry)

표 4-71 원점복귀 리트라이시 드웰타임 설정과 버퍼메모리

항목	설정값, 설정항목		공장출하 초기값	설정값 버퍼메모리 어드레스			
	주변기기에서 설정	PLC에서 설정		축1	축2	축3	축4
Pr.57 원점복귀 리트라이시 드웰타임	1~65535 (ms)	1~65535(ms) [0~32767 : 10진수로 설정 32768~65535 : 16진수로 변환하여 설정]	0	89	239	389	539

앞에서 살펴보았듯이 원점복귀리트라이 동작의 설명은 이미 하였다.

Pr.48 원점복귀리트라이를 하는 설정(Pr.48에 「1」 이 설정되어 있다)일 때, 그림 안의 ②, ④의 감속 후의 정지시간을 설정한다.

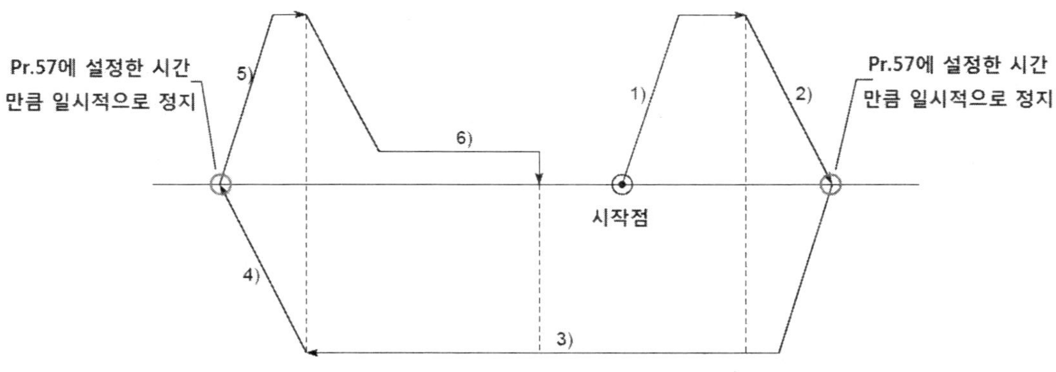

그림 4-45 원점복귀 리트라이 동작

CHAPTER 5

위치결정제어를 위한 PLC 프로그램

5-1 위치결정제어를 위한 PLC 프로그램

위치결정모듈을 이용하여 서보모터를 구동하여 원하는 위치에 이동하기까지 사용해야 할 기기들이 많이 있다. 여기에서는 PLC와의 데이터 입출력을 하기위해 터치판넬을 사용할 것이다. 또한 위치결정 모듈과의 데이터 입출력을 위해 GX Configurator-QP라는 전용소프트웨어도 사용할 것으로 능숙하게 사용할 수 있도록 많은 연습을 해야 한다.

데이터의 설정(각종 파라미터, 위치결정데이터, 블록기동데이터)은 가능한 한 GX Configurator-QP로 실행할 것을 권장한다. PLC프로그램으로 설정한 경우 많은 양의 PLC프로그램과 디바이스를 사용하므로 복잡하며 스캔타임이 길어지게 된다.

예전에는 전용소프트웨어의 개발이 안 된 상태이고 고가였으므로 시스템 개발하는 엔지니어 입장에서는 전용소프트웨어를 사용한다는 것이 아마도 사치라고 생각했을지도 모르겠다. 하지만 지금은 상황이 많이 변했다. 시스템개발을 하루라도 빨리 끝마치는 것이 개인적으로나 회사의 입장에서 생각하더라도 많은 이득이 있기 때문이다.

5-2 시스템구성

이 교재에서 사용할 시스템의 내용을 살펴보자.

가. X-Y Table기구부 구성 사양

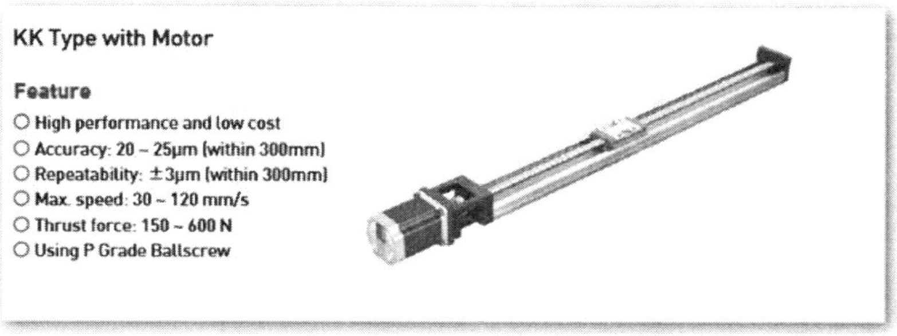

그림 5-1 X-Y Table 사양 예

① 매뉴얼에서 찾아보면 BallScrew Lead와 Rail Leangth에 해당하는 항목을 찾아볼 수 있다. 다음 그림과 같이 표시된 부분에서 실습에 사용할 X-Y Table의 사양을 표기 하였다.

BallScrew Lead : 5mm

Rail Leangth : X축 500mm Y축 400mm

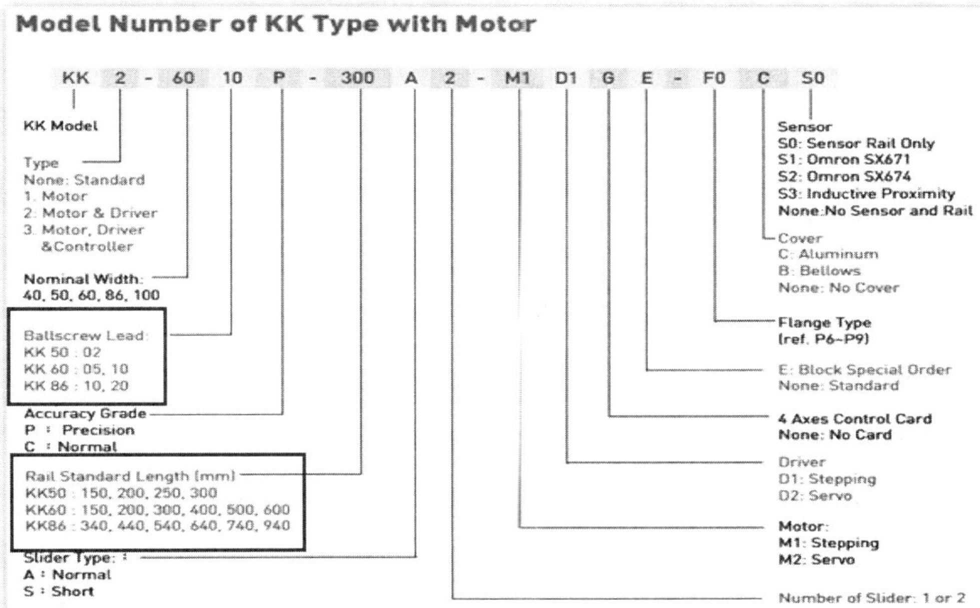

그림 5-2 BallScrew Lead와 Rail Leangth

정밀도나 볼스크류의 최대속도 등의 정보도 확인할 수 있다.

KK60시리즈의 BallScrew Lead : 5mm, 길이 400(Y-Axis), 500(X-Axis)를 사용한다.

Accuracy Grade

Unit : mm

Model	Rail Length	Repeatability		Accuracy		Running Parallelism		Starting Torque(N-cm)	
		Precision	Normal	Precision	Normal	Precision	Normal	Precision	Normal
KK40	100 150 200	±0.003	±0.01	0.020	-	0.010	-	1.2	0.8
KK50	150 200 250 300	±0.003	±0.01	0.020	-	0.010	-	4	2
KK60	150 200 300 400	±0.003	±0.01	0.020	-	0.010	-	15	7
	500 600	±0.003	±0.01	0.025	-				
KK86	340 440 540 640	±0.003	±0.01	0.025	-				

Maximum Speed Limit

Model	Ballscrew Lead (mm)	Rail Length (mm)	Speed (mm/sec)	
			Precision	Normal
KK40	01	100	190	190
		150	190	190
		200	190	190
KK50	02	150	270	270
		200	270	270
		250	270	270
		300	270	270
KK60	05	150	550	390
		200	550	390
		[illegible]	[illegible]	[illegible]
		400	550	390
		500	550	390
		600	340	340
	10	150	1100	790
		200	1100	790
		300	1100	790
		400	1100	790
		500	1100	790
		600	670	670

그림 5-3 정밀도나 볼스크류의 최대속도

KK60시리즈의 Rail길이와 실제로 이송테이블이 움직이는 길이(Maximum Stroke)가 표시되어 있는 매뉴얼 정보.

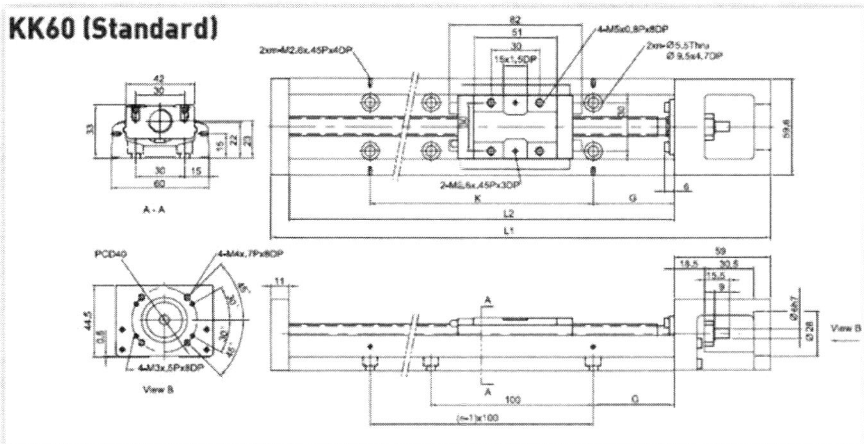

Rail Length L2 (mm)	Total Length L1 (mm)	Maximum Stroke (mm) A1 Block	Maximum Stroke (mm) A2 Block	G (mm)	K (mm)	n	m	Mass (kg) A1 Block	Mass (kg) A2 Block
150	220	60	-	25	100	2	2	1.5	-
200	270	110	-	50	100	2	2	1.8	-
300	370	210	135	50	200	3	2	2.4	2.7
400	470	310	235	0	100	4	4	3	3.3
500	570	410	335	0	200	5	3	3.6	3.9
600	670	510	435	50	100	6	6	4.2	4.6

그림 5-4 이송테이블이 움직이는 길이(Maximum Stroke)

상한센서, 하한센서, 근점도그센서 등을 부착하고 X, Y축을 결합한 상태이다.

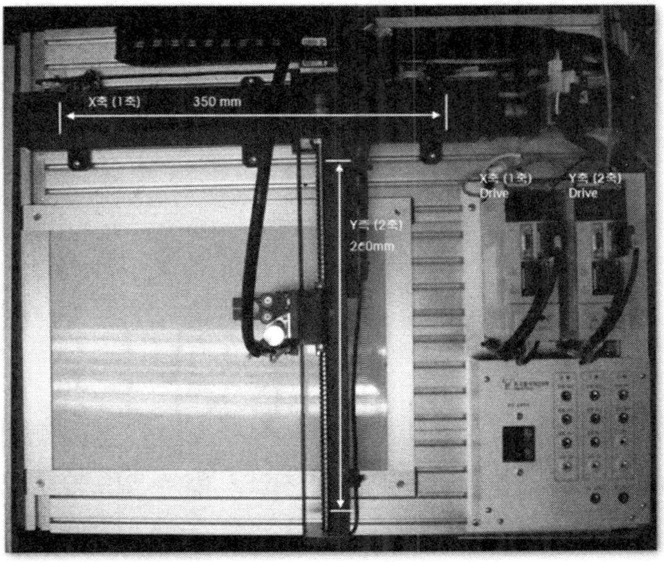

그림 5-5 조립된 X-Y Table의 형상

X-Y Table을 완성하고 필요한 치수를 측정하였다.

X축 Limit(원점 ↔ 상한센서)과 Y축 Limit(원점 ↔ 상한센서)의 거리값은 GX-Configurator QP에서 파라미터 작성하는데 필요한 수치가 된다.

표 5-1 각 축별 원점과 상한 센서의 거리 측정

X축 Limit (원점 ↔ 상한센서)	350mm	X축 Limit (하한센서 ↔ 상한센서)	380mm
Y축 Limit (원점 ↔ 상한센서)	260mm	Y축 Limit (하한센서 ↔ 상한센서)	300mm

그림의 ①과 같이 Up/Down용 실린더를 장착하여 Hand부에 장착한 Pen을 올리고 내림으로써 2차원적인 궤적을 그릴 수 있고 또 진공Pad를 부착하면 Work를 Pick & Place할 수 있는 동작을 실행할 수 있는 구조이다.

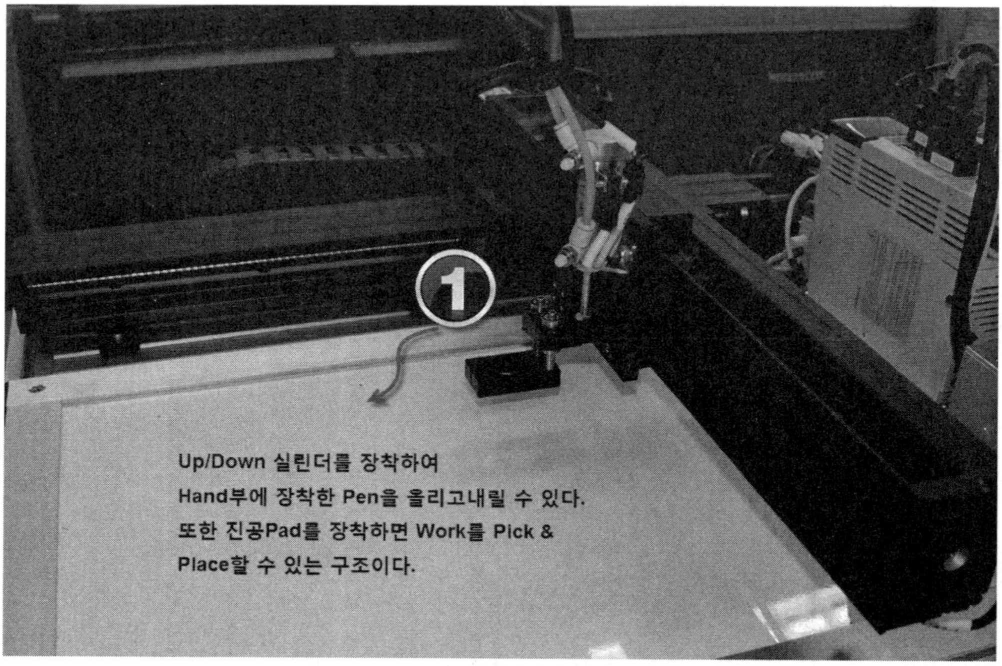

그림 5-6 Up/Down 실린더를 장착하여 작업을 할 수 있도록 hand부를 장착

나. PLC구성

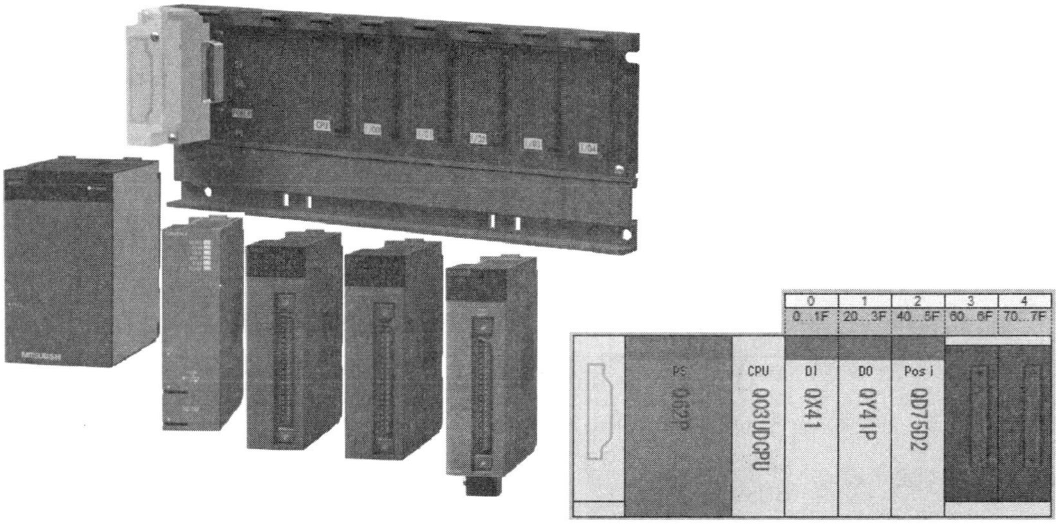

그림 5-7 실습에 사용하는 PLC의 구성

표 5-2 PLC의 구성과 선두번지

SLOT No.	-	-	0	1	2	3	4
START I/O	-	-	0	20	40	-	-
Module	POWER	CPU	INPUT	OUTPUT	POSITION	-	-
Model	Q62P	Q03UD	QX41	QY41P	QD75D2	-	-

5-3 QD75와 각 모듈간의 신호교환

QD75와 PLC CPU, 주변기기, 드라이브 모듈 등의 신호교환에 대한 설명이다.
(주변기기는 PLC CPU와 접속하고, PLC CPU경유로 QD75와 신호교환을 한다.)

1) QD75 PLC CPU

QD75와 PLC CPU는 베이스모듈을 사이에 두고 아래에 나타내는 데이터를 교환한다.

표 5-3 위치결정모듈과 PLC CPU간의 신호의 교환

	QD75 → PLC CPU	PLC CPU → QD75
제어신호	QD75의 상태를 나타내는 신호 · QD75 준비완료신호 · BUSY 신호 등	지령에 관한 신호 · PLC Ready신호 · 각종기동신호 · 정지신호 등
데이터 (읽기/쓰기)	· 파라미터 · 위치결정데이터 · 블록기동데이터 · 제어데이터 · 모니터데이터	· 파라미터 · 위치결정데이터, · 블록기동데이터 · 제어데이터

가) PLC CPU와의 입출력신호 일람

QD75는 PLC CPU와의 데이터교환에 입력32점과 출력32점을 사용하고 있다. 아래 표에 QD75를 기본베이스모듈 슬롯No.2(선두번지 40)에 장착했을 경우의 입출력신호를 나타낸다. 디바이스X는 QD75에서 PLC CPU로의 입력신호, 디바이스Y는 PLC CPU에서 QD75로의 출력신호를 의미한다.

표 5-4 위치결정모듈 QD75D2의 입출력신호 일람

신호방향 : QD75→PLC CPU			신호방향 : PLC CPU→QD75		
디바이스 No.	신호명칭		디바이스 No.	신호명칭	
X40	QD75 준비완료		Y40	PLC Ready	
X41	동기용 플래그		Y41	사용금지	
X42	사용금지		Y42		
X43			Y43		
X44	1축	M 코드 ON	Y44	1축	축정지
X45	2축		Y45	2축	
X46	3축		Y46	3축	
X47	4축		Y47	4축	
X48	1축	에러검출	Y48	1축	정전JOG기동
X49	2축		Y49	1축	역전JOG기동
X4A	3축		Y4A	2축	정전JOG기동
X4B	4축		Y4B	2축	역전JOG기동
X4C	1축	BUSY	Y4C	3축	정전JOG기동
X4D	2축		Y4D	3축	역전JOG기동
X4E	3축		Y4E	4축	정전JOG기동
X4F	4축		Y4F	4축	역전JOG기동
X50	1축	기동완료	Y50	1축	위치결정기동
X51	2축		Y51	2축	
X52	3축		Y52	3축	
X53	4축		Y53	4축	
X54	1축	위치결정완료	Y54	1축	실행금지플래그
X55	2축		Y55	2축	
X56	3축		Y56	3축	
X57	4축		Y57	4축	
X58	사용금지		Y58	사용금지	
X59			Y59		
X5A			Y5A		
X5B			Y5B		
X5C			Y5C		
X5D			Y5D		
X5E			Y5E		
X5F			Y5F		

나) 입력신호상세 (QD75→ PLC CPU)

표 5-5 위치결정모듈 QD75D2 입력신호 상세

디바이스 No.	신호명칭			내용
X40	QD75 준비완료		ON : 준비완료 OFF : 준비 미완료 WDT 에러	· PLC Ready신호 〔YO〕 가 OFF→ON시에 파라미터 설정범위 체크를 하고 이상이 없을 경우에 신호를 ON한다. · PLC Ready 〔YO〕 가 OFF하면 이 신호를 OFF한다. · WDT 에러가 발생하면 이 신호를 OFF한다. · 시퀀스 프로그램에서의 인터록 등에 사용한다. 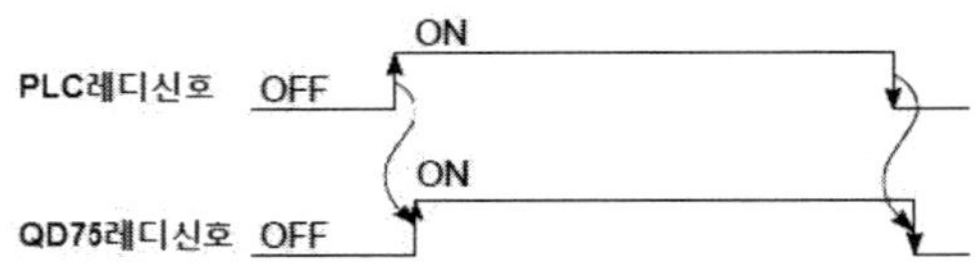
X41	동기용 플래그		OFF : 모듈 액세스 불가 ON : 모듈 액세스 허가	· PLC의 전원ON/CPU 모듈 리셋후, CPU모듈에서 QD75로의 액세스가 가능상태로 ON한다. · CPU 모듈의 모듈 동기설정으로 "비동기"를 선택했을 경우 시퀀스프로그램에서 QD75로 액세스할 때의 인터록에 사용한다.
X44 X45 X46 X47	1축 2축 3축 4축	M 코드 ON	OFF : M 코드 설정 무 ON : M 코드 설정 유	· WITH 모드에서는 위치결정데이터의 기동개시시에 ON하고, AFTER 모드에서는 위치결정데이터의 위치결정완료시에 ON한다. · " Cd.7 M 코드 OFF요구" 에 의해 이 신호가 OFF된다. · M 코드의 지정이 없을 경우(Da.10 M 코드=0)은 이 신호는 OFF 그대로 된다. · 위치결정운전이 연속궤적제어에서는 이 신호가 OFF되지 않을 경우라도 위치 결정을 계속한다. 단, 경고가 된다. (경고코드 : 503) · PLC Ready신호 [YO]가 OFF하면 M코드 ON신호도 OFF한다. · M 코드 ON상태로 기동하면 에러가 된다. (에러코드 : 536)

디바이스 No.	신호명칭			내용
X48 X49 X4A X4B	1축 2축 3축 4축	에러검출	OFF : 에러없음 ON : 에러발생	에러발생으로 ON하고 "Cd.5 축 에러리셋"으로 OFF한다.
X4C X4D X4E X4F	1축 2축 3축 4축	BUSY	OFF : BUSY 중이 아님 ON : BUSY 중	· 위치결정기동시, 원점복귀기동시 및 JOG기동시에 ON하고 위치결정정지후 " Da.9드웰타임" 경과로 OFF한다. (위치결정속행중은 ON그대로). 스탭운전에 의한 정지중에는 OFF한다. · 수동펄서운전의 경우 "Cd.21 수동펄서 허가플래그"가 ON 중은 ON한다. · 에러종료 정지에 의해 OFF한다.
X50 X51 X52 X53	1축 2축 3축 4축	기동완료	OFF : 기동 미완료 ON : 기동완료	· 위치결정기동신호 ON에 의해 QD75가 위치결정처리를 개시하면 ON한다. (원점복귀제어시도 기동완료신호는 ON한다.) 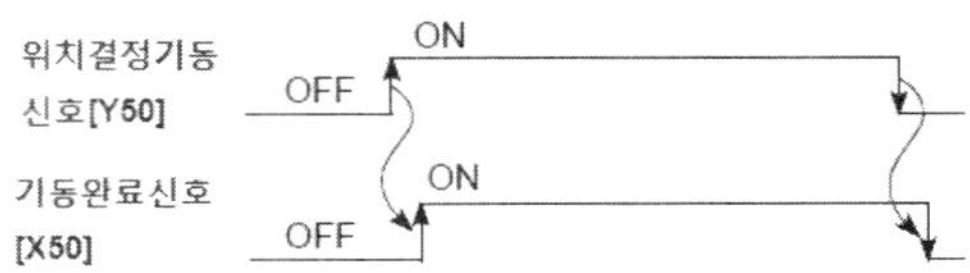
X54 X55 X56 X57	1축 2축 3축 4축	위치결정 완료	OFF : 위치결정 미완료 ON : 위치결정 완료	· 각 위치결정데이터No.의 위치결정제어가 완료한 기점에서 "Pr.40위치결정완료신호 출력시간"에 설정된 시간만 ON한다. · "Pr.40 위치결정완료신호출력시간"이 0일 경우는 ON하지 않는다. · 이 신호가 ON중에, 위치결정기동(원점복귀를 포함), JOG운전,인칭운전 및 수동펄서 운전기동을 하면 OFF한다. · 속도제어, 또는 위치결정이 도중에 중지된 경우는 ON하지 않는

* : QD75의 위치결정완료는, QD75에서의 펄스출력이 완료한 기점을 말한다.
이 때문에 QD75의 위치결정완료신호가 ON해도 시스템이 동작하고 있을 수가 있다.

다) 출력신호상세 (PLC CPU→QD75)

표 5-6 위치결정모듈 QD75D2 출력신호 상세

디바이스 No.	신호명칭			내용
Y40	PLC Ready		OFF : PLC Ready OFF ON : PLC Ready ON	(a) PLC CPU가 정상임을 QD75에 알리는 신호 · 시퀀스프로그램에 의해 ON/OFF를 한다. · 주변기기의 테스트모드시 이외는 위치결정제어, 원점복귀제어, JOG운전, 인칭운전, 수동펄서 운전시에 PLC운전시에 PLC Ready신호를 ON으로 한다. (b) 파라미터를 변경할 경우는 항목에 의해서는 PLC Ready신호를 OFF한다. (c) PLC Ready신호의 OFF↔ON시에는 아래의 처리를 한다. · 파라미터의 설정범위 체크를 한다. · QD75 준비완료신호 [X40] 를 ON한다. (d) PLC Ready신호의 ON→OFF시에는 아래의 처리를 한다.이 경우, OFF시간은 100ms이상으로 한다. · QD75 준비완료신호 [X40] 를 OFF한다. · 운전중 축정지를 한다. · 각 축의 M코드 ON신호 [X44~X47] 를 OFF하고 "Md.25유효 M코드" 에 [0]을 저장한다. (e) 주변기기, PLC CPU에서 파라미터, 위치결정데이터(NO.1 ~ 600)플래시 ROM을 쓸 경우는 PLC Ready를 OFF 한다.
Y44 Y45 Y46 Y47	1축 2축 3축 4축	축정지	OFF : 축정지 요구없음 ON : 축정지 요구있음	· 축정지신호 ON으로, 원점복귀제어, 위치결정제어, JOG운전, 인칭운전, 수동펄서운전을 정지한다. · 위치결정운전중에 축정지신호를 ON하는 것에 의해 위치결정운전은 [정지중] 이 된다. · " Pr.39 정지그룹3 급정지선택" 에 의해 감속할지 급정지할지 선택할 수 있다. · 위치결정운전의 보간제어시에는 1축에 축정지신호가 ON했을 경우 보간제어의 모든 축이 감속정지한다.

디바이스 No.	신호명칭			내 용
Y48 Y49 Y4A Y4B Y4C Y4D Y4E Y4F	1축 2축 3축 4축	정회전JOG기동 역회전JOG기동 정회전JOG기동 역회전JOG기동 정회전JOG기동 역회전JOG기동 정회전JOG기동 역회전JOG기동	OFF : JOG 미기동 ON : JOG 기동	· JOG 기동신호가 ON중 "Cd.17 JOG 속도" 로 JOG운전을 하고 JOG 기동 신호가 OFF하면 감속정지한다. · 인칭이동량이 설정되고 있을 경우는 설정되고 있는 이동량을 1제어주기로 출력하고 운전을 종료한다.
Y50 Y51 Y52 Y53	1축 2축 3축 4축	위치결정 기동	OFF : 위치결정 기동요구없음 ON : 위치결정 기동요구있음	· 원점복귀, 위치결정운전의 기동을 한다. · 위치결정기동신호는 펄스상승에 유효하게 되고 기동을 한다. · BUSY 중에 위치결정기동신호를 ON 하면 운전중 기동경고가 된다. (경고코드:100)
Y54 Y55 Y56 Y57	1축 2축 3축 4축	실행금지 플래그	OFF : 실행금지 중이 아님 ON : 실행금지중	· 위치결정기동신호 ON시에 실행금지 플래그 ON의 경우 실행금지 플래그가 OFF할 때까지 위치결정기동하지 않는다. (펄스출력하지 않는다.) 「선독기동기능」에 사용한다.

2) QD75 주변기기

QD75와 주변기기는 PLC CPU를 사이에 두고 아래에 나타내는 데이터를 교환한다.

표 5-7 위치결정모듈 QD75D2와 주변장치간의 신호 교환

	QD75 → 주변기기	주변기기 → QD75
데이터 (읽기/쓰기)	· 파라미터 · 위치결정데이터 · 블록기동데이터	· 파라미터 · 위치결정데이터 · 블록기동데이터
테스트운전	-	· 원점복귀제어 기동지령 · 위치결정제어 기동지령 · JOG 운전, 인칭운전 기동지령 · 티칭기동 · 수동펄서운전 허가/불허가 지령
동작모니터	· 모니터데이터	-

3) QD75 드라이브 모듈

QD75와 드라이브 모듈은 외부기기접속용 커넥터를 사이에 두고 아래에 나타내는 신호를 교환한다.

표 5-8 위치결정모듈 QD75D2와 서보드라이브간의 신호 교환

	QD75 → 드라이브모듈	드라이브모듈 → QD75
제어신호	지령에 관한 신호 · 편차카운터 클리어신호	드라이브 모듈 상태를 나타내는 신호 · 드라이브 모듈 Ready신호
펄스열	· 펄스열 출력	-

4) QD75 수동펄서

QD75와 수동펄서는 외부기기접속용 커넥터를 사이에 두고 아래에 나타내는 신호를 교환한다. (수동펄서는 축1 또는 축1 · 축2용의 외부기기접속용 커넥터에 접속한다.)

표 5-9 위치결정모듈 QD75D2와 수동펄서간의 신호 교환

	QD75 → 수동펄서	수동펄서 → QD75
펄스열	· -	· 수동펄서 A상 · 수동펄서 B상

5) QD75 외부신호

QD75와 외부신호는 외부기기접속용 커넥터를 사이에 두고 아래에 나타내는 신호를 교환한다.

표 5-10 위치결정모듈 QD75D2와 외부접속기기간의 신호 교환

	QD75 → 외부신호	외부신호 → QD75
펄스열	· -	검출기기에서의 신호 · 근점도그신호 · 상/하한 리미트신호 · 0점신호 외부시기에서의 제어신호 · 정지신호 · 외부지령신호

5-4 QD75의 메모리 구성

QD75 위결정모듈의 메모리구성에 대해 알아보도록 한다.

QD75 위결정모듈의 메모리는 크게 버퍼메모리와 플레시 ROM영역으로 구분한다.

버퍼메모리는 파라미터영역, 모니터영역, 제어데이터영역, 위치결정데이터영역, 블록기동데이터영역, 그리고 PLC CPU메모리영역으로 구성되어 있고 주로 PLC CPU에서 PLC 프로그램으로 읽고 쓰기를 담당하는 영역이다. 이와 반면에 위치결정에 필요한 데이터의 백업용으로 사용하는 것이 플래시 ROM영역이라고 이해하자.

표 5-11 QD75 위결정모듈의 메모리구성

메모리 구성	영역구성	백업	역할
버퍼메모리	파라미터	불가능	PLC CPU에서 시퀀스프로그램에 의한 직접액세스 가능한 영역.
	모니터 데이터		
	제어 데이터		
	위치결정 데이터		
	블록기동 데이터		
	PLC CPU메모리		
플래시 ROM	파라미터	가능	위치결정에 필요한 데이터를 백업하기 위한 영역.
	위치결정데이터		
	블럭기동데이터		

표 5-12 저장 영역별 데이터의 종류

영역구성	상세설명
파라미터	위치결정용 파라미터, 원점복귀용 파라미터 등의 위치결정제어하기 위하여 필요한 파라미터를 설정 · 저장하는 영역이다. (축마다, Pr.1~Pr.57, Pr.150로 나타낸 항목을 설정한다.)
모니터 데이터	위치결정시스템의 가동상태가 저장된 영역이다. (Md.1~Md.48 로 나타낸 항목이 저장된다.)
제어 데이터	위치결정시스템을 운전 · 제어하기 위한 데이터를 설정 · 저장하는 영역이다.(Cd.1~Cd.41로 나타낸 항목을 설정한다.)
위치결정 데이터	No.1 ~600까지의 위치결정데이터를 설정 · 저장하는 영역이다. (하나의 위치결정데이터에 있어 Da.1~Da.10로 나타낸 항목을 설정한다.)
블록기동 데이터	블록 No.7000~7004 고도의 위치결정을 할 경우에만 필요한 정보를 설정 · 저장하는 영역이다. (Da.11~Da.19로 나타낸 항목을 설정한다.)
PLC CPU메모리	특수한 위치결정을 할 경우에만 필요한 조건 판정값 등을 설정 · 저장하는 영역이다.

5-5 데이터 전송

1) 전원ON / PLC CPU 리셋시의 데이터전송

전원이 투입되거나 PLC CPU가 리셋되면 플래시ROM에 저장(백업)되어 있는「파라미터」,「위치결정데이터」,「블럭기동데이터」가 버퍼메모리로 전송된다.

2) PLC CPU에서의 쓰기명령에 의한 데이터전송

TO명령을 사용해서 PLC CPU에서 버퍼메모리로 파라미터나 데이터 입력을 한다.
이때「파라미터영역(b)」,「위치결정데이터(No.1~600)」,「블럭기동데이터(No.7000~7004)」,「제어데이터」,「PLC CPU메모영역」은, 쓰기명령으로 버퍼메모리에 입력됨과 동시에 유효하게 된다.

3) PLC Ready신호 OFF → ON시의 유효파라미터

PLC Ready신호가 OFF → ON되면, 버퍼메모리의 「파라미터영역」에 저장되어 있는 데이터가 유효하게 된다. 단, Pr.5는 전원투입 후 또는 PLC CPU 리셋 후 최초로 PLC Ready신호가 OFF → ON으로 됐을 경우의 데이터만 유효하게 된다.

4) PLC CPU에서의 읽기명령에 의한 액세스

읽기명령을 사용해서 버퍼메모리에서 PLC CPU로 데이터를 읽어낸다.

5) 플래시 ROM 입력

Cd.1플래시 ROM 입력요구(버퍼메모리 [1900])에 [1]을 설정함 따라 전송처리를 한다. (버퍼메모리영역의 「파라미터」, 「위치결정데이터(No.1~600)」, 「블럭기동데이터(No.7000~7004)」를 플래시 ROM으로 전송한다.) 플래시 ROM입력은 전용명령 "PFWRT"를 이용한 방법도 있다.

6) 플래시 ROM요구(입력)

7) 주변기기의 [플래시 ROM요구] (입력)에 의해 전송처리를 한다.

(버퍼메모리영역의 「파라미터」, 「위치결정데이터(No.1~600)」, 「블럭기동데이터(No.7000~7004)」를 플래시 ROM으로 전송한다.)

※ 주의사항

- 플래시 ROM입력 실행 중에는 전원OFF 또는 PLC CPU 리셋한다.
- 플래시 ROM입력 실행 중에 전원OFF 또는 PLC CPU 리셋을 강제적으로 처리를 중단하면 플래시 ROM으로 백업되어 있는 데이터가 소실될 수 있다.
- 플래시 ROM입력 완료까지는 버퍼메모리로 데이터 입력을 하지 않는다.
- PLC프로그램에 의한 플래시 ROM 입력횟수는 전원ON 중 25회까지이다.
  25를 초과하여 플래시 ROM입력을 하면 에러가 발생한다. (에러코드 :805)

8) 버퍼메모리에서 주변기기로의 데이터출력

주변기기의 [모듈출력]에 의해서 아래의 전송처리를 한다.

(버퍼메모리영역의 「파라미터」, 「위치결정데이터(No1~600)」, 「블럭기동데이터

(No.7000~7004)」를 PLC CPU를 경유하여 주변기기로 전송한다.) 주변기기의 「모니터」에 의해서 아래의 전송처리를 한다.(버퍼메모리 영역의 「모니터데이터」를 PLC CPU를 경유하여 주변기기로 전송한다.)

9) 주변기기에서 버퍼메모리로 데이터입력

주변기기의 [모듈입력]에 의해서 아래의 전송처리를 한다.(주변기기의 「파라미터」, 「위치결정데이터(No.1～600)」, 「블럭기동데이터(No.7000～7004)」를 PLC CPU를 경유하여 버퍼메모리로 전송한다.) 이 때 주변기기로 [플래시 ROM 자동입력]이 설정되어 있으면 플래시 ROM입력에 직접 전송처리를 한다.

CHAPTER 6

원점복귀와 수동운전

6-1 원점복귀

「원점복귀제어」는 위치결정제어를 할 때 기준이 되는 위치(=원점)를 확립하고 그 기준점으로 해서 위치결정을 하는 제어이다. 원점복귀 제어에는 어드레스정보를 사용하지 않고 기계원점을 확립하는「기계원점복귀」, 기계원점복귀로 확립한 좌표를 기억해 두고 그 위치에 위치결정 하는「고속원점복귀」가 있다.

전원투입시 등 QD75가「원점복귀요구」를 요구했을 경우나 위치결정 정지후 등 원점 이외의 위치에 있는 기계계를 원점으로 복귀시키고 싶을 시에 사용한다.

여기에서는 PLC CPU에서 PLC프로그램에 의한 원점복귀방식 중에서 근점도그방식에 관한 설명을 한다.

가. 위치결정기동 신호(Y50,Y51,Y52,Y53)를 사용한 기계원점복귀

서보모터를 동작하기 위해서 동작하는 방법에 관한 설정을 하는 버퍼메모리가 있다.

버퍼메모리에 대한 이야기는 본격적으로 시작하지 않았지만 서보모터를 제어하기 위해서는 버퍼메모리의 내용에 대한 이해가 필요하다. 앞에서 잠시 설명했듯이 사용자가 쓸 수 있는 메모리 영역 중에 컨트롤데이터(Cd.□□) 영역이라는 것이 있다. 이 영역에 해당하는 버퍼메모리 중에 원점복귀와 같은 모터의 동작방법에 대한 메모리가 있다.

표 6-1 위치결정기동 번호 설정과 버퍼메모리

설정항목	설정내용	설정값	초기값	저장버퍼메모리 어드레스			
				1축	2축	3축	4축
Cd.3 위치결정 기동 번호	위치결정의 기동번호를 설정한다.	10진수로 설정 K □□□□ 포지셔닝데이터No. · 1~600 : 위치결정데이터No. · 7000~7004 : 블럭기동지정 · 9001 : 기계원점복귀 · 9002 : 고속원점복귀 · 9003 : 현재값변경 · 9004 : 복수축동시기동	0	1500	1600	1700	1800

위의 Cd.3 위치결정기동번호 라는 버퍼메모리영역에 설정값에 해당하는 데이터를 입력하고 서보모터를 기동시키면 해당 데이터에 정의된 동작을 한다는 것이다.

여기에서는 원점복귀에 대한 동작을 설명하기 때문에 설정할 데이터는 "9001" 또는 "9002" 의 값이 될 것이다. 이 데이터를 해당 서보모터의 버퍼메모리 영역에 써넣고 기동명령을 On시키면 서보모터는 원점복귀를 실행한다.

그럼 실제로 기계원점복귀를 실행하는 PLC프로그램의 예를 들어보겠다.

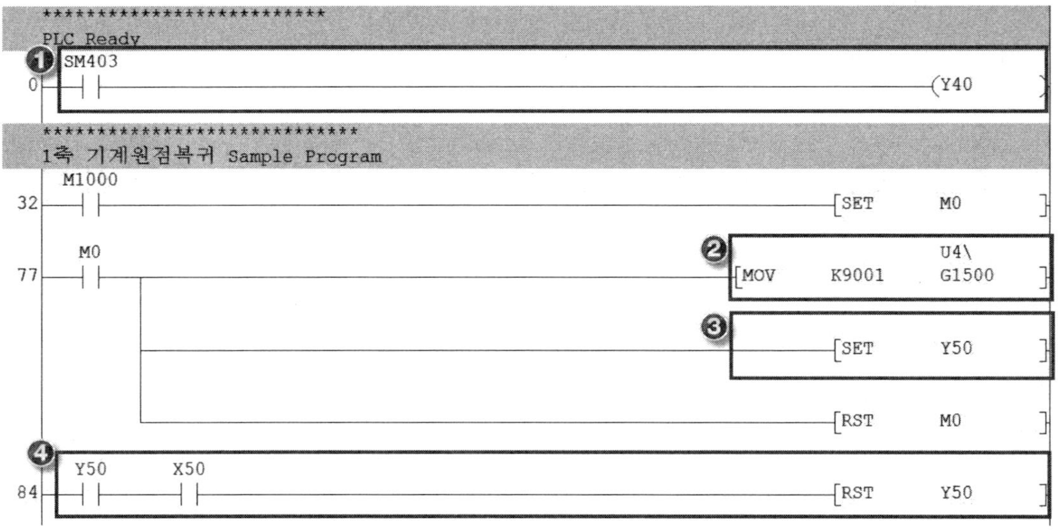

그림 6-1 위치결정기동번호를 사용한 기계원점복귀를 실행하는 PLC프로그램의 예

① 0번 스텝의 SM403은 PLC Run후 1스캔타임만 Off되고 계속 On되는 특수릴레이이다. 이것을 이용하여 PLC Ready신호인 Y40을 On하였다. PLC나 위치결정모듈이나 모두 에러가 없는 상태에서 동작시켜야 하는 것이 안전상으로 맞기 때문에 이 조건이 항상 만족되어야 한다. 위치결정모듈은 이 신호를 받고 모듈Ready라는 X40을 PLC로 보내줄 것이다. 다음 스텝의 프로그램을 살펴보면 M1000이라는 어드레스를 갖는 터치파넬 스위치를 누르면 M0를 SET하여 버퍼메모리1500번지에 9001을 써 넣는다. 이후에 PLC프로그램에서 사용하는 내부릴레이 M영역의 번호는 0부터 시작하고 1000부터는 터치판넬에서 사용하는 스위치나 램프 등의 Bit어드레스번호로 사용하기로 구분하기로 하겠다. M1000이후는 터치판넬에서 사용하는 어드레스 값이고 M0부터는 PLC프로그램에서 사용한다는 것을 염두에 두자. 여기에서

② U4\G1500와 같은 표기는 "인텔리젼트기능디바이스"라고 하고 GX-DEVELOPER에서 입력은 다음과 같다.

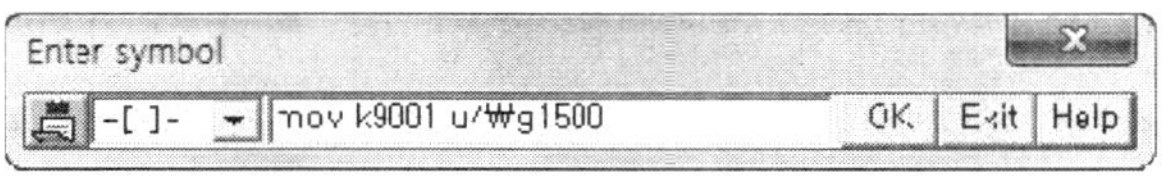

그림 6-2 인텔리젼트기능디바이스 입력 예

U4는 위치결정모듈의 선두번지가 40번지이므로 "40"의 1의 자리수에 해당하는 값(0)을 생략한 값(4)을 적는다. 위치결정모듈은 CPU의 종류에 따라 최대 4장까지 장착할 수 있다. 따라서 몇 번째 서보모터에 대한 버퍼메모리인지 구분하려면 위치결정모듈이 몇 번째 장착되어 있는 것인지 구분할 필요가 있다. 그래서 버퍼메모리 앞에 선두번지를 사용하여 구분한다.

그리고 버퍼메모리번지를 표시하기 위해 G라는 기호를 사용하며 뒤에 해당버퍼메모리 번지를 쓰면 된다.

이 두 개의 의미를 구분하기 위해 중간에 "\" 기호를 사용한다. 키보드의 ENTER키 위의 "₩" 키에 해당한다.

위에서 입력한 것은 선두번지40에 장착된 위치결정모듈의 버퍼메모리 1500번지에 상수9001을 이동(쓰기)하라는 내용이 된다.

③ [SET Y50]은 Y50은 1축 위치결정기동 신호이다. 즉 모터를 기동(움직여라)시키라는 신호이므로 "어떻게"에 해당하는 방법은 버퍼메모리 1500번지에 9001이라는 "기계원점복귀"라고 알려주었으므로 위치결정모듈은 기계원점복귀동작을 실행할 것이다.

다음 줄의 [RST M0] 항목은 원점복귀지령에 해당하는 M1000에 의해 [SET M0]를 하였으므로 이 신호를 Off시켜야 하므로 필요한 명령어가 되겠다.
[SET Y50]은 1축 위치결정기동 신호이므로 위치결정모듈은 서보모터를 기동시키고 X50에 해당하는 1축 위치결정기동완료 신호를 응답으로 만들어 준다. 이 기동신호와 기동완료신호는 원점복귀가 완료되었다는 것을 의미하는 것이 아니고 동작을 시작했다는 의미이다. 마치 100m 달리기를 하기위해 선수들이 출발선에 준비하고 있는 상태에서 출발신호로 총성을 울리면 선수들이 힘껏 출발하는 그런 상황을 상상해 보면 출발신호로 총성을 울리는 행위가 여기에서 Y50(위치결정기동 신호)을 SET해 준 것과 동일하며 선수들이 출발하는 것은 X50(위치결정기동완료 신호)에 해당하겠다.
그럼 마지막 줄의 ④ 1축 위치결정기동 신호(Y50)와 1축 위치결정기동완료 신호(X50)가 모두 On된 상태라면 서보모터는 기계원점복귀를 시작한다는 의미이므로 [SET Y50]신호는 리셋해도 될 것이므로 [RST Y50]하였다.

원점복귀가 완료된 상태를 나타내는 프로그램에 대해서는 뒤에 설명하도록 하겠다.
위의 기계원점복귀 프로그램에서 보완하여야 할 몇 가지 조건이 있다.
기계는 안전한 상태로 움직이는 것이 중요하므로 조건에 해당하는 몇 가지 접점들을 위의 프로그램에 추가하기로 하자.

(1) 첫 번째 줄에서 PLC Ready에 해당하는 Y40을 출력해 주었고 이에 대한 응답으로 위치결정모듈은 X40(위치결정모듈 Ready신호)를 만들어 준다.
(2) 서보모터는 1가지 지령에 대해서만 동작한다. 다시 말하면 동시에 여러 가지 동작을 할 수 없다는 것이므로 서보모터가 주어진 지령을 수행하고 있는 중이라는 의미로 X4C(1축BUSY신호)를 만들어 준다.
(3) 지령을 수행하다 위치결정모듈에 에러가 발생하면 X48(1축 에러발생)으로 알려준다.

위의 3가지 조건을 M1000(기계원점복귀지령)접점에 추가①하면 안정적인 상태에서의 기계원점복귀 동작을 실행할 수 있을 것이다.
그리고 하나 더 추가하면 마지막 줄의 [RST Y50]을 실행하는 조건으로 기계원점복귀를 실행하다 에러가 발생할 수 있으므로 에러가 발생된 상태에 해당하는 X48(1축 에러발생) 조건 ②을 만들어 주자.

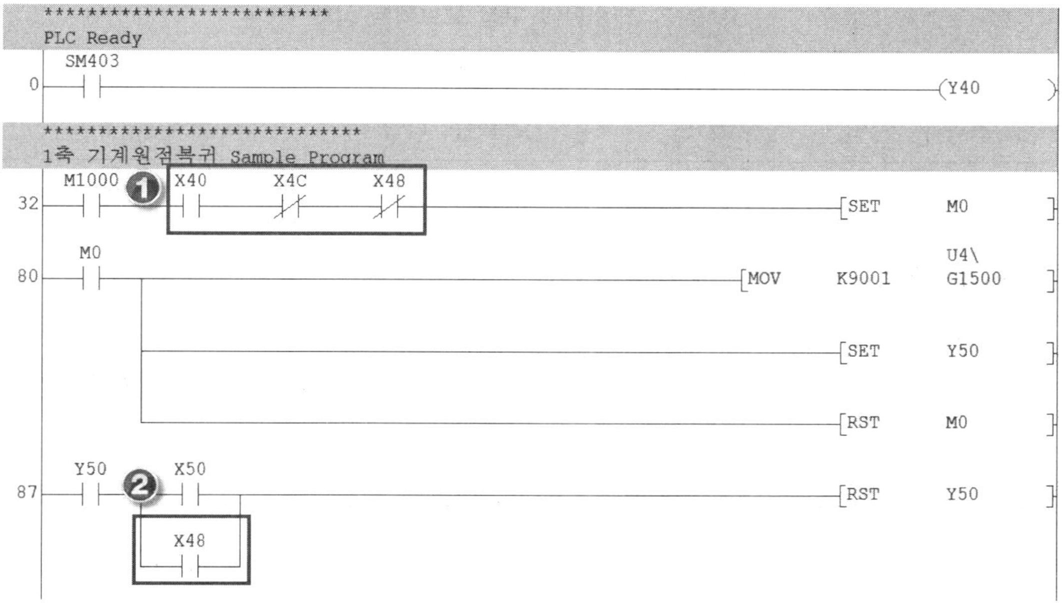

그림 6-3 실행조건을 부가한 기계원점복귀 프로그램 예

다음은 터치판넬구성에 대한 예이다.

그림 6-4 기계원점복귀를 위한 터치판넬 구성 예

표 6-2 터치판넬 구성 오브젝트 상세

	Bit 디바이스 Address	형태	TEXT
스위치	M1000	모멘터리 타입	1축 기계원점복귀

4) 전용명령어를 사용한 기계원점복귀

미쓰비시 위치결정모듈에서는 전용명령어를 제공하여 보다 손쉽게 서보모터를 제어할 수 있다. 그중 위치결정에 관련된 명령어 ZP.PSTRT□를 살펴보고 원점복귀동작에 사용해 보도록 하겠다.

<table>
<tr><th rowspan="3">설정
데이터</th><th colspan="9">사용가능디바이스</th></tr>
<tr><th colspan="2">내부
디바이스</th><th rowspan="2">파일
레지스터</th><th colspan="2">MELSECNET/10
다이렉트J□₩□</th><th rowspan="2">특수모듈
U□₩G□</th><th rowspan="2">인덱스
레지스터
Zn</th><th>정수</th><th rowspan="2">그외</th></tr>
<tr><th>비트</th><th>워드</th><th>비트</th><th>워드</th><th>K,H,$</th></tr>
<tr><td>(S)</td><td>-</td><td colspan="2">○</td><td colspan="4">-</td><td>-</td><td>-</td></tr>
<tr><td>(D)</td><td>○</td><td>○</td><td>-</td><td colspan="4">-</td><td>-</td><td>-</td></tr>
</table>

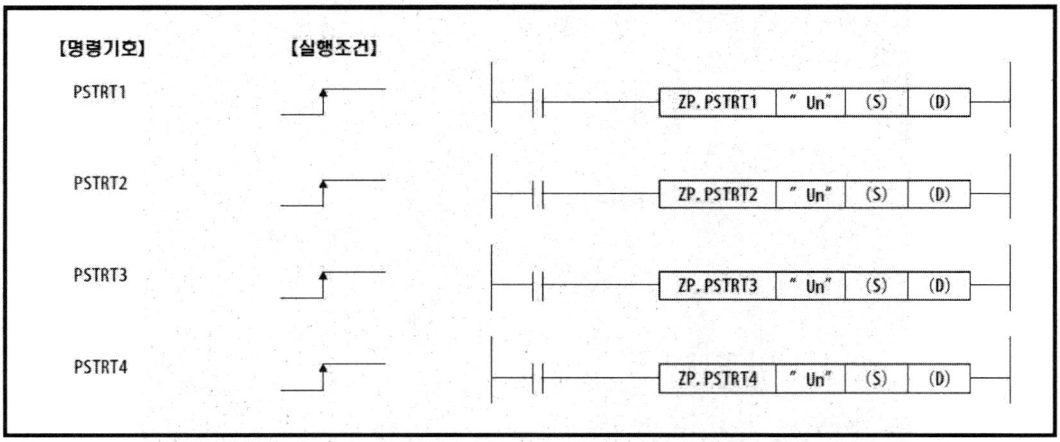

표 6-3 전용명령 PSTRT□의 구성

설정데이터	설정내용	세트측	데이터형
"Un"	QD75의 선두입출력번호 (00~FE : 입출력번호를 3자리 표현했을 경우의 상위 2자리)	사용자	Bin16비트
(S)	컨트롤데이터가 저장되어 있는 디바이스의 선두번호	-	디바이스
(D)	명령완료에 1스캔ON시키는 비트디바이스의 선두번호 이상완료시에는((D)+1)도 ON한다.	시스템	비트

가) 컨트롤데이터 (S)

표 6-4 전용명령 PSTRT□의 컨트롤데이터

디바이스	항목	설정데이터	설정범위	세트측
(S)+0	시스템영역	-	-	-
(S)+1	완료상태	완료시의 상태가 저장된다. · 0 : 정상종료 · 0 이외 : 이상완료 (에러코드)	-	시스템
(S)+2	기동번호	PSTRT□명령으로 기동을 할 아래의 데이터 No.를 지정한다. · 위치결정데이터 No. : 1~600 · 블럭기동 : 7000~7004 · 기계원점복귀 : 9001 · 고속원점복귀 : 9002 · 현재값변경 : 9003 · 복수축동시기동 : 9004	-	사용자

(1) ((s)+0) : 위치결정모듈이 사용하는 영역이므로 사용하지 않는다.

(2) ((s)+1) : 전용명령을 실행하면 명령실행 완료상태를 나타낸다.
정상종료시 "0" 저장되고 이상종료시에는 에러코드가 저장된다.
서보모터의 동작결과가 아닌 명령실행에 대한 결과이므로 전용명령 정상실행상태이면 모터가 움직이기 시작할 것이다.

(3) ((s)+2)의 "기동번호"로 위치결정데이터 No 1~600, 블록기동데이터7000~7004/9001~9004 을 지정함에 따라 블록기동, 원점복귀기동, 현재값 변경, 복수축 동시기동을 할 수 있다.

(4) 세트측은 다음과 같이 되어 있다.

· 사용자 : 전용명령 실행 전에 사용자가 저장하는 데이터이다.

· 시스템 : 전용명령의 실행결과를 PLC CPU가 저장하는 데이터이다.

나) PSTRT□명령의 완료 확인은 완료디바이스((D)+0) 및 ((D)+1)로 할 수 있다.

(1) 완료디바이스((D)+0)

PSTRT□명령이 완료한 스캔의 END처리에서 ON하고, 다음 END처리에서 OFF한다.

(2) 완료시의 상태표시디바이스((D)+1)

PSTRT□명령이 완료했을 때의 상태에 의해 ON/OFF한다.

· 정상완료시 : OFF상태로 변화하지 않는다.

· 이상완료시 : PSTRT□명령이 완료한 스캔의 END처리에서 ON하고 다음 END처리에서 OFF한다. (완료디바이스와 동일ON/OFF동작을 한다.)

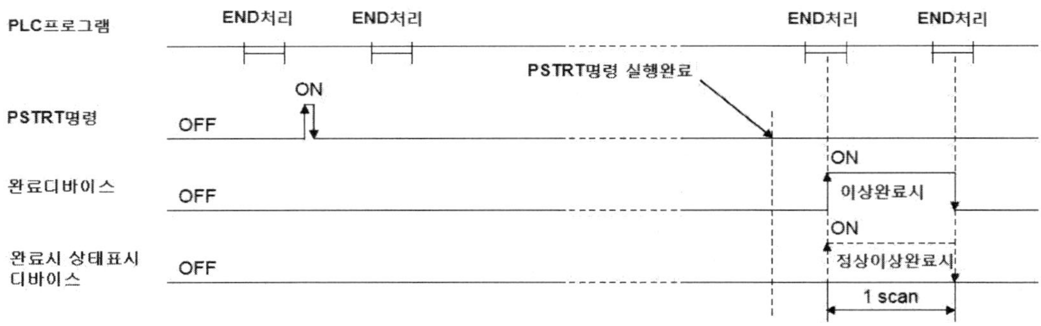

그림 6-5 완료상태표시 디바이스(D,D+1)의 동작 타이밍도

PSTRT□명령의 이상완료시에는 이상완료신호(D)+1이 ON하고 에러코드가 완료스테이터스((S)+1)에 저장된다.

표 6-5 전용명령 ZP.PSTRT□ 사용시 주의 사항

주의사항	
1	절대위치복원명령(ABRST□), 위치결정기동명령(PSTRT□), 티칭명령(TEACH□)은 축마다 동시에 실행할 수 없다. 동시에 실행될 경우에는 내부의 인터록에 의해 2번째 이후의 명령은 무시된다. (에러도 발생하지 않는다.)
2	PSTRT□명령에서 위치결정기동을 했을 경우에는 위치결정기동신호(Y50~Y53)가 ON되지 않는다. 위치결정제어중의 확인은 PSTRT□의 기동지령, 위치결정기동완료신호(X50~X53)를 사용한다.
3	PSTRT□명령에서 위치결정기동을 한 후 위치결정완료 전에 정지지령이 입력되었을 경우 완료디바이스(D)가 1스캔ON하고 PSTRT□명령의 실행이 완료한다.
4	동일 축에 대해 아래 전용명령은 동시에 실행할 수 없다. (다른 축에 대해 동시에 아래 전용명령을 실행할 수 있다.) · 위치결정기동명령(PSTRT1~PSTRT4) · 절대위치복원명령(ABRST1~ABRST4) · 티칭명령(TEACH1~TEACH4)
5	PSTRT□명령은 QD75준비완료신호(X40)가 ON일 때 실행할 수 있다. QD75준비완료신호가 OFF될 때 PSTRT□명령의 실행요구를 해도 PSTRT□명령을 실행하지 않는다. (무처리) PSTRT□명령을 실행하기 전에 PLC Ready신호(Y40)를 ON하고 QD75준비완료신호(X40)를 ON으로 한다.
6	리모트 I/O 국(Q대응MELSECNET/H네트워크리모트I/O모듈)사용시는 전용명령(PSTRT□)는 사용할 수 없다.

이제 전용명령 ZP.PSTRT□을 이용하여 2번 축의 기계적원점복귀 프로그램을 작성해 보자.

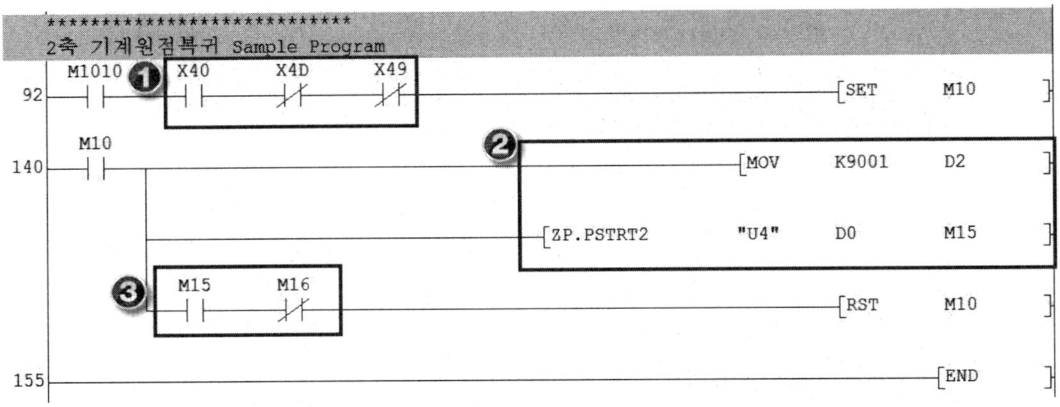

그림 6-6 전용명령 ZP.PSTRT□를 사용한 2축 원점복귀 프로그램 예

첫 번째 줄의 M1010은 2축 기계원점복귀 지령용 터치판넬의 스위치 어드레스이다. ①의 X40은 위치결정모듈 Ready신호이고 X4D와 X49는 각각 2축에 대한 BUSY신호와 에러발생신호이다. ② 항목은 ZP.PSTRT□명령을 실행하기 위한 부분이다. 우선 ZP.PSTRT2의 숫자 2를 다시 한번 확인해 보자.

지금 두 번째 서보모터의 기계적원점복귀를 시켜야 하므로 2축이라는 의미로 숫자를 2를 설정하였다. 위치결정모듈의 선두번지는 40번지이므로 1의 자리수를 생략하고 "U4" 라고 설정하였고 컨트롤데이터에 해당하는 항목은 다른 프로그램에서 D0~3까지의 디바이스를 사용하지 않았으므로 D0라고 입력하였다. 컨트롤데이터를 위에서 S+0, S+1, S+2 이런 식으로 표기하였다.

여기에서 S+0는 D0, S+1은 D1, S+2는 D2에 해당할 것이다. 사용자가 사용할 수 있는 디바이스는 S+2, 즉 D2에 데이터를 써넣으면 되므로 기계적 원점복귀에 해당하는 "9001" 을 [MOV K9001 D2]라는 명령어를 사용하여 입력해 두었다.

③ 항목은 ZP.PSTRT□명령 실행시 명령의 정상종료, 이상종료를 나타내는 비트디바이스로 M15를 설정하였으므로 2개 비트 M15, M16가 이에 해당된다. 따라서 M15가 "On" 이고 동시에 M16이 "Off" 상태이면 ZP.PSTRT2에 해당하는 명령이 정상적으로 처리되었다는 의미이므로 앞에서 [SET M10]에 해당하는 신호를 리셋하였다.

다음은 터치판넬 작성 예이다.

표 6-6 터치판넬 구성 오브젝트 상세

	Bit 디바이스 Address	형태	TEXT
스위치	M1000	모멘터리 타입	1축 기계원점복귀
스위치	M1010	모멘터리 타입	2축 기계원점복귀

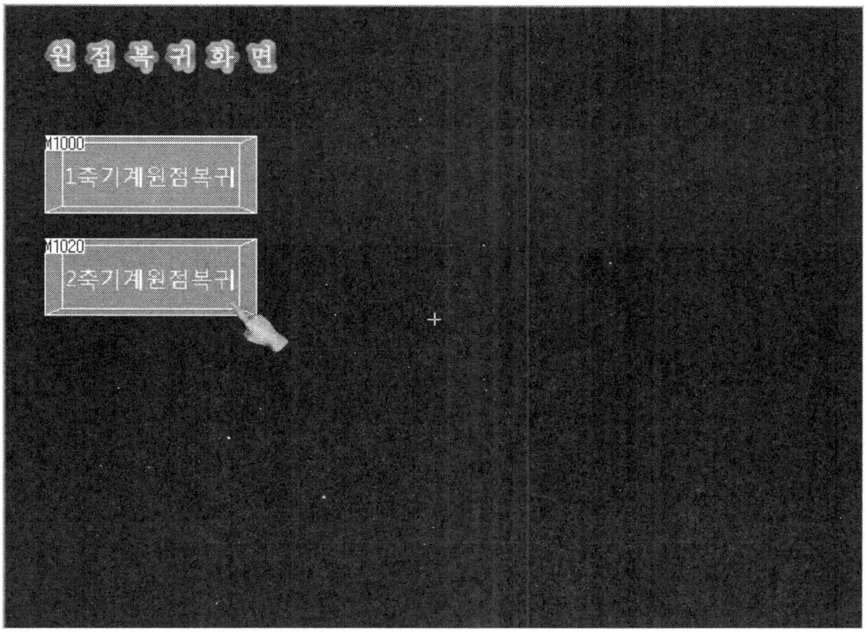

그림 6-7 2축 기계원점복귀를 위한 터치판넬 구성 예

5) 원점복귀와 관련된 버퍼메모리 "Md.31 스테이터스"

원점복귀를 실행하여 보면 서보모터가 1, 2축 모두 근점도그센서를 찾아서 이동하여 기준점이 되는 위치에 도착하여 있을 것이다. 기준점을 확립하는 것은 서보모터로써는 제일 중요한 전제조건을 만족했다는 이야기가 된다. 그러면 기준점을 확립한 상태인지 아니면 기계원점복귀를 실행하여야 하는 상황인지 알아야 할 필요가 있다.

이때 사용할 수 있는 유용한 신호가 바로 모니터데이터 중에 "Md.31 스테이터스" 라는 버퍼메모리이다.

이 버퍼메모리에 대해 알아보도록 하자.

표 6-7 스테이터스 버퍼메모리

저장항목	저장내용	모니터값	초기값	저장버퍼메모리 어드레스			
				1축	2축	3축	4축
Md.31 스테이터스	자세한 내용은 다음 페이지에	16진수로 표시 0 0 0 8	0	817	917	1017	1117

표 6-8 스테이터스 버퍼메모리 상세

저장내용	각종 플래그의 ON/OFF상태를 저장한다. ● 속도제어 중 플래그 속도제어 중인지 위치제어중인지의 판별에 사용하는 신호로 속도제어 중에 ON된다. 전원투입후 위치제어시, JOG운전시, 수동펄서운전시에는 OFF가 된다. 속도 · 위치전환제어 및 위치 · 속도 전환제어시에는 속도제어 중 ON이 되고 속도 · 위치전환신호에 의한 속도제어→위치제어전환 실행시에 OFF된다. 또 위치 · 속도전환신호에 의한 위치제어→속도제어전환 실행시에 ON된다. ● 속도 · 위치전환래치플래그 : 속도 · 위치전환제어(INC모드)에서의 이동량 변경불가 인터록에 사용하는 신호로 속도 · 위치전환제어(INC모드)실행시 위치제어로 전환되었을 때 ON된다. 다음 위치결정데이터 실행시, JOG운전시, 수동펄서운전시에 OFF된다. ● 지령인포지션플래그 남은 거리가 지령인포지션범위(상세파라미터로 설정)이하로 되었을 때 ON된다. 운전패턴이 연속궤적제어(P11)인 데이터는 ON되지 않는다. 체크는 1.8ms마다 속도제어, 속도 · 위치전환제어 및 위치 · 속도전환제어시의 속도제어 중에는 체크 하지 않는다. 보간운전시에는 기동축만 플래그가 ON된다. (기동시에는 전축 OFF된다) ● 원점복귀요구플래그 전원투입후, 드라이브모듈 Ready신호 OFF시, PLC Ready플래그 ON시, 원점복귀기동시에 ON되고 원점복귀가 완료하면 OFF된다. ● 원점복귀완료플래그 원점복귀가 정상으로 완료했을 때 ON되고, 운전개시시, 드라이브모듈Ready신호가 OFF되었을 때 OFF된다. ● 위치 · 속도전환 래치플래그 위치 · 속도전환제어에서의 지령속도변경불가 인터록에 사용하는 신호로, 위치 · 속도전환제어 실행시, 속도제어로 전환되었을 때 ON된다. 다음 위치결정데이터 실행시, JOG운전시, 수동펄서운전시에 OFF된다. ● 축경고검출 축경고발생시에 ON되고, 축에러리셋ON에서 OFF된다. ● 속도변경 0 플래그 속도변경값 0에서 속도변경요구를 하면 ON되고, 속도변경값 0이외에서 속도변경요구를 하면 OFF된다.

모니터값

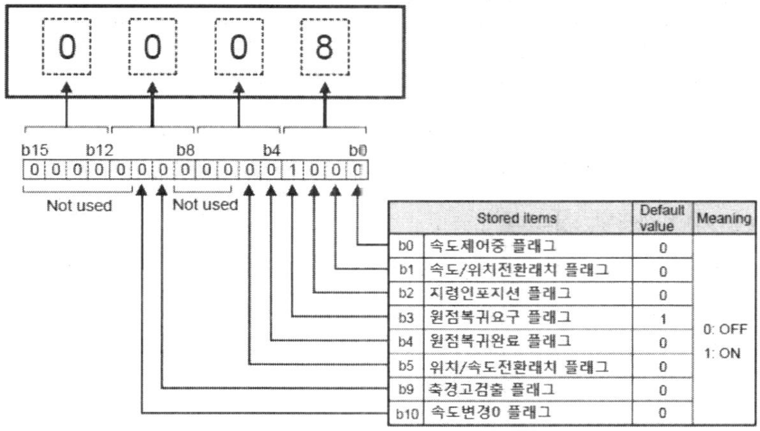

앞의 표에서 스테이터스 버퍼메모리의 비트번호 3, 4번이 원점복귀에 관한 정보이다. 비트 3번은 원점복귀요구 플래그로 [전원투입후, 드라이브모듈 Ready신호 OFF시, PLC Ready플래그 ON시, 원점복귀기동시]에 ON되고 원점복귀가 완료하면 OFF된다고 표기되어 있다. 이 의미는 이런 조건에서는 "기계적원점복귀를 실행하여야만 한다" 라는 강제성이 있는 것이다. 이것을 무시하면 서보모터의 큰 장점중 하나인 위치정확성이 신뢰할 수 없는 상태가 된다.

그리고 비트 4번 원점복귀완료 플래그는 [원점복귀가 정상으로 완료했을 때 ON되고, 운전개시시, 드라이브모듈Ready신호가 OFF되었을 때] OFF된다. 라는 정보를 주고 있다. 기계적원점복귀가 완료된 상태를 알려주는데 신호가 계속 유지되는 것이 아니고 운전을 실행하거나 드라이브모듈Ready신호가 OFF되었을 때 Off되는 특성이 있으므로 위의 비트3번 원점복귀요구 플래그가 다시 On되는 상황까지는 계속 유지시키는 PLC프로그램을 작성해서 표시해 보도록 하자.

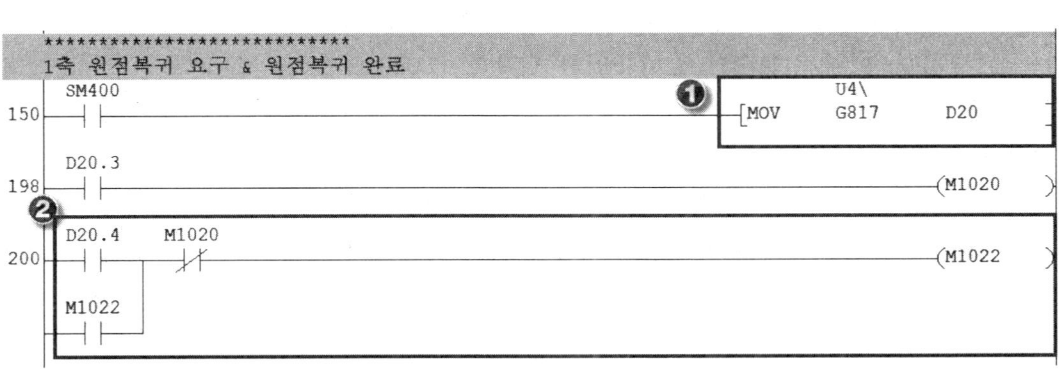

그림 6-8 스테이터스 메모리 정보를 활용한 원점복귀요구와 원점복귀완료 상태 표시 I

① SM400 항상On되는 특수내부릴레이를 가지고 1축의 Md.31스테이터스 버퍼메모리 817의 데이터를 D10에 저장을 하였다. 원점복귀요구에 해당하는 비트3은 D10.3으로 표시할 수 있고 원점복귀완료 비트4번은 D10.4가 되겠다. ② 원점복귀완료 신호는 서보모터를 다시 동작시키거나 모듈Ready신호 Off되면 사라지게 되므로 자기유지회로를 이용하여 원점복귀가 완료된 상태를 계속 표시하게 만들었다. 이 신호는 다시 원점복귀요구 신호가 On되면 Off될 것이다.

이제 2축 서보모터에 대해서도 동일한 방법으로 원점복귀상태에 관한 정보를 PLC프로그램으로 만들 수 있을 것이다. 2축 서보모터에는 비교명령을 사용하여 표시해 보도록 하자.

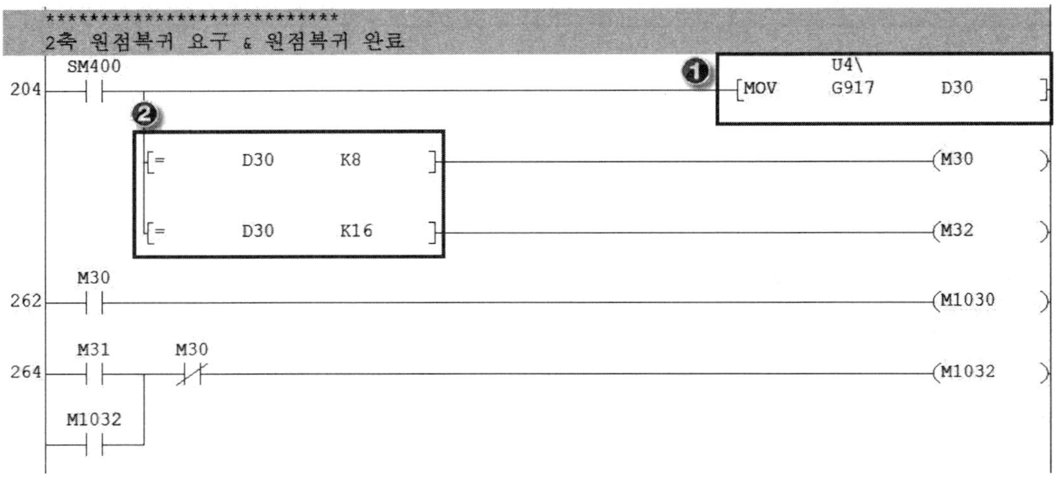

그림 6-9 스테이터스 메모리 정보를 활용한 원점복귀요구와 원점복귀완료 상태 표시 II

① 2축의 Md.31스테이터스 버퍼메모리는 917이다. ② 버퍼메모리는 917의 정보를 D30에 저장하였으므로 비트3이 On되면 D30에 저장되는 값은 2의 3승이 되므로 8이라는 값이 된다. 따라서 D30의 값이 8인지 비교하여 M30을 출력으로 만들어 준다. 서보모터는 한 번에 한 가지 동작만 할 수 있으므로 다른 정보들은 동시에 출력될 수 없으므로 이렇게 PLC프로그램을 작성하였다.

마찬가지로 비트4번에 해당하는 값은 16이 되므로 16과 비교하여 M32 출력을 만들었다. 아래의 프로그램은 1축과 동일하므로 설명은 생략하도록 하겠다.

터치판넬 작성예이다.

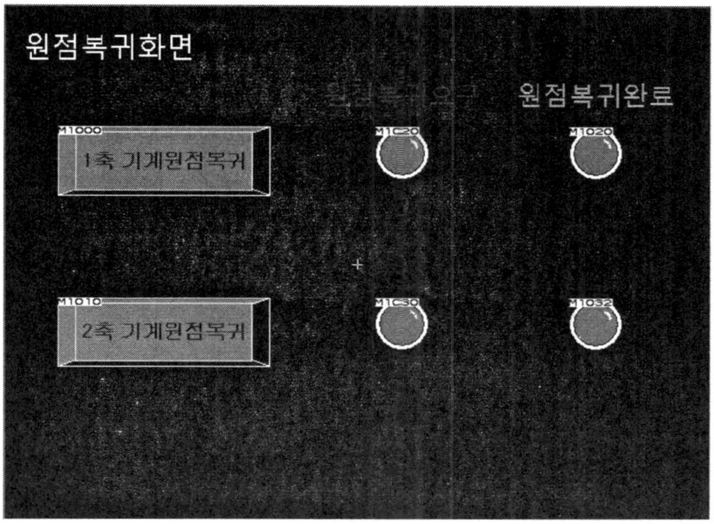

그림 6-10 원점복귀 상태표시를 위한 터치판넬 구성 예

표 6-9 터치판넬 오브젝트 상세

	디바이스 Address	형태	TEXT
스위치	M1000	모멘터리 타입	1축 기계원점복귀
스위치	M1010	모멘터리 타입	2축 기계원점복귀
램프	M1020	비트램프	1축 원점복귀요구
램프	M1022	비트램프	1축 원점복귀완료
비트램프	M1030	비트램프	2축 원점복귀요구
비트램프	M1032	비트램프	2축 원점복귀완료

6) 고속원점복귀

고속원점복귀에서는「기계원점복귀」에 의해 QD75에 저장된 "Md.21 이송 기계값"으로 위치결정을 한다. 기계원점복귀가 실행되면 어느 위치가 어드레스 0인 위치인지 알고 있는 상태이므로 근점도그센서신호와 서보모터의 영점(Z상)신호를 참조하지 않고 바로 위치가 어드레스 0인 위치로 이동할 수 있다.

고속원점복귀라는 표현을 사용한 것이 원점을 찾기 위해 이동하는 속도가 빠르기 때문이 아니라 원점복귀를 하기 위해 참조하는 신호들을 사용하지 않는다는 의미로 쓰지 않았는가 하는 생각이 든다. 비유를 하자면 여행을 갈 때 초행길이면 사람들에게 물어서 목적지를 찾아가지만 두 번째부터는 바로 찾아 갈 수 있는 것과 같은 것이다.

가) 「고속원점복귀」 기동시의 동작

표 6-10 고속원점복귀 기동동작 순서

	동작순서	
①	「고속원점복귀」 를 기동한다.	
②	원점복귀용 파라미터(Pr.43~Pr.57)에 의해 설정한 방향이나 속도로 "Md.21 이송기계값" 으로 위치결정제어를 개시한다.	
③	「고속원점복귀」 가 완료한다.	

고속원점복귀는 기계원점복귀가 한번은 실행되어 원점복귀완료상태가 되어야 한다.

어드레스가 0인 위치를 찾아가는 동작이므로 이 위치를 잃어버린 상태 즉 원점복귀요구플래그(Md.31 스테이터스:b3)가 On되어 있을 경우에는 고속원점복귀를 실행할 수 없다는 것이다.

원점복귀요구플래그가 ON일 때 고속원점복귀기동을 했을 경우 에러 「원점복귀요구 ON」 (에러코드:207)이 된다.

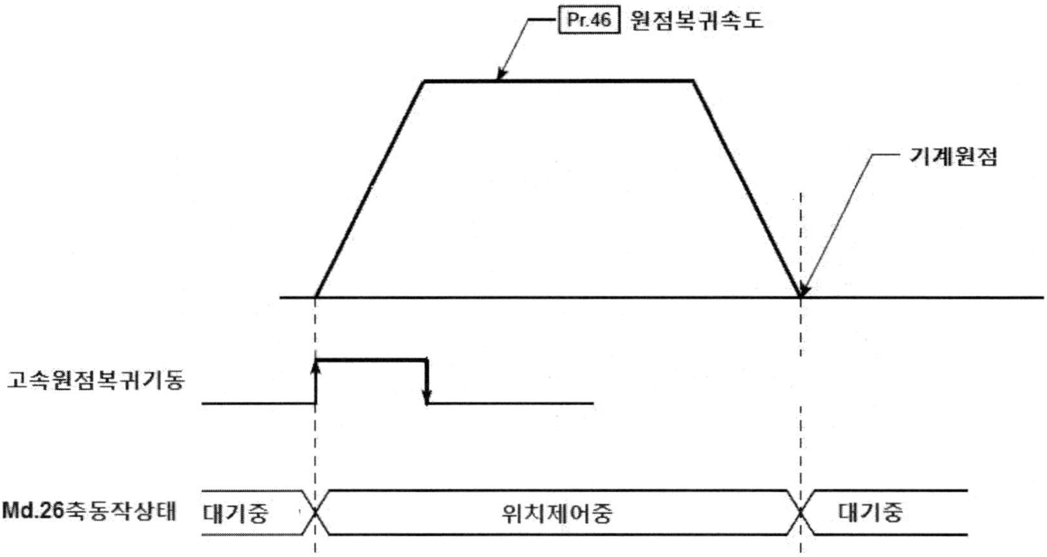

그림 6-11 고속원점복귀 동작 타이밍도

나) 고속원점복귀 Program

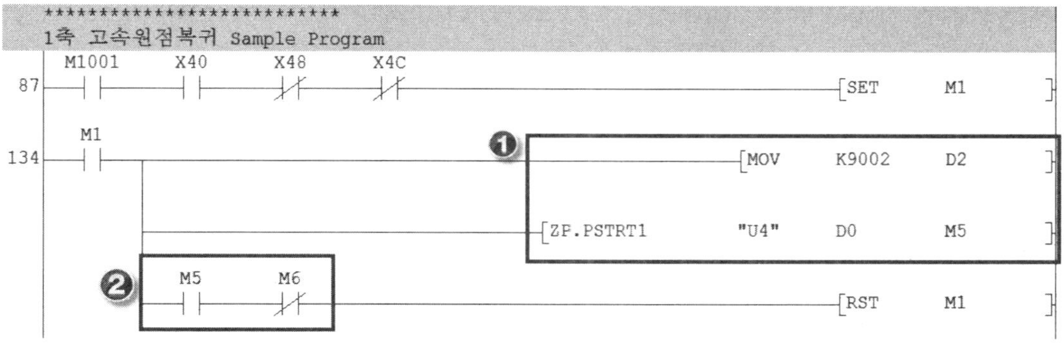

그림 6-12 고속원점복귀 프로그램 예

M1001 고속원점복귀 지령이 On되면 ① ZP.PSTRT□명령의 컨트롤데이터 D0의 3번째 어드레스 D2에 고속원점복귀에 해당하는 "9002" 값을 설정하고 실행한다. 명령실행 결과를 나타내는 2개의 Bit 디바이스 M5, M6을 사용하여 [SET M1]명령을 리셋하였다.

그런데 Bit 디바이스 M5, M6은 여기에서 사용할 필요는 없다. 실제로 이 두 개의 비트를 조건으로 리셋명령을 실행하다 보면 리셋명령이 간혹 동작하지 않는 현상이 발생된다.

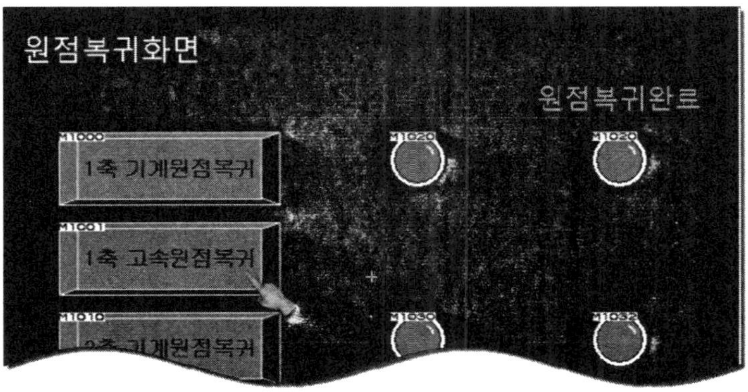

그림 6-13 고속원점복귀용 터치판넬 구성 예

6-2 수동운전

「수동제어」는 위치결정데이터를 사용하지 않고 외부의 신호입력에 맞춰, 임의로 위치결정 동작을 하는 제어이다.

이 「수동제어」에는 JOG운전, 인칭운전, 수동펄서(MPG)운전 3가지의 제어가 있다.

가. JOG운전

「JOG운전」은 임의의 이동량 만큼 이동시킬(JOG기동신호를 ON하고 있는 동안 펄스를 계속 발생한다) 경우의 제어방법이다. 리미트스위치 「OFF」에 의해 운전이 정지했을 경우에 리미트 스위치가 「ON」하는 방향으로 워크를 이동하는 경우와 뒤에서 설명할 티칭운전시 티칭하고자 하는 위치까지 이동할 경우에 사용할 수 있다.

1) JOG운전의 동작

JOG운전에서는 정회전 JOG기동신호 [Y48, Y4A, Y4C, Y4E], 역회전 JOG기동신호 [Y49, Y4B, 4YD, Y4F]를 ON하고 있는 동안 QD75로부터 드라이브모듈에 펄스를 출력하고 지정한 방향으로 이송테이블을 이동시킨다.

JOG운전의 동작예이다.

표 6-11 JOG운전 동작 순서

	동작순서	
①	기동신호를 ON하면 기동신호로 지정한 방향으로 "Pr.32 JOG운전가속시간선택"에서 지정한 가속시간으로 가속을 시작한다. 이 때 BUSY신호 OFF → ON이 된다.	
②	가속 중 이송테이블이 "Cd.17 JOG속도"에 설정한 속도에 달하면 이 속도를 유지하며 이동을 계속한다.(②~③에서는 정속 기동한다.)	
③	기동신호를 OFF하면 "Cd.17 JOG속도"에 설정한 속도에서 "Pr.33 JOG운전감속시간선택"에서 지정한 감속시간으로 감속을 시작한다.	
④	속도가 0이 되면 정지한다. 이 때 BUSY신호 ON → OFF로 된다.	

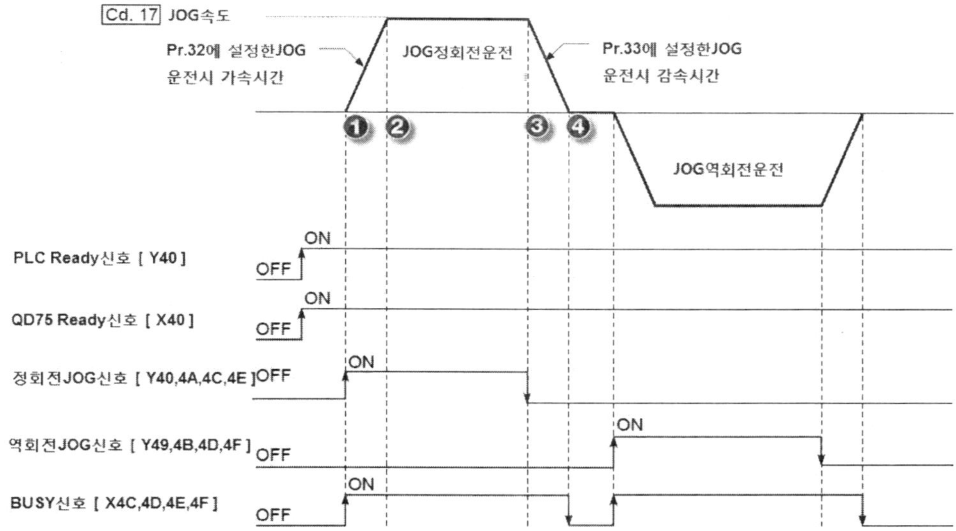

그림 6-14 JOG운전 동작 타이밍 도

2) JOG운전에 사용되는 버퍼메모리

표 6-12 인칭이동량 설정과 버퍼메모리

<table>
<tr><th rowspan="2">설정항목</th><th rowspan="2">설정내용</th><th rowspan="2">설정값</th><th rowspan="2">초기값</th><th colspan="4">저장버퍼메모리 어드레스</th></tr>
<tr><th>1축</th><th>2축</th><th>3축</th><th>4축</th></tr>
<tr><td>Cd.16
인칭이동량</td><td>· 인칭이동량을 설정한다.
· 설정이 0인 경우,
JOG운전으로 동작한다.
· 설정값은 아래
표6-13 범위내로 한다.</td><td>10진수로
설정</td><td>0</td><td>1517</td><td>1617</td><td>1717</td><td>1817</td></tr>
<tr><td>설정값
상세</td><td colspan="7">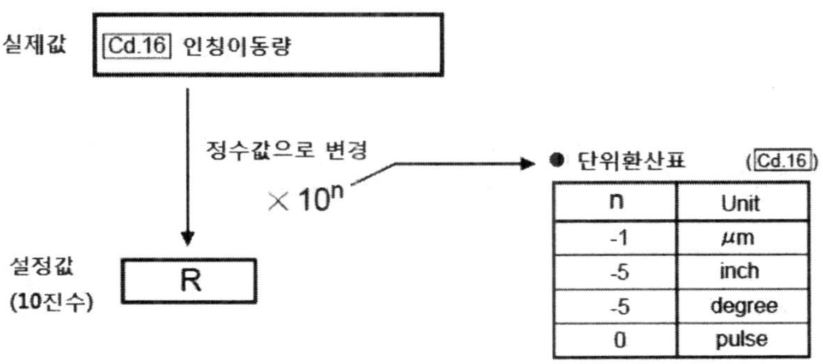

설정예) Cd.16 인칭이동량에
[1.0μm를 설정할 경우 버퍼메모리에는 “0” 을 설정한다.]</td></tr>
</table>

표 6-13 인칭이동량 설정시 참조하는 설정범위

Pr.1	mm($\times 10^{-1}\mu m$)	inch($\times 10^{-5}$inch)	degree ($\times 10^{-5}$degree)	pulse(pulse)
설정범위	0~65535	0~65535	0~65535	0~65535

표 6-14 JOG운전 속도 설정과 버퍼메모리

<table>
<tr><th rowspan="2">설정항목</th><th rowspan="2">설정내용</th><th rowspan="2">설정값</th><th rowspan="2">초기값</th><th colspan="4">저장버퍼메모리 어드레스</th></tr>
<tr><th>1축</th><th>2축</th><th>3축</th><th>4축</th></tr>
<tr><td>Cd.17
JOG속도</td><td>· JOG운전을 할 때의 JOG 속도를 설정한다.
· 설정값은 아래의 표 6-15 범위 내로 한다.</td><td>10진수로 설정</td><td>0</td><td>1518
1519</td><td>1618
1619</td><td>1718
1719</td><td>1818
1819</td></tr>
<tr><td>설정값 상세</td><td colspan="7">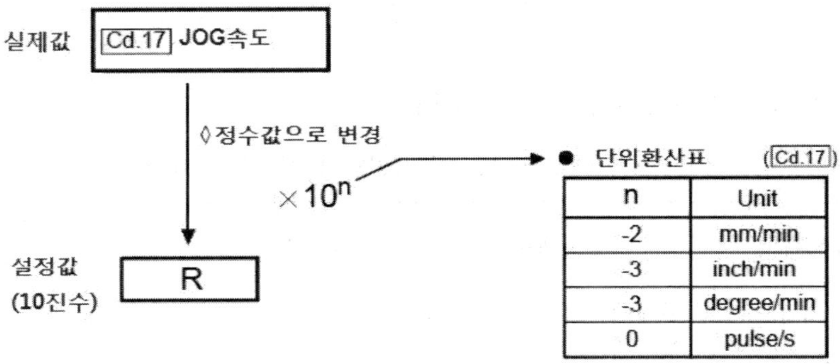

설정예) Cd.17 JOG속도에
[20,000.00mm/min를 설정할 경우
버퍼메모리에는 “2,000,000” 을 설정한다.]
· 설정값에는 “Pr.7기동시 바이어스속도” 이상, “Pr.31JOG속도제한값” 이하의 값을 설정한다.</td></tr>
</table>

표 6-15 JOG운전 속도 설정시 참조하는 설정범위

Pr.1	mm ($\times 10^{-2}$mm/min)	inch ($\times 10^{-3}$inch/min)	degree ($\times 10^{-3}$degree/min)	pulse(pulse/s)
설정범위	0~2000000000	0~2000000000	0~2000000000	0~1000000

3) 동작상의 주의사항

표 6-16 JOG운전시 주의 사항

	항 목	
①	안전을 위해 "Cd.17 JOG속도"는 처음에 작은 값을 설정해서 동작을 확인하고, 서서히 값을 크게 한다.	
②	JOG기동시에서 「JOG속도」가 설정범위외 또는 0일 경우에는 축에러가 되어 기동하지 않는다. (에러코드 : 300)	
③	"Pr.31 JOG속도제한값"이 "Pr.8 속도제한값" 보다 큰 값을 설정했을 경우, 축에러가 되어 기동하지 않는다. (에러코드 : 956)	
④	"Cd.17 JOG속도"가 "Pr.31JOG속도제한값"에 설정된 속도를 초과할 경우, "Pr.31 JOG 속도제한값"으로 동작하고 QD75는 축경고가 된다. (경고코드 : 301) 축경고가 된 경우에도 JOG운전은 계속된다.	
⑤	정지신호 ON→OFF 직후 (100ms이내)의 JOG기동신호 OFF→ON은 무시된다. (기동하지 않는다.)	
⑥	"Cd.16 인칭이동량"에는 0을 설정한다. 0 이외를 설정했을 경우, 인칭운전으로 동작한다.	
⑦	상하한리미트 가까이에서 JOG운전을 할 경우에는, 하드웨어 스트로크 리미트기능을 사용한다. ※ 하드웨어 스트로크 리미트기능을 사용하지 않을 경우, 워크가 이동범위를 초과하여 사고의 원인이 되는 경우가 있다.	
⑧	스트로크 리미트(리미트스위치OFF)에 의해 운전이 정지했을 경우에는 리미트스위치가 ON하는 방향의 JOG운전을 할 수 있다. (리미트스위치가 OFF하는 방향의 JOG기동신호는 무시된다.) ※ 상하한 리미트 센서는 LIGHT ON (b접점) 모드이다. 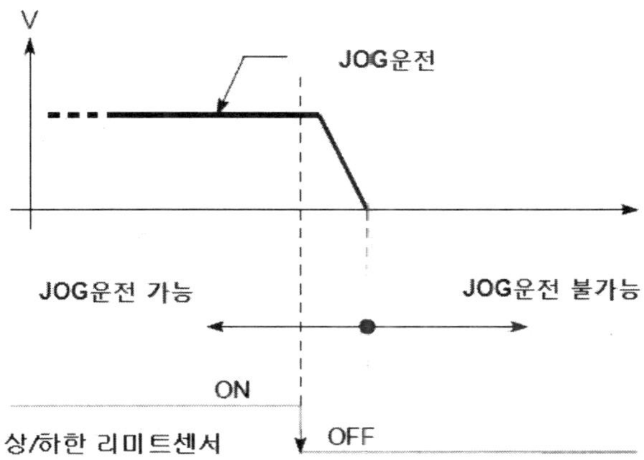 	

4) JOG운전 프로그램

그림 6-15 JOG운전 프로그램 예

① M1040은 JOG속도, 인칭이동량에 해당하는 버퍼메모리에 데이터를 써넣기 위한 터치판넬의 스위치이다. 터치판넬에 [속도설정]이라고 스위치를 만들 것이다.

② 항목은 JOG운전을 하기 위해 정회전용 스위치(M1042)와 역회전용 스위치 M1044를 누르면 SET M40이 동작하고 JOG정회전출력 Y48, JOG역회전출력 Y49를 만들어 주게 한다. JOG운전용 스위치에서 손을 떼면 M40출력은 리셋된다.

역시 JOG운전에도 실행을 안정적으로 하려면 조건에 해당하는 접점들이 추가되어야 할 것이다. 다음 과 같은 프로그램으로 수정을 하면 될 것이다.

1축 서보모터의 JOG속도 설정은 역시 터치판넬에서 수치입력기능을 이용하여 D1000, D1001의 두 개의 디바이스메모리에 저장할 것이다. 그래서 2워드 MOV명령인 DMOV를 사용했다. 예를 들어 터치판넬에서 100이라고 입력하면 버퍼메모리의 JOG속도는 1.00 [mm/min]이 된다. 이유는 거리의 단위를 [mm]로 하였고 JOG속도에 해당하는 버퍼메모리 Cd.17의 설정값 상세 항목을 보면 실제값에 10^{-2}을 곱한 데이터가 JOG운전시의 속도 설정값이 된다고 설명되어 있다.

그래서 위의 프로그램을 조금 변경하기로 하겠다.

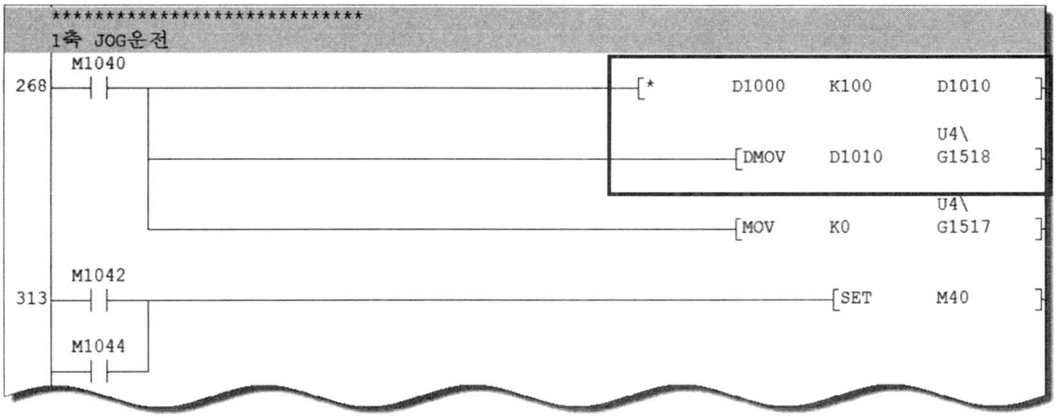

그림 6-16 JOG속도 설정시 설정범위값(10^{-2})을 고려한 프로그램 예

터치판넬에서 D1000에 JOG속도를 3000이라고 지정하고 속도설정지령 스위치 M1040을 누르면 3000에 100을 곱하기 때문에 10^{-2}을 곱해지는 값을 상쇠할 수 있다. 때문에 터치판넬에 입력한 JOG속도값이 바로 버퍼메모리에 입력되도록 할 수 있다.

한 가지 단점은 소수점 아래 2자리에 해당하는 데이터를 만들어 줄 수 없다는 점이다. 소수점 아래 2자리에 해당하는 데이터까지 설정하려면 터치판넬에서 입력데이터 형태를 바꾸어 주면 쉽게 해결된다.

①항목에서 Format을 Real로 설정하고 Digit는 숫자 자릿수이고 Decimal Point는 Digit에서 설정한 자릿수중 소수점아래 표시할 자릿수를 설정하면 된다. 그리고 ②항목에서와 같이 Adjust Decimal Point Range항목을 반드시 Check하면 될 것이다.

표 6-17 JOG운전용 터치판넬 구성 오브젝트 상세

	디바이스 Address	형태	TEXT
스위치	M1040	모멘터리 타입	속도설정
스위치	M1042	모멘터리 타입	화살표(좌)
스위치	M1044	모멘터리 타입	화살표(우)
수치입력	D1000	2워드 수치입력	FORMAT : Real

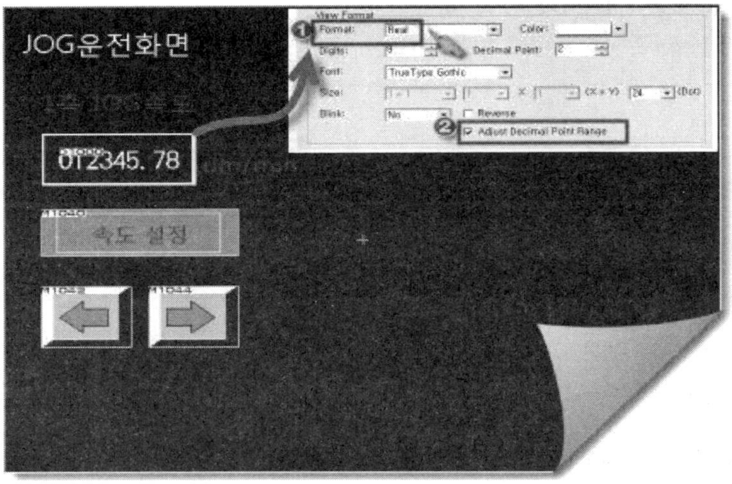

그림 6-17 JOG운전시 터치판넬 구성 예

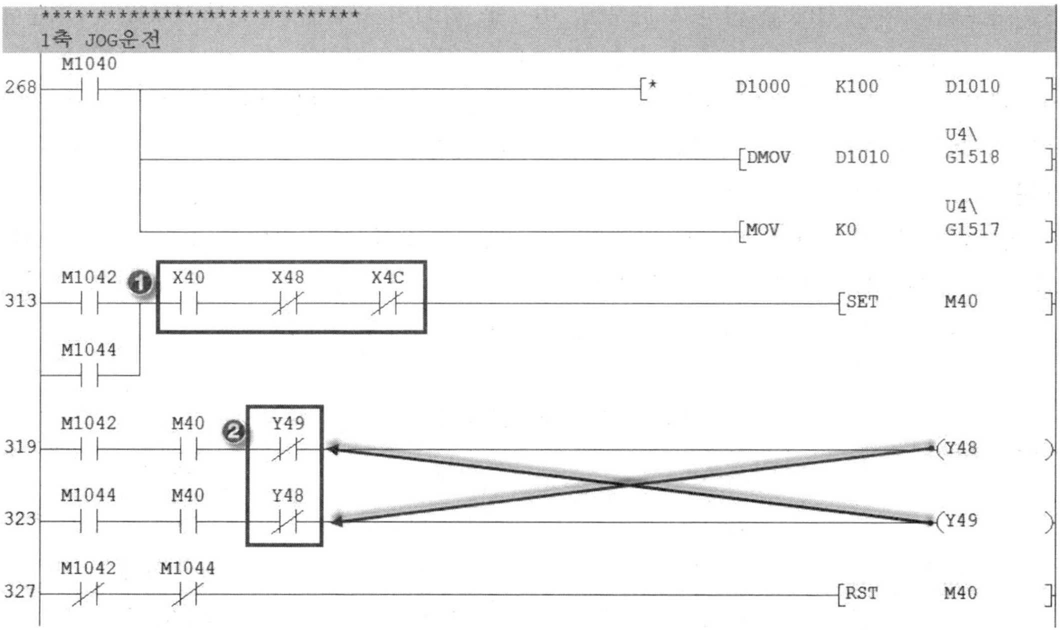

그림 6-18 인터록 조건을 추가한 JOG운전 프로그램 예

① 항목은 위치결정모듈 Ready신호, 1축에러, BUSY신호를 조건으로 사용하였고 ②는 정회전, 역회전에 서로 인터록을 걸어 주었다.

2축에 대한 JOG운전도 역시 위와 동일한 패턴이 될 것이다. 단 주의할 것은 버퍼메모리번호와 2축용 JOG정회전, 역회전 출력을 사용한다는 것과 조건으로 사용하는 2축

에러 신호와 BUSY신호 번호가 달라진다는 점이다.

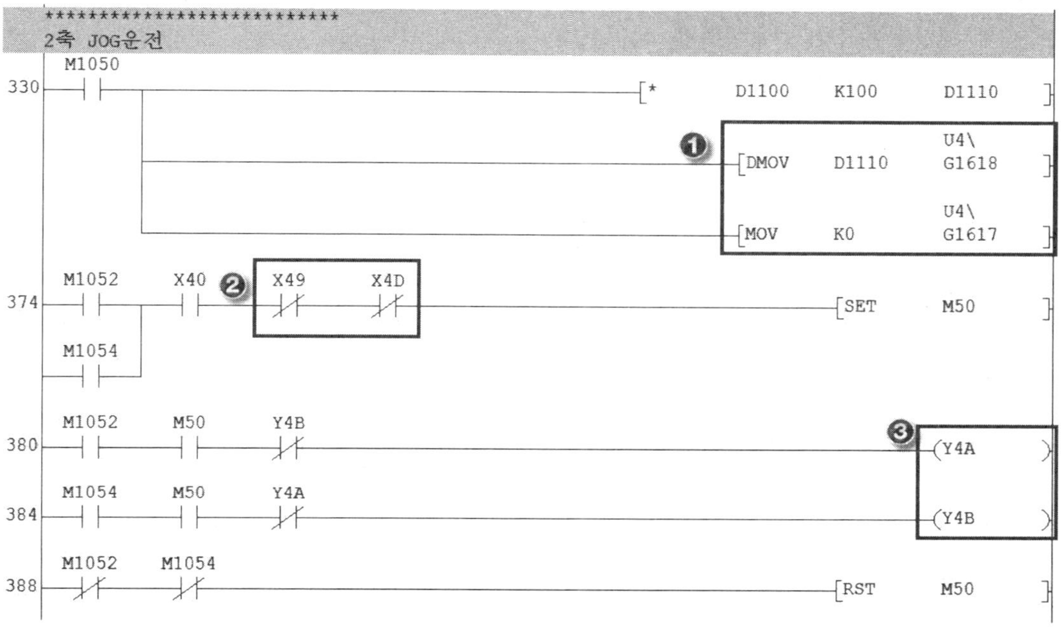

그림 6-19 2축용 JOG운전 프로그램 예

① 2축용 JOG속도설정 버퍼메모리는 1618,1619 2워드데이터이고 ② 2축에러 신호와 BUSY신호 ③ 2축용 JOG정회전, 역회전 출력으로 변경하였다.

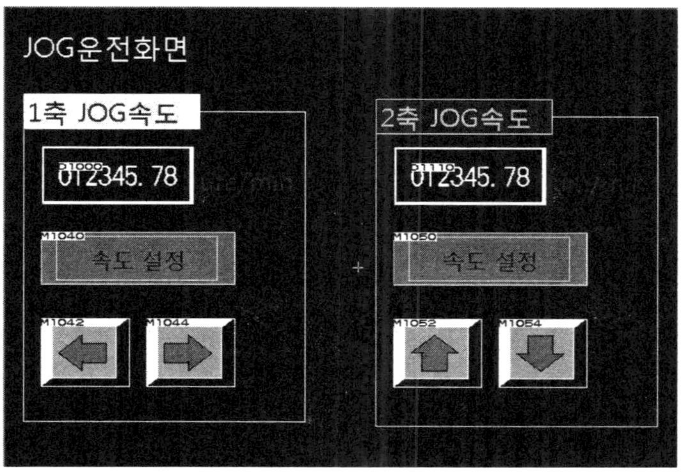

그림 6-20 1,2축 JOG운전용 터치판넬 구성 예

5) JOG운전시 표시할 수 있는 항목들

JOG운전을 하면서 현재의 위치나 속도값을 표시할 필요가 있다. 버퍼메모리 중 모니터링에 해당하는 Md.□□항목을 살펴보자.

Md.20 이송현재값, Md.21이송기계값, Md.22 이송속도 등을 여기에서 사용할 수 있겠다. 우선 이 버퍼메모리의 구조를 살펴보도록 하자.

표 6-18 JOG운전시 표시할 수 있는 항목들

저장항목	저장내용	모니터값	초기값	저장버퍼메모리 어드레스			
				1축	2축	3축	4축
Md.20 이송현재값	자세한 내용은 다음 페이지에		0000H	800 801	900 901	1000 1001	1100 1101
Md.21 이송기계재값			0000H	802 803	902 903	1002 1003	1102 1103
Md.22 이송속도			0000H	804 805	904 905	1004 1005	1104 1105
Md.23 축에러번호	자세한 내용은 다음 페이지에	0 0 0 8	0000H	806	906	1006	1106

표 6-19 JOG운전시 표시할 수 있는 항목들 상세설명

저장항목	저장내용
Md.20 이송현재값	현재 지령하고 있는 어드레스가 저장된다. (운전 중에는 실제 모터위치와 다르다.) 현재 위치의 어드레스가 저장된다. 단위가「degree」일 때는 0~359.99999° 링어드레스가 된다. · 갱신 타이밍 : 1.8ms · 원점복귀완료시에는 원점어드레스가 저장된다. · 현재값 변경기능에 따라 현재값이 변경되었을 경우 변경된 값이 저장된다.
Md.21 이송기계재값	기계좌표에 의한 현재위치의 어드레스가 저장된다. (운전 중에는 실제 모터위치와 다르다.) 현재값 변경기능에서 이송기계값은 변경되지 않는다. 속도제어 시에는 파라미터에 관계없이 갱신된다. 치수이송 실행개시 시에는 0으로 클리어 되지 않는다. 단위가「degree」일때는 0~359.99999° 링어드레스는 안된다. · 기계좌표 : 구성에 따라 정해진 고유의 좌표 · 갱신 타이밍 : 56.8ms

Md.20 이송현재값	운전중인 워크의 속도가 저장된다. (운전중에는 실제의 모터속도와 다른 경우가 있다.) · 보간운전시에는 아래와 같이 저장된다. 기준축 : 합성속도 또는 기준축속도(Pr.20 로 설정) 보간축 : 0 · 갱신 타이밍 : 56.8ms
Md.23 축에러번호	축에러검출시 에러내용에 해당하는 에러코드가 저장된다. · 항상 최신 에러코드가 저장된다. (새로운 축에러가 발생했을 때, 에러코드는 덮어씌여진다.) · "Cd.5「축에러리셋」" (축제어데이터)을 ON하면 축에러번호는 클리어된다 (0으로 된다).

표 6-20 JOG운전시 표시할 수 있는 항목들 모니터값 보는 법

	모니터값 보는 법
Md.20 이송현재값	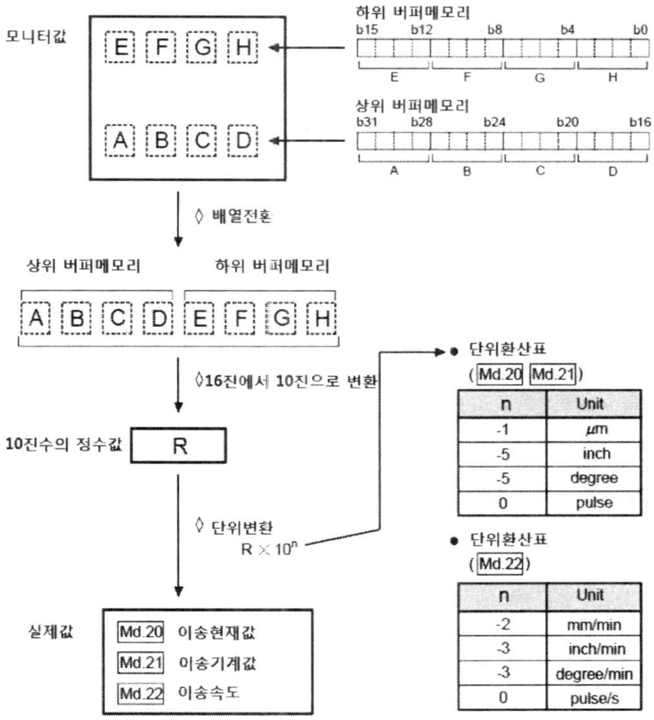
Md.20 이송현재값	
Md.20 이송현재값	

표 6-21 축 에러리셋 설정과 버퍼메모리

설정항목	설정내용	설정값	초기값	저장버퍼메모리 어드레스			
				1축	2축	3축	4축
Cd.5 축에러리셋	· 축에러검출, 축에러번호, 축경고검출, 축경고번호를 클리어한다. · QD75축동작상태가 「에러발생중」으로 될 경우 에러를 클리어하고 QD75를 「대기중」 상태로 되돌린다.	아래표 참조	0	1502	1602	1702	1802

설정항목	설정값
Cd.5 축에러리셋	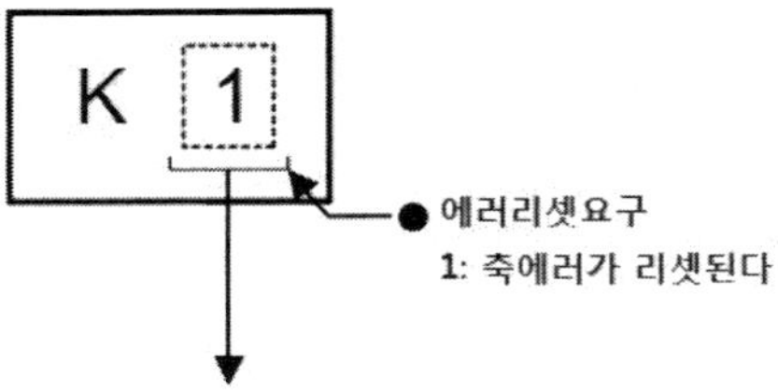 축 에러리셋 완료 후에는 QD75에 의해 자동적으로 「0」이 저장된다. (축 에러 리셋이 완료한 것을 나타낸다.)

6) JOG운전시 현재위치와 속도 그리고 알람용 Program

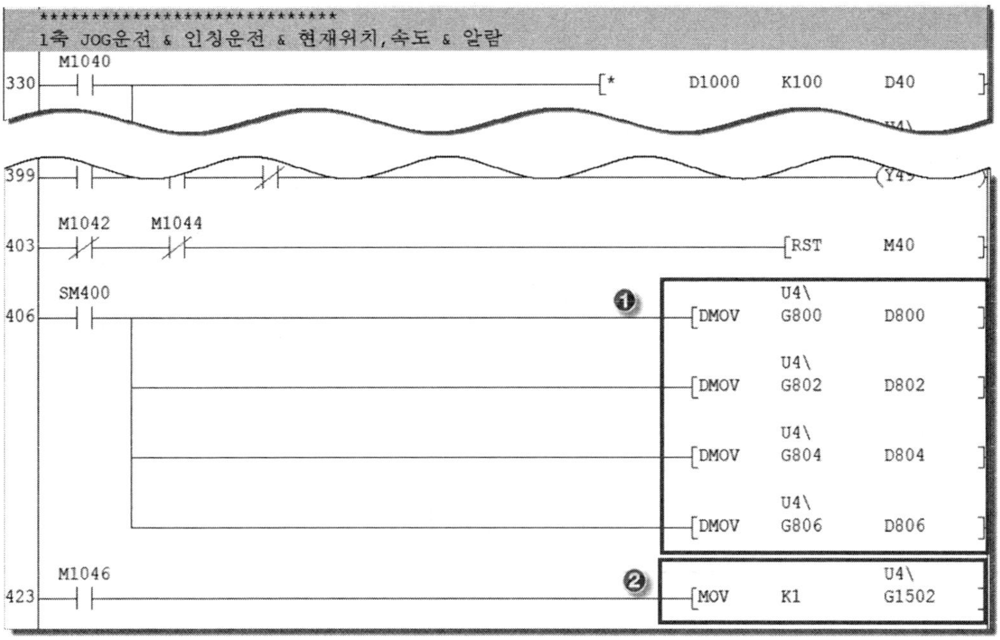

그림 6-21 1축 JOG운전시 현재위치와 속도 그리고 알람용 Program 예

표시하려는 데이터는 항상 버퍼메모리에서 가지고 올 수 있어야 하므로 SM400접점을 사용하여 ① 이송현재값, 이송기계값, JOG속도, 알람번호에 해당하는 버퍼메모리에서 PLC디바이스로 전송명령을 이용하여 데이터를 가지고 왔다. 806번 버퍼는 서보모터를 제어하는 중 발생하는 알람에 대한 내용을 가지고 있는 버퍼이다. 따라서 이 항목은 항상표시를 해야 하는 것이 좋을 것이다. ②항목에서 알람리셋에 해당하는 Cd.5버퍼메모리에 상수 1을 써넣어 리셋동작을 하도록 하였다.

2축에 대한 프로그램도 위와 동일할 것이다. 해당 버퍼메모리 번호를 정확히 적용하여 직접 만들어 보도록 하자.

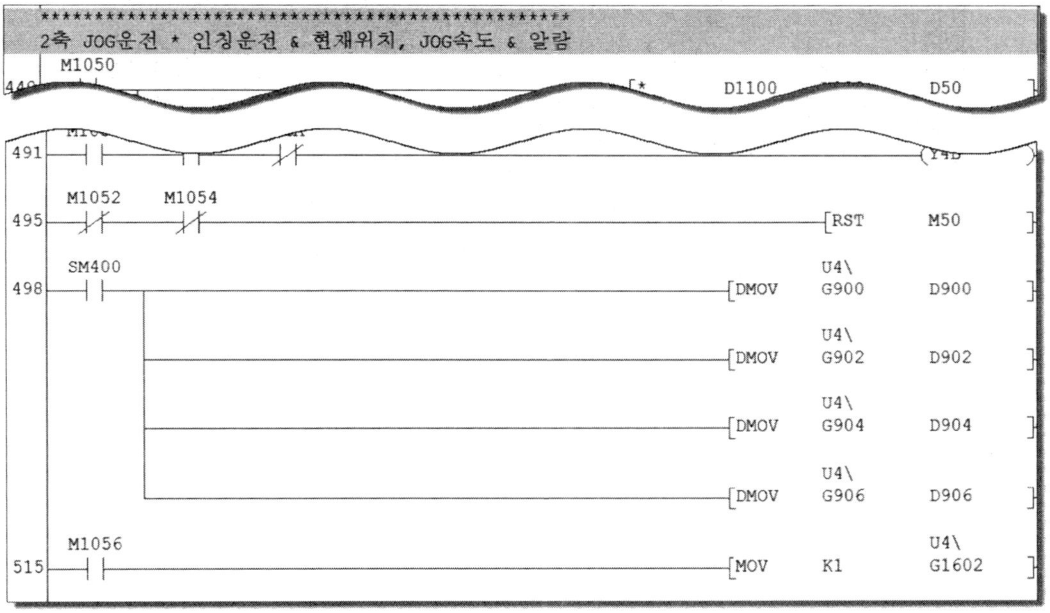

그림 6-22 2축 JOG운전시 현재위치와 속도 그리고 알람용 Program

7) 터치판넬 구성 Sample

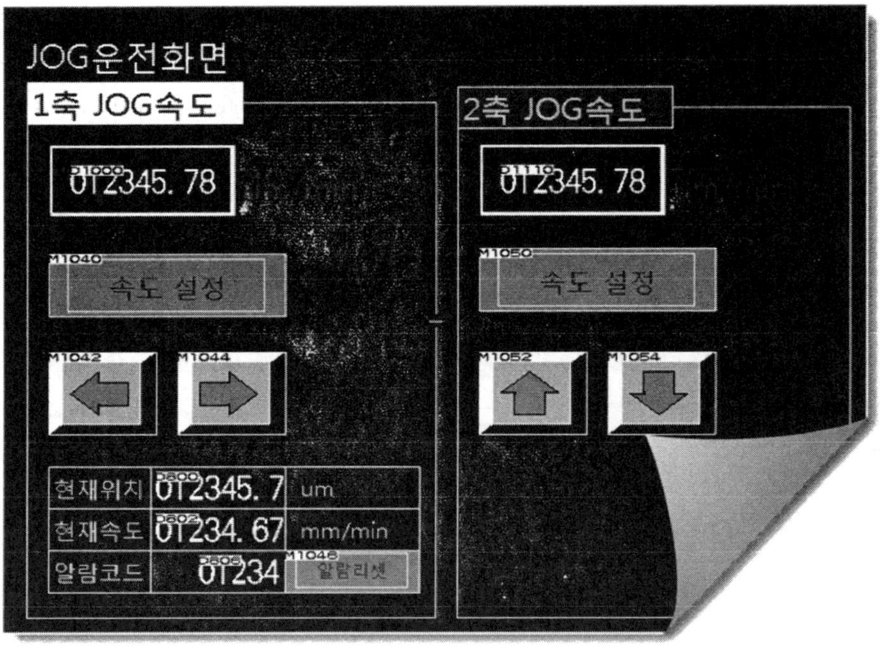

그림 6-23 JOG운전용 터치판넬 구성 예

나. 인칭운전

1) 인칭운전의 동작

인칭운전에서는 정회전 JOG기동신호 [Y48, Y4A, Y4C, Y4E] 또는 역회전 JOG기동신호 [Y49, Y4B, Y4D, Y4F]을 ON하고나서 1제어주기(1.8ms)로 드라이브모듈에 펄스를 출력하고 지정한 이동량만큼 이송테이블을 이동시킨다. 아래에 인칭운전의 동작 예를 표시하였다.

표 6-22 인칭운전 동작순서

	동작순서	비고
①	기동신호를 ON하면 기동신호에서 지정한 방향으로 인칭운전 한다. 이 때 BUSY신호 OFF→ON으로 된다.	
②	워크가 "Cd.16 인칭이동량" 에서 설정한 이동량만큼 이동한다.	
③	속도가 0이 되면 정지한다. 이 때 BUSY신호 ON→OFF로 된다. 또 위치결정완료신호 OFF→ON으로 된다.	
④	위치결정완료신호가 "Pr.40 위치결정완료신호출력시간" 에서 설정한 시간 경과 후에 ON→OFF로 된다.	

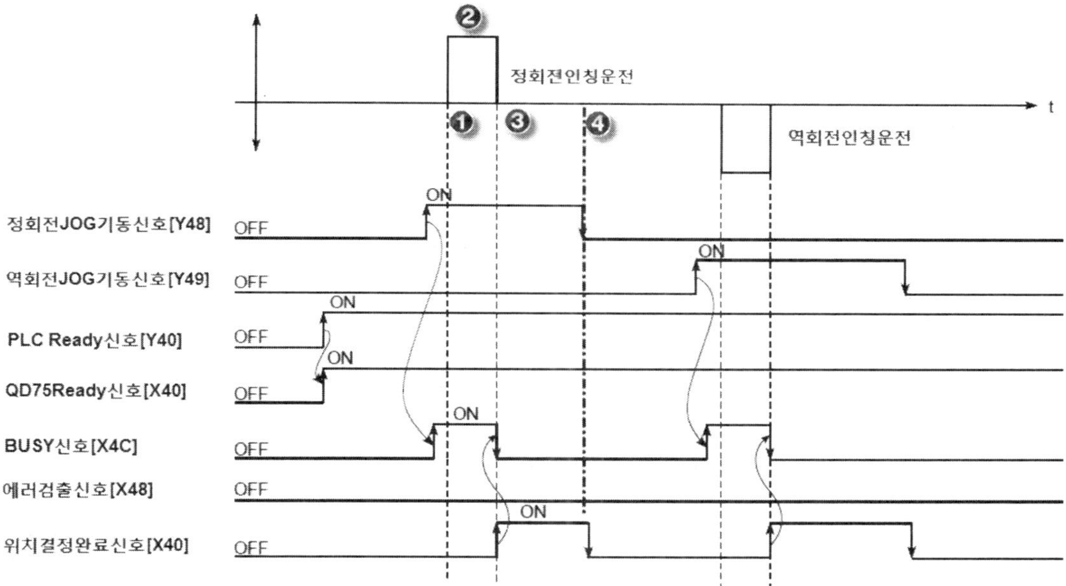

그림 6-24 인칭운전 동작 타이밍 도

2) 동작상의 주의사항

표 6-23 인칭운전시 주의사항

	항 목	비 고
①	인칭운전에서는 가감속처리를 하지 않는다. (지정된 인칭이동량의 펄스는 QD75의 1제어주기(1.8ms)로 출력된다. 인칭운전의 이동방향이 반대로 되어 백러시보정을 할 경우에는 처음에 백러시분의 펄스를 QD75의 1제어주기로 출력하고 다음 제어주기로 지정된 인칭이동량분의 펄스를 출력한다.) 또, "Cd.17 JOG 속도" 는 설정되어 있어도 무시됩니다. 단, 아래의 경우에는 에러가 된다. (에러코드 : 301) (Cd.16 인칭이동량) × (A) 〉 (Pr.31 JOG 속도제한값) 단, (A)는 다음 값을 사용한다. · 단위가 pulse일 때 : 562.5 · 단위가 pulse이외일 때 : 337.5	
②	정지신호 ON→OFF 직후 (100ms이내)의 JOG기동신호 OFF→ON은 무시된다.(기동하지 않는다.)	
③	"Cd.16 인칭이동량" 에는 0이외의 값을 설정한다. 0을 설정했을 경우 JOG운전으로 동작한다. 스트로크 리미트 (리미트스위치 OFF)에 의해 운전이 정지했을 경우에는 리미트스위치가 ON하는 방향의 인칭운전을 할 수 있다. (리미트스위치가 OFF하는 방향의 JOG기동신호는 무시된다.)	
④	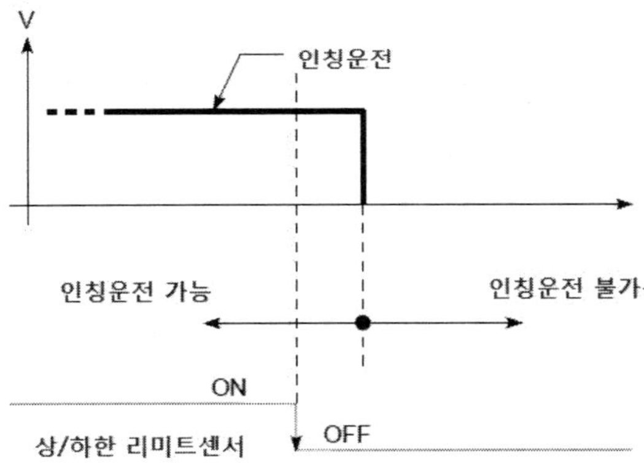 스트로크 리미트 (리미트스위치 OFF)에 의해 운전이 정지했을 경우에는 리미트스위치가 ON하는 방향의 인칭운전을 할 수 있다. (리미트스위치가 OFF하는 방향의 JOG기동신호는 무시된다.)	

3) 인칭운전 Program

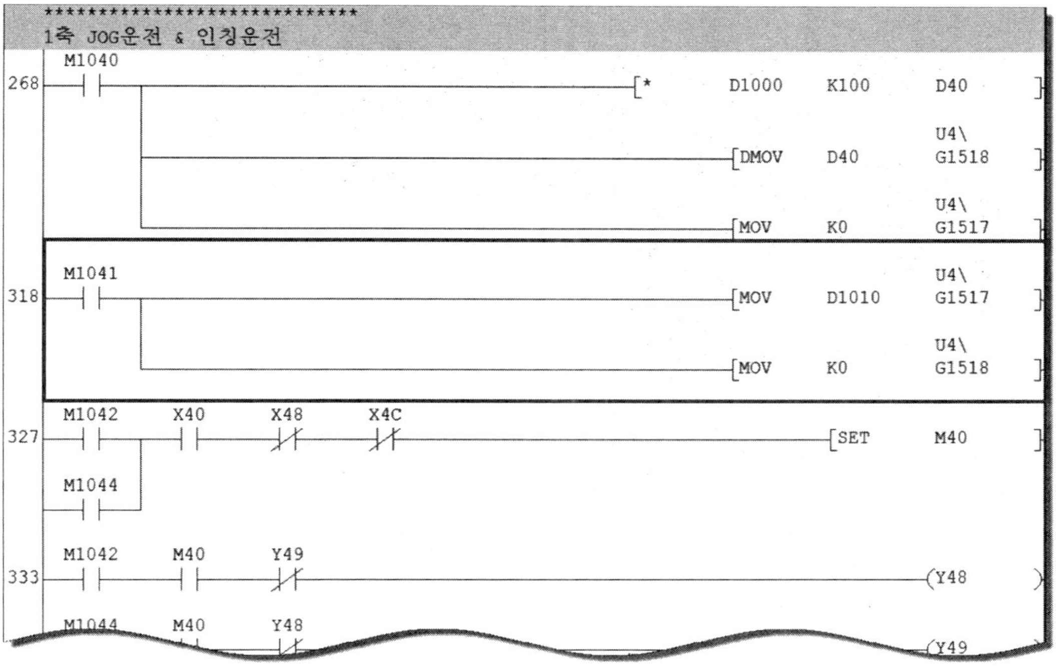

그림 6-25 인칭운전 PLC프로그램 예

인칭운전 Program은 JOG운전과 동일하다. 다만 인칭운전에 필요한 이동량을 Cd.16 인칭이동량에 입력을 하고 JOG운전시 사용했던 Y48,Y49출력을 통해서 정회전 역회전을 한다. 물론 JOG운전에서 입력했던 Speed값은 "0" 으로 만들어 주었다. 거리와 관련된 파라미터들을 보면 소수점아래 1자리까지 입력할 수 있다. 따라서 터치판넬에서 100이라고 입력하면 버퍼메모리의 인칭이동량은 10.0[㎛]이 된다.

이유는 거리의 단위를 [㎛]로 하였고 인칭이동량에 해당하는 버퍼메모리 Cd.16의 설정값 상세 항목을 보면 실제값에 10^{-1}을 곱한 데이터가 인칭이동시의 이동량 설정값이 된다고 설명되어 있다. 여기에서는 터치판넬에서 소수점아래 1자리에 해당하는 값을 맞추어 입력하도록 하겠다.

4) 인칭운전 터치판넬 구성 Sample

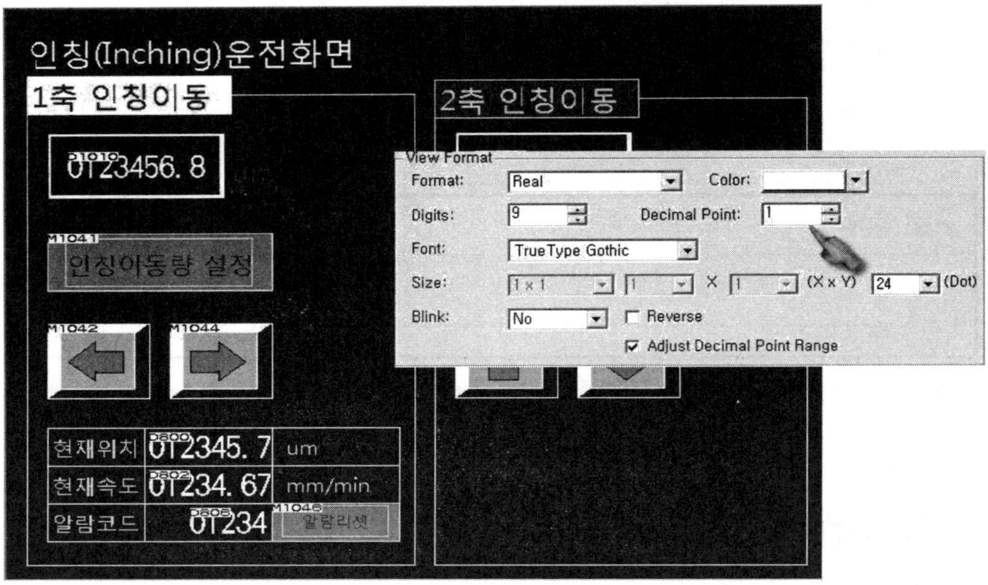

그림 6-26 인칭운전용 터치판넬 구성 예

JOG운전 화면과 비슷하지만 설정하는 내용이 조금 달라졌다.
인치이동량에 해당하는 값은 소수점 아래 1자리까지만 입력이 되도록 하였다.
나머지 항목은 JOG운전과 동일하다.

다. 수동펄서운전

1) 수동펄서운전의 동작개요

수동펄서운전에서는 수동펄서로부터 QD75에 펄스를 입력함에 따라 입력된 펄스 수만큼 위치결정모듈 QD75로부터 서보앰프에 펄스를 출력하고 지정한 방향으로 이송테이블을 이동시킨다.

아래에 수동펄서운전의 동작예를 나타낸다.

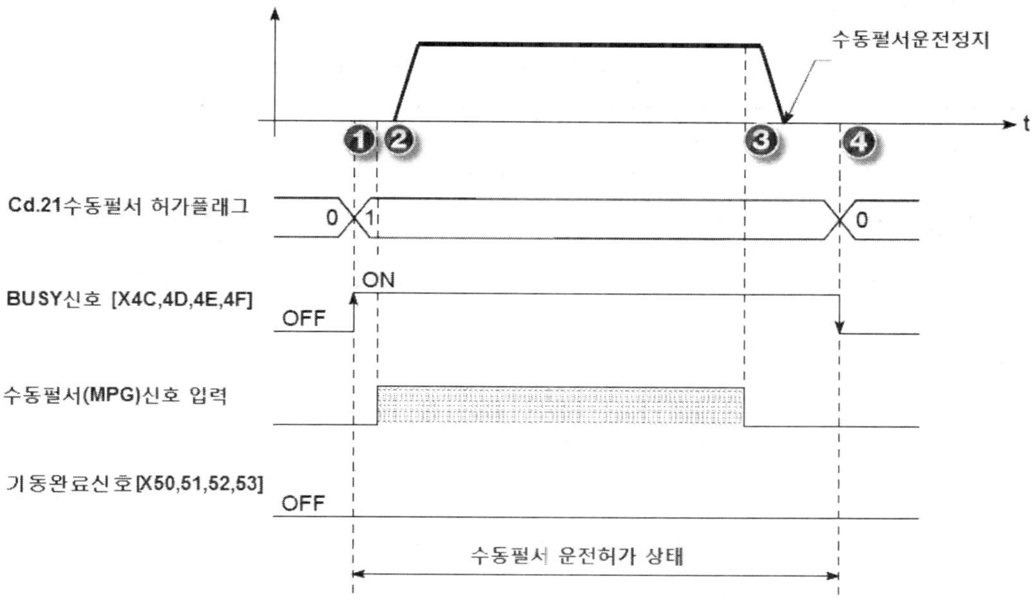

그림 6-27 수동펄서 운전 동작 타이밍 도

표 6-24 수동펄서 운전 동작 순서

	동작순서	비 고
①	"Cd.21 수동펄서허가플래그" 에「1」을 설정하면 BUSY신호가 ON하고 수동펄서운전허가상태가 된다.	
②	수동펄서로부터 입력된 펄스 수에 맞춰 워크가 이동한다.	
③	수동펄서로부터의 펄스입력이 없어지면, 워크는 정지한다.	
④	"Cd.21 수동펄서허가플래그" 에「0」을 설정하면 BUSY신호가 OFF하고 수동펄서 운전불허가 상태가 된다.	

2) 동작상의 주의사항

표 6-25 수동펄서 운전시 주의 사항

	항목	비고
①	수동펄서운전시의 속도는, "Pr.8 속도제한값" 으로 제한된다. (속도제한값을 초과하는 입력펄스는 무시된다.)	
②	QD75가 BUSY중(BUSY신호ON)에 "Cd.21 수동펄서허가플래그" 를 ON하면 경고(경고코드100 : 운전중 기동)가 된다.	
③	수동펄서운전 중에 정지요인이 발생했을 경우 운전은 정지되고 BUSY신호가 OFF된다. 이 때 "Cd.21 수동펄서허가플래그" 는 ON인 상태이지만 수동펄서 운전은 할 수 없다. 다시 수동펄서운전을 하기 위해서는 정지요인에 대한 처리를 한 후 "Cd.21수동펄서허가플래그" 를 ON→OFF→ON할 필요가 있다.	
④	수동펄서운전 기동 시에 에러가 발생했을 경우에는 펄스는 출력되지 않는다.	
⑤	수동펄서운전을 하지 않을 때는, 반드시 "Cd.21 수동펄서허가플래그" 가 「0」 (불허가)으로 설정되는 PLC프로그램을 작성한다. ※ 수동펄서허가플래그가 「1」 (허가)의 상태에서 잘못하여 수동펄서가 인가되면 사고나 위치결정 어긋남의 원인이 된다.	
⑥	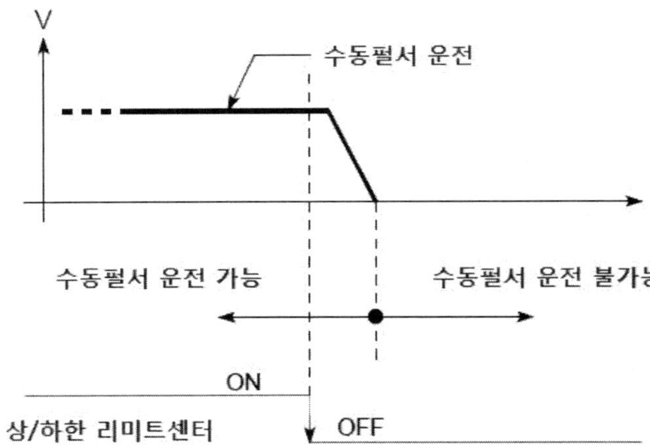 스트로크 리미트(리미트스위치 OFF)에 의해 운전이 정지했을 경우에는 리미트스위치가 ON하는 방향의 수동펄서운전을 할 수 있다. (리미트스위치가 OFF하는 방향의 펄스입력은 무시된다.)	

3) 수동펄서운전에 의한 위치 제어

수동펄서운전에서는 1펄스에서 「수동펄서 1펄스이동량」 만큼 이동한다.

수동펄서운전에 의한 위치결정제어시의 이송현재값은 다음 식으로 산출한다.

이송현재값＝입력펄스수×Cd.20 수동펄서1펄스입력배율×수동펄서1펄스이동량

표 6-26 수동펄서 1펄스당 이동량

Pr.1 단위설정	mm	inch	degree	pulse
수동펄서1펄스 이동량	0.1㎛	0.00001inch	0.00001degree	1pulse

예를 들면

"Pr.1단위설정" 이 mm

"Cd.20 수동펄서1펄스입력배율" 이 2일 경우

수동펄서로부터 100펄스 입력되면 이송현재값은

$$100 \times 2 \times 0.1 = 20[\mu m]$$

이 된다.

실제로 드라이브에서 출력되는 펄스의 수는 (수동펄서 1펄스 이동량/1펄스당 이동량)이 된다.

예를 들면, "Pr.1 단위설정" 이 mm, 1펄스당 이동량이 1[㎛]일 경우에는 0.1/1＝1/10, 다시 말하면 수동펄서로부터의 1펄스로 드라이브모듈로의 출력은 1/10펄스가 된다.

이 때문에 QD75은 수동펄서로부터 10펄스 입력되면 드라이브모듈에 1펄스 출력한다.

$$1\text{펄스당 이동량} = \frac{\text{Pr.3 1회전당이동량}}{\text{Pr.2 1회전당 펄스수}} \times \text{Pr.4단위배율}$$

4) 수동펄서운전 Program

표 6-27 수동펄서 운전을 하기 위한 펄스입력배율과 허가플래그 설정과 버퍼메모리

설정항목	설정내용	설정값	초기값	저장버퍼메모리 어드레스			
				1축	2축	3축	4축
Cd.20 수동펄서1 펄스입력 배율	수동펄서1펄스의 입력배율을 설정한다.	1	0	1522 1523	1622 1623	1722 1723	1822 1823
Cd.21 수동펄서 허가플래그	「1 : 수동펄서운전을 허가한다」를 설정한다. (수동펄서운전을 실행하지 않을 때는「0:수동 펄서운전을 불허가로 한다」를 설정한다.)	1 또는 (0)	0	1524	1624	1724	1824

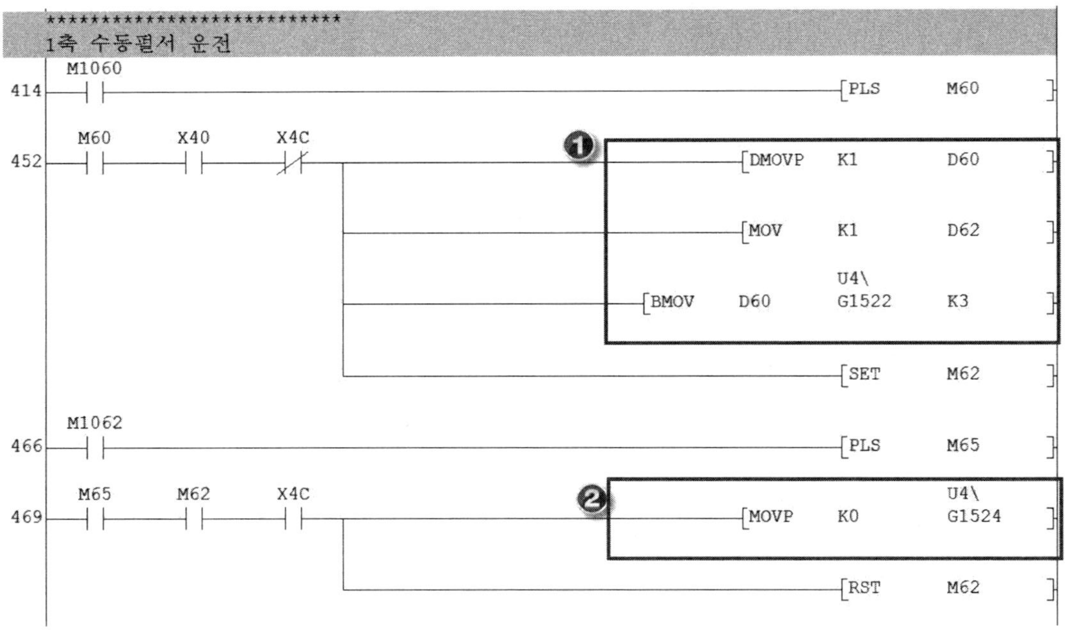

그림 6-28 수동펄서 운전용 프로그램 예

M1060은 수동펄서 운전허가 지령에 해당하는 터치판넬의 스위치이다. 이 스위치를 누르면 ①수동펄서 입력배율에 해당하는 버퍼메모리 Cd.1522~1523 영역에 1을 설정하고 Cd.1524 수동펄서 입력허가 플래그 버퍼메모리에 허가에 해당하는 데이터 "1" 을

입력한다. 이제 운전허가에 해당하는 데이터를 입력하였으므로 수동펄서를 정회전, 역회전하여 A상 펄스열과 B상 펄스열을 만들어 보내주면 서보모터가 서서히 움직일 것이다.

M1062는 수동펄서운전을 금지할 경우에 사용하는 스위치이다. 수동펄서 운전을 하다이 스위치를 누르면 ② Cd.1524 수동펄서 입력허가 플래그 버퍼메모리에 금지에 해당하는 데이터 "0" 이 입력되므로 더 이상 운전을 할 수 없는 상태로 변경된다.

CHAPTER 7

위치데이터에 의한 운전

7-1 위치데이터에 의한 서보모터 운전

가. 위치데이터에 의한 운전 개요

GX-Configator QP 전용소프트웨어에서 작성한 위치데이터를 이용하여 동작시키는 제어로 QD75위치결정 매뉴얼에서는 [주요한 위치결정 제어]라는 표현을 사용하여 설명하고 있다.

이 제어는 QD75에 저장하는「위치결정데이터」를 사용하는 제어이다.

위치제어나 속도제어등 기본적인 제어는 이「위치결정데이터」에 필요한 항목을 설정하고 그 위치결정데이터를 기동함에 따라 실행한다.

나. 제어방식의 종류

표 7-1 제어방식(Control Method)의 종류

위치결정제어		제어방식	내용
직선제어	1축 직선제어	ABS LINE 1 INC LINE 1	지정된 1축을 사용하여 시작점어드레스(현재 정지위치)에서 지정위치까지 위치결정제어를 한다.
	2축 직선제어	ABS LINE 2 INC LINE 2	지정된 2축을 사용하여 시작점어드레스(현재 정지위치)에서 지정위치까지 직선보간제어를 한다.
	3축 직선제어	ABS LINE 3 INC LINE 3	지정된 3축을 사용하여 시작점어드레스(현재 정지위치)에서 지정위치까지 위치결정제어를 한다.
	4축 직선제어	ABS LINE 4 INC LINE 5	지정된 4축을 사용하여 시작점어드레스(현재 정지위치)에서 지정위치까지 위치결정제어를 한다.
치수이송 제어	1축 치수이송 제어	FEED 1	지정된 1축을 사용하여 시작점어드레스(현재 정지위치)에서 위치결정제어를 한다. (기동시에 Md.20이송현재값을 「0」으로 한다.)
	2축 치수이송 제어	FEED 2	지정된 2축을 사용하여 시작점어드레스(현재 정지위치)에서 위치결정제어를 한다. (기동시에 Md.20이송현재값을 「0」으로 한다.)
	3축 치수이송 제어	FEED 3	지정된 3축을 사용하여 시작점어드레스(현재 정지위치)에서 위치결정제어를 한다. (기동시에 Md.20이송현재값을 「0」으로 한다.)
	4축 치수이송 제어	FEED 4	4축을 사용하여 시작점어드레스(현재 정지위치)에서 위치결정제어를 한다. (기동시에 Md.20이송현재값을 「0」으로 한다.)
2축원호 보간제어	보조점지정	ABS ArcMp INC ArcMp	보간제어의 제어방식을 설정한 축을 기준축으로 하여 기준축에 설정한 위치결정데이터에 맞춰 다른 1축(보간축)을 제어하면서 지정한 위치에 원호궤적으로 위치결정을 한다.
	중심점지정	ABS ArcRGT ABS ArcLFT INC ArcRGT INC ArcLFT	
속도제어	1축 속도제어		지정된 1축의 속도제어를 한다.
	2축 속도제어		지정된 2축의 속도제어를 한다.
	3축 속도제어		지정된 3축의 속도제어를 한다.
	4축 속도제어		4축의 속도제어를 한다.

위치결정제어			내용
		제어방식	
속도 · 위치 전환제어		FWD V/P RVS V/P	처음에 속도제어를 하고「속도 · 위치전환신호」를 ON함에 따라 계속 위치제어(지정된 어드레스, 또는 이동량의 위치결정)를 한다.
위치 · 속도 전환제어		FWD P/S RVS P/S	처음에 위치제어를 하고「위치 · 속도전환신호」를 ON함에 따라 계속 속도제어를 한다.
그 밖의 제어	NOP 명령	NOP	비실행 제어방식. 이 명령이 설정되어 있는 경우 다음데이터의 운전으로 이행하여 이 명령은 실행되지 않는다.
	현재값 변경	Address CHG	이송현재값(Md.20)을 위치결정데이터에 설정한 어드레스로 변경한다. 아래에 두 종류의 방법이 있다.(이송기계값은 변경불가) · 제어방식을 사용한 현재값 변경 · 현재값변경용 기동번호(No.9003)를 사용한 현재값 변경
	JUMP 명령	JUMP	지정된 위치결정데이터 No.에 무조건 혹은 조건부로 JUMP를 한다.
	LOOP	LOOP	반복 LOOP~LEND에 의한 반복제어를 한다.
	LEND	LEND	반복 LOOP~LEND에 의한 반복제어의 처음으로 되돌아온다. 지정횟수의 반복이 완료하면 다음 위치결정데이터의 운전을 한다.

다. 위치결정제어에 필요한 데이터

포지션데이터를 구성하는 요소에 대한 설명이다.

GX-Configator QP 전용소프트웨어를 기동하여 다음과 같은 데이터를 작성할 수 있다.

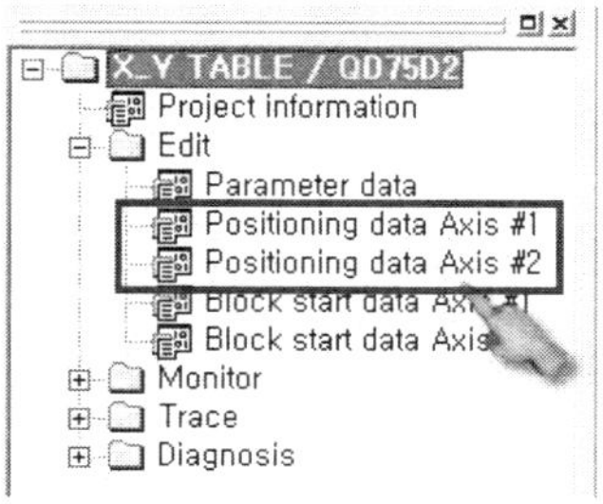

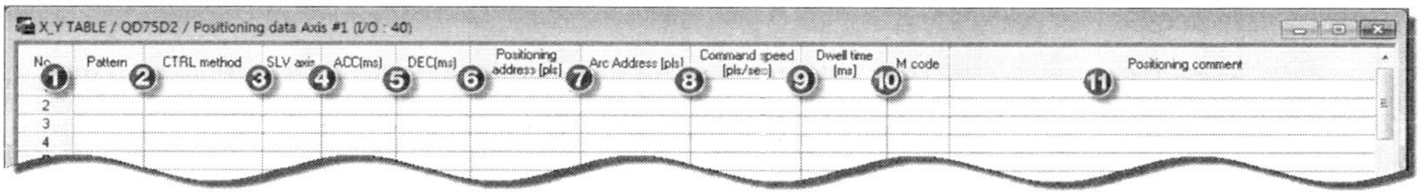

그림 7-1 포지셔닝데이터(Positioning Data)의 구성요소

포지션데이터는 11항목으로 구성되고 1개의 축당 600개의 데이터를 만들어 사용할 수 있다.

각 항목별로 ② 항목의 컨트롤방법에 따라 설정할 수 있는 항목과 설정할 수 없는 항목으로 나누어 질수 있다.

각 설정항목에 대해 알아보도록 하자.

표 7-2 포지셔닝데이터(Positioning Data)의 구성요소

	설정항목	설정내용
① Da.1	운전패턴 Pattern	연속하는 위치결정데이터(예 : 위치결정데이터 No.1, No.2…)를 어떻게 제어할지 설정한다. 3개의 운전 Pattern(END, CONT, LOCUS)이 있다.
② Da.2	제어방식 Conrol Method	제어의 방식을 설정한다.
③ Da.3	가속시간No. ACC	제어기동시의 가속시간을 선택하고 설정한다. (가속시간은 Pr.9, Pr.25, Pr.26, Pr.27에 설정된 4개의 설정값에서 선택한다.)
④ Da.4	감속시간No. DEC	제어정지시의 감속시간을 선택하고 설정한다. (감속시간은 Pr.10, Pr.28, Pr.29, Pr.30에 설정된 4개의 설정값에서 선택한다.)
⑤ Da.5	보간대상축 SLV axis	2축보간운전시의 대상축(상대축)을 설정한다.

⑥ Da.6	위치결정 어드레스/이동량 Positioning Address	위치제어시의 목표값을 설정한다.
⑦ Da.7	원호어드레스 Arc Address	원호보간제어시의 보조점 혹은 중심점의 어드레스를 설정한다.
⑧ Da.8	지령속도 Command Speed	제어실행시의 속도를 설정한다.
⑨ Da.9	드웰타임 Dewell Time	실행한 위치결정제어가 완료하고 워크가 정지하고 나서 QD75가 위치결정완료라고 판단하기까지의 시간을 설정한다.
⑩ Da.10	M코드 M Code	위치결정데이터의 실행과 관련해서 코드번호에 맞는 보조작업(드릴정지, 공구교환 등)의 지령을 하는 경우에 설정한다.
⑪ Da.11	Positioning Comment	데이터의 참조할 만한 코멘트를 기록한다.

1) Da.1 Pattern 운전패턴 (Operation pattern)

운전패턴은 2가지 종류로 3가지항목이 있다.
단독운전패턴(END), 연속운전패턴(CONT, LOCUS)으로 나누어진다.

가) 단독위치결정제어 (위치결정종료)

지정한 1개 데이터의 위치결정만을 실행할 경우에 설정한다.
드웰타임을 지정하고 있는 경우에는 지정시간 경과 후 위치결정이 완료된다.

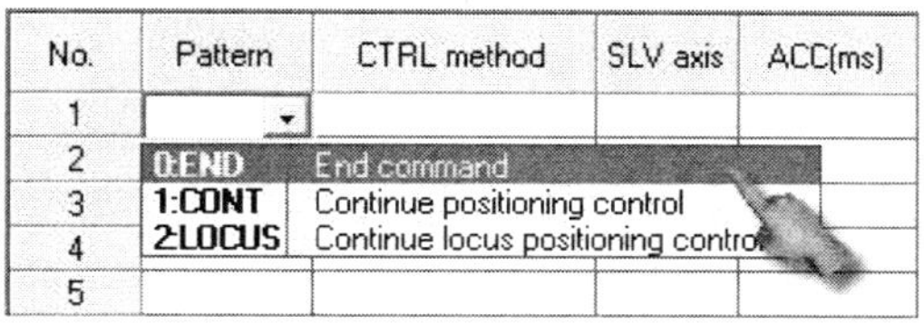

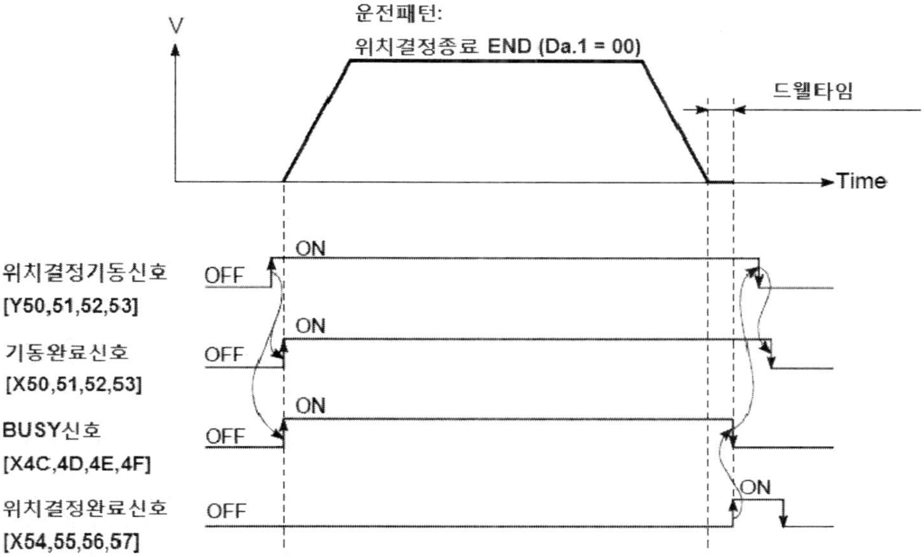

그림 7-2 단독위치결정제어(위치결정종료)의 동작 타이밍 도

나) 연속위치결정제어

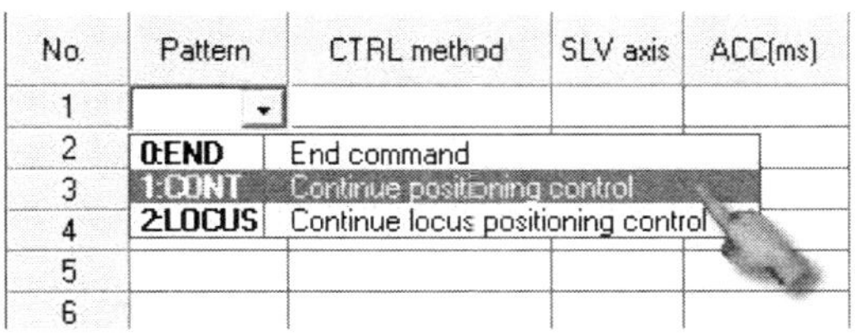

그림 7-3 연속위치결정제어의 설정

(1) 하나의 위치결정데이터의 위치결정이 완료할 때마다 반드시 자동감속하고 QD75의 지령속도가 0이 되고 나서 다음 위치결정데이터의 운전을 하기 위해 가속을 한다. 드웰타임을 지정하고 있을 경우에는 지정시간 경과 후에 가속을 한다.

(2) 연속위치결정제어(운전패턴「01」)에 의한 운전에서는 자동적으로 다음 No.의 위치결정을 실행한다. 마지막 위치결정데이터에는 반드시 운전패턴「00」을 설정하고 위

치결정을 종료한다. 운전패턴이 위치결정속행(「01」 또는 「11」)일 경우에는 운전패턴 「00」이 발견될 때까지 운전을 속행한다.
이 때문에 운전패턴에 종료(「00」)가 발견되지 않을 경우에는 위치결정데이터 No. 600까지 운전을 하고 위치결정데이터 No.600의 운전패턴이 종료가 아니었을 경우에는 다시 위치결정데이터 No.1부터 운전을 한다.

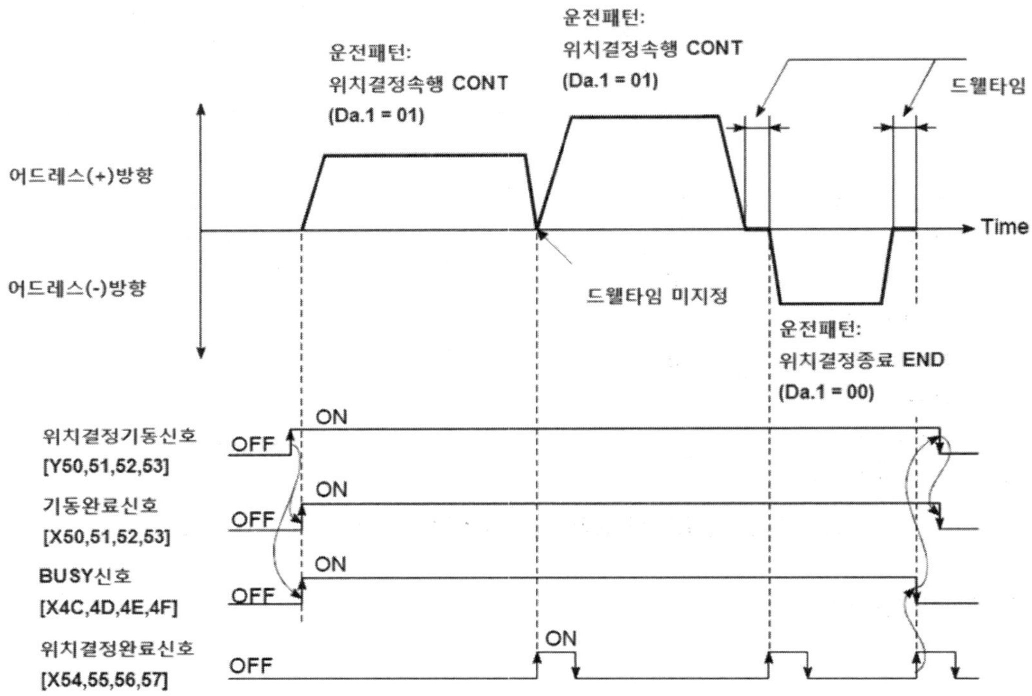

그림 7-4 연속위치결정제어 동작 타이밍 도

다) 연속궤적제어

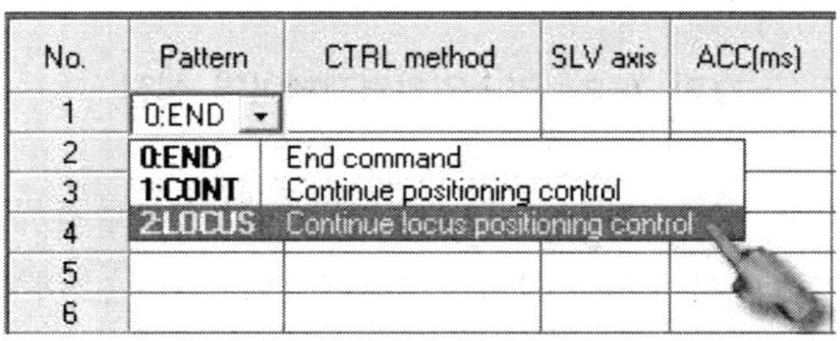

그림 7-5 연속궤적제어의 설정

(1) 연속궤적제어

① 「현재운전중인 위치결정데이터 No.」와 「다음에 운전할 위치결정데이터 No.의 지령속도와의 사이에서 감속정지하지 않고 속도변경을 한다. 현재 속도와 다음 속도가 동등할 경우에는 속도변경을 하지 않는다.

② 지령속도의 설정이 「-1」 일 경우 속도는 하나 전의 위치결정운전에서 사용된 속도로 된다.

③ 드웰타임이 설정되어 있어도 무시된다.

④ 연속궤적제어(운전패턴 「11」)에 의한 운전에서는 자동적으로 다음 No.의 위치결정을 실행한다.

마지막 위치결정데이터는 반드시 운전패턴 「00」 을 설정하여 위치결정을 종료하여야 한다. 운전패턴이 위치결정속행(「01」 또는 「11」)의 경우에는 운전패턴이 종료(「00」) 될 때까지 운전을 속행한다. 때문에 운전패턴에 종료가 발견되지 않을 경우에는 위치결정데이터 No.600까지 운전을 하고 위치결정데이터 No.600의 운전패턴이 발견되지 않을 경우에는 다시 위치결정데이터 No.1부터 운전을 한다.

⑤ 속도전환의 패턴에는 속도변경을 현재의 위치결정 측의 마지막에서 실행하는 「전도속도전환패턴」 과 다음 위치결정 측의 처음에 실행하는 「표준속도전환패턴」 이 있다. ("Pr.19 속도전환모드" 참조할 것.)

⑥ 연속궤적제어에는 설정되어 있는 어드레스/이동량보다 가까운 쪽에서 위치결정완료되어 「다음에 운전할 위치결정데이터 No._ 로 전환되는 경우가 있다.

이것은 지령속도에서의 위치결정을 우선으로 하기 때문에 지령속도미만의 남은 거리만큼 가까워진다.(지령속도 미만의 남은 거리(ΔL)는 0≦ΔL≦(위치결정완료시의 속도로 1.8ms 동안 이동한 거리)이다.

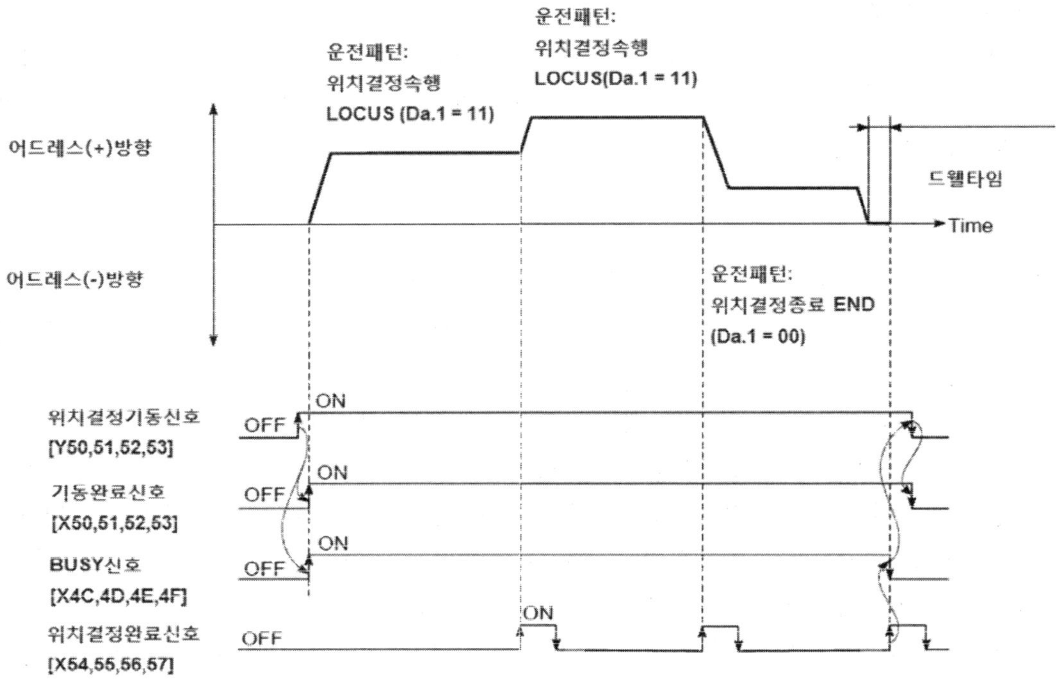

그림 7-6 연속궤적제어의 동작 타이밍 도

2) Da.2 제어방식 (Control Method)

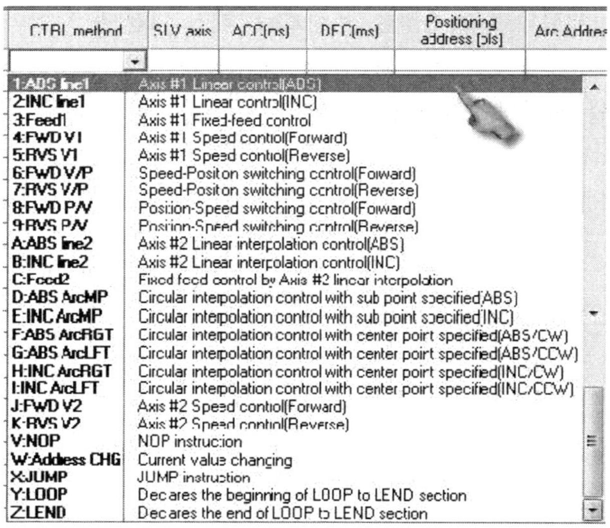

그림 7-7 제어방식(Control Method)설정

라. 직선제어

(1) 1축 직선제어

1축 직선제어("Da.2 제어방식" = ABS Line1, INC Line1)에서는 1대의 모터를 사용하여 설정한 축방향의 위치제어를 한다.

서보모터의 좌표를 지정하는 방식은 크게 절대좌표방식(ABS : Absolute)과 증가좌표방식(INC : Incremental)의 두 가지가 있다. 먼저 이 용어에 대한 설명하도록 하겠다.

(가) 앱솔루트 방식

원점을 기준으로 한 위치(절대어드레스)를 지정해서 위치결정을 한다. 이 어드레스를 위치결정어드레스라 한다. (시작점은 어디든 상관없다.)

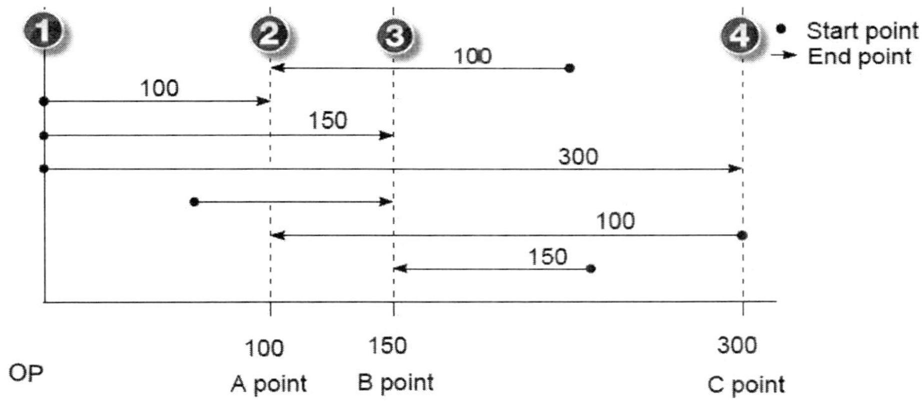

그림 7-8 앱솔루트방식의 좌표 산출

①위치에서 ②위치(A Point)로 이동하려고 하면 A Point 어드레스를 100을 지정하면 이동한다. 다시 ②위치에서 ③(B Point)위치로 이동하고 싶다면 B Point 어드레스150을 지정하면 되겠다. ③(B Point)위치에서 ④(C Point)위치로 이동하고 싶다면 C Point 어드레스300을 지정하면 된다.

다시 정리하면 어느 위치에 서보모터가 정지하고 있더라도 이동하고 싶은 좌표는 고정되어 있으므로 목표위치 어드레스를 지정하는 방식이 절대어드레스 지정방식인 앱솔루트 방식이다.

지구본을 본다고 생각해 보자.

내가 미국 로스엔젤레스 (위도(북위) 34도, 경도(서경) 118도)에 있든 영국 런던(위도

(서경)50도 , 경도(북위) 0도)에 있던 서울의 위도와 경도(위도(북위) 37.6도 , 경도(동경) 127도)는 고정되어 변하지 않는 값을 가지고 있는 것과 동일하다.

(나) 인클리멘트방식

현재 정지하고 있는 위치를 시작점으로 해서 이동방향과 이동량을 지정해서 위치결정을 한다.

즉 방향에 따라서 어드레스가 증가하는 방향으로 이동한다면 (+)기호를 감소하는 방향이라면 (-)기호를 붙여서 표시하고 두 지점의 어드레스 차이를 항상 염두에 두어야 한다.

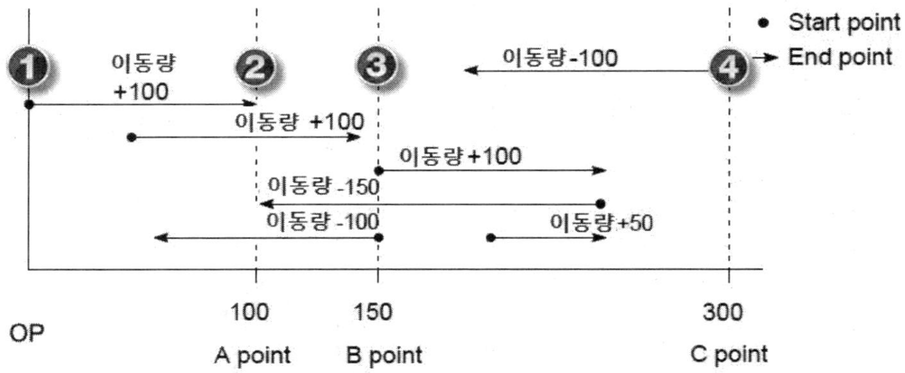

그림 7-9 인크리멘트 방식의 좌표 산출

①의 위치(OP)에서 ②(A Point)로 이동하려고 하면 OP와 (A Point)의 어드레스의 차이는 100 - 0으로 100이고 어드레스가 증가하는 방향으로 이동하므로 (+)기호를 붙여서 (+)100이라고 지정하는 방식이다.

③의 위치(B Point : 어드레스 150)에서 ②(A Point)로 이동하려고 하면 목표위치가 ② (A Point : 어드레스 100)이고 시작점이 ③(B Point : 어드레스 150)이므로 A Point 어드레스 - B Point 어드레스 = 100 -150이 되므로 (-)50 만큼 이동해야 한다.

다시 말하면 현재 서보모터의 위치에 따라서 목표위치의 어드레스를 지정하는 방식이 달라지는 방식으로 좀 까다로울 수 있다.

(2) 2축직선보간제어

「2축직선보간제어」("Da.2 제어방식" =ABS Line2, INC Line2)에서는 2대의 모터를 사용하여 각각에 설정한 축방향에 대해 보간동작을 하면서 직선궤적으로 위치제어를 한다.

보간제어란?

「2,3,4축 직선보간제어」,「2,3,4축 치수이송제어」,「2축 원호보간제어」에서는 2~4개의 축방향에 설정된 모터를 사용하여 지정궤적을 그리도록 제어한다. 이러한 제어를「보간제어」라고 한다.

보간제어에서는 제어방식을 설정한 축을「기준축」, 다른 방향을「보간축」이라 정의한다. QD75는「기준축」에 설정된 위치결정데이터에 따라「기준축」제어를 하고 거기에 맞춰 직선이나 원호궤적을 그리도록「보간축」을 제어한다. 기준축과 보간축의 조합을 아래에 표시한다.

표 7-3 2축보간제어의 종류

	기준축	보간축
2축 직선보간 제어 2축 치수이송 제어, 2축 원호보간 제어 2축 속도 제어	축1, 축2, 축3, 축4 중 한 개	기준축에 설정된 “보간 대상축” 에 의한다.
3축 직선보간 제어 , 3축 치수이송 제어 3축 속도 제어	축1	축2,축3
	축2	축3,축4
	축3	축1,축4
	축4	축1,축1
4축 직선보간 제어 4축 치수이송 제어 4축 속도 제어	축1	축2,축3,축4
	축2	축3,축4,축1
	축3	축4,축1,축2
	축4v	축1,축2,축3

(3) 2축 직선보간제어 (ABS Line2)

앱솔루트방식의 2축 직선제어에서는 2축을 사용한 좌표평면상의 기계원점복귀에 의해 확립된 어드레스를 사용해서 현재 정지위치(시작점 어드레스)에서 “Da.6 위치결정어드레스/이동량” 으로 설정한 어드레스(종점어드레스)로 직선보간 위치결정을 한다.

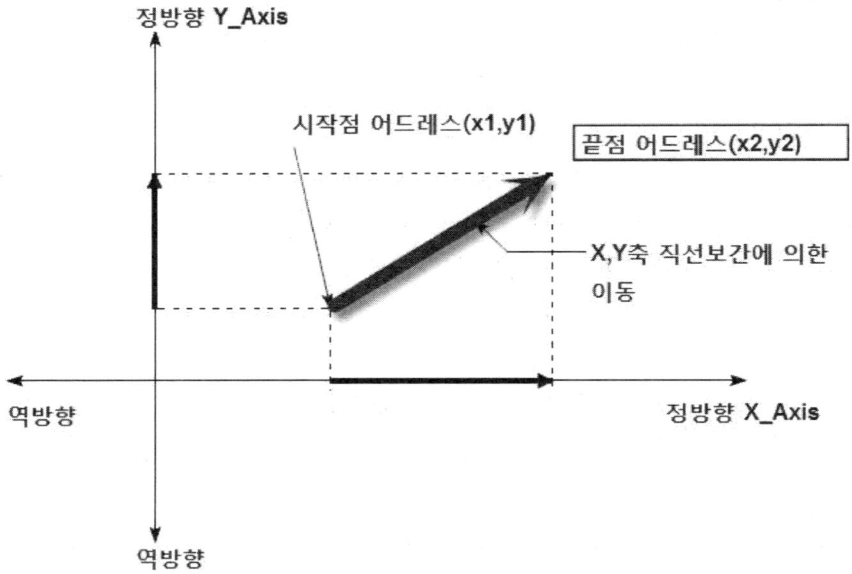

그림 7-10 2축 직선보간제어 (ABS Line2) 동작도

예를 들어서 시작점어드레스(현재의 정지위치)가 (1000, 1000), 끝점어드레스(위치결정 어드레스)가 (10000, 4000)일 경우에는 다음과 같이 된다.

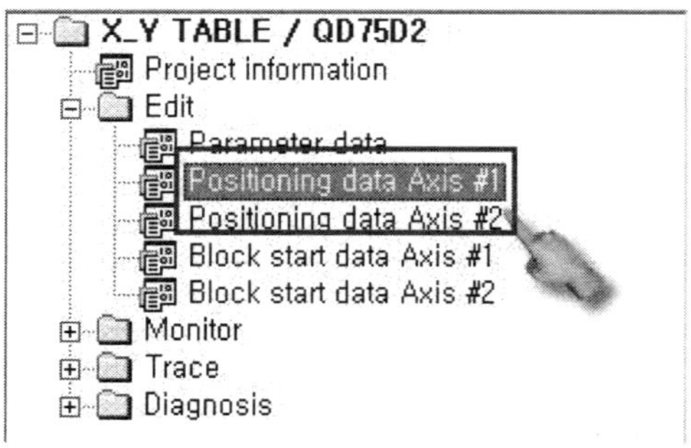

그림 7-11 Positioning Data 설정

GX-Configurator QP에서 Position data Axis#1, #2을 클릭하여 다음과 같이 입력한다.

Position data Axis#1에서

X_Y TABLE / QD75D2 / Positioning data Axis #1 (I/O : 40)

No.	Pattern	CTRL method	SLV axis	ACC(ms)	DEC(ms)	Positioning address [um]	Arc Address [um]	Command speed [mm/min]	Dwell time [ms]	M code
1	0:END	A:ABS line2	Axis #2	0:500	0:500	1000.0	0.0	3000.00	0	0
2										
3	0:END	A:ABS line2	Axis #2	0:500	0:500	10000.0	0.0	3500.00	0	0
4										
5										

그림 7-12 2축 직선보간제어 (ABS Line2)의 1축 Positioning Data 설정 예

축1_X축(Axis#1)의 3번 위치데이터를 보면 제어방식(CTRL method)이 A: ABS Line2로 설정되었다. 2축 직선보간이 선택된 상태이고 보간상대축(SLV axis)로는 Axis#2이 자동으로 선택되었다.

가속시간, 감속시간은 디폴트로 되어 있으며 목표위치에 해당하는 Positioning Address를 보면 10000.0[㎛]를 입력하였다. 지령속도(Command Address)는 임의로 3500.00[mm/min]을 지정하였다.

1번 위치데이터는 시작점으로 이동하기 위한 데이터이다.

Position data Axis#2에서

X_Y TABLE / QD75D2 / Positioning data Axis #2 (I/O : 40)

No.	Pattern	CTRL method	SLV axis	ACC(ms)	DEC(ms)	Positioning address [um]	Arc Address [um]	Command speed [mm/min]	Dwell time [ms]	M code
1						1000.0	0.0	0.00		
2										
3						4000.0	0.0	0.00		
4										
5										

그림 7-13 2축 직선보간제어 (ABS Line2)의 2축 Positioning Data 설정 예

축2_Y축 (Axis#2)의 3번 데이터는 Positioning Address 4000.0[㎛]를 입력하면 된다. 다른 항목들은 기준축에서 설정하고 보간축에서는 위치데이터만 작성하면 되겠다.

1번 위치데이터는 시작점으로 이동하기 위한 데이터이다.

보간운전을 위한 위치데이터는 동일한 번호의 데이터가 한 쌍의 데이터로 만들어져야 한다.

(4) 2축 직선보간제어 (INC직선2)

인클리멘트방식의 2축 직선보간 제어에서는 2축을 사용한 좌표평면상의 기계원점복귀에 의해 확립된 어드레스를 사용하여 현재의 정지위치(시작점어드레스)에서 "Da.6 위치결정어드레스/이동량" 으로 설정한 이동량의 직선보간 위치결정을 한다. 이동방향은 이동량의 부호에 의해 결정된다.

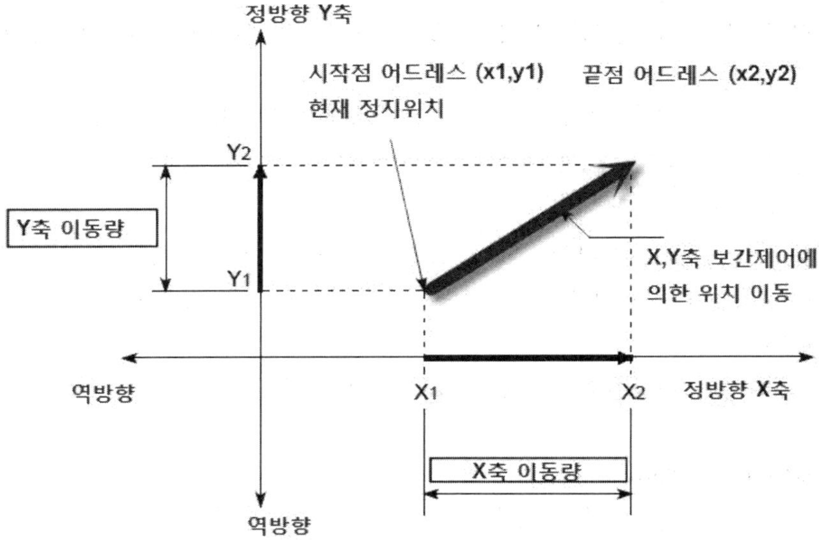

그림 7-14 2축 직선보간제어 (INC Line2) 동작도

예를 들어서 시작점어드레스(현재의 정지위치)가 (1000, 1000), 끝점어드레스(위치결정 어드레스)가 (10000, 4000)일 경우 축1_X축의 이동량이 (+)9000, 축2_Y축의 이동량이 (+)3000이 되므로 다음과 같이 위치데이터를 만들면 된다.

GX-Configurator QP에서 Position data Axis#1,#2을 클릭하여 다음과 같이 입력한다.

Position data Axis#1에서

X_Y TABLE / QD75D2 / Positioning data Axis #1 (I/O : 40)

No.	Pattern	CTRL method	SLV axis	ACC[ms]	DEC[ms]	Positioning address [um]	Arc Address [um]	Command speed [mm/min]	Dwell time [ms]	M code
1	0:END	A:ABS line2	Axis #2	0:500	0:500	1000.0	0.0	3000.00	0	0
2										
3	0:END	B:INC line2	Axis #2	0:500	0:500	9000.0	0.0	3500.00	0	0
4										

그림 7-15 2축 직선보간제어 (INC Line2)의 1축 Positioning Data 설정 예

축1_X축 (Axis#1)의 3번 위치데이터를 보면 제어방식(CTRL method)이 A: INC Line2로 설정하였다. 2축 직선보간이 선택된 상태이고 보간상대축(SLV axis)로는 Axis#2이 자동으로 선택되었다.

목표위치에 해당하는 Positioning Address를 보면 9000.0[㎛]를 입력하였다.

1번 위치데이터는 시작점으로 이동하기 위한 데이터이다.

Position data Axis#2에서

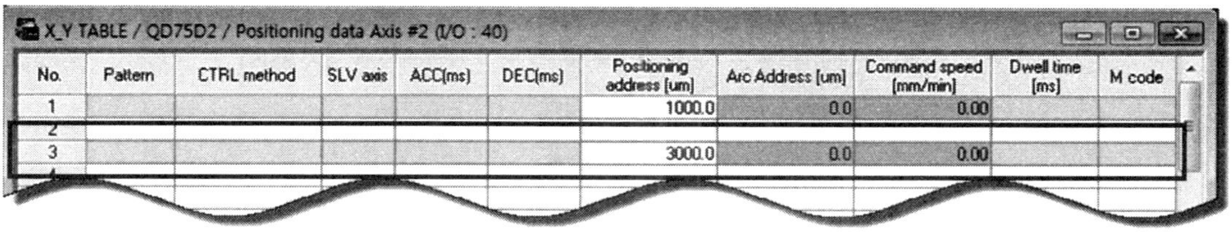

X_Y TABLE / QD75D2 / Positioning data Axis #2 (I/O : 40)

No.	Pattern	CTRL method	SLV axis	ACC(ms)	DEC(ms)	Positioning address [um]	Arc Address [um]	Command speed [mm/min]	Dwell time [ms]	M code
1						1000.0	0.0	0.00		
2										
3						3000.0	0.0	0.00		
4										

그림 7-16 2축 직선보간제어 (INC Line2)의 2축 Positioning Data 설정 예

축2_Y축 (Axis#2)의 3번 데이터는 Positioning Address 3000.0[㎛]를 입력하면 된다. 다른 항목들은 기준축에서 설정하고 보간축에서는 위치데이터만 작성하면 되겠다.

1번 위치데이터는 시작점으로 이동하기 위한 데이터이다.

(5) 3축직선보간제어

「3축직선보간제어」("Da.2 제어방식" =ABS Line3, INC Line3)에서는 3대의 모터를 사용하여 각각에 설정한 축방향에 대해 보간 하면서 직선궤적으로 위치결정을 한다.

앱솔루트방식의 3축 직선제어에서는 3축을 사용한 좌표공간상의 기계원점복귀에 의해 확립된 어드레스를 사용하여 현재의 정지위치(기점어드레스)에서, "Da.6 위치결정어드레스/이동량" 으로 설정한 어드레스(종점어드레스)로 직선 보간 위치결정을 한다.

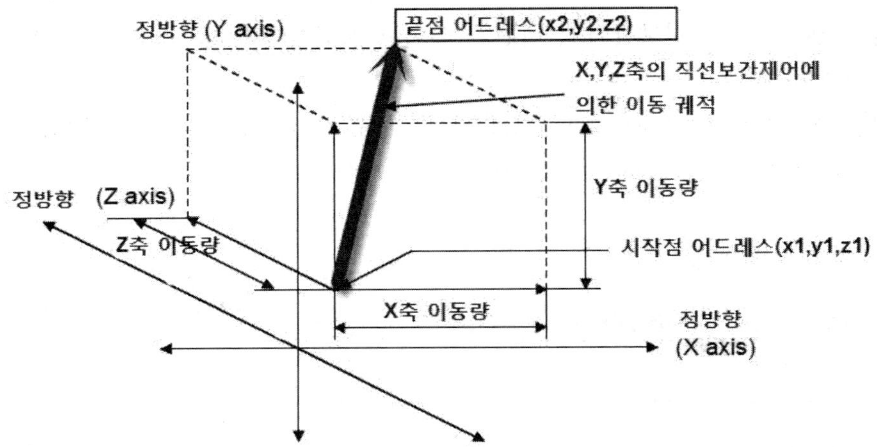

그림 7-17 3축 직선보간제어 동작도

3축 직선보간제어의 인크리멘탈 방식에 대한 설명은 3축 앱솔루트방식과 유사하기 때문에 생략하기로 한다.

(6) 4축 직선보간제어

「4축 직선보간제어」("Da.2 제어방식" =ABS Line4, INC Line4)에서는 4대의 모터를 사용하여 각각에 설정한 축방향에 대해 보간하면서 직선궤적으로 위치결정을 한다.

※ **주의:** 4축 직선 보간제어시에는 「기준축속도」를 설정하고 긴축이 기준축이 되도록 설정하도록 한다. 짧은 축을 기준축으로 설정하면 긴 축의 속도가 "Pr.8 속도제한값" 을 초과하는 경우가 있다.

마. 치수이송제어(Fixed Feed□)

(1) 1축 치수이송제어(Fixed Feed1)

「1축 치수이송제어」("Da.2 제어방식" =Feed1)에서는 1대의 모터를 사용하여 설정한 축방향에 대한 치수이송제어를 한다. 치수이송제어에서는 위치결정데이터에서 지정한 이동량에 대해 펄스출력량을 같게 하기 위해 제어정밀도 이하의 나머지를 버린다.
(제어정밀도 이하의 나머지는 통상의 제어에는 영향이 없다.)

예를 들어 1펄스당 1.0[㎛]를 이동하는 시스템에서 지령시마다 2.5[㎛]를 이동한다고 하자. 그럼 이 시스템은 2.5[㎛]를 이동하기 위해서 2.5개의 펄스신호가 필요하다는 것으로 표현할 수 있다.

다음 그림에서와 같이 하나는 직선제어를 하고 다른 하나는 치수이송제어를 한다고 했을 경우 차이점이 발생된다.

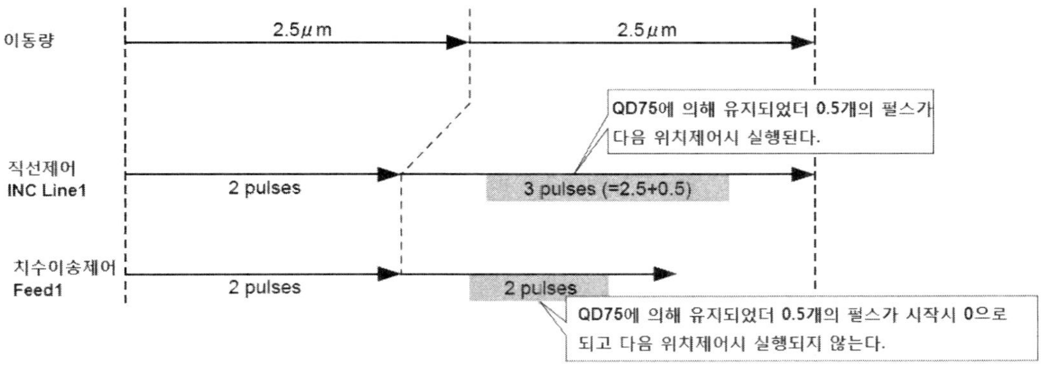

그림 7-18 직선제어와 치수이송제어의 차이점

인클리멘트방식의 1축 치수이송제어에서는 현재의 정지위치(시작점 어드레스)의 어드레스(Md.20 이송현재값)를「0」으로 하고나서 "Da.6 위치결정어드레스/이동량" 에 설정한 이동량의 위치결정을 한다. 이동방향은 이동량의 부호에 의해 결정된다.

이송현재값은 치수이송제어 지령이 수행된 후 계속 누적되어 표시되는 것이 아니라 0 인 값으로 계속 표시가 된다.

치수이송제어는 일정한 치수만큼 이동하는 제어이므로 펀칭기나 일정간격으로 어떤 작업을 하는 기계에 적합한 제어방법이 된다.

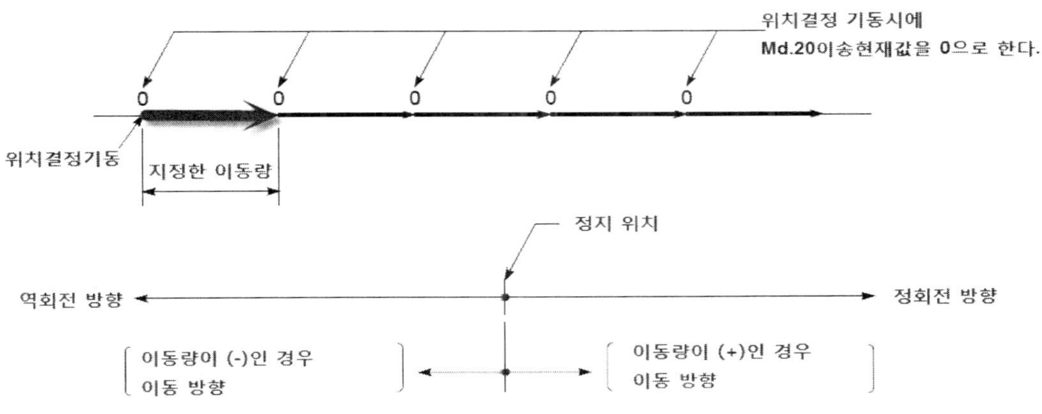

그림 7-19 1축 치수이송제어(Fixed Feed1) 동작도

① "Da.1 운전패턴" 에 「연속궤적제어」 를 설정했을 경우 축에러 「연속 · 연속궤적제어 불가」 (에러코드 : 516)가 되서, 기동할 수 없다. (치수이송제어에서는 「연속궤적제어」 를 설정할 수 없다.

② 각 축의 이동량이 「1073741824 (=2^{30})」 를 초과할 경우에는 위치결정기동시에 「직선 이동량 범위외 에러(에러코드 : 504)」 가 되고 기동할 수 없다.

③ 직전 위치결정데이터의 "Da.1 운전패턴" 에 「연속궤적제어」 가 설정되어 있을 경우의 위치결정데이터에서는 "Da.2 제어방식" 에 「치수이송」 을 설정할 수 없다.
(예를 들면 위치결정데이터No.1의 운전패턴이 「연속궤적제어」 일 경우 위치결정데이터 No.2에서는 치수이송제어를 설정할 수 없다.) 이와 같은 설정을 했을 경우 축에러 「연속 · 연속궤적제어불가」 (에러코드 : 516)가 되어 감속 정지한다.

X_Y TABLE / QD75D2 / Positioning data Axis #1 (I/O : 40)

No.	Pattern	CTRL method	SLV axis	ACC(ms)	DEC(ms)	Positioning address [um]	Arc Address [um]	Command speed [mm/min]	Dwell time [ms]	M code
4										
5	0:END	3:Feed1	-	0:500	0:500	30000.0	0.0	1000.00	0	0
6	0:END	3:Feed1	-	0:500	0:500	-30000.0	0.0	1000.00	0	0
7										

그림 7-20 1축 치수이송제어 (Fixed Feed1) Positioning Data작성 예

5번 위치데이터를 보면 Positioning Address (+)3000.0[㎛]를 설정하였고 지령속도는 1000.00 [mm/min]이다. 5번 위치데이터를 실행할 때 마다 서보모터는 +3000.0[㎛]씩 이동할 것이다.

6번 위치데이터를 실행하면 Positioning Address (-)3000.0[㎛]를 지정하였으므로 5번 데이터 실행한 반대방향으로 이동한다.

치수이송제어는 Positioning Address에 설정한 값이 이송량이 되는 것이다.

(2) 2축 치수이송제어 (보간)

「2축 치수이송제어」 ("Da.2 제어방식" =치수이송2)에서는 2대의 모터를 사용하여 각각에 설정한 축방향에 대해 보간하면서 직선궤적으로 치수이송제어를 한다.

치수이송제어에서는 위치결정데이터에서 지정한 이동량에 대해 펄스출력량을 같게 하기 위해 제어정밀도 이하의 나머지를 버린다.(제어정밀도 이하의 나머지는 통상의 제어에는 영향이 없다.)

인클리멘트방식의 2축 치수이송제어에서는 2축의 현재 정지위치(기점어드레스)의 어드레스(Md.20 이송현재값)를 각각 「0」 으로 하고 “Da.6 위치결정어드레스/이동량” 에 설정한 이동량의 직선 보간위치결정을 한다. 이동방향은 이동량의 부호에 의해 결정된다.

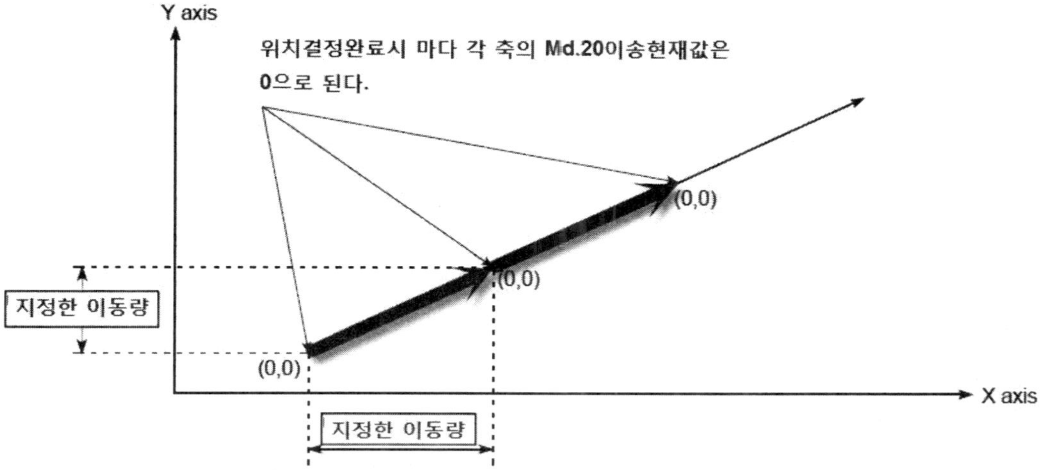

그림 7-21 2축 치수이송제어 (Fixed Feed2) 동작도

Position data Axis#1에서

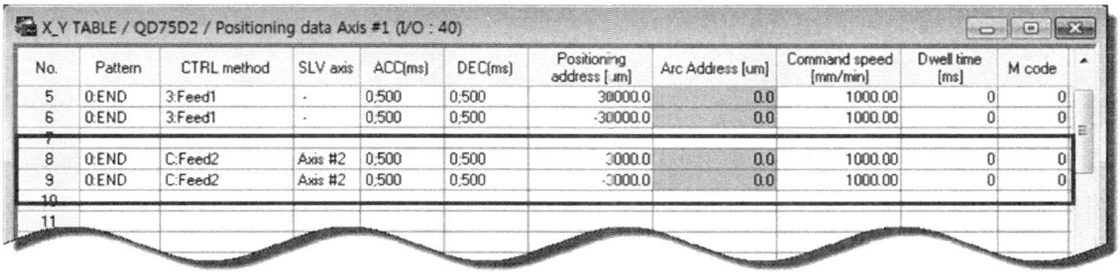

X_Y TABLE / QD75D2 / Positioning data Axis #1 (I/O : 40)

No.	Pattern	CTRL method	SLV axis	ACC(ms)	DEC(ms)	Positioning address [um]	Arc Address [um]	Command speed [mm/min]	Dwell time [ms]	M code
5	0:END	3:Feed1	-	0;500	0;500	30000.0	0.0	1000.00	0	0
6	0:END	3:Feed1	-	0;500	0;500	-30000.0	0.0	1000.00	0	0
7										
8	0:END	C:Feed2	Axis #2	0;500	0;500	3000.0	0.0	1000.00	0	0
9	0:END	C:Feed2	Axis #2	0;500	0;500	-3000.0	0.0	1000.00	0	0
10										
11										

그림 7-22 2축 치수이송제어 (Fixed Feed2) 1축 Positioning Data작성 예

8번 위치데이터를 보면 제어방식에 Feed2를 설정하고 보간축으로 Axis#2를 지정하였다. Positioning Address에는 3000.0[μm]이동량을 설정하고 이송속도는 1000.00[mm/min]을 지정하였다.

Position data Axis#2에서

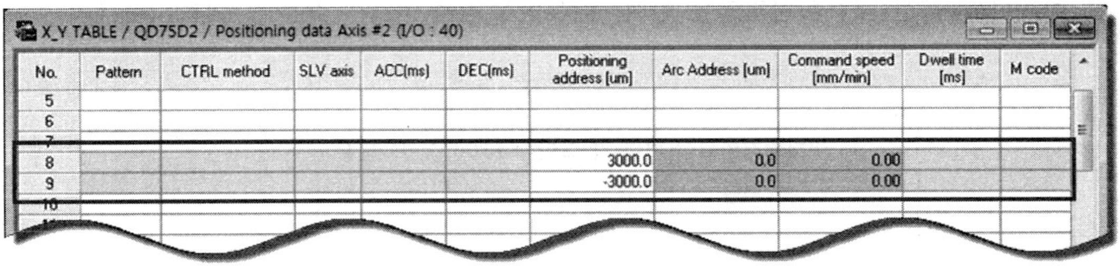

X_Y TABLE / QD75D2 / Positioning data Axis #2 (I/O : 40)

No.	Pattern	CTRL method	SLV axis	ACC(ms)	DEC(ms)	Positioning address [um]	Arc Address [um]	Command speed [mm/min]	Dwell time [ms]	M code
5										
6										
7										
8						3000.0	0.0	0.00		
9						-3000.0	0.0	0.00		
10										

그림 7-23 2축 치수이송제어 (Fixed Feed2) 2축 Positioning Data작성 예

Position data Axis#1에서 설정한 위치데이터 번호와 동일한 번호로 이송량을 설정을 하게 되어 있다.

(3) 3축치수이송제어 (보간)

「3축치수이송제어」("Da.2 제어방식" = Feed3)에서는 3대의 모터를 사용하여 각각 설정한 축방향에 대해 보간하면서 직선궤적으로 치수이송제어를 한다.

치수이송제어에서는 위치결정데이터에서 지정한 이동량에 대해 펄스출력량을 같게 하기위해 제어정밀도이하의 나머지를 버린다. (제어정밀도이하의 나머지는 통상의 제어에는 영향이 없다.)

동작도

인클리멘트방식의 3축 치수이송제어에서는 3축의 현재 정지위치(시작점어드레스)의 어드레스(Md.20 이송현재값)를 각각 「0」으로 하고 나서 "Da.6 위치결정어드레스/이동량" 으로 설정한 이동량의 직선 보간위치결정을 한다. 이동방향은 이동량의 부호에 의해 결정된다.

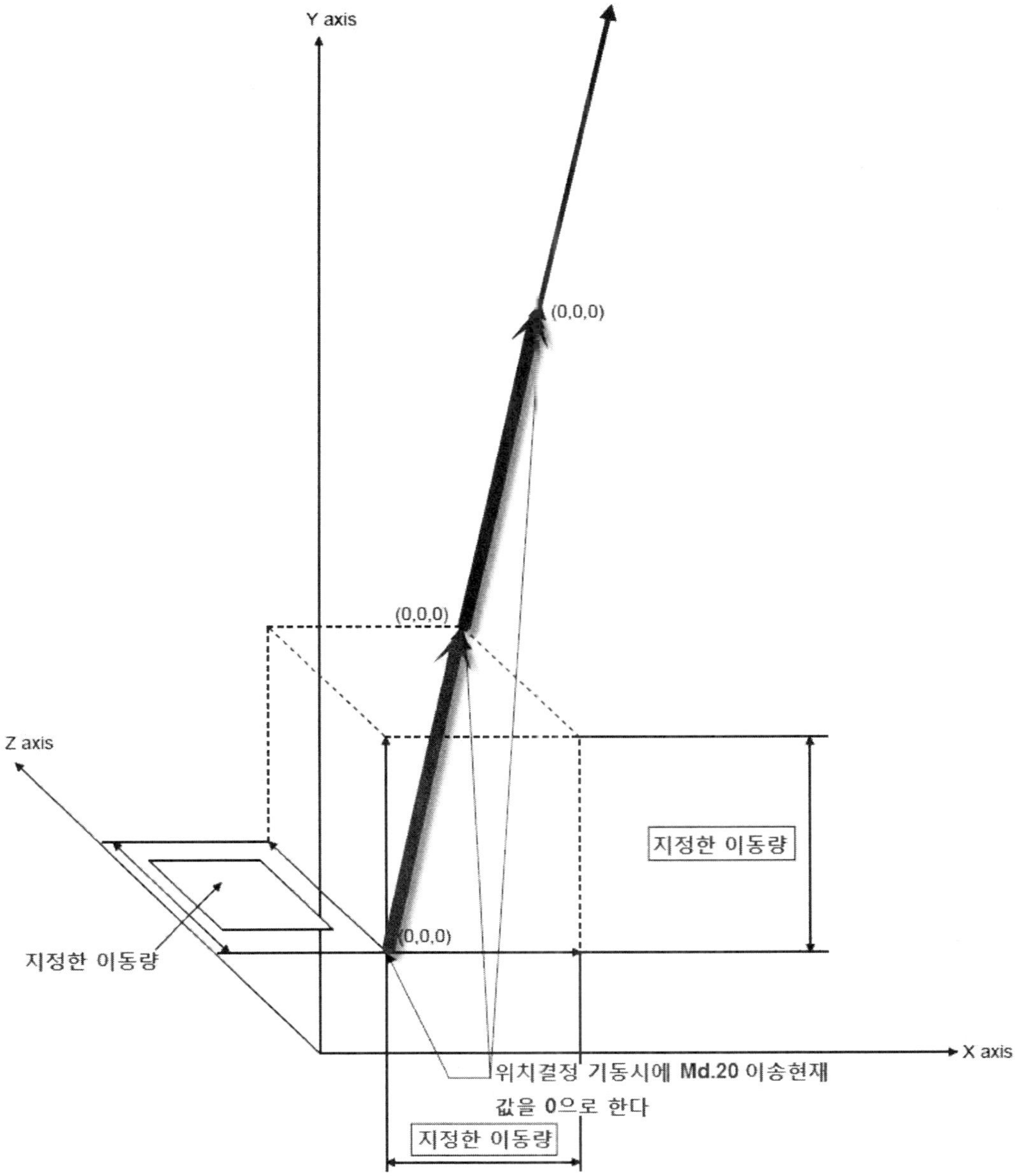

그림 7-24 3축 치수이송제어(Fixed Feed3) 동작도

① "Da.1 운전패턴" 에「연속궤적제어」를 설정했을 경우 축에러「연속 · 연속궤적제어 불가」(에러코드 : 516)가 되서, 기동할 수 없다. (치수이송제어에서는「연속궤적제어」를 설정할 수 없다.

② 각 축의 이동량이「1073741824 (=2^{30})」를 초과할 경우에는 위치결정기동시에「직선 이동량 범위외 에러(에러코드 : 504)」가 되고 기동할 수 없다.

③ 직전 위치결정데이터의 "Da.1 운전패턴" 에「연속궤적제어」가 설정되어 있을 경우의 위치결정데이터에서는 "Da.2 제어방식" 에「치수이송」을 설정할 수 없다. (예를 들면 위치결정데이터 No.1의 운전패턴이「연속궤적제어」일 경우 위치결정데이터 No.2에서는 치수이송제어를 설정할 수 없다.) 이와 같은 설정을 했을 경우 축 에러「연속 · 연속궤적제어불가」(에러코드 : 516)가 되어 감속 정지한다.

(4) 4축치수이송제어 (보간)

「4축 치수이송제어」("Da.2 제어방식" =Feed4)에서는 4대의 모터를 사용하여 각각에 설정한 축방향에 대해 보간동작을 하면서 직선궤적으로 치수이송제어를 한다. 치수이송제어에서는 위치결정데이터에서 지정한 이동량에 대해 펄스출력량을 같게 하기위해 제어정밀도 이하의 나머지를 버린다. (제어정밀도 이하의 나머지는 통상의 제어에는 영향이 없다.)

인클리멘트방식의 4축 치수이송제어에서는 4축의 현재 정지위치(시작점어드레스)의 어드레스(Md.20 이송현대값)을 각각「0」으로 하고 나서 "Da.6 위치결정어드레스/이동량" 에 설정한 이동량의 직선 보간위치결정을 한다. 이동방향은 이동량의 부호에 의해 결정된다.

바. 원호보간제어

(1) 보조점 지정 2축 원호보간제어

「2축 원호보간제어」("Da.2 제어방식" =ABS ArcMP, INCArcMP)에서는 2대의 모터를 사용하여 각각에 설정한 축방향에 대해 보간동작을 하면서 지정한 보조점을 통한 원호궤적으로 위치결정을 한다.

(2) 보조점지정 2축원호보간제어(ABS ArcMP)

앱솔루트방식, 보조점지정 2축 원호보간제어에서는 좌표평면상의 기계원점복귀에 의해 확립된 어드레스를 원점으로 현재 정지위치(시작점어드레스)에서 "Da.6 위치결정 어드레스/이동량" 에 설정한 어드레스(/끝점어드레스)로 "Da.7 원호 어드레스" 에 설정한 보조점의 어드레스(보조점 어드레스)를 통한 원호궤적으로 위치결정을 한다. 제어의 궤적은 시작점어드레스(현재 정지위치)와 보조점 어드레스(원호어드레스) 및 보조점 어드레스(원호 어드레스)와 종점어드레스(위치결정 어드레스)의 수직이등분선의 교점을 중심으로 한 원호가 된다.

다음 그림을 보면 ①시작점 어드레스와 보조점 어드레스를 잇는 선과 직각인 선이 하나 만들어진다. 같은 방법으로 ②끝점 어드레스와 보조점 어드레스를 잇는 선과 직각인 선이 만들어지고 이 두선은 서로 교차하는데 그 위치가 ③이 된다. 바로 원의 중심이다. 이 원의 중심을 반지름으로 하는 원 또는 원호를 그릴 수 있다. 이런 원리를 이용한 원이나 원호의 궤적을 그리는 제어방식이다.

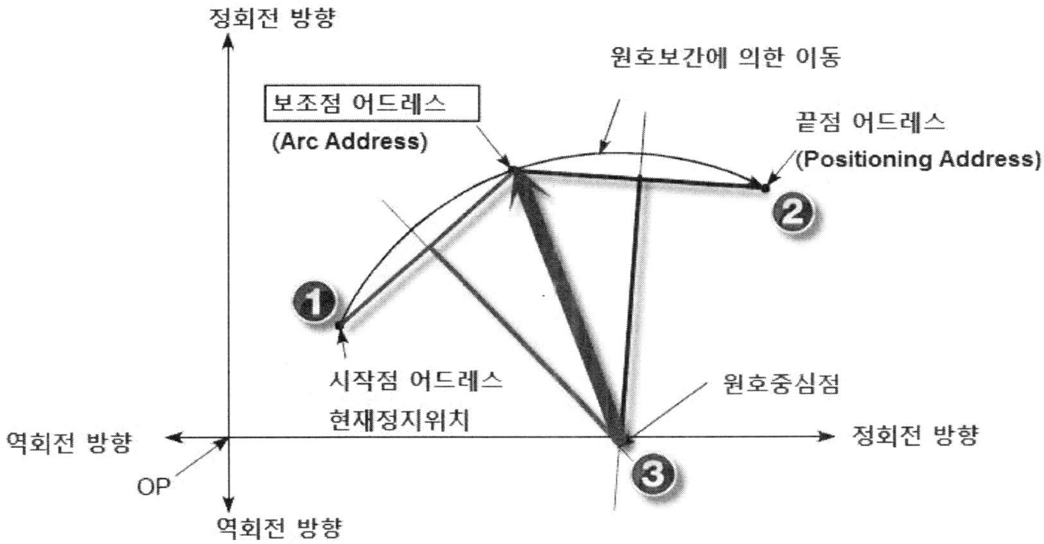

그림 7-25 보조점지정 2축원호보간제어 (ABS ArcMP) 동작도

- 다음과 같은 경우에는 2축 원호보간제어는 설정할 수 없다.
  - "Pr.1단위설정" 에「degree」가 설정되어 있는 경우
  - 기준축과 보간축에서 "Pr.1 단위설정" 에 설정한 단위가 다를 경우 (「mm」,「inch」혼용가능)
  - "Pr.20 보간속도 지정" 에「기준축속도」가 설정되어 있는 경우
- 다음과 같은 경우에는 에러가 되어 위치결정기동을 할 수 없다. 위치결정제어중일 경우에는 에러 검출 시에 즉시 정지한다.
  - 반경이「536870912(=229)」을 초과할 경우(원호보간제어가 가능한 최대반경은「536870912 (=229)」이다.)…위치결정기 동시에「반경 범위외 에러(에러코드:544)가

된다.

- 중심점어드레스가 「-2147483648 (-2^{31}) ~ 2147483647 ($2^{31}-1$)」 의 범위외가 되었을 경우 … 위치결정 기동시에 「보조점 설정에러(에러코드 : 525)가 된다.
- 시작점 어드레스=끝점 어드레스 … 끝점 설정에러 (에러코드 : 526)
- 시작점 어드레스=보조점 어드레스 … 보조점 설정에러 (에러코드 : 525)
- 끝점 어드레스=보조점 어드레스 … 보조점설정에러 (에러코드 : 525)
- 시작점 어드레스, 보조 점어드레스. 끝점 어드레스가 일직선일 경우 … 보조점 설정에러(에러코드 : 525)

예를 들어 다음과 같은 원호궤적을 중심점 지정방식인 ABS ArcMP방식으로 위치데이터를 만든다면 아래와 같다.

시작점 어드레스(X축 100,000.0um, Y축 100,000.0um)이고 보조점 어드레스는(X축 400,000.0um, Y축 400,000.0um) 그리고 끝점 어드레스(X축 700,000.0um, Y축 100,000.0um)인 반지름 300,000.0um인 반원의 궤적을 그린다고 하자.

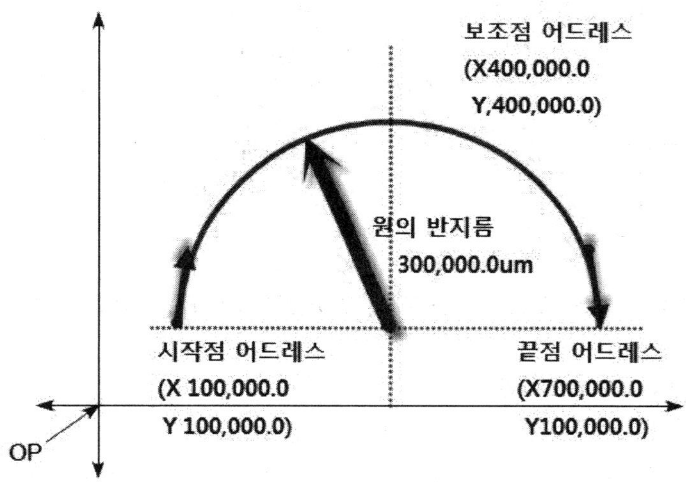

그림 7-26 보조점지정 2축원호보간제어 (ABS ArcMP)의 동작설명 예

Position data Axis#1에서

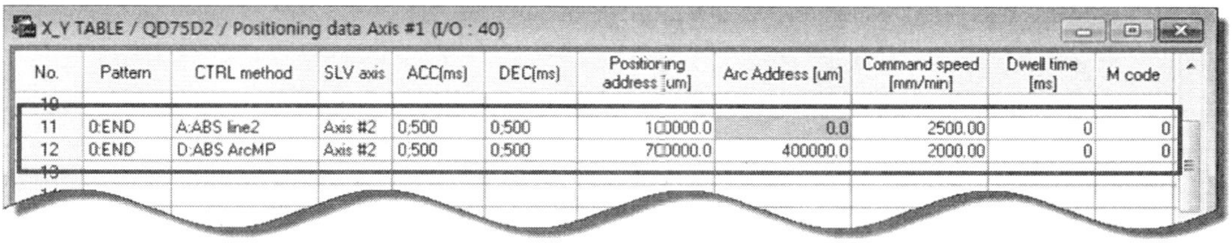

X_Y TABLE / QD75D2 / Positioning data Axis #1 (I/O : 40)

No.	Pattern	CTRL method	SLV axis	ACC(ms)	DEC(ms)	Positioning address [um]	Arc Address [um]	Command speed [mm/min]	Dwell time [ms]	M code
10										
11	0:END	A:ABS line2	Axis #2	0:500	0:500	100000.0	0.0	2500.00	0	0
12	0:END	D:ABS ArcMP	Axis #2	0:500	0:500	700000.0	400000.0	2000.00	0	0
13										

그림 7-27 보조점지정 2축원호보간제어 (ABS ArcMP)의 1축 Positioning Data 설정 예

11번 위치결정데이터는 시작점으로 이동하기 위한 직선보간 이동이다. 12번 위치결정데이터를 보면 제어방법이 보조점 지정 2축 원호보간제어인 ABS ArcMP를 지정하였다.

Positioning Address에는 원호의 끝점어드레스에 해당하는 X축 좌표 700,000.0um를 지정하고 Arc Address항목에는 보조점의 X축 좌표에 해당하는 400,000.0um를 설정하였다. 보조점은 원(또는 원호)상의 어떤 점이라도 상관이 없다.

Position data Axis#2에서

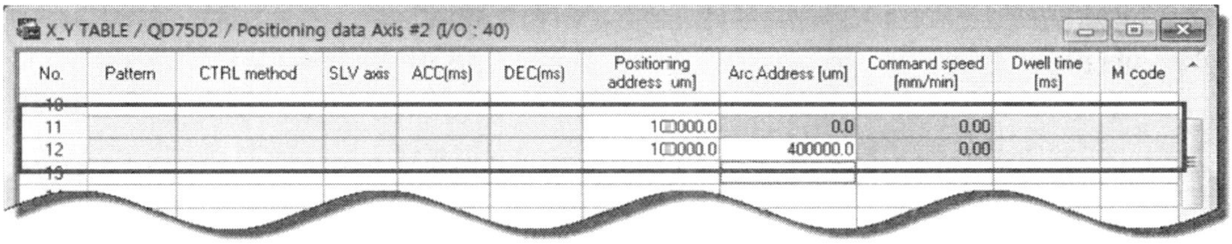

X_Y TABLE / QD75D2 / Positioning data Axis #2 (I/O : 40)

No.	Pattern	CTRL method	SLV axis	ACC(ms)	DEC(ms)	Positioning address [um]	Arc Address [um]	Command speed [mm/min]	Dwell time [ms]	M code
10										
11						100000.0	0.0	0.00		
12						100000.0	400000.0	0.00		
13										

그림 7-28 보조점지정 2축원호보간제어 (ABS ArcMP)의 2축 Positioning Data 설정 예

기준축(X축)에서 설정한 위치데이터 번호에 맞게 설정하면 11번 데이터는 시작점으로 이동하기 위한 직선 보간운전의 Y축 어드레스가 되겠고 12번 위치데이터는 원호의 궤적을 그리기 위한 데이터로 Positioning Address에는 원호의 끝점어드레스에 해당하는 Y축 좌표 100,000.0um를 설정하고 Arc Address에는 보조점의 Y축 좌표 400,000.0um를 입력하였다.

(나) 중심점지정 2축원호보간제어

「2축원호보간제어」("Da.2 제어방식" =ABS ArcRGT,INC ArcRGT, ABS ArcLFT, INC ArcLFT)에서는 2대의 모터를 사용하여 각각에 설정한 축방향에 대해 보간 동작을 하면서 지정한 중심점을 통과하는 원호궤적으로 위치제어를 한다.

아래에 제어방식에 따른 회전방향, 제어가능한 원호의 중심각, 위치결정경로를 나타내었다.

표 7-4 중심점지정 2축원호보간제어의 종류

제어방식	회전방향	제어가능한 원호의 중심각	위치결정경로
ABS ArcRGT	우회전	$0° < \theta \leq 360°$	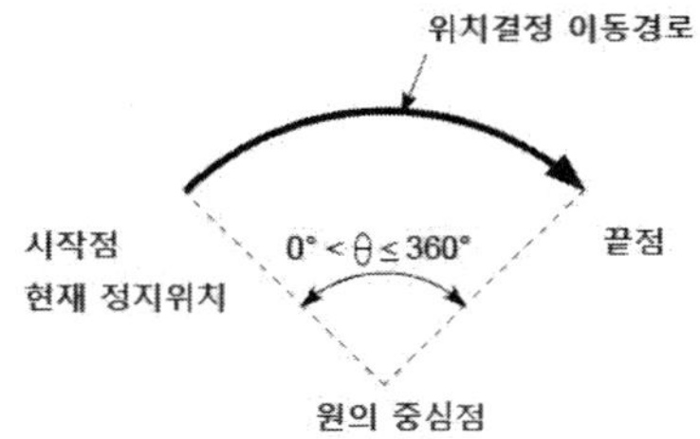
INC ArcRGT			
ABS ArcLFT	좌회전		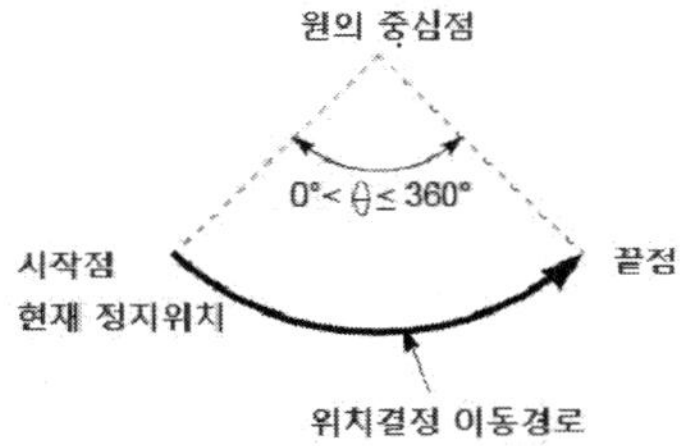
INC ArcLFT			

① 중심점지정의 2축 원호보간제어(ABS ArcRGT, ABS ArcLFT)

앱솔루트방식, 중심점지정의 2축 원호보간제어에서는 2축을 사용한 좌표평면상의 기계원점 복귀에 의해 확립된 어드레스를 사용하여 현재 정지위치(기점어드레스)에서 "Da.6위치결정어드레스/이동량" 에 설정한 어드레스(종점어드레스)로 "Da.7 원호어드레스" 에 설정한 중심점의 어드레스(원호어드레스)를 중심으로 한 원호궤적으로 위치결정을 한다.

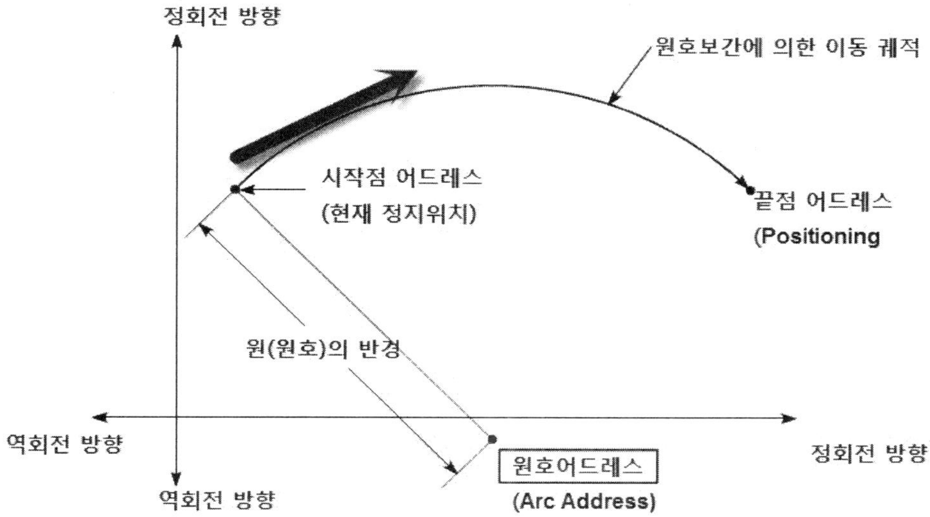

그림 7-31 중심점지정의 2축 원호보간제어(ABS ArcRGT, ABS ArcLFT) 동작도

끝점어드레스(위치결정어드레스)를 시작점어드레스와 동일하게 하면 기점어드레스와 원호의 중심점을 반경으로 하는 둥근 원의 위치결정을 할 수 있다.

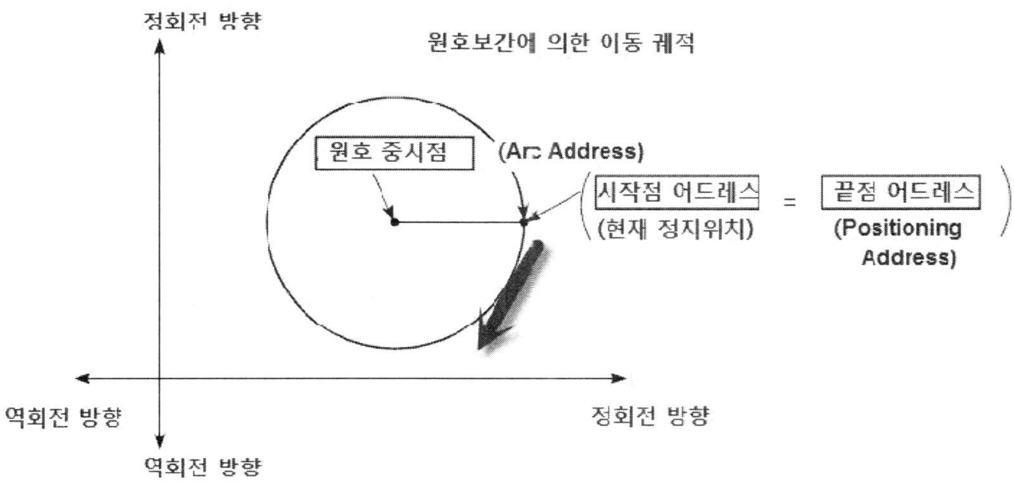

그림 7-32 중심점지정의 2축 원호보간제어(ABS ArcRGT, ABS ArcLFT)를 이용한 원그리기

중심점지정의 원호보간제어에서는 시작점어드레스와 중심점어드레스로부터 산출한 반경을 이용한 원호위를 지령속도로 동작하고 있다는 가정으로 각속도를 산출하고 시작점에서 이동한 각속도에 비례해서 반경의 보정을 하고 있다.

따라서 (시작점어드레스와 중심점어드레스로부터 산출한 반경〈시작점반경〉)과 (끝점어드레스와 중심점어드레스로부터 산출한 반경〈끝점반경〉)에 차(오차)가 있을 경우 합성속도는 지령속도와 달리 아래와 같이 된다.

· 시작점반경 〉 끝점반경 : 오차가 없는 경우에 비해 끝점어드레스에 가까울수록 속도가 느려진다.

· 시작점반경 〈 끝점반경 : 오차가 없는 경우에 비해 끝점어드레스에 가까울수록 속도가 빨라진다.

예를 들어 원의 중심점을 (보조점 어드레스) (X축 400,000.0 um, Y축 100,000.0 um) 그리고 시작점 어드레스 (X축 100,000.0 um, Y축 100,000.0 um)이고 끝점 어드레스 (X축 700,000.0 um, Y축 100,000.0 um)인 반지름 300,000.0um인 반원의 궤적을 그린다고 하자.

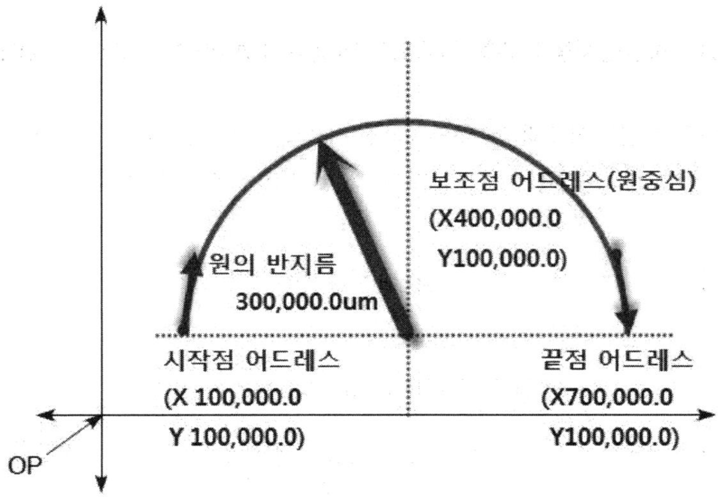

그림 7-33 중심점지정의 2축 원호보간제어(ABS ArcRGT, ABS ArcLFT) 동작 예

Position data Axis#1에서

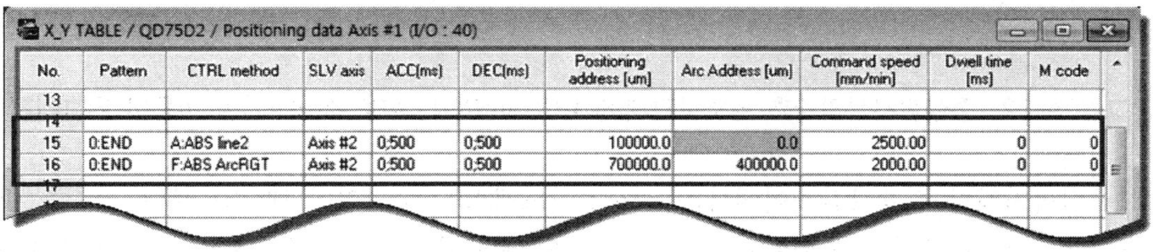
X_Y TABLE / QD75D2 / Positioning data Axis #1 (I/O : 40)

No.	Pattern	CTRL method	SLV axis	ACC[ms]	DEC[ms]	Positioning address [um]	Arc Address [um]	Command speed [mm/min]	Dwell time [ms]	M code
13										
14										
15	0:END	A:ABS line2	Axis #2	0:500	0:500	100000.0	0.0	2500.00	0	0
16	0:END	F:ABS ArcRGT	Axis #2	0:500	0:500	700000.0	400000.0	2000.00	0	0
17										

그림 7-34 중심점지정의 2축 원호보간제어(ABS ArcRGT, ABS ArcLFT) 1축 Positioning Data 작성 예

제어방식은 중심점지정 방식이므로 16번 데이터와 같이 ABS ArcRGT를 선택하고 시작점은 15번 데이터처럼 동작시킨 상태이므로 서보모터는 시작점에 해당하는 데이터를 이미 알고 있으므로 지정하지 않아도 된다.

Positioning Address에 끝점에 해당하는 X축 좌표값을 입력한다. 보조점으로 사용한 원의 중심의 X축 좌표값은 Arc Address에 입력하면 되겠다.

Position data Axis#2에서

X_Y TABLE / QD75D2 / Positioning data Axis #2 (I/O : 40)

No.	Pattern	CTRL method	SLV axis	ACC(ms)	DEC(ms)	Positioning address [um]	Arc Address [um]	Command speed [mm/min]	Dwell time [ms]	M code
13										
14										
15						100000.0	0.0	0.00		
16						100000.0	100000.0	0.00		
17										

그림 7-35 중심점지정의 2축 원호보간제어(ABS ArcRGT, ABS ArcLFT) 2축 Positioning Data 작성 예

2축(Y축)은 보간축으로 지정하였으므로 위와 같이 끝점어드레스와 보조점인 원의 중심의 Y축 좌표값을 입력하면 되겠다.

② 중심점지정의 2축 원호보간제어(INC ArcRGT, INC ArcLFT)

중심점지정의 2축 원호보간제어(ABS ArcRGT, ABS ArcLFT)의 방식과 동일하고 다만 좌표어드레스를 지정하는 방식에서 차이가 있으니 이 점만 주의해서 사용하면 될 것이다.

사. 속도제어 (FWD V□, RVS V□)

(1) 1축 속도제어

「1축 속도제어」("Da.2 제어방식" : FWD V1, RVS V1)에서는 위치결정데이터를 설정한 축방향에 대해 정지지령을 입력하기까지 "Da.8지령속도" 에 설정한 속도의 펄스를 계속 출력하는 제어한다. 1축 속도제어에는 정회전방향으로 기동하는 「FWD V1」과 역회전방향으로 기동하는 「RVS V1」의 두 종류가 있다.

아래의 예에서는 정회전방향의 속도제어 「FWD V1」에 대해서만 설명하기로 하겠다.

아래에 축1의 경우 1축 속도제어의 동작타이밍을 나타낸다.

속도제어 중에는 속도제어 중 플래그("Md.31 스테이터스 : b0")가 ON이 된다. 위치결정완료신호는 ON이 되지 않는다.

1축 속도제어와 같은 제어방식은 한쪽방향으로 계속 회전을 하기 때문에 컨베이어를 구동하는데 사용하면 적합한 방식이다. 물론 컨베이어를 제어하는데 서보모터를 사용하는 설계자는 없을 것이다. 여기에서는 동작의 이해를 돕고자 예를 든 것이니 오해하지 말도록 하자.

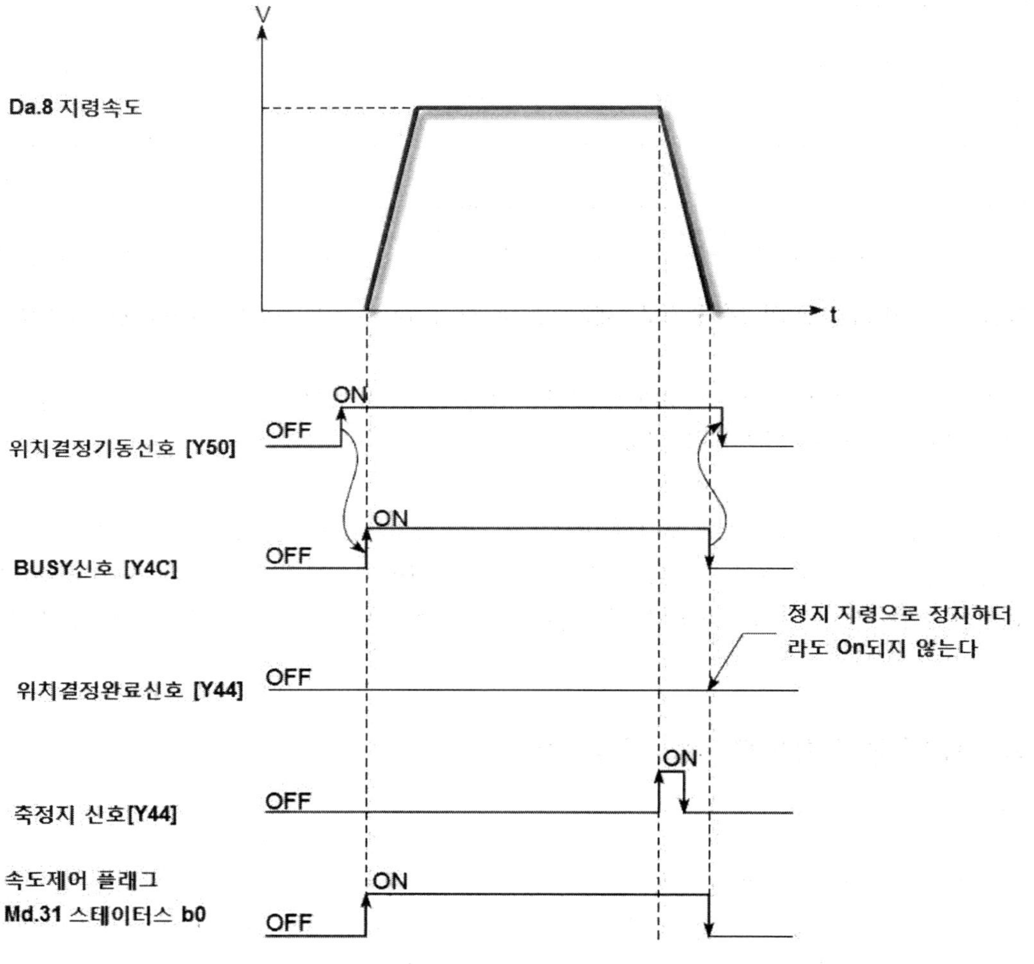

그림 7-36 1축 속도제어 FWD V1의 동작도

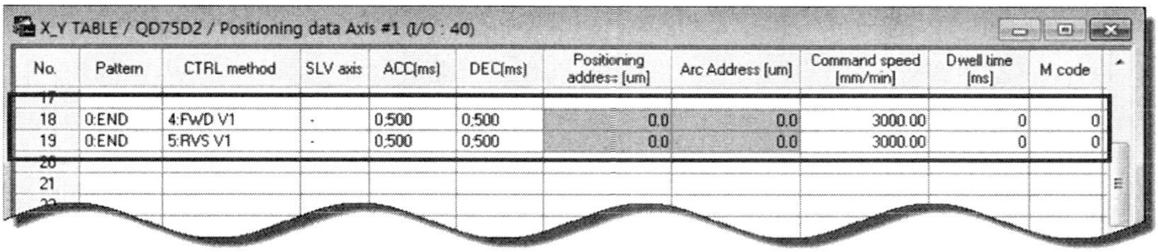

X_Y TABLE / QD75D2 / Positioning data Axis #1 (I/O : 40)

No.	Pattern	CTRL method	SLV axis	ACC(ms)	DEC(ms)	Positioning address [um]	Arc Address [um]	Command speed [mm/min]	Dwell time [ms]	M code
17										
18	0:END	4:FWD V1	-	0:500	0:500	0.0	0.0	3000.00	0	0
19	0:END	5:RVS V1	-	0:500	0:500	0.0	0.0	3000.00	0	0
20										
21										

그림 7-37 1축 속도제어 FWD V1의 Posioining Data 작성 예

18번 위치데이터의 제어방식이 FWD V1으로 설정되어 있다. 그리고 설정할 수 있는 항목은 지령속도로 여기에 지정한 속도로 서보모터는 계속 정회전을 한다. 이와 반대로 19번 위치데이터는 역회전으로 속도제어를 하기위해 RVS V1을 설정하였다.

계속 회전하는 서보모터를 어느 순간에는 정지시켜야 하므로 축정지신호를 이용하였다. 축정지신호는 4개의 축마다 설정되어 있다.

(가) 1축 속도제어중의 이송현재값

1축 속도제어중의 "Md.20 이송현재값" 은 "Pr.21 속도제한시의 이송현재값" 의 설정에 의해 다음과 같다.

표 7-5 1축 속도제어중의 이송현재값

"Pr.21 속도제어시의 이송현재값" 의 설정	Md.20 이송현재값
0 : 이송현재값의 갱신을 하지 않는다	속도제어개시시의 이송현재값을 유지한다.
1 : 이송현재값의 갱신을 한다	이송현재값을 갱신한다.
2 : 이송현재값을 0클리어한다.	이송현재값을 0으로 고정한다.

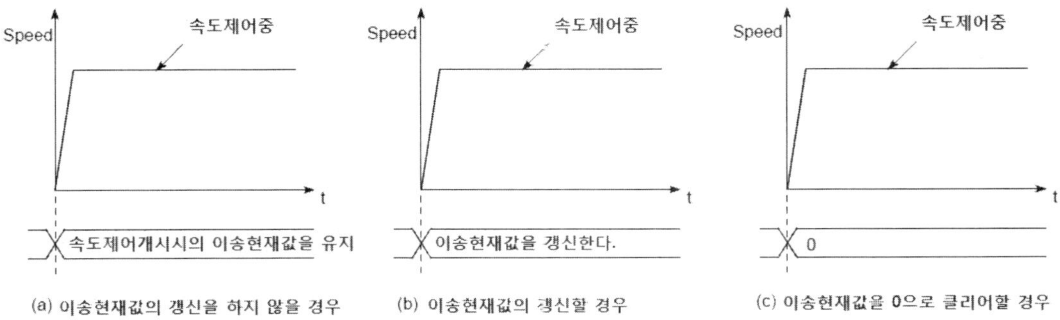

그림 7-38 1축 속도제어중의 이송현재값

(나) 제약사항

① "Da.1 운전패턴" 은,「종료」를 설정해준다.「연속위치결정제어」,「연속궤적제어」를 설정했을 경우 축에러「연속 · 연속궤적제어불가」(에러코드 : 516)가 되어 기동할 수 없다. (속도제어에서는「연속위치결정제어」,「연속궤적제어」를 설정할 수 없다.)

② M코드를 사용할 경우에는 "Pr.18 M코드ON신호타이밍" 에 WITH모드를 설정한다. AFTER모드를 설정했을 경우 M코드는 출력되지 않고 M코드ON신호도 ON되지 않는다.

③ "Da.8지령속도" 에 현재속도(-1)를 설정했을 경우에「지령속도 없음 에러」(에러코드 : 503)가 된다.

④ 단위가「degree」일 경우는 소프트웨어 스트로크 리미트 체크를 하지 않는다.

(2) 2축 속도제어

「2축 속도제어」("Da.2 제어방식" : FWD V2, RVS V2)에서는 위치결정데이터를 설정한 축방향에 대해 정지지령을 입력하기까지 "Da.8지령속도" 에 설정한 속도의 펄스를 계속 출력하는 제어한다. 2축 속도제어에는 정회전방향으로 기동하는「FWD V2」과 역회전방향으로 기동하는「RVS V2」의 두 종류가 있다.

아래의 예에서는 정회전방향의 속도제어「FWD V1」에 대해서만 설명하기로 하겠다.

아래에 축1을 기준으로 한 축1, 축2에 의한 2축 속도제어의 동작타이밍을 나타낸다. 속도제어중에는 속도제어중 플래그("Md.31 스테이터스 : b0")가 ON이 된다. 위치결정완료신호는 ON되지 않는다.

(가) 2축 속도제어중의 이송현재값

1축 속도제어중의 이송현재값과 동일하게 적용되므로 1축 속도제어 항목 참조할 것.

(나) 제약사항

1축 속도제어중의 이송현재값과 동일하게 적용되므로 1축 속도제어 항목 참조할 것.

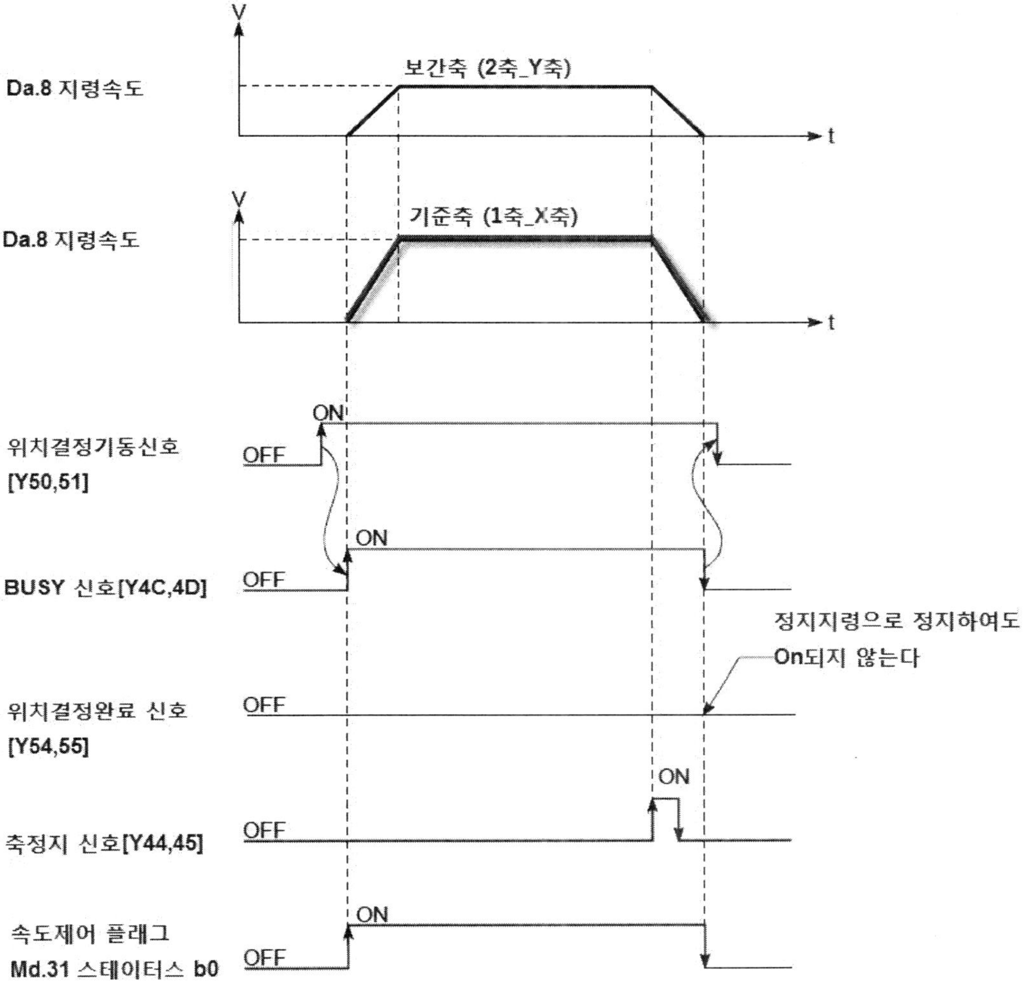

그림 7-39 2축 속도제어 동작도

① "Pr.20 보간속도지정방법" 에는「기준축속도」를 설정한다.「합성속도」를 설정했을 경우「보간모드에러」가 되어 기동할 수 없다.(에러코드 : 523)

② 2축 중 어느 한 축이 속도제한값을 초과할 경우는 속도제한값을 초과한 축을 속도제한값으로 제어한다. 그 외의 축은 "Da.8 지령속도"의 비에 의해 속도가 제한된다.

표 7-6 2축 속도제어중의 운전속도 설정시 차이점 비교

	1축 설정	2축 설정
Pr.8 속도제한값	4000.00mm/min	5000.00mm/min
Da.8 지령속도	8000.00mm/min	6000.00mm/min

위 표와 같이 설정할 경우 속도제어중의 운전속도는 아래와 같이 된다.

- 축 1 : 4000.00mm/min(Pr.8에서 속도제한 된다.)
- 축 2 : 3000.00mm/min(축1의 지령속도와 축2의 지령속도의 비로 속도제한 된다.)

(3) 3, 4축 속도제어

3, 4축 속도제어에 대해서는 설명을 생략하기로 한다.

아. 속도 · 위치전환제어 (INC모드 FWD V/P,RVS V/P)

「속도 · 위치전환제어 (IN모드)("Da.2 제어방식" : 정회전 속도 · 위치(FWD V/P), 역회전 속도 · 위치(RVS V/P))는 위치결정데이터에서 설정한 축방향에 대해 "Da.8 지령속도" 에 설정한 속도의 펄스를 계속 출력하고「속도 · 위치전환신호」를 입력하면 "Da.6 위치결정어드레스/이동량" 에 설정한 이동량의 위치제어를 한다. 속도 · 위치전환제어(INC모드)에는 정회전방향으로 기동하는「정회전 속도 · 위치(FWD V/P)」와 역회전방향으로 기동하는「역회전 속도 · 위치(RVS V/P)」의 두 종류가 있다. 속도 · 위치전환제어(INC모드)의 선택은 상세파라미터1 "Pr.150 속도 · 위치기능선택" 에서 설정한다.

표 7-7 속도위치기능 선택 설정과 버퍼메모리

설정항목	설정값	설정내용	버퍼메모리 어드레스			
			1축	2축	3축	4축
Pr.150 속도위치기능 선택	0	속도 · 위치전환제어(INC모드)	34	184	334	484

※ 설정값이 0, 2이외일 경우에는 설정값을 0으로 간주하고 INC모드로 동작한다.

(1) 속도제어 → 위치제어로의 전환

(2) 속도제어 → 위치제어로의 전환은 외부신호「속도 · 위치전환신호」에 의해 수행된다.

(나) 속도제어 → 위치제어로의 전환을 하기 위해서는 위치결정데이터 설정 외에 "Cd.24 속도 · 위치전환허가플래그" 를 ON할 필요가 있다. (속도 · 위치전환신호가 ON된 후 "Cd.24 속도 · 위치전환허가플래그" ON되었을 경우에는 속도제어 → 위치제어로 전환하지 않고 속도제어인 상태로 된다. 또 "Cd.24 속도 · 위치전환허가플래그" 와 속도 · 위치전환신호가 기동시에 ON되어 있는 경우에는 위치제어만 동작된다.)

(다) 동작도

아래에 속도 · 위치전환제어 (INC모드)의 동작타이밍을 나타낸다.

속도 · 위치전환제어(INC모드)의 속도제어중에는 속도제어중 플래그("Md.31 스테이터스 : b0")가 ON된다.

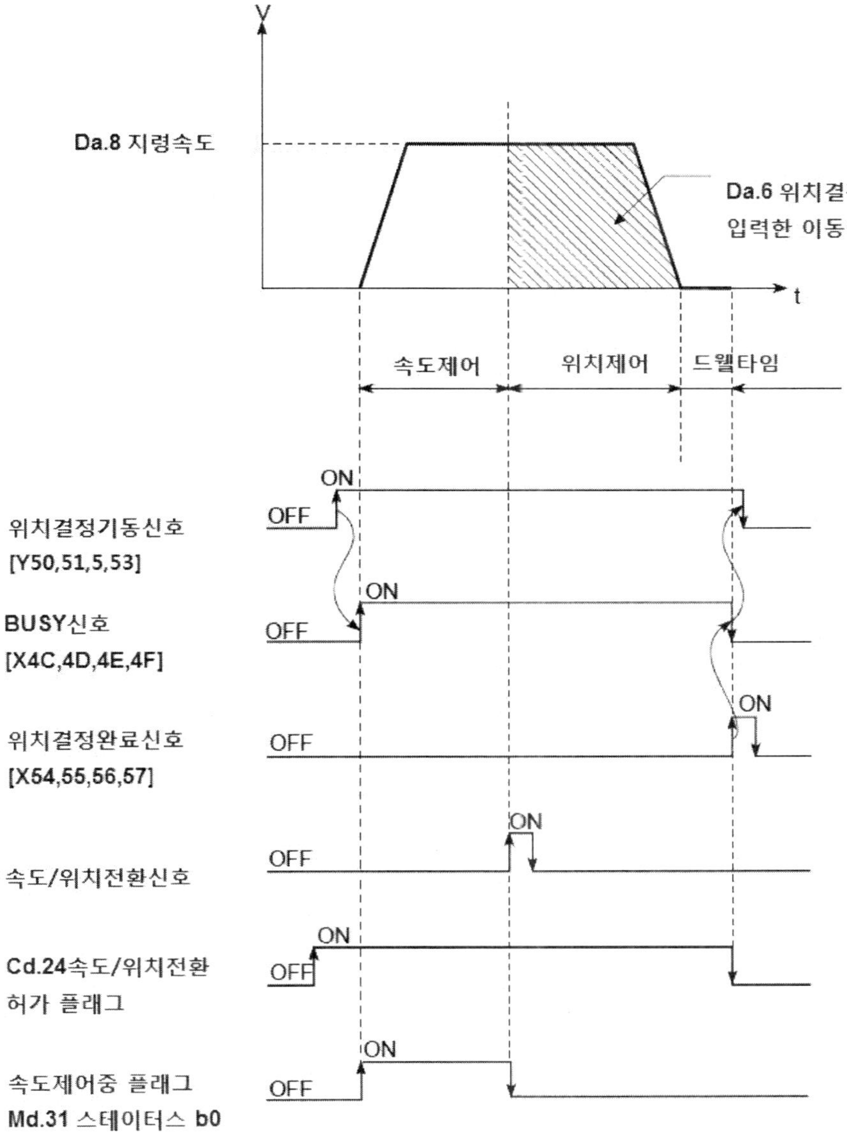

그림 7-40 속도제어 → 위치제어로의 전환 동작도

(라) 속도 · 위치전환제어 (INC 모드)중의 이송현재값

속도 · 위치전환제어 (INC모드)중의 "Md.20 이송현재값" 은 "Pr.21 속도제어시의 이송현재값" 의 설정에 의해 아래와 같이 된다.

표 7-8 속도 · 위치전환제어(INC 모드) 중의 이송현재값

"Pr.21 속도제어시의 이송현재값" 의 설정	Md.20 이송현재값
0 : 이송현재값의 갱신을 하지 않는다	속도제어중에는 제어개시시의 이송현재값을 유지하고 위치제어로 전환된 시점부터 이송현재값 갱신을 한다.
1 : 이송현재값의 갱신을 한다	속도제어중 위치제어중 모두 이송현재값을 갱신한다.
2 : 이송현재값을 0클리어한다.	제어개시시에 이송현재값을 클리어하고(「0」으로 한다.), 위치제어로 전환된 시점부터 이송현재값 갱신을 한다.

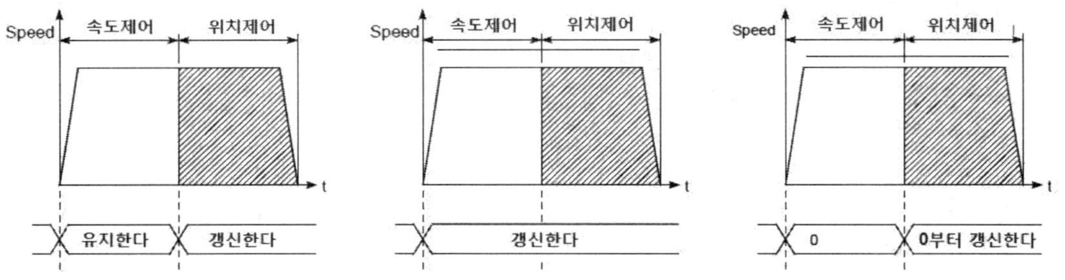

(a) 이송현재값의 갱신을 하지 않는 경우 (b) 이송현재값의 갱신을 하는 경우 (c)이송현재값의 0으로 클리어 하는 경우

그림 7-41 속도 · 위치전환제어(INC 모드) 중의 이송현재값

(마) 속도제어 → 위치제어로의 전환시간

속도 · 위치전환신호를 ON하고 나서 속도 · 위치전환 래치플래그("Md.31 스테이터스 : b1")가 ON될 때까지의 시간은 1ms이다.

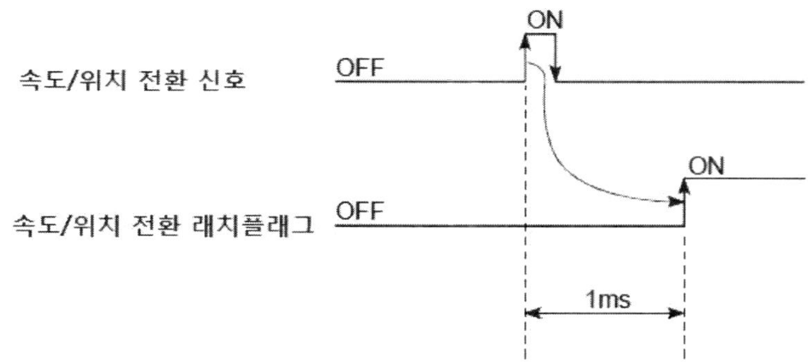

그림 7-42 속도제어 → 위치제어로의 전환시간 타이밍 도

(바) 속도 · 위치전환신호의 설정

외부지령신호「CHG」를 속도 · 위치전환신호로서 사용하려면 다음 항목을 설정한다.

표 7-9 속도 · 위치전환신호의 설정용 버퍼메모리

설정항목	설정값	설정내용	버퍼메모리 어드레스			
			1축	2축	3축	4축
Pr.42 외부지령기능선택	2	「2 : 속도 · 위치/위치 · 속도전환요구」를 설정한다.	62	212	362	512
Cd.8 외부지령유효	1	「1 : 외부지령을 유효로 한다.」를 설정한다.	1502	1605	1705	1805

(사) 위치제어의 이동량 변경

「속도 · 위치전환제어(INC모드)」에서는 속도제어중에 위치제어에서의 이동량을 변경할 수 있다.

① 속도 · 위치전환제어(INC모드)의 속도제어중에 위치제어에서의 이동량을 변경할 수 있다. 속도 · 위치전환제어(INC모드)의 속도제어중 이외일 때에 이동량의 변경요구가 있었을 경우 이동량의 변경요구는 무시된다.

② 속도제어 중에 시퀀스프로그램에 의해「변경후의 이동량」을 "Cd.23 속도 · 위치전환제어 이동량 변경레지스터"에 저장한다. 속도 · 위치전환신호가 ON일 때 "Cd.23 속도 · 위치전환제어 이동량 변경레지스터" 내용이 위치제어의 이동량이 된다.

③ 외부로부터의 속도 · 위치전환신호 입력으로 위치제어로 전환된 시점부터의 이동량이 축 모니터영역의 "Md.29속도 · 위치전환제어의 위치결정량"에 저장된다.

PLC프로그램으로 "Cd.23 속도 · 위치전환제어 이동량 변경레지스터" 에 데이터를 기록하는 것만으로 이동량의 변경요구가 있었던 것으로 인식된다.

④ 변경 후의 이동량이 유효가 되는 것은 속도 · 위치전환제어(INC모드)실행 후로 속도 · 위치전환신호가 입력되기 전까지이다. 축모니터영역의 「속도 · 위치전환 래치플래그」 (Md.31 스테이터스 : b1)에 의해 위치제어에서의 이동량변경 가능, 불가능 인터록으로 사용할 수 있다.

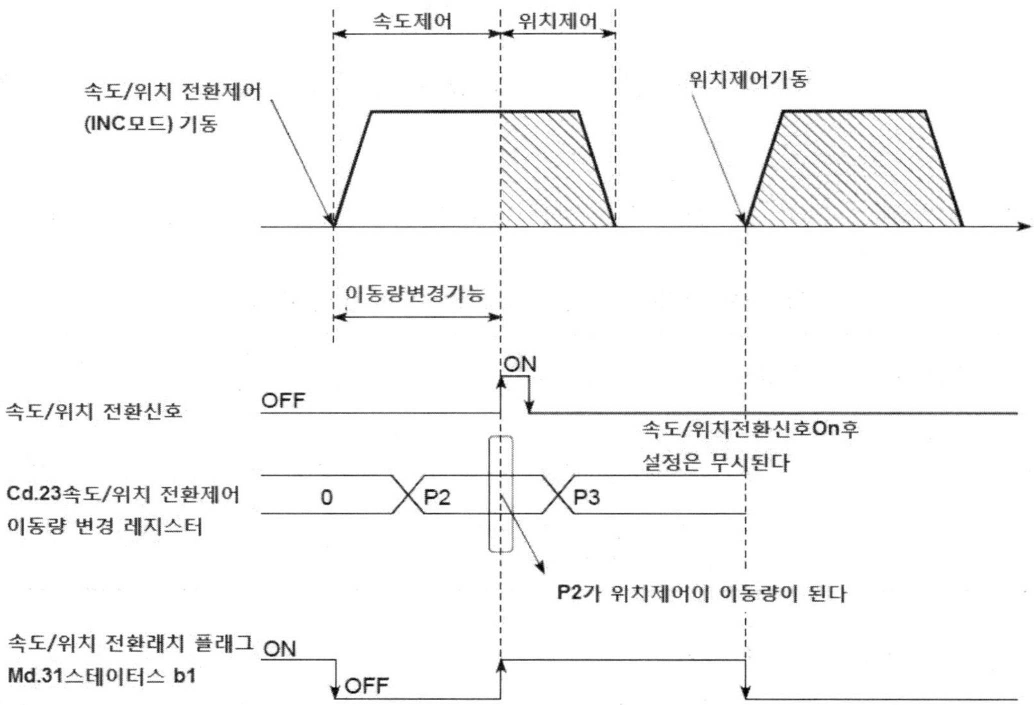

그림 7-43 위치제어의 이동량 변경 타이밍 도

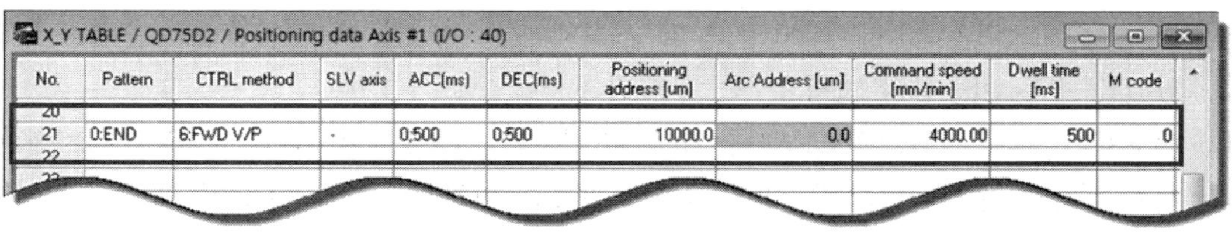

X_Y TABLE / QD75D2 / Positioning data Axis #1 (I/O : 40)

No.	Pattern	CTRL method	SLV axis	ACC(ms)	DEC(ms)	Positioning address [um]	Arc Address [um]	Command speed [mm/min]	Dwell time [ms]	M code
20										
21	0:END	6:FWD V/P	-	0:500	0:500	10000.0	0.0	4000.00	500	0
22										
23										

그림 7-44 위치제어의 이동량 변경용 Positioning Data설정 예

표 7-10 위치제어의 이동량 변경용 Positioning Data설정 예

설정항목		설정예	설정내용
Da.1	운전패턴 (Pattern)	0:END	다음 의치결정데이터를 실행하지 않는 것으로, 「종료」를 설정한다(설정 · 위치전환제어(INC모드)에서는 「연속궤적제어」는 설정할 수 없다.)
Da.2	제어방식 (CTRL method)	6:FWD V/P	정회전의 속도 · 위치전환제어를 설정한다.
Da.3	가속시간 (ACC)	0:500	
Da.4	감속시간 (DEC)	0:500	
Da.5	보간상대축 (SLV axis)		설정불필요 (설정값은 무시된다.)
Da.6	위치결정어드레스 (Positioning address)	10000.0	INC 모드 ("Pr.150 : 0)위치제어전환후의 이동량을 설정한다. (Pr.1단위설정에 「mm」이 설정되어 있는 것으로 한다.)
Da.7	원호어드레스 (Arc Address)		설정불필요 (설정값은 무시된다.)
Da.8	지령속도 (Command Speed)	4000.00	지령할 속도를 설정한다.
Da.9	드웰타임 (Dewell Time)	500	위치제어에서 위치결정정지(펄스출력정지)후 위치결정완료신호를 출력할 때까지의 시간을 설정한다.(속도제어에서 정지했을 경우에는 설정값은 무시한다)
Da.10	M코드 (M Code)		설정불필요

(아) 제약사항

① "Da.1 운전패턴" 에 「연속궤적제어」를 설정했을 경우 축에러(에러코드:516)가 되어 기동할 수 없다.

② 직전의 위치결정데이터 "Da.1 운전패턴" 에 「연속궤적제어」가 설정되어 있을 경우의 위치결정데이터에서는 "Da.2 제어방식" 에 「속도 · 위치전환제어」를 설정할 수 없다. (예를 들면 위치결정데이터 No.1의 운전패턴이 「연속궤적제어」일 경우 위치결정데이터 No.2에서는 「속도 · 위치전환제어」를 설정할 수 없다.) 이와 같은 설정을 했을 경우 축에러(에러코드:516)가 되어 감속정지한다.

③ "Da.8 지령속도" 에 커런트속도(-1)를 설정했을 경우 에러(에러드:503)가 된다.
④ 속도제어 중의 소프트웨어 스트로크 리미트범위의 체크는 아래의 (a), (b)를 만족할 경우에만 한다.
(a) "Pr.21 속도제어시의 이송현재값" 이「1:이송현재값의 갱신을 한다.」,「1 : 이송현재값의 갱신을 한다.」이외일 경우 속도제어중에 이동량이 소프트웨어 스트로크 리미트 범위를 초과할 경우에는 위치제어로 전환된 시점에서 에러(에러코드:507)가 되어 감속정지한다."
(b) Pr.1 단위설정" 이「2:degree」이외 단위가「degree」일 경우 소프트웨어 스트로크 리미트 범위의 체크를 하지 않는다.
⑤ "Da.6 위치결정어드레스/이동량" 의 설정값이 바르지 않을 경우 에러(에러코드:530)가 발생한다.
⑥ "Da.6위치결정어드레스/이동량" 에 설정한 위치제어의 이동량이 "Da.8지령속도" 로부터의 속도거리보다 작을 경우에는 속도 · 위치전환신호가 입력된 시점에서 감속처리 한다.

속도안정영역(정속상태)에서 속도 · 위치전환신호를 ON한다. 가속중에 ON하면 드룹펄스량의 분산이 크기 때문에 경고(경고코드:508)가 된다. 서보모터 사용시에 있어서는 위치제어로 전환후의 실제 이동량에는「설정이동량+정지위치에 분산이 발생한다. "Md.29 속도 · 위치전환제어의 위치결정량" 이 같더라도 "Da.8 지령속도" 가 다르면 드룹펄스량이 변화하기 때문에 정지위치가 변화한다.

(2) 속도 • 위치전환제어(ABS모드 FWD V/P, RVS V/P)

「속도 · 위치전환제어(ABS모드)」 "Da.2 제어방식" : FWD V/P, RVS V/P)는 위치결정 데이터에서 설정한 축방향에 대해 "Da.8 지령속도" 에 설정한 속도의 펄스를 계속 출력하고「속도 · 위치전환신호」를 입력하면 "Da.6 위치결정어드레스/이동량" 에 설정한 어드레스로 위치제어를 한다. 속도 · 위치전환제어 (ABS모드)에는 정회전방향으로 기동하는「정회전 속도 · 위치」와 역회전방향으로 기동하는「역회전 속도 · 위치」의 두 종류가 있다. 속도 · 위치전환제어(ABS모드)에서는 "Pr.1 단위설정" 에「2:degree」일 경우에만 유효하다.

표 7-11 설정모드별 속도 · 위치전환제어 설정 가/부

속도/위치 기능선택	mm	inch	degree	pulse
INC모드	○	○	○	○
ABS모드	×	×	○	×

○ : 설정가, × : 설정불가
(설정했을 경우 PLC Ready신호(Y40)가 ON인 경우 에러(에러코드 : 935)가 난다.)

속도 · 위치전환제어(ABS모드)의 선택은 상세파라미터1, "Pr.150 속도 · 위치기능선택"에서 설정한다.

표 7-12 속도위치기능 선택 설정과 버퍼메모리

설정항목	설정값	설정내용	버퍼메모리 어드레스			
			1축	2축	3축	4축
Pr.150 속도위치기능선택	2	속도 · 위치전환제어(INC모드)	34	184	334	484

※ 설정값이 0, 2 이외일 경우에는 설정값을 0으로 간주하여 INC모드로 동작한다.

(가) 속도제어 → 위치제어로의 전환

① 속도제어→위치제어로의 전환은 외부 신호「속도 · 위치전환신호」에 의해 전환한다.

② 속도제어→위치제어로의 전환을 하기 위해서는 위치결정데이터의 설정 외에 "Cd.24 속도 · 위치전환허가플래그"를 ON해둘 필요가 있다. (속도 · 위치전환신호가 ON한 후에 "Cd.24 속도 · 위치전환허가플래그"가 ON했을 경우에는 속도제어 → 위치제어로 전환되지 않고 속도제어 그대로 된다. 또, "Cd.24 속도 · 위치전환허가플래그"와 속도 · 위치전환신호가 기동시에 ON할 경우에는 위치제어로 제어된다.)

(나) 동작도

아래에 속도 · 위치전환제어(ABS모드)의 동작타이밍도이다.

속도 · 위치전환제어(ABS모드)의 속도제어 중에는 속도제어 중 플래그("Md.31 스테이터스 : b0")가 ON한다.

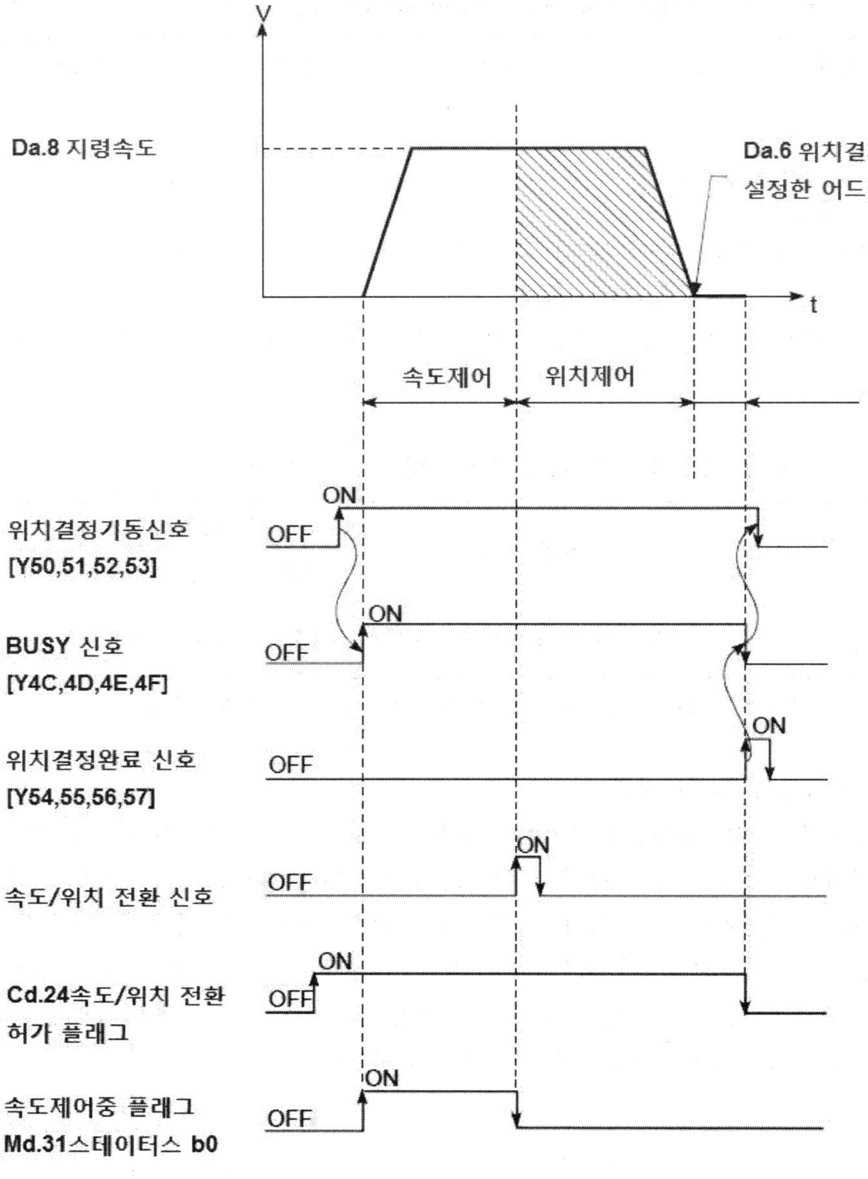

그림 7-45 속도제어 → 위치제어로의 전환 동작 타이밍 도

(다) 속도 · 위치전환제어(ABS모드) 중의 이송현재값

속도 · 위치전환제어(ABS모드) 중의 "Md.20 이송현재값" 은 "Pr.21속도제어시의 이송현재값" 의 설정에 의해 아래와 같이 된다.

표 7-13 속도 · 위치전환제어(ABS모드) 중의 이송현재값의 설정

Pr.21 속도제어시의 이송현재값설정	Md.20이송현재값
1 : 이송현재값의 갱신을 한다.	속도제어중, 위치제어중 모두 이송현재값을 갱신한다.

속도 · 위치전환제어(ABS모드)에서는 "Pr.21속도제어시의 이송현재값" 의 설정은「1 : 이송현재값의 갱신을 한다」만 유효하다. "Pr.21속도제어시의 이송현재값" 의 설정이 1 이외일 경우에는 에러(에러코드:935)가 된다.

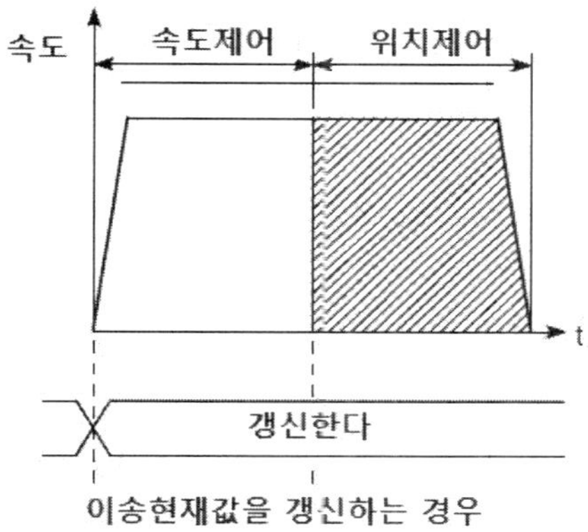

그림 7-46 속도 · 위치전환제어(ABS모드)중의 이송현재값 갱신하는 경우

(라) 속도 · 위치전환신호의 설정

외부지령신호「CHG」를 속도 · 위치전환신호로서 사용하려면 아래에 나타낸 항목을 설정한다.

표 7-14 속도 · 위치전환제어 설정과 버퍼메모리

설정항목	설정값	설정내용	버퍼메모리 어드레스			
			1축	2축	3축	4축
Pr.42 외부지령기능선택	2	「2 : 속도 · 위치/위치 · 속도전환 요구」를 설정한다.	62	212	362	512
Cd.8 외부지령유효	1	「1 : 외부지령을 유효로 한다.」를 설정한다.	1502	1605	1705	1805

(마) 제약사항

① "Da.1 운전패턴" 에「연속궤적제어」를 설정했을 경우 축에러(에러코드:516)가 되어 기동할 수 없다.

② 직전 위치결정데이이터의 "Da.1 운전패턴" 에「연속궤적제어」가 설정되어 있을 경우 위치결정데이터에서는 "Da.2 제어방식" 에「속도 · 위치전환제어」를 설정할 수 없다. (예를 들면 위치결정데이터No.1의 운전패턴이「연속궤적제어」일 경우 위치결정 데이터 No.2에서는「속도 · 위치전환제어」를 설정할 수 없다.) 이와 같은 설정을 했을 경우 축에러(에러코드:516)가 되어 감속정지한다.

③ "Da.8지령속도" 에 커런트속도(-1)를 설정했을 경우에는 에러(에러코드:503)가 된다.

④ "Da.6위치결정어드레스/이동량" 의 설정값이 바르지 않을 경우 에러(에러코드:530)가 난다.

⑤ 속도 · 위치전환제어(ABS모드)에서는 축제어데이터 "Cd.23 속도 · 위치전환제어 이동량변경레지스터" 는 설정해도 기능하지 않는다. 설정값은 무시된다.

⑥ 속도 · 위치전환제어(ABS모드)를 할 경우에는 아래에 나타낸 조건을 만족할 필요가 있다.

(a) "Pr.1 단위설정" 이「2:degree」

(b) 소프트웨어 스트로크 리미트기능이 무효(상한값=하한값)

(c) "Pr.21속도제어시의 이송현재값" 이「1: 이송현재값의 갱신을 한다.」

(d) "Da.6 위치결정어드레스/이동량" 의 설정범위가 0~359.99999(degree)0~359.99999(degree) 범위 외일 경우 기동시에 에러(에러코드:530)가

(e) "Pr.150 속도 · 위치기능선택" 의 설정이「2:속도 · 위치전환제어 (ABS모드)」

⑦ (6)(e)의 경우에 (6)(a)~(6)(c)를 만족하지 않을 경우에는 PLC Ready신호 [Y40] 가 OFF→ON할 때 에러(에러코드:935)가 된다.

⑧ 속도 · 위치 전환신호 입력시부터 자동감속을 개시해도 감속도중에 위치결정어드레스로 도달해 버릴 경우 위치결정어드레스에서 즉시 정지되지 않는다. 반드시 자동감속할 수 있도록 N회전후의 회전결정어드레스에서 정지한다.(N:자연수) 아래 그림 예에서는 점선궤적이 감속을 하면 2회째의 위치결정어드레스를 초과해 버리기 때문에 3회째의 위치결정어드레스에서 정지하도록 감속정지를 한다.

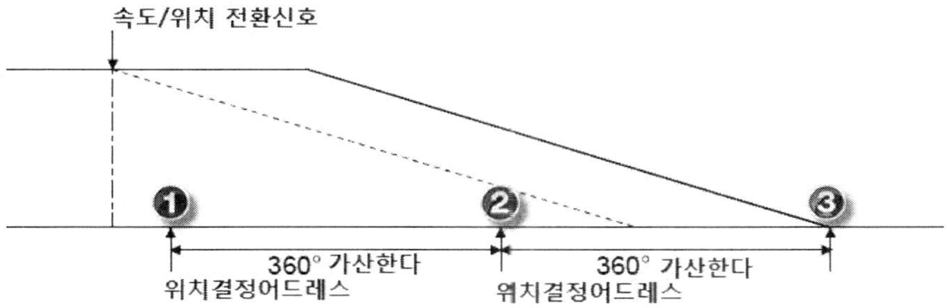

그림 7-47 속도 · 위치전환제어에서의 자동 감속정지

(3) 위치 · 속도전환 제어

「위치 · 속도전환제어」("Da.2 제어방식" =정회전 위 · 속(FWD P/V), 역회전 위 · 속(RVS P/V))에서는 「위치속도전환신호」를 입력하기 전에는 위치결정데이터를 설정한 축 방향에 대해 "Da.6 위치결정어드레스/이동량" 에 설정한 이동량의 위치제어를 한다. 위치결정완료 전에는 「위치 · 속도전환신호」를 입력하면 정지지령을 입력할 때까지 "Da.8 지령속도" 에 설정한 속도의 펄스를 계속 출력하는 제어를 한다. 위치 · 속도전환제어에는 정회전방향으로 기동하는 「정회전 위치 · 속도(FWD P/V)」과 역회전방향으로 기동하는 「역회전 위치 · 속도(RVS P/V)」의 두 종류가 있다.

(가) 위치제어 → 속도제어로의 전환

① 위치제어 → 속도제어로의 전환은, 외부신호 「위치 · 속도전환신호」에 의해 동작한다.

② 위치제어 → 속도제어로의 전환을 하기 위해서는 위치결정데이터의 설정외에 "Cd.26 위치 · 속도전환허가플래그" 를 ON해 둘 필요가 있다. (위치 · 속도전환신호가 ON한 후에 "Cd.26 위치 · 속도전환허가플래그" 가 ON했을 경우에는 위치제어→속도제어로 전환되지 않고 위치제어 상태가 된다. 또 "Cd.26 위치 · 속도전환허가플래그" 와 위치 · 속도전환신호가 기동시에 ON되어 있는 경우에는 속도제어만 동작한다.)

(나) 동작도

아래에 위치 · 속도전환제어의 동작타이밍도 이다. 위치 · 속도전환제어의 속도제어 중에는 속도제어 중 플래그("Md.31 스테이터스 : b0")가 ON한다.

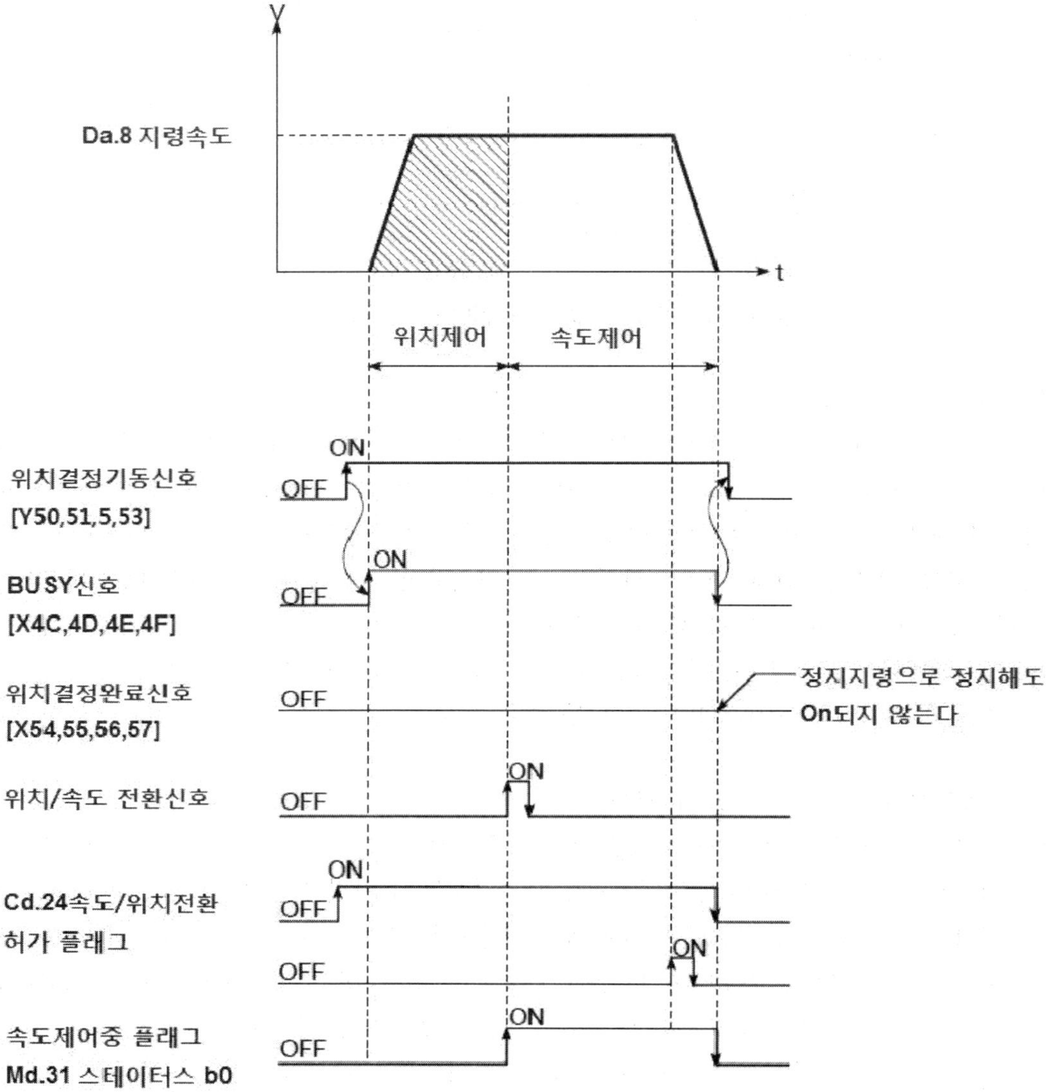

그림 7-48 위치제어 → 속도제어로의 전환 동작 타이밍 도

(다) 위치 · 속도전환제어중의 이송현재값

위치 · 속도전환제어중의 "Md.20 이송현재값" 은 "Pr.21 속도제어시의 이송 현재값" 설정에 의해 아래와 같이 된다.

표 7-15 위치 · 속도전환제어중의 이송현재값

"Pr.21 속도제어시의 이송현재값" 의 설정	Md.20 이송현재값
0 : 이송현재값의 갱신을 하지 않는다	위치제어중에는 이송현재값의 갱신을 하고 속도제어로전환된 시점부터 전환시의 이송현재값을 유지한다.
1 : 이송현재값의 갱신한다	위치제어중, 속도제어중 모두 이송현재값을 갱신한다.
2 : 이송현재값을 0클리어 한다.	제어개시시 이송현재값을 0부터 갱신하고 속도제어로 전환된 시점부터 이송현재값을 클리어 한다.(「0」으로 한다.)

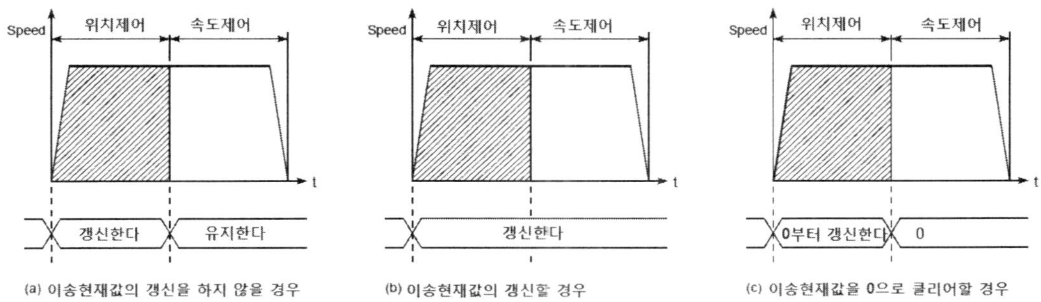

그림 7-49 위치 · 속도전환제어중의 이송현재값

(라) 위치 · 속도전환신호의 설정

외부지령신호「CHG」를 위치 · 속도전환신호로 사용하려면 아래에 나타낸 항목을 설정한다.

표 7-16 위치 · 속도전환제어 신호의 설정과 버퍼메모리

설정항목	설정값	설정내용	버퍼메모리 어드레스			
			1축	2축	3축	4축
Pr.42 외부지령기능선택	2	「2 : 속도 · 위치/위치 · 속도전환요구」를 설정한다.	62	212	362	512
Cd.8 외부지령유효	1	「1 : 외부지령을 유효로 한다.」를 설정한다.	1502	1605	1705	1805

(마) 속도제어의 지령속도 변경

「위치 · 속도전환제어」 에서는 위치제어 중에 속도제어로 지령속도를 변경할 수 있다.

① 위치 · 속도전환제어의 위치제어 중에 속도제어로 지령속도를 변경할 수 있다. 위치 · 속도전환제어의 위치제어중 이외일 때에 지령속도의 변경요구가 있었을 경우 지령속도의 변경요구는 무시된다.

② 위치제어 중에 시퀀스프로그램에 의해 「변경후의 지령속도」 를 "Cd.25 위치 · 속도전환제어속도 변경레지스터" 에 저장한다. 위치 · 속도전환신호가 ON일 때 "Cd.25 위치 · 속도 전환제어 속도변경레지스터" 내용이 속도제어의 지령속도가 된다.

③ PLC프로그램으로 "Cd.25 위치 · 속도전환제어 속도변경레지스터" 에 데이터를 기록하는 것만으로 지령속도의 변경요구가 있었음이 인식된다.

④ 변경후의 지령속도가 유효가 되는 것은 위치 · 속도전환제어 실행 후로 위치 · 속도전환신호가 입력되기 전까지이다.

⑤ 축 모니터영역의 「위치 · 속도전환 래치플래그(Md.31 스테이터스 : b5)에 의해 속도제어에서의 속도변경가능, 불가능 인터록으로 사용할 수 있다.

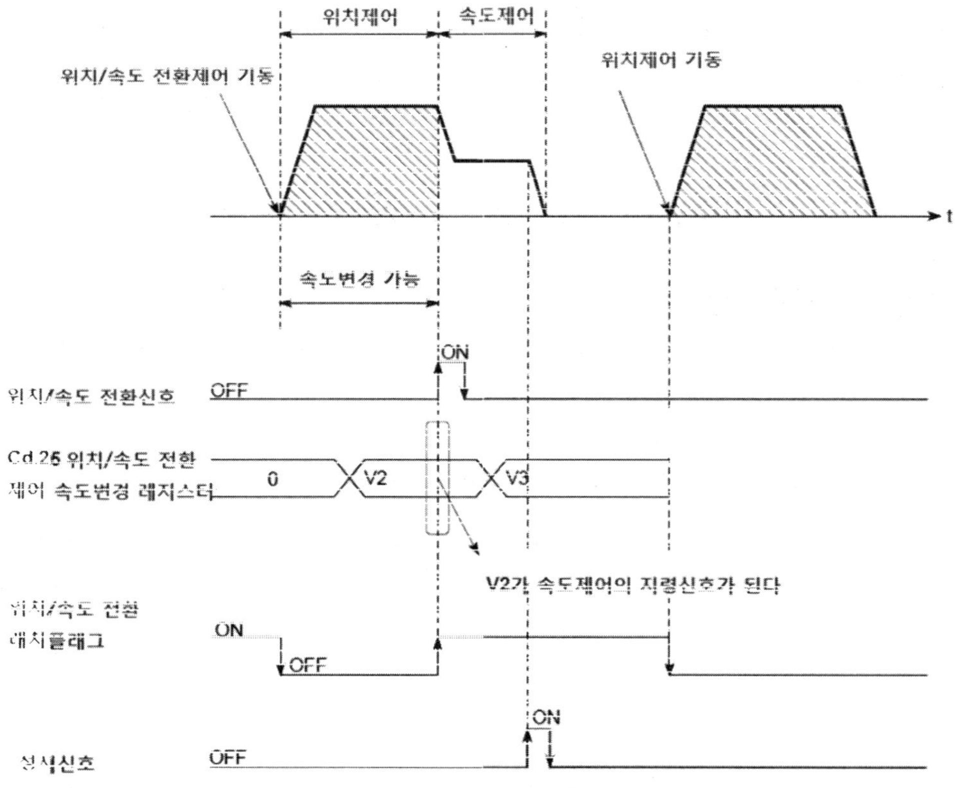

그림 7-50 속도제어의 지령속도 변경

(바) 제약사항

① "Da.1 운전패턴" 에「연속위치결정제어」,「연속궤적제어」를 설정했을 경우 축에러(에러코드 : 516)가 되어 기동하지 않는다.

② 직전 위치결정데이터의 "Da.1 운전패턴" 에「연속궤적제어」가 설정되어 있을 경우의 위치결정데이터에서는 "Da.2 제어방식" 에「위치 · 속도전환제어」를 설정할 수 없다. (예를 들면 위치결정데이터 No.1의 운전패턴이「연속궤적제어」일 경우 위치결정데이터 No.2에서는「위치 · 속도전환제어」를 설정할 수 없다.) 이와 같은 설정을 했을 경우 축에러(에러코드 : 516)가 되어 감속정지한다.

③ 속도제어중의 소프트웨어 스트로크 리미트범위의 체크는 "Pr.21 속도제어시 이송현재값" 에「1 : 이송현재값의 갱신을 한다」를 설정할 경우에만 동작한다. 또 단위가「degree」일 경우에는 소프트웨어 스트로크 리미트 범위를 체크를 하지 않는다.

④ 위치제어의 기점어드레스 또는 종점어드레스가 소프트웨어 스트로크 리미트 범위를 초과할 경우에는 기동시에 에러(에러코드 : 507, 508)가 되어 기동하지 않는다.

⑤ 지정된 이동량을 이동하기까지 위치 · 속도전환 신호가 입력되지 않았을 경우 감속정지한다. 또 위치제어에서의 자동감속 중에 위치 · 속도전환 신호의 입력이 있었을 경우에는 다시 지령속도까지 가속해서 속도제어를 속행한다. 정지신호에 의한 감속정지시에 위치 · 속도전환신호가 입력되었을 경우에는 속도제어로 전환되어 정지한다. 재기동지령에 의해 속도제어로 재기동한다.

⑥ 지령속도 변경시 변경된 속도가 "Pr.8 속도제한값" 이상일 경우에는 경고(경고코드 : 501)가 되어 "Pr.8 속도제한값" 에서 제어를 속행한다.

⑦ "Da.6 위치결정어드레스/이동량" 의 설정값이 바르지 않을 경우 에러(에러코드:530)가 된다.

(사) 위치결정데이터의 설정 예

축1의 위치결정데이터No.1에「위치 · 속도전환제어(정회전 위 · 속)를 설정할 경우의 설정 예이다.

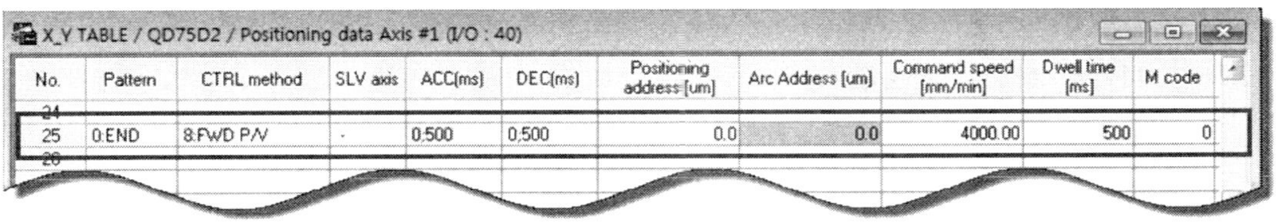

X_Y TABLE / QD75D2 / Positioning data Axis #1 (I/O : 40)

No.	Pattern	CTRL method	SLV axis	ACC(ms)	DEC(ms)	Positioning address [um]	Arc Address [um]	Command speed [mm/min]	Dwell time [ms]	M code
24										
25	0:END	8:FWD P/V	-	0:500	0:500	0.0	0.0	4000.00	500	0
26										

그림 7-51 위치 · 속도전환제어(FWD P/V)를 설정할 경우의 Posioninig Data설정 예

표 7-17 위치 · 속도전환제어(FWD P/V)를 설정할 경우의 Posioninig Data설정 예

설정항목		설정예	설정내용
Da.1	운전패턴 (Pattern)	0:END	다음 위치결정데이터를 실행하지 않는 것으로, 「종료」를 설정한다(설정 · 위치전환제어(INC모드)에서는 「연속궤적제어」는 설정할 수 없다.)
Da.2	제어방식 (CTRL method)	6:FWD P/V	정회전의 위치 · 속도전환제어를 설정한다.
Da.3	가속시간 (ACC)	0:500	
Da.4	감속시간 (DEC)	0:500	
Da.5	보간상대축 (SLV axis)		설정불필요 (설정값은 무시된다.)
Da.6	위치결정어드레스 (Positioning address)	10000.0	INC 모드 ("Pr.150 : 0)위치제어전환후의 이동량을 설정한다. (Pr.1단위설정에 「mm」이 설정되어 있는 것으로 한다.)
Da.7	원호어드레스 (Arc Address)		설정불필요 (설정값은 무시된다.)
Da.8	지령속도 (Command Speed)	4000.00	지령할 속도를 설정한다.
Da.9	드웰타임 (Dewell Time)	500	위치제어로 위치결정정지(펄스출력정지)후 위치결정완료신호를 출력하기까지의 시간을 설정한다.(속도제어로 정지했을 경우에는 설정값은 무시된다.)
Da.10	M코드 (M Code)		설정불필요

자. 현재값 변경(Address CHG)

현재값 변경에서는, 정지하고 있는 축의 "Md.20이송현재값" 을 임의의 어드레스로 변경하는 제어를 한다. (현재값 변경을 해도 "Md.21 이송기계값" 은 변경되지 않는다.)

현재값의 변경에는 아래에 나타낸 두 가지의 방법이 있다.

① 위치결정데이터를 사용한 현재값 변경의 경우

② 현재값변경용기동번호(No.9003)를 사용한 현재값 변경의 경우

①의 방법에 의한 현재값 변경은 복수블럭으 연속위치결정중 등에 사용한다.

(나) 위치결정데이터를 사용한 현재값변경의 경우

아래에 현재값 변경의 동작타이밍도이다. 위치결정기동신호를 ON하면 "Md.20 이송현재값" 을 "Da.6 위치결정어드레스/이동량" 에 설정한 값으로 변경한다.

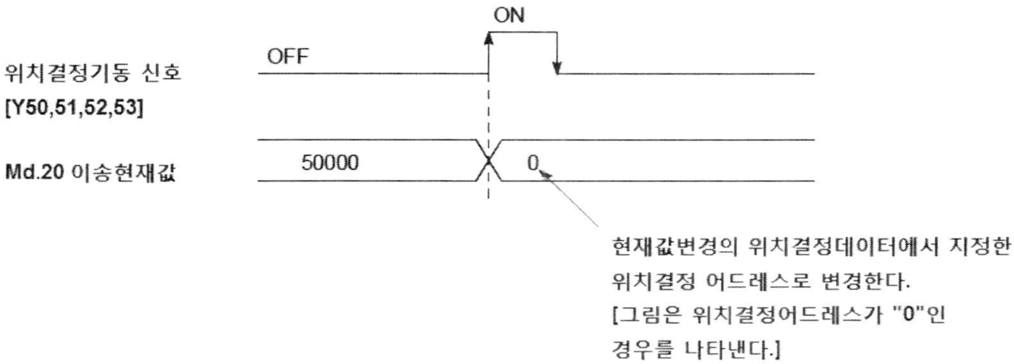

그림 7-52 위치결정데이터를 사용한 현재값변경

① 위치결정데이터의 설정 예

축1의 위치결정데이터 No.27에「현재값변경」을 설정할 경우의 설정 예이다.

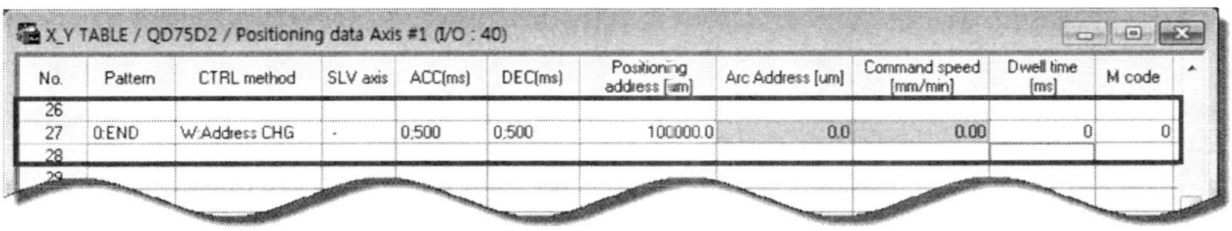

X_Y TABLE / QD75D2 / Positioning data Axis #1 (I/O : 40)

No.	Pattern	CTRL method	SLV axis	ACC(ms)	DEC(ms)	Positioning address [um]	Arc Address [um]	Command speed [mm/min]	Dwell time [ms]	M code
26										
27	0:END	W:Address CHG	-	0:500	0:500	100000.0	0.0	0.00	0	0
28										
29										

그림 7-53 현재값변경 기능을 설정할 경우의 Positioning Data설정 예

표 7-18 현재값변경 기능을 설정할 경우의 Positioning Data설정 예

설정항목		설정예	설정내용
Da.1	운전패턴 (Pattern)	0 : END	다음 위치결정데이터를 실행하지 않는 것으로, 「종료」를 설정한다(설정 · 위치 전환제어(INC모드)에서는 「연속궤적제어」는 설정할 수 없다.)
Da.2	제어방식 (CTRL method)	W : Address CHG	현재값 변경을 설정한다.
Da.3	가속시간 (ACC)		설정불필요 (설정값은 무시된다.)
Da.4	감속시간 (DEC)		설정불필요 (설정값은 무시된다.)
Da.5	보간상대축 (SLV axis)		설정불필요 (설정값은 무시된다.)
Da.6	위치결정어드레스 (Positioning address)	10000.0	변경하고자 하는 어드레스를 설정한다.(Pr.1단위설정에 「mm」이 설정되어 있는 것으로 한다.)
Da.7	원호어드레스 (Arc Address)		설정불필요 (설정값은 무시된다.)
Da.8	지령속도 (Command Speed)		설정불필요 (설정값은 무시된다.)
Da.9	드웰타임 (Dewell Time)		설정불필요 (설정값은 무시된다.)
Da.10	M코드 (M Code)		설정불필요

(다) 현재값 변경용 기동신호 (No.9033)를 사용한 현재값변경의 경우

현재값의 변경용 버퍼메모리 "Cd.9 현재값변경값" 에 변경후의 현재값을 설정하고 "Cd.3 위치결정기동번호" 에 「9003」을 설정하여 위치결정기동신호를 ON하는 것에 의해 현재값의 변경을 한다.

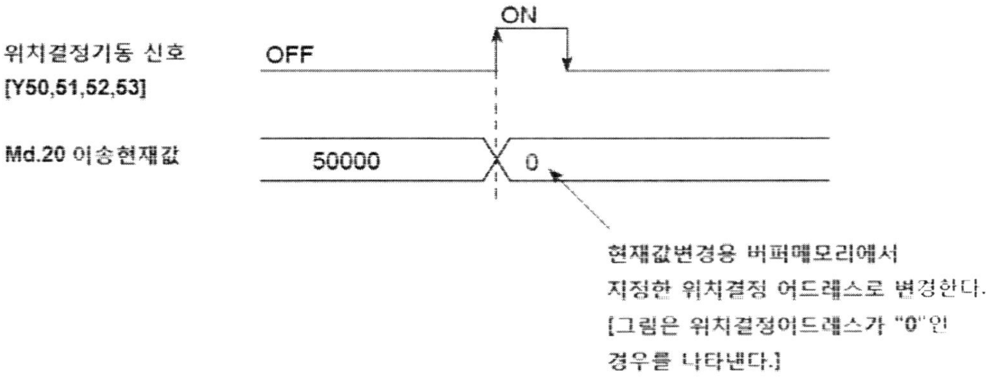

그림 7-54 현재값 변경용 기동신호 (No.9033)를 사용한 현재값변경 동작도

(라) 현재값 변경 기능의 설정 방법

다음은 위치결정기동신호에 의해 현재값변경을 실행하기 위한 데이터설정과 시퀀스프로그램의 예를 나타낸다. ("Md.20이송현재값" 을「5000.0μm」로 변경할 경우의 예를 나타낸다.)

① 아래에 나타낸 데이터를 설정한다.

표 7-19 현재값 변경 기능의 설정과 버퍼메모리

설정항목	설정값	설정내용	버퍼메모리 어드레스			
			1축	2축	3축	4축
Cd.3 위치결정기동번호	9003	현재값변경용기동번호「9003」을 설정한다.	1500	1600	1700	1800
Cd.9 현재값변경값	50000	변경후의 "Md.20 이송현재값"을 설정한다.	1506 1507	1606 1607	1706 1707	1806 1807

② 다음과 같은 PLC 프로그램을 작성하여 실행한다.

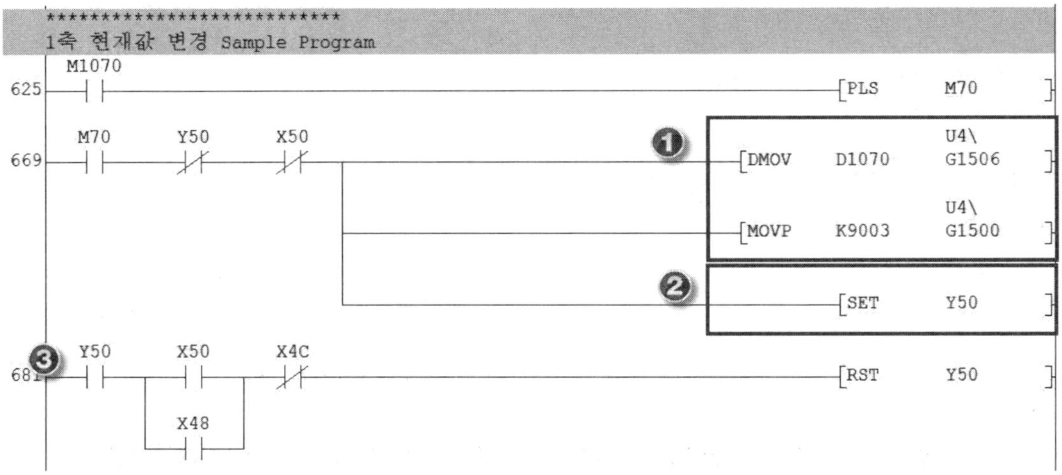

그림 7-55 1축 현재값 변경 기능 PLC Program 예

현재값 변경 지령인 M1070스위치를 누르면 ① 변경하고자하는 위치어드레스를 터치 판넬에서 입력한 D1070~1071의 데이터를 버퍼메모리 1506~1507에 써넣고 현재값을 변경하겠다는 의미의 상수 9003을 버퍼메모리 1500에 입력한다. ② 데이터를 실행하기 위해 위치결정기동신호 Y50을 On시켜준다. ③은 실행한 Y50신호를 리셋하기 위한 프로그램이다. 실행하는 도중 에러가 발생되는 상태까지 생각하여 X48접점 신호도 추가하였다.

차. NOP명령

NOP명령이 설정되어 있는 위치결정데이터 No.1은 무처리하고 다음 위치결정데이터 No. 운전으로 이행한다.

어느 두 점간의 위치결정에서 예상되는 포인트로 속도전환이나 일시정지(자동감속)등을 할 가능성이 있을 경우 NOP명령에 그 데이터를 예약해 놓고 데이터를 변경할 수 있다.

※ 위치결정데이터 No.600의 제어방식에 「NOP명령」을 설정했을 경우 「제어방식설정에러」(에러코드 : 524)가 된다.

카. JUMP명령

JUMP명령에서는「연속위치결정제어」시 또는「연속궤적제어」시에 위치결정데이터에 설정한 위치결정데이터 No.로 JUMP하는 제어를 한다. JUMP명령에는 아래에 나타낸 2개의 JUMP가 있다.

(가) 무조건 JUMP

JUMP 명령의 실행조건을 설정하지 않을 경우 (조건데이터 No.에 0을 설정했을 경우) JUMP명령을 무조건으로 실행하고 "Da.9 드웰타임" 에 설정된 위치결정데이터 No.로 JUMP한다.

(나) 조건부 JUMP

JUMP명령의 실행조건을 설정할 경우(조건은 「고도의 위치결정제어」에서 사용하는「조건데이터」로 설정한다.) JUMP 명령을 사용함에 따라「연속위치결정제어」시 또는「연속궤적제어」시에 동일위치결 정제어의 반복이나 실행조건에 의한 위치결정데이터 No.의 선택을 할 수 있다.

JUMP명령의 실행조건은 블럭기동의 조건데이터를 사용한다.

① 블럭위치결정(No.7000~7004 기동의 경우)각 블럭의 조건데이터를 사용한다.
② 위치결정데이터 No.1~600을 기동했을 경우기동블럭 0의 조건데이터를 사용한다.
③ JUMP명령의 "Da.10 M코드" 에 설정한 실형조건이 성립할 경우 JUMP명령을 실행하고 "Da.9 드웰타임" 에 설정된 위치결정데이터 No.로 JUMP한다.
④ JUMP명령의 "Da.10 M코드" 에 설정한 실행조건이 성립할 경우 JUMP명령을 무시하고 다음 위치결정데이터 No.를 실행한다.

(다) 제약사항

① 조건부 JUMP명령 사용시에는 JUMP명령 위치결정데이터 No.로부터 4개전의 위치결정데이터를 실행하기까지 JUMP명령 실행조건을 성립시킨다. JUMP명령의 4개전의 위치결정제어를 하기 전에 JUMP명령의 실행조건이 성립하지 않을 경우에는 JUMP명령의 실행조건이 성립하는 않는 것으로 처리된다.(QD75는 연속궤적제어/연속위치결정제어실행중에 4개 뒤의 위치결정데이터 No.의 위치결정데이터의 계산을 하고 있다.)
② JUMP 명령에는 운전패턴이 설정되어 있어도 무시한다.

③ JUMP 명령을 연속위치결정제어/연속궤적제어의 마지막에 설정할 경우에는 무조건 JUMP명령으로 한다. 조건부 JUMP명령을 연속위치결정제어/연속궤적제어의 마지막에 설정했을 경우 실행조건이 성립하지 않으면 다음 위치결정데이터 No.의 위치결정을 실행한다.

④ 조건부 JUMP명령만으로 조건이 성립하기까지 루프하는 위치결정제어는 할 수 없다.

(라) 위치결정데이터의 설정 예

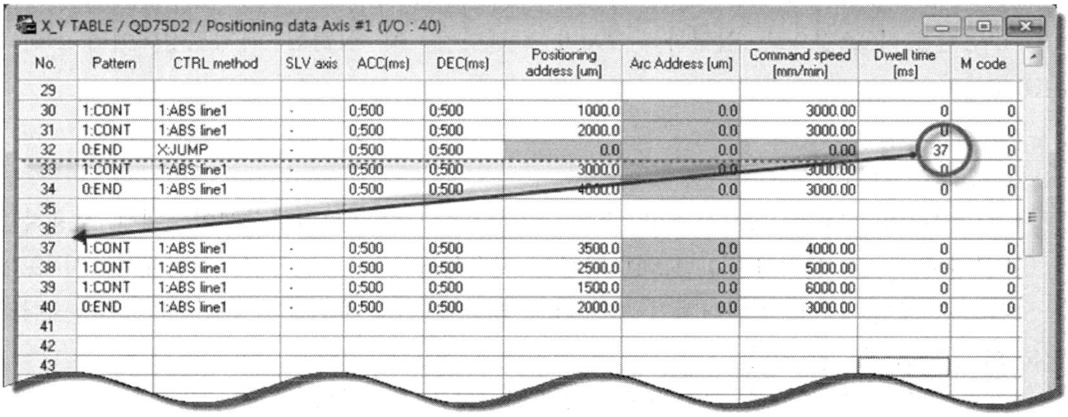
X_Y TABLE / QD75D2 / Positioning data Axis #1 (I/O : 40)

No.	Pattern	CTRL method	SLV axis	ACC(ms)	DEC(ms)	Positioning address [um]	Arc Address [um]	Command speed [mm/min]	Dwell time [ms]	M code
29										
30	1:CONT	1:ABS line1	-	0:500	0:500	1000.0	0.0	3000.00	0	0
31	1:CONT	1:ABS line1	-	0:500	0:500	2000.0	0.0	3000.00	0	0
32	0:END	X:JUMP	-	0:500	0:500	0.0	0.0	0.00	37	0
33	1:CONT	1:ABS line1	-	0:500	0:500	3000.0	0.0	3000.00	0	0
34	0:END	1:ABS line1	-	0:500	0:500	4000.0	0.0	3000.00	0	0
35										
36										
37	1:CONT	1:ABS line1	-	0:500	0:500	3500.0	0.0	4000.00	0	0
38	1:CONT	1:ABS line1	-	0:500	0:500	2500.0	0.0	5000.00	0	0
39	1:CONT	1:ABS line1	-	0:500	0:500	1500.0	0.0	6000.00	0	0
40	0:END	1:ABS line1	-	0:500	0:500	2000.0	0.0	3000.00	0	0
41										
42										
43										

그림 7-56 JUMP명령 Positioning Data 설정 예

32번 위치데이터에 제어방식이 JUMP로 설정되어 있다.Dewell Time항목이 Jump대상이 되는 위치데이터번호이며 37번으로 설정되어 있으므로 33, 34번 데이터는 실행되지 않고 37번 데이터가 실행될 것이다. 30번부터 위치데이터가 설정이 되어 34번까지 실행이 되었지만 설비가 변경이 되거나 하면 해당 데이터를 지워버리는 것이 아니라 향후에 다시 사용할 수 있다는 가정 하에 JUMP명령을 사용하여 새로운 데이터 37번부터 이어서 동작하도록 만들 수 있는 사례일 것이다.

표 7-20 JUMP명령 Positioning Data 설정 예

설정항목		설정예	설정내용
Da.1	운전패턴 (Pattern)	0:END	다음 위치결정데이터를 실행하지 않는 것으로,「종료」를 설정한다(설정 · 위치전환제어(INC모드)에서는 「연속궤적제어」는 설정할 수 없다.)
Da.2	제어방식 (CTRL method)	JUMP	JUMP명령을 설정한다.
Da.3	가속시간 (ACC)		설정불필요 (설정값은 무시된다.)
Da.4	감속시간 (DEC)		설정불필요 (설정값은 무시된다.)
Da.5	보간상대축 (SLV axis)		설정불필요 (설정값은 무시된다.)
Da.6	위치결정어드레스 (Positioning address)		설정불필요 (설정값은 무시된다.)
Da.7	원호어드레스 (Arc Address)		설정불필요 (설정값은 무시된다.)
Da.8	지령속도 (Command Speed)		설정불필요 (설정값은 무시된다.)
Da.9	드웰타임 (Dewell Time)	37	JUMP대상의 위치결정데이터 No.1~600를 설정한다. 자신의 위치결정데이터 No.는 설정불가) 자신의 위치결정데이터 No.를 설정했을 경우. 에러「데이터No.부정」(에러코드 : 502)가 된다.
Da.10	M코드 (M Code)		JUMP명령의 실행조건을 조건데이터No.로 설정한다. 0 : 무조건 JUMP 1~10 : 조건데이터No.(「동시기동」의 조건데이터는 설정불가)

타. LOOP~LEND

설정되어 있는 반복횟수만큼 LOOP~LEND 루프를 반복한다.

(가) 제약사항

① 반복횟수에 0이 설정되어 있을 경우에는「제어방식 LOOP설정에러」(에러코드 :545)가 된다.

② LOOP 이후에 LEND가 없어도 에러가 되지 않지만 반복처리를 하지 않는다.

③ LOOP～LEND의 다음 동작으로 연결은 할 수 없다. 설정했을 경우 안쪽의 LOOP～LEND만 반복처리를 한다.

(2) LEND

LOOP에서 지정된 반복횟수가 0이 되면 루프를 종료하고 다음 위치결정데이터 No.의 처리를 한다.(운전패턴이 "종료" 로 설정되어 있어도 무시한다.) 지정횟수의 반복실행 후에 운전을 정지시킬 경우에는 LEND 뒤에 다음 위치결정데이터(예를 들면 이동량 0의 인클리멘트방식 위치결정)를 설정한다. LOOP, LEND에 종료(00)를 설정했을 경우의 동작은 아래와 같다.

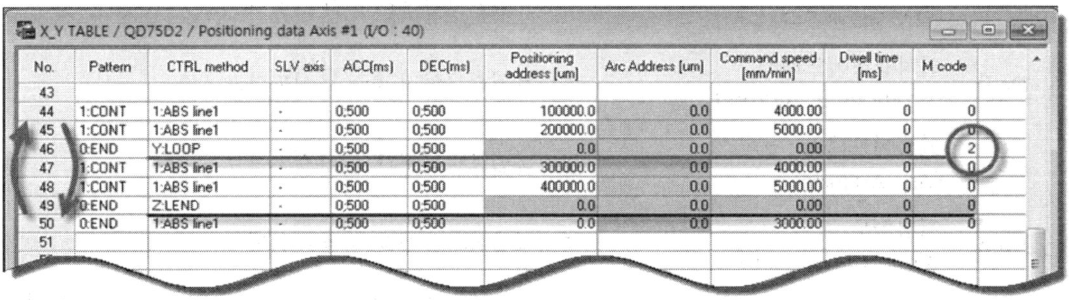

X_Y TABLE / QD75D2 / Positioning data Axis #1 (I/O : 40)

No.	Pattern	CTRL method	SLV axis	ACC[ms]	DEC[ms]	Positioning address [um]	Arc Address [um]	Command speed [mm/min]	Dwell time [ms]	M code
43										
44	1:CONT	1:ABS line1	-	0:500	0:500	100000.0	0.0	4000.00	0	0
45	1:CONT	1:ABS line1	-	0:500	0:500	200000.0	0.0	5000.00	0	0
46	0:END	Y:LOOP	-	0:500	0:500	0.0	0.0	0.00	0	2
47	1:CONT	1:ABS line1	-	0:500	0:500	300000.0	0.0	4000.00	0	0
48	1:CONT	1:ABS line1	-	0:500	0:500	400000.0	0.0	5000.00	0	0
49	0:END	Z:LEND	-	0:500	0:500	0.0	0.0	0.00	0	0
50	0:END	1:ABS line1	-	0:500	0:500	0.0	0.0	3000.00	0	0
51										

그림 7-57 LOOP～LEND의 Positioning Data설정 예

44번 위치데이터를 실행하면 연속운전패턴(CONT)이므로 45번, 46번... 연속으로 실행이 될 것이다. 46번 위치데이터의 제어방식이 LOOP이다 따라서 M Code항목의 숫자는 반복횟수가 될 것이다. 2이라고 지정되어 있으므로 LOOP와 LEND 사이의 위치데이터를 2회 반복할 것이다. 실행하는 순서를 적어보면 다음과 같은 결과를 얻을 수 있다.

그림 7-58 그림7-57 LOOP～LEND의 Positioning Data 실행순서

2) Da.3 가속시간 No. (Acceleration time No.)

위치결정시의 가속시간으로「가속시간0～3」중 어느 것을 사용할지 설정한다.

① 0 : Pr.9가속시간 0으로 설정한 값을 사용한다.
② 1 : Pr.25가속시간 1로 설정한 값을 사용한다.
③ 2 : Pr.26가속시간 2로 설정한 값을 사용한다.
④ 3 : Pr.27가속시간 3으로 설정한 값을 사용한다.

3) Da.4 감속시간 No. (Deceleration time No.)

위치결정시의 감속시간으로 「감속시간 0~3」 중 어느 것을 사용할지 설정한다.

① 0 : Pr.10 감속시간 0으로 설정한 값을 사용한다.
② 1 : Pr.28 감속시간 1로 설정한 값을 사용한다.
③ 2 : Pr.29 감속시간 2로 설정한 값을 사용한다.
④ 3 : Pr.30 감속시간 3으로 설정한 값을 사용한다.

4) Da.5 보간 대상축 (Axis to be interpolated)

2축 보간운전을 할 경우의 「보간 대상축」 (상대축)을 설정한다.

① 0 : 축1을 보간 대상축(상대축)으로 한다.
② 1 : 축2를 보간 대상축(상대축)으로 한다.
③ 2 : 축3을 보간 대상축(상대축)으로 한다.
④ 3 : 축4를 보간 대상축(상대축)으로 한다.

주) 보간 대상축에 설정범위 외의 값 또는 자축을 설정할 수 없다.
실행시에 「보간기술명령 부정에러」 (에러코드:521)가 된다.
3축 또는 4축 보간의 경우 설정할 필요가 없다.

5) Da.6 위치결정 어드레스/이동량 (Positioning address/movement amount)

위치결정제어의 목표값이 되는 어드레스를 설정한다. 설정값은 "Da.2 제어방식" 에 따라 설정범위가 달라진다. ((가)~(라))

표 7-21 위치결정 어드레스/이동량 설정과 버퍼메모리

항목	설정값, 설정항목		공장출하 초기값	설정값 버퍼메모리 어드레스			
	주변기기에서 설정	PLC에서 설정		축#1	축#2	축#3	축#4
Da.6 위치결정어드레스/ 이동량	설정값은, Da.2제어방식에 따라 설정범위가 달라진다. 여기에서는 다음「표」의 아래의 범위내 값을 설정한다.		0	2006 2007	8006 8007	14006 14007	20006 20007

(1) Pr.1 단위설정이「mm」의 경우

표 7-22 Pr.1 단위설정이「mm」의 경우 설정 범위

Da.2의 설정값	주변기기에 의한 설정값(㎛)	PLC프로그램에 의한 설정값($\times 10^{-1}$㎛)
ABS 직선1 : 01H ABS 직선2 : 0AH ABS 직선3 : 15H ABS 직선4 : 1AH 현재값변경 : 81H	어드레스를 설정한다. −214748364.8~214748364.7	어드레스를 설정한다. −2147483648~2147483647
INC 직선1 : 02H INC 직선2 : 0BH INC 직선3 : 16H INC 직선4 : 1BH	이동량을 설정한다. −214748364.8~214748364.7	이동량을 설정한다. −2147483648~2147483647
치수이송1 : 03H 치수이송2 : 0CH 치수이송3 : 17H 치수이송4 : 1CH	이동량을 설정한다. −214748364.8~214748364.7	이동량을 설정한다. −2147483648~2147483647
정회전 속 · 위 : 06H 역회전 속 · 위 : 07H 정회전 위 · 속 : 08H 역회전 위 · 속 : 09H	이동량을 설정한다. 0~214748364.7	이동량을 설정한다. 0~2147483647
ABS 원호보 : 0DH ABS 원호우 : 0FH ABS 원호좌 : 10H	어드레스를 설정한다. −214748364.8~214748364.7	어드레스를 설정한다. −2147483648~2147483647
INC 원호보 : 0EH INC 원호우 : 11H INC 원호좌 : 12H	어드레스를 설정한다. −214748364.8~214748364.7	어드레스를 설정한다. −2147483648~2147483647

(2) Pr.1 단위설정이 「degrees」 의 경우

표 7-23 Pr.1 단위설정이 「degrees」 의 경우 설정 범위

Da.2 의 설정값	주변기기에 의한 설정값(㎛)	PLC프로그램에 의한 설정값($\times 10^{-1}$㎛)
ABS 직선1 : 01H ABS 직선2 : 0AH ABS 직선3 : 15H ABS 직선4 : 1AH 현재값변경 : 81H	어드레스를 설정한다 0~359.99999	어드레스를 설정한다 −2147483648~2147483647
INC 직선1 : 02H INC 직선2 : 0BH INC 직선3 : 16H INC 직선4 : 1BH	이동량을 설정한다 −21474.83648~21474.83647	이동량을 설정한다 −2147483648~2147483647
치수이송1 : 03H 치수이송2 : 0CH 치수이송3 : 17H 치수이송4 : 1CH	이동량을 설정한다 −21474.83648~21474.83647	이동량을 설정한다 −2147483648~2147483647
정회전 속 · 위 : 06H 역회전 속 · 위 : 07H	INC 모드시 이동량을 설정한다 0~21474.83647 ABS 모드시 어드레스를 설정한다 0~359.99999	INC 모드시 이동량을 설정한다 0~2147483647 ABS 모드시 어드레스를 설정한다 0~35999999
정회전 위 · 속 : 08H 역회전 위 · 속 : 09H	이동량을 설정한다 0~21474.83647	이동량을 설정한다 0~2147483647

(3) Pr.1 단위설정이 「inch」 의 경우

표 7-24 Pr.1 단위설정이 「inch」 의 경우 설정 범위

Da.2의 설정값	주변기기에 의한 설정값(inch)	PLC프로그램에 의한 설정값($\times 10^{-5}$ inch)
ABS 직선1 : 01H ABS 직선2 : 0AH ABS 직선3 : 15H ABS 직선4 : 1AH 현재값변경 : 81H	어드레스를 설정한다 −21474.83648~21474.83647	어드레스를 설정한다 −2147483648~2147483647
INC 직선1 : 02H INC 직선2 : 0BH INC 직선3 : 16H INC 직선4 : 1BH	이동량을 설정한다 −21474.83648~21474.83647	이동량을 설정한다 −2147483648~2147483647
치수이송1 : 03H 치수이송2 : 0CH 치수이송3 : 17H 치수이송4 : 1CH	이동량을 설정한다 −21474.83648~21474.83647	이동량을 설정한다 −2147483648~2147483647
정회전 속 · 위 : 06H 역회전 속 · 위 : 07H 정회전 위 · 속 : 08H 역회전 위 · 속 : 09H	이동량을 설정한다 0~21474.83647	이동량을 설정한다 0~2147483647
ABS 원호보 : 0DH ABS 원호우 : 0FH ABS 원호좌 : 10H	어드레스를 설정한다 −21474.83648~21474.83647	어드레스를 설정한다 −2147483648~2147483647
INC 원호보 : 0EH INC 원호우 : 11H INC 원호좌 : 12H	어드레스를 설정한다 −21474.83648~21474.83647	어드레스를 설정한다 −2147483648~2147483647

(4) Pr.1 단위설정이「pulse」의 경우

표 7-25 Pr.1 단위설정이「pulse」의 경우 설정 범위

Da.2 의 설정값	주변기기에 의한 설정값(pulse)	PLC프로그램에 의한 설정값(×pulse)
ABS 직선1 : 01H ABS 직선2 : 0AH ABS 직선3 : 15H ABS 직선4 : 1AH 현재값변경 : 81H	어드레스를 설정한다 −2147.83648~2147483647	어드레스를 설정한다 −2147483648~2147483647
INC 직선1 : 02H INC 직선2 : 0BH INC 직선3 : 16H INC 직선4 : 1BH	이동량을 설정한다 −2147483648~2147483647	이동량을 설정한다 −2147483648~2147483647
치수이송1 : 03H 치수이송2 : 0CH 치수이송3 : 17H 치수이송4 : 1CH	이동량을 설정한다 −2147483648~2147.83647	이동량을 설정한다 −2147483648~2147483647
정회전 속·위 : 06H 역회전 속·위 : 07H 정회전 위·속 : 08H 역회전 위·속 : 09H	이동량을 설정한다 0~2147483647	이동량을 설정한다 0~2147483647
ABS 원호보 : 0DH ABS 원호우 : 0FH ABS 원호좌 : 10H	어드레스를 설정한다 −2147.83648~2147483647	어드레스를 설정한다 −2147483648~2147483647
INC 원호보 : 0EH INC 원호우 : 11H INC 원호좌 : 12H	어드레스를 설정한다 −2147483648~2147483647	어드레스를 설정한다 −2147483648~2147483647

나) 앱솔루트(ABS)방식, 현재값변경

ABS방식 및 현재값 변경시의 설정값(위치결정 어드레스)은 절대어드레스(원점으로부터의 어드레스)로 설정한다.

다) 인클리멘탈(INC)방식, 치수이송1, 치수이송2, 치수이송3, 치수이송4 INC 방식시의 설정값(이동량)은 부호부착 이동량을 설정한다.

이동량이 양일 경우 : (+)방향(어드레스증가방향)으로 이동한다.

이동량이 음일 경우 : (-)방향(어드레스감소방향)으로 이동한다.

라) 속도 · 위치전환제어

· INC 모드 : 속도제어에서 위치제어로 전환하고 나서의 이동량을 설정한다.
· ABS 모드 : 속도제어에서 위치제어로 전환하고 나서의 목표값이 되는 절대어드레스를 설정한다.(단위는 「degree」 만)

마) 위치 · 속도전환제어시

위치제어 시(속도제어전환 하기 전)의 이동량을 설정한다.

6) Da.7 원호어드레스 (Arc address)

원호어드레스는 원호보간제어를 할 경우에만 필요한 데이터이다.
원호보간제어를 하지 않을 경우 "Da.7원호어드레스" 에 설정된 값은 무효가 된다.

표 7-26 원호어드레스 설정과 버퍼메모리

항목	설정값, 설정항목		공장출하 초기값	설정값 버퍼메모리 어드레스			
	주변기기에서 설정	PLC에서 설정		축#1	축#2	축#3	축#4
Da.7 원호어드레스	설정값은, Da.2제어방식에 따라 설정범위가 달라진다. 여기에서는 다음 「표」 의 아래의 범위내 값을 설정한다.		0	2008 2009	8008 8009	14008 14009	20008 20009

(1) Pr.1 단위설정이 「mm」 의 경우

표 7-27 Pr.1 단위설정이 「mm」 의 경우 설정 범위

Da.2의 설정값	주변기기에 의한 설정값(㎛)	PLC프로그램에 의한 설정값($\times 10^{-1}$㎛)
ABS 원호보 : 0DH ABS 원호우 : 0FH ABS 원호좌 : 10H	어드레스를 설정한다 −214748364.8~214748364.7	어드레스를 설정한다 −2147483648~2147483647
INC 원호보 : 0EH INC 원호우 : 11H INC 원호좌 : 12H	어드레스를 설정한다 −214748364.8~214748364.7	어드레스를 설정한다 −2147483648~2147483647

(2) Pr.1 단위설정이 「degrees」 의 경우

단위설정이 「degree」 에서 원호어드레스를 설정하는 제어방식은 없다.

(3) Pr.1 단위설정이 「inch」 의 경우

표 7-28 Pr.1 단위설정이 「inch」 의 경우 설정 범위

Da.2의 설정값	주변기기에 의한 설정값(inch)	PLC프로그램에 의한 설정값($\times 10^{-5}$inch)
ABS 원호보 : 0DH ABS 원호우 : 0FH ABS 원호좌 : 10H	어드레스를 설정한다 −21474.83648~21474.83647	어드레스를 설정한다 −2147483648~2147483647
INC 원호보 : 0EH INC 원호우 : 11H INC 원호좌 : 12H	어드레스를 설정한다 −21474.83648~21474.83647	어드레스를 설정한다 −2147483648~2147483647

(4) Pr.1 단위설정이 「pulse」 의 경우

표 7-29 Pr.1 단위설정이 「pulse」 의 경우 설정 범위

Da.2 의 설정값	주변기기에 의한 설정값(pulse)	PLC프로그램에 의한 설정값(pulse)
ABS 원호보 : 0DH ABS 원호우 : 0FH ABS 원호좌 : 10H	어드레스를 설정한다 −2147483648~2147483647	어드레스를 설정한다 −2147483648~2147483647
INC 원호보 : 0EH INC 원호우 : 11H INC 원호좌 : 12H	어드레스를 설정한다 −2147483648~2147483647	어드레스를 설정한다 −2147483648~2147483647

나) 보조점지정의 원호보간을 할 경우에는 원흐어드레스로서 보조점(통과점)어드레스를 설정한다.

다) 중심점지정의 원호보간을 할 경우에는 원흐어드레스로서 원호의 중심점어드레스를 설정한다.

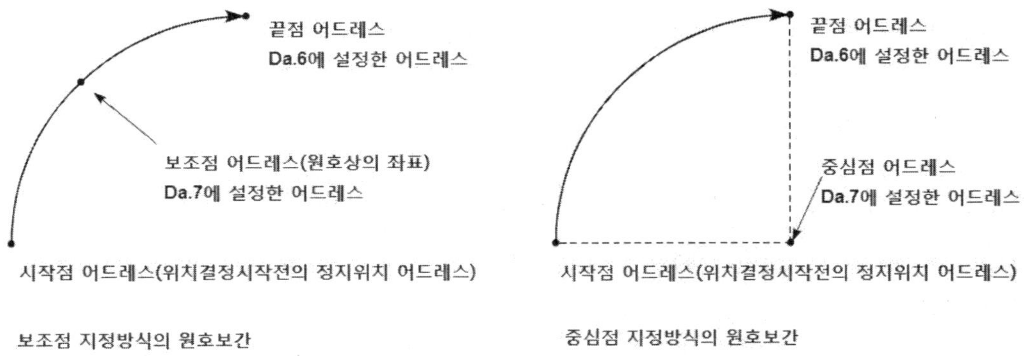

그림 7-59 보조점지정 방식의 원호보간과 중심점 지정방식의 원호보간

7) 지령속도 Da.8 (Command speed)

위치결정실행시의 지령속도를 설정한다.

표 7-30 지령속도의 설정과 버퍼메모리

항목	설정값, 설정항목		공장출하 초기값	설정값 버퍼메모리 어드레스			
	주변기기에서 설정	PLC에서 설정		축#1	축#2	축#3	축#4
Da.8 지령속도	설정값은, Da.2제어방식에 따라 설정범위가 달라진다. 여기에서는 다음 「표7-32」의 아래의 범위내 값을 설정한다.		0	2004 2005	8004 8005	14004 14005	20004 20004

표 7-31 지령속도의 설정시 참조하는 설정 범위

Da.2의 설정값	주변기기에 의한 설정값	PLC프로그램에 의한 설정값
0 : mm	0.01～20000000.00(mm/min)	1～2000000000($\times 10^{-2}$mm/min)
1 : inch	0.001～2000000.000(inch/min)	1～2000000000($\times 10^{-3}$inch/min)
2 : degree	0.001～2000000.000(degree/min)	1～2000000000($\times 10^{-3}$degree/min)
3 : pulse	1～1000000(pulse/s)	1～1000000(pulse/s)

가) 지정한 지령속도가 "Pr.8속도제한값" 을 초과하는 경우는 속도제한값으로 위치결정을 한다.

나) 지령속도에 "-1" 을 설정하면 현재속도(하나 전의 위치결정데이터 No.의 설정속도)

를 사용하여 위치결정제어를 한다. 현재속도는 등속제어를 할 경우마다 사용한다. 연속하는 위치결정데이터에 「-1」을 설정하고 속도를 변경하면 이후의 속도도 변경된다. 단, 위치결정 기동시 위치결정제어를 최초로 하는 위치결정데이터에 속도 "-1" 이 설정되어있으면 「지령속도가 없는 에러」(에러코드 : 503)가 되어 기동을 하지 않는다.

8) Da.9 드웰타임 (JUMP대상 위치결정데이터 No.) (Dwell time(JUMP destination positioning data No.))

"Da.2제어방식" 에 따라 「M코드」, 「조건데이터No.」 또는 「LOOP～LEND 반복횟수」를 설정한다.

표 7-32 드웰타임설정과 버퍼메모리

항목		설정값, 설정항목		공장출하 초기값	설정값 버퍼메모리 어드레스			
		주변기기에서 설정	PLC에서 설정		축#1	축#2	축#3	축#4
Da.9 드웰타임	드웰 타임	설정값은, Da.2제어방식에 따라 설정범위가 달라진다. 여기에서는 「표 7-34」의 아래의 범위내 값을 설정한다.		0	2002	8002	14002	20002
	JUMP 대상 위치결정 데이터No.							

표 7-33 Da.2 제어방식에 따른 설정항목과 참조하는 설정 범위

Da.2의 설정값	설정항목	주변기기에 의한 설정값	PLC프로그램에 의한 설정값
JUMP 명령 : 82H	위치결정데이터 No.	0～600	0～600
JUMP 명령 이외	드웰타임	0～65535(ms)	0～65535(ms)

가) Da.2 제어방식에 「JUMP명령」 이외를 설정했을 때
····「드웰타임」을 설정한다.

나) Da.2 제어방식에 「JUMP명령」을 설정했을 때
····· 이외의 JUMP대상인 「위치결정데이터No.」를 설정한다.

「드웰타임」을 설정할 경우 「드웰타임」의 설정내용은 "Da.1 운전패턴"에 따라 아래와 같이 된다.

(1) 운전패턴이 「00 : 위치결정종료(END)」의 경우

위치결정이 종료하고 나서 「위치결정완료신호」가 ON하기까지의 시간을 「드웰타임」으로서 설정한다.

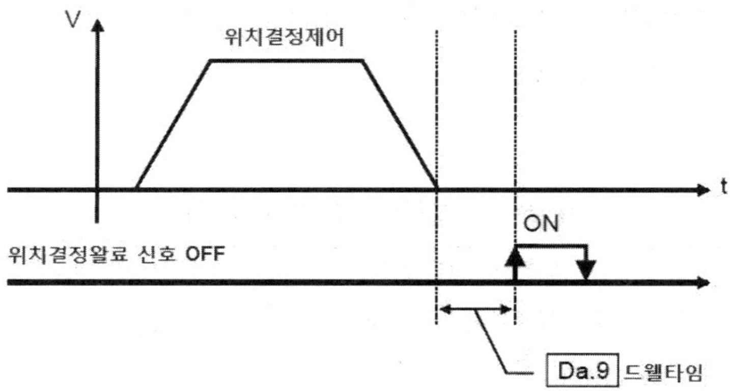

그림 7-60 운전패턴이 위치결정종료(END)일 경우의 드웰타임

(2) 운전패턴이 「01 : 연속위치결정제어(CONT)」의 경우

위치결정제어가 종료하고 나서 다음 위치결정제어가 기동하기까지의 시간을 「드웰타임」으로서 설정한다.

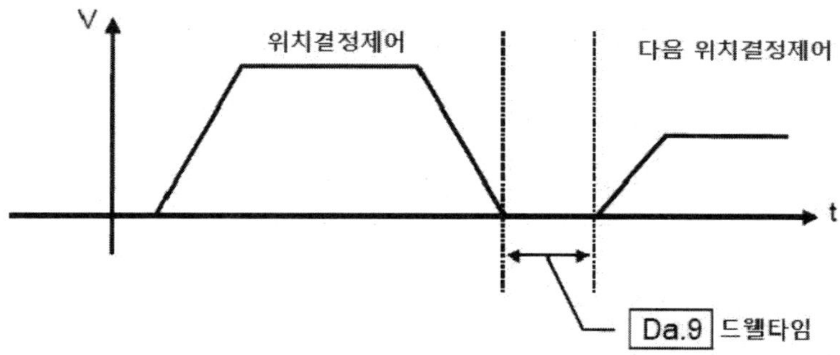

그림 7-61 운전패턴이 연속위치결정제어(CONT)일 경우의 드웰타임

(3) 운전패턴이 「11 : 연속궤적제어(LOCUS)」 의 경우」

설정값은 제어에 관계하지 않는다. (「드웰타임」 은 Oms가 된다.)

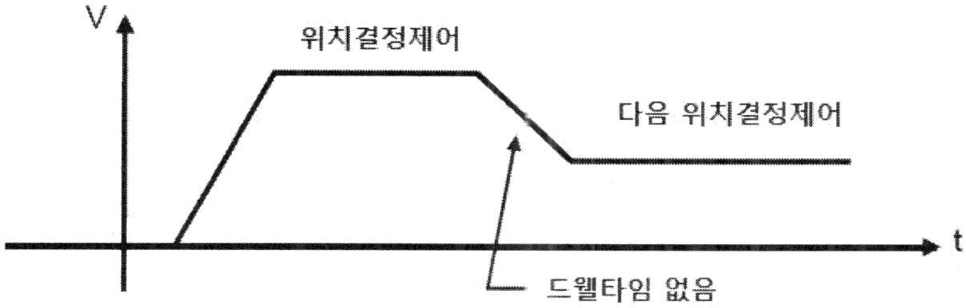

그림 7-62 운전패턴이 연속궤적제어(LOCUS)일 경우의 드웰타임

9) Da.10 M 코드 (M code)

"Da.2 제어방식" 에 따라 「조건데이터」 또는 「M 코드」, 「반복횟수」 을 설정한다.

표 7-34 M 코드 설정과 버퍼메모리

항목		설정값, 설정항목		공장출하 초기값	설정값 버퍼메모리 어드레스			
		주변기기에서 설정	PLC에서 설정		축#1	축#2	축#3	축#4
Da.10 M코드	M코드	설정값은, Da.2제어방식에 따라 설정범위가 달라진다. 여기에서는 「표7-36」 의 아래의 범위 내 값을 설정한다.		0	2001	8001	14001	20001
	조건 데이터							
	Loop~LEND 반복횟수							

표 7-35 Da.2제어방식에 따른 설정항목과 설정범위

Da.2의 설정값	설정항목	주변기기에 의한 설정값	PLC프로그램에 의한 설정값
JUMP 명령 : 82H	조건데이터	0~10	0~10
JUMP 명령 이외	M 코드	0~65535	0~65535
LOOP : 83H	반복횟수	1~65535	1~65535

가) Da.2 제어방식에「JUMP명령」,「LOOP」이외를 설정했을 때

「M 코드」을 설정한다.

「M 코드」를 출력하지 않을 경우에는「0」(초기값)으로 설정한다.

나) Da.2 제어방식에「JUMP명령」,「LOOP」을 설정했을 때

JUMP 시의「조건데이터 No.」를 설정한다.

① 0 : Da.9으로 설정한 위치결정데이터에 무조건으로 JUMP한다.

② 1~10 : 조건데이터 No.1~10에 따라 JUMP 한다. LOOP~LEND의「반복횟수」를 설정한다. 0을 설정하면「제어방식 LOOP설정에러」(에러코드 : 545)가 된다.

* : 조건데이터에는, JUMP명령실행시의 조건을 설정한다.
(설정된 조건을 만족시키면 JUMP가 성립한다.)

7-2 정지 프로그램

제어를 정지하려면 축정지신호 [Y44,Y45,Y46,Y47] 나 외부에서의 정지신호를 사용한다. 정지용 PLC프로그램으로 축정지신호를 ON하는 프로그램을 작성하여 실행한다.

가. 서보모터의 정지

서보모터는 정상적인 위치결정이 완료된 후의 정지와 다음 표와 같은 정지로 구분할 수 있다.

표 7-36 서보모터의 정지의 종류

<table>
<tr><th colspan="2" rowspan="3">정지요인</th><th rowspan="3">정지축</th><th rowspan="3">정지 후 M코드 On신호</th><th rowspan="3">정지후 축동작 상태</th><th colspan="5">정지처리</th></tr>
<tr><th colspan="2">원점복귀 제어</th><th rowspan="2">위치 데이터에 의한 위치 결정</th><th colspan="2">수동제어</th></tr>
<tr><th>기계 원점 복귀</th><th>고속 원점 복귀</th><th>JOG, 인칭 운전</th><th>MPG운전</th></tr>
<tr><td>강제 정지</td><td>드라이브 모듈 Ready신호OFF</td><td>해당축</td><td>변화 하지 않는다.</td><td>에러 중</td><td colspan="4">즉시정지</td><td>감속 정지</td></tr>
<tr><td>치명적인 정지 (정지그룹1)</td><td>하드웨어 스트로크 리미트 신호ON</td><td>해당축</td><td>변화 하지 않는다</td><td>에러 중</td><td colspan="4">감속정지/급정지 ("Pr.37급정지그룹1 급정지선택 "으로 선택한다.</td><td>감속 정지</td></tr>
<tr><td rowspan="3">비상을 의미하는 정지 (정지그룹2)</td><td>PLC CPU의 에러발생</td><td rowspan="3">모든축</td><td>변화 하지 않는다</td><td rowspan="3">에러 중</td><td colspan="4" rowspan="3">감속정지/급정지 ("Pr.38급정지그룹2 급정지선택" 으로 선택한다.)</td><td rowspan="3">감속 정지</td></tr>
<tr><td>PLC Ready신호OFF</td><td>Off한다</td></tr>
<tr><td>테스트모드 시 이상</td><td>변화 하지 않는다</td></tr>
<tr><td rowspan="2">비교적 안전한 정지 정지그룹 3)</td><td>축에러 검출(정지그룹1,2 이외의 에러)</td><td rowspan="2">해당축</td><td rowspan="2">변화 하지 않는다</td><td rowspan="2">에러 중</td><td colspan="4" rowspan="4">감속정지/급정지 ("Pr.39급정지그룹3 급정지선택" 으로 선택한다.)</td><td rowspan="4">감속 정지</td></tr>
<tr><td>주변기기로부터의 「정지」 입력</td></tr>
<tr><td rowspan="2">의도적인 정지 정지그룹 3)</td><td>외부로부터의 「정지신호」 ON</td><td rowspan="2">해당축</td><td rowspan="2">변화 하지 않는다</td><td rowspan="2">에러 중</td></tr>
<tr><td>PLC CPU로부터의 「축정지신호」 ON</td></tr>
</table>

나. 정지처리 우선순위

QD75의 정지처리 우선순위는 다음과 같이 된다.

(감속정지) < (급정지) < (즉시정지)

(1) 감속 중 (자동감속 포함)은 감속정지지령의 ON/감속정지요인이 있어도 그 감속대로 정지한다.

(2) 감속 중에 급정지로 지정되어 있는 정지신호의 ON/정지요인이 있을 경우는 그 기점부터 급정지처리가 된다. 단, 감속시간보다 급정지 감속시간 쪽이 길 경우 감속정지 처리 중에 급정지요인이 있어도 감속정지처리를 속행한다.

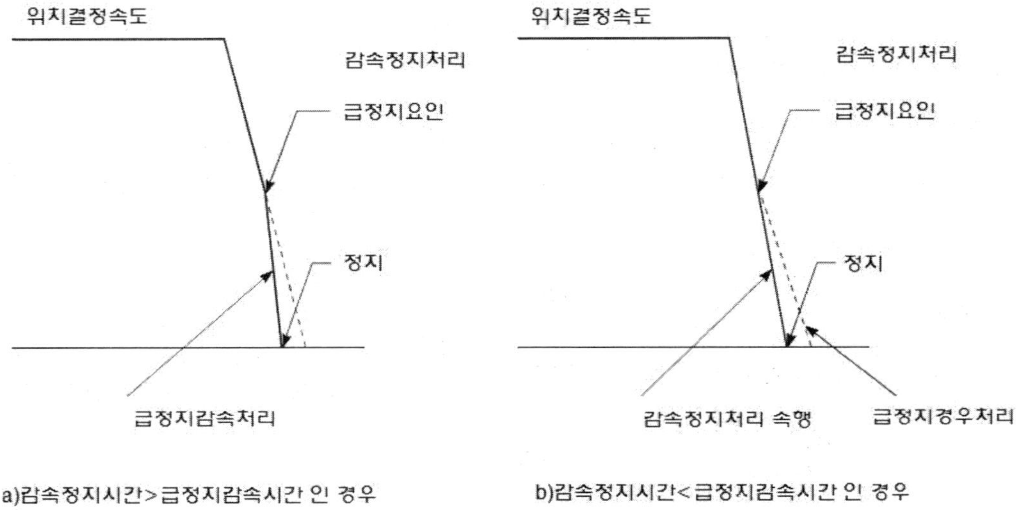

그림 7-63 정지처리의 우선순위

(3) 감속 중의 정지신호 입력

가) 감속 중(자동감속 포함)에는 정지가 입력되어도 그 감속대로 정지한다.

나) 원점복귀 감속중에 정지가 입력되면 그 감속대로 정지하고 클리프속도의 경우는 즉시 정지한다.

다) 감속 중에 급정지에 지정되어 있는 정지요인이 발생했을 경우는 그 기점에서 급정지 처리된다. 감속 중의 급정지처리는 급정지시간이 감속정지 시간보다 짧을 때만 된다.

7-3 연속운전중단 프로그램

위치결정제어에서는 연속위치결정제어(CONT), 연속궤적제어(LOCUS)시에 제어를 중단할 수 있다. 이를 연속운전중단기능이라 한다. 연속운전의 중단을 실행하려면 "Cd.18 연속운전중단요구" 버퍼메모리에 「1 : 연속운전중단요구」를 설정한다.

가. 설정에 필요한 제어데이터

표 7-37 연속운전중단요구 설정과 버퍼메모리

설정항목	설정내용	설정값	초기값	저장버퍼메모리 어드레스			
				1축	2축	3축	4축
Cd.18 연속운전중단요구	1「1:연속운전중단요구」를 설정한다	1	0	1520	1620	1720	1820

나. 정지지령과 연속운전중단요구에 의한 동작의 차이

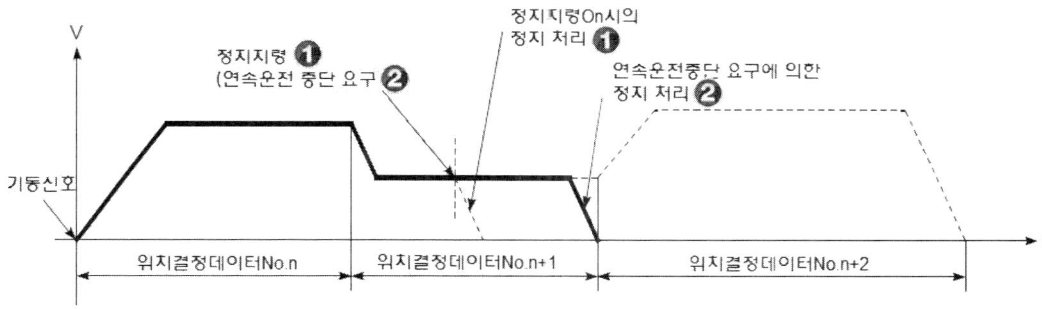

그림 7-64 정지지령과 연속운전중단요구에 의한 동작의 차이

정지지령(Y44(1축 정지),Y45,Y46,Y47)에 의한 정지는 즉각 정지의 형태로 생각하자.

그림에서 보는 것과 같이 ①정지지령이 On되는 시점에서 서보모터는 감속하여 정지한다. 하지만 연속운전중단요구에 의한 정지는 ②번과 같이 해당 위치결정데이터의 동작이 종료하고 나서 정지하는 것을 알 수 있다.

다. 연속운전중단요구에 의한 동작

1) 「연속운전중단요구」를 했을 경우 위치결정종료가 된다. 이 때문에 정지 후 「재기동」을 할 수 없다. "Cd.6재기동명령" 을 했을 경우 경고「재기동 불가」(경고코드:104)가 발생한다.
2) 「연속운전중단요구」를 한 후 정지지령을 ON해도「연속운전중단요구」는 해제되지 않는다. 이 때문에 정지지령ON으로 정지 후에「재기동」을 하면「연속운전중단요구」를 한 위치결정데이터 No.를 종료한 뒤 정지한다.

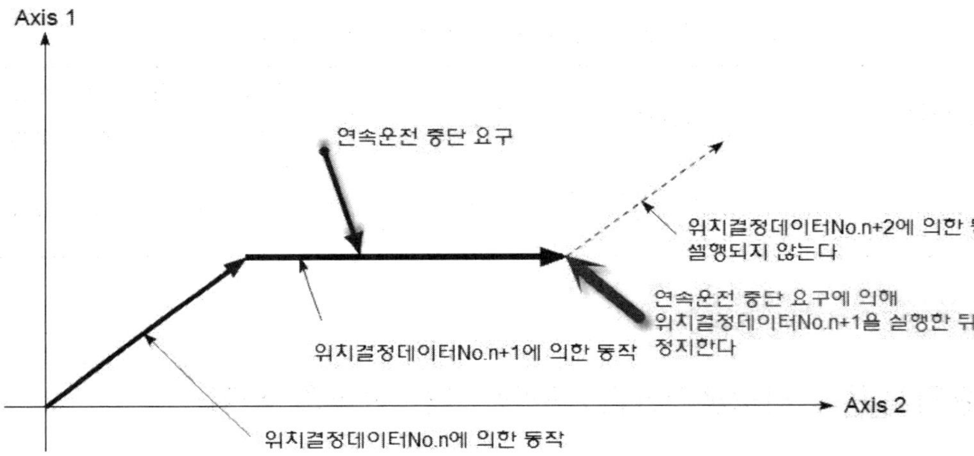

그림 7-65 연속운전중단요구에 의한 동작

3) 연속궤적제어(LOCUS) Pattern으로 동작시「연속운전중단요구」를 했을 때 남은 거리 부족으로 감속정지할 수 없을 경우는 아래에 나타낸 위치결정데이터까지 연속운전중단을 전송한다.

- 남은 거리의 보호가능한 위치결정데이터 No.
- 위치결정종료(패턴:00)의 위치결정데이터 No.
- 연속위치결정제어(패턴:01)의 위치결정데이터 No.

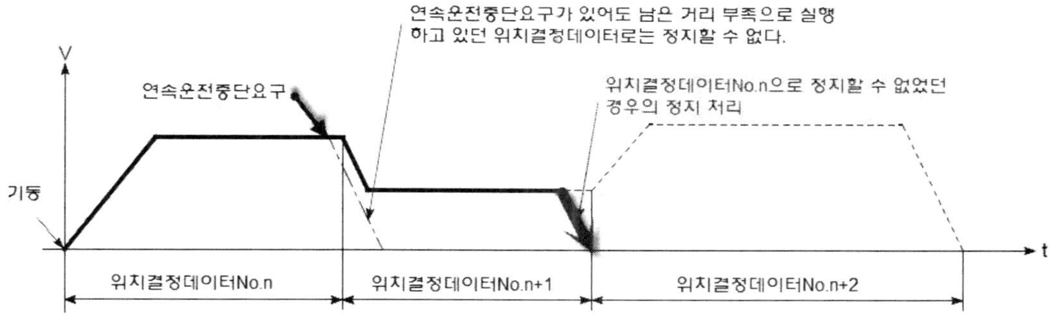

그림 7-66 연속궤적제어(LOCUS) Pattern에서의 연속운전중단요구에 의한 동작

7-4 재기동 프로그램

위치제어중에 정지요인이 발생하여 정지했을 경우「재기동지령」(Cd.6 재기동명령)에 의해 정지위치로부터 위치제어종점까지의 위치 결정을 재개할 수 있다.
(「연속운전 중단」의 경우는「재기동」할 수 없다.)

가. 설정에 필요한 제어데이터

표 7-38 재기동명령의 설정과 버퍼메모리

설정항목	설정내용	설정값	초기값	저장버퍼메모리 어드레스			
				1축	2축	3축	4축
Cd.6 재기동명령	1 「1:재기동요구」를 설정한다.	1	0	1503	1603	1703	1803

나. 재기동시 기동조건

재기동할 때는 Md.26 축동작상태가「1 : 정지중」의 조건을 만족시킬 필요가 있으므로 필요한 조건은 인터록으로 PLC프로그램에 추가한다.

다. 재기동 동작

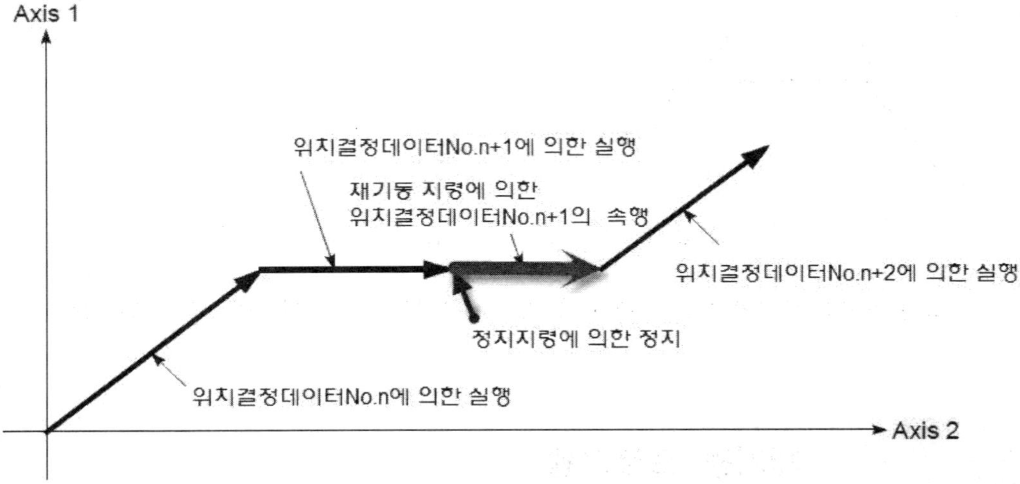

그림 7-67 재기동 동작도

라. 재기동시의 주의사항

1) 재기동은 "Md.26 축 동작상태" 가「정지중」만 실행할 수 있다. 축동작상태가「정지중」이외로 되었을 경우에는 재기동할 수 없다.
2) 정지지령이 ON중에는 재기동을 실행하지 않는다. 정지 중에 재기동을 하면 에러「기동시정지신호ON」(에러코드:106)이 되어 "Md.26 축동작상태" 가「에러발생중」으로 된다. 이 때문에 에러리셋을 해도, 재기동할 수 없게 된다.
3) 재기동은 위치결정기동신호가 ON이라도 실행할 수 있다. 단 정지 중에 위치결정기동신호가 OFF → ON하지 않도록 한다. 위치결정기동신호가 OFF → ON되면 "Cd.3 위치결정기동번호" 에 설정되어 있는 위치결정데이터 No. 또는 지정포인트의 위치결정데이터 No.부터 위치결정을 실행한다.
4) 연속운전중단요구에 의해 위치결정을 종료했을 경우에는 재기동할 수 없다. 재기동요구를 했을 경우에는 경고「재기동불가」(경고코드:104)가 발생한다.
5) 보간운전에서 정지중일 때는 기준축 측의 "Cd.6 재기동명령" 에「1:재기동요구」를 입력, 재기동한다.
6) 재기동시에는 "Md.26 축동작상태" 가「정지중」이외의 경우에는 경고「재기동불가」(경고코드:104)가 되어 그 때의 처리가 속행된다.

CHAPTER 8

서보모터제어의 보조기능들

8-1 스텝운전기능

「스텝운전기능」은 위치결정제어의 하나하나의 동작을 확인하기 위한 기능으로 위치결정제어 등의 디버그작업에 사용된다. 스텝운전에서는 제어를 정지하는 타이밍을 설정할 수 있다.(「스텝모드」라고 함)또 스텝운전에 의해 정지한 제어는「스텝기동정보」에 의해「스텝속행(제어속행) 또는「재기동」을 할 수 있다.

1) 보간제어의 위치결정데이터를 사용한 스텝운전을 할 경우에는 기준축에 스텝기능을 설정한다.
2) 스텝유효플래그가 ON중에 "Md.26 축동작상태" 가 스텝대기중일 때에 위치결정기동신호를 ON하면 스텝운전이 처음부터 시작된다.("Cd.3 위치결정기동번호" 에 설정한 위치결정데이터에서 스텝운전을 할 수 있다.)

나. 스텝운전기능과 각 제어의 관계

표 8-1 스텝운전기능과 각 제어의 관계

제어방법			스텝운전여부
원점복귀	기계원점복귀		×
	고속원점복귀		×
주요한 위치결정 제어	위치제어	1축직선제어	○
		2～4축직선보간제어	○
		1축치수이송제어	○
		2～4축치수이송제어	○
		2축원호보간제어	○
	1～4축속도제어		×
	속도 · 위치전환제어, 위치 · 속도전환제어		○
	그 외 제어	현재값변경	○
		JUMP명령, NOP명령 LOOP～LEND	×
수동제어	JOG운전, 인칭운전		×
	수동펄서운전 ×		×

다. 스텝모드

스텝운전에서는 제어를 정지하는 타이밍을 설정할 수 있다. 이것을「스텝모드」라 한다. (「스텝모드」는 제어데이터 "Cd.34 스텝모드" 로 설정한다.)

「스텝모드」에는 두 가지 모드가 있다.

1) 감속단위스텝

자동감속할 필요가 있는 위치결정데이터에서 정지한다. (자동감속 할 필요가 있는 위치결정데이터를 찾을 때까지는 통상운전을 하지만 자동감속 할 필요가 있는 위치결정데이터를 찾으면 그 위치결정데이터를 실행한 후 자동감속하여 정지한다.)

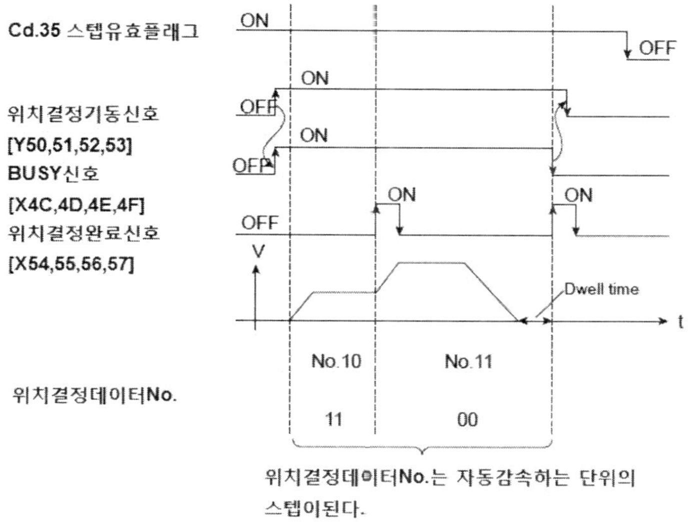

그림 8-1 감속단위 스텝모드 동작 타이밍도

2) 데이터 No.단위스텝

위치결정데이터마다 자동감속하여 정지한다.(연속궤적제어의 경우에도 강제적으로 자동감속하여 정지한다.)

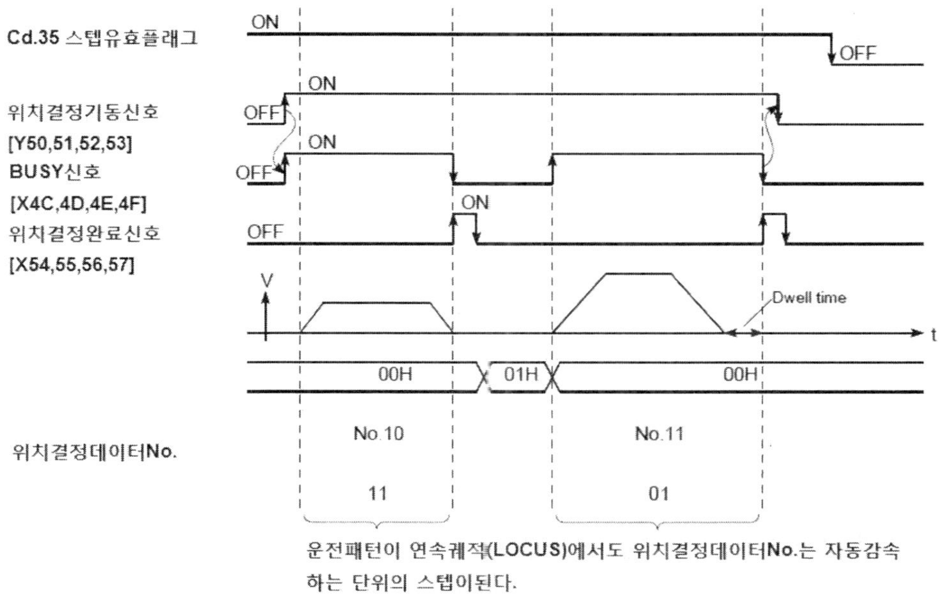

그림 8-2 데이터 No.단위스텝모드 동작 타이밍 도

라. 스텝기동정보

스텝운전에 의해 정지한 제어는「스텝기동정보」에 의해「스텝속행 (제어속행)」을 할 수 있다.(「스텝기동정보」는 제어데이터 "Cd.36 스텝기동정보" 에 설정한다.)

표 8-2 스텝기동정보관련 모니터데이터와 제어데이터

스텝운전에서의 정지 상황	Md.26 축동작 상태	Cd.36 스텝기동정보	스텝기동결과
1스텝의 위치결정이 정상으로 정지했다	스텝대기 중	1 : 스텝속행	다음 위치결정데이터를 실행한다.

스텝기동정보를 셋트 했을 때 스텝유효플래그가 OFF일 경우, 또는 "Md.26 축동작상태" 가 아래 표와 같을 경우에는 경고「스텝불가」(경고코드:511)가 발생한다.

표 8-3 스텝운전시 경고

Md.26 축동작 상태	스텝기동결과
대기중, 정지중, 보간중 JOG운전중, 수동펄서운전중, 해석중, 특수기동대기중 원점복귀중, 위치제어중, 속도제어중 속도 · 위치전환제어의 속도제어중 속도 · 위치전환제어의 위치제어중 위치 · 속도전환제어의 속도제어중 위치 · 속도전환제어의 위치제어중	경고「스텝불가」 (경고코드:511)

마. 스텝운전의 사용법

스텝운전을 사용하여 위치결정데이터 체크를 하는 순서는 다음과 같다.

1) 위치결정데이터를 기동하기 전에 스텝유효플래그를 ON해 둔다.("Cd.35스텝유효플래그" 에「1」(스텝동작을 한다)을 설정한다.)
2) 위치결정데이터를 기동하기 전에 스텝모드를 설정한다.("Cd.34스텝모드" 에서 설정한다.)
3) 위치결정기동신호를 ON하고 위치결정제어가 정상으로 동작하는지 확인한다.
4) 다음 원인으로 제어가 정지한다.

가) 1스텝의 위치결정이 정상으로 정지했다. → 6)으로
나) 정지신호에 의해 정지했다. → 5)로
다) 에러가 발생하여 정지했다. → 3)으로

5) "Cd.6 재기동지령" 에 「1」 (재기동시킨다)을 설정하여 정지한 위치결정데이터가 정상으로 동작하는지 확인한다. → 4)로

6) "Cd.36 스텝기동정보" 에 「1」 (스텝속행)을 설정하여 다음 위치결정데이터가 정상으로 동작하는지 확인한다.
가) 1스텝의 위치결정이 정상으로 정지했다. → 6)으로
나) 정지신호에 의해 정지했다. → 5)로
다) 에러가 발생하여 정지했다. → 3)으로
라) 모든 위치결정데이터가 정상으로 동작했다. → 7)로

7) 스텝유효플래그를 OFF하고 「스텝기능」 을 종료한다.("Cd.35스텝유효플래그" 에 「0」 (스텝동작을 하지 않는다)을 설정한다.

바. 스텝기능 설정

「스텝기능」 을 사용하기 위해서 아래의 데이터를 PLC프로그램에 의해 QD75에 설정한다.

표 8-4 스텝운전시 설정항목과 버퍼메모리

설정항목	설정내용	설정값	초기값	저장버퍼메모리 어드레스			
				1축	2축	3축	4축
Cd.34 스텝모드	「0 : 감속단위스텝」 인지 「1: 데이터№.단위스텝」 인지를 설정한다.		0	1544	1644	1744	1844
Cd.35 스텝유효 플래그	「1 : 스텝동작을 한다」 를 설정한다.	1	0	1545	1645	1745	1845
Cd.36 스텝기동정보	정지상태에 맞춰 「1:스텝속행」 인지를 설정한다.		0	1546	1646	1746	1846

사. 위치데이터의 설정

99											
100	1:CONT	1:ABS line1	-	0:500	0:500	50000.0	0.0	3000.00	0	0	
101	1:CONT	1:ABS line1	-	0:500	0:500	100000.0	0.0	3000.00	0	0	
102	1:CONT	1:ABS line1	-	0:500	0:500	150000.0	0.0	3000.00	0	0	
103	1:CONT	1:ABS line1	-	0:500	0:500	200000.0	0.0	3000.00	0	0	
104	1:CONT	1:ABS line1	-	0:500	0:500	250000.0	0.0	3000.00	0	0	
105	1:CONT	1:ABS line1	-	0:500	0:500	300000.0	0.0	3000.00	0	0	
106	0:END	1:ABS line1	-	0:500	0:500	350000.0	0.0	3000.00	0	0	
107											

그림 8-3 스텝운전을 위한 Positioning Data설정 예

예를 들어 위와 같은 연속운전을 위한 위치데이터를 작성하였다고 가정하자.

위치데이터 No.100를 실행하면 No.106까지 순차적으로 서보모터는 이동할 것이다.

그런데 스텝기능을 사용하면 위치데이터를 1개씩 차례대로 실행할 수 있다. 따라서 이동중의 위치라든지 중간의 동작이라든지 확인하고 다음 데이터를 실행할 수 있기 때문에 디버깅이나 또는 간섭확인등의 점검을 미리 해 볼 수 있다는 장점이 있다.

아. 스텝기능 Sample Program

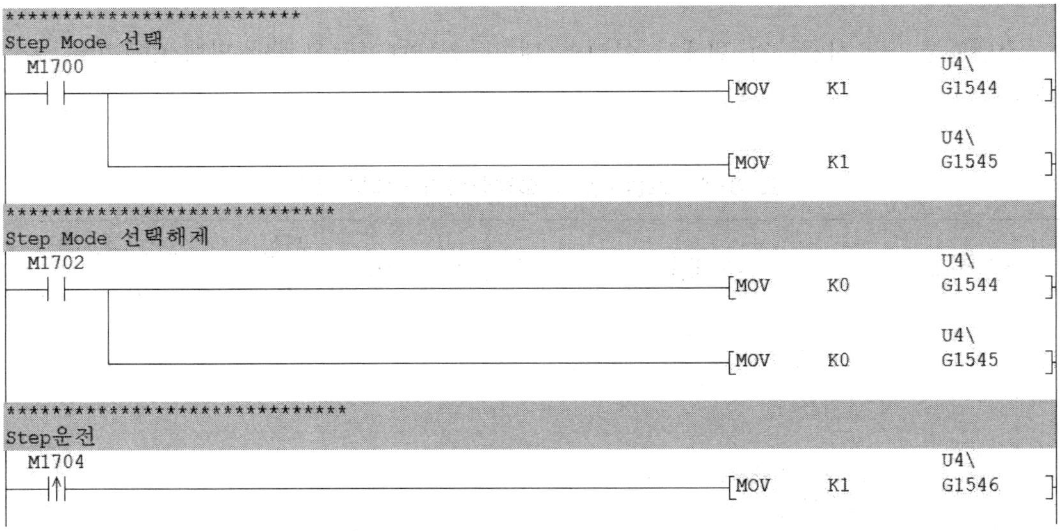

그림 8-4 스텝기능용 PLC Program 예

Step모드 선택프로그램에서는 데이터 No.단위로 스텝동작을 실행할 것이므로 버퍼메모리1544에 1을 설정하였고 스텝유효플래그인 버퍼메모리1545에 스텝동작을 실행하겠다는 의미로 1을 설정하였다. 이 설정이 완료되면 Step운전에 해당하는 버퍼메모리 1546

번지에 1을 입력 스텝동작을 계속 동작하겠다는 신호를 입력하였다.

위치결정데이터를 연속(CONT)설정하여 데이터를 하나씩 동작시켜 볼 때 유용한 기능이다. 연속운전시 입력한 위치데이터의 실행여부를 1개의 위치데이터마다 확인할 수 있다. Step모드의 실행을 완료한 뒤에는 Step모드 선택을 해제하는 프로그램을 동작시킨다. 위에서 버퍼메모리 1544/1545에 각각 0을 입력하면 되겠다.

참고적으로 축동작상태를 표시하는 버퍼메모리 809를 활용하여 Step모드 기능이 선택되어 있는 상태를 표시할 수도 있다.

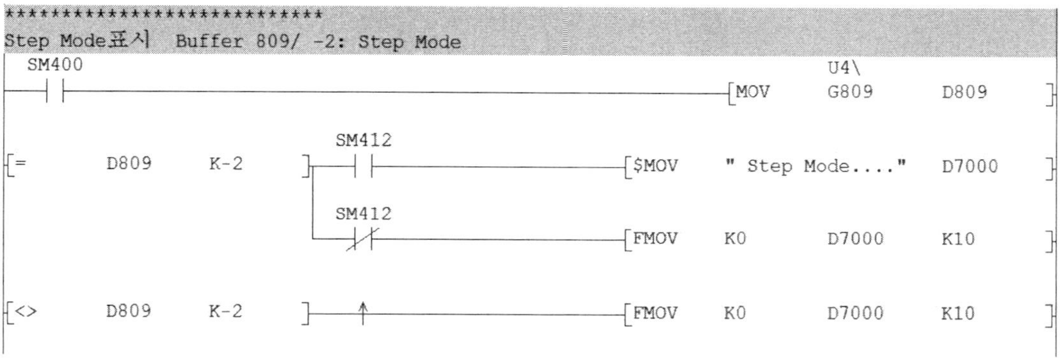

그림 8-5 스텝모드 표시용 버퍼메모리를 사용한 PLC Program 예

8-2 스킵기능

「스킵기능」은 스킵신호를 입력한 시점에서 실행중인 위치결정데이터의 제어를 감속정지하고 다음 위치결정데이터를 실행하는 기능이다. 스킵은 스킵지령 (Cd.37 스킵지령) 또는 외부지령신호에 의해 실행된다. 「스킵기능」은 위치결정데이터를 사용한 제어의 경우에 사용할 수 있는 기능이다.

가. 스킵기능의 동작

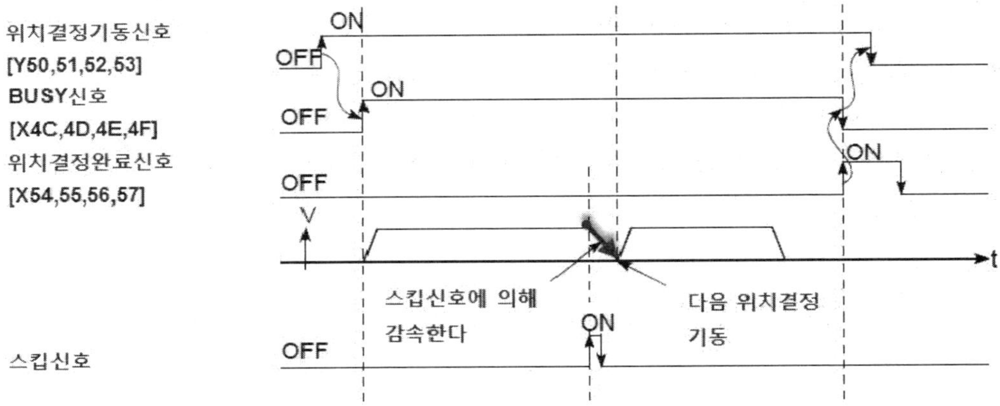

그림 8-6 스킵기능 동작 타이밍 도

나. 제어상의 주의사항

1) 운전의 마지막에서 스킵신호를 ON했을 경우에는 감속정지하고 운전을 종료한다.
2) 제어를 스킵하였을 경우(제어 중에 스킵신호를 ON했을 경우)에는 위치결정완료신호 [X54, X55, X56, X57] 는 ON되지 않는다.
3) 드웰타임 중에 스킵신호를 ON했을 경우 남은 드웰타임을 무시하고 다음 위치결정 데이터를 실행한다.
4) 보간제어 중에 제어의 스킵을 할 경우에는 기준축의 스킵신호를 ON한다. 기준축의 스킵신호를 ON하면 양축모두 감속정지하고 기준축의 다음 위치결정데이터를 실행한다.
5) M코드출력이 AFTER모드일 경우
("Pr.18 M코드ON신호출력타이밍" 에 「1:AFTER모드」 를 설정하고 있을 경우) M코드ON신호 [X44,X45,X46,X47] 는 ON되지 않는다. (이 경우 M코드는 "Md.25 유효M코드" 에 저장되지 않는다.)
6) 속도 · 위치전환제어, 위치 · 속도전환제어에서는 스킵을 할 수 없다. 속도제어와 동일하게 취급된다.

다. PLC CPU로부터의 스킵기능 설정방법

PLC CPU로부터의 지령으로 축1에서 실행중인 제어를 스킵하기 위한 설정과 시퀀스 프로그램의 예를 나타낸다.

(1) 아래에 나타낸 데이터를 설정한다.

표 8-5 스킵지령 설정과 버퍼메모리

설정항목	설정내용	설정값	초기값	저장버퍼메모리 어드레스			
				1축	2축	3축	4축
Cd.37 스킵지령	「1:스킵요구」를 설정한다.	1	0	1547	1647	1747	1847

(2)「스킵지령」이 입력되면 ① "Cd.37 스킵지령" 에 설정하는 값「1」(스킵요구)을 ② 스킵요구접수완료 후에는 QD75에 의해 자동적으로「0」이 저장된다. QD75의 버퍼 메모리[1547]에 설정하는 PLC프로그램을 추가하여 PLC CPU에 쓰기 한다.

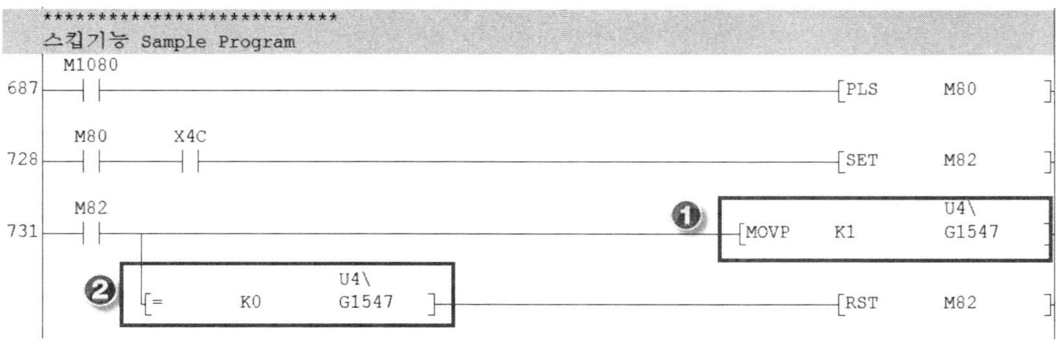

그림 8-7 스킵기능 PLC Program 예

라. 외부지령신호를 사용한 스킵기능의 설정 방법

스킵기능은「외부지령신호」를 사용하여 실행할 수도 있다. 아래에「외부지령신호」를 사용하여 축1에서 실행중인 제어를 스킵하기 위한 설정과 PLC프로그램의 예이다.

외부지령신호에 의한 스킵기능을 실행하기 위해서는 아래에 나타낸 데이터를 설정한다.

표 8-6 외부지령신호를 사용한 스킵기능의 설정과 버퍼메모리

설정항목	설정내용	설정값	초기값	저장버퍼메모리 어드레스			
				1축	2축	3축	4축
Pr.42 외부지령기능선택	「3 : 스킵요구」를 설정한다.	3		62	212	362	512
Cd.8 외부지령유효	「1 : 외부지령을 유효로 한다」를 설정한다.	1	0	1505	1605	1705	1805

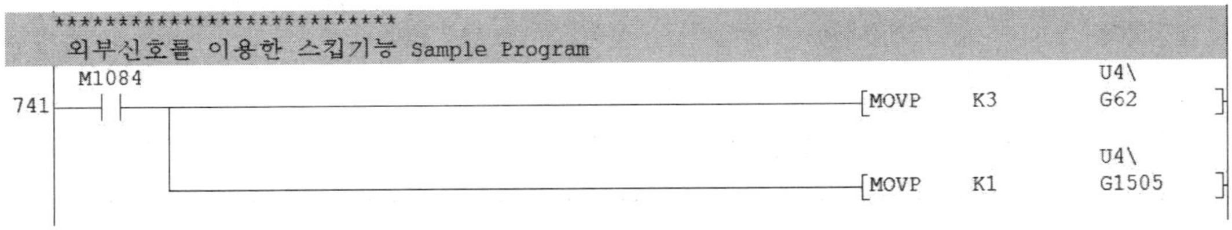

그림 8-8 외부신호를 이용한 스킵기능 PLC Program 예

8-3 목표위치변경기능

「목표위치변경기능」은 위치제어중(1축직선제어)의 목표위치를 임의의 타이밍에서 새로 지정한 목표위치로 변경하는 기능이다. 또 목표위치변경과 동시에 지령속도의 변경 도가능하다. 변경후의 목표위치 및 지령속도는 직접 버퍼메모리에 설정하고 "Cd.29 목표위치변경요구 플래그" 에 의해 목표위치변경을 실행한다.

1) 기점으로부터의 위치가 위치결정어드레스보다 변경어드레스 쪽이 멀 경우

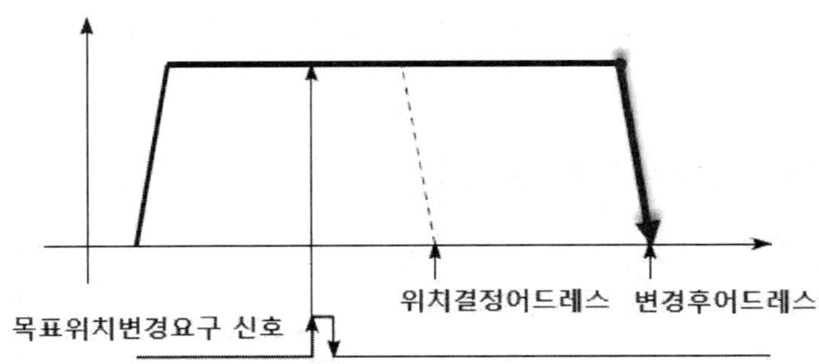

그림 8-9 목표위치변경기능 1

2) 어드레스변경과 동시에 속도가 변경될 경우

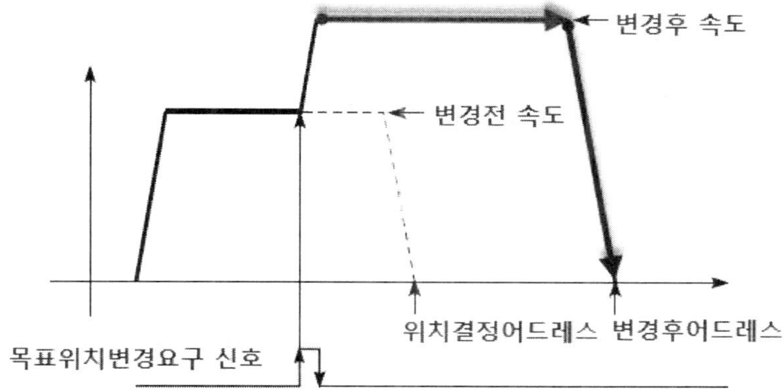

그림 8-10 목표위치변경기능 2

3) 운전방향이 변화할 경우

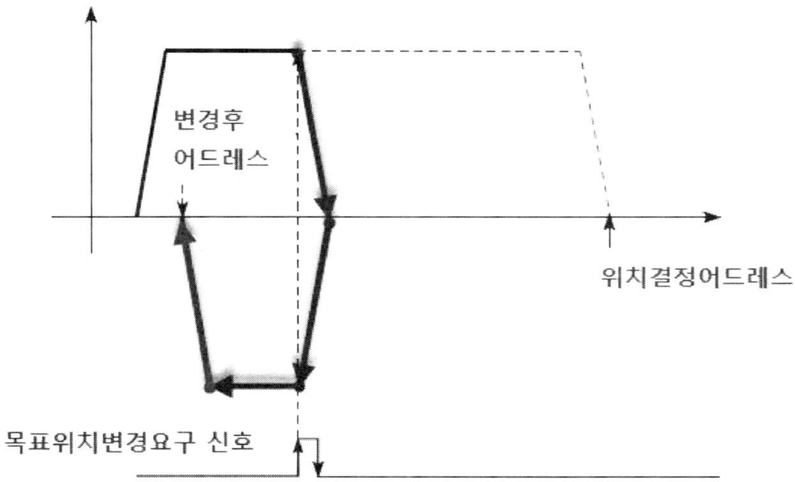

그림 8-11 목표위치변경기능 3

나. PLC CPU로부터의 목표위치변경기능 설정 방법

다음은 PLC CPU로부터의 지령으로 축1의 목표위치를 변경할 때의 데이터 설정과 PLC프로그램의 예이다.

표 8-7 목표위치변경기능 설정과 버퍼메모리

설정항목	설정내용	설정값	초기값	저장버퍼메모리 어드레스			
				1축	2축	3축	4축
Cd.27 목표위치변경값 (어드레스)	변경후의 어드레스를 설정한다.	3000	0	1534 1535	1634 1635	1734 1735	1834 1835
Cd.28 목표위치 변경값 (속도)	변경후의 속도를 설정한다.	1000000	0	1536 1537	1636 1637	1736 1737	1836 1837
Cd.29 목표위치변경요구 플래그	「1 : 속도변경을 한다」을 설정한다.	1	0	1538	1638	1738	1838

목표위치변경값을「300.0μm」, 지령속도를「10000.00mm/min」으로 변경할 경우의 프로그램 Sample이다.

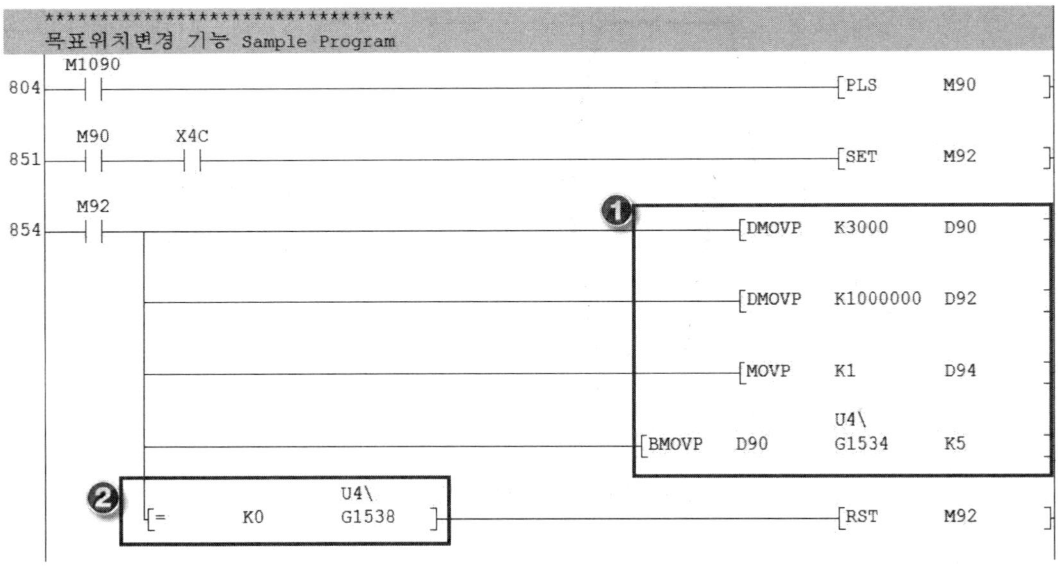

그림 8-12 목표위치변경용 PLC Program 예

다. 제어상의 주의사항

1) 지령속도를 변경할 경우 속도제한값을 초과하는 설정을 했을 경우에는 경고가 되어 변경후의 속도는 속도제한값이 된다. (경고코드:501) 또 지령속도변경에 의해 목표값까지의 남은 거리를 확보할 수 없게 될 경우에는 경고가 된다. (경고코드:509)
2) 보간제어중 목표위치변경값(어드레스)가 소프트웨어 스트로크 리미트범 위외 감속정지중 및 운전패턴이 연속궤적제어 중에서의 목표위치변경요구는 무시되고 경고가 된다. (경고코드:518)
3) 지령속도를 변경했을 경우 현재속도도 변경된다. 연속한 위치결정에서 다음 위치결정속도가 현재속도를 사용하는 경우에는 다음 위치결정운전은 속도변경값에서의 운전이 된다. 이에 대해 다음 위치결정데이터에서 속도가 설정되어 있을 경우에는 그 속도가 현재속도로 되어 현재속도로 운전한다.
4) 위치제어로 자동감속 중에 목표위치변경요구가 있었을 경우에는 이동방향이 반전할 경우에는 일시 정지 후에 변경위치로의 위치결정제어를 한다. 또 이동방향이 반전하지 않을 경우에는 다시 지령속도까지 가속하여 변경위치로의 위치결정을 한다.
5) "Md.48감속개시플래그" 가 ON중에 목표위치변경을 해서 다시 정속으로 되거나 출력이 반전해도 감속개시플래그는 ON된다.

8-4 M코드 출력 기능

「M코드 출력기능」은 실행중인 위치결정데이터에 관련한 보조작업(예를 들어 서보모터를 기동하여 목표위치로 이동한 후 클램프동작, 드릴회전, 레이저용접 등)의 지령을 하기 위한 기능이다. 위치결정 실행시에 M코드 ON신호 [X44, X45, X46, X47] 가 ON하면 M코드라 불리는 번호가 "Md.25유효M코드" 에 저장된다. PLC CPU로부터 이 "Md.25 유효M코드" 를 읽어 보조작업 시작신호로 사용한다. M코드는 각 위치결정데이터마다 설정할 수 있다. (위치결정데이터의 설정항목 "Da.10 M 코드" 에 설정한다.) 또,「M코드 출력기능」에서는 M코드를 출력(저장)하는 타이밍을 설정할 수 있다

가. M코드 ON신호의 출력타이밍

「M코드출력기능」 에서는 M코드를 출력(저장)하는 타이밍을 설정할 수 있다. (M코드는 M코드 ON신호가 ON되었을 때 "Md.25 유효M코드" 에 저장된다.) M코드를 출력하는 타이밍에는 「WITH모드」 와 「AFTER모드」 의 두 종류가 있다.

자세한 내용은 QD75 파라미터설정 부분의 "Pr.18 M코드 On신호 출력 타이밍 "항목을 참조하기 바란다.

나. M코드를 이용한 PLC프로그래밍

1) AFTER Mode를 이용한 PLC프로그래밍

서보모터의 이송테이블 위에 Pick & Place장치를 설치하고 A지점에 있는 부품을 B위치로 이동하는 기계의 동작에 대해 예를 들어 설명하도록 한다.

X축용 서보모터와 Y축용 서보모터로 구성된 X-Y Table은 평면상의 어느 위치로든지 이동이 가능하다. Z축에 해당하는 상승/하강동작은 실린더를 이용하면 쉽게 하드웨어적인 구성이 가능하다. 워크를 잡고/놓는 동작은 Chuck실린더 혹은 진공흡착기능을 할 수 있는 공압밸브를 사용하면 된다. 다음 페이지에 있는 그림을 보면 대충 시스템을 이해할 수 있을 것이다.

이 시스템에서 워크를 잡고 상/하 이동을 하며 다시 워크를 놓는 동작은 PLC프로그램으로 해결할 수 있는 시퀀스적인 동작이다. 서보모터의 이동과 이 시퀀스프로그램의 시작신호에 해당하는 명령을 내리는 타이밍을 살펴보면 서보모터가 A지점에 도착하고 실린더가 하강동작 후 워크를 잡는 동작이 이루어진다. 다음에 실린더가 상승을 하고 B지점으로 이동을 시작할 것이다. 여기에서 A위치로 이동이 완료되었다는 정보는 위치결정모듈에 있을 것이며 또한 워크를 잡는 동작(Pick동작)에 대한 시작신호 역시 위치결정모듈에서 발생시켜 주는 것이 제일 안정적이고 적당할 것이다. 물론 B위치에서의 워크를 내려놓는(Place동작)동작도 마찬가지로 생각하면 된다.

여기에서 주목할 점은 워크를 Pick동작(또는 Place동작)을 하기 위한 시작신호는 서보모터가 A위치(또는 B위치)에 이동을 완료한 다음에 발생하는 것이 타이밍적으로 맞다는 것이다.

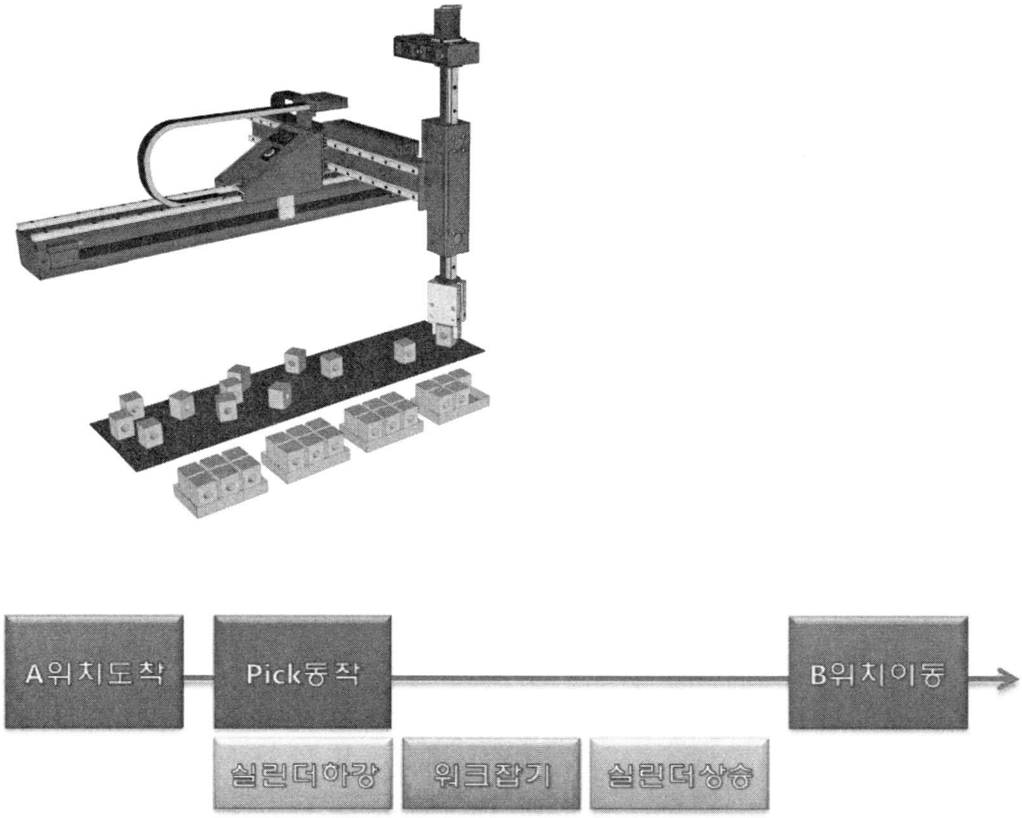

그림 8-13 M 코드(After Mode)를 이용한 Pick & Place 동작

이러한 동작처럼 서보모터의 위치이동이 완료된 다음 수행하는 동작이라면 After Mode에 해당하는 M 코드 출력타이밍을 선택하여 사용하면 된다.

출력타이밍은 QD75위치결정 파라미터 작성항목에서 설정하는 방법과 PLC 프로그램으로 "Pr.18 M코드 On신호 출력 타이밍 버퍼메모리 27(177,227,377)" 에 [1:After Mode] 설정하는 방법이 있다.

앞에서 예를 든 것과 같이 위치데이터에 다음과 같은 M코드 데이터를 작성하였다고 하면

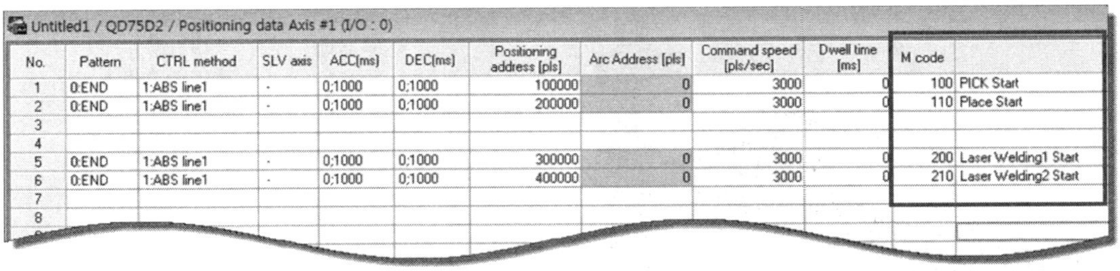

Untitled1 / QD75D2 / Positioning data Axis #1 (I/O : 0)

No.	Pattern	CTRL method	SLV axis	ACC(ms)	DEC(ms)	Positioning address [pls]	Arc Address [pls]	Command speed [pls/sec]	Dwell time [ms]	M code	
1	0:END	1:ABS line1	-	0;1000	0;1000	100000	0	3000	0	100	PICK Start
2	0:END	1:ABS line1	-	0;1000	0;1000	200000	0	3000	0	110	Place Start
3											
4											
5	0:END	1:ABS line1	-	0;1000	0;1000	300000	0	3000	0	200	Laser Welding1 Start
6	0:END	1:ABS line1	-	0;1000	0;1000	400000	0	3000	0	210	Laser Welding2 Start
7											
8											

그림 8-14 M 코드(After Mode)를 이용한 Pick & Place 동작용 Positioning Data예

1번 위치데이터를 실행하면 설정한 위치로 이동한 뒤 M코드 100을 설정한 숫자 100이라는 값이 Md.25유효M코드 버퍼메모리 808에 저장이 된다. 이때 M코드 ON신호 [X44, X45, X46, X47] 가 자동적으로 On이 된다. 여기에서는 1축에 대한 예를 들고 있으므로 X44이 On상태가 된다. 물론 시스템의 동작의 복잡성이 따른다면 사용하는 M코드의 종류는 많아 질것이다. 이 M코드 ON신호를 이용하여 유효M코드 버퍼메모리 808에서 저장된 M코드를 읽어 내고 어떤 M코드인지 확인하는 프로그램이 필요하다. 그리고 각 M코드에 맞는 시퀀스 프로그램을 동작시키면 되겠다. 동작이 완료되면 M코드 Off요구에 해당하는 버퍼메모리 1504(1604, 1704, 1804)에 1을 입력하여 마무리 하면 되겠다.

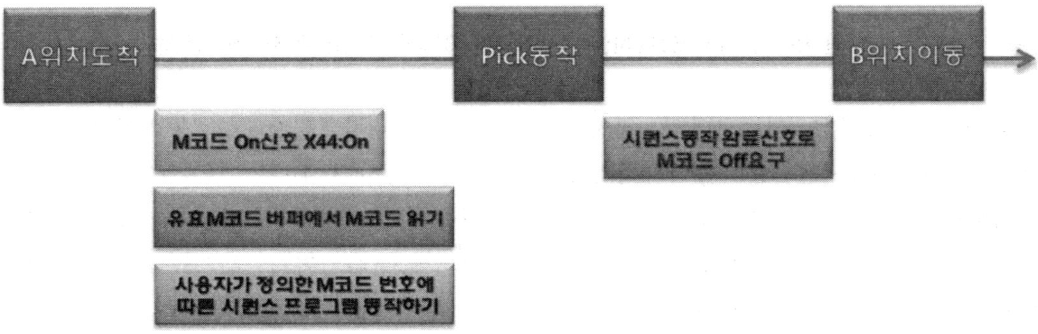

그림 8-15 Pick동작 전후의 M코드On 신호와 M코드Off요구

다음은 PLC 프로그램 예이다.

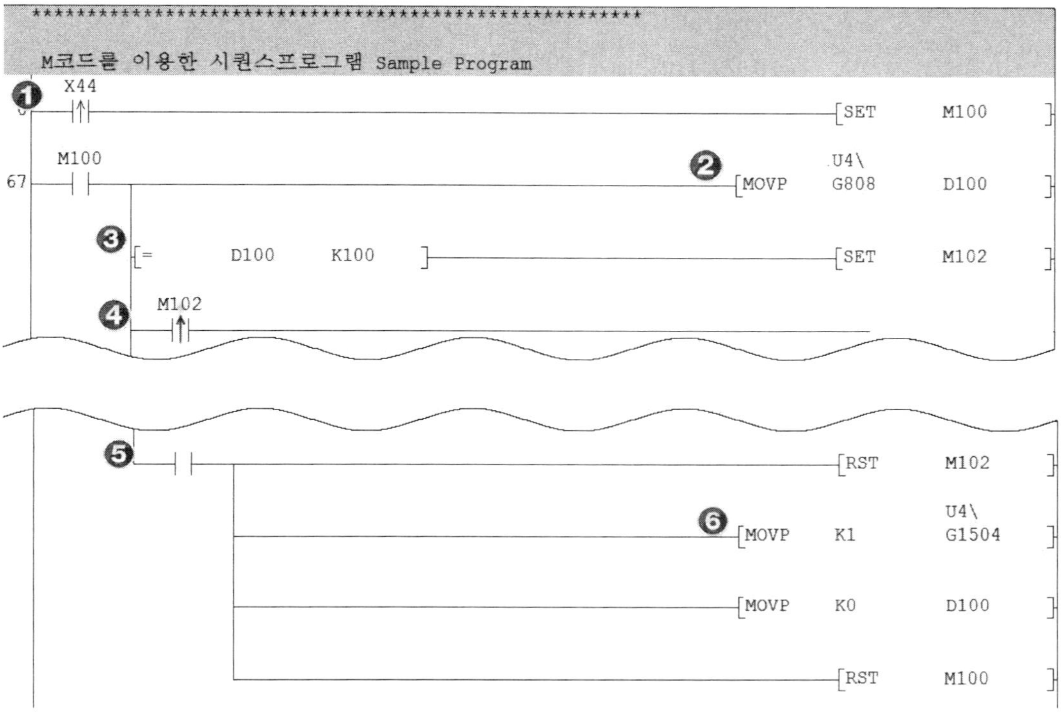

그림 8-16 Pick동작 전후의 M코드On 신호와 M코드Off요구 PLC Program 예

① 위치데이터를 실행하면 After Mode로 설정하였으므로 지정된 위치에서 위치결정이 완료되고 자동적으로 M코드 On에 해당하는 X44이 On된다. 이 신호를 이용하여

② 항목의 유효M코드가 저장되어 있는 버퍼메모리 808번지에서 데이터를 읽어 들여 D100에 저장하였다.

③ 읽어 들인 M 코드는 설계자가 미리 Pick & Place동작을 시키기 위한 임의의 숫자이므로 이 숫자에 해당하는 값이면 작업을 시작할 것이다. 여러 가지 동작을 설계 하였다면 D100에 있는 값이 여러 가지가 될 수 있다는 의미이므로 비교하는 명령어를 많이 사용할 것이다. 여기에서는 Pick & Place동작은 100이라는 숫자로 정의하였다고 하고 D100에 100이 입력되어 있으면 시작신호로 사용할 수 있다.

④ [SET M100]이라고 하였으므로 M100이 Pick & Place동작의 시작 신호이다. 시퀀스 프로그램을 작성한다. 여기에서는 독자들은 시퀀스 프로그램 작성하는데 어려움이 없을 것이라 생각하고 해당 부분은 생략하였다.

⑤ 시퀀스 프로그램의 종료에 해당하는 신호를 작성하여 ⑥에서 작성할 SET명령어의 RST동작과 M코드 Off요구 신호의 실행을 위한 신호로 사용하였다. 중요한 것은 M 코드 Off요구 동작이 안된 상태에서는 서보모터의 다음 동작이 이루어지지 않는다는 것이다. 반드시 M 코드 기능을 사용하면 M 코드 Off요구를 해 주어야 한다.

위치결정데이터 No.2항목은 B위치로 이동한 뒤 Place동작을 하기 위한 M코드를 101로 설정하였다. 사용하는 방법은 위의 Pick동작과 동일하다. 독자 스스로 해결할 수 있을 것으로 판단하여 여기에서 설명은 생략하기로 한다.

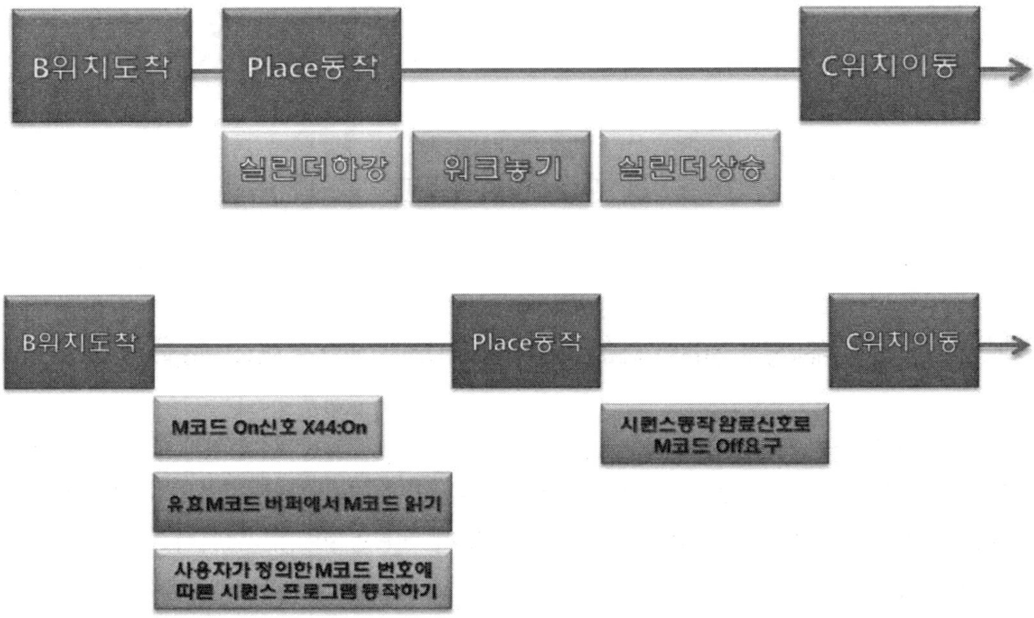

그림 8-17 Place동작 전후의 M코드On신호 M코드 Off요구

다음은 PLC 프로그램 예이다.

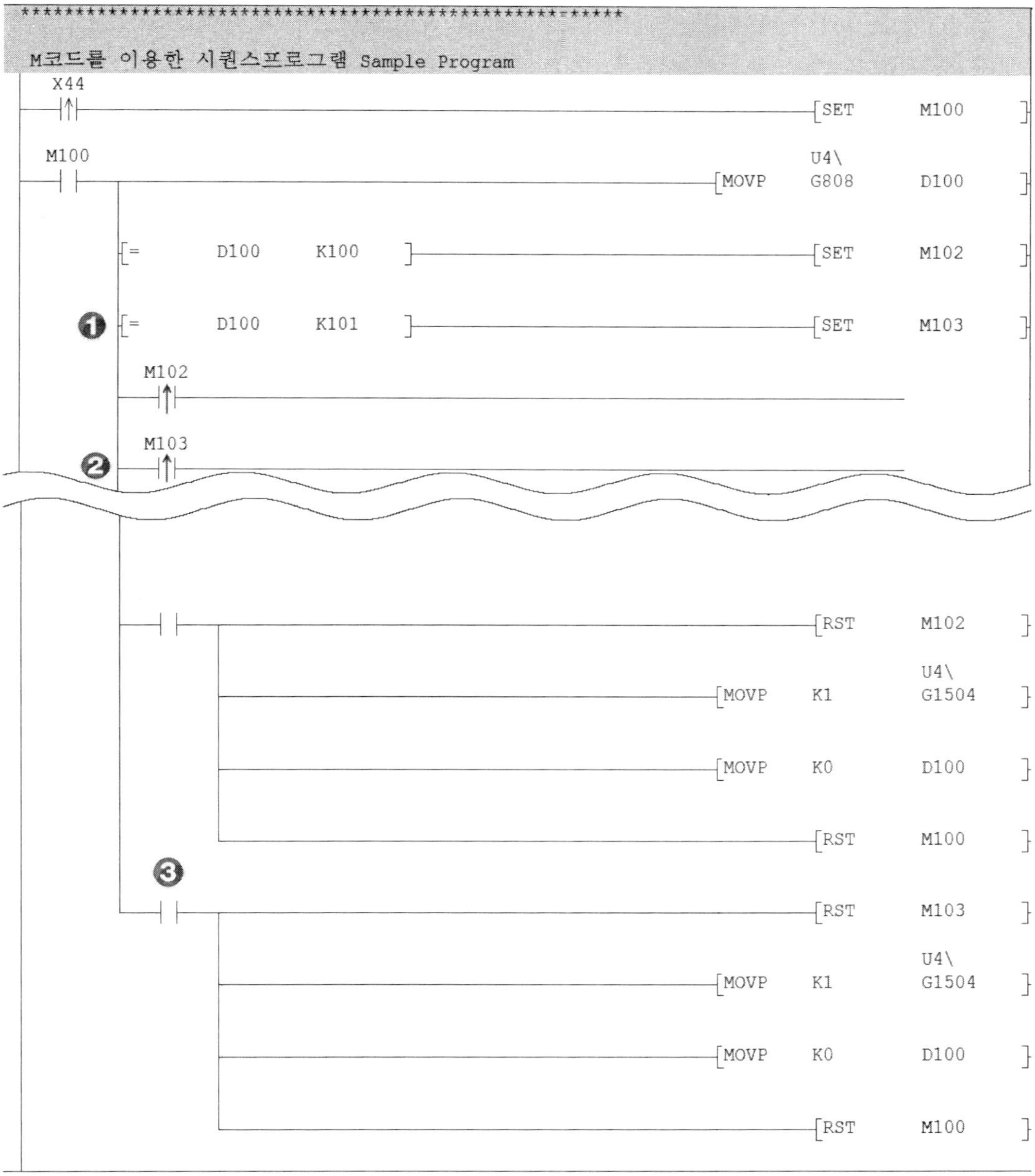

그림 8-18 Place동작 전후의 M코드On신호 M코드 Off요구 PLC Program 예

① 위치데이터No.2를 실행하면 지정된 위치에서 위치결정이 완료되고 자동적으로 M코드 On에 해당하는 X44이 On되고 유효M코드 버퍼메모리에 저장된 값이 101이 될 것이다. 이 101이 의미하는 것은 미리 Place동작이라고 정의해 두었으므로 D100에 저장된 101은 Place동작의 시작 신호로 사용할 수 있다는 것이다.

②에서 M103의 시작 신호로 Place동작은 진행되고 ③처럼 동작 완료 신호로 M코드 Off 요구 처리를 하면 된다.

여러 가지 M코드로 동작할 수 있는 경우가 많이 발생하므로 위와 같은 프로그램에 해당동작의 시퀀스프로그램을 계속 작성해 나가면 된다.

③처럼 M코드 Off요구 처리와 SET명령의 RST처리를 하지 말고 M코드 Off요구 처리 D100번지 데이터를 0으로 만들어 주는 프로그램은 계속 반복이 될 것이므로 이 부분에 해당하는 것과 각기 M코드에 따른 SET명령어에 대한 RST용 프로그램을 각각 나누어 하면 프로그램이 좀 더 쉬워질 것이다.

2) With Mode를 이용한 PLC프로그래밍

서보모터의 이송테이블에 레이저를 장착한 시스템에 대한 예를 들어 설명하도록 한다. 그림과 같이 레이저로 글자형태로 가공하는 동작을 한다고 하면 서보모터가 글자형태의 궤적을 이동하기 시작할 때 레이저가 동작 되도록 하는 것이 이 시스템에서는 신호의 타이밍상 가장 적절할 것이다. 이처럼 M코드 발생타이밍이 서보모터의 이동신호와 같이 발생되는 것을 With Mode라고 하고 대표적인 적용 예는 레이저 가공기를 들 수 있다.

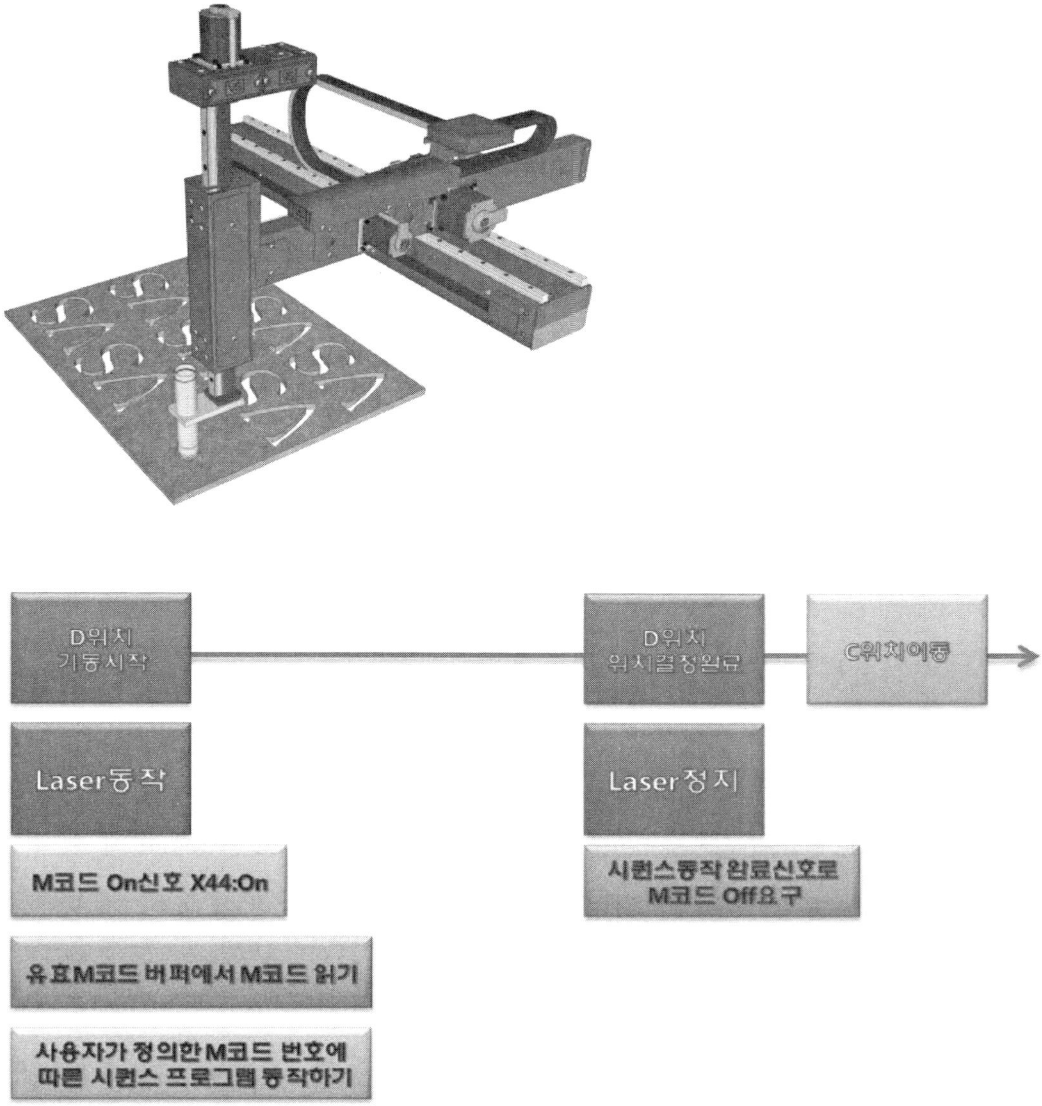

그림 8-19 M코드(With Mode)를 이용한 레이저용접 작업

다음은 PLC 프로그램 예이다.

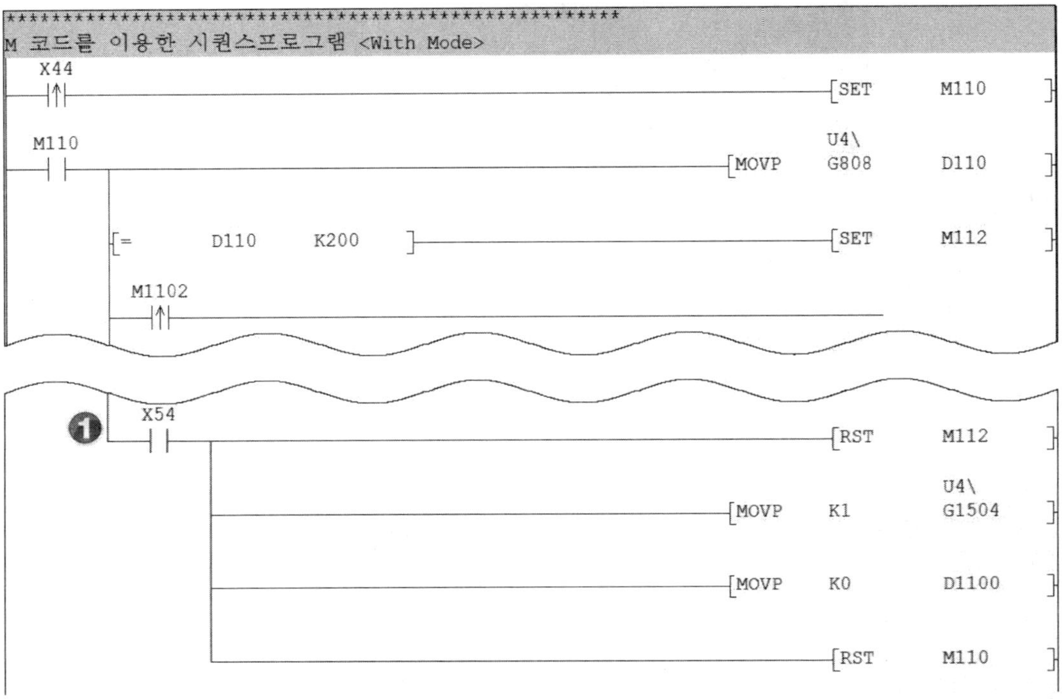

그림 8-20 M코드(With Mode)를 이용한 레이저용접 작업 PLC Program 예

전체적인 프로그램의 형태는 After Mode와 동일하다. 하지만 ①처럼 동작 완료 신호로 위치결정완료 신호X54을 사용했다는 점이 다른 점이다. 이 신호를 이용하여 M코드 Off요구 처리를 하였다.

8-5 티칭기능

「티칭기능」은 수동제어(JOG운전, 인칭운전, 수동펄서운전)을 사용하여 사용자가 원하는 위치로 이동한 뒤 이동한 위치에 해당하는 좌표의 어드레스를 위치결정데이터의 "Da.6 위치결정어드레스/이동량" 또는 "Da.7 원호어드레스" 에 설정하는 기능이다.

그림 8-21 티칭기능을 사용하는 대표적인 예가 용접위치 설정이다. 좌측하단은 티칭팬던트

위의 그림은 자동차 차체를 용접하는 용접로봇을 표시한 것이다.

여기에서 용접을 하는 위치를 어떻게 로봇에 입력했는지 생각해 보자. 자동차는 입체이기 때문에 용접하는 위치를 현장에 맞게 계산하여 입력하려면 상당히 힘든 작업이 될 것이다. 조금만 위치가 잘못되면 자동차 생산이 중단될 수 있기 때문이다. 로봇에 데이터를 입력하기 위해 로봇의 용접기를 자동차의 용접위치로 운전하여 이동시킨 뒤 티칭팬던트라고 하는 컨트롤러의 티칭버튼을 눌러 이 위치를 로봇컨트롤러 메모리에 입력하게 된다. 이와 유사한 기능이 서보모터에도 있다. 이것이 티칭기능이다.

1) 티칭 타이밍

티칭은 BUSY신호 [X4C, X4D, X4E, X4F]가 OFF상태일 때 시퀀스프로그램을 사용하여 실행한다.(수동제어 중에 에러나 경고가 발생한 경우라도 축이 BUSY 상태가 아니면 티칭할 수 있다.)

2) 티칭 가능한 어드레스

티칭 가능한 어드레스는 원점을 기준으로 한「이송현재값」(Md.20 이송현재값)이다.

인클리멘트방식의 위치결정에 사용하는「이동량」의 설정은 할 수 없다. 또 티칭기능에서는 이「이송현재값」을 위치결정데이터의 "Da.6 위치결정어드레스/이동량" 또는 "Da.7 원호어드레스" 에 설정한다.

전용명령「TEACH1, TEACH2, TEACH3, TEACH4, PFWRT」

티칭기능을 실행하기 위한 전용명령「TEACH1, TEACH2, TEACH3, TEACH4, PFWRT」을 사용하면 프로그래밍이 쉬워진다.

나. 제어상의 주의사항

① 티칭을 하기 전에「기계원점복귀」를 실행하고 원점을 확립해 둘 필요가 있다. (현재값변경등을 했을 경우 "Md.20 이송현재값" 은 원점을 기준으로 한 절대어드레스를 나타내지 않을 경우가 있다.)

② 수동제어에 의해 기동할 수 없는 위치(물리적인 경고로 기동할 수 없는 위치)는 티칭을 할 수 없다. (중심점지정 원호보간제어의 경우 등에서 중심점경고의 가능 범위내가 아닐 경우는 "Da.7 원호어드레스" 의 티칭은 할 수 없다.)

③ 플래시 ROM에 10만회까지 기록할 수 있다.
플래시ROM 쓰기 동작을 10만회 초과하면 플래시ROM으로의 기록을 할 수 없게 될 경우가 있다. 플래시ROM으로의 기록을 했을 때 에러(에러코드 :805)가 될 경우에는 연속해서 플래시ROM으로의 기록을 하는 프로그램으로 되어 있지 않은지 확인할 필요가 있다.

다. 티칭에 사용하는 데이터

표 8-8 티칭을 하기위한 설정과 버퍼메모리

설정항목	설정내용	설정값	초기값	저장버퍼메모리 어드레스			
				1축	2축	3축	4축
Cd.1 플래시ROM 기록요구)	설정한 내용을 플래시ROM에 기록한다. (변경한 데이터를 백업한다).	1	0	1900			
Cd.38 티칭데이터 선택	「이송현재값」을 어느 쪽에 기록할지 설정한다. 0: "Da.6 위치결정어드레스"에 기록한다. 1: "Da.7 원호어드레스" 에 기록한다.	0 또는 1	0	1548	1648	1748	1848
Cd.39 티칭위치결정 데이터No.	티칭할 데이터를 지정한다. (설정값이 1~600일 때 티칭을 한다.) QD75이니셜시, 티칭완료로 0클리어 된다.		0	1549	1649	1749	1849

라. 티칭전용명령 TEACH□

설정 데이터	사용가능디바이스								
	내부 디바이스		파일 레지스터	MELSECNET/10 다이렉트J□₩□		특수모듈 U□₩G□	인덱스 레지스터 Zn	정수	그외
	비트	워드		비트	워드			K,H,$	
(S)	-		○	-				-	-
(D)	○	○	-	-				-	-

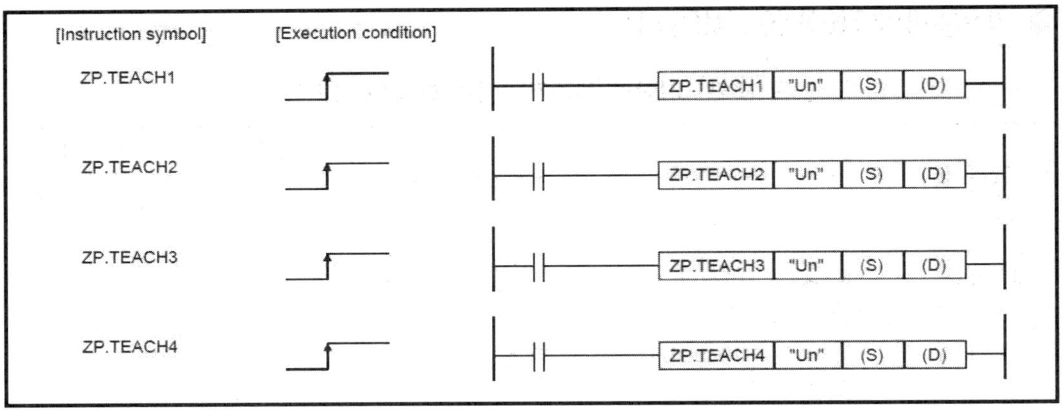

표 8-9 티칭전용명령 ZP.TEACH□

설정데이터	설정내용	세트측	데이터형
"Un"	QD75의 선두입출력번호 (00~FE : 입출력번호를 3자리 표현했을 경우의 상위2자리)	사용자	Bin16비트
(S)	컨트롤데이터가 저장되어 있는 디바이스의 선두번호	-	디바이스
(D)	명령완료에 1스캔ON시키는 비트디바이스의 선두번호 이상완료시에는((D)+1)도 ON한다.	시스템	비트

1) 컨트롤데이터 (S)

표 8-10 티칭명령 TEACH□의 컨트롤데이터

디바이스	항목	설정데이터	설정범위	세트측
(S)+0	시스템영역	-	-	-
(S)+1	완료상태	완료시의 상태가 저장된다. · 0 : 정상종료 · 0 이외 : 이상완료(에러코드)	-	시스템
(S)+2	티칭데이터 선택	이송현재값을 기록한 어드레스(위치결정 어드레스/원호어드레스)를 설정한다. 0 : 이송현재값을 위치결정어드레스에 기록한다. 1 : 이송현재값을 원호어드레스에 기록한다.	0, 1	사용자
(S)+3	위치결정 데이터 No.	티칭을 할 위치결정데이터No.를 설정한다.	1~600	사용자

2) 완료디바이스((D)+0), ((D)+1)

TEACH□명령완료의 확인은, 완료디바이스((D)+0) 및 ((D)+1)에서 할 수 있다.

가) 완료디바이스((D)+0)

TEACH□명령이 완료한 스캔의 END처리에서 ON하고, 다음 END처리에서 OFF한다.

나) 완료시의 상태표시디바이스((D)+1)

TEACH□명령이 완료했을 때의 상태에 의해 ON/OFF한다.

- 정상완료시 : OFF인채로 변화하지 않는다.
- 이상완료시 : TEACH□명령이 완료한 스캔의 END처리에서 ON하고 다음 END처리에서 OFF한다. (완료디바이스와 동일 ON/OFF동작을 한다.)

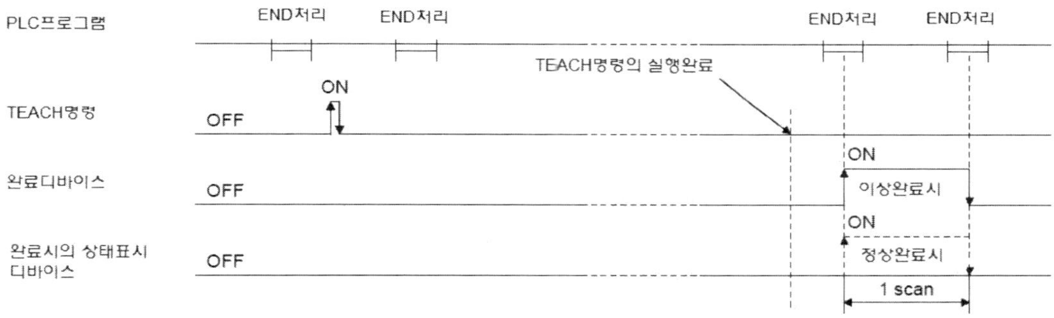

그림 8-22 티칭명령 TEACH□의 완료디바이스(D, D+1)의 동작 타이밍도

마. ZP.PFWRT 전용명령

QD75의 파라미터, 위치결정데이터 및 블럭기동데이터를 플래시ROM에 기록한다.

설정 데이터	사용가능디바이스								
	내부 디바이스		파일 레지스터	MELSECNET/10 다이렉트J□₩□		특수모듈 U□₩G□	인덱스 레지스터 Zn	정수	그외
	비트	워드		비트	워드			K,H,$	
(S)	-	○		-				-	-
(D)	○	○	-	-				-	-

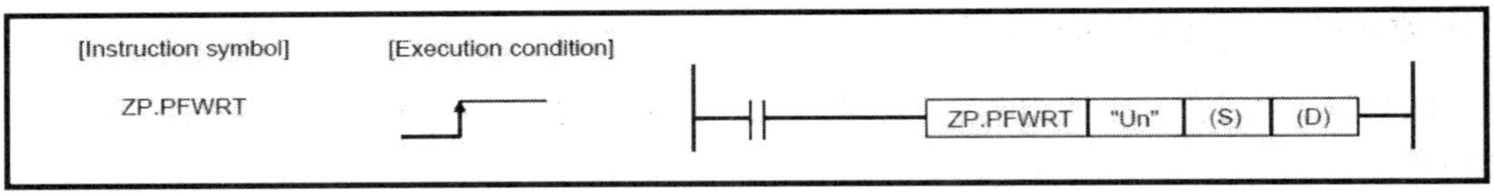

표 8-11 플래시ROM기록용 전용명령 PFWRT

설정데이터	설정내용	세트측	데이터형
"Un"	QD75의 선두입출력번호 (00~FE : 입출력번호를 3자리 표현했을 경우의 상위2자리)	사용자	Bin16비트
(S)	컨트롤데이터가 저장되어 있는 디바이스의 선두번호	-	디바이스
(D)	명령완료에 1스캔ON시키는 비트디바이스의 선두번호 이상완료시에는((D)+1)도 ON한다.	시스템	비트

1) 컨트롤데이터 (S)

표 8-12 플래시ROM기록용 전용명령 PFWRT의 컨트롤데이터

디바이스	항목	설정데이터	설정범위	세트측
(S)+0	시스템영역	-	-	-
(S)+1	완료상태	완료시의 상태가 저장된다. · 0 : 정상종료 · 0 이외 : 이상완료 (에러코드)	-	시스템

2) PFWRT 명령완료의 확인은 완료디바이스((D)+0)및((D)+1)에서 할 수 있다.

가) 완료디바이스((D)+0)

PFWRT 명령이 완료한 스캔의 END처리에서 ON하고, 다음 END처리에서 OFF한다.

나) 완료시의 상태표시디바이스((D)+1)

PFWRT 명령이 완료했을 때의 상태에 의해, ON/OFF한다.

- 정상완료시 : OFF인 채로 변화하지 않는다.
- 이상완료시 : PFWRT명령이 완료한 스캔의 END처리에서 ON하고 다음 END처리에서 OFF한다. (완료디바이스와 동일한 ON/OFF동작을 한다.)

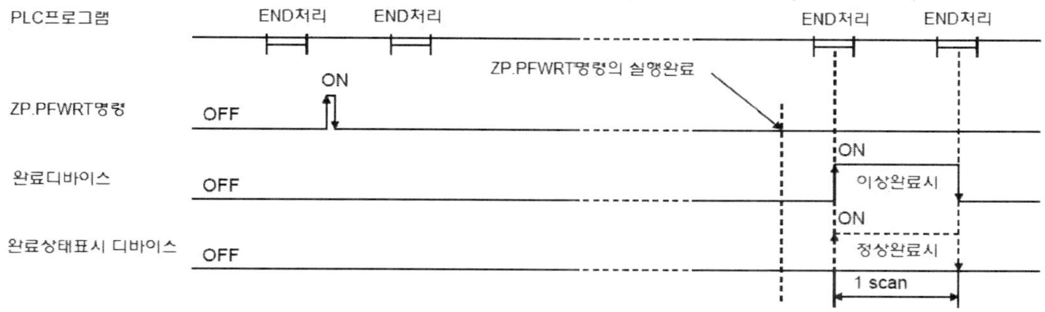

그림 8-23 플래시ROM기록용 전용명령 PFWRT의 완료디바이스 (D, D+1)동작 타이밍 도

3) 전용명령의 이상완료시

이상완료신호((D)+1)가 ON하고 에러코드가 완료상태 ((S)+1)에 저장된다.

4) PFWRT명령에 의한...

파라미터 위치결정데이터 및 블럭기동데이터의 플래시 ROM으로의 기록 중에는 전원의 OFF/PLC CPU의 리셋조작을 하지 않는다. 플래시 ROM에 파라미터, 위치결정데이터 및 블럭기동데이터가 정상으로 기록되지 않기 때문에, 파라미터에러 또는 정상으로 위치결정기동을 할 수 없게 된다. 플래시 ROM으로의 기록 중에 전원을 OFF 또는 PLC CPU의 리셋을 해서 파라미터에러 또는 정상으로 위치결정기동을 할 수 없게 된 경우에는 다음 방법으로 재기동한다.

GX Configurator-QP의 경우에는, 파라미터, 위치결정데이터, 블록기동데이터를 다시 플래시 ROM에 기록한다.

시퀀스프로그램의 경우에는, 파라미터의 초기화(PINIT명령실행 등)를 한 후 QD75에 파라미터, 위치결정데이터, 블럭기동데이터를 기록한다.

위의 조작 후 다시 PFWRT명령을 실행한다.

5) 플래시 ROM으로의 기록가능횟수

플래시 ROM으로의 기록가능횟수는 10만회이므로 플래시 ROM으로의 기록횟수가 10만회를 초과하면 플래시 ROM으로의 기록을 할 수 없게 된다.

CPU의 리셋조작 후 시퀀스프로그램에 의한 플래시 ROM으로의 기록은 25회로 제한되어 있다.(주변기기에서 플래시 ROM으로 기록을 할 경우에는 25회로 제한되어 있지 않다.) 전원의 ON/PLC CPU의 리셋조작 후 26회 이상의 플래시 ROM으로의 기록요구가 있으면 플래시 ROM기록횟수에러(에러코드:805)가 나서 기록을 하지 않는다. 1회의 플래시 ROM기록으로 플래시 ROM기록에러가 날 경우에는 플래시 ROM으로의 기록프로그램의 확인/수정을 한다. 플래시 ROM기록에러가 났을 경우에는 에러리셋 또는 다시 전원의 ON/PLC CPU의 리셋조작을 한다.

6) PFWRT명령

QD75준비완료신호(X40)가 OFF일 때 실행할 수 있다. QD75준비완료신호가 ON하고 있을 때에는 PFWRT명령을 실행하지 않는다. ZP.PFWRT 명령을 실행하기 전에 PLC Ready신호(Y40)를 OFF하고 QD75준비완료신호를 OFF로 한다.

바. 티칭순서

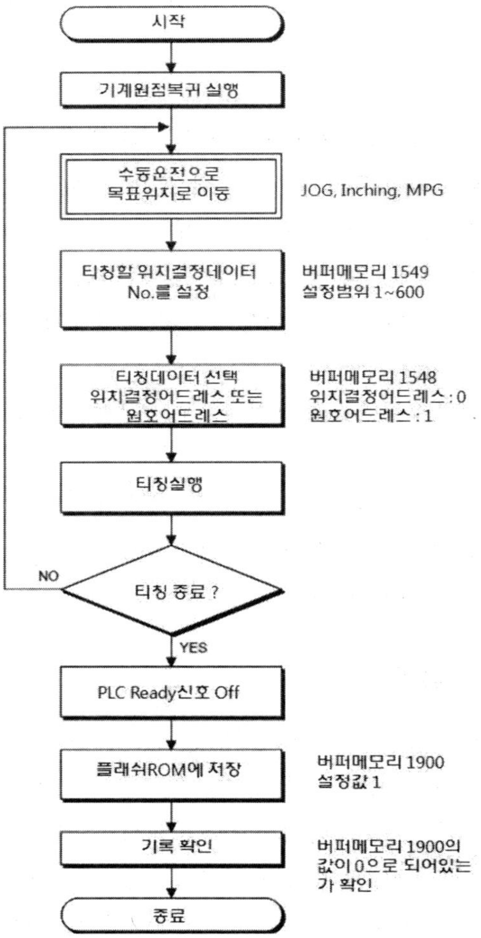

그림 8-24 티칭순서도

사. PLC Program 예

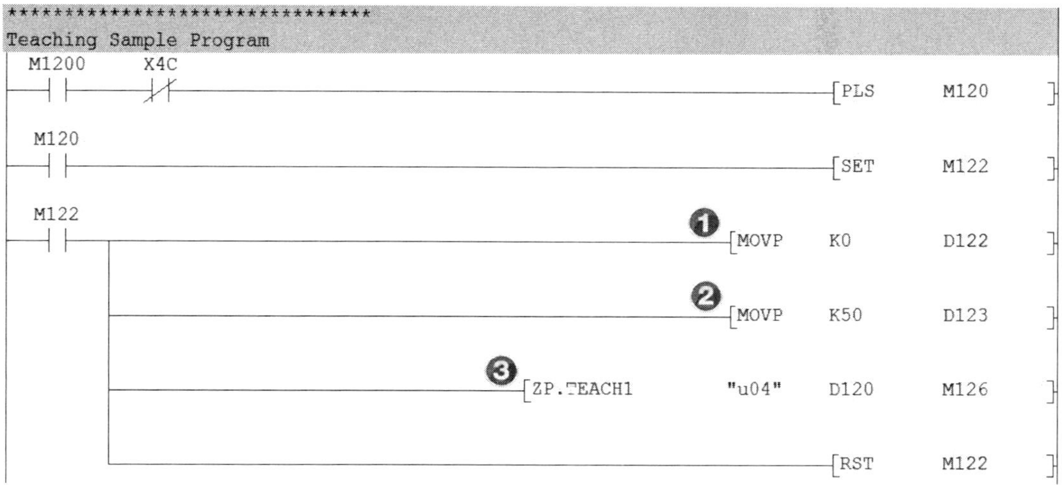

그림 8-25 티칭용 PLC Program 예

수동운전으로 서보모터를 원하는 위치로 이동을 한 뒤 현재의 위치값(어드레스)를 위치결정모듈의 버퍼메모리에 저장하는 기능을 티칭이라고 한다. 위의 Sample프로그램과 함께 JOG운전을 하는 프로그램이 작성되어 있다고 생각하고 JOG운전으로 티칭을 실행할 위치로 이동한 뒤 티칭지령 M1210을 눌러 동작을 한다. 앞에 설명에서 나왔듯이 서보모터가 정지상태 즉 BUSY신호가 Off인 경우 티칭동작이 이루어지므로 X4C에 해당하는 조건을 사용하였다. ①은 이송현재값 즉 JOG운전으로 이동하여 티칭하려는 위치의 어드레스를 위치결정데이터의 어드레스와 관련된 위치결정어드레스와 원호어드레스중 위치결정어드레스항목에 저장하겠다는 의미이다.(원호어드레스에 저장하려면 버퍼메모리 1548항목에 1을 입력하도록 프로그램을 수정하면 된다.) ②항목은 위치결정데이터는 1축당 600개까지 사용가능하므로 이중 어느 위치결정데이터에 저장할 것인가에 대한 설정이다. 설정할 수 있는 번호는 1에서 600까지의 범위이다. ③ 티칭전용명령을 실행하면 원하는 위치의 어드레스값이 위치결정모듈의 버퍼메모리에 저장이 될 것이다.티칭명령의 실행결과를 알려주는 M126, M127 두 개의 Bit디바이스를 RST명령실행하는 조건으로 소개된 Manual이 있는데 사용하다 보면 RST명령이 제대로 실행되지 않아 SET M122에 해당하는 명령이 계속 SET상태를 유지하는 경우가 많이 발생한다. 때문에 여기에서는 M126, M127 두 개의 Bit디바이스를 RST명령실행 조건으로 사용하지 않았다. 물론 티칭명령을 실행하는데 문제는 발생하지 않는다.

전용명령 ZP.TEACH 명령을 사용하지 않고 직접 관련된 버퍼메모리에 데이터를 입력하여 티칭동작을 실행할 수 있다. 다음은 PLC 프로그램 예이다.

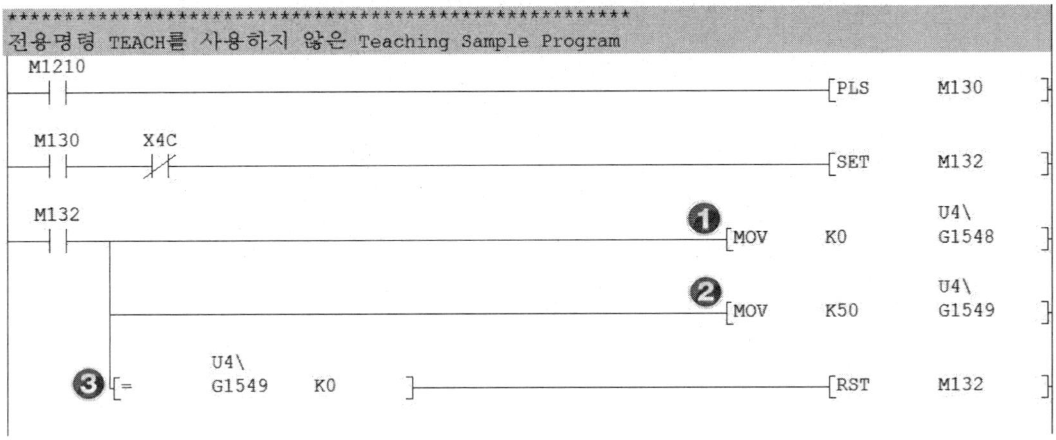

그림 8-26 전용명령을 사용하진 않은 티칭 PLC Program 예

① 항목은 데이터 선택과 관련된 버퍼메모리이다. 이 버퍼메모리에 티칭한 어드레스를 위치결정어드레스 항목에 입력하는 의미로 0의 값을 전송하였다.

② 항목은 1~600 범위의 위치결정데이터 번호를 선택하는 의미이므로 위치결정데이터 No. 50번을 지정하였다.

③ 티칭이 완료되면 버퍼메모리 1549의 데이터값이 0으로 변경되므로 이를 신호로 마지막 항목의 RST명령을 실행하였다.

위의 프로그램은 한 개의 위치를 티칭하는데 적합하다. 여러 개의 티칭을 실행해야 한다면 위의 프로그램 중 데이터 선택하는 부분과 위치결정데이터 No.를 입력하는 두 개의 항목을 터치판넬에서 입력할 수 있도록 변경해 보자.

우선 터치판넬을 구성하였다.

JOG운전을 할 수 있는 기능과 기계원점복귀가 실행되었는지 알 수 있는 램프 그리고 티칭에서 데이터를 입력하는 기능으로 구성하면 될 것이다.

다음과 같은 화면이 될 것이다.

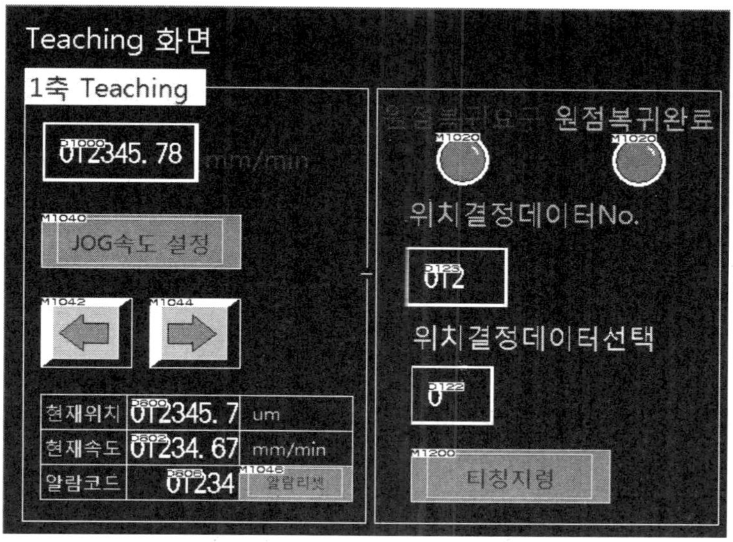

그림 8-27 티칭을 위한 터치판넬 구성 예

이제 PLC 프로그램에서는 입력하는 항목이 많이 줄어 들었다.

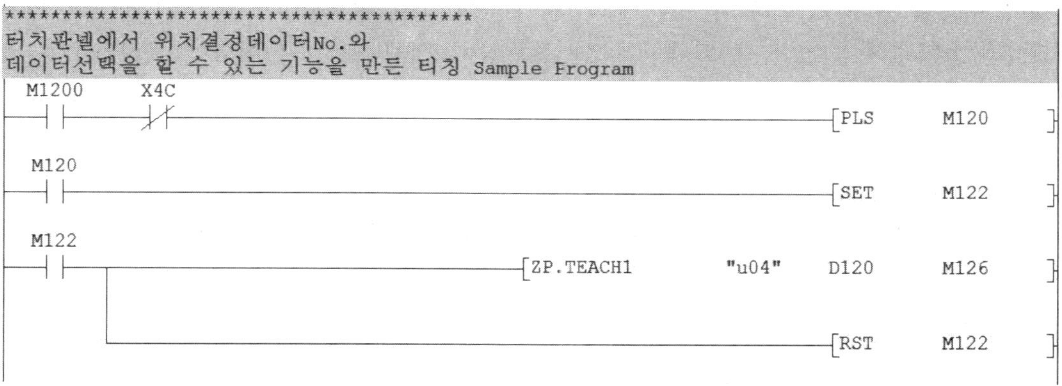

그림 8-28 터치판넬을 사용하였을 경우의 PLC Program 예

실행하는 조건을 좀 더 살펴보면 기계원점복귀가 된 상태를 알려주는 신호와 버퍼메모리에 입력되는 항목이 입력된 상태인지 특히 위치결정데이터 No.가 입력범위에 있는지를 조건으로 더 만들 수 있을 것이다. 위의 프로그램에 추가하여 보면 다음과 같이 될 것이다.

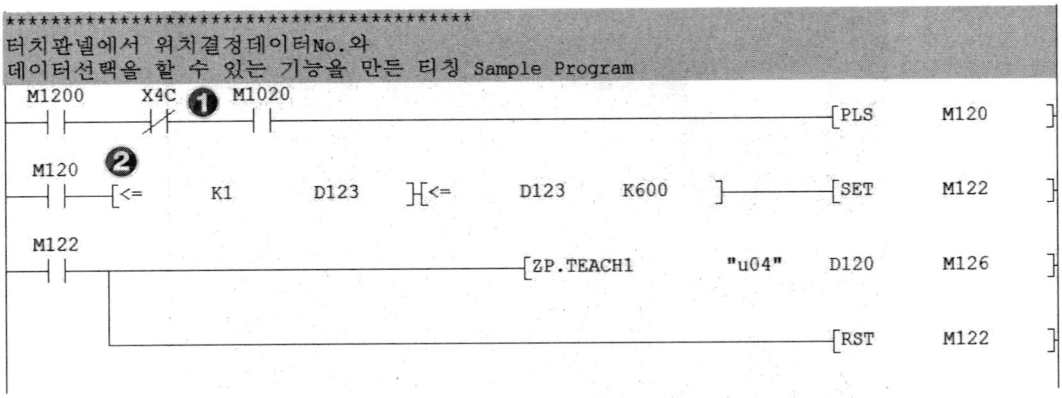

그림 8-29 터치판넬에서 위치데이터 No.와 저장위치선택기능을 추가한 Program 예

① 항목은 기계원점복귀완료 상태를 알려주는 램프의 Bit 디바이스이고 이는 원점복귀프로그램에서 만들어 놓은 것이다. ② 항목은 위치결정데이터 No.에 1~600 사이의 데이터를 입력하였다면 티칭을 수행할 수 있는 조건이 된다.

터치판넬과 PLC프로그램이 완성되었으므로 JOG운전으로 원하는 위치로 이동한 뒤 티칭을 실행해 보자. 티칭을 실행한 뒤 어드레스 값은 실시간으로 모니터 상에 표시되는 것이 아니라 위치결정모듈의 버퍼메모리에 저장된 상태이므로 GX-Configurator를 이용하여 읽어 내어야 한다. 읽기가 끝나면 화면상에 적색바탕에 데이터가 올라와 있음을 확인할 수 있다.

여러 위치에서 티칭을 실행한 뒤 위치결정모듈의 버퍼메모리로부터 한 번에 읽어 내면 그림 8-30과 같은 형태로 표시될 것이다.

티칭하는 목적을 잘 생각해 보면 새로운 데이터를 만들 수 도 있지만 기존의 데이터를 변경하기 위해서도 실행할 수 있다는 것을 쉽게 생각해 낼 수 있을 것이다.

서보모터를 사용하다보면 어드레스가 조금 변경된 위치가 있을 수 있다. 처음에는 모르고 넘어간 내용이지만 사용하다보면 위치어드레스를 변경해야하는 경우 해당 위치결정데이터No.로 설정하고 티칭을 해보면 기존의 어드레스가 티칭한 어드레스로 변경되었음을 알 수 있다.

새로운 위치결정어드레스 No.에 티칭을 한 경우는 Pattern, CTRL method, Command Speed등이 설정이 안된 상태로 남아 있으므로 이들을 다시 설정하여 위치결정모듈에 쓰기를 해 주어야 한다.

PositionTest 2Axis / QD75D2 / Positioning data Axis #1

No.	Pattern	CTRL method	SLV axis	ACC(ms)	DEC(ms)	Positioning address [um]	Arc Address [um]	Command speed [mm/min]	Dwell time [ms]	M code
97										
98										
99	0:END	1:ABS line1	-	0:1000	0:1000	20000.0	0.0	2000.00	0	0
100						95734.0				
101						113186.0				
102						134416.0				
103										

PositionTest 2Axis / QD75D2 / Positioning data Axis #2

No.	Pattern	CTRL method	SLV axis	ACC(ms)	DEC(ms)	Positioning address [um]	Arc Address [um]	Command speed [mm/min]	Dwell time [ms]	M code
98										
99	0:END	1:ABS line1	-	0:1000	0:1000	20000.0	0.0	2000.00	0	0
100						49015.0				
101						65659.5				
102						87608.0				
103						87608.0				

그림 8-30 티칭한 데이터를 읽어온 상태

티칭명령과 함께 사용할 수 있는 명령어로 PFWRT이 있다.

이 전용명령에 대하여 앞에서 간단히 알아보았으므로 여기에서는 프로그램을 통해 기능과 사용법에 대하여 살펴보도록 한다.

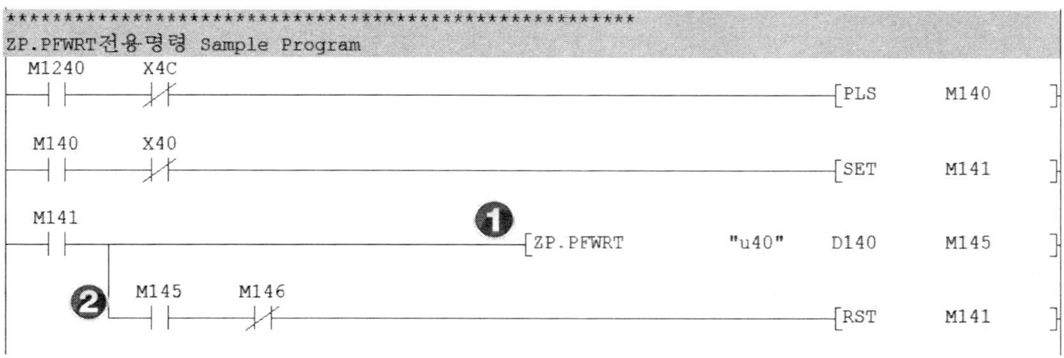

그림 8-31 ZP.PFWRT전용명령 PLC Program 예

① 항목은 플래시 ROM에 데이터를 저장하는 전용명령이다 컨트롤데이터에 해당하는 부분은 사용자가 작성할 항목은 없다. 따라서 PLC프로그램에서 사용하지 않는 디바이스를 입력하기만 하면 된다.

② 항목은 ZP.PFWRT명령의 완료상태를 나타내는 2개의 Bit디바이스이다. 표시된 두 개의 조건은 ZP.PFWRT명령이 에러가 발생되지 않고 잘 처리되었다는 의미이다. 여기에서 혼동하면 안 되는 것은 단지 명령의 수행결과를 나타낸 것이지 플래시 ROM에 저장되는 결과는 알려주지 않는다는 것이다. 그리고 반드시 이 2개의 Bit디바이스를 조건으로 하여 RST명령을 실행하지 않아도 된다. 다시 말해서 ZP.PFWRT명령을 수행하고 바로 RST명령을 실행해도 된다.

QD75 매뉴얼에서는 이 ZP.PFWRT명령을 실행하는 조건으로 앞에서 실행한 티칭명령의 실행결과 디바이스를 사용하였지만 위와 같이 실행스위치 M1240를 만들어 실행하도록 하자. 실행 전에 PLC CPU상태를 Dip스위치를 STOP이나 RESET상태로 놓도록 한다.

참고적으로 ZP.PFWRT명령을 사용하지 않고 버퍼메모리를 이용하여 실행할 수 있다.

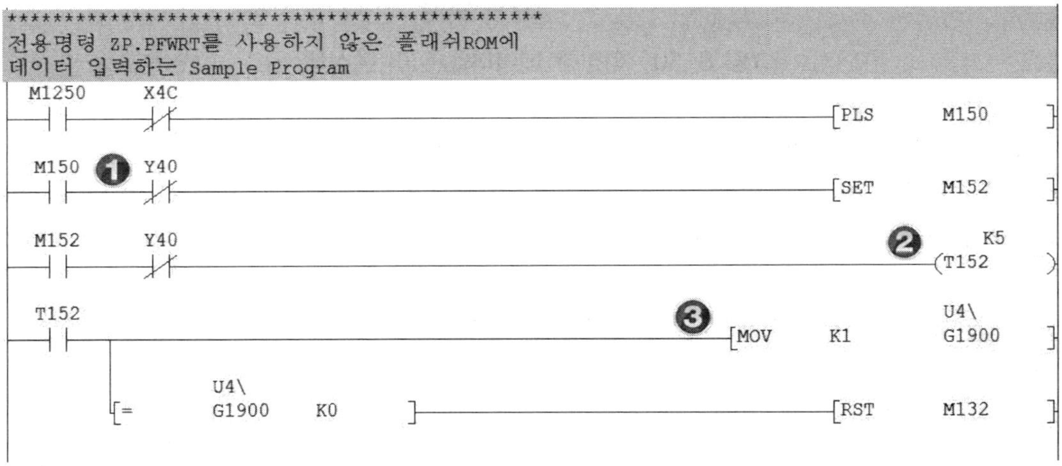

그림 8-32 ZP.PFWRT전용명령을 사용하지 않은 PLC Program 예

① 항목은 PLC CPU의 RESET스위치를 STOP위치에 놓은 상태이고

② 항목은 시간적인 딜레이를 주고 동작시키기 위함이다.

③ 항목의 버퍼메모리는 Cd.1 플래시ROM 기록요구 기능으로 데이터 1을 입력하여 설정한 내용을 플래시 ROM에 기록한다. (변경한 데이터를 백업한다). 플래시 ROM에 기록이 완료되면 버퍼메모리의 값이 0으로 변경되므로 이 상태를 이용하여 RST명령을 실행하였다.

CHAPTER 9

고도의 위치결정

9-1 고도의 위치결정제어 개요

「고도의 위치결정제어」는「위치결정데이터」의 실행순서나 실행조건을 설정하고 응용적인 위치결정을 하는 제어이다.(실행순서나 실행조건은「블럭기동데이터」와「조건데이터」로 설정한다.)「고도의 위치결정제어」이서는 다음과 같은 응용 위치결정제어를 할 수 있다.

표 9-1 고도의 위치결정제어의 종류

고도의 위치결정제어	내 용
블록기동 (통상기동)	1회 기동에 의해, 임의의 블럭 위치결정데이터를 설정한 순서로 실행한다.
조건기동	지정한 위치결정데이터에 대해「조건데이터」에 설정한 조건판정을 해서「블럭기동데이터」를 실행한다. · 조건이 성립할 경우에는 「블럭기동데이터」를 실행한다. · 조건이 성립할 경우에는 그「블럭기동데이터」를 무시하고 다음 포인트의「블럭기동데이터」를 실행한다.
WAIT기동	지정한 위치결정데이터에 대해「조건데이터」에 설정한 조건판정을 해서「블럭기동데이터」를 실행한다. · 조건이 성립할 경우에는,「블럭기동데이터」를 실행한다. · 조건이 성립하지 않을 경우에는, 조건이 성립할 때까지 제어를 정지(WAIT)한다.
동시기동	조건데이터」에서 지정한 축의 지정한 위치결정데이터를 동시에 실행(같은 타이밍으로 펄스를 출력)한다.

반복기동 (FOR 루프)	「FOR루프」를 설정한 「블럭기동데이터」로부터 「NEXT」를 설정한 「블럭기동데이터」까지를, 설정한 횟수만큼 반복해서 실행한다.
반복기동 (FOR 조건)	「FOR조건」을 설정한 「블럭기동데이터」로부터, 「NEXT」를 설정한 「블럭기동데이터」까지를, 「조건데이터」에 설정한 조건이 성립할 때까지 반복해서 실행한다.

고도의 위치결정제어는 「블럭기동데이터」에서 작성한 묶음단위의 위치결정데이터를 「조건데이터」에서 설정한 조건판정을 사용하여 제어하거나 복수축의 다른 「위치결정데이터」를 동시에 기동하거나 하는 「위치결정데이터」를 사용한 응용적인 제어를 말한다. 위치결정데이터만을 사용할 경우 [CONT(LOCUS)~END] 형태의 Pattern의 조합으로 여러 개의 위치결정데이터를 실행할 수 있었지만 블록기동에서는 [CONT(LOCUS)~END] 형태의 Pattern을 1개에서부터 수십 개의 단위로 1개의 지령신호만을 사용하여 실행할 수 있다는 장점이 있다.

9-2 고도의 위치결정제어에 필요한 데이터

「고도의 위치결정제어」는 「블럭기동데이터」와 「조건데이터」에 필요한 항목을 설정하고 그 「블럭기동데이터」를 기동하는 것에 의해 실행된다.

실행시 「블럭기동데이터」에 지정된 「조건데이터」에 의해 실행가부 등의 판단을 한다. 「블럭기동데이터」는 블록 No.라 불리는 7000~7004의 번호마다 설정할 수 있고 축마다 50포인트까지 설정할 수 있다.(이 데이터는 위치결정데이터와 구별하기 위해 「포인트」라 불리는 번호로 관리한다.)

예를 들면 첫 번째의 블록기동데이터를 「1포인트 째의 블럭기동데이터」 또는 「포인트 No.1의 블럭기동데이터」라 한다. 「조건데이터」는 블럭 No.라 불리는 7000~7004의 번호마다 설정할 수 있고 축마다 10개까지 설정할 수 있다. 「블럭기동데이터」와 「조건데이터」는 블럭 No.마다 1세트로 설정을 한다.

표 9-2 고도의 위치결정제어에 필요한 데이터

블록No.	축	블럭기동데이터	조건	바퍼메모리	GX-Configurator QP
7000	축1	기동블럭 0	조건데이터 1~10	설정가능	설정가능
	축2		조건데이터 1~10		
	축3		조건데이터 1~10		
	축4		조건데이터 1~10		
7001	축1	기동블럭 1	조건데이터 1~10		
	축2		조건데이터 1~10		
	축3		조건데이터 1~10		
	축4		조건데이터 1~10		
7002	축1	기동블럭 2	조건데이터 1~10		
	축2		조건데이터 1~10		
	축3		조건데이터 1~10		
	축4		조건데이터 1~10		
7003	축1	기동블럭 3	조건데이터 1~10		
	축2		조건데이터 1~10		
	축3		조건데이터 1~10		
	축4		조건데이터 1~10		
7004	축1	기동블럭 4	조건데이터 1~10		
	축2		조건데이터 1~10		
	축3		조건데이터 1~10		
	축4		조건데이터 1~10		

가. 「블럭기동데이터」 의 설정항목과 설정내용

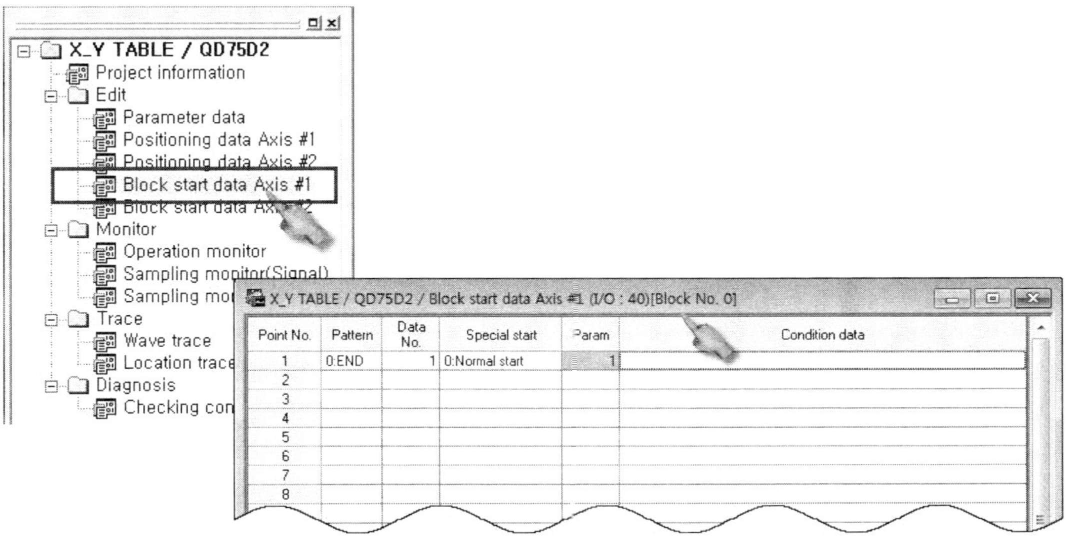

그림 9-1 블럭기동데이터의 설정항목과 설정내용

표 9-3 블럭기동데이터의 설정항목과 설정내용

설정항목			설정내용
블록 기동 데이터	Da.11	Pattern 형태	자기 자신의 「블럭기동데이터」 만 실행하여 제어를 종료할지 다음 포인트에 설정한 「블럭기동데이터」 를 실행할지를 설정한다. (END, CONT)
	Da.12	Data No. 기동 데이터No.	실행한 「위치결정데이터No.」 를 설정한다.
	Da.13	Special Start 특수기동명령	"Da.12" 에 설정한 위치결정데이터를 어떻게 기동할지를 설정한다.
	Da.14	Param. 파라미터	"Da.13" 에 설정한 명령에 따라 어느 조건에서 기동할지를 설정한다. (「조건데이터No.」 나 「반복횟수」 를 지정한다.)

1) Da11. 형태 (Pattern)

자신의 「블럭기동 데이터」 만 실행하고 제어를 종료할지, 다음 포인트로 설정한 「블럭기동 데이터」 를 실행할지를 설정한다.

표 9-4 Da11. 형태(Pattern)의 설정

설정값	설정내용
0 : 종료(END)	지정포인트의 「블럭기동 데이터」 를 실행하고, 제어완료한다.
1 : 속행(CONT)	지정포인트의 「블럭기동 데이터」 를 실행하고, 제어완료하면 다음 포인트의 「블럭기동 데이터」 를 실행한다.

2) Da12. 기동데이터 No. (Data No.)

「블럭기동데이터」 에서 지정한 「위치결정데이터No.」 를 설정한다.

3) Da13. 특수기동명령 (Special Start)

「고도의 위치결정제어」 를 할 경우의 「특수기동명령」 을 설정한다.
("Da.12 기동데이터" 에 설정한 위치결정데이터를 어떤 식으로 기동할지를 설정한다.)

표 9-5 Da13. 특수기동명령 (Special Start)

설정값	설정내용
00H : 블럭기동 (통상기동)	1회의 기동에 따라 임의의 블럭 위치결정데이터를 설정한 순서로 실행한다.
01H : 조건기동	지정한 위치결정데이터에 대해 「조건데이터」로 설정한 조건판정을 하고 조건이 성립하고 있는 경우는 「블럭기동데이터」를 실행하고 성립하지 않은 경우는 그 「블럭기동데이터」를 무시하고 다음 포인트의 「블럭기동데이터」를 실행한다.
02H : 웨이트기동	지정한 위치결정데이터에 대해 「조건데이터」에 설정한 조건판정을 하고 조건이 성립하고 있는 경우는 「블럭기동데이터」를 실행하고 성립하지 않은 경우는 조건이 성립할 때까지 제어를 정지(웨이트)한다
03H : 동시기동	「조건데이터」에서 지정한 축의 측정한 No.의 위치결정데이터를 동시에 실행(같은 타이밍으로 펄스를 출력)한다. 최대4축까지 가능.
04H : 반복횟수 (FOR 루프)	「FOR루프」를 설정한 블록기동데이터부터 「NEXT」를 설정한 블럭기동데이터까지 설정한 횟수만큼 반복하여 실행한다.
05H : 반복기동 (FOR 조건)	「FOR조건」을 설정한 블록기동데이터부터 「NEXT」를 설정한 블럭기동데이터까지 「조건데이터」에 설정한 조건이 성립할 때까지 반복하여 실행한다.
06H : NEXT 기동	「05H : 반복기동(FOR 루프)」 「06H : 반복기동 (FOR 조건)」을 설정했을 경우 반복하는 마지막에 설정한다.

4) Da14. 파라미터 (Parameter)

"Da.13 특수기동명령" 에 대해 필요한 값을 설정한다.

표 9-6 Da14. 파라미터 (Parameter)

Da13 특수기동명령	설정값	설정내용
블럭기동(통상기동)	-	사용하지 않는다.(설정할 필요는 없다.)
조건기동	1~10	데이터No.를 설정한다.
웨이트기동		
동시기동		
반복횟수(FOR 루프)	0~255	반복횟수를 설정한다.
반복기동(FOR 조건)	1~10	조건디이터No.를 설정한다.

나. 「조건데이터」의 설정항목과 설정내용

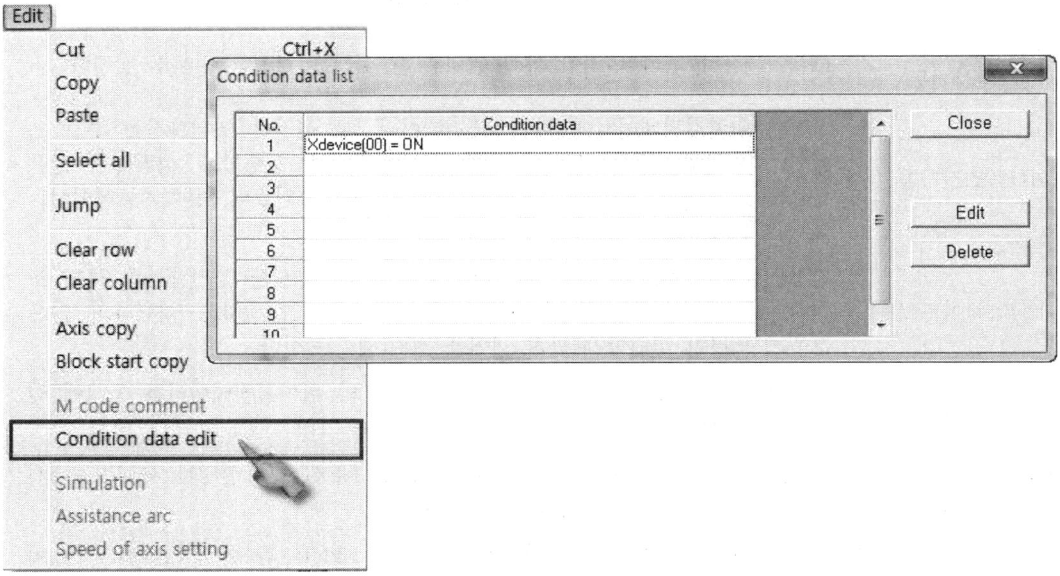

그림 9-2 「조건데이터」의 설정항목과 설정내용

표 9-7 「조건데이터」의 설정항목과 설정내용

설정항목			설정내용
조건 데이터	Da.15	조건대상	「디바이스」, 「버퍼메모리 저장내용」 「위치결정데이터 No.」의 어느 요소에 대해 조건을 설정할지를 지정한다.
	Da.16	조건연산자	"Da.15"에 설정한 조건에 대해 어떻게 판정을 할지를 설정한다.
	Da.17	어드레스	"Da.15"에 설정한 내용이 「버퍼메모리 저장내용」의 경우에만 조건판정을 하는 버퍼메모리 어드레스를 설정한다.
	Da.18	파라미터1	"Da.15", "Da.16"에 설정한 내용에 따라 필요한 조건을 설정한다.
	Da.19	파라미터2	"Da.15", "Da.16"에 설정한 내용에 따라 필요한 조건을 설정한다.

다. 「블럭기동데이터」와 「조건데이터」의 구성

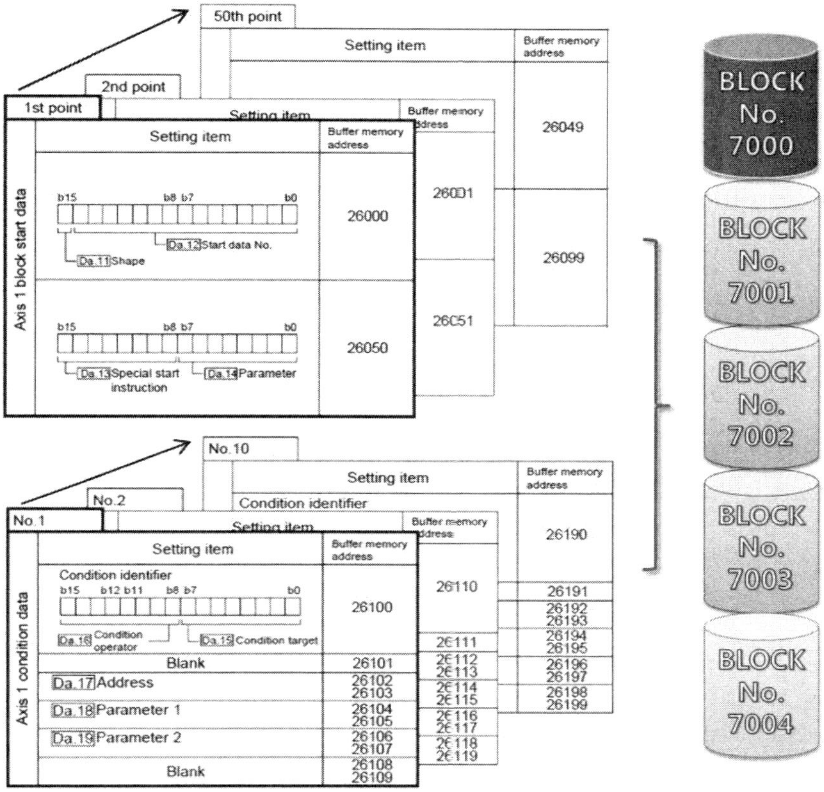

그림 9-3 「블럭기동데이터」와 「조건데이터」의 구성

첫 번째의 블록기동데이터를 「1포인트 째의 블럭기동데이터」 또는 「포인트 No.1의 블럭기동데이터」라 하고 「조건데이터」는 블럭 No.라 불리는 7000~7004의 번호마다 설정할 수 있으며 축마다 10개까지 설정할 수 있다.

「블럭기동데이터」와 「조건데이터」는 블럭 No.마다 1세트로 설정을 한다.

「블럭 No.7001~7004」에 대응하는 「블럭기동데이터」와 「조건데이터」에 대해서도 PLC프로그램 또는 GX Configurator-QP에 의해 QD75에 설정한다.

1) Da.15 조건대상

각 제어에 맞춰 필요한 조건대상을 설정한다.

표 9-8 Da.15 조건대상

설정값	설정내용
01H : 디바이스X	입출력신호의 ON/OFF를 조건으로 설정한다.
02H : 디바이스Y	
03H : 버퍼메모리(1워드)	버퍼메모리에 저장되어 있는 값을 조건으로 설정한다.
04H : 버퍼메모리(2워드)	03H : 대상으로 하는 버퍼메모리가 「1워드(16비트)」 04H : 대상으로 하는 버퍼메모리가 「2워드(32비트)」
05H : 위치결정데이터No.	「동시기동」 일 경우만, 선택한다.

2) Da.16 조건연산자

"Da.15 조건대상" 에 맞춰 필요한 조건연산자를 설정한다.

표 9-9 Da.16 조건연산자

Da13 특수기동명령	설정값	설정내용
01H : 디바이스X 02H : 디바이스Y	07H : DEV=ON	입출력신호의 ON/OFF를 조건으로 설정했을 경우 「ON」, 「OFF」 를 설정한다.
	08H : DEV=OFF	
03H : 버퍼메모리(1워드) 04H : 버퍼메모리(2워드)	01H : ** = P1	버퍼메모리에 저장되어 있는 값(* *)을 대상으로 어떠한 조건판정을 할 것인가를 설정한다.
	02H : **≠P1	
	03H : **≦P1	
	04H : **≧P1	
	05H : P1≦**≦P2	
	06H : **≦P1,P2≦**	
05H : 위치결정데이터No.	10H : 축1지정	「동시기동」 의 경우 동시에 기동할 축을 설정한다.
	20H : 축2지정	
	30H : 축1, 2지정	
	40H : 축3지정	
	50H : 축1, 3지정	
	60H : 축2, 3지정	
	70H : 축1, 2, 3지정	
	80H : 축4지정	
	90H : 축1, 4지정	
	A0H : 축2, 4지정	
	B0H : 축1, 2, 4지정	
	C0H : 축3, 4지정	
	D0H : 축1, 3, 4지정	
	E0H : 축2, 3, 4지정	

3) Da.17 어드레스

"Da.15조건대상" 에 맞춰 필요한 어드레스를 설정한다.

표 9-10 Da.17 어드레스

Da15 조건대상	설정값	설정내용
01H : 디바이스X	-	사용하지 않는다.(설정할 필요는 없다.)
02H : 디바이스Y		
03H : 버퍼메모리(1워드)	수치 (버퍼메모리 어드레스)	대상으로 하는 「버퍼메모리어드레스」를 지정한다. (2워드의 경우는, 하위에 버퍼메모리어드레스를 설정한다.)
04H : 버퍼메모리(2워드)		
05H : 위치결정데이터No.	-	사용하지 않는다.(설정할 필요는 없다.)

4) Da.18 파라미터 1

"Da.16 조건연산자" 에 맞춰 필요한 파라미터를 설정한다.

표 9-11 Da.18 파라미터 1

Da16 조건연산자	설정값	설정내용
01H : ** = P1.	수치	P1≦P2가 되도록 「P1」의 값을 설정한다. P1 〉P2가 되는 설정을 한 경우는 「조건데이터에러」(에러코드 : 533)가 된다.
02H : **≠P1		
03H : **≦P1		
04H : **≧P1		
05H : P1≦**≦P2		
06H : **≦P1,P2≦**		
07H : DEV=ON	수치 (비트번호)	디바이스의 비트번호를 설정한다. X : 0H~1H, 4H~17H, Y : 0H, 4H~17H
08H : DEV=OFF		
10H : 축1지정	수치 (위치결정데이터No.)	1, 2축을 기동하고자 하는 위치결정데이터 No.를 설정한다. - 하위16비트: 1축용 위치결정데이터 No.1~600(01H~258H) - 상위16비트: 2축용 위치결정데이터 No.1~600(01H~258H)
~		
E0H : 축2,3,4지정		

5) Da.19 파라미터2

"Da.16 조건연산자" 에 맞춰 필요한 파라미터를 설정한다.

표 9-12 Da.19 파라미터2

<table>
<tr><th>Da16 조건연산자</th><th>설정값</th><th>설정내용</th></tr>
<tr><td>01H : ** = P1.</td><td rowspan="4">-</td><td rowspan="4">사용하지 않는다.(설정할 필요는 없다.)</td></tr>
<tr><td>02H : **≠P1</td></tr>
<tr><td>03H : **≦P1</td></tr>
<tr><td>04H : **≧P1</td></tr>
<tr><td>05H : P1≦**≦P2</td><td rowspan="2">수치</td><td rowspan="2">P1≦P2 가 되도록 「P2」 의 값을 설정한다.
P1 〉P2 가 되는 설정을 한 경우는
「조건데이터에러」 에러코드: 533)가 된다.</td></tr>
<tr><td>06H : **≦P1,P2≦**</td></tr>
<tr><td>07H : DEV=ON</td><td rowspan="5">수치
(비트번호)</td><td rowspan="5">사용하지 않는다.(설정할 필요는 없다.)</td></tr>
<tr><td>08H : DEV=OFF</td></tr>
<tr><td>10H : 축1지정</td></tr>
<tr><td>20H : 축2지정</td></tr>
<tr><td>30H : 축1,2지정</td></tr>
<tr><td>40H : 축3지정</td><td rowspan="11">수치
(위치결정
데이터No.)</td><td rowspan="11">3, 4축을 기동하고자 하는 위치결정데이터 No.를 설정한다.
- 하위16비트:
3축용 위치결정데이터 No.1~600(01H~258H)
- 상위16비트:
4축용 위치결정데이터 No.1~600(01H~258H)</td></tr>
<tr><td>50H : 축1,3지정</td></tr>
<tr><td>60H : 축2,3지정</td></tr>
<tr><td>70H : 축1,2,3지정</td></tr>
<tr><td>80H : 축4지정</td></tr>
<tr><td>90H : 축1,4지정</td></tr>
<tr><td>A0H : 축2,4지정</td></tr>
<tr><td>B0H : 축1,2,4지정</td></tr>
<tr><td>C0H : 축3,4지정</td></tr>
<tr><td>D0H : 축1,3,4지정</td></tr>
<tr><td>E0H : 축2,3,4지정</td></tr>
</table>

「블럭기동데이터」 는 "Da.13 특수기동명령" 설정에 의해 다른 설정항목의 설정여부와 내용이 달라진다.

표 9-13 Da.13 특수기동명령 설정

			블록 기동	조건 기동	WAIT 기동	동시 기동	반복 기동 For 루프	반복 기동 For 조건	Next 기동
Da.11	형태	0:종료	◎	◎	◎	◎	×	×	◎
		1:속행	◎	◎	◎	◎	◎	◎	◎
Da.12	기동데이터No.		1 ~ 600						
Da.13	특수기동명령		0	1	2	3	4	5	6
Da.14	파라미터		-	조건데이터No.			반복 횟수	조건 데이터 No.	-

◎ : 반드시 어느 하나를 선택하여 설정한다.

ㅇ : 필요가 있으면 설정한다. (사용하지 않을 때는「-」)

× : 설정불가

- : 설정할 필요는 없다 (설정값은 무효. 초기값이나 에러가 발생하지 않는 범위의 설정값이면 된다.)

9-3 블록기동 방법

가. 블록기동 (통상기동)

「블럭기동 (통상기동)」은 1회의 기동에 의해 "Da.12 기동데이터 No." 에 설정한 위치결정데이터부터 시작되는 블록의 위치결정데이터 그룹을 설정한 순서로 연속해서 실행한다.

가) 설정방법

(1) 블록기동데이터 설정 예

X_Y TABLE / QD75D2 / Block start data Axis #1 (I/O : 40)[Block No. 0]

Point No.	Pattern	Data No.	Special start	Param	Condition data
1	1:CONT	1	0:Normal start	0	
2	1:CONT	2	0:Normal start	0	
3	1:CONT	5	0:Normal start	0	
4	1:CONT	10	0:Normal start	0	
5	0:END	15	0:Normal start	0	
6					

그림 9-4 블록기동데이터 설정 예

(2) 위치결정데이터의 설정 예

BLOCK / QD75D2 / Positioning data Axis #1 (I/O : 0)

블럭 (No. 2~4)

블럭 (No. 5~6)

No.	Pattern	CTRL method	SLV axis	ACC(ms)	DEC(ms)	Positioning address [pls]	Arc Address [pls]	Command speed [pls/sec]	Dwell time [ms]	M code
1	0:END	1:ABS line1	-	0;1000	0;1000	50000	0	3000	0	0
2	2:LOCUS	1:ABS line1	-	0;1000	0;1000	150000	0	3000	0	0
3	1:CONT	1:ABS line1	-	0;1000	0;1000	100000	0	3000	0	0
4	0:END	1:ABS line1	-	0;1000	0;1000	70000	0	3000	0	0
5	2:LOCUS	1:ABS line1	-	0;1000	0;1000	90000	0	3000	0	0
6	0:END	1:ABS line1	-	0;1000	0;1000	45000	0	3000	0	0
7										
8										
9										
10	0:END	1:ABS line1	-	0;1000	0;1000	250000	0	3000	0	0
11										
12										
13										
14										
15	0:END	1:ABS line1	-	0;1000	0;1000	300000	0	3000	0	0

그림 9-5 위치결정데이터의 설정 예

블럭 : 운전패턴(Da.1)에 「연속위치결정제어:CONT」 「연속궤적제어:LOCUS」가 설정되어 있는 위치결정데이터에서부터 「단독위치결정제어(위치결정종료):END」가 설정되어 있는 연속하는 위치결정데이터까지를 「블럭」이라 정의한다.

나) 블록기동데이터의 실행

1포인트째의 「블럭기동데이터」를 기동하면 아래와 같은 제어가 실행된다.

1포인트의 데이터 실행 형태가 계속(CONT)이므로 5포인트의 (END)까지 연속해서 실행이 된다. 1포인트의 기동데이터 No.는 위치결정데이터 No.1이므로 실행되고 2포인트의 기동데이터 No.2는 위치결정데이터 No.2에서 시작해서 위치결정데이터 No.4까지의 블록으로 지정된 데이터이다. 같은 방법으로 생각해 보면 실행하는 데이터를 블록단위로 표시하면 다음과 같다.

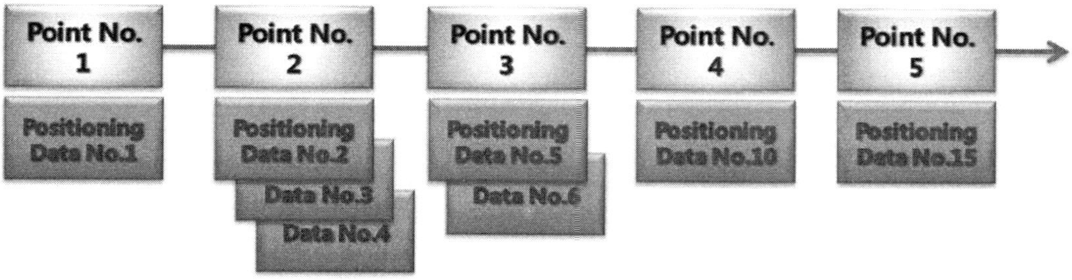

그림 9-6 블록기동데이터의 실행 순서 예

위치결정데이터 No.1 → 2 → 3 → 4 → 5 → 6 → 10 → 15를 실행하고 정지한다.

나. 조건기동

「조건기동」에서는 "Da.12 기동데이터 No."에 설정한 위치결정데이터에 대해 "Da.14 파라미터" 에서 지정한 「조건데이터」 의 조건판정을 해서 조건이 성립하는 경우에는 「1: 조건기동」 을 설정한 「블럭기동데이터」 를 실행하고 성립하지 않을 경우에는 그 「블럭기동데이터」 를 무시하고 다음 포인트의 「블럭기동데이터」 를 실행한다.

가) 설정방법

(1) 블록기동데이터 설정 예

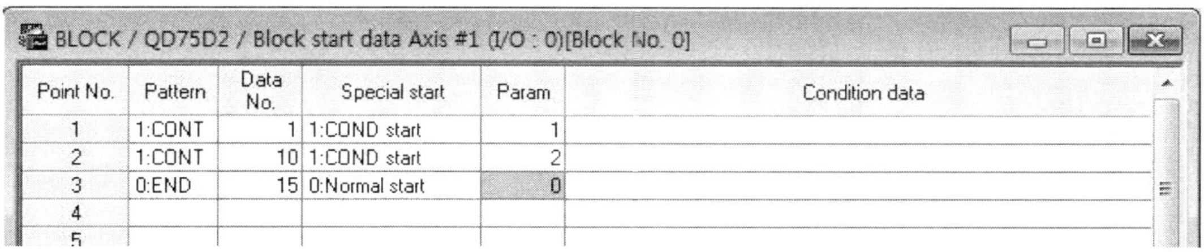
BLOCK / QD75D2 / Block start data Axis #1 (I/O : 0)[Block No. 0]

Point No.	Pattern	Data No.	Special start	Param	Condition data
1	1:CONT	1	1:COND start	1	
2	1:CONT	10	1:COND start	2	
3	0:END	15	0:Normal start	0	
4					
5					

그림 9-7 조건기동에서의 블록기동데이터 설정 예

(2) 위치결정데이터의 설정 예

BLOCK / QD75D2 / Positioning data Axis #1 (I/O : 0)

No.	Pattern	CTRL method	SLV axis	ACC[ms]	DEC[ms]	Positioning address [pls]	Arc Address [pls]	Command speed [pls/sec]	Dwell time [ms]	M code
1	1:CONT	1:ABS line1	-	0;1000	0;1000	50000	0	3000	0	0
2	1:CONT	1:ABS line1	-	0;1000	0;1000	150000	0	3000	0	0
3	0:END	1:ABS line1	-	0;1000	0;1000	100000	0	3000	0	0
4										
5										
6										
7										
8										
9										
10	1:CONT	1:ABS line1	-	0;1000	0;1000	250000	0	3000	0	0
11	1:CONT	1:ABS line1	-	0;1000	0;1000	140000	0	3000	0	0
12	0:END	1:ABS line1	-	0;1000	0;1000	130000	0	3000	0	0
13										
14										
15	0:END	1:ABS line1	-	0;1000	0;1000	300000	0	3000	0	0
16										

그림 9-8 조건기동에서의 위치결정데이터의 설정 예

(3) 조건데이터의 설정

GX-Configurator QP를 기동하여 [Edit] 메뉴항목 중 Condition data edit를 클릭하여 설정한다.

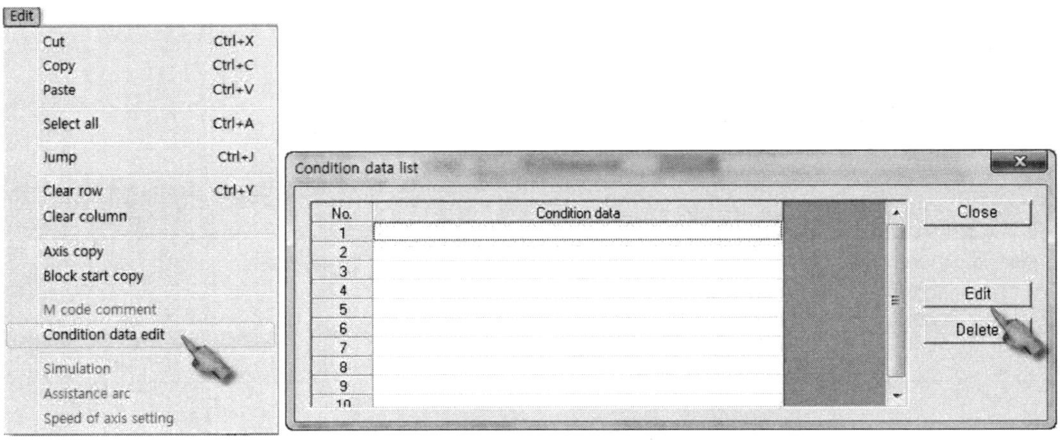

그림 9-9 조건데이터의 설정

조건으로 사용할 항목을 선택하여 입력한다. 여기에서는 입력디바이스 X10 :On조건과 X11 : Off조건을 입력하도록 하겠다.

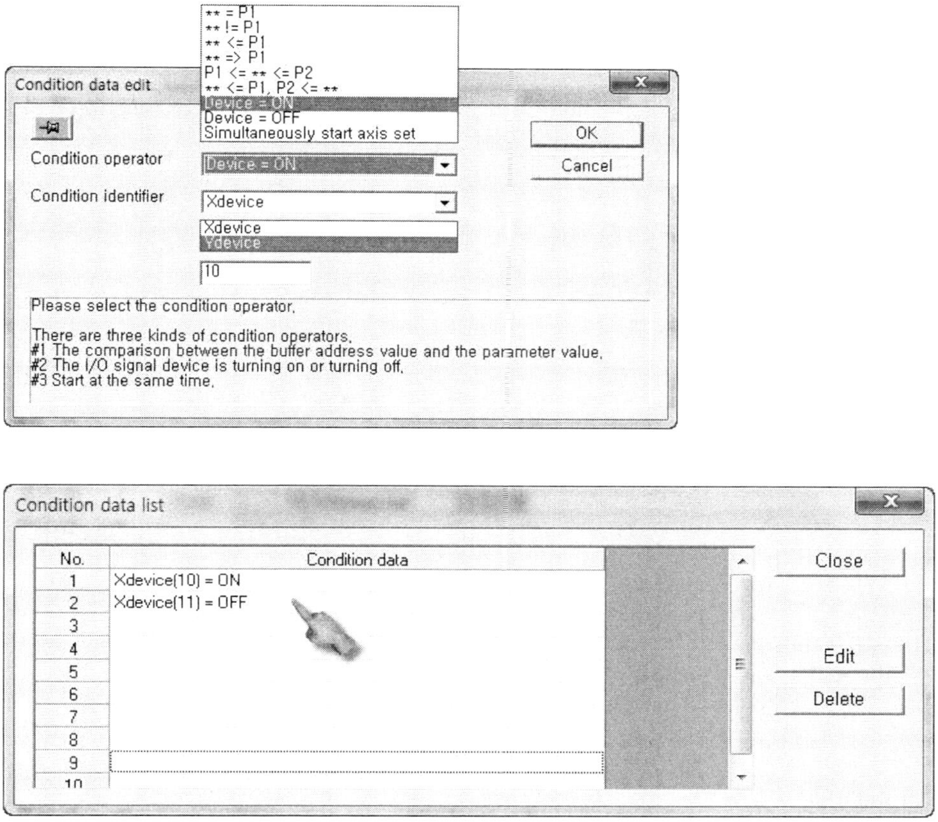

그림 9-10 조건데이터 설정 예

입력을 완성하면 블록기동데이터의 Condition data항목에 입력했던 조건이 표시된다.

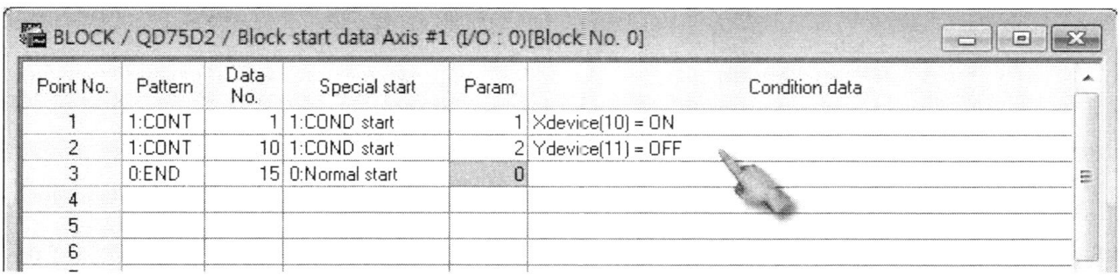

그림 9-11 조건데이터 입력 완성시 블록기동데이터

표 9-14 조건데이터의 설정항목

설정항목 \ 제어방법	조건 기동	WAIT 기동	동시 기동	반복기동 For조건	JUNP 명령
01 : 디바이스 X	◎	◎	×	◎	◎
02 : 디바이스 Y	◎	◎	×	◎	◎
03 : 버퍼메모리(1워드)	◎	◎	×	◎	◎
04 : 버퍼메모리(2워드)	◎	◎	×	◎	◎
05 : 위치결정데이터No.	×	×	◎	×	×

표 9-15 조건데이터의 설정항목 상세

<table>
<tr><th rowspan="2"></th><th>Da.16</th><th>Da.17</th><th colspan="2">Da.18</th><th colspan="2">Da.19</th></tr>
<tr><th>조건연산자</th><th>어드레스</th><th colspan="2">파라미터1</th><th colspan="2">파라미터2</th></tr>
<tr><td>01H : 디바이스X</td><td rowspan="2">07H : DEV=ON
08H : DEV=OFF</td><td rowspan="2">-</td><td colspan="2">0~FH(비트번호)</td><td colspan="2" rowspan="2">-</td></tr>
<tr><td>02H : 디바이스Y</td><td colspan="2">0~FH(비트번호)</td></tr>
<tr><td>03H : 버퍼메모리
(1 워드)</td><td rowspan="2">01H : ** = P1
02H : **≠P1
03H : **≦P1
04H : **≧P1
05H : P1≦**≦P2
06H : **≦P1,P2≦**</td><td rowspan="2">버퍼메모리
어드레스</td><td colspan="2" rowspan="2">P1(수치)</td><td colspan="2" rowspan="2">P2(수치)
("Da.16" 이 「05H」 「06H」 일 경우만 설정한다)</td></tr>
<tr><td>04H : 버퍼메모리
(2 워드)</td></tr>
<tr><td rowspan="2">05H :
위치결정데이터
No.</td><td rowspan="2">10H : 축 1 지정
20H : 축 2 지정
30H : 축1,2지정
40H : 축 3 지정
50H : 축1,3지정
60H : 축2,3지정
70H : 축1,2,3지정
80H : 축 4 지정
90H : 축1,4지정
A0H : 축2,4지정
B0H : 축1,2,4지정
C0H : 축3,4지정
D0H : 축1,3,4지정
E0H : 축2,3,4지정</td><td rowspan="2">-</td><td>하위16
비트</td><td>축1용
위치결정
데이터No.</td><td>하위16
비트</td><td>축3용
위치결정
데이터
No.</td></tr>
<tr><td>상위16
비트</td><td>축2용
위치결정
데이터No.</td><td>상위16
비트</td><td>축4용
위치결정
데이터
No.</td></tr>
</table>

디바이스X, 디바이스Y, 버퍼메모리, 위치결정데이터 No.는 모두 위치결정모듈에서 사용하는 디바이스와 메모리이다.

나) 블록기동데이터의 실행

Point No.1의 「블럭기동데이터」를 기동하면 아래와 같은 제어가 실행된다.

① Point No.1 축1의 「위치결정데이터 No.1」 실행 전에 「조건데이터 1」에 설정된 조건 판정을 한다.
   조건성립 → 위치결정데이터 No.1, 2, 3을 실행하고 Point No.2로 이동
   조건불성립 → Point No.2로 이동

② Point No.2 축1의 「위치결정데이터 No.10」 실행 전에 「조건데이터 2」에 설정된 조건 판정을 한다.
   조건성립 → 위치결정데이터 No.10, 11, 12를 실행하고 Point No.3으로
   조건불성립 → Point No.3으로

③ Point No.3 축1의 「위치결정데이터 No.15」을 실행하고 정지한다.

다. WAIT기동

「WAIT기동」은 "Da.12 기동데이터 No."에 설정한 위치결정데이터에 대해 "Da.14파라미터"에서 지정한 「조건데이터」의 조건판정을 해서 조건이 성립하는 경우에는 「블럭기동데이터」를 실행하고 성립하지 않을 경우에는 조건이 성립할 때까지 제어를 정지(WAIT)한다.

가) 설정방법

(1) 블록기동데이터 설정 예

BLOCK / QD75D2 / Block start data Axis #1 (I/O : 0)[Block No. 0]

Point No.	Pattern	Data No.	Special start	Param	Condition data
1	1:CONT	1	2:Wait start	3	
2	1:CONT	10	0:Normal start	0	
3	0:END	15	0:Normal start	0	
4					
5					

그림 9-12 WAIT기동시 블록기동데이터 설정 예

(2) 위치결정데이터의 설정 예

BLOCK / QD75D2 / Positioning data Axis #1 (I/O : 0)

No.	Pattern	CTRL method	SLV axis	ACC(ms)	DEC(ms)	Positioning address [pls]	Arc Address [pls]	Command speed [pls/sec]	Dwell time [ms]	M code
1	1:CONT	1:ABS line1	-	0;1000	0;1000	50000	0	3000	0	0
2	1:CONT	1:ABS line1	-	0;1000	0;1000	150000	0	3000	0	0
3	0:END	1:ABS line1	-	0;1000	0;1000	100000	0	3000	0	0
4										
5										
6										
7										
8										
9										
10	2:LOCUS	1:ABS line1	-	0;1000	0;1000	250000	0	3000	0	0
11	2:LOCUS	1:ABS line1	-	0;1000	0;1000	140000	0	3000	0	0
12	0:END	1:ABS line1	-	0;1000	0;1000	130000	0	3000	0	0
13										
14										
15	0:END	1:ABS line1	-	0;1000	0;1000	300000	0	3000	0	0
16										
17										

그림 9-13 WAIT기동시 위치결정데이터의 설정 예

(3) 조건데이터의 설정

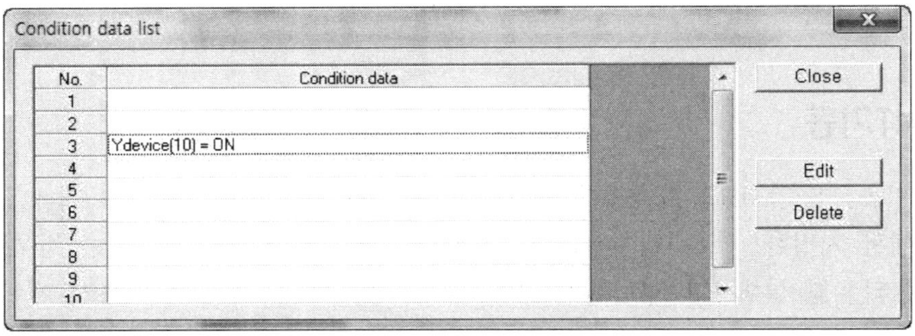

그림 9-14 WAIT기동 시 조건데이터의 설정 예

나) 블록기동데이터의 실행

Point No.1의 「블럭기동데이터」를 기동하면 아래와 같은 제어가 실행된다.

① Point No.1 축1의 「위치결정데이터 No.1」에 대해 「조건데이터 3」에 설정된 조건 판정을 한다.
조건성립 → 위치결정데이터 No. 1, 2, 3을 실행하고 Point No.2로
조건불성립 → 조건이 성립할 때까지 제어정지 (WAIT) → Point No.1로
② Point No.2 축1의 「위치결정데이터 No. 10, 11, 12, 15」을 실행하고 정지한다.

라. 동시기동

「동시기동」은 "Da.12 기동데이터 No." 에 설정한 위치결정데이터와 「조건데이터」에 설정한 다른 축의 위치결정데이터를 동시에 실행(같은 타이밍에서 펄스를 출력)한다.(「조건데이터」는 "Da.14 파라미터" 에서 지정한다.)

가) 설정방법

(1) 블록기동데이터 설정 예

BLOCK / QD75D2 / Block start data Axis #1 (I/O : 0)[Block No. 0]

Point No.	Pattern	Data No.	Special start	Param	Condition data
1	1:CONT	1	3:SIMU start	4	
2	1:CONT	10	3:SIMU start	5	
3	0:END	15	3:SIMU start	6	
4					
5					

그림 9-15 동시기동 시 블록기동데이터 설정 예

(2) 위치결정데이터의 설정 예

BLOCK / QD75D2 / Positioning data Axis #1 (I/O : 0)

No.	Pattern	CTRL method	SLV axis	ACC(ms)	DEC(ms)	Positioning address [pls]	Arc Address [pls]	Command speed [pls/sec]	Dwell time [ms]	M code
1	1:CONT	1:ABS line1	-	0;1000	0;1000	50000	0	3000	0	0
2	1:CONT	1:ABS line1	-	0;1000	0;1000	150000	0	3000	0	0
3	0:END	1:ABS line1	-	0;1000	0;1000	100000	0	3000	0	0
4										
5										
6										
7										
8										
9										
10	2:LOCUS	1:ABS line1	-	0;1000	0;1000	250000	0	3000	0	0
11	2:LOCUS	1:ABS line1	-	0;1000	0;1000	140000	0	3000	0	0
12	0:END	1:ABS line1	-	0;1000	0;1000	130000	0	3000	0	0
13										
14										
15	0:END	1:ABS line1	-	0;1000	0;1000	300000	0	3000	0	0
16										
17										

그림 9-16 동시기동시 위치결정데이터의 설정 예

(3) 조건데이터의 설정 예

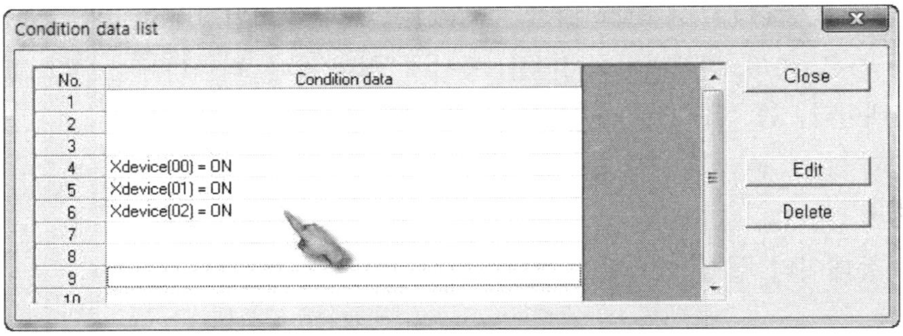

그림 9-17 동시기동시 조건데이터의 설정 예

나) 블록기동데이터의 실행

Point No.1의 「블럭기동데이터」 를 기동하면 아래와 같은 제어가 실행된다.

① 축1의 「위치결정데이터No.1」 과 「조건데이터4」 에 설정한 축2의 위치결정데이터를 동시에 기동하고 축1의 「위치결정데이터No.1, 2, 3」 이 실행완료한 후 Point No.2로

② 축1의 「위치결정데이터No.10」 과 「조건데이터5」 에 설정한 축2의 위치결정데이터를 동시에 기동한다.

Point No.1에서 동시에 기동한 축2의 위치결정이 완료하고 대기중이다. → Point No.3으로 Point No.2에서 동시에 기동한 축2의 위치결정을 실행하고 있다. → 「에러」

③ 축1의 「위치결정데이터 No.10, 11, 12」가 실행완료한 후 축1의 「위치결정데이터 No.50」 과 「조건데이터6」 에 설정한 축2의 위치결정데이터를 동시에 기동한다.

Point No.2에서 기동한 축2의 위치결정이 완료하고 대기중이다. → Point No.4로 Point No.2에서 동시에 기동한 축2의 위치결정을 실행하고 있다. → 「에러」

④ 축1의 「위치결정데이터 No.15」 가 실행완료한 후 정지한다.

마. 반복기동 (FOR루프)

「반복기동 (FOR루프)」 는 “Da.13 특수기동명령” 에 「4 : FOR루프」 를 설정한 「블럭기동데이터」 에서 “Da.13 특수기동명령” 에 「6 : NEXT기동」 을 설정한 「블럭기동데이터」 사이를 “Da.14 파라미터” 에 설정한 횟수만큼 반복하여 실행한다. 반복횟수가 「0」

일 경우에는 무한루프가 된다.

(반복횟수는 “Da.13 특수기동명령” 에「4 : FOR루프」를 설정한 블럭기동데이터」의 “Da.14 파라미터” 에 설정한다.)

가) 설정방법

(1) 블록기동데이터 설정 예

BLOCK / QD75D2 / Block start data Axis #1 (I/O : 40)[Block No. 0]

Point No.	Pattern	Data No.	Special start	Param	Condition data
1	1:CONT	1	4:FOR loop	4	Repeat count
2	1:CONT	10	0:Normal start	0	
3	0:END	15	6:NEXT start	0	
4					

그림 9-18 반복기동 (FOR루프)시 블록기동데이터 설정 예

“Da.14 파라미터” 에는「반복횟수」가 설정되어 있다.

(2) 위치결정데이터의 설정 예

BLOCK / QD75D2 / Positioning data Axis #1 (I/O : 0)

No.	Pattern	CTRL method	SLV axis	ACC(ms)	DEC(ms)	Positioning address [pls]	Arc Address [pls]	Command speed [pls/sec]	Dwell time [ms]	M code
1	1:CONT	1:ABS line1	-	0;1000	0;1000	50000	0	3000	0	0
2	1:CONT	1:ABS line1	-	0;1000	0;1000	150000	0	3000	0	0
3	0:END	1:ABS line1	-	0;1000	0;1000	100000	0	3000	0	0
4										
5										
6										
7										
8										
9										
10	2:LOCUS	1:ABS line1	-	0;1000	0;1000	250000	0	3000	0	0
11	2:LOCUS	1:ABS line1	-	0;1000	0;1000	140000	0	3000	0	0
12	0:END	1:ABS line1	-	0;1000	0;1000	130000	0	3000	0	0
13										
14										
15	0:END	1:ABS line1	-	0;1000	0;1000	300000	0	3000	0	0
16										
17										

그림 9-19 반복기동(FOR루프)시 위치결정데이터의 설정 예

나) 블록기동데이터의 실행

Point No.1의「블럭기동데이터」를 기동하면 아래와 같은 제어가 실행된다.

① 축1의「위치결정데이터 No.1, 2, 3, 10, 11, 15」을 실행한다.

② 축1의「Point No.1의 블럭기동데이터」로 돌아가서 다시 축1의「위치결정데이터 No.1, 2, 3, 10, 11, 15」을 실행하고 정지한다.("Da.14" 에 설정된 횟수(4회)만큼 반복된다.)

바. 반복기동 (FOR조건)

「반복기동 (FOR조건)은 "Da.13 특수기동명령" 에「5 : FOR조건」을 설정한「블럭기동데이터」에서 "Da.13 특수기동명령" 에「6 : NEXT기동」을 설정한「블럭기동데이터」사이를「조건데이터」에 설정한 조건이 성립할 때까지 반복하여 실행한다.

(「조건데이터」의 지정은 "Da.13 특수기동명령" 에「5 : FOR조건(FOR condition)」을 설정한「블럭기동데이터」의 "Da.14 파라미터" 에 설정한다.)

가) 설정방법

(1) 블록기동데이터 설정 예

BLOCK / QD75D2 / Block start data Axis #1 (I/O : 40)[Block No. 0]

Point No.	Pattern	Data No.	Special start	Param	Condition data
1	1:CONT	1	5:FOR condition	4	Xdevice(00) = ON
2	1:CONT	10	0:Normal start	0	
3	0:END	15	6:NEXT start	0	
4					

그림 9-20 반복기동 (FOR조건)시 블록기동데이터 설정 예

(2) 위치결정데이터의 설정 예

BLOCK / QD75D2 / Positioning data Axis #1 (I/O : 0)

No.	Pattern	CTRL method	SLV axis	ACC(ms)	DEC(ms)	Positioning address [pls]	Arc Address [pls]	Command speed [pls/sec]	Dwell time [ms]	M code
1	1:CONT	1:ABS line1	-	0;1000	0;1000	50000	0	3000	0	0
2	1:CONT	1:ABS line1	-	0;1000	0;1000	150000	0	3000	0	0
3	0:END	1:ABS line1	-	0;1000	0;1000	100000	0	3000	0	0
4										
5										
6										
7										
8										
9										
10	2:LOCUS	1:ABS line1	-	0;1000	0;1000	250000	0	3000	0	0
11	2:LOCUS	1:ABS line1	-	0;1000	0;1000	140000	0	3000	0	0
12	0:END	1:ABS line1	-	0;1000	0;1000	130000	0	3000	0	0
13										
14										
15	0:END	1:ABS line1	-	0;1000	0;1000	300000	0	3000	0	0
16										
17										

그림 9-21 반복기동(FOR조건)시 위치결정데이터의 설정 예

나) 블록기동데이터의 실행

Point No.1의「블럭기동데이터」를 기동하면 아래와 같은 제어가 실행된다.

(1) 축1의「위치결정데이터 No.1」에 대해「조건데이터 5」에 설정된 조건판정을 한다.
  조건불성립 → (2)로
  조건성립 → (3)으로
(2) 축1의「위치결정데이터 No.1, 2, 3, 10, 11, 15」을 실행하고 Point No.1로
(3) 축1의「위치결정데이터 No.1, 2, 3, 10, 11, 15」을 실행하고 정지한다.

사. 복수축동시기동제어

「복수축동시기동제어」는 지정된 동시기동대상축을 기동한 축과 같은 타이밍으로 펄스출력 함으로써 복수축을 동시 기동제어한다. 최대 4축까지 동시 기동할 수 있다.

축제어데이터의 복수축 동시 기동제어용 버퍼메모리 "Cd.30~Cd.33 동시기동대상축 기동데이터 No.(1~4축기동데이터 No.)" 로 동시 기동대칭축의 기동데이터 No.(각 축마다의 동시 기동시킬 위치결정데이터 No.)를 설정하고 기동축의 "Cd.3 위치결정기동번호" 에「9004」를 설정하여 위치결정기동신호를 ON하는 것에 의해 복수축동시기동제어한다.

가) 복수축 동시기동제어기능의 설정방법

위치결정기동신호에 의해 복수축 동시기동제어를 실행하기 위한 데이터의 설정을 나타낸다. (기동축의 축제어데이터를 설정한다.)

표 9-16 복수축 동시기동제어기능의 설정과 버퍼메모리

설정항목		설정값	설정내용	버퍼메모리 어드레스			
				축1	축2	축3	축4
Cd.3	위치결정기동번호	9004	복수축동시기동제어용기동번호「9004」를 설정한다.	1500	1600	1700	1800
Cd.30	동시기동대상축기동데이터No. (축1기동데이터No.)	동시기동대상축의 기동데이터 No.를 설정 동시기동대상축이 아닐 경우에는 0을 설정		1540	1640	1740	1840
Cd.31	동시기동대상축기동데이터No. (축2기동데이터No.)			1541	1641	1741	1841
Cd.32	동시기동대상축기동데이터No. (축3기동데이터No.)			1542	1642	1742	1842
Cd.33	동시기동대상축기동데이터No. (축4기동데이터No.)			1543	1643	1743	1843

나) 축1을 기동축으로 하고 동시기동대상축을 축2, 축4로 할 경우의 설정 예

표 9-17 축1을 기동축으로 하고 동시기동대상축을 축2, 축4로 할 경우의 설정 예

설정항목		설정값	설정내용	버퍼메모리 어드레스(축1)
Cd.3	위치결정기동번호	9004	복수축동시기동제어용기동번호「9004」를 설정한다.	1500
Cd.30	동시기동대상축기동데이터No. (축1기동데이터No.)	100	축1은 위치결정데이터 No.100을 기동한다.	1540
Cd.31	동시기동대상축기동데이터No. (축2기동데이터No.)	200	축1의 기동과 동시에, 축2는 축2의 위치결정데이터 No.200을 기동한다.	1541
Cd.32	동시기동대상축기동데이터No. (축3기동데이터No.)	0	동시기동하지 않는다.	1542
Cd.33	동시기동대상축기동데이터No. (축4기동데이터No.)	300	축1의 기동과 동시에, 축4는 축4의 위치결정데이터 No.300을 기동한다.	1543

블록기동데이터 실행 프로그램

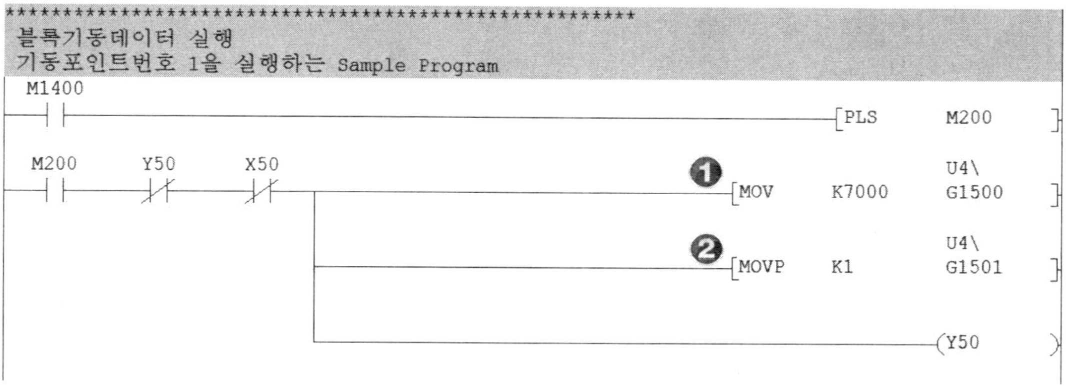

그림 9-22 블록기동데이터 실행 프로그램 예

GX-Configurator QP에서 블록기동데이터(필요에 따라 조건기동데이터)를 작성한 뒤 실행하는 프로그램의 예이다.

①에서 블록No.에 해당하는 값을 버퍼메모리 1500에 써넣기 한다. 블록No.는 7000~7004까지 사용할 수 있다.

② 블록No.1에 저장한 Point No.를 설정한다. 여기에서는 Point No.1을 지정하여 실행하겠다는 의미로 위치결정기동신호출력인 Y50을 On시켰다.

10 CHAPTER

서보모터 실습

10-1 X-Y 2축 서보모터를 이용한 Pick & Place

서보모터를 이용하여 A위치에 있는 워크를 B위치로 이송하는 기능을 프로그래밍해 보도록 하자. 일반적으로 Pick & Place동작을 할 수 있는 기구적 구조는 많이 존재한다. 대표적으로 실린더를 조합하면 Up&Down동작과 전진&후진동작 그리고 워크를 잡고 놓을 수 있는 동작을 구현할 수 있다. 가장 저렴한 비용으로 Pick & Place동작을 만들 수 있어 널리 사용된다. 하지만 단점으로 단동실린더를 사용할 경우 비상정지나 에러발생시 정지동작이 어렵고 또한 리셋동작을 실행하면 단동실린더의 특성상 모든 실린더가 초기위치로 복귀하므로 워크의 훼손 또는 주변장치들과의 간섭현상 등이 발생할 수 있다. 그리고 치명적으로 생산속도의 증가에 따른 이송속도의 한계성이 있다는 것이 큰 단점이라고 할 수 있겠다.

서보모터 2개를 조합하여 X-Y 2축의 기구물을 만든다면 다음과 같은 형상이 될 것이다. X-Y 2축의 구조는 평면상의 모든 궤적에 대한 이동이 가능하다. 여기에 워크를 잡고 놓을 수 있는 실린더나 진공흡착패드 등을 장착하고 이를 상하로 이동할 수 있도록 실린더를 장착하면 Pick & Place동작이 가능할 것이다.

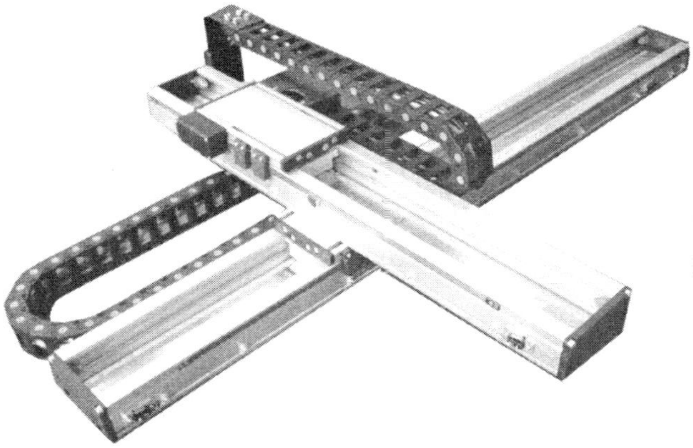

그림 10-1 X-Y 2축의 기구물

다음은 에어핸드실린더 또는 Chuck실린더라고 하고 워크를 잡고 놓는 동작을 하는 기구물이다.

그림 10-2 에어핸드실린더(Chuck실린더)의 형상

위의 에어핸드실린더를 사용하지 않고 진공흡착패드를 이용하여 워크를 잡고 놓을 수 있다. 첫 번째 그림은 진공발생기이다. 자세한 내용은 공압관련 사이트를 참조하도록 하자.

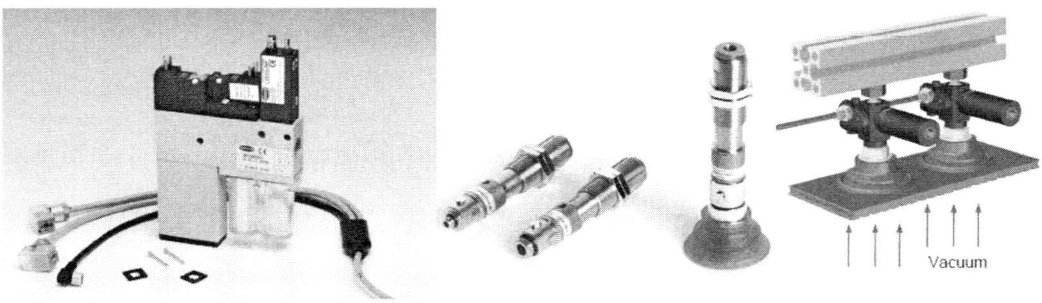

그림 10-3 진공발생기와 진공흡착패드

위에서 설명한 부품들을 조합하여 시스템을 만들면 다음 그림과 같은 형태의 Pick & Place 장치를 만들 수 있을 것이다.

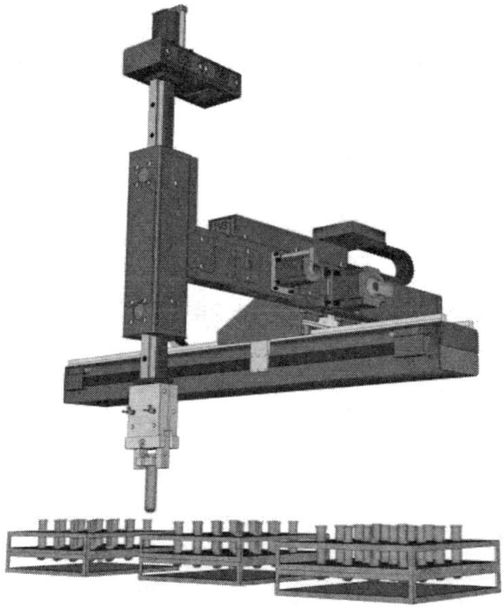

그림 10-4 Pick & Place 장치

이 Pick & Place동작을 구현하기 위해 위치결정모듈과 PLC프로그램에 대해 알아보도록 하겠다.

가. QD75D 위치결정모듈에서의 설정

위치결정모듈의 파라미터와 서보드라이브의 파라미터 등은 앞에서 설정한 내용을 기본으로 하고 설명하도록 하겠다.

1) 위치데이터

X축을 Main 축으로 Y축을 Slave축으로 생각하고 다음 그림과 같이 A위치의 워크를 잡기(Pick)동작을 한 뒤 B위치로 이동하여 놓기(Place)동작을 하도록 하자.

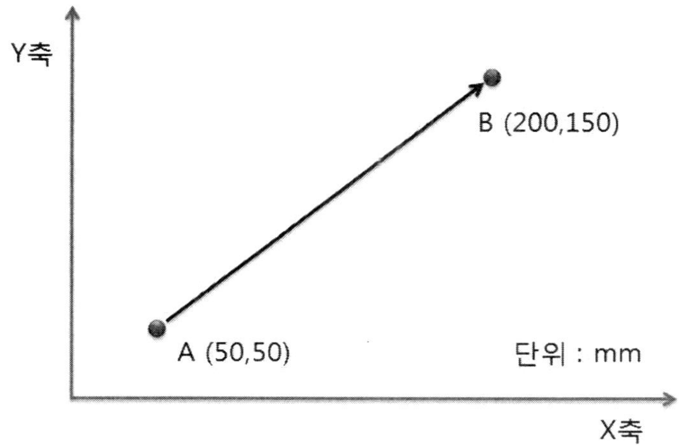

그림 10-5 평면상의 위치이동 좌표 예

GX-Configurator QP에서 위치데이터를 작성하도록 하자.

X_Y TABLE / QD75D2 / Positioning data Axis #1 (I/O : 40)

No.	Pattern	CTRL method	SLV axis	ACC(ms)	DEC(ms)	Positioning address [um]	Arc Address [um]	Command speed [mm/min]	Dwell time [ms]	M code	
59											
60											
61											
① 62	1:CONT	A:ABS line2	Axis #2	0:500	0:500	50000.0	0.0	3000.00	0	123	Pick동작을 위한 M Code
② 63	0:END	A:ABS line2	Axis #2	0:500	0:500	200000.0	0.0	2500.00	0	124	Place동작을 위한 M Code
64											
65											

그림 10-6 평면 이동_2축직선보간운전을 위한 1축 Positioning Data설정 예

① 위치결정데이터No.62에는 A위치의 X축 좌표값을 Positioning Address에 입력하였다. 단위는 [㎛]이므로 주의하기 바란다. X축에 대한 데이터를 작성하면 CTRL method항목을 2축 보간운전에 대한 설정이므로 A : ABS line2를 선택하면 될 것이다. 데이터를 먼저 작성하는 축이 Main이 되므로 SLV axis항목은 Y축이 될 것이므로 자동적으로 Axis #2라고 표시된다. ACC, DEC 설정을 하자. 그리고 이동하는 속도도 적당하게 입력하도록 한다. 처음부터 빠르게 이동할 필요는 없으므로 JOG운전을 한 경험을 살려 이동속도를 결정할 수 있을 것이다. 마지막으로 잡기(Pick)동작을 해야 되므로 M Code를 사용한다. M Code번호는 1~65,536범위에 있는 어떤 숫자라도 상관이 없다. 사용자가 정의하는 것이므로 123이라고 입력하고 이 123이 유효 M Code 버퍼메모리에 입력되면 잡기(Pick)동작을 실행하면 된다. M Code발생타이밍은 After Mode로 설정하는 것이 동작의 특성상 맞을 것이다. 지금 설정한 위치데이터No.62은 A위치로 이동하기 위한 것이다.

② 위치결정데이터No.63에는 B위치의 X축 좌표값(200mm)을 Positioning Address에 입력한다. B위치에서는 놓기(Place) 동작을 해야 하므로 M Code항목에는 124을 입력한다.

Y축에 대한 위치결정데이터이다.

X축에서 작성한 위치결정데이터No.와 동일한 위치에 데이터 입력하도록 매칭되어 표시된다. Pattern, CTRL method, SLV axis...등의 노란색으로 표시된 항목은 Y축이 Slave축으로 지정되어 있으므로 입력할 필요가 없다는 의미이다. Positioning Address항목에 A위치, B위치에 해당하는 좌표값을 입력한다.

X_Y TABLE / QD75D2 / Positioning data Axis #2 (I/O : 40)

No.	Pattern	CTRL method	SLV axis	ACC[ms]	DEC[ms]	Positioning address [um]	Arc Address [um]	Command speed [mm/min]	Dwell time [ms]	M code
59										
60										
61										
❶ 62						50000.0	0.0	0.00		
❷ 63						150000.0	0.0	0.00		
64										
65										

그림 10-7 평면 이동 2축직선보간운전을 위한 2축 Positioning Data설정 예

위의 A, B위치에 해당하는 위치데이터 이외에 서보모터가 워크를 이송하기 위해 대기하고 있는 위치를 하나 더 생각해 보자. 기계원점복귀가 완료된 상태나 Pick & Place 동작이 완료되고 다음 동작개시 신호를 기다리는 위치가 있으면 작업의 속도가 빨라질 수도 있다. 대기위치로는 워크가 공급되는 동작과 간섭이 생기지 않는다고 생각하고 잡기(Pick)동작이 이루어지는 위치나 또는 그 주위를 생각해 볼 수 있겠다.

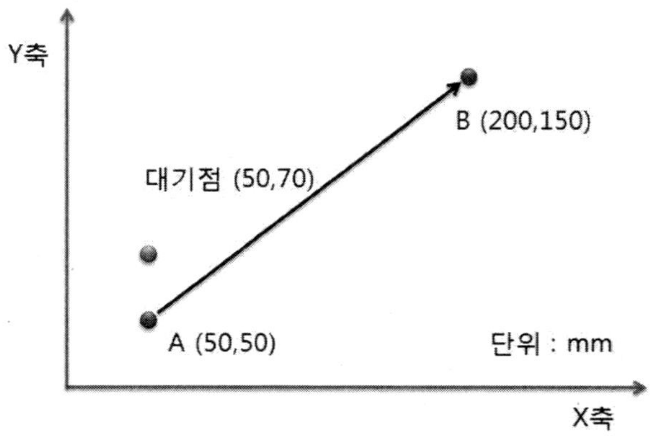

그림 10-8 대기점 좌표

새로운 대기점이 추가된 위치데이터를 만들어 보자.

X축에서 작성한 위치결정데이터No.60에 대기점의 데이터이다.

X_Y TABLE / QD75D2 / Positioning data Axis #1 (I/O : 40)

No.	Pattern	CTRL method	SLV axis	ACC(ms)	DEC(ms)	Positioning address [um]	Arc Address [um]	Command speed [mm/min]	Dwell time [ms]	M code	
59											
60	0:END	A:ABS line2	Axis #2	0:500	0:500	50000.0	0.0	3500.00	0	0	대기점
61											
62	1:CONT	A:ABS line2	Axis #2	0:500	0:500	50000.0	0.0	3000.00	0	123	Pick동작을 위한 M Code
63	0:END	A:ABS line2	Axis #2	0:500	0:500	200000.0	0.0	2500.00	0	124	Place동작을 위한 M Code
64											
65											

그림 10-9 대기점용 1축 Positioning Data 설정 예

Y축에서 작성한 위치결정데이터 No.60에 대기점의 데이터이다.

X_Y TABLE / QD75D2 / Positioning data Axis #2 (I/O : 40)

No.	Pattern	CTRL method	SLV axis	ACC(ms)	DEC(ms)	Positioning address [um]	Arc Address [um]	Command speed [mm/min]	Dwell time [ms]	M code	
59											
60						70000.0	0.0	0.00			
61											
62						50000.0	0.0	0.00			
63						150000.0	0.0	0.00			
64											
65											

그림 10-10 대기점용 2축 Positioning Data 설정 예

위의 데이터를 실행하는 순서를 살펴보면 최초 기계원점복귀 실행 후나 대기점 이동 지령이 발생되면 대기점으로 이동한 뒤 Pick동작 위치에 워크가 센서에 의해 감지가 되거나 Pick동작 지령이 발생되면 A위치로 이동하고 Pick동작을 실행한다. Up/Down실린더가Down동작을 하고 에어핸드실린더가 동작하여 워크를 잡을 것이다. 다음 Up/Down 실린더의 Up동작이 완료되면 B위치로 이동하여 Place동작을 완료한 뒤 대기점으로 다시 돌아오는 동작이다.

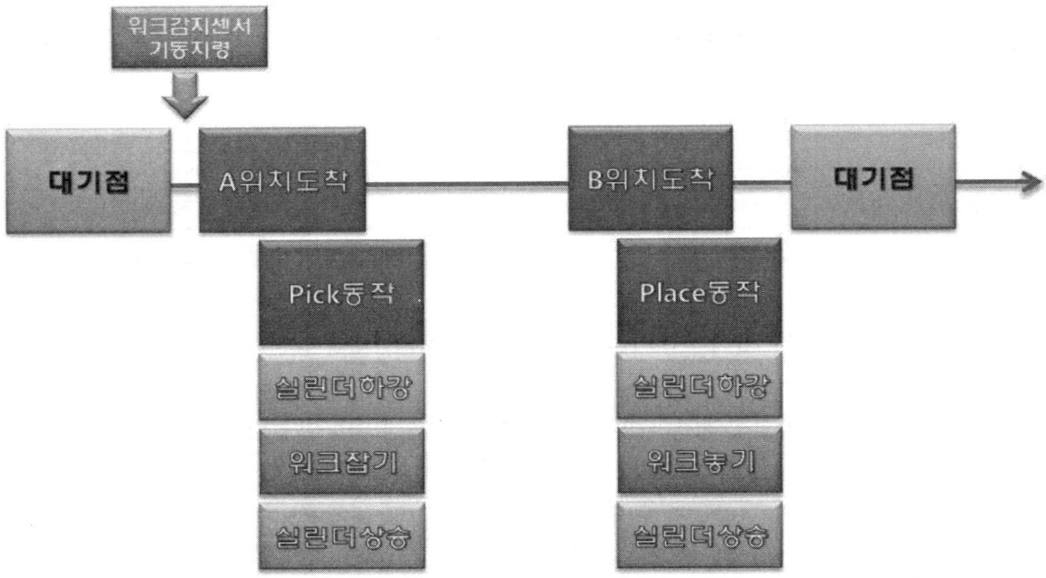

그림 10-11 Pick & Place동작순서 개요

나. PLC 입력/출력 신호

QD75D 위치결정모듈의 배선관계는 앞에서 설명하였으므로 여기에서는 생략하도록 하고 Pick & Place동작을 위한 PLC 입력/출력 신호에 대해서만 언급하도록 한다.

도표로 만들어 보면 다음과 같다.

표 10-1 Pick & Place동작을 위한 PLC 입/출력 어드레스 할당

	설 명	비 고		설 명	비 고
X_00	워크유무 센서		Y_20	UP/DOWN 솔레노이드 밸브	
X_01	UP위치 감지 센서		Y_21	에어핸드Open 솔레노이드 밸브	
X_02	DOWN위치 감지 센서		Y_22	에어핸드Close 솔레노이드 밸브	
X_03	에어핸드Open		Y_23		
X_04	에어핸드Close		Y_24		
X_05			Y_25		

다. PLC 프로그램

Pick동작을 하기 위해서 프로그램 실행조건을 보면 워크가 센서에 감지되고 있는 상태이므로 워크감지센서 조건을 추가하였다.

기동시작에 해당하는 M1300 스위치를 On하면 서보모터가 X축, Y축 동시에 기동하여 ① 위치결정데이터No.62에 설정한 데이터를 기반으로 A위치로 이동할 것이다. M Code의 발생시점이 After Mode를 설정한 상태이므로 A위치 도착했다는 위치결정완료 신호가 발생이 되면 ② M Code On접점인 X44이 On되고 유효 M Code가 저장되어 있는 버퍼메모리 808번지에서 Pick동작을 의미하는 Code인 123이라는 값을 읽어 낼 수 있다. ③ 그리고 Pick동작에 해당하는 시퀀스 프로그램이 실행된다. 실행하는 시퀀스 프로그램의 형태는 독자가 편한 방식을 사용하면 된다. PLC프로그램을 만드는 방법은 많이 존재하므로 정확한 동작만 구현된다면 어떤 방식이든지 좋다. 시퀀스의 동작순서는 "실린더Down → 에어핸드 Close → 실린더Up" 이다. 이 시퀀스 동작이 완료되면 M Code를 Off처리해야 한다. 따라서 ④ 시퀀스 작업완료 하였다는 신호가 필요하므로 M203신호를 만들어 사용하였다. 이 신호는 1초만 유지되고 스스로 Off되는 "Self Killing(일정시간 신호를 유지하도록 자기유지회로를 만들고 지정된 타이머시간이 경과되면 유지된 신호를 Off시키는 회로를 이런 용어로 많이 사용한다.) 회로를 이용하였다.

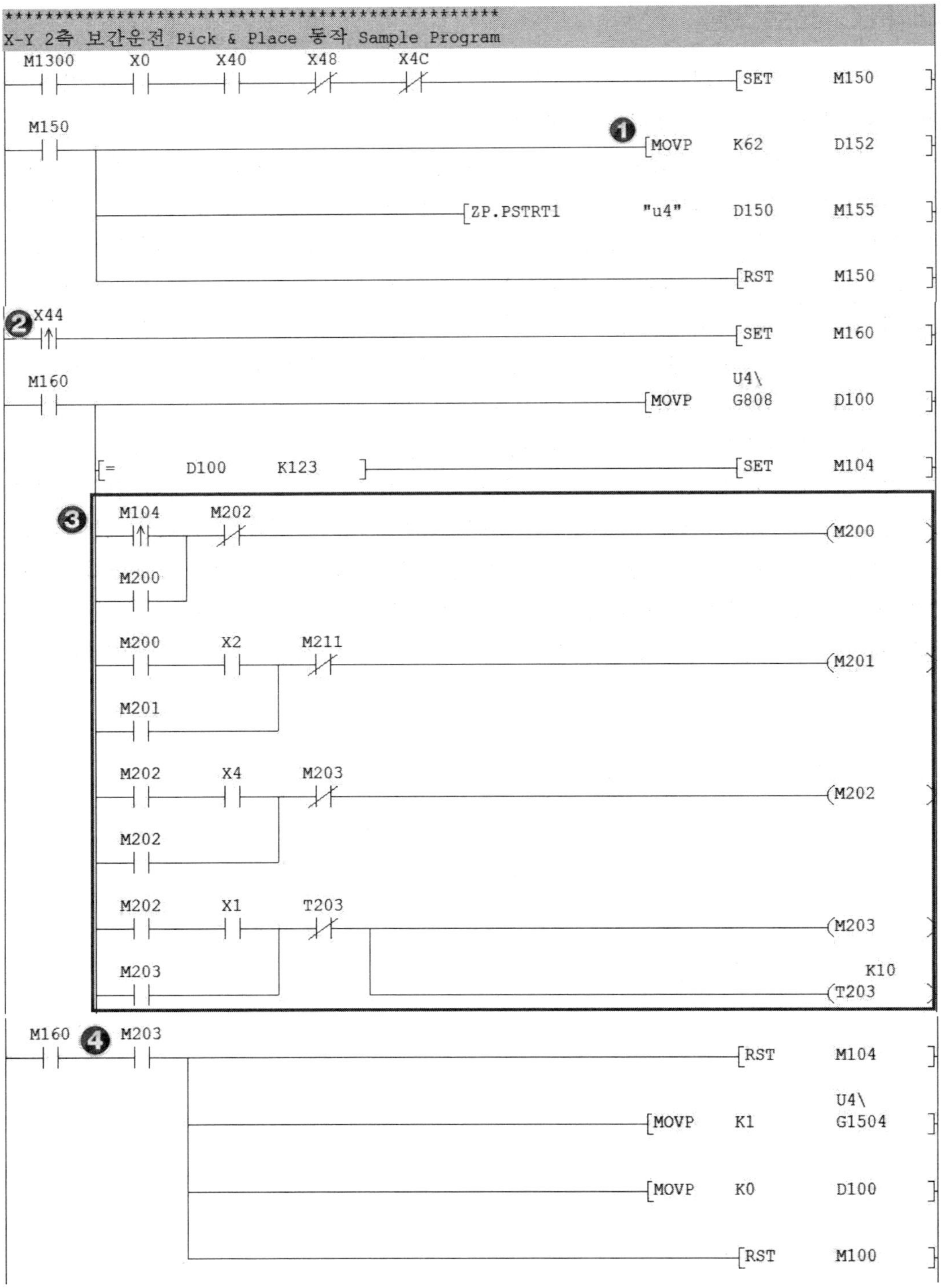

그림 10-12 Pick 동작을 위한 PLC Program 예

위의 동작이 완료되면 위치결정데이터No.63에 설정한 데이터를 실행할 것이다. Pattern에 연속운전 [CONT]를 설정하였으므로 위치결정데이터No.62이 실행완료 되면(여기에서는 M Code Off요구 처리가 완료되면) 자동적으로 실행된다. B위치로 이동이 완료되면 역시 M Code On신호인 X44가 On되고 유효 M Code저장 버퍼메모리에 또 다른 Code가 남겨져 있을 것이므로 PLC 메모리로 불러오는 동작을 실행하면 된다. B위치로 이동이 완료된 상태에서 Place동작을 실행하기로 되어 있으므로 이제 시퀀스프로그램을 작성하여 실행 한 뒤 M Code를 Off처리를 하면 된다.

프로그램을 보고 위의 설명을 다시 이해하도록 해 보자.

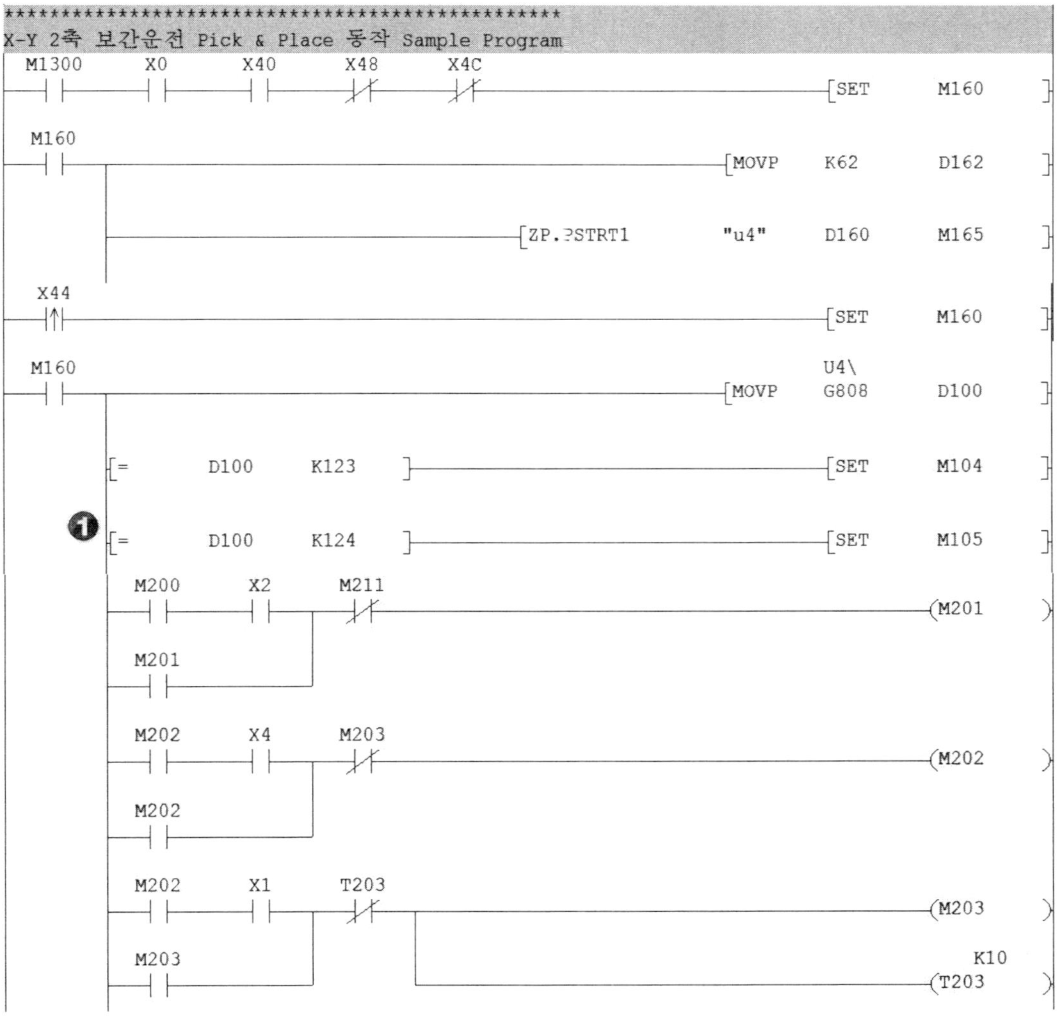

그림 10-13 Place 동작완료 후 M코드 Off요구 PLC Program 예

① 위치결정데이터No. 63을 실행시키면 B위치도달과 동시에 M Code 124이 버퍼메모리에 입력되므로 이 신호를 가지고 Place동작을 실행한다. ② Place동작의 시퀀스 프로그램 예이다. 시퀀스 동작순서는 실린더Down → 에어핸드 Open → 실린더Up 이므로 M210 : 실린더Down, M211 : 에어핸드 Open, M212:실린더Up 출력이고 M213은 시퀀스 동작의 완료를 나타내는 출력접점이다. ③ 이 신호로 M Code Off요구를 하면 되겠다.

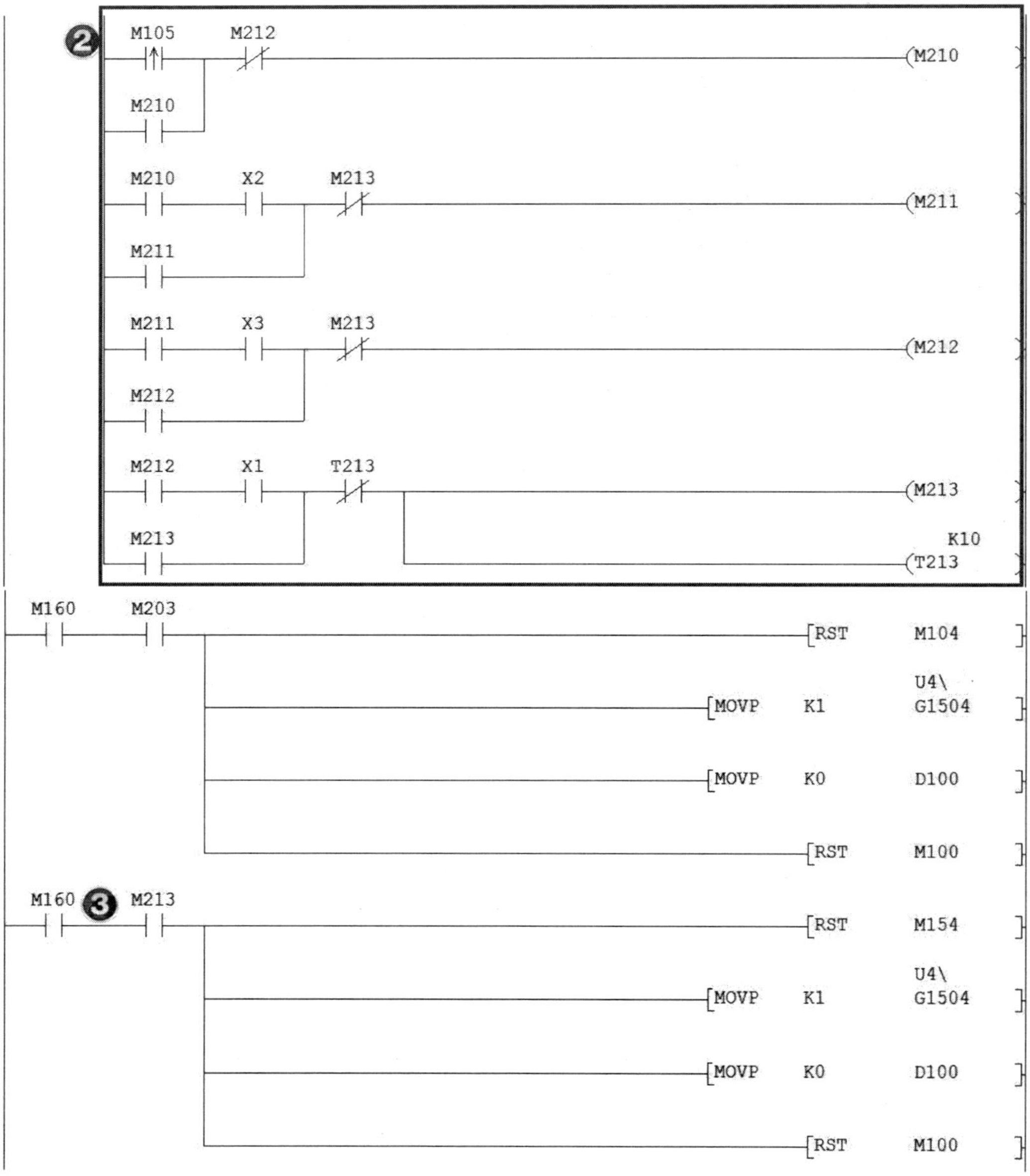

그림 10-14 Place동작을 위한 PLC Program 예

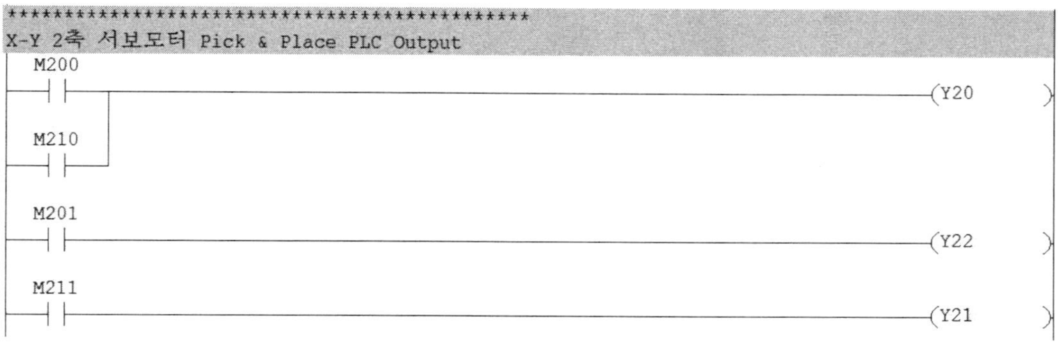

그림 10-15 Pick & Place동작에 사용된 PLC 출력 처리

10-2 X-Y 2축 서보모터를 이용한 궤적그리기

아래 그림과 같은 시스템을 생각해 보자. 두 개의 부품을 접착제를 이용하여 결합을 시키기기 위해 한 쪽 부품의 접착부분에 접착제를 도포하는 동작을 수행한다. 도포되는 부분이 직선과 곡선이 조합되어 있어서 사람이 작업을 수행하기에는 너무 어렵고 정확한 결과물을 매번 얻어낼 수 없을 것이다. 그래서 이러한 것처럼 반복 작업을 위해 로봇(서보모터를 이용하는 것도 로봇이라고 할 수 있다.)을 사용한다. 지금은 평면TV가 대부분이고 브라운관 TV는 역사속의 한 유물이 되어 버렸는데 브라운관 TV는 커다란 유리통 형태를 하고 있다. 이 유리통은 깔대기 처럼 생긴 FUNNEL과 화면이 보여 지는 사각접시형태의 PANEL이라는 2개의 유리부품이 결합된 제품이다. 이 두 개의 유리부품을 서로 붙이는데 사용하는 접착제는 유리성분의 프리트라고 하는데 이것을 FUNNEL에 도포하는 기계가 있었다. 프리트도포기(frit coating machine)라고 하는 장치가 생각이 난다.

그림 10-16 2축 서보모터를 이용한 평면상의 궤적그리기

가. 위치결정데이터의 설정

다음과 같은 궤적을 그리는 방법을 생각해 보자. 직선과 곡선이 연결된 궤적으로 앞에서 직선보간과 원 또는 원호를 그리는 CTRL method의 종류에 대해 언급했었다. 기억이 잘나지 않는 독자는 다시 읽어보기 바란다.

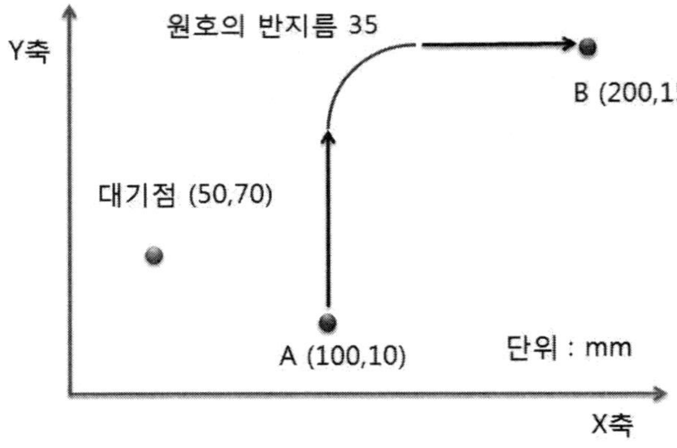

그림 10-17 평명상의 좌표 설정 예

잘 살펴보면 A위치에서 시작하는 직선과 중간에 원호가 있고 다시 직선으로 이루어지는 궤적이다. 직선보간에 대한 내용은 잘 알고 있을 것이다. 대기점에서 A위치까지 이동, 원호의 시작점까지 이동, $\frac{1}{4}$원호 이동, 다지막 B위치까지 이동의 4개의 위치결정 데이터가 필요할 것이다. 중간에 있는 $\frac{1}{4}$원호에 해당하는 위치데이터를 작성하기 위해 보조선을 그어보도록 하자.

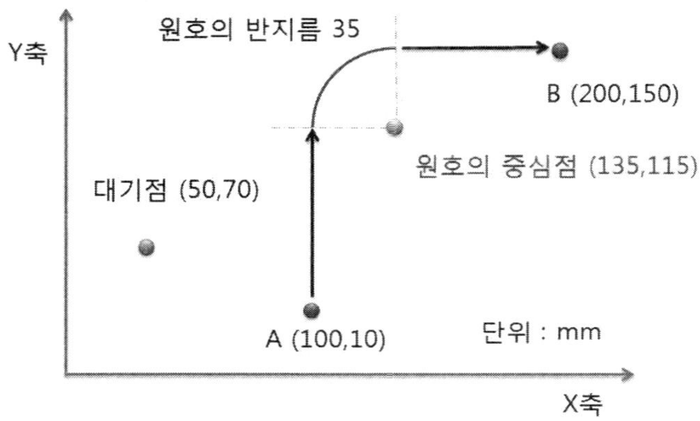

그림 10-18 원호를 그리기 위한 원의 중심점 계산

$\frac{1}{4}$원호의 중심점의 좌표(135,115)를 구할 수 있다. 또한 A위치에서 원호시작점에 해당하는 좌표는 (100,115)가 될 것이며 $\frac{1}{4}$원호의 끝나는 지점의 좌표는 (135,150)이다. 이제 이 좌표값을 위치결정데이터에 입력하면 된다. 이 $\frac{1}{4}$원호의 궤적을 그리는 방법은 원호와 관련된 CTRL method 2가지 중 중심점을 알고 있을 경우 이 중심점의 좌표가 보조점으로 사용되는 ArcLFT 또는 ArcRGT방식을 사용하여야 한다. ArcMP방식은 원(호)상에 있는 좌표가 보조점이 되는 방식이라 이 보조점을 구하기에는 상당히 어려운 과정을 거쳐야 하기 때문에 여기에서는 사용할 수 없다. 궤적을 그리는 방향은 오른쪽이므로 ArcRGT방식이 적당할 것이다.

X축에 대한 위치결정데이터이다.

X_Y TABLE / QD75D2 / Positioning data Axis #1 (I/O : 40)

No.	Pattern	CTRL method	SLV axis	ACC(ms)	DEC(ms)	Positioning address [um]	Arc Address [um]	Command speed [mm/min]	Dwell time [ms]	M code	
69											
70	1:CONT	A:ABS line2	Axis #2	0:500	0:500	100000.0	0.0	3000.00	0	0	궤적시작점 이동
71	1:CONT	A:ABS line2	Axis #2	0:500	0:500	100000.0	0.0	3000.00	0	200	Pen 실린더Down
72	1:CONT	F:ABS ArcRGT	Axis #2	0:500	0:500	135000.0	135000.0	3000.00	0	0	
73	0:END	A:ABS line2	Axis #2	0:500	0:500	200000.0	0.0	3000.00	0	201	Pen 실린더Up
74											

그림 10-19 1축 positioning Data 설정 예

Y축에 대한 위치결정데이터이다.

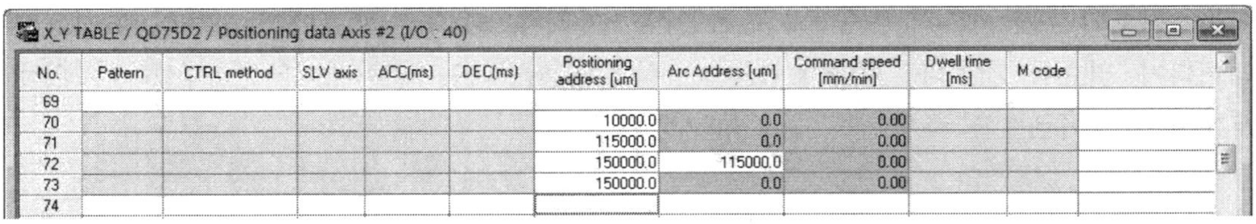

X_Y TABLE / QD75D2 / Positioning data Axis #2 (I/O : 40)

No.	Pattern	CTRL method	SLV axis	ACC(ms)	DEC(ms)	Positioning address [um]	Arc Address [um]	Command speed [mm/min]	Dwell time [ms]	M code
69										
70						10000.0	0.0	0.00		
71						115000.0	0.0	0.00		
72						150000.0	115000.0	0.00		
73						150000.0	0.0	0.00		
74										

그림 10-20 2축 positioning Data 설정 예

나. PLC 입력/출력 신호

PLC 입력/출력 신호를 생각해 보면 궤적을 그리는데 필요한 펜을 잡아주는 Holder를 상하방향으로 이동시켜주는 실린더가 필요할 것이다. 따라서 아래 표와 같이 PLC 입력/출력 접점이 준비되어 있으면 되겠다.

표 10-2 평면상의 궤적을 그리기 위한 PLC 입/출력 어드레스 할당

	설 명	비 고		설 명	비 고
X_00	UP위치 감지 센서		Y_20	UP/DOWN 솔레노이드 밸브	
X_01	DOWN위치 감지 센서		Y_21		
X_02			Y_22		

다. PLC 샘플 프로그램

우선 위치결정모듈 파라미터에서 M Code On신호 출력타이밍을 With Mode로 변경해야 한다는 것을 잊지 말자. 여기에서는 PLC프로그램적으로 변경하는 방법을 사용하겠다. 다시 말하면 버퍼메모리에 데이터쓰기 하여 변경하는 방법을 사용하기로 하겠다.

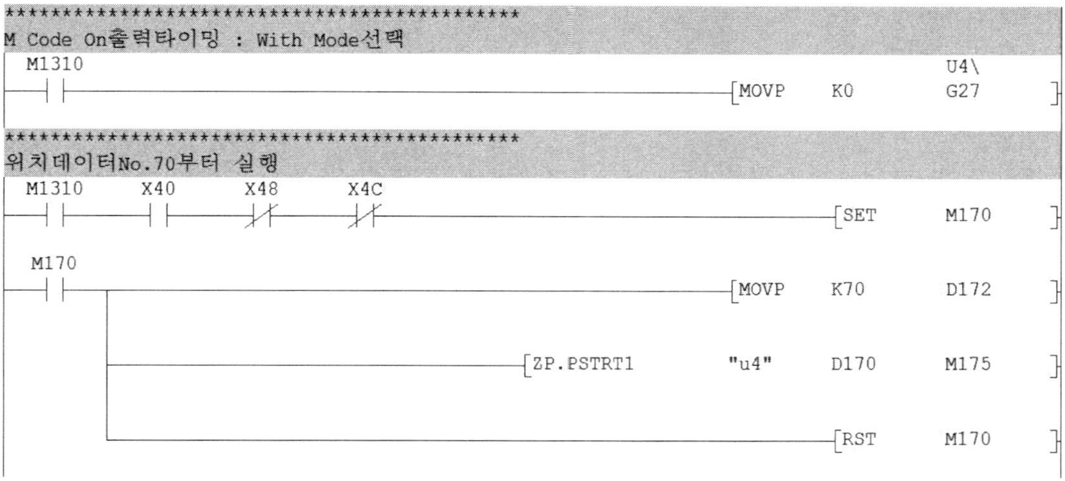

그림 10-21 M코드 출력타이밍 변경과 위치데이터 70을 실행하는 Program 예

M1310의 실행지령으로 서보모터가 움직이면 위치결정기동신호와 함께 M Code On타이밍이 With Mode로 설정하였으므로 동시에 X44신호가 On된다. 이제 유효 M Code에 해당하는 808번지 버퍼메모리에서 M Code를 읽어온다. M Code는 71번 위치기결정데이터에 200을 입력하였으므로 실행되면 아래와 같이 M182가 SET되어 Pen이 부착된 실린더가 하강동작을 할 것이다.

하강동작이 완료된 상태에서 서보모터는 계속 기동하여 73번 위치결정데이터를 실행한다. 그러면 의문이 하나 생각날 것이다. "펜실린더는 언제 상승하는가?" M Code On신호 출력타이밍을 With Mode로 변경한 상태이고 이 상태로 계속운전을 하면 위치결정데이터No.73에 작성한 M Code는 의미가 없어진다. 따라서 71번 위치데이터를 실행하고 나서 M Code On신호 출력타이밍을 After Mode로 변경해 두어야 한다. 펜실린더 동작은 자기유지상태로 하강한 위치이므로 73번 위치결정데이터를 실행한 뒤 상승동작을 시키면 된다. 그러면 어떤 신호를 이용하여 M Code On신호 출력타이밍을 After Mode로 변경할 것인가? 일단 71번 위치결정데이터를 실행하였으므로 71번 위치결정완료 신호가 발생될 것이므로 이 신호와 펜실린더 하강신호로 사용한 M190신호를 같이 사용하도록 하자.

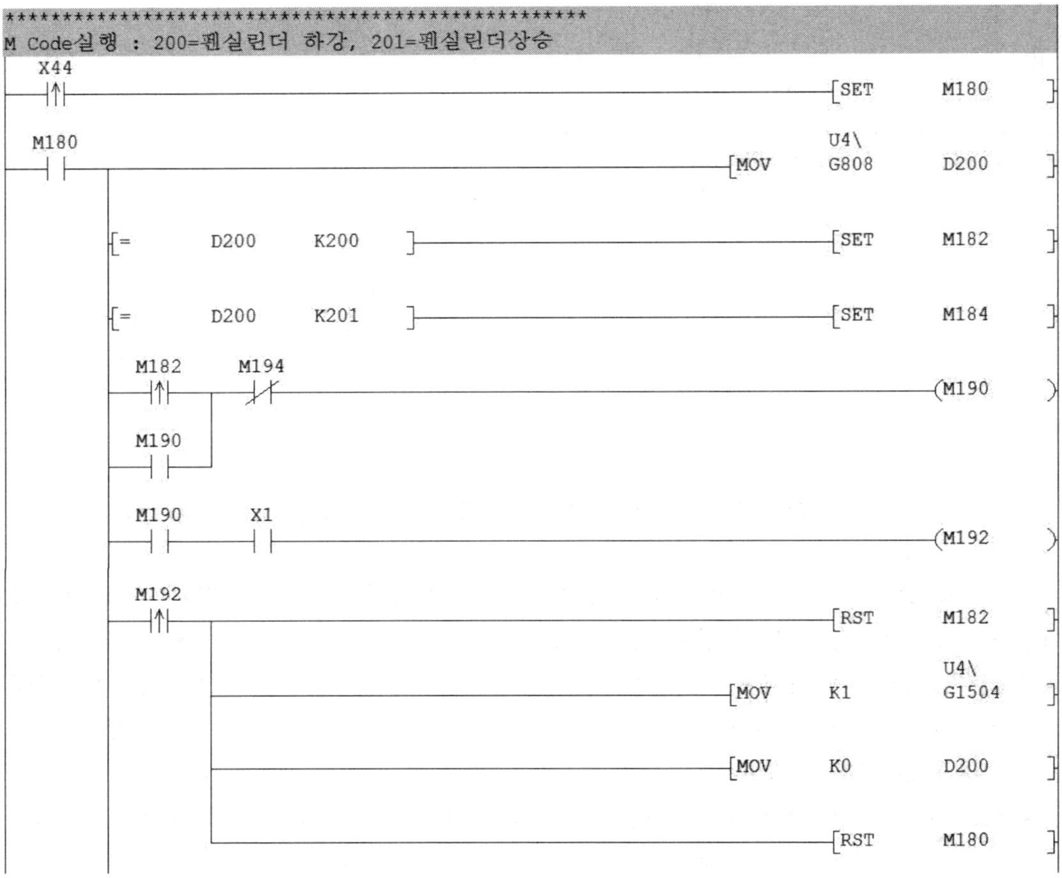

그림 10-22 M코드 실행시 펜실리더의 하강 동작 PLC Program 예

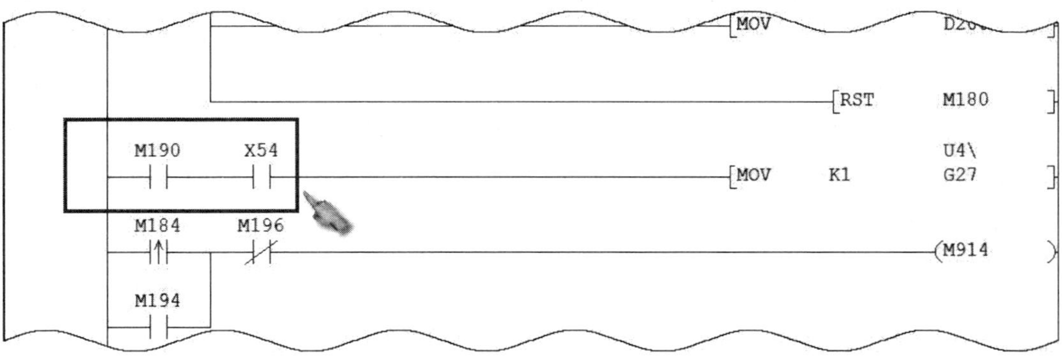

그림 10-23 M Code On신호 출력타이밍을 After Mode로 변경 PLC Program 예

71번 위치결정데이터를 실행한 뒤 M Code On신호 출력타이밍을 After Mode로 변경되었다. 73번 위치결정데이터를 실행하고 종료위치에 도달이 되면 다시 M Code가 출력되고 이 신호로 앞의 펜실린더 하강 유지 신호를 리셋하여 주면 되겠다.

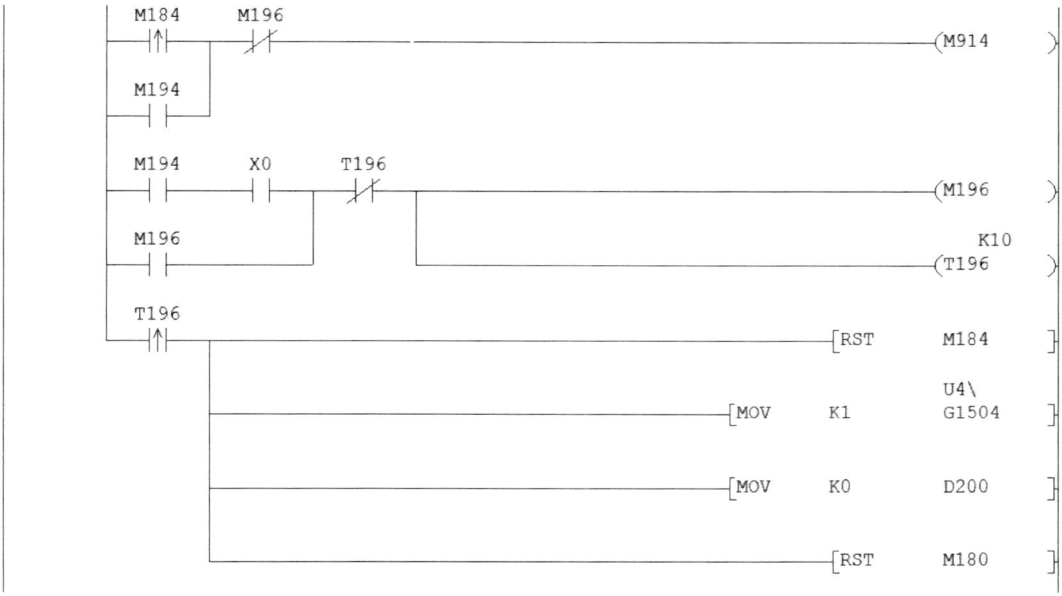

그림 10-24 펜실리더의 하강/상승 동작 PLC Program 예

10-3 하트모양의 궤적 연습

하트 모양의 궤적이다. 자세히 보면 직선보간으로 움직이는 구간이 2개 반원에 해당하는 구간이 2개 모두 4개의 위치데이터를 작성하면 하트 모양의 궤적을 만들어 볼 수 있다.

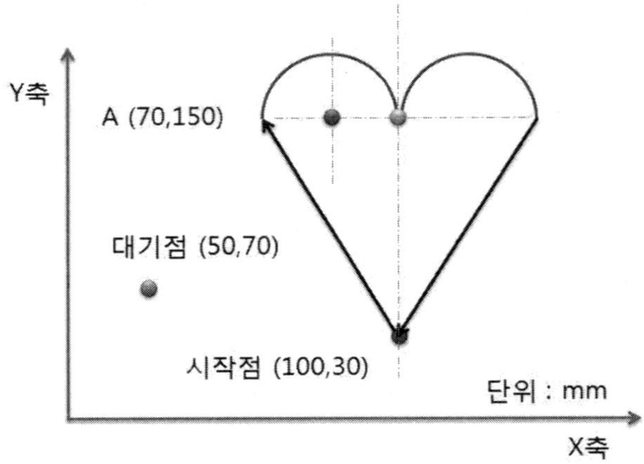

그림 10-25 하트궤적의 평면상의 좌표 예

대기점에서 궤적을 그리라는 지령신호가 들어오면 시작점으로 이동한 뒤 펜실린더 하강동작을 하고 직선보간으로 A위치로 이동한다. 다음 첫 번째 $\frac{1}{2}$원을 그려야 하므로 사용할 CTRL method를 생각해보면 원상의 점을 생각해 볼 수 있고 또한 중심점의 좌표도 계산해 낼 수 있으므로 두 개의 방법 중 본인이 쉽게 할 수 있는 방법을 생각해 보면 되겠다. 다음 두 번째 $\frac{1}{2}$원을 그리고 마지막으로 직선보간으로 시작점 위치로 돌아오면 되겠다. 여기에서는 첫 번째 $\frac{1}{2}$원은 ArcMP방식으로 두 번째 $\frac{1}{2}$원은 ArcRGT방식으로 생각하고 위치결정데이터를 작성하도록 해 보겠다.

X축에 대한 위치결정데이터이다.

X_Y TABLE / QD75D2 / Positioning data Axis #1 (I/O : 40)

No.	Pattern	CTRL method	SLV axis	ACC(ms)	DEC(ms)	Positioning address [um]	Arc Address [um]	Command speed [mm/min]	Dwell time [ms]	M code	
79											
80	1:CONT	A:ABS line2	Axis #2	0;500	0;500	100000.0	0.0	3000.00	0	0	
81	1:CONT	A:ABS line2	Axis #2	0;500	0;500	70000.0	0.0	3000.00	0	220	Pen 실린더 하강
82	1:CONT	D:ABS ArcMP	Axis #2	0;500	0;500	100000.0	85000.0	3000.00	0	0	
83	1:CONT	F:ABS ArcRGT	Axis #2	0;500	0;500	130000.0	115000.0	3000.00	0	0	
84	0:END	A:ABS line2	Axis #2	0;500	0;500	100000.0	0.0	3000.00	0	222	Pen 실린더 상승
85											

그림 10-26 1축(X축) Positioning Data 설정 예

Y축에 대한 위치결정데이터이다.

X_Y TABLE / QD75D2 / Positioning data Axis #2 (I/O : 40)

No.	Pattern	CTRL method	SLV axis	ACC(ms)	DEC(ms)	Positioning address [um]	Arc Address [um]	Command speed [mm/min]	Dwell time [ms]	M code
79										
80						30000.0	0.0	0.00		
81						150000.0	0.0	0.00		
82						150000.0	165000.0	0.00		
83						150000.0	150000.0	0.00		
84						30000.0	0.0	0.00		
85										

그림 10-27 2축(Y축) Positioning Data 설정 예

하트 모양의 궤적을 좀 더 자세히 살펴보도록 하자.

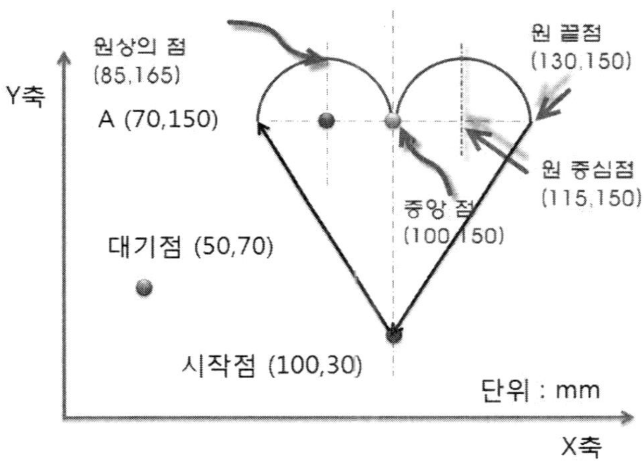

그림 10-28 하트궤적의 평면상의 좌표 상세

우선 반원의 반지름을 생각해 보면 시작점 X좌표에서 A위치의 X좌표의 거리를 생각해 보면 반원의 반지름을 구할 수 있다. 시작점 X좌표 - A위치의 X좌표 = 30이므로 반원의 반지름은 15가 된다. 반원의 반지름이 계산되었으므로 중앙점으로 표시한 좌표값(100, 150) 그리고 두 번째 원의 끝점의 좌표(130,150)도 쉽게 구할 수 있다. 첫 번째 반원을 그리기 위해 사용할 CTRL method로 ArcMP를 이용할 것이므로 보조점으로 사용할 원상의 점을 계산해 내야 한다. 반원의 중심에서 수직으로 올라간 점을 보조점으로 사용할 수 있으므로 이 좌표를 계산하면 A위치에서 X축으로 반원의 반지름에 해당하는15만큼 증가한 위치에서 Y축으로 역시 반지름에 해당하는 15만큼 이동하면 되므로 A위치 (70,150)에서 각각 15만큼 증가시키면 (85,165)가 되므로 이점이 보조점으로 사용할 좌표값이 된다.

두 번째 반원은 ArcRGT의 CTRL method를 사용할 것이므로 필요한 좌표는 원의 중심점이 보조점이 된다. 따라서 중앙점으로부터 X좌표로만 15증가시킨 위치(115, 150)가 원의 중심 곧 두 번째 원의 보조점이 된다.

위치결정데이터를 완성하고 이를 실행시킬 PLC 프로그램은 앞의 2항목의 내용과 동일하므로 실행하는 위치결정데이터No.만 변경하면 된다.

물론 위의 예에서와 같이 계산할 수 있는 궤적이 있고 좀 더 복잡한 궤적의 형태가 존재할 것이다. 복잡한 궤적에서의 좌표데이터는 티칭프로그램을 활용하여 직접 데이터를 읽어 보도록 해 보자.

10-4 태극모양의 궤적 연습

태극모양은 큰 원과 내부의 반원2개로 나누어 볼 수 있다. 우선 궤적을 그리는데 내부의 반원을 순서대로 그리고 이어서 큰 원을 그리면 되겠다. 큰 원은 ArcRGT 또는 ArcLFT를 사용할 때 시작점과 끝점이 동일하면 원을 그릴 수 있다는 것을 앞에서 설명하였다.

먼저 내부의 반원을 생각해 보면 원상의 점을 보조점으로 하는 CTRL method를 사용하겠다. 그리는 방향은 시계방향이 되므로 ArcRGT를 사용하고 두 번째 반원은 반시계방향이 되므로 ArcLFT를 사용하면 되겠다.

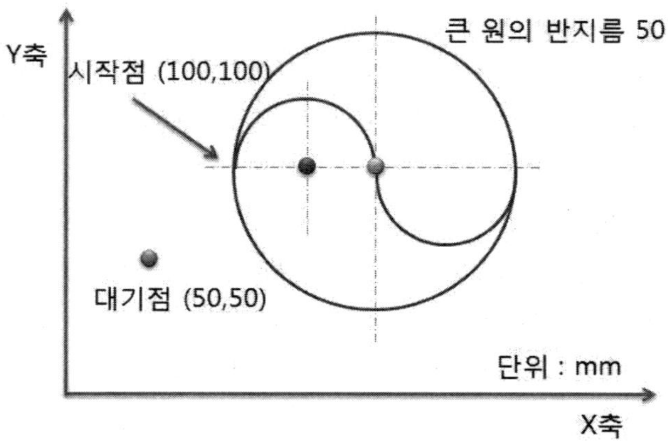

그림 10-29 태극궤적의 평면사의 좌표 설정 예

위치결정데이터는 다음과 같이 작성하면 되겠다.
X축에 대한 위치결정데이터이다.

X_Y TABLE / QD75D2 / Positioning data Axis #1 (I/O : 40)

No.	Pattern	CTRL method	SLV axis	ACC(ms)	DEC(ms)	Positioning address [um]	Arc Address [um]	Command speed [mm/min]	Dwell time [ms]	M code	
89											
90	1:CONT	A:ABS line2	Axis #2	0:500	0:500	100000.0	0.0	3000.00	0	0	대기점
91	1:CONT	F:ABS ArcRGT	Axis #2	0:500	0:500	150000.0	125000.0	3000.00	0	0	첫 번째 반원
92	1:CONT	G:ABS ArcLFT	Axis #2	0:500	0:500	200000.0	175000.0	3000.00	0	0	두 번째 반원
93	0:END	F:ABS ArcRGT	Axis #2	0:500	0:500	200000.0	150000.0	3000.00	0	0	외곽 원
94											

그림 10-30 1축(X축) Positioning Data 설정 예

Y축에 대한 위치결정데이터이다.

X_Y TABLE / QD75D2 / Positioning data Axis #2 (I/O : 40)

No.	Pattern	CTRL method	SLV axis	ACC(ms)	DEC(ms)	Positioning address [um]	Arc Address [um]	Command speed [mm/min]	Dwell time [ms]	M code	
89											
90						100000.0	0.0	0.00			
91						100000.0	100000.0	0.00			
92						100000.0	100000.0	0.00			
93						200000.0	100000.0	0.00			
94											

그림 10-31 2축(Y축) Positioning Data 설정 예

10-5 위치결정데이터 버퍼메모리 어드레스

위치결정데이터는 각 축마다 1~600개를 사용할 수 있다. 이 각각의 위치결정데이터는 다시 Pattern, CTRL method, SLC axis, ACC, DEC, Positioning address, Arc Address, Command speed, Dewell time, M code로 구성된다. 이 항목들은 고유한 버퍼메모리 어드레스가 부여되어 있으며 사용자가 직접 읽기, 쓰기를 할 수 있는 영역이다. GX-Configurator QP가 제공되기 전에 또는 그 이후라도 전용소프트웨어를 사용하지 않고서도 서보모터는 제어할 수 있었다. 바로 위치결정데이터에 해당하는 버퍼메모리 어드레스에 데이터를 써넣고 실행을 하는 방법을 사용했기 때문이다. 현재 많은 사람들이 이 방법을 사용하지 않는 이유는 무엇보다도 PLC프로그램 사이즈가 커진다는 이유 때문일 것이다. 프로그램 사이즈가 커지면 실행하는 스캔타임이 많이 늘어나고 또 프로그램의 번거로움이 있기도 할 것이다.

여기에서는 예전에 이런 방법을 사용하여 서보운전용 프로그램을 작성했었다는 예를

보이는 위미에서 소개하기로 한다. 물론 위치데이터 전체가 아닌 몇 가지 항목의 수정에는 사용해도 좋은 방법이 될 것이다.

가. 위치결정데이터와 버퍼메모리 어드레스의 관계

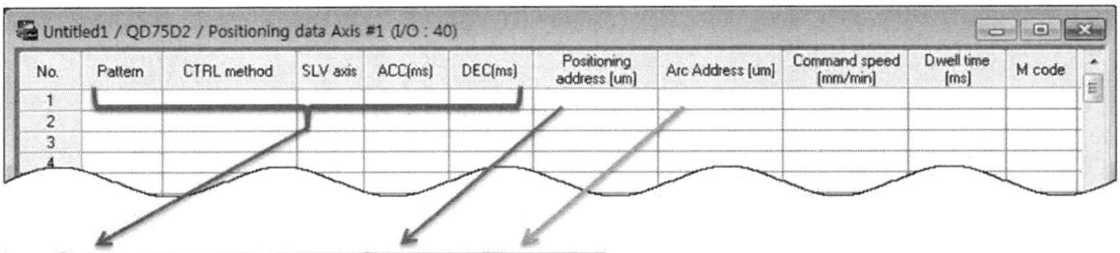

Data No.	Positioning identifier	M code	Dwell time	Command speed Low-order	Command speed High-order	Positioning address Low-order	Positioning address High-order	Arc data Low-order	Arc data High-order
1	2000	2001	2002	2004	2005	2006	2007	2008	2009
2	2010	2011	2012	2014	2015	2016	2017	2018	2019
3	2020	2021	2022	2024	2025	2026	2027	2028	2029
4	2030	2031	2032	2034	2035	2036	2037	2038	2039
5	2040	2041	2042	2044	2045	2046	2047	2048	2049
6	2050	2051	2052	2054	2055	2056	2057	2058	2059
7	2060	2061	2062	2064	2065	2066	2067	2068	2069
8	2070	2071	2072	2074	2075	2076	2077	2078	2079
9	2080	2081	2082	2084	2085	2086	2087	2088	2089
	2090		2092		2095		2097		2099

그림 10-32 위치결정데이터와 버퍼메모리 어드레스의 관계

1축의 위치결정데이터를 예로 들어 설명을 하겠다. 2축~4축까지도 동일한 방식이므로 어드레스 번호만 변경될 것이다. 먼저 위치결정데이터 중 Pattern, CTRL method, SLC axis, ACC, DEC항목은 따로 위치결정 식별자라고 부르고(Positioning identifier) 한 개의 버퍼메모리가 할당된다. 위의 그림에서 살펴보면 위치결정데이터No.1에 해당하는 위치결정식별자의 버퍼메모리 번호는 2000이다. 이 버퍼메모리의 구조에 대해서 살펴보도록 하자.

Item		Setting value			Default value	Setting value buffer memory address			
		Value set with peripheral device		Value set with sequence program		Axis 1	Axis 2	Axis 3	Axis 4
Positioning identifier	Da.1 Operation pattern	00: Positioning complete	00	● Operation pattern	0000H	2000	8000	14000	20000
		01: Continuous positioning control	01						
		11: Continuous path control	11						
	Da.2 Control system	ABS1 : 1-axis linear control (ABS)	01H	● Control system					
		INC1 : 1-axis linear control (INC)	02H						
		FEED1 : 1-axis fixed-feed control	03H						
		VF1 : 1-axis speed control (forward run)	04H						
		…ed control (reverse run)	05H						
		run)							
		ABS2 : 2-axis linear interpolation control (ABS)	0AH						
		INC2 : 2-axis linear interpolation control (INC)	0BH						
		FEED2 : Fixed-feed control by 2-axis linear interpolation	0CH						
		ABS ⌒ : Circular interpolation control with sub point specified (ABS)	0DH						
		INC ⌒ : Circular interpolation control with sub point specified (INC)	0EH						
		ABS . : Circular interpolation control with center point specified (ABS, CW)	0FH						
		ABS . : Circular interpolation control with center point specified (ABS, CCW)	10H						
		INC . : Circular interpolation control with center point specified (INC, CW)	11H						
		INC . : Circular interpolation control with center point specified (INC, CCW)	12H						
		VF2 : 2-axis speed control (forward run)	13H						
		VR2 : 2-axis speed control (reverse run)	14H						
		ABS3 : 3-axis linear interpolation control (ABS)	15H						
		INC3 : 3-axis linear interpolation control (INC)	16H						
		FEED3 : Fixed-feed control by 3-axis linear interpolation control	17H						
		VF3 : 3-axis speed control (forward run)	18H						
		VR3 : 3-axis speed control (reverse run)	19H						
		ABS4 : 4-axis linear interpolation control (ABS)	1AH						
		INC4 : 4-axis linear interpolation control (INC)	1BH						
		FEED4 : Fixed-feed control by 4-axis linear interpolation control	1CH						
		VF4 : 4-axis speed control (forward run)	1DH						
		VR4 : 4-axis speed control (reverse run)	1EH						
		NOP : NOP instruction	80H						
		POS : Current value changing	81H						
		JUMP : JUMP instruction	82H						
		LOOP : Declares the beginning of LOOP to LEND section	83H						
		LEND : Declares the end of LOOP to LEND section	84H						
	Da.3 Acceleration time No.	0: Pr.9 Acceleration time 0	00	● Acceleration time					
		1: Pr.25 Acceleration time 1	01						
		2: Pr.26 Acceleration time 2	10						
		3: Pr.27 Acceleration time 3	11						
	Da.4 Deceleration time No.	0: Pr.10 Deceleration time 0	00	● Deceleration time					
		1: Pr.28 Deceleration time 1	01						
		2: Pr.29 Deceleration time 2	10						
		3: Pr.30 Deceleration time 3	11						
	Da.5 Axis to be interpolated	0: Axis1	00	● Axis to be interpolated (in 2-axis interpolation only)					
		1: Axis 2	01						
		2: Axis 3	10						
		3: Axis 4	11						

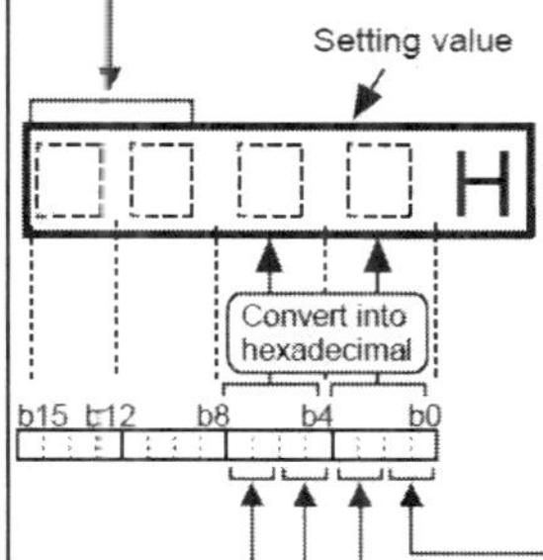

그림 10-33 위치결정식별자의 구조

1축의 위치결정식별자는 1워드(16비트)데이터 분량의 정보이다. Bit0, 1두개의 비트로 Pattern에 대한 정보를 표시한다. 즉 Bit0,1의 값이 0,0이면 END Pattern이고 0,1이면 CONT Pattern, 1,1이면 LOCUS Pattern에 해당된다. 같은 방법으로 생각해 보면 CTRL method에 대한 정보는 Bit8~15의 정보가 해당된다. 정보는 16진법으로 표시되어 있으므로 위의 표를 참조해 보면 알 수 있다. 일반적으로 많이 사용하는 ABS line1에 해당하는 값은 01(Hex)이다. 그리고 가/감속에 해당하는 ACC, DEC항목은 위치결정모듈 파라미터에 입력한 4개의 값을 호출하여 사용하므로 2개의 Bit조합으로 이를 사용할 수 있겠다. 마지막으로 SLV axis항목은 최대4개의 축을 선택하면 되므로 역시 2개의 Bit조합이면 되겠다.

다음은 이들 1축의 위치결정식별자를 1번 위치결정데이터에 입력하는 프로그램을 예를 들어 설명하겠다.

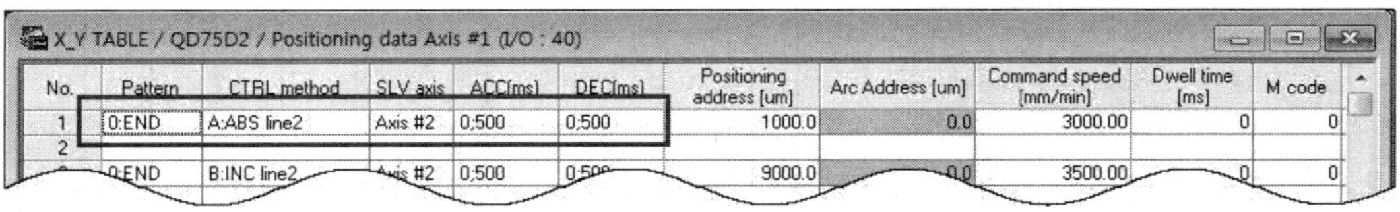
X_Y TABLE / QD75D2 / Positioning data Axis #1 (I/O : 40)

No.	Pattern	CTRL method	SLV axis	ACC[ms]	DEC[ms]	Positioning address [um]	Arc Address [um]	Command speed [mm/min]	Dwell time [ms]	M code
1	0:END	A:ABS line2	Axis #2	0:500	0:500	1000.0	0.0	3000.00	0	0
2										
	0:END	B:INC line2	Axis #2	0:500	0:500	9000.0	0.0	3500.00	0	0

그림 10-34 Positioning Data No.1의 위치결정식별자

- Pattern이 END이므로 Bit0~1의 값은 0,0
- CTRL method는 ABS line2이므로 Bit8~15까지의 데이터는 16진수로 0A (Hex)
- SLV axis는 축2가 선택되었으므로 Bit2~3의 값은 각각 1,0
- ACC time은 파라미터 설정에서 ACC#0에 설정한 값이므로 Bit4~5은 0,0
- DEC time은 파라미터 설정에서 DEC#0에 설정한 값이므로 Bit6~7은 0,0

위의 데이터를 나열해 보면 다음 그림과 같다.

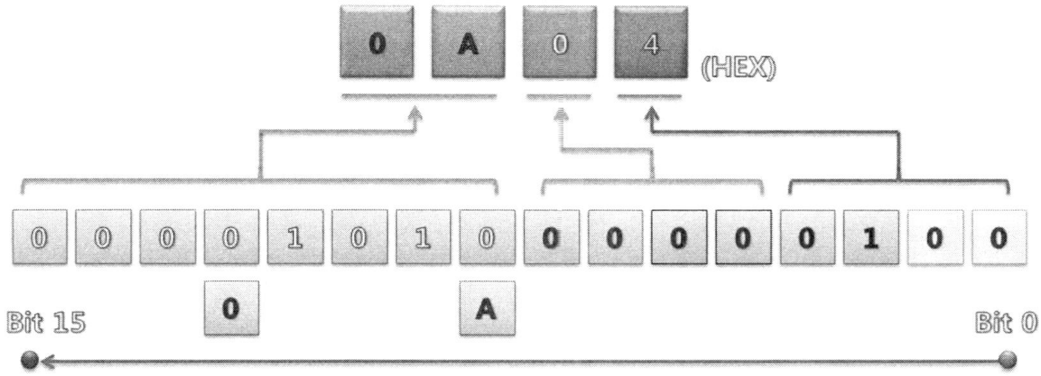

그림 10-35 그림10-34 위치결정식별자의 설정값

1번 위치결정데이터 버퍼메모리 2000번지에 16진수로 [0A04]의 값을 입력하면 GX-Configurator QP에서 입력한 결과와 동일하게 된다.

그림 10-36 PLC에서 Positioning Data No.1의 위치결정식별자 설정 예

나머지 데이터들도 PLC Program을 이용하여 입력하도록 해보면 다음과 같다.

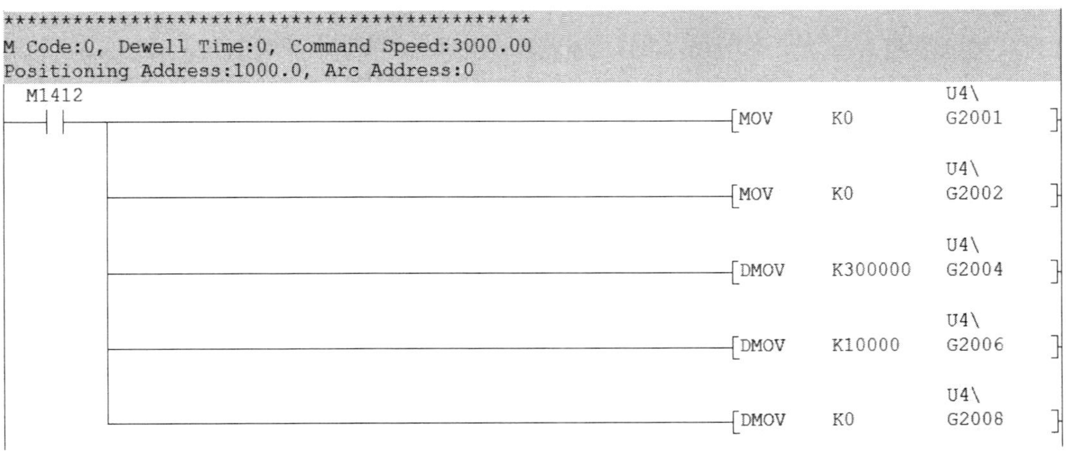

그림 10-37 Positioning Data No.1의 나머지 데이터 설정 PLC Program 예

한 가지 주의할 것은 Data가 2워드 크기의 Command Speed, Positioning Address, Arc Address는 2워드 전송명령인 DMOV명령을 사용하는 것을 잊지 말고 또한 Command Speed인 경우 소수점 아래 2자리까지 의미가 있으므로 3000.00이라고 입력하려면 소수점아래의 숫자까지 입력하여 300000의 값을 지정하도록 한다.

Positioning Address, Arc Address들은 소수점 아래 1자리까지 유효하다.

11 CHAPTER

GX-Work2를 사용한 서보모터 운용

11-1 GX-Work2를 사용한 서보모터 운용

이제 미쓰비시도 다른 PLC메이커와 같이 통합형 소프트웨어를 출시하기 시작했다. FA시장환경에 발맞추어 가는 입장에서 사용자의 입장을 배려하였다고 생각된다. 통합환경에서 사용하는데 PLC에 주된 포커스를 맞추어 출신한 소프트웨어가 GX-Work2이다. PLC Program을 작성하는데 사용한 GX-Develcper와 인텔리전트모듈의 설정이나 버퍼메모리 관리를 위한 각종 GX-Configurator를 하나의 소프트웨어 안에 모두 결합시켜 놓은 제품이 바로 GX-Work2이다. 물론 많이 편해진 점도 있지만 아직까지는 다수의 사용자가 사용하기에는 시기적으로 이른 점이 있기도 하다.

여기에서는 서보모터 운용에 대해서만 간단하게 소개하는 것으로 한다.

시간이 조금 더 흐르면 한글 매뉴얼이 제공될 것이니 새로운 소프트웨어를 사용하는데 능숙하지 않은 사용자라면 현재의 소프트웨어를 계속 사용하기를 추천한다.

11-2 위치결정모듈의 설정

새로운 프로젝트를 생성한다.

Intelligent Function Module → 마우스 오른쪽 버튼 클릭 → [New Module] 선택

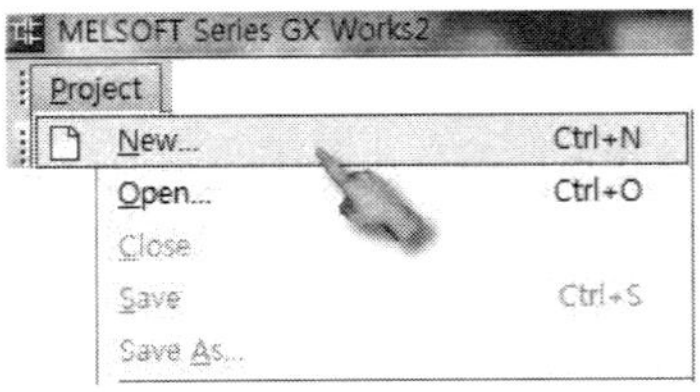

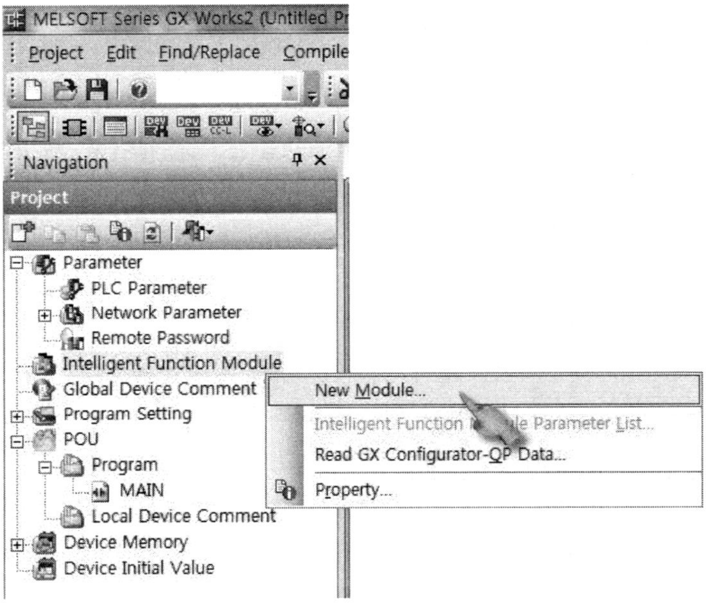

그림 11-1 새로운 프로젝트 만들기

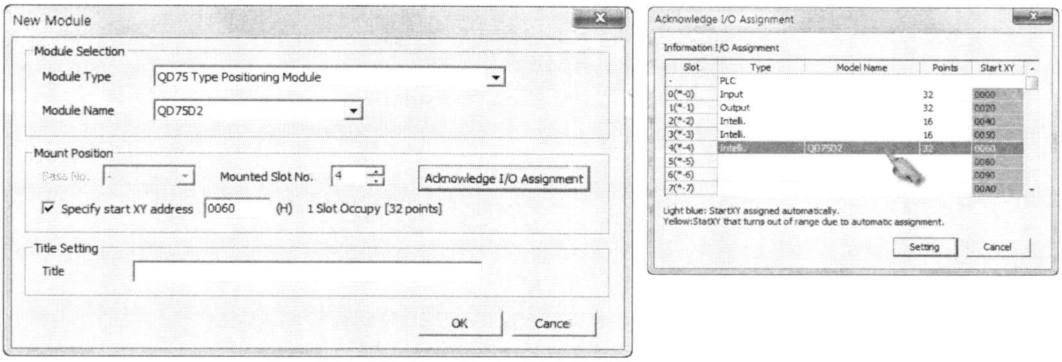

그림 11-2 위치결정모듈 타입 선택

표 11-1 위치결정모듈 타입 선택 설정

항 목		내 용
Module Selection	Module Type	QD75위치결정모듈의 타입을 선택한다.
	Module Name	QD75위치결정모듈명을 선택한다.
Mount Position	Mounted Slot No.	장착된 슬롯번호를 선택한다. 위의 그림과 같이 "Acknowledge I/O Assignment"를 클릭하여 장착된 모듈에서 선택해도 된다.
	Specify Start X/Y Address	모듈의 선두번지를 입력한다.
Title Setting	Title	타이틀을 입력한다.

11-3 파라미터와 위치데이터 설정

가. 위치결정모듈의 파라미터를 설정한다.

인텔리전트 모듈을 추가하면 다음 그림과 같은 항목이 표시된다. 파라미터 항목을 더블 클릭하면 설정화면으로 변경된다.

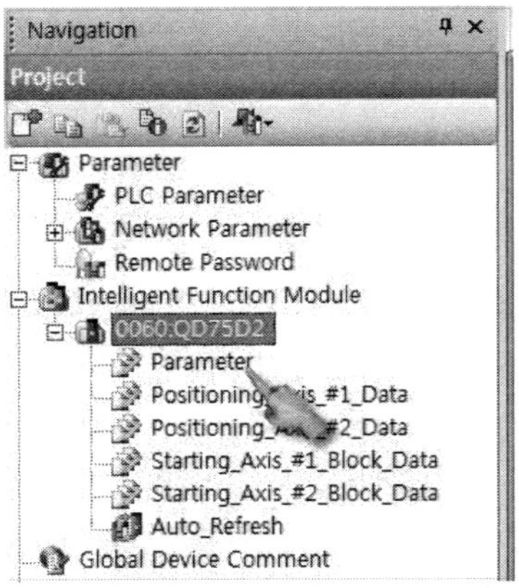

그림 11-3 위치결정모듈 파라미터 설정

나. 2축용 위치결정모듈이므로 축#1, 축#2 항목으로 구분되어 표시된다.

파라미터 항목을 클릭하면 화면 하단에 선택된 파라미터에 대한 설정 정보를 표시해 준다. 영문으로 표시되지만 어렵지 않게 설정할 수 있다.

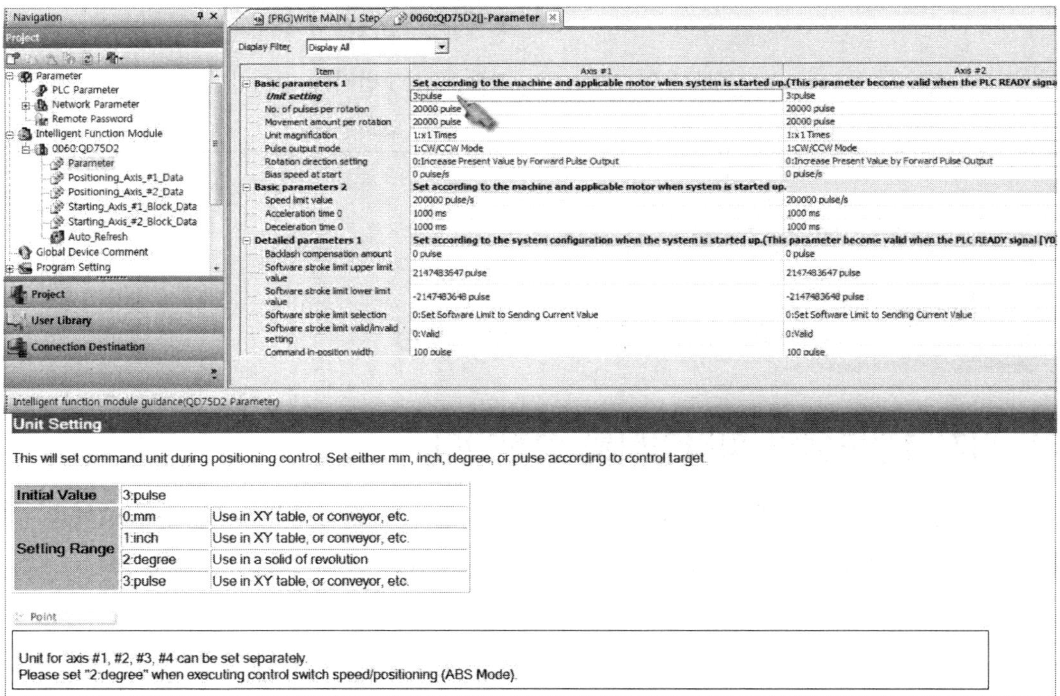

그림 11-4 파라미터 설정 화면

다. 위치결정모듈의 위치데이터 설정한다.

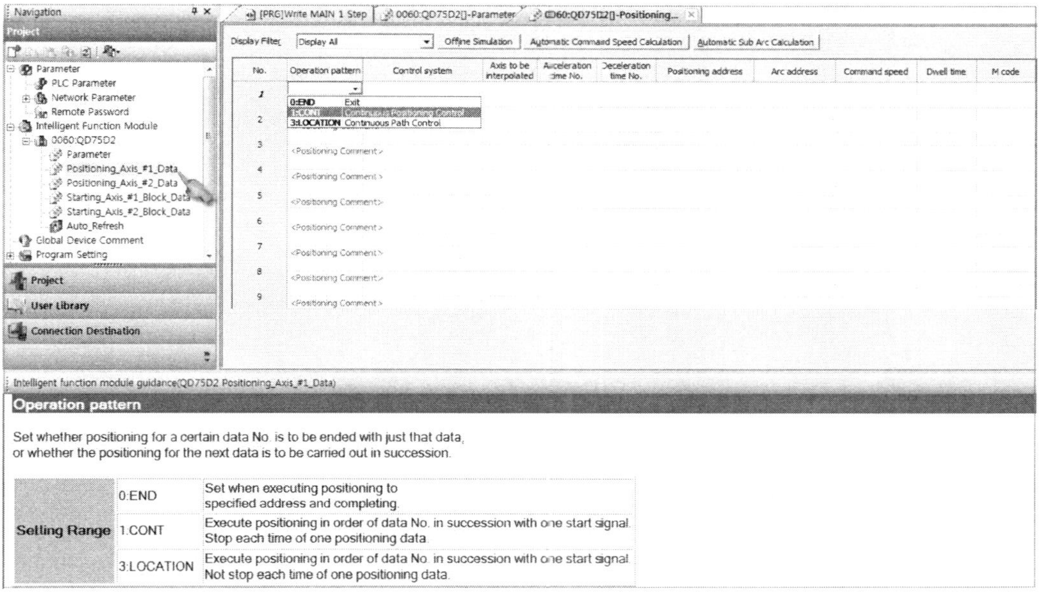

그림 11-5 위치데이터 설정

위치데이터마다 간략한 코멘트를 기입할 수 있도록 되어 있다.

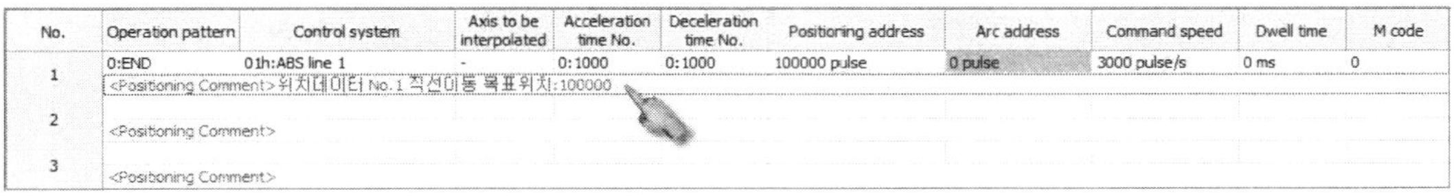

그림 11-6 위치데이터 코멘트 입력

라. Offline Simulation

Positioning 데이터의 웨이브형태를 점검해 볼 수 있다.

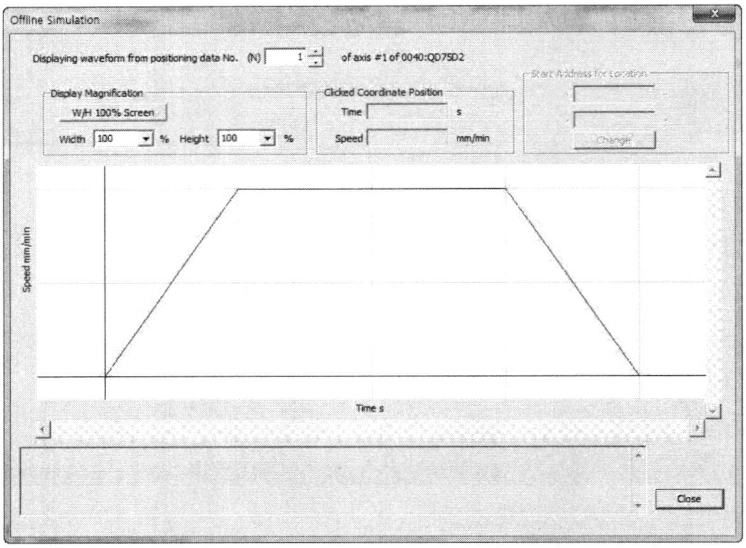

그림 11-7 Offline Simulation

마. 자동지령속도 계산 기능 기능

시작위치점에서 목표위치점까지의 이동시간을 설정하면 지령속도를 자동으로 계산해 주는 기능이다.

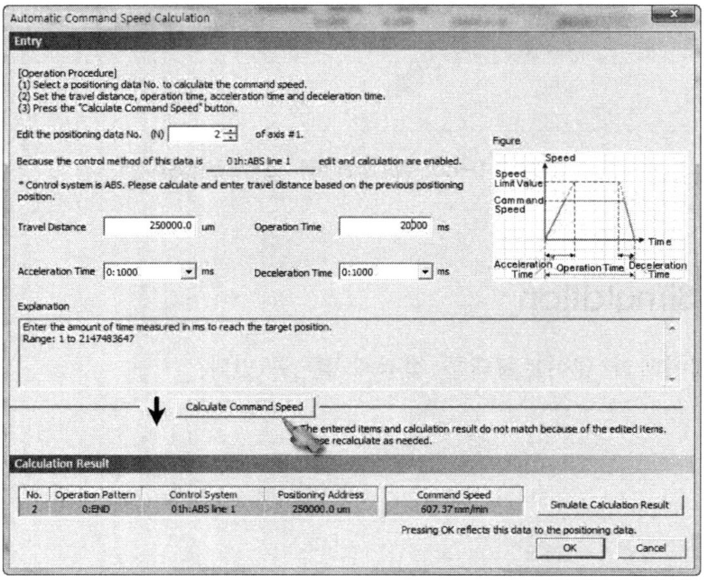

그림 11-8 자동지령속도 계산 기능 기능

바. 자동 Sub Arc 계산 기능

두 점의 좌표와 반경을 입력하여 원호보간 운전데이터를 자동으로 계산해 주는 기능이다.

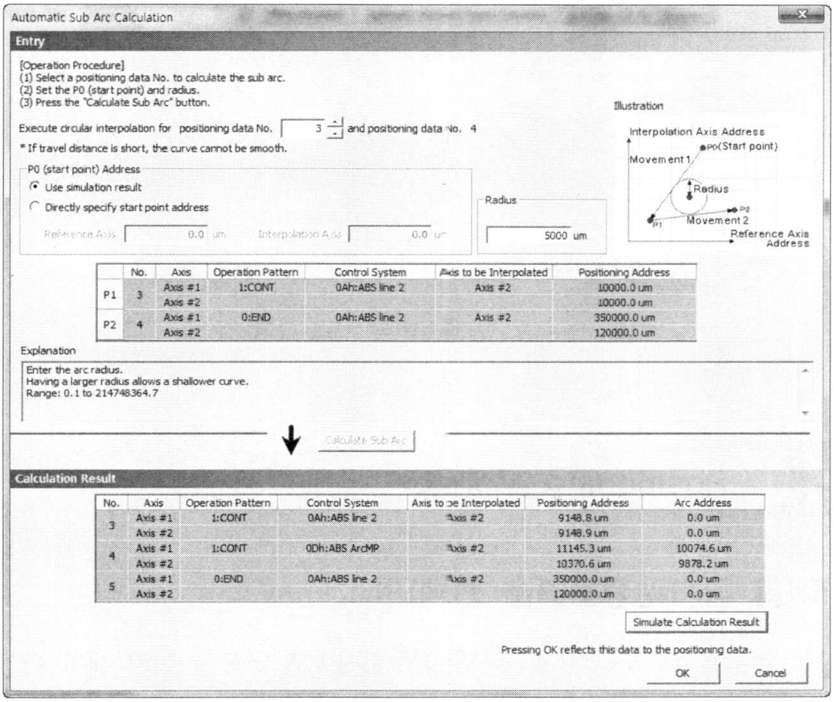

그림 11-9 자동 Sub Arc 계산 기능

11-4 인텔리전트 기능 모듈 Tool

메뉴항목의 [Tool] → [Intelligent Function Module Tool] → [QD75/LD75 Position Module] 항목에는 Positioning Monitor, Positioning Test, Wave Trace, Location Trace의 4가지 기능이 있다.

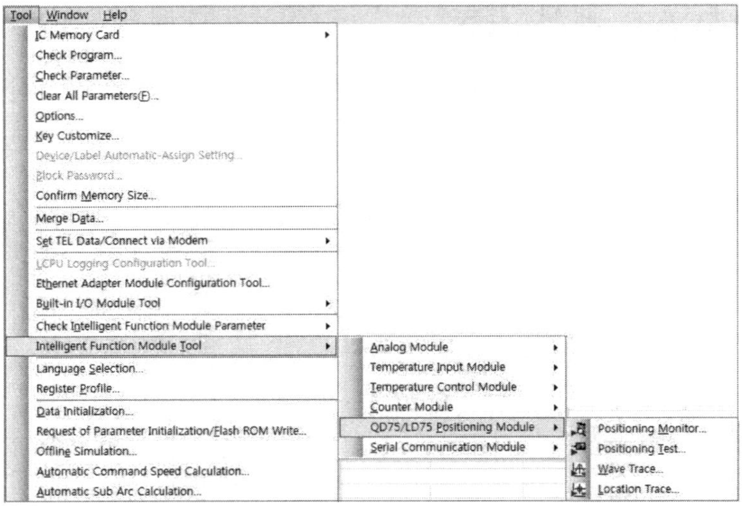

그림 11-10 인텔리전트 기능 모듈 Tool

11-5 Positioning Monitor

가. 모니터할 위치결정모듈을 선택한다.

1개 이상의 위치결정모듈을 사용한다면 선두번지별로 구분된 여러 개의 위치결정모듈이 표시될 것이다.

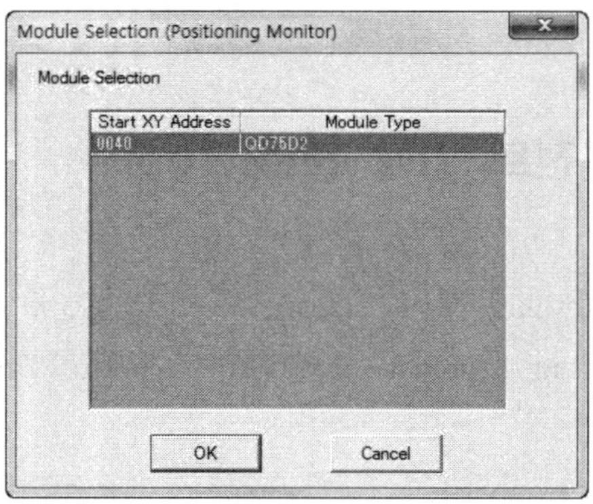

그림 11-11 Positioning Monitor

나. 모니터 항목

1) 축 모니터

각 축별로 모니터할 항목을 선택한 후 상태를 모니터할 수 있다.

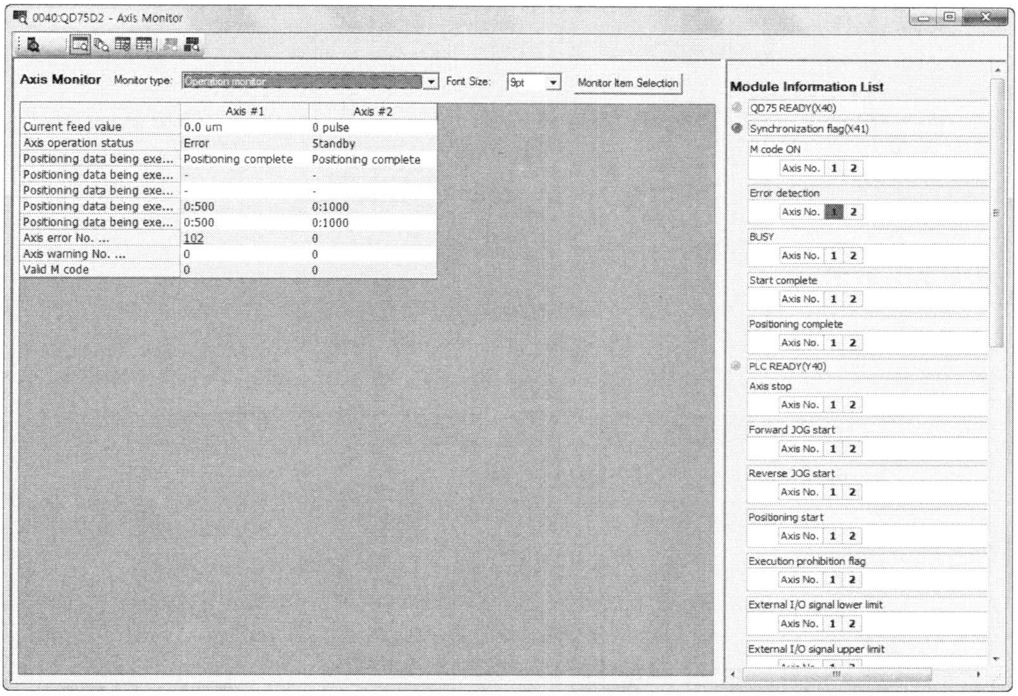

그림 11-12 축 모니터

2) 기동 히스토리

축별로 기동한 시간과 기동번호 그리고 경고와 에러플래그에 대한 모니터 화면이다.

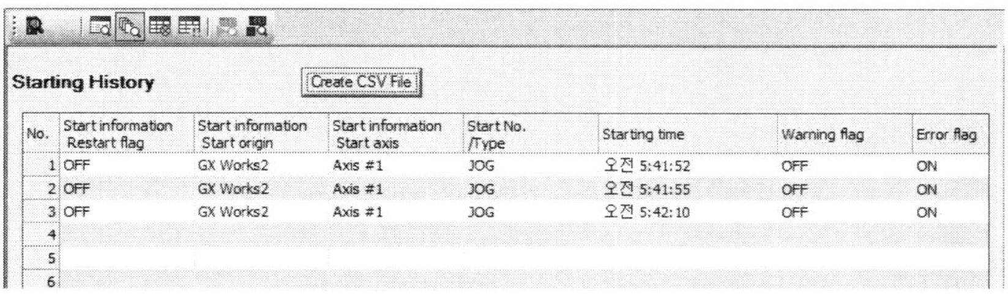

그림 11-13 기동 히스토리

3) 에러 히스토리

발생한 에러에 대한 시각과 에러항목에 대한 모니터 화면이다.

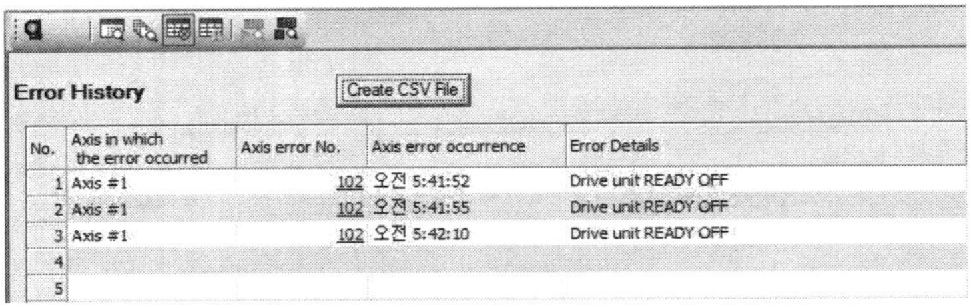

그림 11-14 에러 히스토리

4) 경고 히스토리

발생한 경고에 대한 시각과 경고항목에 대한 모니터 화면이다.

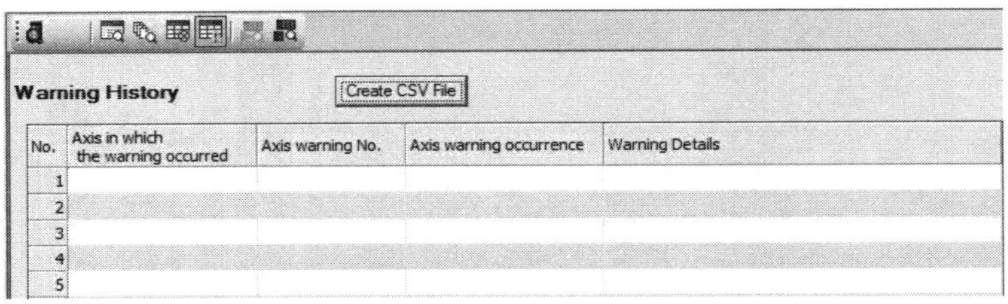

그림 11-15 경고 히스토리

다. Positioning Start test

이 항목에서는 아래와 같은 항목에 대한 Test운전을 할 수 있다.

Positioning Start test, JOG운전 / 수동펄스발생기에 의한 운전(MPG운전) / OPR Test, Speed Change Test, Current Value Change Test

1) Positioning Start test

Test운전할 축을 선택한 후 Test운전할 항목을 선택한다.
위치데이터를 작성하고 위치결정모듈에 써넣은 후 테스트를 해 보자.
화면 하단에 Starting버튼이나 Stop버튼의 위치를 확인하고 운전을 해 보도록 한다.

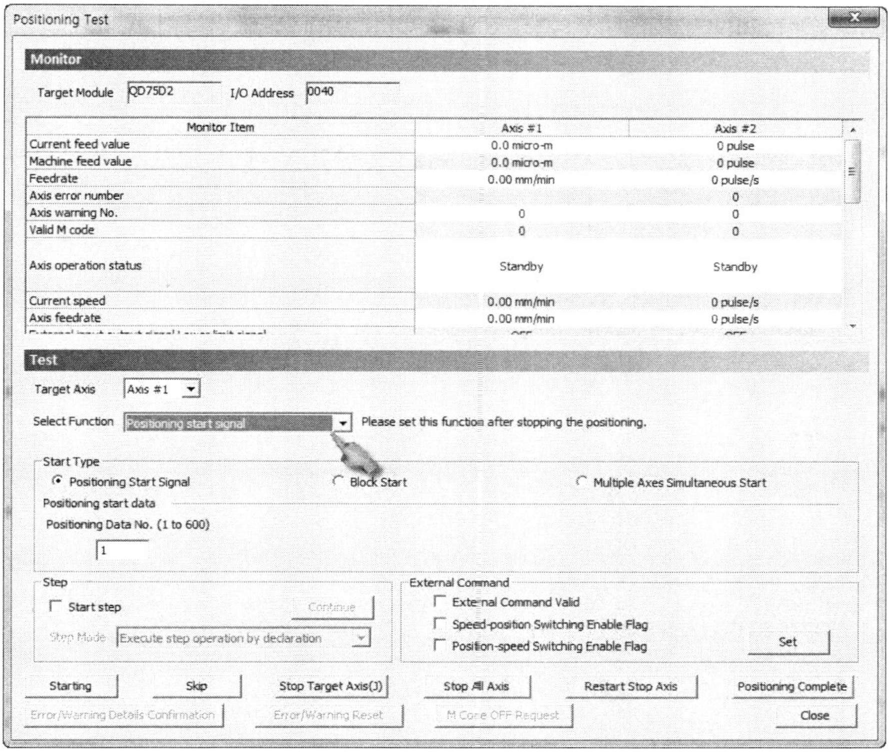

그림 11-16 Positioning Start test

2) JOG/ MPG/ OPR운전

JOG Speed를 입력한 뒤 Forward/ Reverse RUN 버튼을 클릭하면 된다.

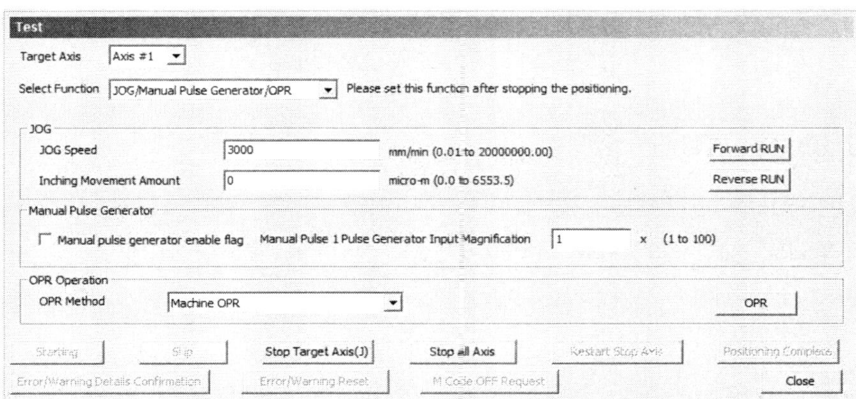

그림 11-17 JOG운전

아래 OPR Operation에 대한 항목도 있으니 OPR 버튼을 클릭하여 원점복귀동작을 실행해 보자.

실행 시 에러가 발생이 되면 다음과 같은 화면으로 표시된다.

화면 상단이 모니터 영역이고 Axis Error number항목에 에러 코드가 표시된다.

화면 하단에 Error/ Warning Reset버튼이 있으니 에러리셋이 가능하다.

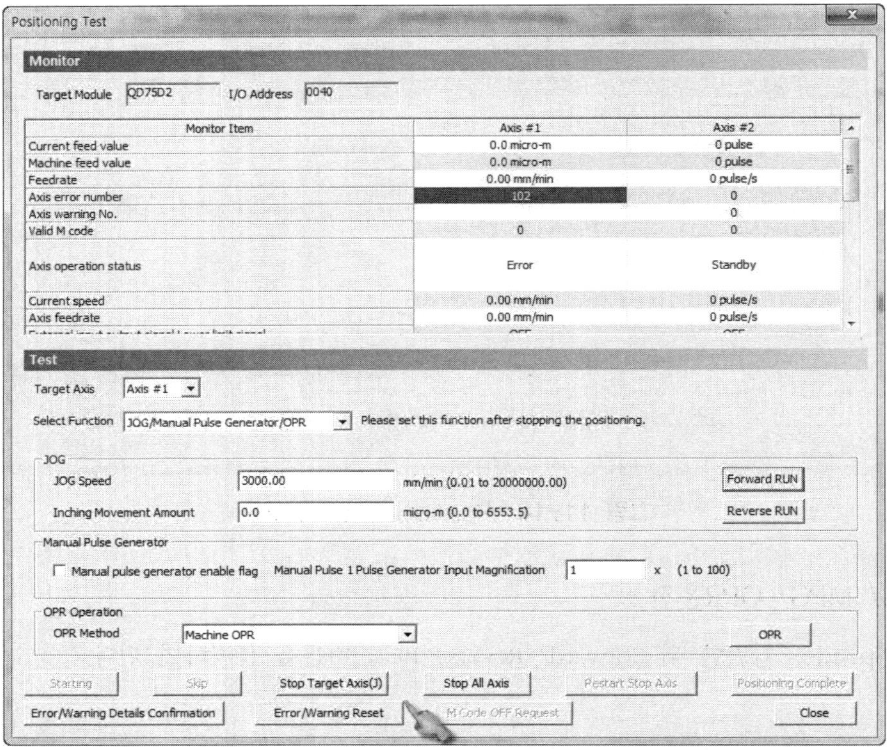

그림 11-18 OPR Operation

3) Speed Change Test

운전 중에 속도를 변경하는 기능에 대한 Test이다.

변경할 속도를 입력하고 New Speed버튼을 클릭하여 속도변경여부를 확인해 볼 수 있다.

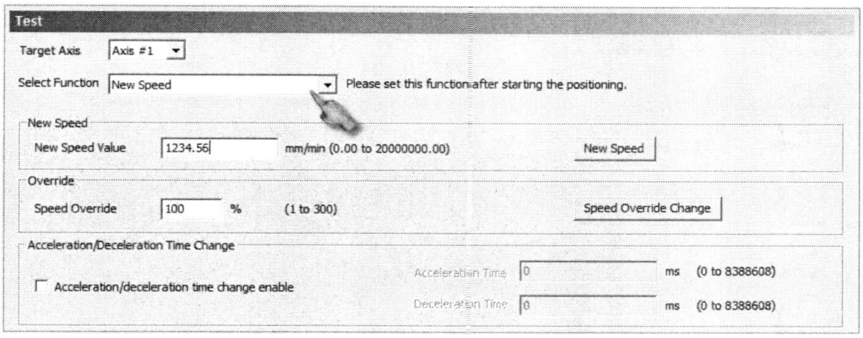

그림 11-19 Speed Change Test

4) Current Value Change Test

현재 위치값을 변경할 경우 New Current Vallue에 새로운 위치값을 입력하고 변경버튼을 클릭하여 Test해 볼 수 있다.

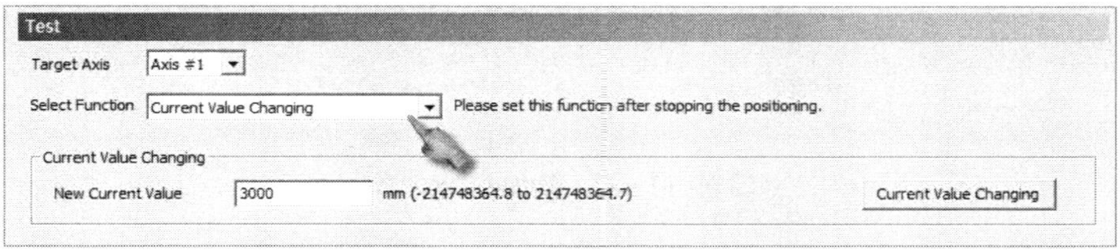

그림 11-20 Current Value Change Test

라. Wave Trace

위치데이터를 실행하면서 위치데이터의 가속구간, 지령속도로 이동하는 구간, 감속 구간 등을 그래프형식으로 관찰할 수 있는 Test항목이다.

좌측의 Module Selection항목부터 차례대로 클릭을 하여 설정하고 표시되는 그래프를 분석해 보도록 하자.

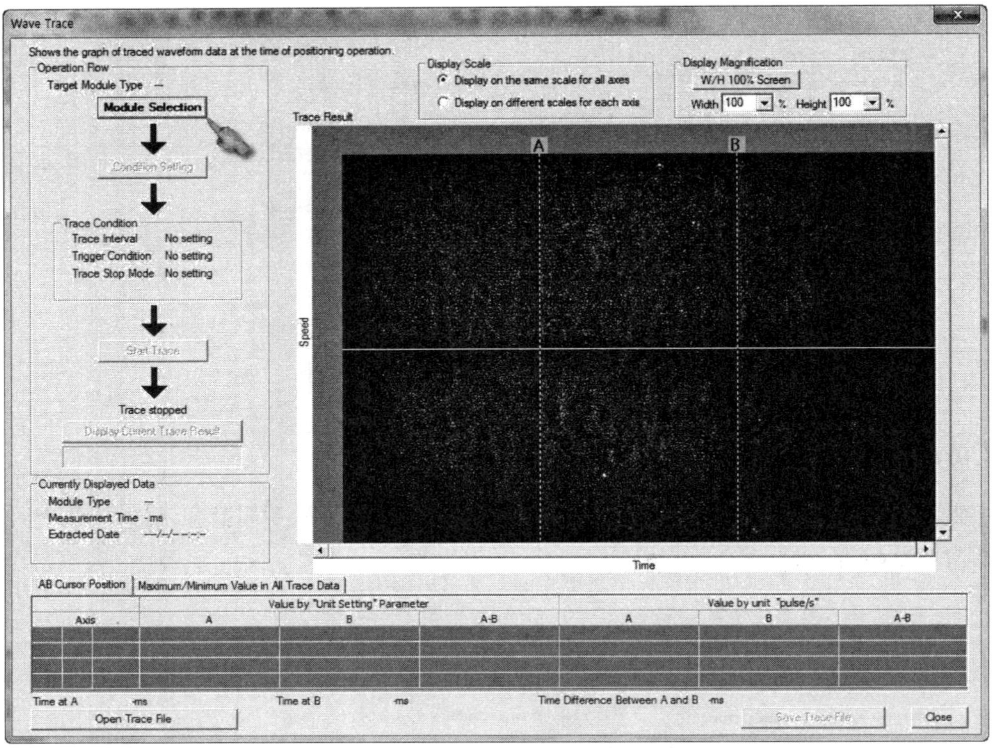

그림 11-21 Wave Trace

Module Selection 버튼을 클릭하여 아래와 같이 Test할 모듈을 선택한다.

다음 Condition Setting에서 Trace Interval Time, Trigger Condition, Trace stop Mode 등을 설정한다.

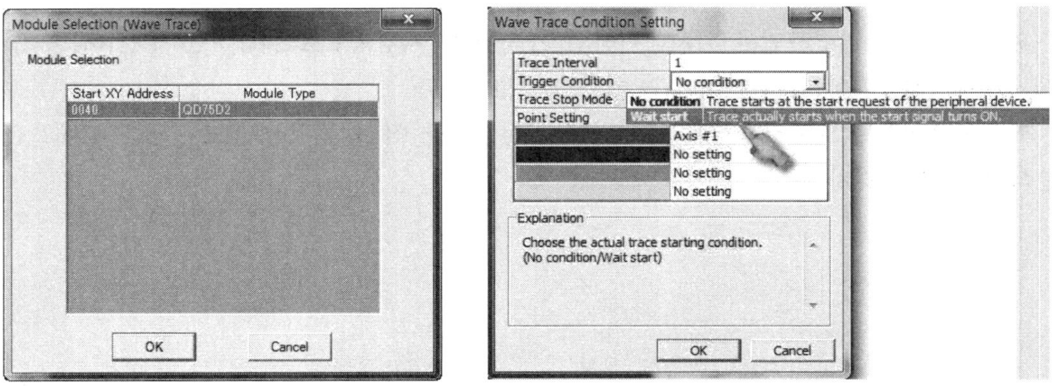

그림 11-22 Wave Trace_ Module Selection, Condition Setting

설정이 완료되었으면 [Start Trace]버튼을 클릭하여 Wave Trace를 실행한다.

Trace동작이 진행되고 Stop Mode조건이 충족이 안 되더라도 Display Current Trace Result 버튼을 클릭하면 결과를 보여준다.

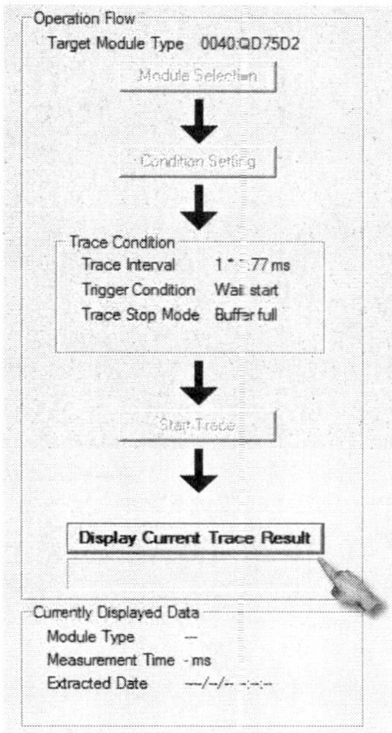

그림 11-23 Wave Trace 실행

마. Location Trace

2축 보간운전과 동시기동에 대한 Test항목이다.

설정순서와 동작방법은 Wave Trace와 유사하다. Trace동작이 진행되고 Stop Mode조건이 충족이 안 되더라도 Display Current Trace Result 버튼을 클릭하면 결과를 보여준다.

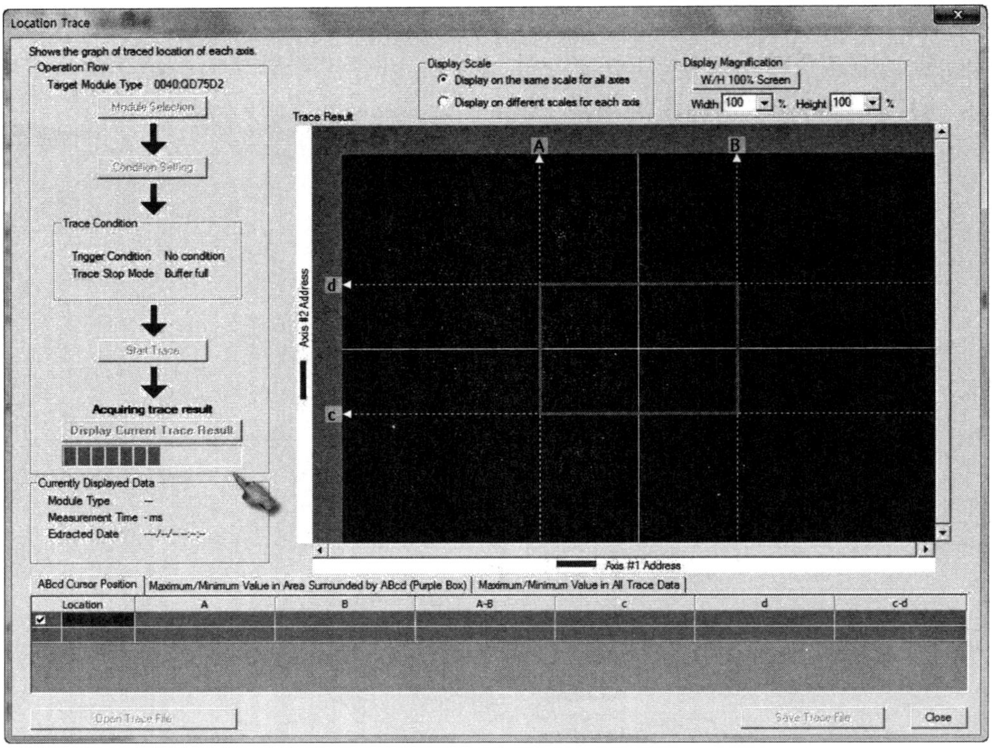

그림 11-24 Location Trace

11-6 에러의 확인

메뉴의 [Diagnostics] → [System Monitor]를 클릭한다.

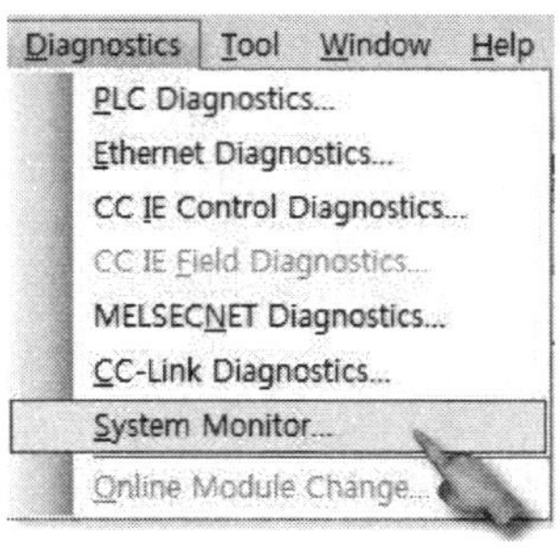

그림 11-25 에러 확인

베이스 모듈에 장착된 각종 모듈의 상태를 확인할 수 있다.

위치결정모듈을 마우스로 클릭해 보면 위치결정모듈의 상태를 점검할 수 있는 화면이 표시된다.

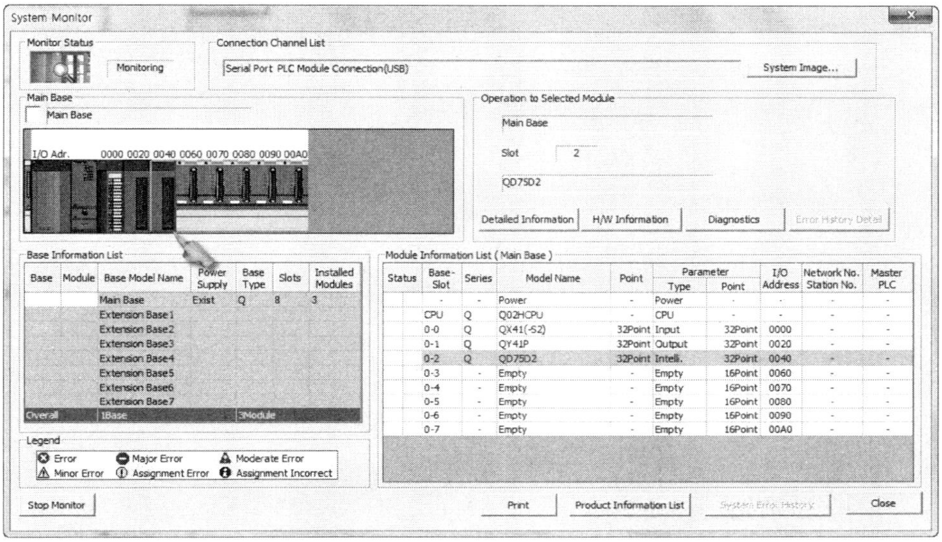

그림 11-26 베이스 모듈에 장착된 각종 모듈 상태 모니터

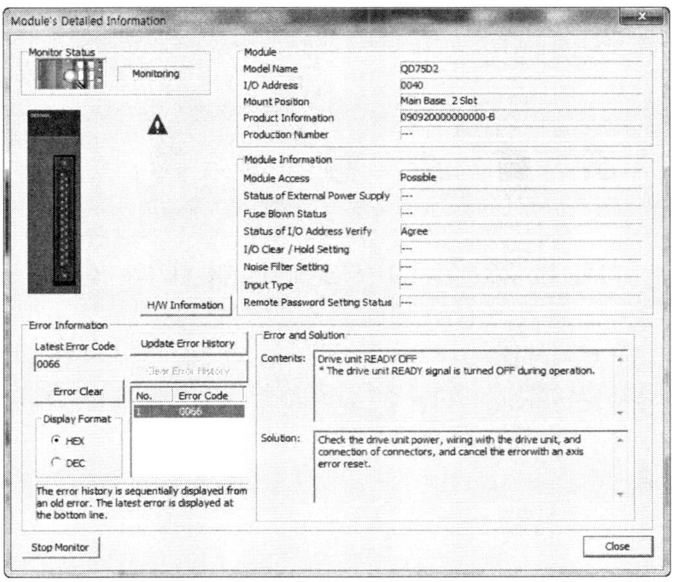

그림 11-27 위치결정모듈의 상세정보

11-7 위치결정모듈에 데이터 읽기와 쓰기

Online 메뉴에서 [Read from PLC] 와 [Write to PLC]항목을 선택한다.

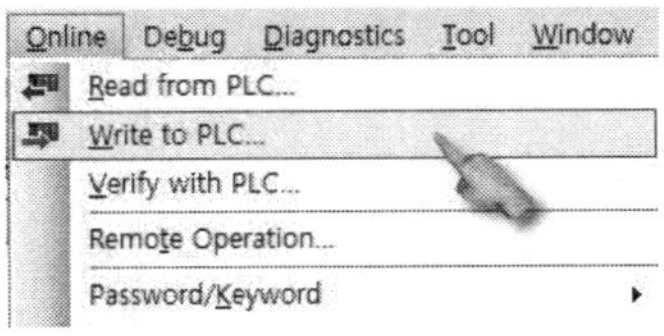

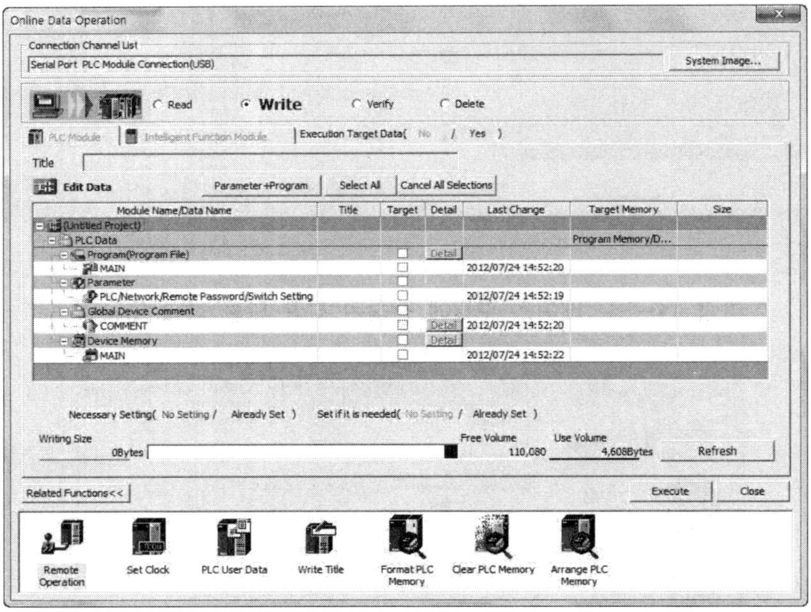

그림 11-28 위치결정모듈에 데이터 읽기와 쓰기

읽기 또는 쓰기 할 데이터를 선택하고 [Execute] 버튼을 클릭하면 읽기 또는 쓰기 할 수 있다. 상단의 [System Image] 버튼을 클릭하여 현재 통신하는 방법에 대한 확인도 가능하다.

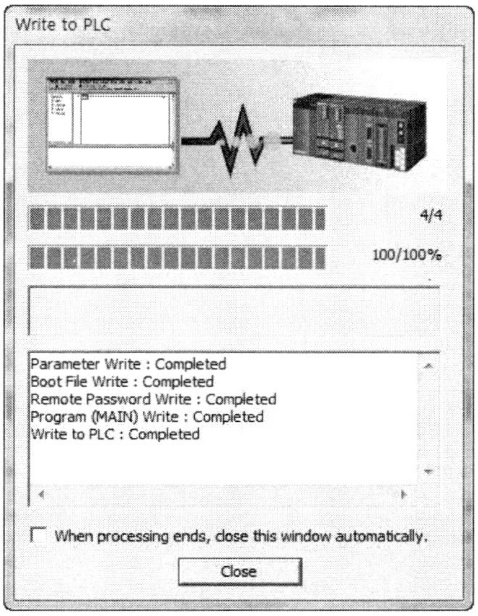

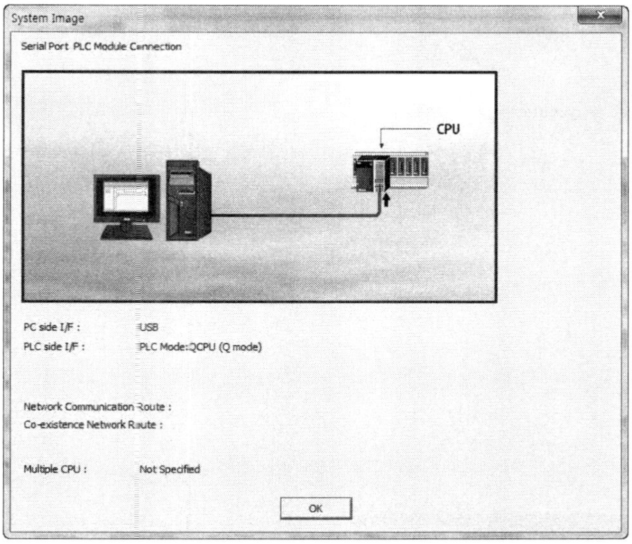

그림 11-29 데이터쓰기와 통신방법 설정

12 CHAPTER 심플모션 QD77MS

12-1 심플모션유닛 QD77MS

최근 위치결정모듈의 사용은 서보모터의 가격이 비교적 저렴해지는 추세이므로 사용하는 모터의 축 수가 늘어나게 되는 이유로 QD75계열보다는 16축의 제어가 하나의 모듈로 가능한 심플모션유닛 QD77MS계열로 이동하는 추세인 것 같다. 예전의 위치결정모듈을 4개 적용해야 했다면 비용적인 측면에서 적용해 볼 가치가 있다고 생각이 된다. 물론 2축, 4축용 모듈도 공급된다. 심플모션유닛을 사용하는 또 다른 이유는 서보드라이브와 위치결정모듈간의 배선이 간편하다는 것이다. SSCNET기반으로 광케이블을 통한 데이터 통신을 하므로 과거 QD75MH모델을 사용했던 장점을 적용할 수 있다. 기존 QD75MH모델을 사용했던 유저라면 적용했던 프로그램과 파라미터를 그대로 적용할 수 있다는 메리트가 있다. 16축용 QD77MS16을 사용할 때 즉, 5축에서 16축을 제어하는 경우에는 위치결정용 전용명령어를 사용할 수 없다는 것이 걸림돌이 되기는 한다. 예를 들어 위치결정데이터를 실행하기 위해서 사용하는 PSTRT명령어는 1축에서 4축까지는 적용할 수 있지만 5축 이상에서는 사용할 수 없다는 것이다. 즉 ZP.PSTRT5와 같이 4축 이상의 제어축을 지정하면 INSTRUCTION CODE 에러가 발생된다.

다음 표는 QD75MH모델와 심플모션유닛 QD77MS를 비교한 것이다.

표 12-1 QD75MH모델와 심플모션유닛 QD77MS의 기능 비교

항목		심플모션유닛 QD77MS2/4/16	위치결정유닛 QD75MH
제어축수		2축/4축/16축	1축/2축/4축
연산주기		0.88ms/1.77ms	1.77ms
제어단위		mm, inch, degree, PLS	
전자기어		분자 200000000, 분모 200000000	
위치결정데이터 수		600데이터/축	
보간기능		직선보간(2축, 3축, 4축), 원호보간(2축)	
제어 방식	단독위치결정	○	
	연속위치결정	○	
	연속궤적	○	
	속도제어	○	
	속도 · 위치전환	○	
	위치 · 속도전환	○	
수동펄스입력		○	
속도 · 토크제어		○	×
압력제어		○	×
마크검출기능		○	×
동기제어		○	×
외부신호입력(FLS/RLS/DOG)		직접입력/서보앰프경유	직접입력/서보앰프경유

QD75MH모델과 비교했을 때는 제어기능에서 몇 가지 항목이 추가되었다는 점과 하나의 모듈에서 제어할 수 있는 서보모터의 수가 증가했다는 것을 제외하고는 대부분 동일하지만 QD75D모듈과 비교한다면 많은 점에서 차이점을 발견할 수 있을 것이다.

여기에서는 심플모션유닛 QD77MS을 사용하는 경우 기존(QD75D모듈)의 위치결정모듈과 다른 점을 위주로 설명하기로 한다.

가. 시스템의 구성

MR-J3(W)-□B형 서보앰프 또는 MR-J4(W)-□B형 서보앰프를 사용하여 SSCNETIII 케이블로 서보앰프 간을 연결하여 사용한다. 상/하한 센서와 근점도그센서는 위치결정모듈 또는 서보앰프에 연결하여 사용할 수 있다.

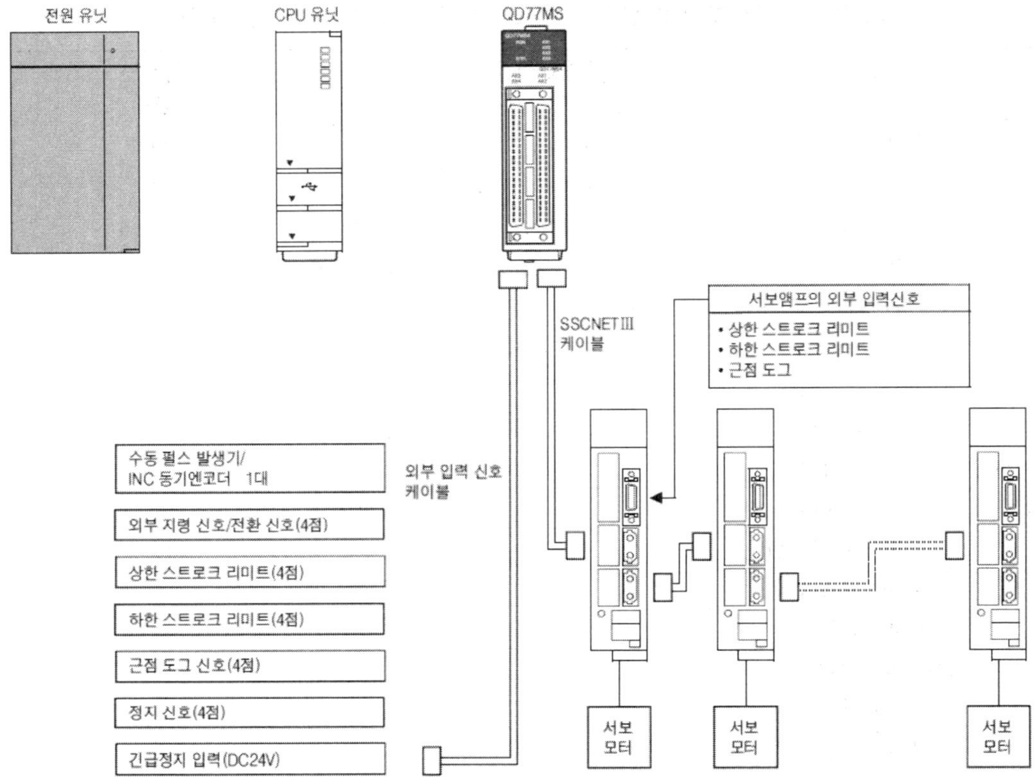

그림 12-1 심플모션을 사용한 경우의 시스템 구성

나. PLC CPU와의 입출력 신호 사양

QD77MS는 PLC CPU와의 데이터 교환에 입력 32점과 출력 32점을 사용하고 있다. 아래 표에 QD77MS를 PLC CPU 다음 슬롯에 장착하였을 때 즉 선두 입출력 번호를 0H로 설정했을 경우의 입출력 신호를 나타낸다.

여기에서 중요한 것은 QD77MS의 종류에 따라 PLC CPU와의 입출력 신호 사양이 달라진다는 것이다.

1) QD77MS2의 입출력 신호 사양

표 12-2 QD77MS2의 입출력 신호 사양

신호 방향 : QD77MS2 → PLC CPU		신호 방향 : PLC CPU → QD77MS2	
디바이스 번호	신호명칭	디바이스 번호	신호명칭
X0	QD77 준비완료	Y0	PLC Ready
X1	동기용 플래그	Y1	전체축 서보 ON
X2	사용금지	Y2	사용금지
X3	사용금지	Y3	사용금지
X4	축1 M 코드 ON	Y4	축1 축정지
X5	축2 M 코드 ON	Y5	축2 축정지
X6	사용금지	Y6	사용금지
X7	사용금지	Y7	사용금지
X8	축1 에러검출	Y8	축1 정전 JOG 기동
X9	축2 에러검출	Y9	축1 역전 JOG 기동
XA	사용금지	YA	축2 정전 JOG 기동
XB	사용금지	YB	축2 역전 JOG 기동
XC	축1 BUSY	YC	사용금지
XD	축2 BUSY	YD	사용금지
XE	사용금지	YE	사용금지
XF	사용금지	YF	사용금지
X10	축1 기동완료	Y10	축1 위치결정 기동
X11	축2 기동완료	Y11	축2 위치결정 기동
X12	사용금지	Y12	사용금지
X13	사용금지	Y13	사용금지
X14	축1 위치결정완료	Y14	축1 실행금지 플래그
X15	축2 위치결정완료	Y15	축2 실행금지 플래그
X16	사용금지	Y16	사용금지
X17		Y17	
X18		Y18	
X19		Y19	
X1A		Y1A	
X1B		Y1B	
X1C		Y1C	
X1D		Y1D	
X1E		Y1E	
X1F		Y1F	

실행금지 플래그의 용도는 위치결정 기동신호 ON시에 실행금지 플래그 ON인 경우, 실행금지 플래그가 OFF할 때까지 위치결정 기동하지 않는다. 「예측 기동 기능」에 사용한다.

OFF : 실행 금지 중이 아님
ON : 실행 금지 중

2) QD77MS4의 경우 입출력 신호 사양

표 12-3 QD77MS4의 입출력 신호 사양

신호 방향 : QD77MS4 → PLC CPU		신호 방향 : PLC CPU → QD77MS4	
디바이스 번호	신호명칭	디바이스 번호	신호명칭
X0	QD77 준비완료	Y0	PLC Ready
X1	동기용 플래그	Y1	전체축 서보 ON
X2	사용금지	Y2	사용금지
X3	사용금지	Y3	사용금지
X4	축1 M 코드 ON	Y4	축1 축정지
X5	축2 M 코드 ON	Y5	축2 축정지
X6	축3 M 코드 ON	Y6	축3 축정지
X7	축4 M 코드 ON	Y7	축4 축정지
X8	축1 에러검출	Y8	축1 정전 JOG 기동
X9	축2 에러검출	Y9	축1 역전 JOG 기동
XA	축3 에러검출	YA	축2 정전 JOG 기동
XB	축4 에러검출	YB	축2 역전 JOG 기동
XC	축1 BUSY	YC	축3 정전 JOG 기동
XD	축2 BUSY	YD	축3 역전 JOG 기동
XE	축3 BUSY	YE	축4 정전 JOG 기동
XF	축4 BUSY	YF	축4 역전 JOG 기동
X10	축1 기동완료	Y10	축1 위치결정 기동
X11	축2 기동완료	Y11	축2 위치결정 기동
X12	축3 기동완료	Y12	축3 위치결정 기동
X13	축4 기동완료	Y13	축4 위치결정 기동
X14	축1 위치결정완료	Y14	축1 실행금지 플래그
X15	축2 위치결정완료	Y15	축2 실행금지 플래그
X16	축3 위치결정완료	Y16	축3 실행금지 플래그
X17	축4 위치결정완료	Y17	축4 실행금지 플래그
X18	사용금지	Y18	사용금지
X19		Y19	
X1A		Y1A	
X1B		Y1B	
X1C		Y1C	
X1D		Y1D	
X1E		Y1E	
X1F		Y1F	

3) QD77MS16의 경우 입출력 신호 사양

표 12-4 QD77MS16의 입출력 신호 사양

신호 방향 : QD77MS16 → PLC CPU		신호 방향 : PLC CPU → QD77MS16	
디바이스 번호	신호명칭	디바이스 번호	신호명칭
X0	QD77 준비완료	Y0	PLC Ready
X1	동기용 플래그	Y1	전체 축 서보 ON
X2	사용금지	Y2	사용금지
X3		Y3	
X4		Y4	
X5		Y5	
X6		Y6	
X7		Y7	
X8		Y8	
X9		Y9	
XA		YA	
XB		YB	
XC		YC	
XD		YD	
XE		YE	
XF		YF	
X10	축1 BUSY	Y10	축1 위치결정 기동
X11	축2 BUSY	Y11	축2 위치결정 기동
X12	축3 BUSY	Y12	축3 위치결정 기동
X13	축4 BUSY	Y13	축4 위치결정 기동
X14	축5 BUSY	Y14	축5 위치결정 기동
X15	축6 BUSY	Y15	축6 위치결정 기동
X16	축7 BUSY	Y16	축7 위치결정 기동
X17	축8 BUSY	Y17	축8 위치결정 기동
X18	축9 BUSY	Y18	축9 위치결정 기동
X19	축10 BUSY	Y19	축10 위치결정 기동
X1A	축11 BUSY	Y1A	축11 위치결정 기동
X1B	축12 BUSY	Y1B	축12 위치결정 기동
X1C	축13 BUSY	Y1C	축13 위치결정 기동
X1D	축14 BUSY	Y1D	축14 위치결정 기동
X1E	축15 BUSY	Y1E	축15 위치결정 기동
X1F	축16 BUSY	Y1F	축16 위치결정 기동

① D77MS16에서는 M코드 ON신호, 에러 검출 신호, 기동 완료 신호, 위치결정 완료 신호는 버퍼메모리 중의 "Md.31 스테이터스" 에서 신호를 참조하여 사용한다.

② QD77MS16에서는 축 정지신호, 정회전 JOG 기동 신호, 역회전 JOG 기동 신호, 실행 금지 플래그는 버퍼메모리 Cd.180~Cd.183에서 참조하여 사용한다.

다. 심플모션에서의 버퍼메모리

다음은 Md.31 스테이터스 버퍼메모리에서 필요한 신호를 참조하는 방법이다.

5축 이상을 제어하는 경우 입출력 신호 사양에서는 해당 신호를 찾을 수 없으므로 위치결정모듈 매뉴얼에서 찾아서 사용해야 한다. 우선 사용하는 QD77MS16의 해당 축에 대한 버퍼번호를 계산하도록 한다. 표에서 QD77MS16의 버퍼메모리 어드레스는 "2417+100n"으로 표기되어 있다. n에 축 번호를 대입하도록 한다. 방법은 1축인 경우 n의 값은 0으로 설정하면 된다.

따라서 QD77MS16을 사용하는 경우 "Md.31 스테이터스" 버퍼메모리 번호는 2417+100n의 n에 0을 대입한 결과 2417이 된다.

같은 방법으로 6축의 경우는 2417+100×(6−1)=2917이 된다.

M코드 ON신호, 에러 검출 신호, 기동 완료 신호, 위치결정 완료 신호는 버퍼메모리 2917의 12번 비트부터 15번 비트까지 신호를 모니터링하면 동작상태를 알 수 있다.

모니터값의 견해	공장출하시의 초기값	저장 버퍼메모리 어드레스	
		QD77MS2 QD77MS4	QD77MS16
■ 16진 표시로 모니터 합니다.	0008H	817+100n	2417+100n

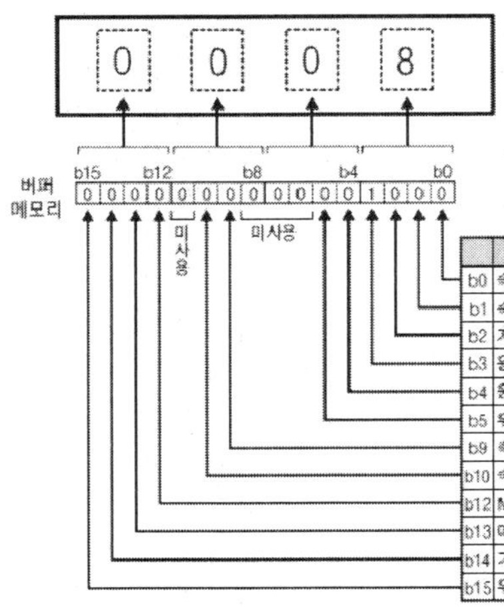

	저장 항목		초기값	의미
b0	속도제어중 플래그		0	0 : OFF 1 : ON
b1	속도 · 위치 전환 래치 플래그		0	
b2	지령 인포지션 플래그		0	
b3	원점복귀 요구 플래그		1	
b4	원점복귀 완료 플래그		0	
b5	위치 · 속도 전환 래치 플래그		0	
b9	축 경고 검출		0	
b10	속도 변경 0 플래그		0	
b12	M코드 ON	QD77MS16	0	
b13	에러 검출		0	
b14	기동 완료		0	
b15	위치결정 완료		0	

그림 12-2 Md.31 스테이터스 버퍼메모리

6번째 축의 동작상태를 모니터링하기 위한 프로그램을 아래와 같이 만들어 볼 수 있다.

그림 12-3 심플모션 QD77MS16에서의 Md.31 스테이터스 버퍼메모리

6번째 축의 스테이터스 버퍼메모리는 2917이 된다. 이중 비트 12번부터 비트 15까지는 위치결정모듈 QD77MS16의 입출력 할당표에는 없는 항목들이므로 직접 버퍼메모리에서 읽어온 데이터를 활용하여 서보운용 프로그램에서 사용하여야 한다.

동일하게 상한리미트 센서, 하한리미트 센서, 원점도그 센서 등의 On/Off상태도 버퍼메모리 2916에서 읽어볼 수 있다.

위와 동일한 방법으로 축 정지신호, 정회전 JOG 기동 신호, 역회전 JOG 기동 신호, 실행 금지 플래그는 버퍼메모리 Cd.180~Cd.183이서 참조하면 되므로 우선 위치결정 매뉴얼에서 Cd.180~Cd.183의 내용을 확인하도록 한다.

매뉴얼의 5장 위치결정 제어에 사용하는 데이터 "확장축 제어 데이터"에서 찾아 볼 수 있으며 검색 기능을 이용하여 Cd.180을 찾아보아도 된다.

다음 표는 QD77MS에서 사용하는 버퍼메모리를 용도별로 구분한 표이다. JOG운전에서 사용한 Cd.180~Cd.182의 제어데이터는 다시 "확장축 제어 데이터"라는 이름으로 추가한 것을 찾아 볼 수 있다. 이와 같이 QD77MS의 모듈별로 동일한 버퍼메모리를 사용할 수 있지만 제어하는 축 수가 늘어난 QD77MS16인 경우는 별도의 버퍼메모리가 필요하므로 버퍼메모리의 구조를 먼저 확인하는 것도 프로그램을 작성하는데 도움이 될 것이라고 생각한다.

버퍼메모리 영역 구성		버퍼메모리 어드레스 QD77MS2/QD77MS4	버퍼메모리 어드레스 QD77MS16	기록 가능 여부
파라미터 영역	기본 파라미터 영역	0+150n~15+150n		가능
	상세 파라미터 영역	17+150n~69+150n		
	원점복귀 기본 파라미터 영역	70+150n~78+150n		
	원점복귀 상세 파라미터 영역	79+150n~91+150n		
	확장 파라미터 영역	100+150n~149+150n		
	마크 검출 설정 파라미터 영역	54000+20k~54019+20k		
모니터 데이터 영역	시스템 모니터 영역	1200~1499 31300~31549	4000~4299 31300~31549	불가능
	축 모니터 영역	800+100n~899+100n	2400+100n~2499+100n	
	마크 검출 모니터 데이터 영역	54960+80k~55039+80k		
제어 데이터 영역	시스템 제어 데이터 영역	1900~1999	5900~5999	가능
	축 제어 데이터 영역	1500+100n~1599+100n	4300+100n~4399+100n	
	확장축 제어 데이터 영역		30100+10n~30109+10n	
	마크 검출제어 데이터 영역	54640+10k~54649+10k		
위치결정 데이터 영역 (No.1~100)	위치결정 데이터 영역	2000+6000n~2999+6000n	6000+1000n~6999+1000n	
위치결정 데이터 영역 (No.101~600)		3000+6000n~7999+6000n	GX Works2로 설정	
블록 기동 데이터...		26000+1000n~26049+1000n	22000+400n~22049+400n	
		...~26099+1000n	22050+400n~22099+400n	

표 12-5 심플모션의 버퍼메모리 어드레스

제어 데이터 영역중 "확장축 제어 데이터 영역"에서 축1에서부터 축16까지의 JOG운전을 위한 버퍼메모리의 사용방법을 찾아볼 수 있다.

설정 항목	설정값	공장출하시의 초기값	저장 버퍼메모리 어드레스 QD77MS2 QD77MS4	저장 버퍼메모리 어드레스 QD77MS16
Cd.180 축 정지 QD77MS16	■ 10진수로 설정합니다. 설정값 K □ ● 축 정지 1 : 축 정지 요구 1 이외 : 축 정지 요구 없음	0		30100+10n
Cd.181 정회전 JOG 기동 QD77MS16	■ 10진수로 설정합니다. 설정값 K □ ● 정회전 JOG 기동/역회전 JOG 기동 1 : JOG 기동 1 이외 : JOG 미기동	0		30101+10n
Cd.182 역회전 JOG 기동 QD77MS16		0		30102+10n
	■ 10진수로 설정합니다.			

표 12-6 JOG운전과 관련된 버퍼메모리

Cd.181과 Cd.182항목은 JOG운전의 정회전 역회전에 관련된 버퍼메모리이고 설정값 항목을 읽어보면 이 버퍼메모리에 1을 설정하면 서보모터의 JOG운전을 할 수 있다는 내용이다. 1축 정회전하기 위해서 사용할 버퍼메모리는 "30101+10n"에서 n은 1축이므로 0을 대입하면 버퍼메모리는 30101이 된다. 이 버퍼메모리에 1을 전송명령어 Mov를 이용하여 입력하면 서보모터는 정회전 되면서 전진을 할 것이다. JOG운전을 정지하려면 버퍼메모리는 30101에 1이 아닌 값을 설정하면 된다. 즉 0을 설정하면 JOG정회전 운전을 정지시킬 수 있게 된다.

JOG역회전도 동일한 방법으로 프로그램을 작성하면 되겠다. 사용할 버퍼메모리는 1축이므로 "30102+10n"에서 n은 1축이므로 0을 대입하면 30102가 된다.

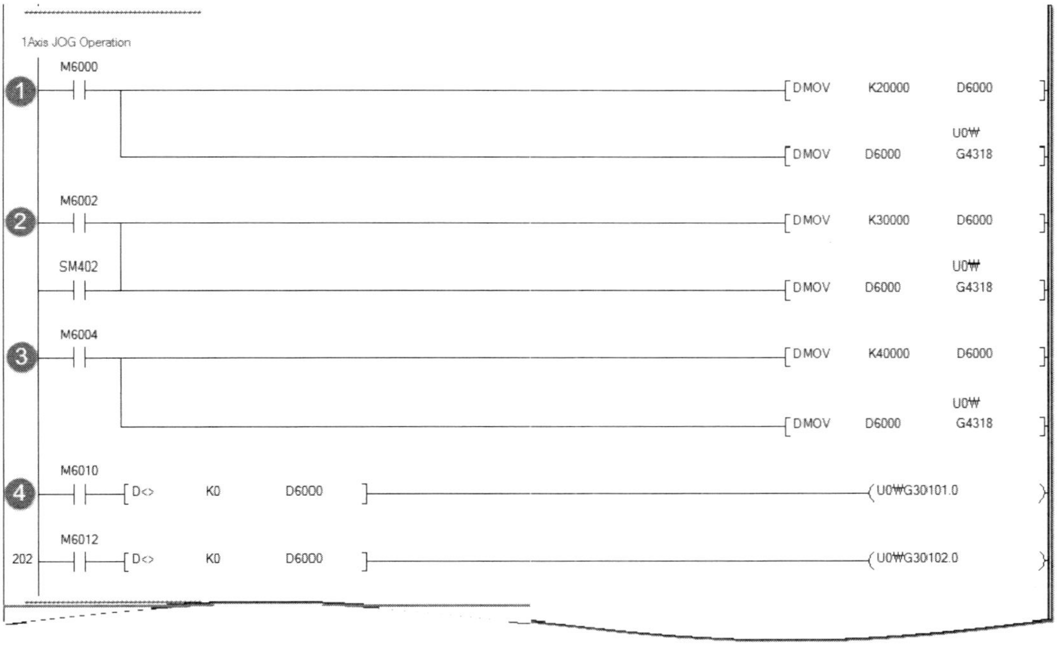

그림 12-4 버퍼메모리를 활용한 JOG운전 프로그램 예

① JOG운전을 하기 위해서 JOG운전 속도를 설정한다. 사용할 버퍼메모리는 4318이다. (1축 JOG운전 속도 설정을 위한 버퍼메모리 번호는 매뉴얼을 참조하여 찾아 보길 권한다.)샘플프로그램에서는 저속 설정용 스위치 M6000을 터치패널에 작성한 뒤 버튼을 누르면 설정값 20000이 버퍼메모리에 전송되도록 하였다.

② 중속에 해당하는 JOG속도를 설정하기 위해서 스위치 M6002를 누르거나 PLC전원을 On하면 자동적으로 초기 설정값으로 중속이 되도록 SM402를 하나 더 사용하였다.

③ 고속에 해당하는 JOG속도는 40000으로 하였다. 각각의 경우에 대해서 JOG속도의 설정은 적절하게 설정할 수 있도록 설정값을 조정하면 되겠다.

④ M6010버튼은 JOG정회전을 하기 위한 터치패널에 작성한 스위치이다. 물론 모멘터리 형태의 동작을 하도록 설정을 하여 스위치를 누르고 있는 상태에서만 JOG운전이 되도록 하였고 최종 JOG정회전 비트 출력인 버퍼메모리 30101의 첫 번째 비트 즉 30101.0을 코일 출력으로 만들어 주었다. 앞의 설명에서 버퍼메모리에 1을 입력한다는 의미는 이 버퍼메모리의 첫 번째 비트를 On하는 것과 동일한 결과를 갖기 때문에 코일출력을 On하거나 MOV명령으로 1을 입력하는 것과 동일하다. 하지만 MOV 명령을 사용할 경우에는 JOG운전을 정지시키기 위해 다시 MOV명령을 사용하여 0을 입력해 주어야 하는 번거로움이 생긴다. 따라서 코일출력 형태로 프로그램을 작성하는 것이 좀 더 편리할 것이다.

아래 JOG역회전에 해당하는 프로그램도 정회전과 동일한 구조이므로 버퍼메모리의 번호 설정만 혼동하지 않으면 별 문제는 없을 것이다. 샘플프로그램에서는 JOG속도가 설정되어 있는 상태에서만 JOG운전이 가능하도록 조건을 설정하였다.

물론 1축에서 4축까지는 기존의 방법대로 위치결정모듈의 출력신호에서 JOG정회전/역회전 출력을 만들어 주면서 운전이 가능하며 5축 이상의 경우에는 위에서 설명한 내용대로 프로그램을 해주어야 한다는 점을 주의하기 바란다.

그리고 원점복귀나 설정해 놓은 위치결정데이터를 실행하기 위해서 제공되는 전용명령인 ZP.PSTRT명령어는 1축에서 4축까지 제어를 하는 경우에 사용할 수 있고 5축 이상의 제어에서는 버퍼메모리와 기동신호를 사용하는 방법을 선택해야 한다.

다음과 같이 QD77MS16에서는 각 축마다 버퍼메모리를 확인할 수 있다.

설정 항목	설정값	공장출하시의 초기값	저장 버퍼메모리 어드레스	
			QD77MS2 QD77MS4	QD77MS16
Cd.3 위치결정 기동번호	■ 10진수로 설정합니다. 설정값 K □□□□ ● 위치결정 데이터No. • 1~600 : 위치결정 데이터No. • 7000~7004 : 블록 기동 지정 • 9001 : 기계 원점복귀 • 9002 : 고속 원점복귀 • 9003 : 현재값 변경 • 9004 : 복수축 동시 기동	0	1500+100n	4300+100n

표 12-7 위치결정기동번호 버퍼메모리

표에서 알 수 있는 것과 같이 QD77MS2(또는 4)에서의 위치결정기동용 제어데이터의 번호는 기존 QD75D 모듈과 동일하지만 QD77MS16에서는 이와는 다른 버퍼메모리가 할당되어 있음을 확인할 수 있다. 4300+100n(n은 축 번호에서 1을 뺀 값)으로 설정하면 된다. 이 버퍼메모리에 설정하는 값은 이전과 동일하므로 원점복귀를 위해서는 9001을 저장해 놓은 위치결정 데이터를 실행하기 위해서는 1~600까지의 범위의 위치결정 데이터 No.를 설정하면 되겠다.

이를 토대로 하여 원점복귀를 할 수 있도록 프로그램을 예를 들어 설명하도록 하겠다.

우선적으로 스테이터스 버퍼메모리에서 원점복귀 기동조건으로 사용할 신호로는 비트 번호14의 기동완료 신호와 비트번호15의 위치결정기동완료 신호이다. 앞에서 샘플프로그램에서 설명한 것과 같이 버퍼메모리 2917에서 읽어와 D6510에 저장하도록 한 것을 기억하면 되겠다. 이제 각각 D6510.E와 D6510.F에 해당하는 접점신호로 사용할 수 있다.

원점복귀를 위해 설정값 9001을 저장해 놓은 상태에서 6축 위치결정기동용 제어데이터의 번호인 4800번 버퍼에 써넣는다. 4300+100n에서 n에는 축 번호 6에서 1을 뺀 결과 5이므로 4300+100×(6−1)으로 4800이 계산된 것이다. 여기까지가 서보를 어떠한 방식으로 움직일 것인가에 대한 설정이라고 보면 된다. 이제 기동명령만 On하면 서보모터는 원점복귀동작을 실행하게 된다. 즉 6축의 위치결정기동신호인 Y15을 On하면 된다. 지금 설명하는 것은 심플모션 유닛 QD77MS이 첫 번째 슬롯에 장착된 것을 기준이라는 것을 다시 한 번 환기하도록 하자.

위치결정기동 신호가 On되고 그에 따른 기동완료 신호 D6510.E가 On되면 위치결정기동신호인 Y15을 Off하도록 하였다. 위치결정기동신호의 On된 상태에서 에러(D6510.C)가 발생되는 경우에도 Off가 되도록 하는 것도 추가하였다. 함께 사용할 수 있는 것은 Busy신호인 X15가 있다.

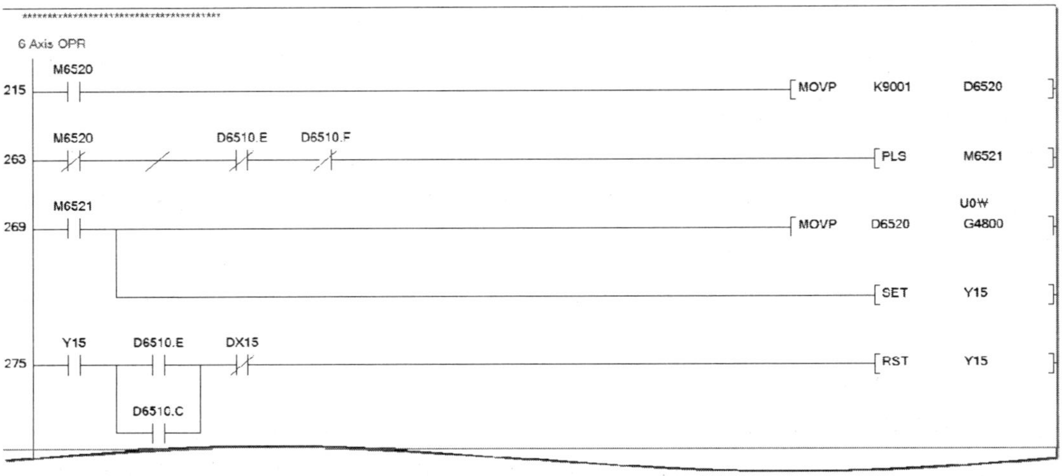

그림 12-5 버퍼메모리를 활용한 원점복귀 프로그램 예

원점복귀가 완료된 상태에서의 확인할 만한 신호를 스테이터스 버퍼메모리에서 찾아보면 원점복귀 요구와 원점복귀 완료가 있다. 각각 비트3과 비트4에 해당하는 신호이므로 6축인 경우 D6510.3과 D6510.4에 해당한다.

다음은 에러가 발생된 경우의 에러번호 표시와 리셋을 위한 버퍼메모리에 대한 것이다.

심플모션 QD77MS 매뉴얼의 "제5장 위치결정 제어에 사용하는 데이터" 중에서 "축 모니터 데이터"에서 찾아보면 다음과 같이 축에러를 표시하는 버퍼메모리를 확인할 수 있다.

저장 항목	모니터값의 견해	공장출하시의 초기값	저장 버퍼메모리 어드레스	
			QD77MS2 QD77MS4	QD77MS16
Md.23 축 에러번호	■ 10진 표시로 모니터 합니다. 모니터값 □□□□□ ← ● 에러 번호 에러 번호(에러코드)의 자세한 내용은 「16.5절 에러 일람」 참조	0	806+100n	2406+100n

표 12-8 축 에러 번호 버퍼메모리

확인할 사항은 QD77MS16을 사용하는 경우의 버퍼메모리 번호이다. 2406+100n이라고 표기되어 있다. 여기에서 예를 들어 설명하고 있는 것은 6번째 축이므로 2406+100(6−1)에 의해 2906번 버퍼메모리에 축 에러에 해당하는 코드가 저장되어 있다.

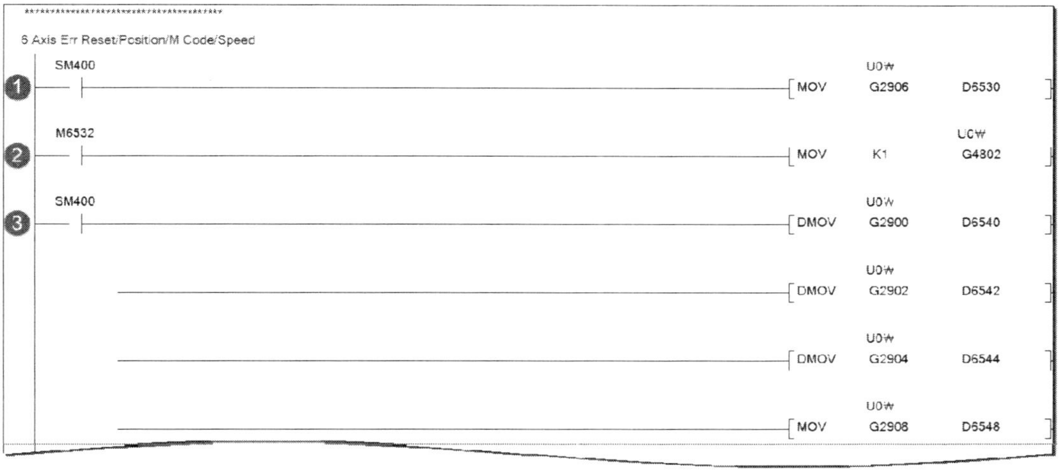

그림 12-6 축 에러리셋/현재위치/현재속도 프로그램 예

① 에러코드는 항상 표시 가능해야 하므로 SM400(항상 On)접점을 사용하여 버퍼메모리에서 읽어 오도록 하였다.

② 에러의 리셋기능으로 터치패널에 "에러리셋"이라고 스위치 M6532를 만들고 6축 에러리셋용 버퍼메모리에 "1"을 설정하여 리셋이 되도록 하였다.

③ 항목은 서보모터의 속도와 현재위치(이송현재값, 이송기계값)에 해당하는 내용과 M Code를 사용하는 경우 M Code를 표시하기 위해 버퍼메모리에서 읽어오도록 프로그램 하였다.

다음 표를 확인하고 스스로 프로그램에서의 버퍼메모리 번호를 확인하도록 하자.

설정 항목	설정값	공장출하시의 초기값	저장 버퍼메모리 어드레스	
			QD77MS2 QD77MS4	QD77MS16
Cd.5 축 에러 리셋	■ 10진수로 설정합니다. 설정값 K 1 ● 에러 리셋 요구 1 : 축 에러를 리셋 시킵니다. 축 에러 리셋 완료 후는 QD77MS에 의해 자동적으로 「0」이 저장됩니다. (축 에러 리셋이 완료한 것을 나타냅니다.)	0	1502+100n	4302+100n

저장 항목	모니터값의 견해	공장출하시의 초기값	저장 버퍼메모리 어드레스	
			QD77MS2 QD77MS4	QD77MS16
Md.20 이송 현재값	■ 16진 표시로 모니터 합니다. 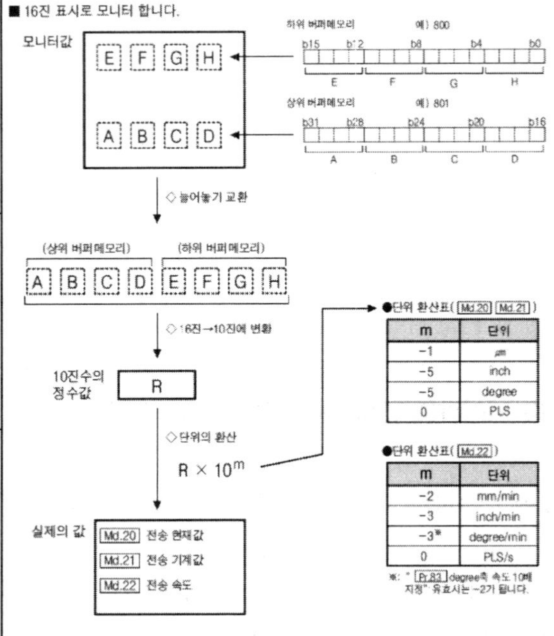 	0000H	800+100n 801+100n	2400+100n 2401+100n
Md.21 이송 기계값		0000H	802+100n 803+100n	2402+100n 2403+100n
Md.22 전송 속도		0000H	804+100n 805+100n	2404+100n 2405+100n
Md.25 유효 M코드	■ 10진 표시로 모니터 합니다.  	0	808+100n	2408+100n

표 12-9 축 에러리셋/현재위치/이동속도 버퍼메모리

참고적으로 심플모션 QD77MS에서는 서보앰프의 알람내용도 PLC에서 읽어볼 수 있다. 서보앰프에 알람이 발생하면 아래와 같이 버퍼메모리(Md.114 서보 알람)에 서보앰프의 LED에 표시되는 알람 No.가 저장된다. 서보앰프, 모터 등의 하드웨어 이상이나 서보 파라미터 이상인 경우에 발생하고 에러 발생시는 서보 OFF가 되어 축은 정지하게 된다. 에러 요인을 없애고 나서 서보앰프를 리셋한다. 서보 알람의 내용에서 에러 내용 및 처치 방법은 매뉴얼("제16장 에러의 진단과 대처" 의 서보앰프가 검출한 경고와 서보앰프 기술자료집)을 참조하도록 한다.

표 12-10 서보앰프의 알람내용 표시 버퍼메모리

축 번호	버퍼메모리 어드레스		
	QD77MS2	QD77MS4	QD77MS16
1	888	888	2488
2	988	988	2588
3		1088	2688
4		1188	2788
5			2888
~			~
16			3988

라. 심플모션 QD77MS에서의 티칭

QD77MS2(또는 4)모듈에서의 티칭은 ZP.TEACH□ 전용명령어가 지원되기 때문에 프로그램을 하는데는 어려움이 없다. 하지만 QD77MS16모듈을 사용할 경우에는 전용명령어를 사용하지 않고 다음 표에서와 같은 제어 데이터를 사용한다.

표 12-11 티칭관련 버퍼메모리

설정 항목	모니터값	저장내용	버퍼메모리 어드레스	
			QD77MS2 QD77MS4	QD77MS16
Cd.1 플래시 ROM 기입요구	→	설정한 내용을 플래시 ROM에 기입(변경한 데이터를 백업)	1900	5900
Cd.38 티칭데이터 선택	→	『이송현재값』을 어느 쪽에 기입할지 설정 0: 『위치결정어드레스/이동량』에 기입 1: 『원호어드레스』에 기입	1548+100n	4348+100n
Cd.39 티칭위치 결정데이터 No.	→	티칭을 실행하는 데이터 지정 설정값이 1~600일 때 티칭실행, 티칭완료시 0으로 클리어됨	1549+100n	4349+100n

Cd38 티칭 데이터 선택과 Cd39 티칭 위치결정 데이터 No.의 두 개의 버퍼메모리를 사용한다. 이 방법은 QD75D 모듈을 설명한 부분에 소개가 되었으니 자세한 설명은 생

략하도록 하겠다.

샘플 프로그램은 아래와 같다. 6번째 축을 대상으로 티칭을 하기 위한 프로그램이다.

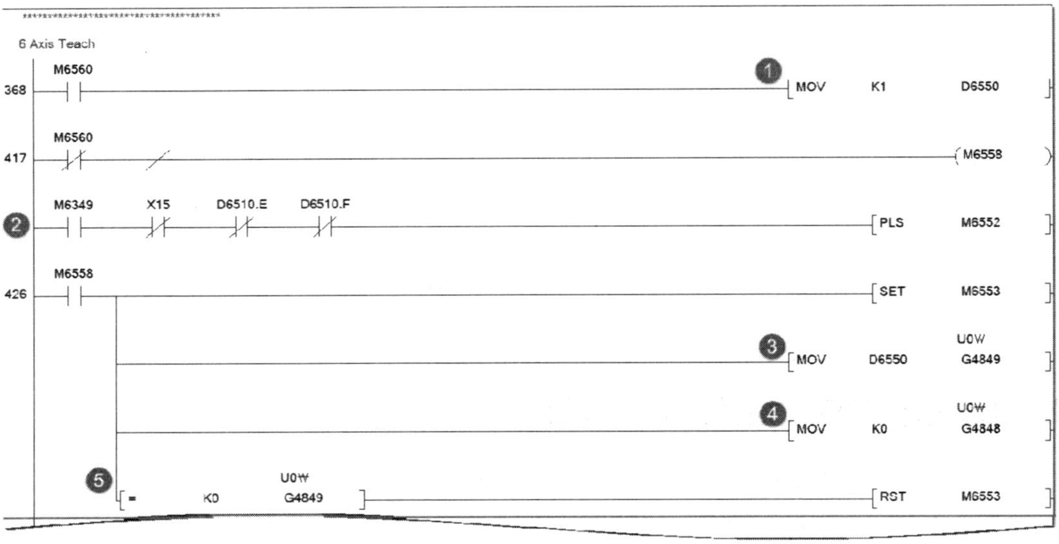

그림 12-7 버퍼메모리를 활용한 티칭 프로그램 예

① 위치결정데이터 No.1에 서보모터의 현재위치를 티칭하기 위해서 상수(K1)을 지정하였다. 위치결정데이터 No.는 1~600까지이므로 직접 상수값을 지정하는 것보다는 터치패널에서 이 값을 직접 지정할 수 있도록 수치입력기능을 사용하는 것도 좋은 방법이 될 것이다.

② 서보모터가 정지중이라는 의미의 조건을 추가하여 실행이 될 수 있도록 하였다. 사용한 조건은 Busy신호(X15)와 기동완료(D6510.E)와 위치결정기동완료(D6510.F)를 사용하였다.

③ Cd38 티칭 데이터 선택용 버퍼메모리 4849에 ① 항목에서 지정한 내용대로 티칭한 서보모터의 현재위치값을 저장할 위치결정데이터 No.를 D6550에서 전송받았다.

④ 위치결정어드레스에 저장되어 있는 서보모터의 현재위치를 티칭하기 위해서 상수(K0)을 지정하였다. 또는 원호어드레스에 저장되어 있는 데이터를 티칭하려면 상수(K1)을 지정하면 된다.

⑤ 티칭동작이 에러 없이 잘 진행이 되었다면 Cd39 티칭 위치결정 데이터 No.에 설정한 데이터는 "0"으로 바뀌므로 이를 비교명령을 사용하여 확인하고 티칭을 하기 위해 SET해 놓았던 접점을 RST하는데 사용하였다.

12-2 서보 앰프

가. 서보 앰프의 상태를 모니터할 수 있는 버퍼메모리

표 12-12 서보앰프 모니터용 버퍼메모리

	항목	모니터 내용
1	Md.101 실 현재값	실제의 현재값(이송 현재값-편차 카운터값)을 모니터
2	Md.102 편차 카운터값	이송 현재값과 실현재값의 차이를 모니터
3	Md.103 모터 회전수	서보모터의 회전수를 모니터
4	Md.104 모터 전류값	서보모터의 전류값을 모니터
5	Md.106 서보앰프 소프트웨어 번호	사용하고 있는 서보앰프의 소프트웨어 번호를 모니터
6	Md.107 파라미터 에러 번호	에러가 발생한 서보 파라미터의 파라미터 No.를 모니터
7	Md.108 서보 스테이터스	서보앰프 상태(서보 스테이터스)를 모니터
8	Md.125 서보 스테이터스3	
9	Md.109 회생 부하율 /임의 데이터 모니터 출력1	· 허용 회생 전력에 대한 회생 전력의 비율을 모니터 · 임의 데이터 모니터 데이터종별 설정시 "Pr.91 임의데이터 모니터데이터 종별 설정1" 의 내용을 모니터
10	Md.110 실효 부하율 /임의 데이터 모니터 출력2	· 연속 실효 부하 토크를 모니터 · 임의 데이터 모니터 데이터 종별 설정시 "Pr.92 임의 데이터 모니터 데이터 종별 설정2" 의 내용을 모니터
11	Md.111 피크 부하율 /임의 데이터 모니터 출력3	· 최대 발생 토크를 모니터 · 임의 데이터 모니터 데이터 종별 설정시 "Pr.93 임의 데이터 모니터 데이터 종별 설정3" 의 내용을 모니터
12	Md.112 /임의 데이터 모니터 출력4	임의 데이터 모니터 데이터 종별 설정시 "Pr.94 임의 데이터 모니터 데이터 종별 설정4" 의 내용을 모니터
13	Md.113 세미·풀 상태	세미 클로즈드 제어/풀 클로즈드 제어 상태를 모니터
14	Md.114 서보 알람	서보앰프의 알람을 모니터
15	Md.115 엔코더 옵션 정보	엔코더의 옵션 정보를 모니터

나. 서보앰프 파라미터

QD77MS모델에 연결할 수 있는 서보앰프의 종류는 SSCNET통신이 가능한 MR-J4(W)-B와 MR-J3(W)-B이 있다. PLC의 CPU를 경유하여 QD77MS모듈과 서보 앰프간 통신으로 연결되어 있으므로 간단하게 GX-Works2를 이용하여 파라미터를 설정할 수 있는 기능을 지원한다.

아래는 각 서보 앰프의 파라미터의 종류와 파라미터에 할당되어 있는 버퍼메모리를 표시한 것이다. 이 표에서 알 수 있는 것은 해당 파라미터의 내용을 PLC프로그램을 이용하여 변경하거나 설정되어 있는 내용 그리고 운전중 서보모터나 서보앰프의 특정값을 모니터 할 수 있다는 것이다.

1) 서보 시리즈

표 12-13 서보앰프 서보시리즈 버퍼메모리

항목	설정내용	설정범위	초기값	설정용 버퍼메모리 어드레스	
				QD77MS2 QD77MS4	QD77MS16
서보 시리즈 Pr.100	QD77MS에 접속되어 있는 서보앰프 시리즈를 설정 • 서보시리즈는 반드시 설정해주십시오. 공장출하시의 초기값「0」에서는 서보앰프와의 통신을 개시하지 않습니다.(서보앰프의 LED 표시는 "Ab" 를 표시) • "SSCNET 설정" 의 설정에 의해 접속 가능한 서보앰프가 다릅니다.	0 : 설정 없음 1 : MR-J3-□B MR-J3W-□B(2축 일체) 3 : MR-J3-□B-RJ006 (풀 클로즈드 제어 대응) MR-J3-□BS(세이프티 대응) 4 : MR-J3-□B-RJ004 (리니어 대응) 6 : MR-J3-□B-RJ080W (다이렉트 드라이브 모터 대응) 7 : MR-MT1200 (펄스 변환 유닛) 32 : MR-J4-□B MR-J4W-□B (2축 일체, 3축 일체) 96 : VC II (닛키덴조 주식회사 제품) 4097 : 가상 서보앰프 (MR-J3) 4128 : 가상 서보앰프 (MR-J4)	0	30100+ 200n	28400+ 100n

2) MR-J4(W)-B의 파라미터

서보앰프		버퍼메모리 어드레스	
파라미터 No.	초기값	QD77MS2 QD77MS4	QD77MS16
PA01	1000h	30101+200n	28401+100n
PA02	0000h	30102+200n	28402+100n
PA03	0000h	30103+200n	28403+100n
PA04	2000h	30104+200n	28404+100n
PA05	10000	30105+200n	28405+100n
PA06	1	30106+200n	28406+100n
PA07			+100n

서보앰프		버퍼메모리 어드레스	
파라미터 No.	초기값	QD77MS2 QD77MS4	QD77MS16
PA18	0000h	30118+200n	28418+100n
PA19	00ABh	30932+50n	GX Works2로 설정
PA20	0000h	64400+250n	64400+70n
PA21	0001h	64401+250n	64401+70n
PA22	0000h	64402+250n	64402+70n
PA23	0000h	64403+250n	64403+70n
[illegible]	0000h	64404+250n	

표 12-14 MR-J4(W)-B의 파라미터

파라미터의 종류는 기본 설정 파라미터 PA, 게인 · 필터 설정 파라미터 PB, 확장 설정 파라미터 PC, 입출력 설정 파라미터 PD, 확장 설정2 파라미터 PE, 특수 설정 파라미터 PS, 확장 설정3 파라미터 PF, 옵션 설정 파라미터 Po, 리니어 서보모터/DD모터 설정 파라미터 PL, 위치결정 제어 파라미터 PT등이 있으나 버퍼메모리에 PLC프로그래밍을 하여 직접 설정하는 방법이 있지만 GX-Works2에서 설정하는 것이 좀 더 편리할 수 있다.

3) MR-J3(W)-B의 파라미터

서보앰프		버퍼메모리 어드레스	
파라미터 No.	초기값	QD77MS2 QD77MS4	QD77MS16
PA01	0000H	30101+200n	28401+100n
PA02	0000H	30102+200n	28402+100n
PA03	0000H	30103+200n	28403+100n
PA04	0000H	30104+200n	28404+100n
PA05	0	30105+200n	28405+100n
PA06	1	30106+200n	28406+100n
PA07	1	30107+200n	28407+100n
PA08	0001H	30108+200n	28408+100n
PA09	12	30109+200n	28409+100n
PA10	100	30110+200n	28410+100n

서보앰프		버퍼메모리 어드레스	
파라미터 No.	초기값	QD77MS2 QD77MS4	QD77MS16
PA11	1000.0	30111+200n	28411+100n
PA12	1000.0	30112+200n	28412+100n
PA13	0000H	30113+200n	28413+100n
PA14	0	30114+200n	28414+100n
PA15	4000	30115+200n	28415+100n
PA16	0	30116+200n	28416+100n
PA17	0000H	30117+200n	28417+100n
PA18	0000H	30118+200n	28418+100n
PA19	000BH	30932+50n	GX Works2로 설정

n : 축No.-1

표 12-15 MR-J3(W)-B의 파라미터

파라미터의 종류는 기본 설정 파라미터 PA, 게인 · 필터 설정 파라미터 PB, 확장 설정 파라미터 PC, 입출력 설정 파라미터 PD, 확장 제어 파라미터 PE, 특수 설정 파라미터 PS, 그외 설정 파라미터 PF, 옵션 유닛 파라미터 Po 등이 있으나 버퍼메모리에 PLC 프로그래밍을 하여 직접 설정하는 방법이 있지만 GX-Works2에서 설정하는 것이 좀 더 편리할 수 있다.

파라미터 변경(QD77MS로부터 서보앰프에 파라미터 전송) 후, 한번 서보앰프의 전원을 OFF 하여 전원을 재투입하는 것으로써 파라미터는 유효가 된다.

다. GX-Works2에서 설정하는 방법

Navigation윈도우에서 등록한 QD77MS모듈을 클릭하고 Simple Motion Module Setting을 더블 클릭한다.

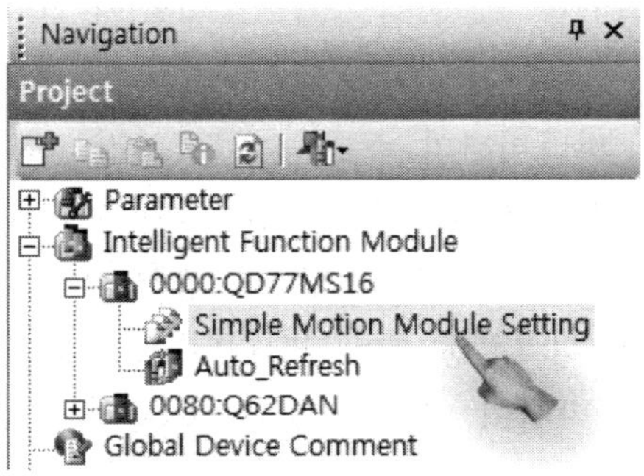

그림 12-8 심플모션 모듈 파라미터

새로운 윈도우 창이 표시된다. 제목줄에 "MELSEC Simple Motion Module Setting Tool" 이라고 표시되어 있다.

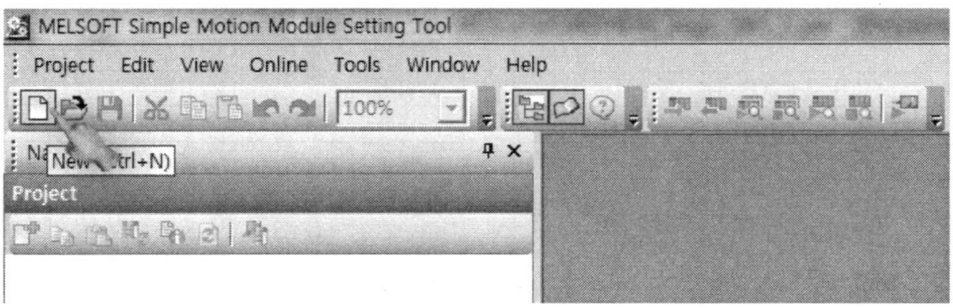

그림 12-9 Simple Motion Module Setting

새로운 프로젝트를 등록해서 사용해야 하므로 Project 메뉴에서 New를 선택하거나 New 아이콘을 클릭한다.

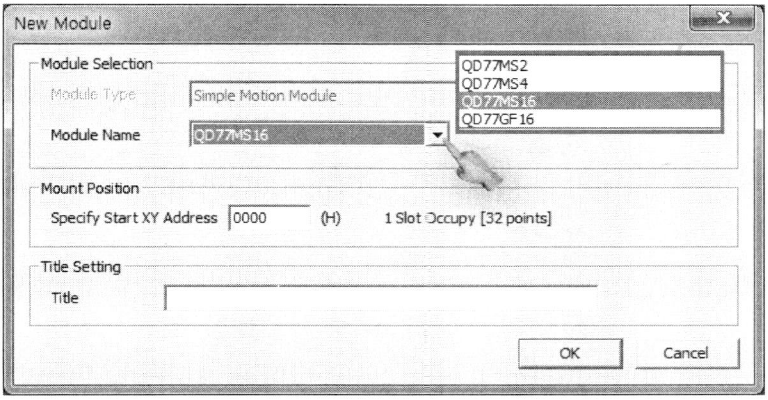

그림 12-10 심플모션모듈 선택

새로운 모듈의 등록에 대한 설정윈도우이다. Module Name에서 사용하는 심플모션 모듈을 선택한다. 실습에서 사용하는 것은 QD77MS16모듈이므로 해당 모듈을 선택하였다. 그리고 하단의 Module Position항목의 QD77MS모듈의 선두번지가 정확한지 확인하도록 한다. 다음 "OK" 버튼을 클릭한다.

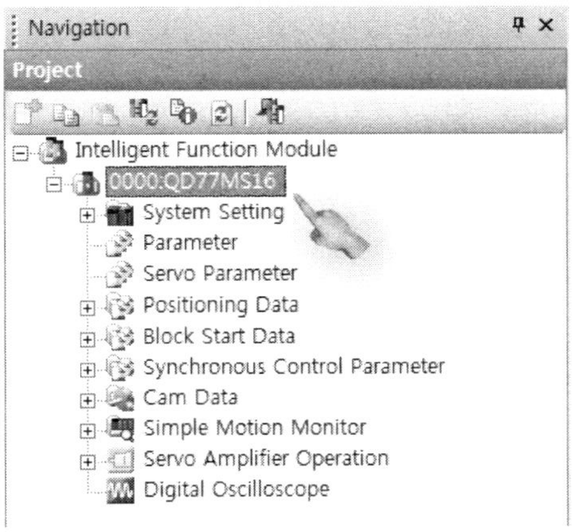

그림 12-11 심플모션 파라미터 설정

Intelligent Function Module에 QD77MS16모듈이 등록되었고 하부에 설정할 수 있는 항목들이 여러 개 보인다. 이 중에서 SSCNET으로 연결되는 위치결정 모듈의 경우 서보앰프의 파라미터를 설정할 수 있도록 "Servo Parameter" 메뉴가 추가 된다. 이 메뉴를 클릭하여 서보앰프의 파라미터를 읽거나 쓸 수 있다.

다른 항목들에 대해서 이미 설명하였으므로 여기에서는 "Servo Parameter " 메뉴에 대해서만 간략하게 설명하기로 한다.

첫 번째로 서보드라이브와 서보모터의 설정을 위해 System Setting 〉 System Configuration 항목을 클릭하도록 한다.

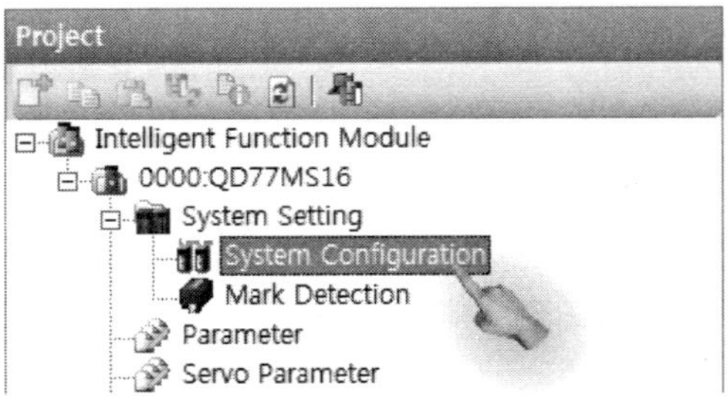

그림 12-12 System Configuration

축 번호 1(Axis #1)부터 축 번호 16까지 시스템에 적용한 서보모터의 구성을 여기에서 설정할 수 있다. 그림상의 서보앰프와 서보모터를 마우스로 더블 클릭하여 설정을 하도록 한다.

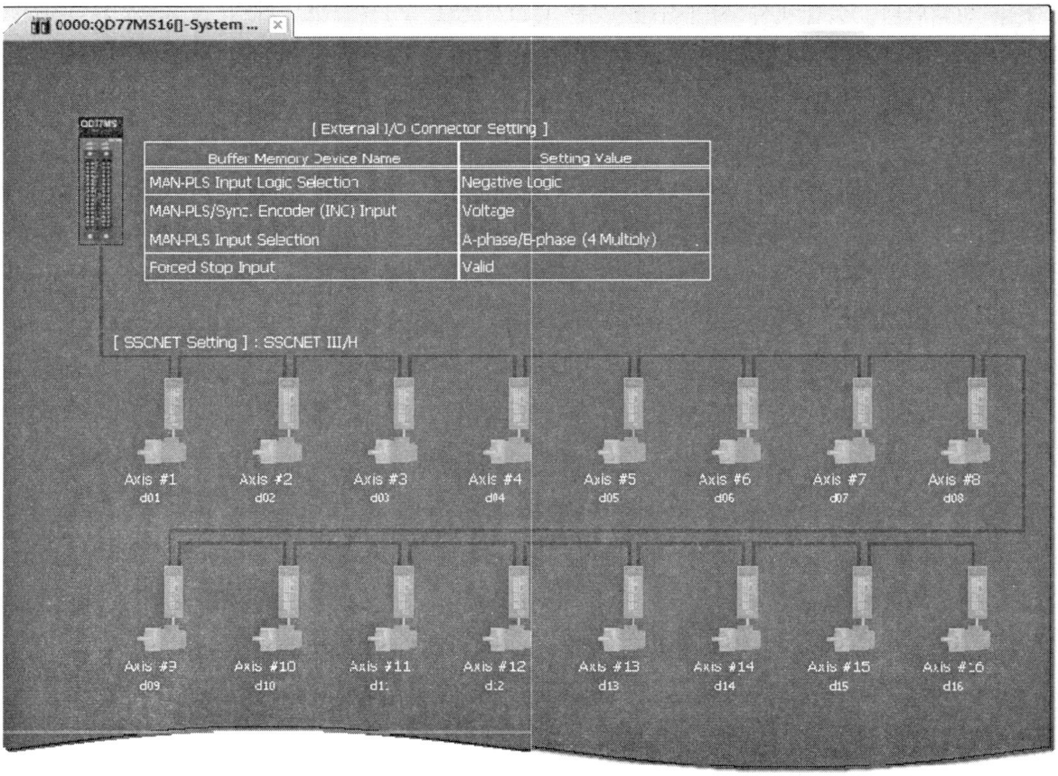

그림 12-13 QD77MS16의 System Configuration

축 번호 1의 서보 앰프에 대한 설정을 예로 설명을 하도록 하자.
서보앰프에 설정한 번호와 동일하게 설정하도록 한다.

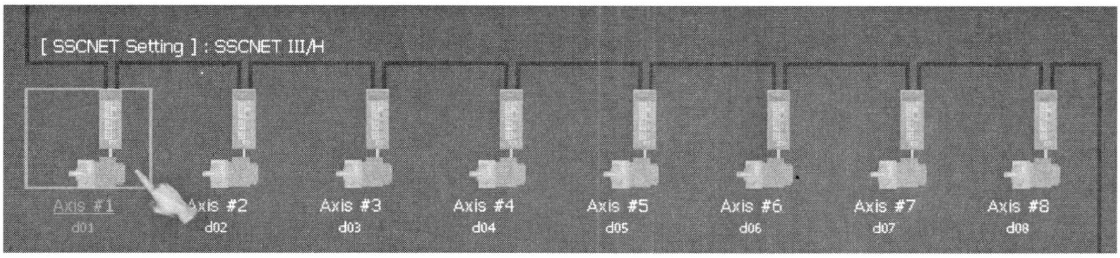

그림 12-14 QD77MS16의 System Configuration

해당 그림을 더블 클릭하면 서보앰프 설정윈도우가 표시된다.

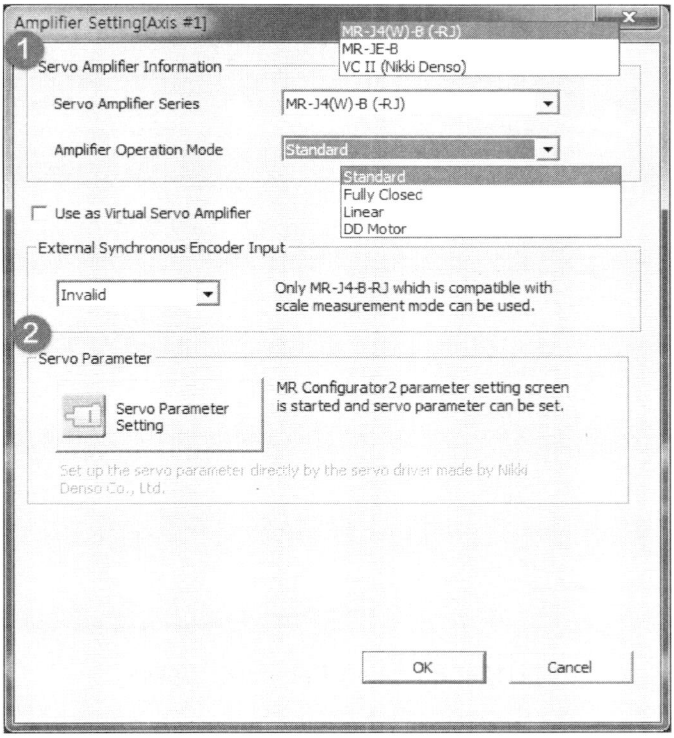

그림 12-15 서보앰프 설정

① 서보앰프의 종류와 동작모드에 대한 설정이다. 동작모드에서 특이한 것은 리니어모터와 DD 모터를 선택할 수 있다는 것이다. 요즘 리니어 모터에 대한 사용이 많아지

는 것 같다.

- 표준 : 회전형 서보모터를 표준(세미 클로즈드 시스템)으로 사용하는 경우.
- 풀-클로 : 회전형 서보모터를 풀 클로즈드 시스템으로 사용하는 경우.(대응 예정)
- 리니어 : 리니어 서보모터를 사용하는 경우.
- DD : 다이렉트 드라이브 모터(DD모터)를 사용하는 경우.

② 서보앰프의 파라미터 설정에 대한 버튼이다. MR Configurator2가 설치를 요구할 수 있다.

서보 앰프의 파라미터를 설정하기 위해 "Servo Parameter Setting" 버튼을 클릭해 보자. MR Configurator2를 설치하였다면 다음과 같이 파라미터 설정할 수 있는 탭이 표시된다.

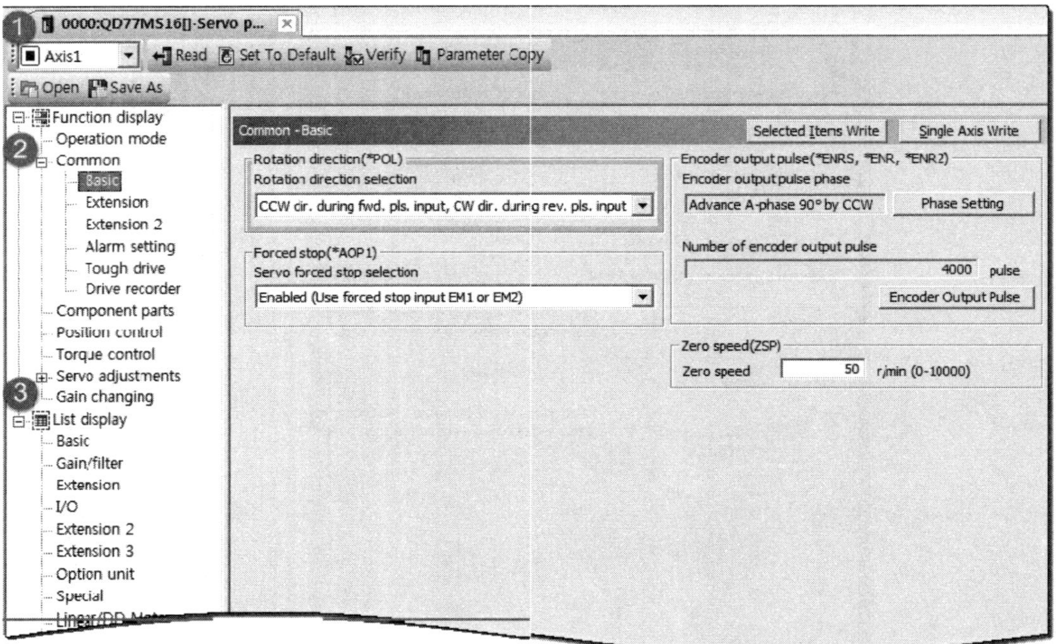

그림 12-16 Servo Parameter Setting

① 설정할 축 번호를 선택할 수 있게 되어있다. 설정되어 있는 파라미터를 읽어오거나 기본설정으로 변경을 할 수 있으며 컴퓨터에 저장되어 있는 파라미터와 비교하고 또 파라미터를 복사할 수 있는 아이콘들이 나열되어 있다. 아래로 설정한 파라미터를 저장하거나 불러오는 아이콘도 볼 수 있다.

② 항목은 파라미터를 기능별로 구분하여 나열하고 세분화된 항목들을 화면의 오른쪽에 풀다운 메뉴를 제공하여 설정하도록 한 구조를 가지고 있다. 아직까지 프로그램이 한글화되지 않은 관계로 영어로 표시되어 불편함을 느끼겠지만 표시된 내용이 많지 않으므로 충분하게 사용할 수 있으리라 믿고 싶다. 반드시 설정하거나 확인할 파라미터에 대해서는 뒤에 따로 설명하도록 하고 여기에서는 설정 툴(Tool)의 구조에 대해서만 언급하도록 하는 것으로 하겠다.

③ ②항목의 내용과 동일하지만 List형태로 표시한 것이다. 때에 따라서 기능별 파라미터의 설정항목들을 한눈에 볼 수 있기 때문에 좀 더 쉽게 살펴볼 수 있다.

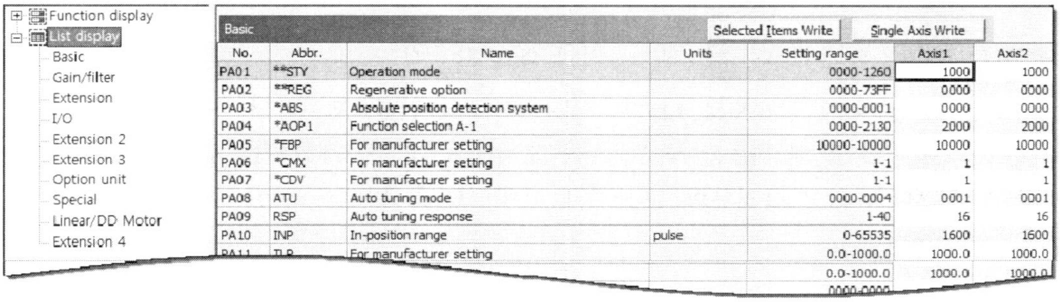

No.	Abbr.	Name	Units	Setting range	Axis1	Axis2
PA01	**STY	Operation mode		0000-1260	1000	1000
PA02	**REG	Regenerative option		0000-73FF	0000	0000
PA03	*ABS	Absolute position detection system		0000-0001	0000	0000
PA04	*AOP1	Function selection A-1		0000-2130	2000	2000
PA05	*FBP	For manufacturer setting		10000-10000	10000	10000
PA06	*CMX	For manufacturer setting		1-1	1	1
PA07	*CDV	For manufacturer setting		1-1	1	1
PA08	ATU	Auto tuning mode		0000-0004	0001	0001
PA09	RSP	Auto tuning response		1-40	16	16
PA10	INP	In-position range	pulse	0-65535	1600	1600
PA11	TLP	For manufacturer setting		0.0-1000.0	1000.0	1000.0
				0.0-1000.0	1000.0	1000.0

그림 12-17 Servo Parameter Setting(List Display)

각각의 표시형식에서 오른쪽 상단의 선택된 항목의 파라미터만 서보앰프에 써넣을지 선택된 축에 대한 파라미터를 모두 써넣는 기능의 버튼이 만들어져 있다.

파라미터 설정이 완료된 상태에서 OK버튼을 클릭하면 축 번호 1의 서보모터와 앰프 그림이 뚜렷해짐을 볼 수 있다.

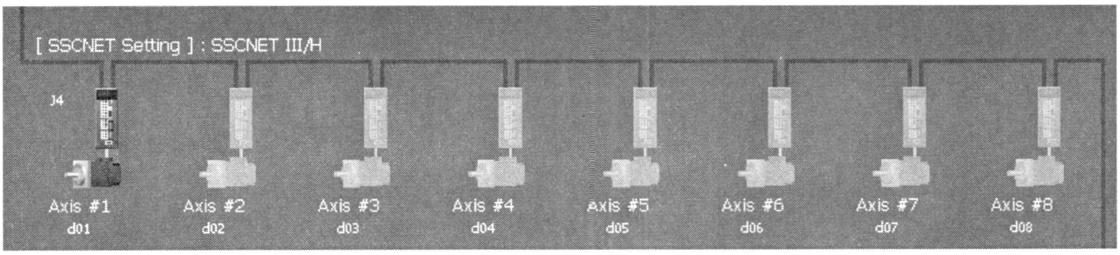

그림 12-18 서보앰프 파라미터 설정완료 상태

축 번호 2의 설정이 동일하다면 마우스 오른쪽 버튼을 클릭해 복사한 뒤 붙여넣으면 동일한 설정을 쉽게 할 수 있는 기능도 제공이 된다.

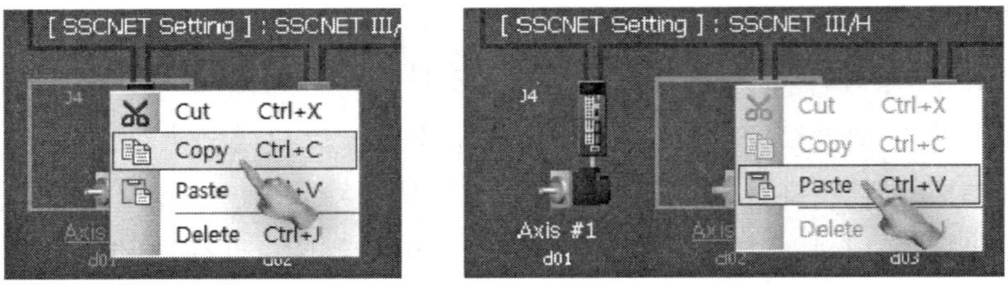

그림 12-19 서보앰프 파라미터의 복사

라. 서보앰프의 외형상의 특징

축선택용 로터리 스위치(SW1)와 제어축 설정 스위치(SW2)

서보앰프의 스위치 설정으로 테스트 운전모드로의 전환, 제어축의 무효 설정 및 제어축 번호의 설정을 할 수 있다. 서보앰프의 표시부(3자릿수 7세그먼트 LED)로 전원 투입 시의 서보 시스템 콘트롤러와의 교신 상태의 확인, 축 번호의 확인, 이상시의 고장 진단을 실시한다.

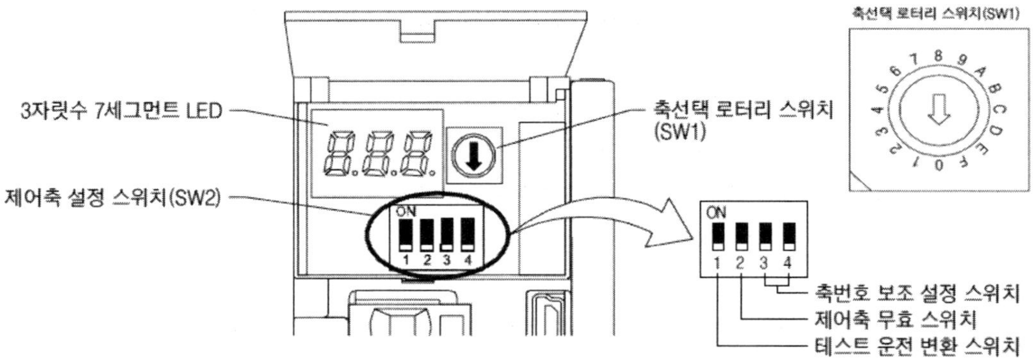

그림 12-20 서보앰프의 축선택 스위치

① 축선택 로터리 스위치(SW1)
서보앰프의 축번호를 설정한다.

② 제어축 설정 스위치(SW2)
테스트 운전 스위치, 제어축 무효 설정 스위치, 축번호 보조설정 스위치가 있다.
축선택 로터리 스위치(SW1)의 설정과 제어축 설정스위치 중 3, 4번 스위치인 축번호 보조 설정 스위치의 설정을 조합하는 것으로 서보의 제어축 번호를 1축~64축으로 설정할 수 있다.

③ 서보앰프의 커넥터 연결 포트의 용도

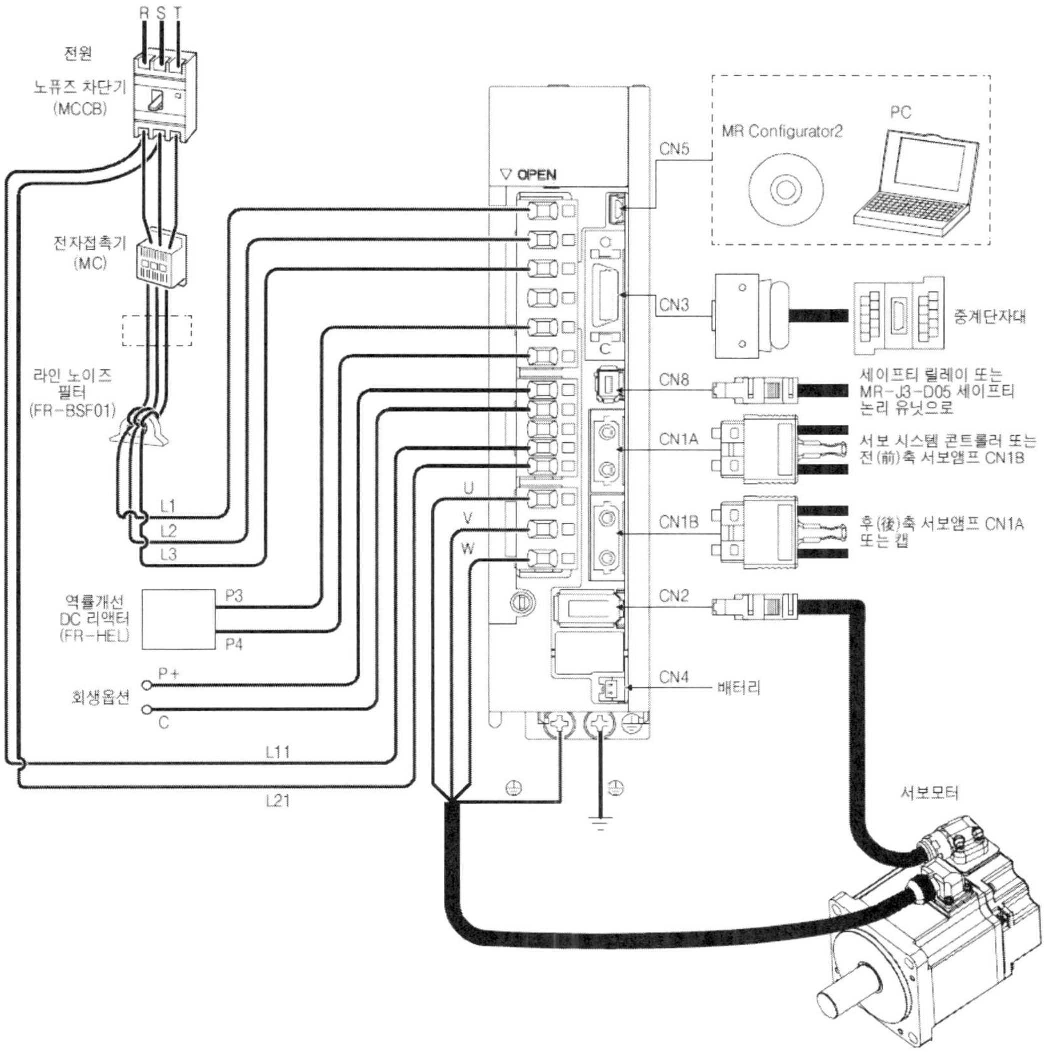

그림 12-21 서보앰프의 커넥터 연결 포트의 용도

표 12-16 서보앰프의 커넥터 연결 포트의 용도

기호	명칭	기능	비고
CNP1	주회로 전원 컨넥터	입력 전원 접속	L1 · L2 · L3
CNP2	제어회로 전원 컨넥터	제어회로 전원, 회생옵션 접속	L11 · L21
CNP3	서보모터 전원 컨넥터	서보모터 접속	U · V · W
CN2	엔코더 컨넥터	서보모터 엔코더 접속	
CN3	입출력 신호용 컨넥터	디지털 입출력 신호 접속	
CN4	배터리용 컨넥터	절대위치 데이터 보존용 배터리 또는 배터리 유닛 접속	
CN5	USB 통신용 컨넥터	PC 접속	
CN8	STO 입력 신호용 컨넥터	MR-J3-D05 세이프티 논리 유닛이나 외부 세이프티 릴레이 접속	
CN1A	SSCNETⅢ 케이블 접속용 컨넥터	서보시스템 콘트롤러 또는 전(前)축 서보앰프 접속	
CN1B	SSCNETⅢ 케이블 접속용 컨넥터	후(後)축 서보앰 접속. 최종축의 경우 캡 장착	

마. SSCNETⅢ 케이블의 접속

CN1A 컨넥터에는 콘트롤러 또는 전(前)축의 서보앰프로 연결되는 SSCNETⅢ 케이블을 접속한다. CN1B에는 후(後)축의 서보앰프로 연결되는 SSCNETⅢ 케이블을 접속한다. 최종축의 서보앰프의 CN1B 컨넥터에는 서보앰프에 부속되어 있는 캡을 씌운다.

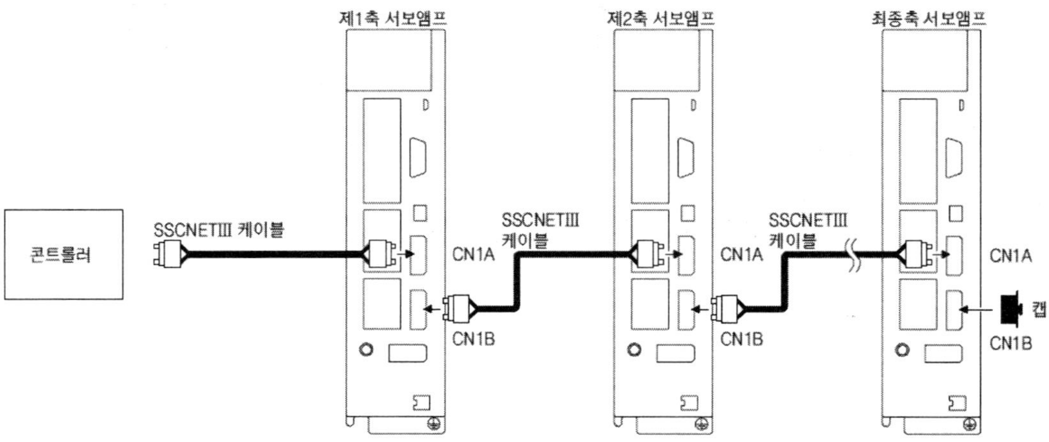

그림 12-22 SSCNETⅢ 케이블의 접속

12-3 심플모션 QD77MS 모듈의 파라미터 설정

심플모션 QD77MS 모듈과 QD75D모듈의 파라미터 설정항목에서의 차이점이 몇 가지 있어서 간단하게 알아보도록 하겠다.

가. 모터의 회전방향

파라미터에는 모터의 회전방향에 대한 설정항목이 없어졌다는 것이다. 물론 서보앰프에서 설정하면 되는 항목이다. 아래 그림은 이전 QD75D모듈을 사용했을 경우 Rotation Direction이라는 항목이 있었다는 것을 독자들께서는 기억이 날것이라 생각된다. 심플모션 QD77MS 모듈을 사용했을 경우 설정항목이 사라졌다는 점에서 당황스러웠던 상황이 발생했던 때가 있었다.

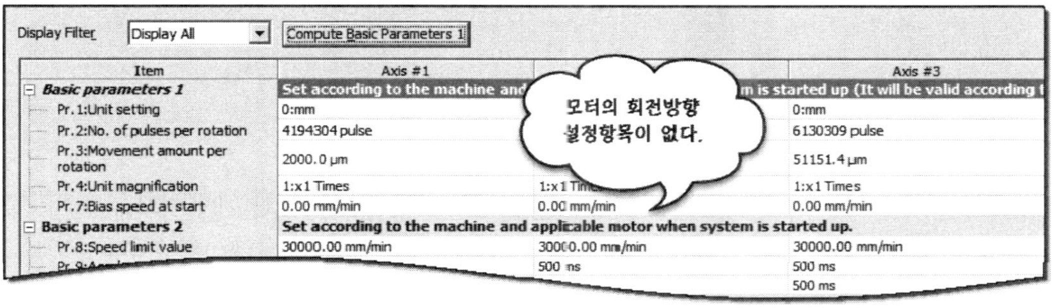

그림 12-23 모터의 회전방향 파라미터

서보앰프 매뉴얼(MR-J4-B)의 기본설정파라미터[PA.14]항목에서 모터의 회전방향 설정에 대한 내용이 있으므로 참조하여 설정하면 문제없으리라 생각된다. 설정하는 방법은 JOG운전 등으로 모터를 회전시켜 보고 회전방향이 의도한 것과 반대인 경우 초기설정되어 있는 설정값과 반대로 설정하면 된다. 물론 서보앰프의 전원을 Off → On하여 설정값이 적용되도록 하는 것도 잊어서는 안될 것이다.

<table>
<tr><th>번호</th><th>약칭</th><th>명칭과 기능</th><th>초기값
(단위)</th><th>설정
범위</th></tr>
<tr><td>PA14</td><td>*POL</td><td>회전방향 선택/이동방향 선택
지령 입력 펄스 회전방향 또는 이동방향을 선택합니다.
<table>
<tr><th rowspan="2">설정값</th><th colspan="2">서보모터 회전방향/리니어 서보모터 이동방향</th></tr>
<tr><th>위치결정 어드레스 증가</th><th>위치결정 어드레스 감소</th></tr>
<tr><td>0</td><td>CCW 또는 정방향</td><td>CW 또는 부방향</td></tr>
<tr><td>1</td><td>CW 또는 부방향</td><td>CCW 또는 정방향</td></tr>
</table>
서보모터의 회전방향은 다음과 같습니다.
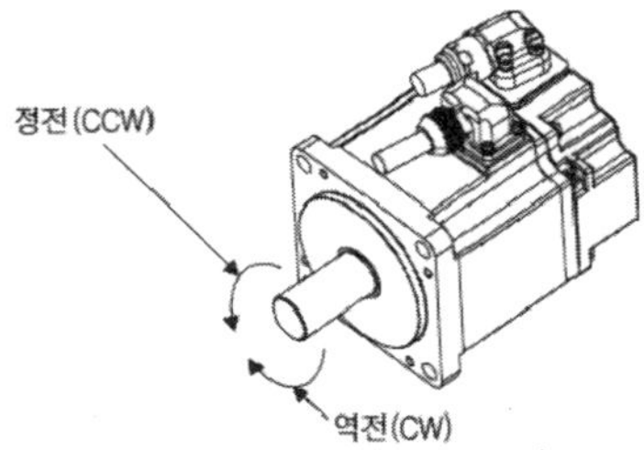

</td><td>0</td><td>0~1</td></tr>
</table>

표 12-17 모터의 회전방향 파라미터

나. 강제정지 기능

강제정지 기능(Forced stop valid/invalid selection)의 설정에 관한 내용이다. 이 항목은 서보앰프에서도 설정하는 항목이 있으므로 반드시 확인할 사항이다.

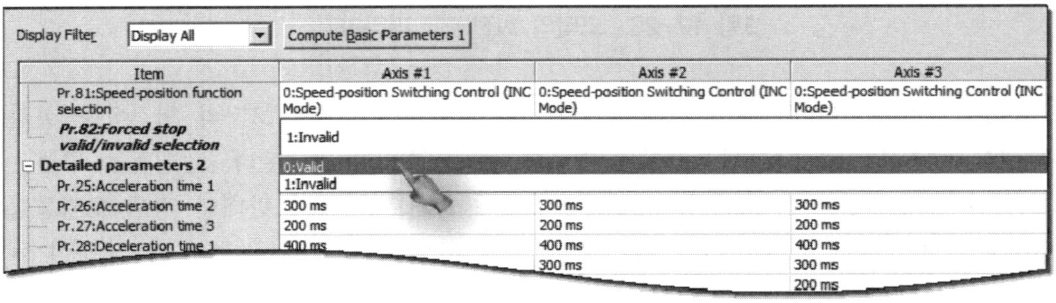

그림 12-24 강제정지용 파라미터

QD77MS 모듈의 외부회로의 설계 내용을 보면 QD77MS의 긴급정지 사용시의 회로 예에 대한 도면이 있다. 여기에서 강제 정지 기능에 대한 언급이 나온다.

1) 긴급정지 입력신호를 사용하는 경우의 배선

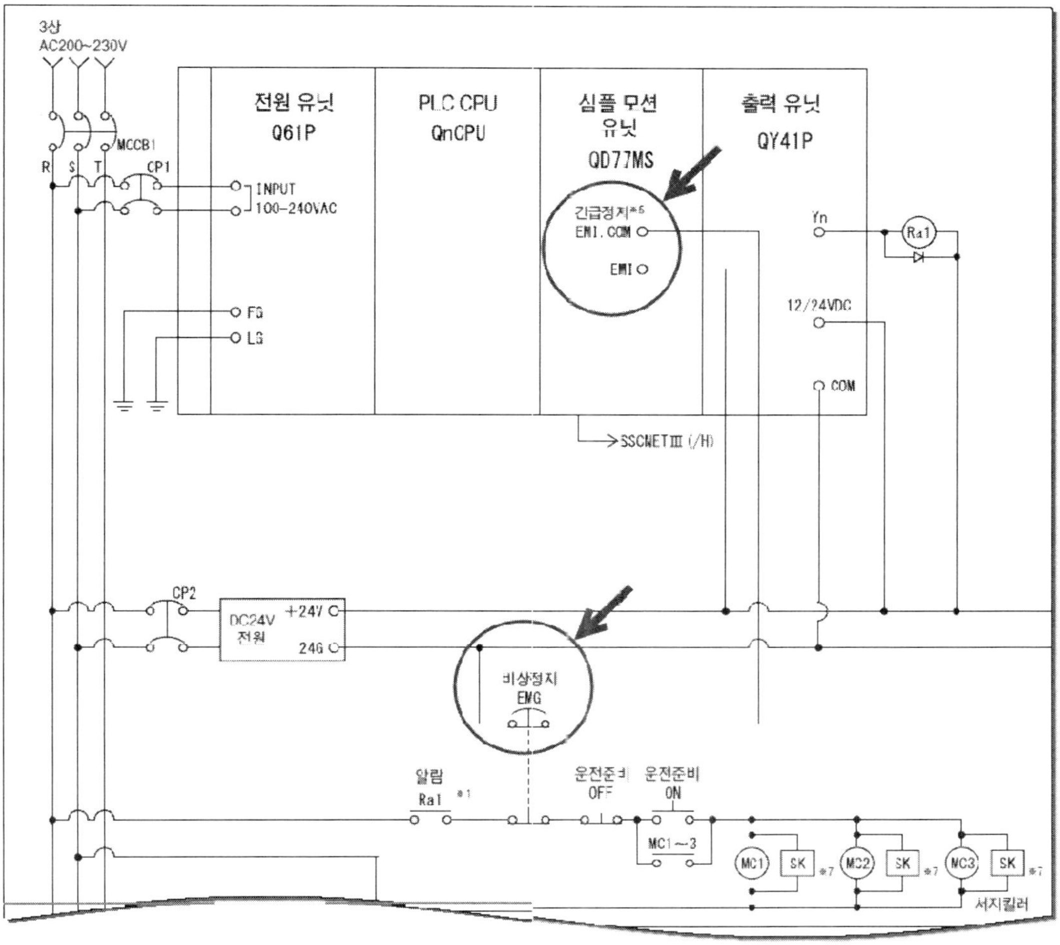

그림 12-25 긴급정지용 배선

긴급정지 기능을 사용하는 경우에는 QD77MS의 긴급정지 입력단자를 아래 그림과 같이 배선한다. (긴급정지 입력(EMI, EMI.COM)으로의 접속은 +, - 어느 쪽이나 가능하다.)

긴급정지의 배선이 필요한 경우에는 반드시 부(-)논리로 배선하고 b접점을 사용한다.

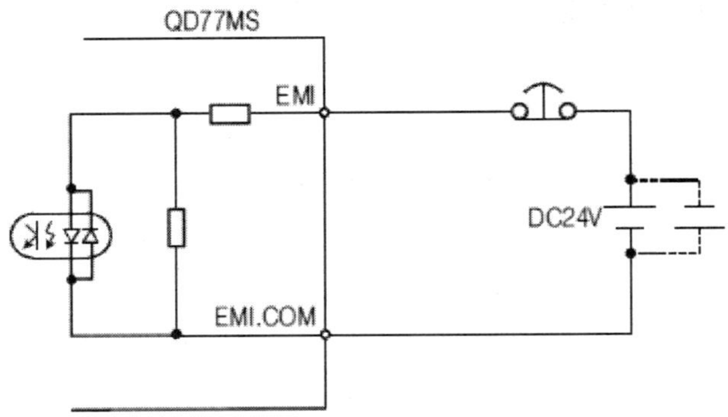

그림 12-26 긴급정지용 배선 예

2) 긴급정지의 설정 방법

「긴급정지 기능」을 사용하려면 시퀀스 프로그램에 의해 아래에 나타내는 데이터를 설정한다.

설정한 내용은 PLC 레디신호 [Y0] 가 OFF → ON로 유효가 된다.

표 12-18 긴급정지유효/무효 설정 파라미터

설정 항목	모니터 값	저장내용	버퍼메모리 어드레스	
			QD77MS2 QD77MS4	QD77MS16
Pr.82 긴급정지유효/ 무효 설정	→	긴급정지기능 설정 0:유효 긴급정지사용 1:무효 긴급정지사용하지 않음	35	35

긴급정지 입력의 유효/무효를 선택한다.(축1의 설정값만 유효하다.)

긴급정지 유효/무효 설정을「유효」로 설정 후, 긴급정지 입력을 ON하면 서보앰프의 전체축을 일괄 정지시킨다. 또한, 운전 중에 긴급정지 입력을 ON해도「서보 레디 OFF 에러」(에러코드 : 102)는 발생하지 않는다.

0 : 「유효」… 긴급정지를 사용한다.

1 : 「무효」… 긴급정지를 사용하지 않는다.

설정값이 0, 1 이외의 경우에는「긴급정지 유효/무효 설정에러」(에러코드 : 937)가 발생한다.

긴급정지유효/무효설정이「무효」일 때 "Md.50 긴급정지입력" 은1이 된다.

3) 긴급정지의 확인 방법

긴급정지 입력의 ON/OFF 상태는 아래의 파라미터에서 확인할 수가 있다.

표 12-19 긴급정지입력 파라미터

모니터 항목	모니터 값	저장내용	버퍼메모리 어드레스	
			QD77MS2 QD77MS4	QD77MS16
Md.50 긴급정지입력	→	긴급정지입력(EM1)의 ON/OFF 상태를 저장 0:긴급정지입력ON중 1:긴급정지입력OFF중	1431	4231

다. 서보앰프의 강제정지

1) 강제정지1 (EM1)

EM1을 사용하는 경우, [Pr.PA04]를 "0 0 _ _" 으로 설정해서 사용 가능하게 한다. EM1을 OFF(커몬간을 개방)로 하면 강제정지 상태가 되어 베이스 차단해서 다이나믹 브레이크가 작동해 서보모터를 감속 정지시킨다.

강제정지 상태로부터 EM1을 ON(커몬간을 단락)으로 하면 강제정지 상태를 해제할 수 있다.

EM1을 사용하지 않는 경우, [Pr.PA04]를 "0 1 _ _" 으로 설정한다. 관련된 파라미터인 PA04 "기능선택 A-1" 에 대해 알아보도록 하겠다.

이 기능은 강제정지 입력 및 강제정지 감속 기능을 선택하는 것이다. 감속방법에 대한 것은 앞 페이지의 [Pr.PA04]의 설정 내용 표를 참조하기 바란다.

표 12-20 서보앰프의 강제정지 1 (EM1)

설정 자릿수	설 명	초기값
_ _ _ x	메이커 설정용	0h
_ _ x _		0h
_ x _ _	서보 강제정지 선택 0 : 유효(강제정지 입력 EM2 또는 EM1을 사용) 1 : 무효(강제정지 입력 EM2 및 EM1을 사용하지 않는다.)	0h
x _ _ _	강제정지 감속 기능 선택 0 : 강제정지 감속 기능 무효(EM1을 사용) 2 : 강제정지 감속 기능 유효(EM2를 사용)	2h

2) 강제정지 EM2의 배선 방법

서보앰프의 강제정지 단자(EM2)를 사용해 강제정지를 실시할 수 있다.

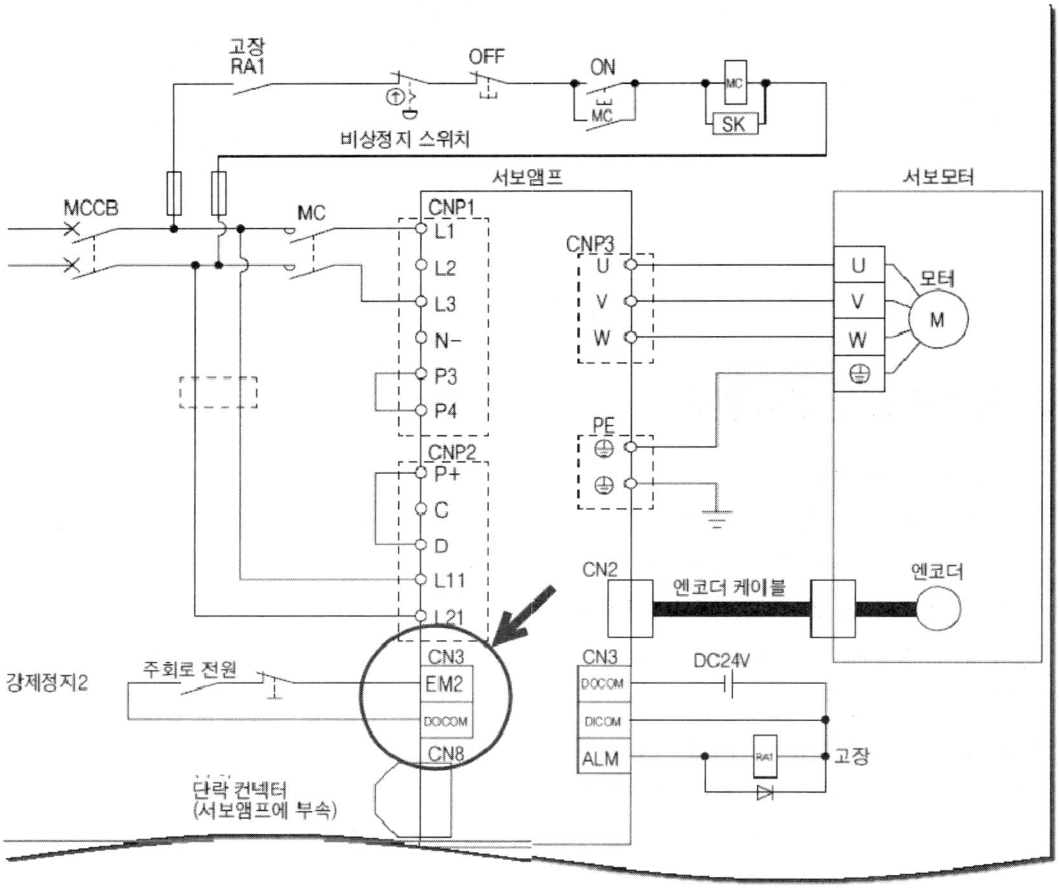

그림 12-27 강제정지 EM2의 배선 방법

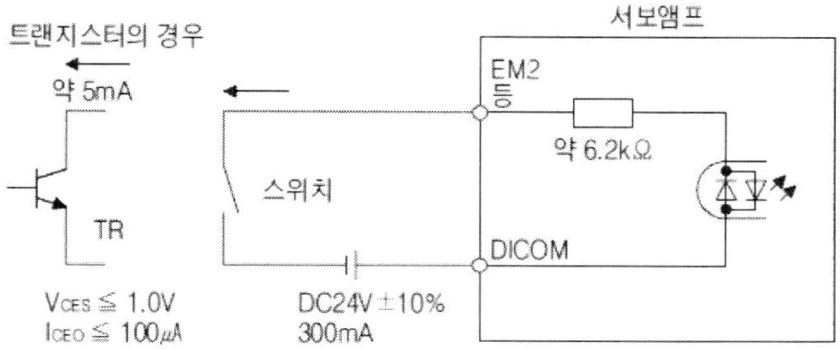

그림 12-28 강제정지 EM2의 배선 예

EM2를 OFF(커몬간을 개방)로 하면 지령에 의해 서보모터를 감속 정지시킨다.

강제정지 상태로부터 EM2를 ON(커몬간을 단락)으로 하면 강제정지 상태를 해제할 수 있다.

EM2를 사용하지 않는 경우, [Pr.PA04]를 "2 1 _ _" 으로 설정한다.

다음은 [Pr.PA04]의 설정 내용을 나타낸다.

표 12-21 서보앰프 강제정지관련 파라미터 PA04

[Pr.PA04]의 설정값	EM2/EM1의 선택	감속 방법	
		EM2 또는 EM1이 OFF	알람이 발생
0 0 _ _	EM1	강제정지 감속을 실시하지 않고 MBR(전자 브레이크 인터록)이 OFF가 됩니다.	강제정지 감속을 실시하지 않고 MBR(전자 브레이크 인터록)이 OFF가 됩니다.
2 0 _ _	EM2	강제정지 감속 후에 MBR(전자 브레이크 인터록)이 OFF가 됩니다.	강제정지 감속 후에 MBR(전자 브레이크 인터록)이 OFF가 됩니다.
0 1 _ _	EM2/EM1을 사용하지 않습니다.		강제정지 감속을 실시하지 않고 MBR(전자 브레이크 인터록)이 OFF가 됩니다.
2 1 _ _	EM2/EM1을 사용하지 않습니다.		강제 정지 감속 후에 MBR(전자 브레이크 인터록)이 OFF가 됩니다.

EM2와 EM1은 배타 기능이다. 즉 하나의 단자(CN3-20)을 사용하기 때문에 하나는 a접점으로 다른 하나는 b접점으로 동작한다는 의미이다. 설명은 EM2가 기준이 되어 설명되고 있다.

단, 토크제어 모드의 경우, EM2는 EM1과 같은 기능의 디바이스가 된다.

3) 타이밍 차트

EM2(강제정지2)가 OFF가 되면 [Pr.PC24 강제정지시 감속 시정수]의 값에 따라 감속한다. 감속 지령이 완료되고 서보모터의 속도가 [Pr.PC07 영속도] 이하가 되면 베이스 차단하여 다이나믹 브레이크가 작동한다.

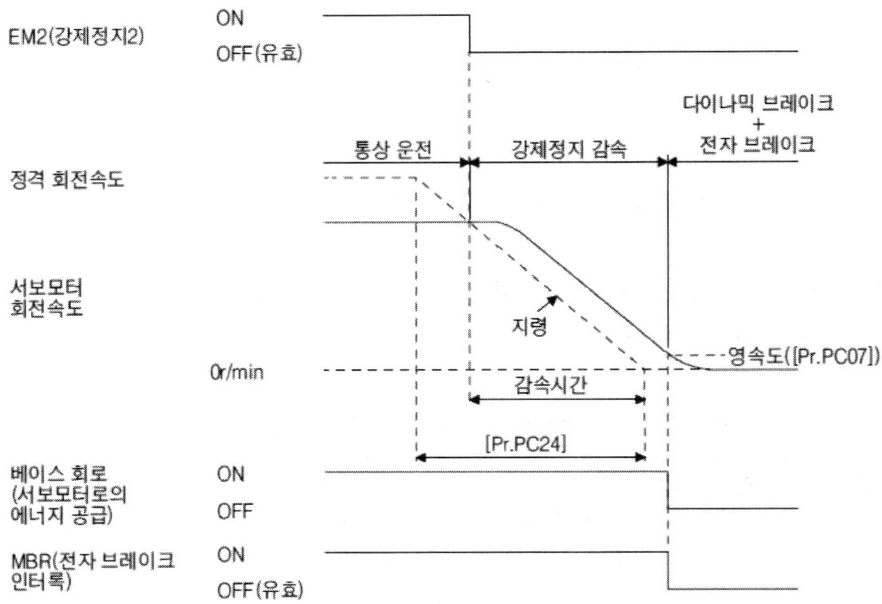

그림 12-29 강제정지 타이밍 챠트

서보앰프의 EM1(강제정지)이 OFF 하면, 다이나믹 브레이크가 동작해서 서보모터가 프리-런이 되고 서보앰프의 표시부에 "E6.1" (강제정지 경고)을 표시된다. 통상 운전중에 서보앰프의 EM1(강제정지)을 사용해 서보모터의 정지, 운전을 반복하면 서보앰프의 수명이 짧아지는 경우가 있다.

라. 심플모션 QD77MS에 추가된 원점복귀방식

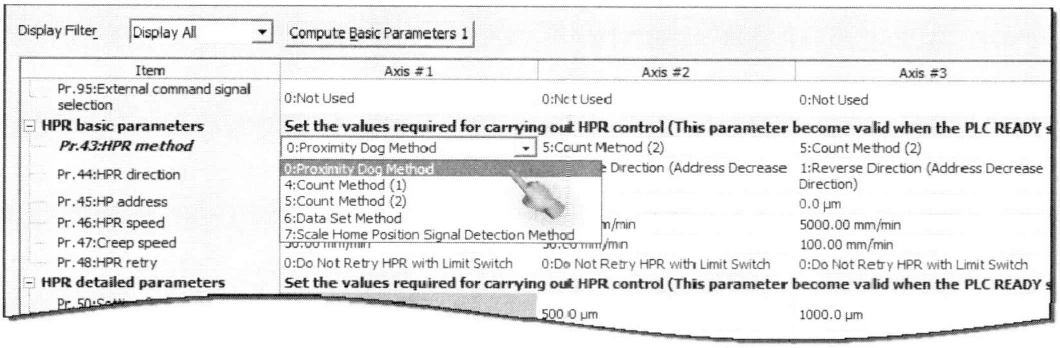

그림 12-30 심플모션QD77MS 원점복귀 파라미터

심플모션 QD77MS을 사용했을 때 원점복귀방식으로 사용할 수 있는 방법이 2가지 추가되었다.

첫 번째로 " 데이터 세트식" 으로 이 방식의 특징은 절대위치 시스템인 경우에 적용할 수 있고 근점 도그를 사용하지 않는 원점복귀 방법이라는 것이다.

데이터 세트식 원점복귀에서는 기계 원점복귀를 했을 때의 위치가 원점으로서 QD77MS에 등록되고 이송 현재값, 이송 기계값이 원점 어드레스에 재입력 된다. 원점 위치로의 이동은 JOG 운전, 수동펄서 운전으로 실행한다.

「데이터 세트식」의 동작 개요는 다음과 같다.

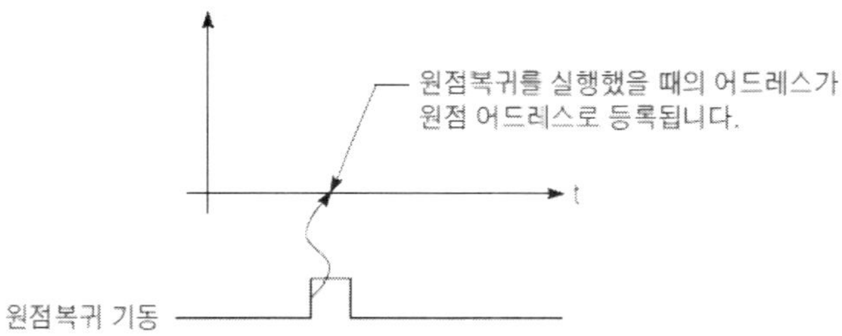

그림 12-31 데이터 세트식 원점복귀 동작개요

동작도에서 알 수 있는 것과 같이 이 데이터 세트 방식은 원점복귀 기동 명령을 하면 서보모터의 현재 정지하고 있는 위치가 "원점" 으로 사용하는 기준점으로 기억된다는 것이다. 따라서 현재위치를 전원의 On/Off에 상관없이 기억하고 있어야 하므로 절대위치 시스템에서만 사용할 수 있는 방식이며 근점도그가 필요 없는 이유가 된다. 원점의 위치를 자유롭게 지정해서 사용할 수 있다는 장점이 있는 방식이 된다.

다음과 같이 원점복귀를 하기 위한 조건이 있으므로 조건이 충족된 상태에서 원점복귀를 실행하도록 한다.

전원을 투입하고 나서 기계 원점복귀를 실행할 때까지 반드시 영점을 통과해 둘 필요가 있다. 영점을 한 번도 통과하지 않고 원점복귀를 실행하면 "영점 미통과 에러" 가 된다.

"영점 미통과 에러" 가 된 경우에는 에러 리셋 후, 서보모터가 1회전 이상 움직이도록 JOG 운전 등을 실행한 후, 재차 기계 원점복귀를 실행할 필요가 있다. 단 서보앰프 파라미터 중 「기능선택C-4(PC17)」 에서 「1 : 전원투입 후 모터Z상 통과 불필요」 를 선택한 경우, 영점을 통과하지 않아도 원점복귀가 가능하다. 데이터 세트식의 경우에 사용하는 원점복귀 데이터는 "원점복귀 방법" 과 "원점 어드레스" 가 된다. 원점복귀 방법과 원점 어드레스 이외의 원점복귀 데이터는 데이터 세트식 원점복귀 방법에서는 사용하지만, 설정 범위외의 값이 설정되어 있으면 PLC 레디신호 [Y0]를 ON했을 때에 에러가 되어 QD77 준비완료 [X0]가 OFF되지 않는다. 원점복귀 방법과 원점 어드레스 이외의 원점복귀 데이터는 PLC 레디신호 [Y0]를 ON했을 때, 에러가 되지 않도록 각 데이터의 설정 범위 내의 임의의 값(초기값으로 가능)을 설정할 필요가 있다.

두 번째 원점복귀 방식으로 "스케일 원점 신호 검출식" 이 있다. 동작 개요는 다음과 같다.

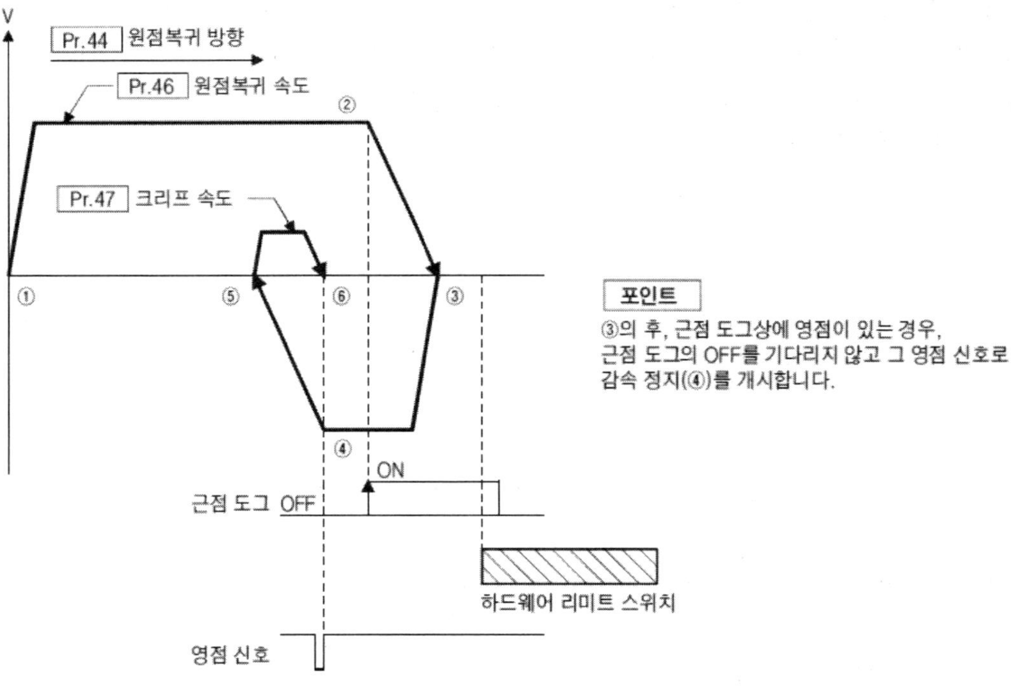

그림 12-32 스케일 원점 신호 검출식 원점복귀 동작도

①	기계 원점복귀를 기동한다. (위치결정모듈에 설정한 "원점복귀 방향" 에 설정한 방향으로 "원점복귀 가속시간 선택" 에서 지정한 가속을 시작하여 "원점복귀속도" 로 이동한다.)
②	근점 도그 ON을 검출해서 감속을 시작한다.
③	감속정지 후, 지정한 원점복귀방향과 역방향으로 "원점복귀속도" 로 이동한다.
④	이동 중, 최초의 영점 신호를 검출해서 감속을 시작한다.
⑤	감속 정지 후, 원점복귀 방향에 지정한 방향으로 "크리프 속도" 로 이동해, 검출한 근처의 영점 신호로 정지한다.
⑥	원점복귀 완료 플래그(Md.31스테이터스 : b4)가 OFF→ON하고 원점복귀요구 플래그(Md.31 스테이터스 : b3)가 ON→OFF한다.

동작상의 주의사항

- 스케일 원점 신호 검출식에서는 "원점복귀리트라이" 의 설정에 관계없이 원점복귀 리트라이는 실시하지 않기 때문에 기계 원점복귀 중에 하드웨어 리미트 스위치를 검출했을 경우, 에러「하드웨어 스트로크 리미트+」(에러 코드 : 104) 또는「하드웨어 스트로크 리미트」(에러 코드 : 105)가 발생된다.
- 근점 도그는 원점복귀 방향의 하드웨어 리미트 스위치보다 앞에 설치하여, 그 하드웨어 리미트 스위치와 오버랩하도록 설치하도록 한다.

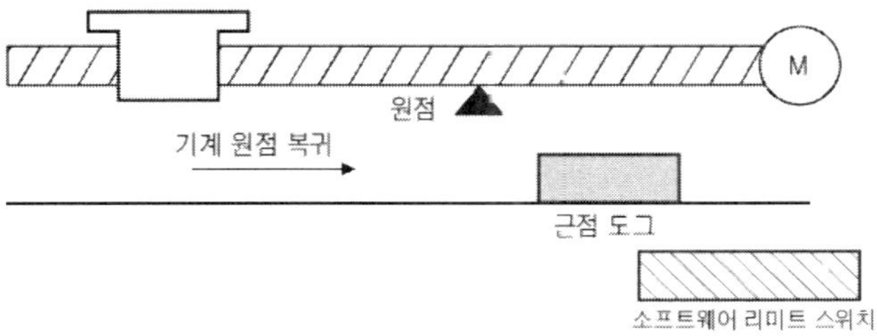

그림 12-33 근점도그와 하드웨어 리미트 스위치의 위치

마. Pr.97 SSCNET 설정

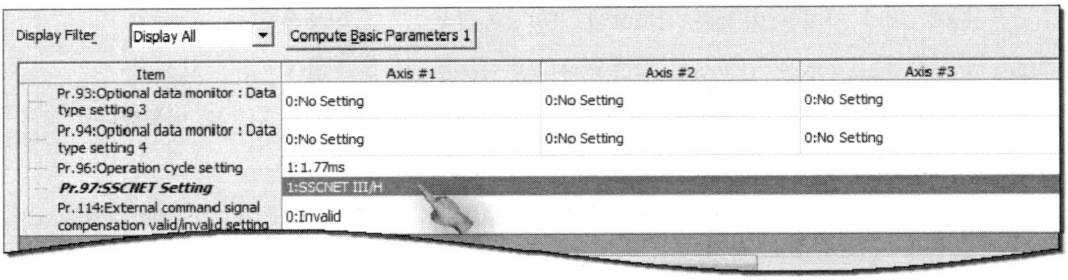

그림 12-34 SSCNET 설정 파라미터

서보 네트워크를 설정한다.(축1의 설정만 유효하다.)

0 : SSCNETⅢ

1 : SSCNETⅢ/H

본 파라미터의 설정에 의해 접속 가능한 서보앰프가 다르다. "Pr.100 서보시리즈" 에 접속할 수 없는 서보 시리즈를 설정했을 경우「SSCNET 설정에러」(에러코드 : 1003)가 되어 그 서보앰프와의 통신을 실시하지 않는다.

본 파라미터와 접속 가능한 서보앰프("Pr.100 서보시리즈")의 설정값은 다음과 같다.

표 12-22 SSCNET 설정 파라미터

"Pr.97 SSCNET 설정" 의 설정값	서보 앰프	"Pr.100 서보시리즈" 의 설정값
0 : SSCNETⅢ	MR-J3(W)-B	1 : MR-J3-□B MR-J3W-□B(2축 일체) 3 : MR-J3-□B-RJ006 (풀 클로즈드 제어 대응) MR-J3-□BS(세이프티 대응) 4 : MR-J3-□B-RJ004(리니어 대응) 6 : MR-J3-□B-RJ080W (다이렉트 드라이브 모터 대응)
	MR-MT1200	7 : MR-MT1200(펄스 변환 유닛)
	VCⅡ시리즈	96 : VC(닛키덴조 주식회사 제품)
	가상 서보앰프	4097 : 가상 서보앰프(MR-J3)
1 : SSCNETⅢ/H	MR-J4(W)-B	32 : MR-J4-□B MR-J4W-□B(2축 일체, 3축 일체)
	가상 서보앰프	4128 : 가상 서보앰프(MR-J4)

현장에서 심플모션 QD77MS모듈과 연결하는 서보앰프는 대부분 MR-J4(W)-B 또는 MR-J3(W)-B 모델이 일반적이므로 그것에 해당하는 동작모드만 적절하게 설정하면 문제되지 않는 파라미터 항목이다.

본 파라미터는 전원 ON 또는 PLC CPU 리셋시에 QD77MS의 플래시 ROM에 설정되어 있는 값이 유효가 되므로 PLC 레디 신호 OFF → ON에 의한 취입은 실시하지 않으므로 변경하는 경우에는 버퍼메모리에 값을 설정 후, 플래시 ROM 기록한다.

바. 서보앰프에서 기본적으로 확인할 파라미터

서보 앰프의 파라미터 설정항목은 모터의 회전방향(Rotation Direction *POL)과 강제정지기능의 사용 여부를 설정하는 (Forced Stop *AOP1)항목에 대한 설정만 확인하면 기본적인 설정이 된다.

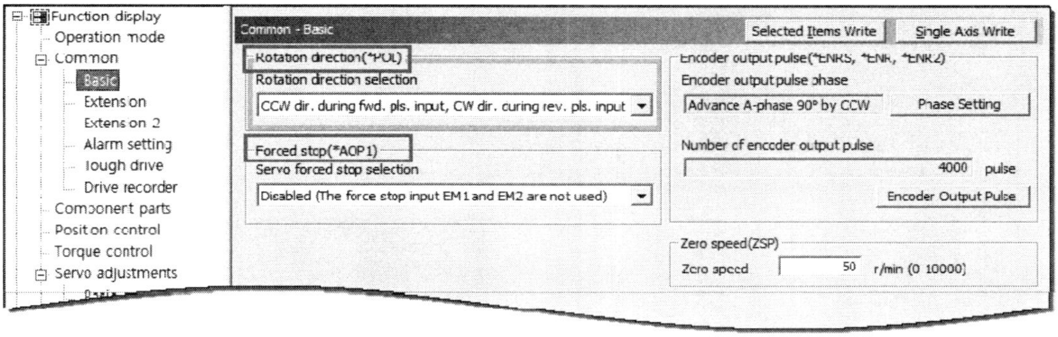

그림 12-35 서보앰프 설정 파라미터

12-4 QD77MS의 전자기어비 계산하기

GX-Works2에서는 위치결정모듈에서의 전자기어비를 손쉽게 계산하고 입력할 수 있도록 편리한 기능을 만들어 놓았다. Pr2.의 모터 1회전을 하기 위한 필요한 펄스 수, Pr3.모터 1회전을 하면 기구물(보통 볼 스크류에 장착된 기계장치, 이송테이블)의 이동거리, Pr.4 단위배율을 한번에 지칭한다고 앞서 설명을 하였다. 이러한 항목들을 숫자의 범위가 너무 크기 때문에 직접 입력할 수 없을 경우 복잡한 계산식을 이용하여 입력 가능한 작은 숫자로 변환했던 QD75계열과는 달리 QD77MS에서는 이러한 숫자데이터를 바로 입력할 수 있게 메모리를 많이 할당한 것 같다. 2워드에 해당하는 메모리만 이전에도 할당이 되었다면 계산과정이 필요하지 않았을 것인데 말이다.

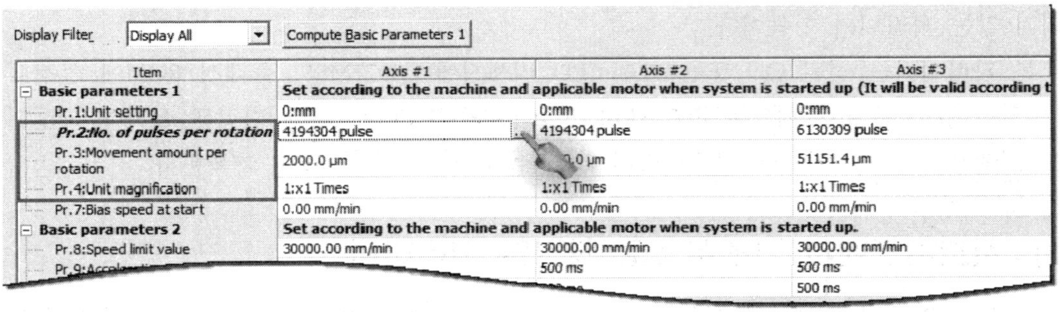

그림 12-36 QD77MS의 전자기어비

Pr.2 No of pilse per rotation항목의 데이터 입력하는 항목의 오른쪽 구석을 마우스로 클릭하면 조그만 버튼이 보인다. 이 버튼을 클릭하면 손쉽게 전자기어비에 해당하는 데이터를 입력할 수 있다.

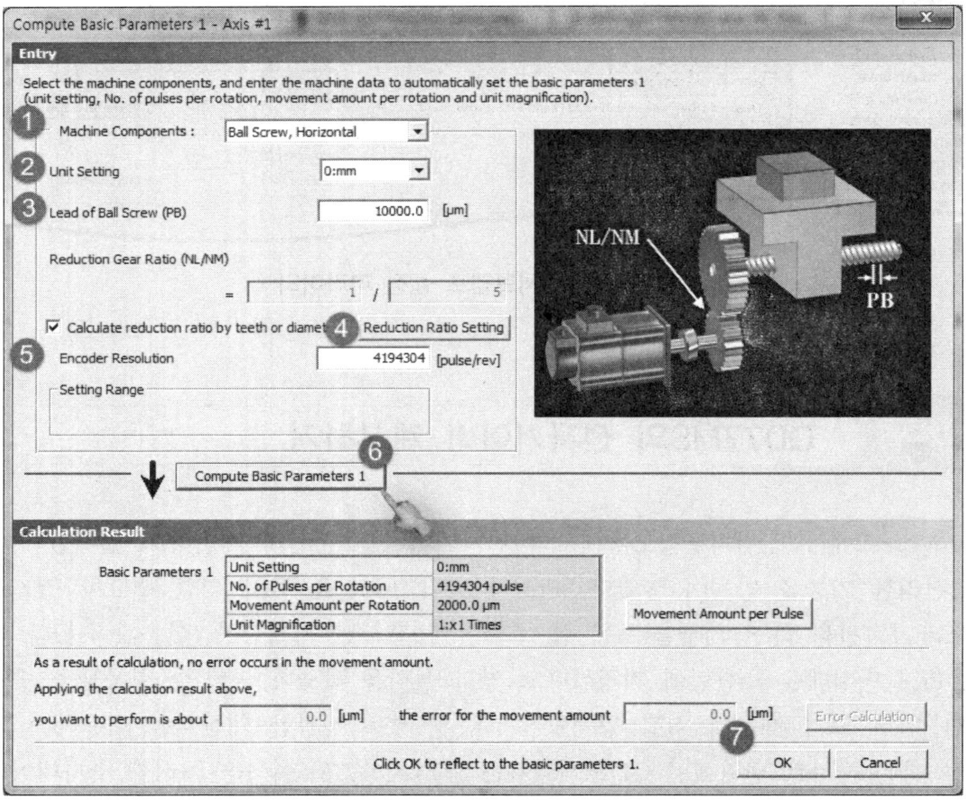

그림 12-37 전자기어비 계산

① Mechanic Component : 적용하려는 시스템의 구조를 선택한다. 일반적인 Bascrew (Horizontal)방식 이외에 여러 가지 형태의 구조를 선택하여 전자기어비를 설정할 수 있다.

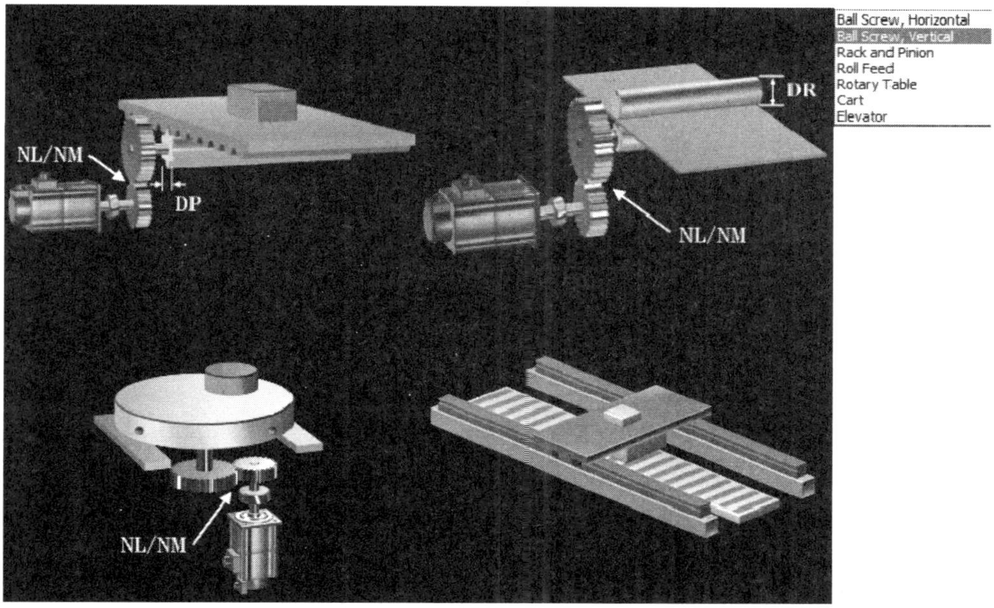

그림 12-38 Mechanic Component

② Unit Setting : 시스템에서 사용할 단위를 선택한다. Pr.1의 Unit Setting과 동일하다.

③ Lead of Ballscrew(PB) : 사용하는 Ballscrew의 lead(피치)를 입력한다.

④ Reduction ratio setting : 감속기가 적용된 시스템에서 감속비를 설정할 수 있다.
설정할 수 있는 내용은 기어의 잇수에 따른 계산 방법과 기어의 직경으로 계산되는 방법이 제공된다. 선택하여 사용하면 되겠다.
모터쪽과 부하쪽으로 설정을 하므로 올바르게 설정할 수 있도록 한다.

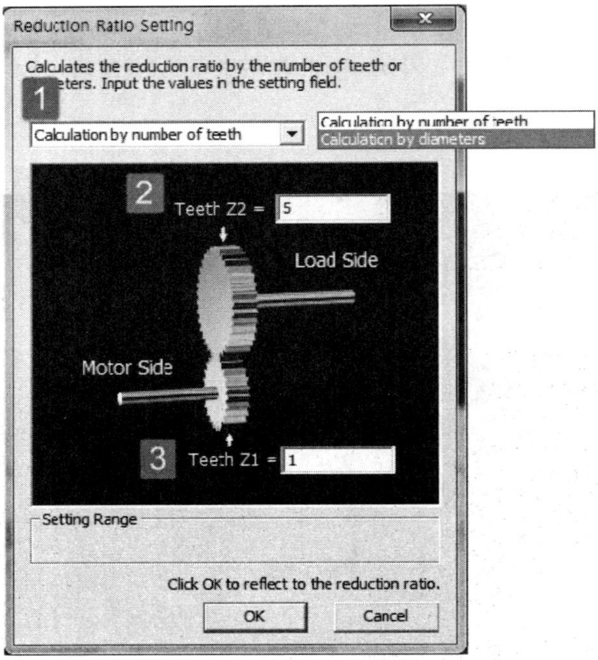

그림 12-39 감속비 설정

⑤ Encoder Resolution : 서보모터의 엔코더 분해능을 입력한다. 이 항목은 서보모터의 종류에 따라서 변경되는 항목이므로 모터 사양서에서 내용을 정확하게 확인한 뒤 설정할 수 있도록 한다. 잘못 입력할 경우 전자기어비의 산출결과가 서보모터 제어를 의도하지 않는 방향으로 바뀔 수 있으므로 주의해야 한다.

⑥ Compute Basic Parameter : 입력한 항목들을 근거로 하여 전자기어비를 계산하는 버튼이다. 클릭하여 Calculation Result에서 계산결과를 확인한다.

⑦ "OK" 버튼을 클릭하면 파라미터 항목에 전자기어비가 계산되어 입력된다.

부록 1 자주 사용하는 버퍼메모리

다음은 서보모터 프로그램을 하기 위해서 자주 사용하는 버퍼메모리를 정리해 놓은 것이다.

서보모터를 제어하기 위해서 유용한 정보들을 설정하고 모니터링하기 위한 것으로 자세한 내용은 위치결정 매뉴얼의 해당 부분을 참조하기 바란다.

항목	설정내용	초기값	버퍼메모리 어드레스			
			축1	축2	축3	축4
M 코드 ON 신호 출력 타이밍	0: WITH 모드 1: AFTER 모드	0	27	177	327	477
외부 지령 기능 선택	0: 외부 위치 결정 기동 1: 외부 속도 변경 요구 2: 속도 · 위치/위치 · 속도 제어 전환 요구 3: 스킵 요구	0	62	212	362	512
이송 현재값	현재 지령하고 있는 어드레스가 저장된다. 현재 위치의 어드레스가 저장된다. 단위「degree」일 때는 0~359.99999° 의 링 어드레스로 된다. • 갱신의 타이밍: 1.8ms • 원점 복귀 완료시는 원점 어드레스가 저장된다 • 현재값 변경 기능에 따라 현재값이 변경될 경우, 변경된 값이 저장된다.	0	800 801	900 901	1000 1001	1100 1001
이송 기계값	기계 좌표에 따른 현재 위치의 어드레스가 저장된다. 현재값변경 기능에서 전송 기계값은 변경되지 않는다. 속도 제어시는 파라미터에 관계없이 갱신된다. 치수 이송 실행 시작시에는 0으로 클리어 되지 않는다. 단위 "degree" 시는 0~359.99999° 의 링 어드레스로는 되지 않는다. • 기계 좌표: 기계적으로 정해진 고유의 좌표 • 갱신의 타이밍 : 56.8ms	0	802 803	902 903	1002 1003	1102 1103

항목	설정내용	초기값	버퍼메모리 어드레스			
			축1	축2	축3	축4
이송 속도	운전 중의 워크 속도가 저장된다. • 보간 운전시에는 다음과 같이 저장된다. 기준축: 합성 속도 또는 기준축 속도 (상세 파라미터1의 보간속도 지정방법" 에서 설정) 보간축 : 0 • 갱신 타이밍 : 56.8m	0	804 805	904 905	1004 1005	1104 1105
축 에러 번호	축 에러 검출시, 에러 내용에 해당하는 에러 코드가 저장된다. • 항상 최신의 에러 코드가 저장된다. (새로운 축 에러가 발생했을 때, 에러 코드는 덮어쓴다.) • "축 에러 리세트" (축 제어 데이터)을 ON하면 축 에러 번호는 클리어된다.(0으로 된다.)	0	806	906	1006	1106
축 경고 번호	축 경고 검출시, 경고 내용에 해당하는 경고 코드가 저장된다. • 항상 최신의 경고 코드가 저장된다.(새로운 축 경고가 발생했을 때, 경고 코드는 덮어쓰기로 된다.) • "축 에러 리세트" (축 제어 데이터)을 ON하면 축 에러 번호는 클리어 된다.(0으로 된다.)	0	807	907	1007	1107
유효 M 코드	현재 유효한 (현재 운전 중인 위치 결정 데이터에 설정된) M코드가 저장된다. • 갱신의 타이밍 : M 코드 ON 신호 ON시 PLC Ready 신호(Y40) OFF시에 0이 저장된다.	0	808	908	1008	1108
스테이터스	각종 플래그의 ON/OFF 상태를 나타낸다. 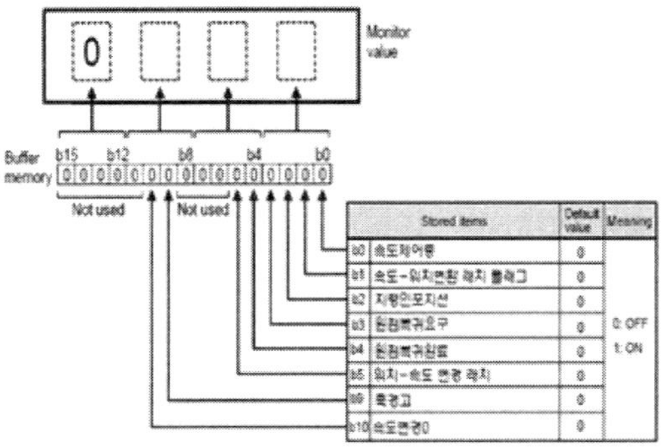 	0	817	917	1017	1817
위치 결정 기동 번호	• 위치 결정을 실행하는 기동 번호를 설정한다. 1~600 : 위치 결정 데이터 No. 지정 9001 : 기계 원점 복귀 9003 : 현재값 변경 7000~7004 : 블록 기동 지정 9002 : 고속 원점 복귀 9004 : 복수 축 동시 기동	0	1500	1600	1700	1800

<table>
<tr><th rowspan="2">항목</th><th rowspan="2" colspan="4">설정내용</th><th rowspan="2">초기값</th><th colspan="4">버퍼메모리 어드레스</th></tr>
<tr><th>축1</th><th>축2</th><th>축3</th><th>축4</th></tr>
<tr><td>축 에러
리세트</td><td colspan="4">• 축 에러 산출, 축 에러 번호, 축 경고 검출, 및 축 경고 번호를 클리어 한다.
• 축 동작 상태가 에러 발생 중인 경우, 에러를 클리어 하여 “대기중” 의 상태로 만든다
0 : 축 에러 리세트 요구 수신 완료(QD75가 세트)
1 : 축 에러 리세트 요구(시퀀스 프로그램에서 세트)</td><td>0</td><td>1502</td><td>1602</td><td>1702</td><td>1802</td></tr>
<tr><td>재기동 명령</td><td colspan="4">• 축 동작 상태가 정지중일 때에 “1” 을 설정하면, 정지위치에서 정지한 위치 결정 데이터의 종점으로 위치 결정을 실시한다.
0 : 재기동 명령 수신 완료(QD75가 세트)
1 : 재기동 명령(시퀀스 프로그램에서 세트)</td><td>0</td><td>1503</td><td>1603</td><td>1703</td><td>1803</td></tr>
<tr><td>M 코드 OFF
요구</td><td colspan="4">• M 코드 ON 신호를 OFF한다
0 : M 코드 OFF 요구 수신 완료(QD75가 세트)
1 : M 코드 OFF 요구(시퀀스 프로그램에서 세트)</td><td>0</td><td>1504</td><td>1604</td><td>1704</td><td>1804</td></tr>
<tr><td>외부 지령
유효</td><td colspan="4">• 외부 지령을 유효하게 할지를 설정한다.
0 : 외부 지령 무효
1 : 외부 지령 유효</td><td>0</td><td>1505</td><td>1605</td><td>1705</td><td>1805</td></tr>
<tr><td rowspan="2">현재값 변경값</td><td colspan="4">• 기동 번호 9003을 사용하여 전송 현재값을 변경할 경우에 변경 후의 전송 현재값을 설정한다.</td><td rowspan="2">0</td><td rowspan="2">1506
1507</td><td rowspan="2">1606
1607</td><td rowspan="2">1706
1707</td><td rowspan="2">1806
1807</td></tr>
<tr><td>-2147483648
+2147483647
X10-1㎛</td><td>-2147483648
+2147483647
X10-5 inch</td><td>0~35999999
X10-5
degree</td><td>-2147483648
+2147483647
pluse</td></tr>
<tr><td rowspan="2">속도 변경값</td><td colspan="4">• 속도를 변경할 경우, 변경 후의 속도를 설정한다.
0을 설정한 경우는 정지한다.</td><td rowspan="2">0</td><td rowspan="2">1514
1515</td><td rowspan="2">1614
1615</td><td rowspan="2">1714
1715</td><td rowspan="2">1815
1816</td></tr>
<tr><td>0~2000000000
X10-2
mm/min</td><td>0~2000000000
X10-3
inch/min</td><td>0~2000000000
X10-3
degree/min</td><td>0~1000000
pulse/s</td></tr>
<tr><td>속도 변경
요구</td><td colspan="4">• 속도 변경을 할 경우, 속도 변경값 설정 후에 1을 설정한다
0 : 속도 변경 요구 수신 완료(QD75가 세트)
1 : 속도 변경 요구(PLC 프로그램에서 세트)</td><td>0</td><td>1516</td><td>1616</td><td>1716</td><td>1816</td></tr>
<tr><td rowspan="2">인칭 이동량</td><td colspan="4">• 인칭 운전의 이동량을 설정한다.
설정이 0인 경우, JOG 운전으로 된다</td><td rowspan="2">0</td><td rowspan="2">1517</td><td rowspan="2">1617</td><td rowspan="2">1717</td><td rowspan="2">1817</td></tr>
<tr><td>0~65535
X10-1㎛</td><td>0~65535
X10-5 inch</td><td>0~65535
X10-5 degree</td><td>0~65535
pluse</td></tr>
<tr><td rowspan="2">JOG속도</td><td colspan="4">• JOG 운전시의 JOG 속도를 저장한다.
• JOG 운전중의 속도를 변경할 경우, 변경후의 속도를 저장한다.</td><td rowspan="2">0</td><td rowspan="2">1518
1519</td><td rowspan="2">1618
1619</td><td rowspan="2">1718
1719</td><td rowspan="2">1818
1819</td></tr>
<tr><td>0~2000000000
X10-22mm/min</td><td>0~2000000000
X10-3inch/min</td><td>0~2000000000
X10-3degree/min</td><td>0~1000000
pulse/s</td></tr>
<tr><td>속도 · 위치
전환 허가
플래그</td><td colspan="4">• 외부 지령 기능 선택을 속도 · 위치/위치 · 속도 전환 요구로 설정한 경우, 외부에서의 제어 전환 신호(외부 지령 신호 CHG)에 의한 전환의 허가/금지를 설정한다.
0 : 금지
1 : 허가</td><td>0</td><td>1528</td><td>1628</td><td>1728</td><td>1828</td></tr>
</table>

<table>
<tr><th rowspan="2">항목</th><th rowspan="2" colspan="4">설정내용</th><th rowspan="2">초기값</th><th colspan="4">버퍼메모리 어드레스</th></tr>
<tr><th>축1</th><th>축2</th><th>축3</th><th>축4</th></tr>
<tr><td>플래시 ROM
기록 플러그</td><td colspan="4">• 버퍼 메모리의 내용을 플래시 ROM에 기록한다.
플래시 ROM에 대한 기록은 PLC Ready 신호 [Y40]이 OFF시에 실행한다.
0 : 플래시 ROM 기록 완료(QD75가 세트)
1 : 플래시 ROM 기록 요구(PLC 프로그램에서 세트)</td><td>0</td><td colspan="4">1900</td></tr>
<tr><td rowspan="2">지령 속도</td><td colspan="4">-1 : 지령 속도의 설정을 생략(카렌트 속도)</td><td rowspan="2">0</td><td rowspan="2">2004
2005</td><td rowspan="2">8004
8005</td><td rowspan="2">14004
14005</td><td rowspan="2">2004
2005</td></tr>
<tr><td>0~2000000000
X10-22mm/min</td><td>0~2000000000
X10-3inch/min</td><td>0~2000000000
X10-3degree/min</td><td>0~1000000
pulse/s</td></tr>
<tr><td>위치 결정
어드레스/
이동량</td><td colspan="4">• 위치 결정의 어드레스 또는 이동량을 설정한다.
• 제어 방식과 단위에 따라 설정 범위는 달라진다.</td><td>0</td><td>2006
2007</td><td>8006
8007</td><td>14006
14007</td><td>2006
2007</td></tr>
<tr><td>원호 어드레스</td><td colspan="4">• 제어 방식이 ABS 방식 원호 보간의 경우, 보조점/중심점의 어드레스를 설정한다.
• 제어 방식이 INC 방식 원호 보간의 경우 기점에서 보조점/중심점까지의 거리를 설정한다.</td><td>0</td><td>2008
2009</td><td>8008
8009</td><td>14008
14009</td><td>2008
2009</td></tr>
</table>

부록 2 교재에서 설정한 QD75D 위치 결정모듈의 파라미터

종류 Kind	설정항목 Item	Axis#1	Axis#2	명칭
Basic Parameter1	Unit setting	0:mm	0:mm	Pr.1 단위설정
	Pulse per Rotation	1pls	1pls	Pa.2 1회전당 펄스 수
	Travel per Rotation	0.5㎛	0.5㎛	Pa.3 1회전당 이동량
	Unit Magnification	1:1times	1:1times	Pa.4 단위배율
	Pulse Output Mode	1:CW/CCW mode	1:CW/CCW mode	Pa.5 펄스출력모드
	Rotation Direction	0: Forward Pulses to increase address	0: Forward Pulses to increase address	Pa.6 회전방향설정
Basic Parameter2	Bias speed at start	0.00mm/min	0.00mm/min	Pa.7 기동시 바이어스 속도
	Speed limit	15000.00 mm/min	15000.00 mm/min	Pa.8 속도제한값
	ACC time #0	500ms	500ms	Pa.9 가속시간 0
	DEC time #0	500ms	500ms	Pa.10 감속시간 0
	Backlash compensation	0.0㎛	0.0㎛	Pr.11 백래쉬 보정량
Extended Parameter1	S/W stroke LMT HIGH	365000.00.0㎛	250000.00.0㎛	Pr.12 소프트웨어 스트로크 리미트 상한값
	S/W stroke LMT LOW	-10000.0㎛	-10000.0㎛	Pr.13 소프트웨어 스트로크 리미트 하한값
	S/W stroke LMT select	1:Valid for mechanical address	1:Valid for mechanical address	Pr.14 소프트웨어 스트로크 리미트 선택
	JOG&MPG stroke limit	0:Valid	0:Valid	Pr.15 소프트웨어 스트로크 리미트 유효/ 무효 선택
	Command position	100.0㎛	100.0㎛	Pr.16 지령인포지션 범
	Torque limit	150%	150%	Pr.17 토크제한 설정값
	M code ON output	1:AFTER mode	1:AFTER mode	Pr.18 M코드 On신호 출력 타이밍

Extended Parameter1	Speed switching mode	0:Change speed from specified address	0:Change speed from specified address	Pr.19 속도전환 모드
Extended Parameter1	Interpolation speed designation method	0:Composed speed	0:Composed speed	Pr.20 보간속도 지정방법
	Current feed value during speed control			Pr.21 속도제어시 이송현재값
	Input signal logic selection			Pr.22 입력신호 논리선택
	Output signal logic selection			Pr.23 출력신호 논리선택
	Manual pulse generator input selection			Pr.24 수동펄서 입력선택
Extened parameter2	Speed-position function selection	0:Execute V/P switching control(INC)	0:Execute V/P switching control(INC)	Pr.150 속도 · 위치 기능선택
	Acceleration time 1~3	400 300 200	400 300 200	Pr25 ~ 27 가속시간 1 ~ 3
	Deceleration time 1~3	400 300 200	400 300 200	Pr.28 ~ 30 감속시간 1 ~ 3
	JOG speed limit value	10000.00 mm/min	10000.00 mm/min	Pr.30 JOG속도 제한값
	JOG ACC time	0:500	0:500	Pr.32 JOG운전 가속시간 선택
	JOG DEC time	0:500	0:500	Pr.33 JOG운전 감속시간 선택
	Acceleration/ deceleration process selection	0:Trapezoid acceleration mode	0:Trapezoid acceleration mode	Pr.34 가감속 처리 선택
	S-curve ratio	100%	100%	Pr.35 S자 비율
	Sudden stop deceleration time	100ms	100ms	Pr.36 급정지 감속시간
	Stop group 1 sudden stop selection	1:Sudden stop	1:Sudden stop	Pr.37 정지그룹1 급정지선택
	Stop group 2 sudden stop selection	1:Sudden stop	1:Sudden stop	Pr.38 정지그룹2 급정지선택
	Stop group 3 sudden stop selection	1:Sudden stop	1:Sudden stop	Pr.39 정지그룹3 급정지선택

Extened parameter2	Positioning complete signal output time	300ms	300ms	Pr.40 위치결정완료 신호 출력시간
	Allowable circular interpolation error width	1000.0㎛	1000.0㎛	Pr.41 원호보간 오차허용범위
	External command function selection	0:External start	0:External start	Pr.42 외부지령 기능선택
OPR basic parameter	OPR method	0:Zeroing DOG	0:Zeroing DOG	Pr43. 원점복귀방식
OPR basic parameter	OPR direction	0: Forward Pulses to increase address	0: Forward Pulses to increase address	Pr.44 원점복귀방향
	OP address	0.0㎛	0.0㎛	Pr.45 원점어드레스
	OPR speed	5000.00 mm/min	5000.00 mm/min	Pr.46 원점복귀속도
	Creep speed	500.00 mm/min	500.00 mm/min	Pr.47 클리프 속도
	OPR retry	1:Execute OPR from U/L limit	1:Execute OPR from U/L limit	Pr.48 원점복귀 리트라이
OPR Extened parameter	OPR dwell time	500ms	500ms	Pr.49 원점복귀 드웰타임
	Setting for the movement amount after near-point dog ON	0.0㎛	0.0㎛	Pr.50 근점도그 ON후 이동량 설정
	OPR acceleration time selection	0:500	0:500	Pr.51 원점복귀 가속시간선택
	OPR deceleration time selection	0:500	0:500	Pr.52 원점복귀 감속시간선택
	OP shift amount	0.0㎛	0.0㎛	Pr.53 원점시프트량
	OPR torque limit value	150%	150%	Pr.54 원점복귀 토크 제한량
	Deviation counter clear signal output time	11ms	11ms	Pr.55 편차카운터 클리어 신호 출력시간
	Speed designation during OP shift	0:OPR speed	0:OPR speed	Pr.56 원점쉬프트시 속도지정
	Dwell time during OPR retry	0ms	0ms	Pr.57 원점복귀 리트라이시 드웰타임

참 고 문 헌

[1] QD75P/QD75D형 위치결정모듈 사용자 매뉴얼(상세편), 미쓰비시전기

[2] Melservo-J3시리즈(MR-J3-A)서보앰프 기술자료집, 미쓰비시전기

[3] Servo Amplifiers & Motors Catalog(MELSERVO J3), 미쓰비시전기

[4] Servo Motor Instruction Manual Vol.2, 미쓰비시전기

[5] 서보드라이브의 기초, 주식회사 야스카와전기

[6] MELSEC-Q QD77MS형 심플모션 유닛 사용자 매뉴얼(위치결정제어편) / 미쓰비시전기

[7] MESERVO-J4시리즈(MR-J4-B)서보앰프 기술자료집 / 미쓰비시전기

저자와의
협의에 의해
인지 생략

Melsec PROGRAMMING

2축서보모터 완전정복

4판 4쇄 2022년 8월 20일

저 자 김학철
발행인 송광헌
발행처 복두출판사
주 소 서울특별시 영등포구 경인로82길 3-4
센터플러스 807호
(우) 07371
전 화 02-2164-2580
FAX 02-2164-2584
등 록 1993. 11. 22. 제 10-902 호

정가 : 26,000원

ISBN : 979-11-5906-058-8 93560

한국과학기술출판협회 회원사